Dieter Meschede

Optik, Licht und Laser

Dieter Meschede

Optik, Licht und Laser

3., durchgesehene Auflage

STUDIUM

VIEWEG+
TEUBNER

Bibliografische Information der Deutschen Nationalbibliothek
Die Deutsche Nationalbibliothek verzeichnet diese Publikation in der
Deutschen Nationalbibliografie; detaillierte bibliografische Daten sind im Internet über
<http://dnb.d-nb.de> abrufbar.

Prof. Dr. rer. nat. Dieter Meschede
Studium in Hannover, Köln, Boulder, Co (USA) und München von 1973 bis 1984. Postdoc und Assistant
Professor an der Yale University, New Haven, Ct (USA) von 1984 bis 1987. Von 1988 bis 1990 Mitarbeiter
am Max-Planck-Institut für Quantenoptik in Garching. Professor für Experimentalphysik in Hannover von
1990 bis 1994 und seit 1994 in Bonn.

1. Auflage 1999
2. Auflage 2005
3., durchgesehene Auflage 2008

Alle Rechte vorbehalten
© Vieweg+Teubner | GWV Fachverlage GmbH, Wiesbaden 2008

Lektorat: Ulrich Sandten | Kerstin Hoffmann

Vieweg+Teubner ist Teil der Fachverlagsgruppe Springer Science+Business Media.
www.viewegteubner.de

Umschlaggestaltung: KünkelLopka Medienentwicklung, Heidelberg
Druck und buchbinderische Verarbeitung: Strauss Offsetdruck, Mörlenbach
Gedruckt auf säurefreiem und chlorfrei gebleichtem Papier.

ISBN 978-3-8351-0143-2

Vorwort zur 2. und 3. Auflage

Die Optik spielt eine wachsende Rolle im Lehrplan naturwissenschaftlicher Fächer. Diese Entwicklung geht nicht zuletzt auf die zunehmende technologische Bedeutung der Photonik zurück. Manche sagen, mit dem 21. Jahrhundert breche die Zeit des Photons nach der Zeit des Elektrons an. Um Licht als Sensor für Meßgrößen, als Träger zur Übermittlung von Nachrichten und vieles anderes nutzbar zu machen, muß man seine Eigenschaften verstanden haben und kontrollieren können.

Auch die neuesten Erkenntnisse und Anwendungsmöglichkeiten fußen auf den seit mehr als 200 Jahren entwickelten Konzepten der Optik. Dieser Text schlägt einen Bogen von der Strahlenoptik über die Wellenoptik bis hin zur Optik mit einzelnen Photonen. Natürlich wird dem Laser, der 1960 die noch immer anhaltende revolutionäre Entwicklung der Optik angestoßen hat, breiter Raum gewidmet. Im naturwissenschaftlichen Studium soll dieser Text ein kompakter Begleiter auf dem Weg zur modernen Optik sein: Angebote zur klassischen Optik, Laserphysik, Laserspektroskopie, Nichtlinearen Optik, Angewandten Optik und Photonik können davon profitieren. Im Vordergrund stehen Konzepte, die zum vertieften Studium in der Spezialliteratur anregen sollen.

Der Leser findet ergänzende Informationen im Internet unter der Adresse:

www.uni-bonn.de/iap/OLL

Dozenten und andere Vortragende können sich dort die meisten Abbildungen des Buches für den Einsatz in der Lehre besorgen.

Sechs Jahre nach dem ersten Erscheinen ist die 2. Auflage an vielen Stellen über die erste hinausgewachsen: Es gibt zu jedem Kapitel Aufgaben, die in verschiedener Intensität zum Nachdenken über den Stoff anregen sollen. Ein neues Kapitel vermittelt erste Begriffe und Konzepte aus der Quantenoptik und zahlreiche neue Abschnitte, z.B. über photonische Materialien, nehmen aktuelle und sehr erfolgreiche Entwicklungen der Optik auf.

Schon die erste Auflage ist sehr wohlwollend aufgenommen worden. Ich bedanke mich für die zahlreichen Anregungen und Kommentare, die alle in diese Auflage eingeflossen sind. Bücher zu einem aktuellen Thema können gar nicht fertig werden, sie sind aber ein großes Privileg kontinuierlichen Lernens.

Auch eine Neuauflage kostet viel Vorbereitung, für die dafür gezeigte Geduld danke ich meiner Familie.

Bonn, im Oktober 2005 und im August 2008

Inhalt

1 Lichtstrahlen

1.1 Lichtstrahlen in menschlicher Erfahrung

Die Entstehung eines Bildes gehört zu den faszinierenden sinnlichen Erfahrungen eines Menschen. Schon im Altertum wurde erkannt, daß unser „Sehen" von sich geradlinig ausbreitenden Lichtstrahlen getragen wird, denn jedermann kannte die scharfen Schatten beleuchteter Objekte. Allerdings kann die geradlinige Ausbreitung durch bestimmte optische Elemente auch beeinflußt werden, zum Beispiel durch Spiegel und Linsen. Das Wissen über die *geometrische Optik* führte nach den Erfolgen von Tycho Brahe (1546 – 1601) zur konsequenten Konstruktion von Vergrößerungsgläsern, Mikroskopen und Fernrohren. Alle diese Instrumente dienen als Sehhilfe. Durch ihre Unterstützung wurden uns „Einsichten" vermittelt, die in besonderer Weise zu unserem naturwissenschaftlichen Weltbild beigetragen haben, weil sie uns Beobachtungen sowohl in der Welt des Mikrokosmos als auch des Makrokosmos ermöglicht haben.

So ist es gar nicht sehr verwunderlich, daß die Begriffe und Konzepte der Optik in viele Bereiche naturwissenschaftlichen Erkennens eingedrungen sind. Selbst ein so riesenhaftes Instrument wie der neue LHC-Teilchenbeschleuniger in Genf ist im Grunde nichts weiter als ein zugegebenermaßen sehr aufwendiges Mikroskop, mit welchem wir die Welt der Elementarteilchen auf einer subnuklearen Längenskala beobachten wollen. Geistesgeschichtlich ebenso bedeutsam ist vielleicht die wellentheoretische Beschreibung der Optik, die bei der Entwicklung der Quantenmechanik Pate gestanden hat.

In unserer menschlichen Erfahrung steht die geradlinige Ausbreitung von Lichtstrahlen — in einem homogenen Medium — im Vordergrund. Allerdings gehört es eher zur neueren Erkenntnis, daß unsere Fähigkeit, Bilder zu schauen, durch eine optische Abbildung im Auge verursacht wird. Immerhin können wir die Entstehung eines Bildes schon mit den Grundsätzen der Strahlenoptik verstehen. Deshalb soll am Beginn dieses Lehrbuches über Optik und Licht ein Kapitel über Strahlenoptik stehen.

1.2   Strahlenoptik

Wenn sich Lichtstrahlen in einem homogenen Medium allseitig und kugelförmig ausbreiten, dann stellen wir uns im allgemeinen eine idealisierte, punktförmig und isotrop leuchtende Quelle als ihren Ursprung vor. Gewöhnliche Lichtquellen erfüllen jedoch keines dieser Kriterien, erst in sehr großer Entfernung vom Beobachter (im „Unendlichen") kann man mit einer Blende ein nahezu paralleles Strahlenbündel herausschneiden. Bei einer gewöhnlichen Lichtquelle muß man daher einen Kompromiß zwischen Intensität und Parallelität eingehen, um einen Strahl geringer Divergenz zu erzielen. Optische Demonstrationsexperimente werden aber heutzutage fast immer mit Laserlichtquellen betrieben, die dem Experimentator einen nahezu perfekt parallelen, intensiven Lichtstrahl bieten.

Abb. 1.1 *Lichtstrahlen.*

Wenn die Strahlen eines Bündels nur kleine Winkel mit einer gemeinsamen optischen Achse bilden, kann man in der sogenannten „paraxialen Näherung" die rechnerische Behandlung der Ausbreitung des Strahlenbündels durch Linearisierung sehr vereinfachen. Diese Situation trifft man in der Optik so häufig an, daß man darüber hinaus gehende Eigenschaften z.B. einer dünnen Linse als „Fehler" bezeichnet.

Die Ausbreitungsrichtung von Lichtstrahlen wird durch Brechung und Reflexion geändert. Sie werden verursacht durch metallische und dielektrische Grenzflächen. Die Strahlenoptik beschreibt ihre Wirkung durch einfache phänomenologische Gesetze.

1.3   Reflexion

Reflexion oder Spiegelung von Lichtstrahlen beobachten wir nicht nur an glatten metallischen Flächen, sondern auch an Glasscheiben und anderen dielektrischen Grenzflächen. Moderne Spiegel haben viele Bauformen: In der Alltagswelt bestehen sie meistens aus einer dünn mit Aluminium bedampften Glasscheibe; wenn aber Laserlicht verwendet wird, kommen häufiger dielektrische Vielschichtenspiegel zum Einsatz, die wir im Kapitel über Interferometrie (Kap. 5) ausführlicher behandeln werden. Für die Strahlenoptik spielt die Bauform aber keine Rolle.

1.3.1 Ebene Spiegel

Wir wissen intuitiv, daß an einem ebenen Spiegel wie in Abb. 1.2 der *Einfallswinkel* θ_1 identisch ist mit dem *Ausfallswinkel* θ_2 des reflektierten Strahls,

$$\theta_1 = \theta_2 \quad , \qquad (1.1)$$

und daß einfallender und reflektierter Strahl mit der Flächennormalen in einer Ebene liegen. Erst die Wellenoptik gibt uns eine strengere Begründung für die Gesetze der Spiegelung. Dabei werden auch Einzelheiten wie z.B. die Intensitätsverhältnisse bei der dielektrischen Reflexion (Abb. 1.3) erklärt, die sich mit den Mitteln der Strahlenoptik nicht ableiten lassen.

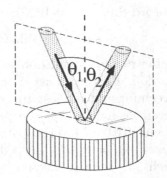

Abb. 1.2 *Reflexion am ebenen Spiegel: Die Ebene mit einfallendem und reflektiertem Strahl steht senkrecht auf der Spiegelfläche.*

1.4 Brechung

An einer ebenen dielektrischen Fläche wie zum Beispiel einer Glasscheibe finden Reflexion und Transmission gleichzeitig statt. Der transmittierte Teil des einfallenden Lichtstrahls wird dabei „gebrochen". Seine Richtungsänderung kann mit einer einzigen physikalischen Größe, dem „Brechungsindex" (auch: der Brechzahl, engl. *refractive index*), beschrieben werden. Er ist in einem optisch „dichteren" Medium größer als in einem „dünneren".

In der Strahlenoptik reicht die pauschale Beschreibung mit diesen Größen schon völlig aus, um die Wirkung wichtiger optischer Komponenten zu verstehen. Die Brechzahl spielt aber auch eine Schlüsselrolle beim Zusammenhang mikroskopischer physikalischer Eigenschaften von dielektrischen Körpern und ihrer

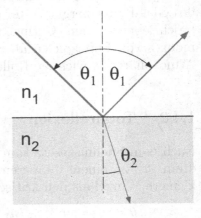

Abb. 1.3 *Brechung und Reflexion an einer dielektrischen Fläche.*

Wirkung auf die Ausbreitung makroskopischer optischer Wellen. Diese Wechselwirkung wird im Kapitel über Licht und Materie (Kap. 6) näher beschrieben.

1.4.1 Brechungsgesetz

Beim Übergang von einem optischen Medium „1" mit Brechungsindex n_1 in ein Medium „2" mit n_2 (Abb. 1.3) gilt das Brechungsgesetz des Snellius (Willebrord Snell, 1580-1626),

$$n_1 \sin \theta_1 = n_2 \sin \theta_2 \quad , \tag{1.2}$$

wobei mit $\theta_{1,2}$ der Einfalls- und Ausfallswinkel an der Grenzfläche bezeichnet werden. Eigentlich ist es etwas künstlich, zwei absolute, materialspezifische Brechungsindizes festzulegen, denn nach Gleichung (1.2) wird zunächst nur deren Verhältnis $n_{12} = n_1/n_2$ bestimmt. Wenn wir aber den Übergang von „1" in ein drittes Material „3" mit n_{13} betrachten, stellen wir fest, daß wir dann wegen $n_{23} = n_{21}n_{13}$ auch die Brechungseigenschaften des Übergangs von „2" nach „3" kennen. Diesen Zusammenhang können wir z.B. begründen, indem wir zwischen „1" und „2" ein dünnes Blatt des Materials „3" einfügen. Wenn wir noch festlegen – und im Rahmen der Wellenoptik genauer begründen –, daß das Vakuum den Brechungsindex $n_{\mathrm{Vac}} = 1$ erhält, sind für alle dielektrischen Materialien spezifische und absolute Werte festgelegt.

In Tab. 1.1 auf S. 11 haben wir physikalische Eigenschaften einiger ausgewählter Gläser zusammengestellt. Die Brechzahl liegt für die meisten Gläser in der Nähe von $n_{\mathrm{Glas}} = 1,5$. Unter gewöhnlichen atmosphärischen Bedingungen variiert der Brechungsindex von Luft zwischen 1,00002 und 1,00005. Er kann daher mit $n_{\mathrm{Luft}} = 1$ für die Brecheigenschaften der wichtigsten optischen Grenzfläche, des Glas-Luft-Übergangs, für die Zwecke der Strahlenoptik hinreichend genau beschrieben werden. Geringe Abweichungen und Variationen des Brechungsindexes von Luft spielen aber bei alltäglichen optischen Phänomenen in der Atmosphäre ein wichtige Rolle (s. Beispiel Luftspiegelung S. 7).

1.4.2 Totalreflexion

Nach dem Snelliusgesetz kann an einer Grenzfläche von einem dichteren Medium „1" zu einem dünneren „2" ($n_1 > n_2$) die Bedingung Gl.(1.2) nur für kleinere Winkel als den kritischen Wert θ_c erfüllt werden,

$$\theta < \theta_c = \sin^{-1} n_2/n_1 \quad . \tag{1.3}$$

Für $\theta > \theta_c$ wird die einfallende Intensität an der Grenzfläche vollständig reflektiert. Wir werden aber im Kapitel über Wellenoptik sehen, daß das Licht auch dann noch etwa eine Wellenlänge weit mit der sogenannten „evaneszenten" Welle in das dünnere Medium eindringt, und daß der Spiegelpunkt nicht genau auf der Grenzfläche liegt (Abb. 1.4). Das Auftreten der evaneszenten Welle ermöglicht die Anwendung der sogenannten „frustrierten" Totalreflexion z.B. zum Bau von Polarisatoren (Kap. 3.7.4).

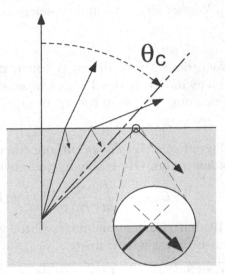

1.5 Fermatsches Prinzip: Die optische Weglänge

Solange sich Lichtstrahlen in einem homogenen Medium ausbreiten, scheinen sie dem kürzesten geometrischen Weg von einer Quelle zu einem Punkt zu folgen und damit diesen Weg in der kürzest möglichen Zeit zurückzulegen. Wenn auf dem Weg Brechung stattfindet, dann bewegt sich der Lichtstrahl aber ebenso offensichtlich nicht mehr auf dem geometrisch kürzesten Weg.

Abb. 1.4 *Totalreflexion an einer dielektrischen Fläche, kritischer Winkel* θ_c. *Der Reflexionspunkt der Strahlen liegt nicht genau auf, sondern etwas jenseits der Grenzfläche (Goos-Hänchen-Effekt [62, 140]).*

Der französische Mathematiker Pierre de Fermat (1601–1665) postulierte schon 1658, daß auch in diesem Fall der Lichtstrahl noch einem *Minimalprinzip* gehorcht und sich stets auf dem *zeitlich kürzesten Weg* von einer Quelle zu einem anderen Punkt ausbreitet.

Zur Erläuterung dieses Prinzips kann man sich keinen Berufeneren als den amerikanischen Physiker Richard P. Feynman (1918–1988) vorstellen, der Fermats Prinzip auch auf andere physikalische Phänomene verallgemeinert hat [55]. Es läßt sich an einem menschlichen Beispiel veranschaulichen: Man stelle sich vor, daß Romeo am Ufer eines gemächlich fließenden Stromes in einiger Entfernung seine große Liebe Julia entdeckt, die im Wasser um ihr Leben kämpft. Er rennt ohne Überlegung geradewegs auf das Ziel los — und hätte doch wertvolle Zeit sparen können, wenn er den größeren Teil der Strecke an Land zurückgelegt hätte, wo man eine deutlich höhere Geschwindigkeit als im Wasser erreicht.

Wir können diese Überlegung auch etwas formaler anstellen, indem wir die benötigte Zeit vom Beobachtungspunkt zu der Ertrinkenden als Funktion der geometrischen Weglänge bestimmen. Dabei stellt man fest, daß die kürzeste Zeit genau dann erreicht wird, wenn ein an der Wasser-Land-Grenze gebrochener Weg gewählt wird. Er erfüllt das Brechungsgesetz Gl.(1.2) genau dann, wenn wir die Brechungsindizes n_1 und n_2 durch die inversen Geschwindigkeiten zu Wasser und zu Lande ersetzen, d.h.

$$\frac{n_1}{n_2} = \frac{v_2}{v_1} \quad .$$

Nach dem Minimalprinzip von Fermat muß man fordern: Die Ausbreitungsgeschwindigkeit des Lichtes in einem Dielektrikum c_n wird im Vergleich zur Vakuumgeschwindigkeit c um den Brechungsindex n reduziert:

$$c_n = c/n \quad .$$

Die *optische Weglänge* entlang einer Trajektorie $\mathcal{C}$, auf welcher der Brechungsindex n vom Ort $\mathbf{r}$ abhängt, können wir nun ganz allgemein definieren nach

$$\mathcal{L}_{\text{opt}} = c \int_{\mathcal{C}} \frac{ds}{c/n(\mathbf{r})} = \int_{\mathcal{C}} n(\mathbf{r}) ds \quad . \tag{1.4}$$

Mit dem Tangenteneinheitsvektor $\mathbf{e}_t$ wird das Wegelement $ds = \mathbf{e}_t \cdot d\mathbf{r}$ entlang des Lichtwegs berechnet.

Beispiel: Fermatsches Prinzip und Brechung

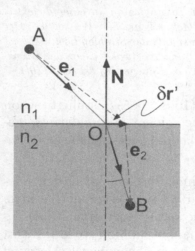

Als ein Beispiel für die Verwendung des Extremalprinzips wollen wir noch einmal die Brechung an einer dielektrischen Oberfläche betrachten und variieren dazu die Länge des optischen Weges zwischen den Punkten A und B in Abb. 1.5 ($\mathbf{r}_{AO}$:Vektor von A nach O etc., $\mathbf{e}$: Einheitsvektoren),

$$\mathcal{L}_{\text{opt}} = n_1 \mathbf{e}_1 \cdot \mathbf{r}_{AO} + n_2 \mathbf{e}_2 \cdot \mathbf{r}_{OB}$$

Wenn der Weg minimal sein soll, darf sich die Weglänge bei beliebigen kleinen Modifikationen $\delta \mathbf{r}'$ nicht ändern,

$$d\mathcal{L}_{\text{opt}} = (n_1 \mathbf{e}_1 - n_2 \mathbf{e}_2) \cdot \delta \mathbf{r}' = 0$$

Abb. 1.5 *Das Fermatsche Prinzip und Brechung an einer dielektrischen Oberfläche.*

Richtungsänderungen treten nur bei Variationen $\delta \mathbf{r}'$ entlang der Oberfläche mit der Flächennormalen $\mathbf{N}$ auf, $\delta \mathbf{r}' = \mathbf{N} \times \delta \mathbf{r}$, denn ansonsten propagiert das Licht geradlinig in homogenen Umgebungen.

Wir nutzen die Vertauschbarkeit des Spatprodukts, $(n_1 \mathbf{e}_1 - n_2 \mathbf{e}_2) \cdot \delta \mathbf{r}' = (n_1 \mathbf{e}_1 - n_2 \mathbf{e}_2) \cdot (\mathbf{N} \times \delta \mathbf{r}) = ((n_1 \mathbf{e}_1 - n_2 \mathbf{e}_2) \times \mathbf{N}) \cdot \delta \mathbf{r}$, und finden minimale Variation für

$$(n_1 \mathbf{e}_1 - n_2 \mathbf{e}_2) \times \mathbf{N} = 0 \quad .$$

Wie man leicht nachrechnet, reproduziert die vektorielle Formulierung das Snellius-Gesetz (1.2).

1.5.1 Inhomogene Brechzahl

Der Brechungsindex eines Körpers ist räumlich i. Allg. nicht homogen, sondern unterliegt kontinuierlichen, wenn auch geringen Schwankungen (wie das Material selbst), die die Ausbreitung von Lichtstrahlen beeinflussen: $n = n(\mathbf{r})$. Solche Schwankungen beobachten wir z.B. im Flimmern der heißen Luft über einer Flamme. Vom Phänomen der Luftspiegelung wissen wir gut, daß dabei wie an einer Glasoberfläche unter streifendem Einfall sogar Reflexion auftreten kann, obwohl der Brechungsindex zum heißen Boden hin nur geringfügig abfällt.

Auch dieser Fall der Ausbreitung eines Lichtstrahls läßt sich in der Strahlenoptik mit Hilfe des Fermatschen Prinzips behandeln, indem wir wieder die Idee des Extremalprinzips verwenden. Der Beitrag eines Wegelements ds zur optischen Weglänge beträgt $d\mathcal{L}_{\mathrm{opt}} = n\,ds = n\mathbf{e}_t \cdot d\mathbf{r}$, wobei $\mathbf{e}_t = \delta\mathbf{r}/ds$ den tangentialen Einheitsvektor der Trajektorie bezeichnet. Andererseits gilt im Einklang mit Gl.(1.4) $d\mathcal{L}_{\mathrm{opt}} = \boldsymbol{\nabla}\mathcal{L}_{\mathrm{opt}} \cdot d\mathbf{r}$ und man erhält den Zusammenhang

$$n\mathbf{e}_t = n\frac{d\mathbf{r}}{ds} = \boldsymbol{\nabla}\mathcal{L}_{\mathrm{opt}} \quad \text{und} \quad n^2 = (\boldsymbol{\nabla}\mathcal{L}_{\mathrm{opt}})^2 \quad ,$$

der als *Eikonalgleichung* der Optik bekannt ist. Die wichtige *Strahlengleichung* der Optik erhalten wir, indem wir die Eikonalgleichung erneut nach dem Weg differenzieren[1],

$$\frac{d}{ds}\left(n\frac{d\mathbf{r}}{ds}\right) = \boldsymbol{\nabla}n \quad . \tag{1.5}$$

Für homogene Materialien ($\boldsymbol{\nabla}n = 0$) reproduziert man ohne Schwierigkeiten aus (1.5) eine Geradengleichung.

Beispiel: Luftspiegelung

Wir wollen als ein kurzes Beispiel die Reflexion an einer heißen, bodennahen Luftschicht betrachten, die eine Verdünnung der Luft und damit eine Verringerung der Brechzahl verursacht. (Ein weiteres Beispiel ist die Ausbreitung von Lichtstrahlen in einer Gradienten-Lichtfaser, Kap. 1.7.3.) Wir nehmen in guter Näherung an, daß bei ruhiger Luft die Brechzahl mit dem Abstand y vom Boden zunimmt, z.B. $n = n_0(1 - \varepsilon e^{-\alpha y})$. Der Effekt ist klein, daher wird gewöhnlich $\varepsilon \ll 1$ gelten, während die Skalenlänge α von der Größenordnung

---

[1]Dabei verwenden wir $d/ds = \mathbf{e}_t \cdot \boldsymbol{\nabla}$ und im Folgenden
$$\frac{d}{ds}\boldsymbol{\nabla}\mathcal{L} = (\mathbf{e}_t \cdot \boldsymbol{\nabla})\boldsymbol{\nabla}\mathcal{L} = \frac{1}{n}(\boldsymbol{\nabla}\mathcal{L} \cdot \boldsymbol{\nabla})\boldsymbol{\nabla}\mathcal{L} = \frac{1}{2n}\boldsymbol{\nabla}(\boldsymbol{\nabla}\mathcal{L})^2 = \frac{1}{2n}\boldsymbol{\nabla}n^2$$

$\alpha = 1$ m^{-1} ist. Wir betrachten Gl.(1.5) komponentenweise für $\mathbf{r} = (y(x), x)$ und finden für die x-Koordinate mit der Konstanten C

$$n\frac{dx}{ds} = C \ .$$

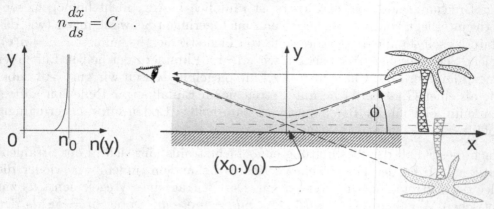

Abb. 1.6 *Brechzahlprofil und Strahlengang bei einer Luftspiegelung.*

Dieses Ergebnis können wir als Teillösung für die y-Koordinate verwenden,

$$\frac{d}{ds}\left(n\frac{dy}{ds}\right) = \frac{d}{dx}\left(n\frac{dy}{dx}\frac{dx}{ds}\right)\frac{dx}{ds} = \frac{d}{dx}\left(C\frac{dy}{dx}\right)\frac{C}{n} = \frac{\partial n(y)}{\partial y} \ .$$

Die Konstante können wir frei wählen, $C = 1$, denn sie skaliert lediglich die x-Koordinate. Wir erhalten wegen $2n\partial n/\partial y = \partial n^2/\partial y$ und $n^2 \simeq n_0^2(1 - 2\varepsilon e^{-\alpha y})$ für $\varepsilon \ll 1$:

$$\frac{d^2 y(x)}{dx^2} = \frac{1}{2}\frac{\partial}{\partial y}n^2(y) = n_0^2 \varepsilon \alpha e^{-\alpha y} \ .$$

Diese Gleichung kann mit elementaren Methoden gelöst werden. Wir führen den Steigungswinkel ϕ ein und schreiben das Resultat mit $\kappa = (\alpha/2)\tan\phi$ günstig in der Form:

$$y = y_0 + \frac{1}{\alpha}\ln\left[\cosh^2(\kappa(x - x_0)\right] \overset{\kappa(x-x_0)\gg 1}{\longrightarrow} y = y_0 + \frac{2\kappa}{\alpha}(x - x_0) \ .$$

Bei großen Abständen vom Spiegelpunkt bei $x = x_0$ finden wir wie erwartet geradlinige Ausbreitung. Der maximale Winkel $\phi_{\max} = \arctan 2\kappa/\alpha$, unter welchem Reflexion noch möglich ist, wird durch $\kappa \leq n_0\alpha(\varepsilon/2)^{1/2}$ beschränkt. Der Beobachter nimmt wie in Abb. 1.6 dargestellt zwei Bilder wahr, von denen eines auf dem Kopf steht und damit einem Spiegelbild entspricht. Die Krümmung der Lichtstrahlen nimmt mit dem Abstand vom Boden schnell ab und wird deshalb für die „obere" Sichtverbindung vernachlässigt. Bei (x_0, y_0) kann ein „virtueller" Spiegelpunkt definiert werden.

1.6   Prismen

Abb. 1.7 *Reflexions- oder 90°-Prisma. Dieses Prisma wird zur rechtwinkligen Strahlablenkung verwendet. Es kann auch zur Konstruktion eines Retroreflektors verwendet werden, durch dessen Verschiebung eine einfache optische Verzögerungsstrecke mit $\Delta t = 2\Delta\ell/c$ realisiert wird.*

Die technisch wichtige rechtwinklige Reflexion wird bei Spiegelung unter einem Einfallswinkel von $\theta_i = 45°$ erreicht. Dieser liegt für gewöhnliche Gläser (n $\simeq$ 1,5) schon über dem Winkel der Totalreflexion $\theta_c = \sin^{-1}(1/1,5) = 42°$. Glas-Prismen sind deshalb häufig verwendete, einfache optische Elemente, die zur Strahlsteuerung verwendet werden. Kompliziertere Prismen werden in zahlreichen Varianten für Mehrfachreflexionen realisiert, bei denen sie wegen der geringeren Verluste und der kompakten und robusten Bauform gegenüber den entsprechenden Spiegelkombinationen Vorteile aufweisen.

Zu den häufig benutzten Bauformen zählen das Porro-Prisma und der Retroreflektor aus Abb. 1.8 (andere Bezeichnungen sind „Katzenauge" oder „Tripelspiegel" und engl. *corner cube reflector*). Das Porro-Prisma und seine Varianten werden zum Beispiel in Ferngläsern verwendet, um aufrechte Bilder zu erzeugen.

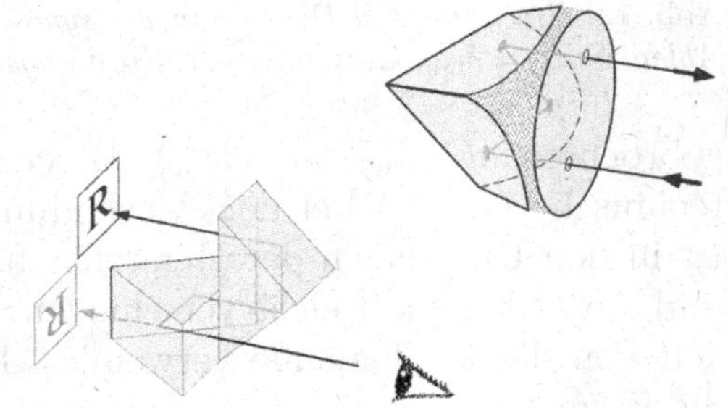

Der Retroreflektor spielt eine wichtige Rolle nicht nur in der optischen Längenmeßtechnik und Interferometrie, sondern verhilft – in Kunststoff gegossen – auch den Sicherheitsreflektoren an Fahrzeugen zu ihrer Funktion.

Abb. 1.8 *Das Porro-Prisma wird aus zwei rechtwinkligen Prismen kombiniert, mit denen die Bildebene eines Objekts so rotiert wird, daß man in Kombination mit einer Linsenabbildung ein aufrechtes Bild erhält. Der Retroreflektor wirft jeden Lichtstrahl unabhängig von seinem Einfallswinkel parallel verschoben zurück.*

In einem zylindrischen Glasstab (Abb. 1.11) wird ein Lichtstrahl immer wieder an der Grenzfläche in das Innere zurück gelenkt, ohne seinen Laufwinkel relativ zur Stabachse zu ändern.

Solche Glasstäbe werden z.B. benutzt, um das Licht einer Strahlungsquelle an einen Photodetektor heranzuführen. In miniaturisierter Form finden sie als *Lichtwellenleiter* Anwendung in der optischen Kommunikationstechnik. Ihre Eigenschaften werden im Kapitel Strahlenausbreitung in Wellenleitern (1.7) und später in der Wellenoptik (3.3) genauer beschrieben.

1.6.1   Dispersion

Prismen haben eine historische Rolle bei der spektralen Zerlegung des weißen Lichtes in seine Bestandteile gespielt. Der Brechungsindex und damit der Ablenkwinkel δ in Abb. 1.9 ist nämlich abhängig von der Wellenlänge, $n = n(\lambda)$, so daß Strahlen verschiedener Farbe mit unterschiedlichen Winkeln abgelenkt werden. Bei *normaler Dispersion* werden blaue stärker als rote Wellenlängen

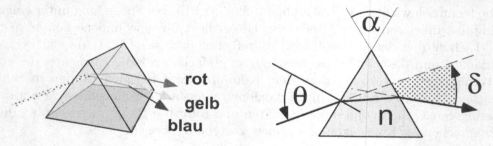

Abb. 1.9 *Brechung und Dispersion am symmetrischen Prisma. Aus dem Minimalwinkel der Ablenkung $\delta = \delta_{\min}$ kann man den Brechungsindex n auf einfache Art und Weise bestimmen.*

gebrochen, $n(\lambda_{\text{blau}}) > n(\lambda_{\text{rot}})$. Brechzahl und Dispersion sind sehr wichtige technische Größen bei der Anwendung optischer Materialien. Die Brechzahl ist in den Unterlagen der Hersteller für verschiedene Wellenlängen tabelliert, und es werden (zahlreiche verschiedene) empirische Formeln für ihre Abhängigkeit von der Wellenlänge verwendet. Die Konstanten aus Tab. 1.1 gelten für die Formel

$$n^2 = 1 + \frac{B_1\lambda^2}{\lambda^2 - C_1} + \frac{B_2\lambda^2}{\lambda^2 - C_2} + \frac{B_3\lambda^2}{\lambda^2 - C_3} \quad (\lambda \text{ in } \mu\text{m}) \quad . \tag{1.6}$$

Durch geometrische Überlegungen findet man, daß der Ablenkungswinkel δ in Abb. 1.9 außer vom Einfallswinkel θ nur vom Öffnungswinkel α des symmetrischen Prismas und natürlich seinem Brechungsindex n abhängt,

$$\delta = \theta - \alpha + \arcsin\left(\sin\left(\alpha\sqrt{n^2 - \sin^2\theta}\right) - \cos\alpha\sin\theta\right)$$
$$\delta_{\min} = 2\theta_{\text{symm}} - \alpha \quad .$$

Der minimale Ablenkwinkel $\delta_{\min}$ wird beim symmetrischen Durchgang durch das Prisma erreicht ($\theta = \theta_{\text{symm}}$) und ermöglicht eine präzise Bestimmung der

Tab. 1.1 *Optische Eigenschaften ausgewählter Gläser*

Kurzname	BK7	SF11	LaSF N9	BaK 1	F 2
Name	Borkron	Schwerflint		Barytkron	Flint
Abbe-Zahl A	64,17	25,76	32,17	57,55	36,37
Brechzahl n bei ausgewählten Wellenlängen					
$\lambda = 486, 1 nm$	1,5224	1,8065	1,8690	1,5794	1,6321
$\lambda = 587, 6 nm$	1.5168	1.7847	1.8503	1.5725	1.6200
$\lambda = 656, 3 nm$	1,5143	1,7760	1,8426	1,5695	1,6150
Dispersionskonstanten der Brechzahl nach Gl.(1.6)					
B_1	1,0396	1,7385	1,9789	1,1237	1,3453
B_2	0,2379	0,3112	0,3204	0,3093	0,2091
B_3	1,0105	1,1749	1,9290	0,8815	0,9374
C_1	0,0060	0,0136	0,0119	0,0064	0,0100
C_2	0,0200	0,0616	0,0528	0,0222	0,0470
C_3	103,56	121,92	166,26	107,30	111,89
Dichte ρ (g/cm^{-3})					
	2,51	4,74	4,44	3,19	3,61
Ausdehnungskoeffizient $\delta\ell/\ell$ (-30 C bis +70 C) $\times 10^6$ (K^{-1})					
	7,1	6,1	7,4	7,6	8,2

Spannungsdoppelbrechung: typ. 10 nm/cm

Homogenität der Brechzahl von Schmelze zu Schmelze: $\delta n/n = \pm 1 \times 10^{-4}$

Brechzahl. Das Endergebnis drückt man vorteilhaft durch die Meßgrößen α und δ_{min} aus,

$$n = \frac{\sin\left[(\alpha + \delta_{min})/2\right]}{\sin\left(\alpha/2\right)} \; .$$

Für eine quantitative Abschätzung des Dispersionsvermögens K von Gläsern benutzt man gerne die Abbe-Zahl A. Sie setzt den Brechungsindex bei einer gelben Wellenlänge (bei $\lambda = 587, 6$ nm, der D-Linie von Helium) ins Verhältnis zur Brechzahländerung, die durch die Differenz der Brechzahlen bei einer blauen ($\lambda = 486, 1$ nm, Fraunhofer-Linie F von Wasserstoff) und einer roten ($\lambda = 656, 3$ nm, Fraunhofer-Linie C von Wasserstoff) geschätzt wird,

$$A = K^{-1} = \frac{n_D - 1}{n_F - n_C} \; .$$

Danach bedeutet eine große Abbe-Zahl geringe Dispersion, eine kleine Abbe-Zahl starke Dispersion. Die Abbe-Zahl ist auch bei der Korrektur von Farbfehlern (chromatischen Fehlern) wichtig (s. Kap. 4.5.3).

Die Brechzahl beschreibt die Wechselwirkung von Licht und Materie, und wir werden noch sehen, daß sie eine komplexe Größe ist und nicht nur die Dispersions-, sondern auch die Absorptionseigenschaften beschreibt. Es ist darüberhinaus Aufgabe einer mikroskopischen Beschreibung der Materie, die dynamische Polarisierbarkeit zu bestimmen und auf diesem Weg den Zusammenhang mit der makroskopischen Beschreibung herzustellen.

1.7   Lichtstrahlen in Glasfasern

Abb. 1.10 *Station Nr. 51 an der optisch-mechanischen Licht-Meldestrecke Berlin-Köln-Koblenz auf dem Turm der Kölner Kirche St. Pantaleon. Gemälde von Weiger 1840.*

Die Übermittlung von Nachrichten mittels Lichtzeichen ist eine sehr naheliegende und schon sehr lange verwendete Methode. Zum Beispiel wurden im 19. Jahrhundert mechanische Zeiger auf hohen Türmen montiert und per Fernrohr abgelesen, um Übertragungsstrecken von vielen Hundert km zu realisieren. Grundsätzlich wird die Freiluft-Übertragung auch heute mit Laserlichtquellen eingesetzt. Sie ist aber in der Atmosphäre selbst auf kurzen Distanzen immer durch deren Streuverluste beeinträchtigt, denn Turbulenzen, Staub und Regen können die Ausbreitung eines freien Laserstrahls schnell behindern.

Schon seit langem gibt es Ideen zur Führung von optischen Wellen. Zum Beispiel hat man zunächst in Anlehnung an die Mikrowellentechnik Hohlrohre aus Kupfer eingesetzt, deren Dämpfung aber zu hoch ist, um eine Übertragung über größere Strecken zu erlauben. Später wurden zum gleichen Zweck periodische Linsensysteme verwendet, deren Einsatz aber ebenfalls an den großen Verlusten und an der geringen mechanischen Flexibilität scheiterte.

Den entscheidenden Durchbruch erlebte die „optische Nachrichtenübertragung" mit der Entwicklung verlustarmer *Glasfasern*, die nichts anderes sind als Elemente zur Führung von Lichtstrahlen. Sie können verlegt werden wie elektrische Kabel, vorausgesetzt, daß es geeignete Sende- und Empfangsgeräte gibt.

Mit Überseekabeln lassen sich deutlich kürzere Signallaufzeiten und damit ein höherer Komfort bei Telefongesprächen als mit geostationären Satelliten realisieren, bei denen zwischen Frage und Antwort stets eine unangenehme und hemmende Pause liegt.

Die Ausbreitung von Lichtstrahlen in dielektrischen Wellenleitern ist daher ein wichtiges Kapitel der modernen Optik. Einige Grundzüge lassen sich schon mit den Mitteln der Strahlenoptik verstehen.

1.7.1 Strahlenoptik in Wellenleitern

Die Totalreflexion an einem optisch dichteren Medium stellt das fundamentale physikalische Phänomen zur Verfügung, um Lichtstrahlen in einem dielektrischen Medium zu führen.

Danach werden zum Beispiel in homogenen Glaszylindern diejenigen Strahlen von einem Ende zum anderen Ende geführt, deren Winkel mit der Zylinderachse kleiner bleibt als der Winkel der Totalreflexion θ_c. Die Führung der Lichtstrahlen wird in einem homogenen massiven Glaszylinder durch jede Störung der Oberfläche behindert, und ein Schutzmantel würde die Totalreflexion sogar unterdrücken.

Daher sind mehrere Konzepte entwickelt worden, bei denen die Lichtwellen durch Brechzahlvariationen im Zentrum eines Wellenleiters geführt werden. Diese Wellenleiter können mit einer Kabelumhüllung versehen werden und ähnlich wie elektrische Kabel verlegt werden.

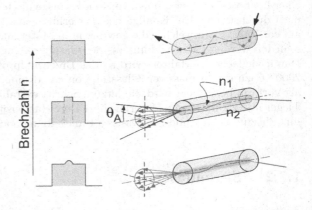

Abb. 1.11 *Brechzahlprofile und Strahlführung in optischen Wellenleiter: Oben: Wellenleiter mit homogener Brechzahl; Mitte: Mit Stufenprofil der Brechzahl (Stufenfaser); Unten: Mit kontinuierlichem Brechzahlprofil (Gradientenfaser).*

Wir werden die beiden wichtigsten Typen vorstellen, wobei die Stufen-Index-Faser aus zwei homogenen Zylindern mit unterschiedlicher Brechzahl besteht (Abb. 1.11). Um Strahlführung zu erreichen, muß die höhere Brechzahl im Mantel liegen. Gradientenfasern mit kontinuierlich veränderlichem, in guter Näherung parabolischem Brechzahl-Profil sind aufwendiger herzustellen, besitzen aber technische Vorteile wie zum Beispiel eine geringe Gruppengeschwindigkeitsdispersion.

Exkurs: Herstellung von Glasfasern

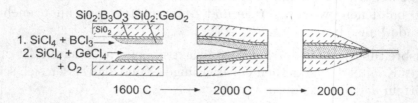

Abb. 1.12 *Herstellung von Glasfasern. Die Vorform wird aus geeigneten Materialien mit ausgewählter Brechzahl hergestellt, die auf der Innenwand eines Quarzrohrs durch chemische Reaktionen abgeschieden werden.*

Als Ausgangsmaterial wird ein handelsübliches Rohr aus Quarzglas verwendet. Es rotiert auf einer Drehbank und wird innen von einem Gasgemisch (Chloride wie hochreines $SiCl_4$, $GeCl_4$ u.a.) durchströmt. Ein Knallgasbrenner erhitzt eine kleine Zone von wenigen Zentimetern auf ca. 1600° C, in welcher die gewünschten Materialien als Oxide auf der Innenwand abgeschieden werden (Abscheidung aus der Gasphase, engl. *chemical vapour deposition, CVD*). Durch vielfaches Verfahren wird so das Brechzahlprofil aufgebaut, bevor das Rohr bei ca. 2000° C zu einem massiven Glasstab von ca. 10 mm Durchmesser verschmolzen wird, der als Vorform bezeichnet wird. Im letzten Schritt extrahiert eine Faserziehmaschine aus einem Tiegel mit zähflüssigem Material die Faser. Handelsübliche Querschnitte sind 50 und 125 μm, die zum Schutz und zur besseren Handhabung noch mit einem Mantel umgeben werden.

1.7.2 Stufenfasern

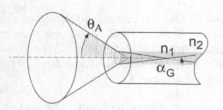

Abb. 1.13 *Der Grenzwinkel α_G in der Stufenfaser wird durch den kritischen Winkel der Totalreflexion an der Grenze von Kern und Mantel bestimmt.*

Das Prinzip der Totalreflexion wird in *Stufenfasern* (Abb. 1.13) angewendet, die aus einem *Kern* mit Brechungsindex n_1 und einem *Mantel* mit $n_2 < n_1$ bestehen (im Englischen *step index fibre, core* und *cladding*). Allerdings beträgt der relative Brechzahlunterschied

$$\Delta = \frac{n_1 - n_2}{n_1} \qquad (1.7)$$

nur 1–2 %, und die Lichtstrahlen werden nur geführt, wenn der Winkel α zur Faserachse flach genug ist, kleiner als der Winkel α_G, der die Bedingung für die Totalreflexion gerade erfüllt.

Zum Beispiel findet man für Quarzfasern ($n_2 = 1,45$ @ $\lambda = 1,55$ μm), deren Kernbrechzahl durch GeO_2-Dotierung auf $n_1 = n_2 + 0,015$ erhöht worden ist, nach $\theta_c = \sin^{-1}(n_2/n_1)$ den kritischen Winkel $\theta_c = 81,8°$. Der komplementäre Strahlenwinkel relativ zur Faserachse, $\alpha_G = 90° - \theta_c$, wird wegen $n_2/n_1 = 1 - \Delta$

näherungsweise durch

$$\alpha_G \simeq \sin \alpha_G \simeq \sqrt{2\Delta} \qquad (1.8)$$

in Relation zu Δ gesetzt und für diesen Fall auf $\alpha \leq 8,2°$ begrenzt.

Wenn die Lichtstrahlen die Achse einer Faser schneiden, findet die Ausbreitung in der Schnittebene statt, die als *meridionale Ebene* bezeichnet wird. Schiefe Strahlen (engl. *skewed rays*) laufen an der Achse vorbei und werden auf einem Polygon im Kreis herumgeführt. Man kann zeigen, daß auch schiefe Strahlen mit der z-Achse einen Winkel $\alpha < \alpha_G$ einschließen müssen, um durch Totalreflexion geführt zu werden.

Numerische Apertur einer Faser

Um einen Lichtstrahl in einer Faser zu führen, muß der Einfallswinkel bei der Einkopplung genügend klein gewählt werden. Der maximale Öffnungswinkel θ_A des Akzeptanzkegels (Abb. 1.13) kann nach dem Brechungsgesetz ermittelt werden,

$$NA = \sin \theta_A = n_1 \cos \theta_c = (n_1^2 - n_2^2)^{1/2} \simeq n_1 \sqrt{2\Delta} \quad . \qquad (1.9)$$

Der Sinus des Öffnungswinkels wird als **N**umerische **A**pertur NA bezeichnet und kann wegen (1.8) auch nach $NA \simeq n_1 \sqrt{2\Delta}$ abgeschätzt werden. Für die schon oben erwähnte Quarzfaser erhält man z.B. $NA = 0,21$, einen trotz des geringen Brechzahlunterschiedes brauchbaren, durchaus typischen Wert für optische Standardfasern.

Ausbreitungsgeschwindigkeit

In der Strahlrichtung breitet sich das Licht im Faserkern mit der Geschwindigkeit $v_0 = c/n_1$ aus. Entlang der z-Achse aber breitet sich der Strahl mit einer reduzierten Geschwindigkeit aus,

$$\langle v_z \rangle = (c/n_1) \cos \alpha \quad .$$

In Kapitel 3.3 über die Wellentheorie der Lichtpropagation in Fasern werden wir sehen, daß die Ausbreitungsgeschwindigkeit mit der Propagationskonstante und der Phasengeschwindigkeit zusammenhängt.

In der Nachrichtentechnik ist es wichtig, digitale Nachrichten, also Pulssequenzen zu übertragen, und am Empfänger müssen die Lichtpulse natürlich noch erkennbar sein. In der Glasfaser werden vielleicht schon bei der Einkopplung, spätestens an jeder Krümmung auch schiefe Strahlen erzeugt, die je nach Einfallswinkel α verschieden schnell entlang der Faser laufen und den Lichtpuls zerfließen lassen. In der Wellentheorie wird dieser Effekt, der die Frequenzbandbreite von Glasfasern begrenzt, als *Modendispersion* bezeichnet.

1.7.3   Gradientenfasern

Strahlführung kann man auch in einer *Gradientenfaser* (engl. *gradient index fibre*, GRIN) erreichen, wobei der quadratischen Variation der Brechzahl besondere Bedeutung zukommt. Um die Krümmung eines Lichtstrahls durch das Brechzahlprofil zu bestimmen, verwenden wir die Strahlengleichung (1.5). Sie wird in paraxialer Näherung $(ds \simeq dz)$ und für die zylindrisch symmetrische Faser stark vereinfacht,

$$\frac{d^2r}{dz^2} = \frac{1}{n}\frac{dn}{dr} .$$

Ein parabolisches Brechzahlprofil mit der Brechzahldifferenz $\Delta = (n_1 - n_2)/n_1$,

$$n(r \leq a) = n_1\left(1 - \Delta\left(\frac{r}{a}\right)^2\right) \quad \text{und} \quad n(r > a) = n_2 \tag{1.10}$$

fällt vom Maximalwert n_1 bei $r = 0$ auf n_2 bei $r = a$ ab. Man erhält die Bewegungsgleichung des harmonischen Oszillators,

$$\frac{d^2r}{dz^2} + \frac{2\Delta}{a^2}r = 0 \ ,$$

und erkennt sofort, daß der Lichtstrahl Pendel-Bewegungen um die z-Achse ausführt,

$$r(z) = r_0 \sin\left(2\pi z/\Lambda\right) , \tag{1.11}$$

mit der Periodenlänge

$$\Lambda = 2\pi/K = 2\pi a/\sqrt{2\Delta} . \tag{1.12}$$

Die maximal zulässige Auslenkung beträgt $r_0 = a$, denn sonst verliert der Strahl seine Führung. Dabei tritt auch der größte Laufwinkel $\alpha_G = \sqrt{2\Delta}$ beim Achsendurchgang auf. Er ist mit dem Grenzwinkel der Totalreflexion in der Stufenfaser (Gl. 1.8) identisch und hat auch den gleichen Zusammenhang mit der numerischen Apertur (Gl. 1.9) zur Folge.

Beispiel: Propagationsgeschwindigkeit in der Stufenfaser
Der Lichtstrahl benötigt für die Ausbreitung entlang der Faser für eine Periodenlänge nach (1.11) die Zeit

$$T = \int_0^T dt' = \int_0^\Lambda dz/v_z(z) .$$

Die Geschwindigkeit hängt vom Brechzahlprofil (Gl. 1.10) ab, $v(z) = c/n(r(z))$. Die z-Komponente wird nach $v_z(z) = v(z)/\sqrt{1 + r'(z)^2}$ berechnet, so daß man T berechnet nach

$$T = \int_0^\Lambda \frac{n_1}{c}(1 - \Delta(r_0/a)^2 \sin^2 Kz)(1 + 2\Delta(r_0/a)^2 \cos^2 Kz)^{1/2}dz .$$

Die Beiträge der oszillierenden Faktoren sind sehr klein wegen $\Delta(r_0/a)^2 \ll 1$, daher können wir entwickeln

$$T = \int_0^\Lambda \frac{n_1}{c}(1 - \Delta\frac{r_0^2}{a^2}\sin^2 Kz)(1 + \Delta\frac{r_0^2}{a^2}\cos^2 Kz + \ldots)dz$$

$$= \frac{n_1\Lambda}{c}\int_0^{2\pi}(1 - \Delta\frac{r_0^2}{a^2}\sin^2 x + \Delta\frac{r_0^2}{a^2}\cos^2 x + \mathcal{O}(\Delta^2(r_0/a)^4))dx$$

und erhalten nach elementarer Integration das bemerkenswerte Ergebnis

$$T \sim n_1\Lambda/c \; :$$

die Propagationsgeschwindigkeit hängt in der Gradientenfaser anders als in der Stufenfaser gar nicht vom Laufwinkel ab, jedenfalls bis zur Ordnung $\Delta^2(r_0/a)^4$. Insbesondere wird auch ein parallel einfallendes Strahlenbündel nach der Länge $\Lambda/4$ in einem Punkt fokussiert. Kurze Faserstücke mit dieser Länge werden als Linsen verwendet, sie heißen *GRIN*-Linsen . Wie wir noch sehen werden, spielt die geringe Abhängigkeit vom Laufwinkel eine wichtige Rolle bei der Signalausbreitung in Glasfasern (s. Kap. 3.3).

1.8 Linsen und Hohlspiegel

Die Entstehung eines Bildes nimmt in der Optik eine zentrale Stellung ein, und *Linsen* und *Hohlspiegel* sind unverzichtbare Bauteile optischer Geräte. Wir befassen uns zunächst nur mit der Wirkung dieser Komponenten auf optische Strahlengänge, der Bildentstehung haben wir wegen ihrer großen Bedeutung ein eigenes Kapitel (4) gewidmet.

1.8.1 Linsen

Unter einer *idealen* Linse wollen wir ein optisches Element verstehen, das alle Strahlen einer punktförmigen Quelle wieder in einem Punkt vereinigt. Eine Abbildung, bei der alle möglichen Gegenstandspunkte in Bildpunkte überführt werden, bezeichnen wir als *stigmatische* Abbildung (von griech. Stigma, Punkt). Die Quelle kann auch sehr weit entfernt liegen und die Linse mit einem parallelen Strahlenbündel ausleuchten. In diesem Fall soll der Vereinigungspunkt *Brennpunkt* heißen. Wir betrachten das Bündel paralleler Strahlen in Abb. 1.14, das die Linse trifft und im Brennpunkt vereinigt wird. Nach dem Fermatschen Prinzip muß die optische Weglänge für alle möglichen Wege gleich sein, das heißt unabhängig vom Abstand eines Teilstrahls zur Achse. Dann muß

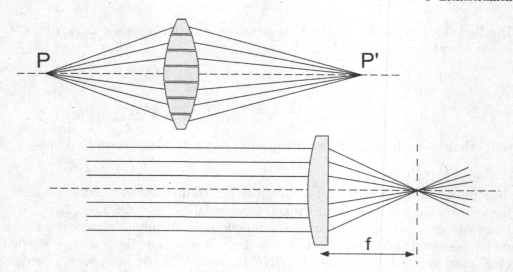

Abb. 1.14 Oben: *Stigmatische Linsenabbildung. Alle Strahlen, die von einem Objektpunkt P ausgehen, werden in einem Bildpunkt P' wieder vereinigt. Die Lichtstrahlen werden durch den dickeren Linsenkörper nahe der Achse stärker verzögert als in den Randbereichen, so daß alle Strahlen zum Bildpunkt den gleichen optischen Weg zurücklegen. Die Linse ist als eine Kombination von mehreren Prismen vorgestellt.* Unten: *Ein paralleles Strahlenbüschel stammt aus einer unendlich weit entfernten Quelle und wird im Brennpunkt f fokussiert.*

die Lichtausbreitung auf der Symmetrieachse der Linse am stärksten und zum Rand der Linse hin immer weniger verzögert werden!

Für eine vereinfachte Analyse vernachlässigen wir die Dicke des Linsenkörpers, betrachten die geometrische Zunahme der Weglänge von der Linse zum Brennpunkt im Abstand f und entwickeln für achsnahe Strahlen nach der Abhängigkeit vom Achsabstand r,

$$\ell(r) = \sqrt{f^2 + r^2} \simeq f\left(1 + \frac{r^2}{2f^2}\right). \tag{1.13}$$

Um das quadratische Anwachsen der optischen Weglänge $\ell(r)$ zu kompensieren, muß die Verzögerung durch den Weg im Linsenglas – und damit dessen Dicke – ebenfalls quadratisch variieren. Das aber ist genau die Bedingung für die Kugelflächen, die sich für Sammellinsen als außerordentlich erfolgreich erwiesen haben! Auf dasselbe Ergebnis stößt man mit sehr viel mehr rechnerischem Aufwand, wenn man die Brechungseigenschaften an der Linsenoberfläche untersucht und sich vorstellt, daß eine Linse aus vielen dünnen Prismen zusammen gesetzt ist (Abb. 1.14).

Die Frage, nach welchen Kriterien man eine plankonvexe oder eine bikonvexe Linse auswählt, werden wir im Kapitel über Bildfehler behandeln.

1.8.2 Hohlspiegel

Unter den gekrümmten Spiegeln spielen die Hohl- oder Parabolspiegel die wichtigste Rolle. Sie sind von den großen astronomischen Teleskopen (s. Kap. 4) sehr bekannt, weil wir mit ihrer Hilfe tief in die faszinierende Welt des Kosmos eingedrungen sind. Noch viel häufiger finden sie aber in Laser-Resonatoren Anwendung (Kap. 5.6).

Wir können die Verhältnisse der ebenen Reflexion auf die gekrümmten Spiegelflächen übertragen, wenn wir im Aufpunkt die Tangentialebene berücksichtigen. Hohlspiegel besitzen meistens axiale Symmetrie, und die Wirkung auf ein paralleles Strahlenbündel in einer Schnittebene veranschaulicht Abb. 1.15:

Die reflektierten Teilstrahlen treffen sich wie bei der Linse im Brennpunkt oder Fokus auf der Spiegelachse. Es ist aus der Geometrie bekannt, daß dann die Reflexionspunkte auf einer Parabel liegen müssen.

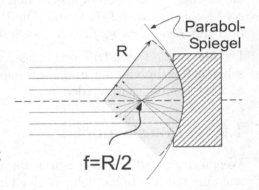

In der Achsennähe können Parabolspiegel in guter Näherung durch sphärische Spiegel ersetzt werden, deren Herstellung sehr viel einfacher ist. In Abb. 1.16 sind links die geometrischen Elemente dargestellt, aus welchen man die Abhängigkeit der Brennweite f (hier durch den Schnittpunkt mit der optischen Achse

Abb. 1.15 *Strahlengang am Hohlspiegel. Bei achsnahem Lichteinfall werden sphärische Spiegel verwendet.*

definiert) vom Achsenabstand y_0 eines parallel einfallenden Strahl berechnet,

$$f = R - \frac{R}{2\cos\alpha} \simeq \frac{R}{2}\left(1 - \frac{1}{2}\left(\frac{y_0}{R}\right)^2 + \ldots\right) \quad .$$

Im allgemeinen vernachlässigen wir die quadratische Korrektur, die einen Öffnungsfehler verursacht, der in Kap. 4.5.2 näher untersucht wird.

Im Laserresonator tritt häufig die Situation auf, daß der sphärische Spiegel zugleich als Umlenkspiegel benutzt wird, zum Beispiel im „Bowtie-Resonator" aus Abb. 7.33. Dann wird die Brennweite von Strahlen in der Strahlebene (f_x) und von derjenigen senkrecht dazu (f_y) von $f_0 = R/2$ abweichen,

$$f_x = \frac{R}{2\cos\alpha} = \frac{f_0}{\cos\alpha} \quad \text{und} \quad f_y = \frac{R\cos\alpha}{2} = f_0\cos\alpha$$

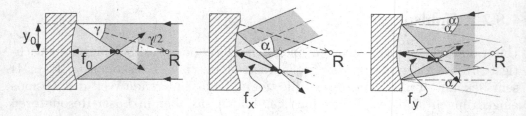

Abb. 1.16 *Fokussierung eines parallel (links) und schief (mitte: Draufsicht; rechts: Seiten-ansicht) zur optischen Achse einfallenden Strahlenbündels.*

Die geometrischen Verhältnisse in der Draufsicht (Abb. 1.16 Mitte) sind leicht einzusehen. In der Seitenansicht betrachtet man die Projektion auf eine Ebene senkrecht zur Ausfallsrichtung. Die Projektion von Radius und Brennweite ist dort auf $R\cos\alpha$ bzw. $f\cos\alpha$ verkürzt.

Die hier auftretende Differenz zwischen den beiden Ebenen wird als astigmatischer Fehler bezeichnet und kann manchmal durch einfache Mittel (s. Beispiel S. 173) kompensiert werden.

1.9   Matrizenoptik

Wegen der geradlinigen Ausbreitung läßt sich ein freier Lichtstrahl rechnerisch wie eine Gerade behandeln. In der Optik sind Systeme mit axialer Symmetrie besonders wichtig, und der einzelne Lichtstrahl wird dann durch den Abstand und die Steigung relativ zur Achse vollständig beschrieben (Abb. 1.17). Wenn das System nicht rotationssymmetrisch ist, zum Beispiel nach dem Durchgang durch eine Zylinderlinse, dann können wir mit derselben Methode zwei unabhängige Anteile in x- und y-Richtung betrachten.

Die Modifikation der Strahlrichtung durch optische Komponenten — Spiegel, Linsen, dielektrische Flächen — wird bei der Brechung durch einen trigonometrischen und daher nicht immer ganz einfachen Zusammenhang beschrieben. Für achsnahe Strahlen kann man diese Funktionen häufig linearisieren und damit die rechnerische Behandlung enorm vereinfachen. Das wird zum Beispiel bei der linearisierten Form des Brechungsgesetzes (1.2) deutlich:

$$n_1\theta_1 = n_2\theta_2 \tag{1.14}$$

Diesen Umstand haben wir uns schon bei der Anwendung des Fermatschen Prinzips auf eine ideale Linse zunutze gemacht. Achsnahe Strahlen erlauben auch den Gebrauch von Kugelflächen für Linsen, die erheblich einfacher herzustellen sind als die mathematischen Idealflächen. Darüber hinaus sind die Idealsysteme i. Allg. nur für ausgewählte Strahlensysteme „ideal", leiden ansonsten wie andere Systeme an Bildfehlern.

Weil wir die Modifikation eines Lichtstrahls durch optische Elemente in dieser Näherung durch lineare Transformationen angeben können, sind Matrizen ein bequemes mathematisches Hilfsmittel zur Berechnung der fundamentalen Eigenschaften optischer Systeme. Die Entwicklung dieser Methode hat zu dem Begriff *Matrizenoptik* geführt. Die Transformationsmatrizen lassen sich für die Strahlenoptik sehr anschaulich einführen. Entscheidende Bedeutung haben sie aber erlangt, weil sich ihre Form für die Behandlung achsnaher Strahlen nach der Wellenoptik (s. Kap. 2.3.2) nicht ändert! Darüber hinaus ist der Formalismus auch für andere Formen der Optik wie „Elektronenoptik" oder noch allgemeiner „Teilchenoptik" verwendbar.

1.9.1 Die Paraxiale Näherung

Wir betrachten die Propagation eines Lichtstrahls unter einem kleinen Winkel α zur z-Achse. Der Strahl wird durch den Abstand r von der z-Achse und die Steigung $r' = \tan \alpha$ vollständig bestimmt. In der sogenannten *paraxialen Näherung* linearisieren wir nun den Tangens des Winkels, ersetzen ihn durch sein Argument, $r' \simeq \alpha$, und fassen r und r' zu einem Vektor $\mathbf{r} = (r, \alpha)$ zusammen.

Ein Lichtstrahl besitze zu Beginn Achsenabstand und Steigung $\mathbf{r}_1 = (r_1, \alpha_1)$. Wenn er entlang der z-Achse die Strecke d zurückgelegt hat, dann gilt

$$r_2 = r_1 + \alpha_1 d$$
$$\alpha_2 = \alpha_1$$

Man verwendet 2x2-Matrizen, um die Translation übersichtlich zu schreiben,

$$\mathbf{r}_2 = \mathbf{T}\,\mathbf{r}_1 = \begin{pmatrix} 1 & d \\ 0 & 1 \end{pmatrix} \mathbf{r}_1. \qquad (1.15)$$

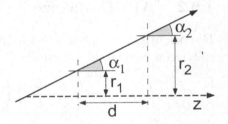

Abb. 1.17 *Kenngrößen eines optischen Strahls bei der einfachen Translation.*

Etwas komplizierter ist die Modifikation durch eine brechende optische Fläche. Dazu betrachten wir die Situation von Abb. 1.18 a), in der zwei optische Medien mit Brechungsindizes n_1 und n_2 durch eine kugelförmige Grenzfläche mit Radius R voneinander getrennt sind. Wenn der Radiusvektor mit der z-Achse den Winkel ϕ bildet, dann fällt der Lichtstrahl offenbar unter dem Winkel $\theta_1 = \alpha_1 + \phi$ auf die Grenzfläche und ist mit dem Ausfallswinkel $\theta_2 = \alpha_2 + \phi$ durch das Brechungsgesetz verknüpft. In der paraxialen Näherung gilt nach Gl.(1.2) $n_1\theta_1 \simeq n_2\theta_2$ und $\phi \simeq r_1/R$ sowie an der Grenzfläche $r_1 = r_2$, so daß man schließlich erhält:

$$n_1 \left(\alpha_1 + \frac{r_1}{R} \right) = n_2 \left(\alpha_2 + \frac{r_2}{R} \right) \quad .$$

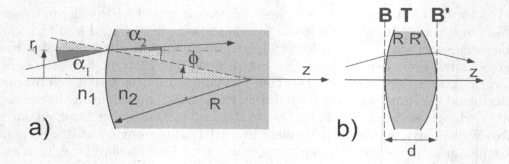

Abb. 1.18 *Modifikation eines Lichtstrahls an gekrümmten brechenden Flächen.*

Die linearisierten Beziehungen lassen sich mit der Brechungsmatrix $\mathbf{B}$ leicht angeben,

$$
\begin{pmatrix} r_2 \\ \alpha_2 \end{pmatrix} = \mathbf{B} \begin{pmatrix} r_1 \\ \alpha_1 \end{pmatrix} = \begin{pmatrix} 1 & 0 \\ \dfrac{n_1 - n_2}{n_2 R} & \dfrac{n_1}{n_2} \end{pmatrix} \begin{pmatrix} r_1 \\ \alpha_1 \end{pmatrix} \quad . \tag{1.16}
$$

1.9.2 ABCD-Matrizen

Die wichtigsten optischen Elemente kann man durch ihre auch als *ABCD-Matrizen* bezeichnete Transformationen angeben,

$$
\begin{pmatrix} r_2 \\ \alpha_2 \end{pmatrix} = \begin{pmatrix} A & B \\ C & D \end{pmatrix} \begin{pmatrix} r_1 \\ \alpha_1 \end{pmatrix} \tag{1.17}
$$

die wir zu Nachschlagezwecken in Tab. 1.2 auf S. 23 gesammelt haben und im Folgenden noch näher vorgestellt werden.

Die Wirkung einer Linse auf einen Lichtstrahl ist nach Abb. 1.18 b) durch eine Brechung $\mathbf{B}$ beim Eintritt, eine Translation $\mathbf{T}$ im Glas und eine weitere Brechung $\mathbf{B}'$ beim Austritt charakterisiert. Die Matrizenmethode entfaltet nun ihre Stärke, weil wir die Wirkung der Linse als Produkt $\mathbf{L} = \mathbf{B}'\mathbf{TB}$ der drei Operationen einfach ausrechnen können,

$$
\begin{pmatrix} r_2 \\ \alpha_2 \end{pmatrix} = \mathbf{L} \begin{pmatrix} r_1 \\ \alpha_1 \end{pmatrix} = \mathbf{B}'\mathbf{TB} \begin{pmatrix} r_1 \\ \alpha_1 \end{pmatrix} \quad . \tag{1.18}
$$

Bevor wir die Linse und andere Beispiele näher untersuchen, müssen wir noch einige Konventionen festlegen, die in der Matrizenoptik üblicherweise verwendet werden:

• 1: Die Strahlrichtung läuft von links nach rechts in positiver Richtung der *z-Achse.*

- 2: Der Radius einer konvexen Fläche ist positiv, $R > 0$, derjenige einer konkaven Fläche negativ, $R < 0$.

- 3: Die Steigung ist positiv, wenn sich der Strahl von der Achse entfernt, negativ, wenn er sich darauf zubewegt.

- 4: Eine Gegenstands- oder Bildweite ist positiv (negativ), wenn sie vor (hinter) dem abbildenden Element liegt.

- 5: Gegenstandsgrößen werden oberhalb (unterhalb) der $z - Achse$ positiv (negativ) gezählt.

- 6: Reflektive Optik wird behandelt, indem der Strahlengang nach jedem Element umgeklappt wird.

Tab.1.2 Wichtige ABCD-Matrizen

Operation		ABCD-Matrix
Translation		$\begin{pmatrix} 1 & d \\ 0 & 1 \end{pmatrix}$
Brechung (ebene Fläche)		$\begin{pmatrix} 1 & 0 \\ 0 & n_1/n_2 \end{pmatrix}$
Brechung (gekr. Fläche)		$\begin{pmatrix} 1 & 0 \\ \dfrac{n_1-n_2}{n_2 R} & \dfrac{n_1}{n_2} \end{pmatrix}$
Linsen Hohlspiegel (Brennw. f)		$\begin{pmatrix} 1 & 0 \\ -1/f & 1 \end{pmatrix}$
Glasfaser GRIN (Länge ℓ)		$\begin{pmatrix} \cos K\ell & K^{-1}\sin K\ell \\ -K\sin K\ell & \cos K\ell \end{pmatrix}$

1.9.3   Linsen in Luft

Wir rechnen nun die Linsenmatrix $\mathbf{L}$ explizit nach Gl.(1.18) aus und berücksichtigen den Brechungsindex $n_{\text{Luft}} = 1$ in Gl.(1.14) und (1.16):

$$\mathbf{L} = \begin{pmatrix} 1 - \dfrac{n-1}{n}\dfrac{d}{R} & \dfrac{d}{n} \\ (n-1)\left(\dfrac{1}{R'} - \dfrac{1}{R} - \dfrac{d(n-1)}{RR'n}\right) & 1 + \dfrac{n-1}{n}\dfrac{d}{R'} \end{pmatrix}$$

Der Ausdruck macht zunächst einen komplizierten und wenig nützlichen Eindruck. Er erlaubt uns zwar die Behandlung auch sehr dicker Linsen, am wichtigsten sind aber die überwiegend verwendeten dünnen Linsen, deren Dicke d klein ist gegen die Krümmungsradien R, R' der Oberflächen. Mit $d/R, d/R' \ll 1$ oder durch direkte Multiplikation $\mathbf{B'B}$ erhalten wir die viel einfachere Form

$$\mathbf{L} \simeq \begin{pmatrix} 1 & 0 \\ (n-1)\left(\dfrac{1}{R'} - \dfrac{1}{R}\right) & 1 \end{pmatrix}$$

und führen mit $\mathcal{D}$ die *Brechkraft* der Linse ein,

$$\mathcal{D} = -(n-1)\left(\frac{1}{R'} - \frac{1}{R}\right) \quad . \tag{1.19}$$

Die $ABCD$-Matrix für dünne Linsen lautet dann sehr einfach

$$\mathbf{L} = \begin{pmatrix} 1 & 0 \\ -\mathcal{D} & 1 \end{pmatrix} = \begin{pmatrix} 1 & 0 \\ -1/f & 1 \end{pmatrix} \quad . \tag{1.20}$$

wobei das Vorzeichen so gewählt wurde, daß Sammellinsen eine positive Brechkraft besitzen. Die Brechkraft ist identisch mit der inversen Brennweite, $\mathcal{D} = 1/f$. Die Brechkraft $\mathcal{D}$ wird in Dioptrien ($1 \text{ dpt} = 1 \text{ m}^{-1}$) gemessen.

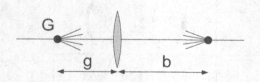

Abb. 1.19 *Punktabbildung mit einer Linse.*

Um die Interpretation von Gl.(1.20) zu untermauern, betrachten wir ein Strahlenbündel, das von einer Punktlichtquelle G auf der z-Achse (Abb. 1.19) stammt. Ein solches Strahlenbündel kann im Abstand g von der Quelle nach

$$\begin{pmatrix} r \\ \alpha \end{pmatrix} = \alpha \begin{pmatrix} g \\ 1 \end{pmatrix} \tag{1.21}$$

beschrieben werden. Wir berechnen die Wirkung der Linse in der Form

$$\mathbf{L} \begin{pmatrix} r \\ \alpha \end{pmatrix} = \alpha \begin{pmatrix} g \\ 1 - g/f \end{pmatrix} = \alpha' \begin{pmatrix} -b \\ 1 \end{pmatrix} . \tag{1.22}$$

Die Linse transformiert das einfallende Strahlenbündel in ein neues Bündel, das wieder die Form (1.21) besitzt. Es konvergiert für $\alpha' < 0$ zur Achse, schneidet sie im Abstand $b > 0$ (Regel 4!) hinter der Linse und erzeugt dort ein Bild der Punktquelle. Wenn $b < 0$ gilt, dann liegt das virtuelle Bild der Punktquelle vor der Linse und die Linse besitzt die Eigenschaften einer Zerstreuungslinse.

Durch Koeffizientenvergleich können wir aus Gl.(1.22) den Zusammenhang von Gegenstandsweite g und Bildweite b bei der Linsenabbildung gewinnen:

$$\frac{1}{f} = \frac{1}{g} + \frac{1}{b} \quad . \tag{1.23}$$

Diese Gleichung ist die bekannte Grundlage für optische Abbildungen. Wir kommen auf das Thema in Kap. 4 ausführlicher zurück.

Beispiel: ABCD-Matrix eines abbildenden Systems

Für eine Abbildung durch ein allgemeines ABCD-System wird gefordert, daß in einem bestimmten Abstand $d = g + b$ ein Strahlenbüschel (r_1, α_1) wieder in einem Ort vereinigt wird:

$$\begin{pmatrix} r_2 \\ \alpha_2 \end{pmatrix} = \begin{pmatrix} 1 & b \\ 0 & 1 \end{pmatrix} \begin{pmatrix} A & B \\ C & D \end{pmatrix} \begin{pmatrix} 1 & g \\ 0 & 1 \end{pmatrix} \begin{pmatrix} r_1 \\ \alpha_1 \end{pmatrix}$$

Für die stigmatische Abbildung muß r_2 dort von α_1 unabhängig sein, und man erhält durch Nachrechnen die Bedingung $bD + gA + bgC + B = 0$, die für $B = 0$ durch geeignete Wahl von g und b erfüllt werden kann, falls auch z.B. $C < 0$. Damit erhält die ABCD-Matrix genau die Form, die wir von den Linsen und Linsensystemen schon kennen.

1.9.4   Linsensysteme

Die Matrizenmethode erlaubt es, auch die Wirkung eines Systems aus zwei verschiedenen Linsen mit Brennweiten f_1 und f_2 im Abstand d zu untersuchen. Wir multiplizieren die ABCD-Matrizen nach Gl.(1.20) und (1.14) und erhalten die Matrix des Systems $\mathbf{M}$

$$\mathbf{M} = \mathbf{L_2 T L_1} = \begin{pmatrix} 1 & 0 \\ -1/f_2 & 1 \end{pmatrix} \begin{pmatrix} 1 & d \\ 0 & 1 \end{pmatrix} \begin{pmatrix} 1 & 0 \\ -1/f_1 & 1 \end{pmatrix} =$$

$$= \begin{pmatrix} 1 - \dfrac{d}{f_1} & d \\ -\left(\dfrac{1}{f_2} + \dfrac{1}{f_1} - \dfrac{d}{f_1 f_2} \right) & 1 - \dfrac{d}{f_2} \end{pmatrix} \quad . \tag{1.24}$$

Das System von zwei Linsen ersetzt eine einzelne Linse mit der Brennweite

$$\frac{1}{f} = \frac{1}{f_2} + \frac{1}{f_1} - \frac{d}{f_1 f_2} \quad . \tag{1.25}$$

Wir betrachten zwei interessante Grenzfälle:

(i) $d \ll f_{1,2}$. Zwei Linsen, die ohne Zwischenraum hintereinander „geschaltet" werden, addieren ihre Brechkräfte, $\mathbf{M} \simeq \mathbf{L}_2 \mathbf{L}_1$ mit $\mathcal{D} = \mathcal{D}_1 + \mathcal{D}_2$. Dieser Umstand wird beispielsweise bei der Anpassung von Augengläsern genutzt, wenn Brechkraft solange kombiniert wird, bis die geeignete Brillenstärke gefunden worden ist. Eine bikonvexe Linse können wir offensichtlich aus zwei plankonvexen Linsen zusammensetzen und erwarten, daß dabei die Brennweite des Systems halbiert wird.

(ii) $d = f_1 + f_2$. Wenn die Brennpunkte aufeinanderfallen, wird ein Teleskop realisiert. Insbesondere wird ein paralleles Strahlenbüschel mit Radius r_1 in ein ebenfalls paralleles Strahlenbüschel mit dem neuen Durchmesser $(f_2/f_1)r_1$ aufgeweitet oder kollimiert. Die Brechkraft des Systems verschwindet nach Gl.(1.25), $\mathcal{D} = 0$. Solche Systeme werden *afokal* genannt.

Dünne Linsen gehören zu den ältesten optischen Instrumenten und haben je nach Anwendung zahlreiche Bauformen. Weil es dabei vor allem auf die Linsenfehler ankommt, widmen wir den Bauformen einen eigenen Abschnitt (4.5.1).

1.9.5   Periodische Linsensysteme

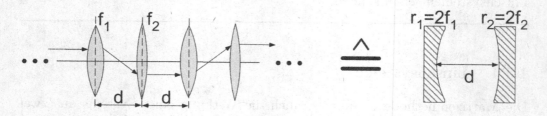

Abb. 1.20 *Vielfachreflexionen in einem 2-Spiegel-Resonator sind dem Strahlengang in einem periodischen Linsensystem äquivalent.*

Periodische Linsensystem sind schon frühzeitig untersucht worden, um damit optische Lichtübertragungsstrecken zu realisieren. Für eine solche Anwendung ist es wichtig, daß ein Lichtstrahl auch über große Strecken das System nicht verläßt. Wir betrachten eine periodische Variante des Linsensystems mit Linsen der Brennweiten f_1 und f_2, die sich im Abstand d befinden sollen. Die Tranformationsmatrix aus Gl.(1.24) wird dazu um eine weitere, identische Translation ergänzt und ist dann auch zu einem System aus 2 Hohlspiegeln mit Radien $r_{1,2} = 2f_{1,2}$ äquivalent (Abb. 1.20):

$$\begin{pmatrix} A & B \\ C & D \end{pmatrix} = \begin{pmatrix} 1 & 0 \\ -1/f_2 & 1 \end{pmatrix} \begin{pmatrix} 1 & d \\ 0 & 1 \end{pmatrix} \begin{pmatrix} 1 & 0 \\ -1/f_1 & 1 \end{pmatrix} \begin{pmatrix} 1 & d \\ 0 & 1 \end{pmatrix}$$

$$= \begin{pmatrix} 1 & d \\ -1/f_2 & 1 - d/f_2 \end{pmatrix} \begin{pmatrix} 1 & d \\ -1/f_1 & 1 - d/f_1 \end{pmatrix}$$

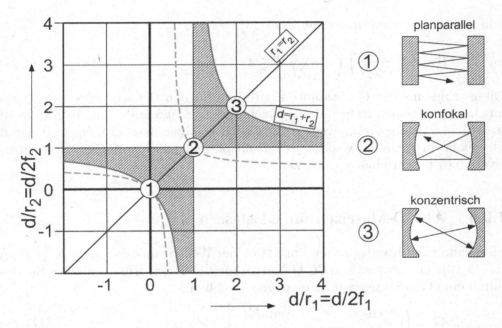

Abb. 1.21 *Stabilitätsdiagramm für Linsensysteme (Brennweiten $f_{1,2}$) und optische Resonatoren (Radien $r_{1,2}$) nach Bedingung (1.27). Im schraffierten Bereich befinden sich die stabilen Resonator-Konfigurationen. Die gestrichelten Linien geben die Position der konfokalen Resonatoren an ($d = (r_1 + r_2)/2$). Die symmetrisch planparallelen, konfokalen und konzentrischen Resonatoren nehmen die Positionen 1,2,3 ein.*

Das Einzelelement wird nun bei n-facher Anwendung eine Gesamttransformation

$$\begin{pmatrix} A_n & B_n \\ C_n & D_n \end{pmatrix} = \begin{pmatrix} A & B \\ C & D \end{pmatrix}^n$$

verursachen. Diese Matrix kann algebraisch ausgewertet werden, wenn wir zunächst

$$\cos\Theta = \frac{1}{2}(A + D) = 2\left(1 - \frac{d}{2f_1}\right)\left(1 - \frac{d}{2f_2}\right) - 1 \tag{1.26}$$

einführen. Damit berechnet man

$$\begin{pmatrix} A & B \\ C & D \end{pmatrix}^n = \frac{1}{\sin \Theta} \begin{pmatrix} A \sin n\Theta - \sin(n-1)\Theta & B \sin n\Theta \\ C \sin n\Theta & D \sin n\Theta - \sin(n-1)\Theta \end{pmatrix}$$

Der Winkel Θ muß reell bleiben, damit die Matrixkoeffizienten nicht unbegrenzt wachsen. Das hätte nämlich zur Folge, daß ein Lichtstrahl das Linsensystem verlassen würde. Die Bedingung lautet also

$$-1 \le \cos \Theta \le 1 \quad,$$

und man erhält zusammen mit Gl.(1.26)

$$0 \le \left(1 - \frac{d}{2f_1}\right)\left(1 - \frac{d}{2f_2}\right) \le 1 \quad. \tag{1.27}$$

Dieses Ergebnis legt ein Stabilitätskriterium für den Betrieb eines Lichtleiters aus Linsensystemen fest, und das zugehörige wichtige Stabilitätsdiagramm ist in Abb. 1.21 dargestellt. Es wird uns noch genauer beschäftigen, weil damit die Vielfachreflexion zwischen den Hohlspiegeln eines optischen Resonators (Kap. 5.6) beschrieben werden kann.

1.9.6   ABCD-Matrizen für Glasfasern

Man kann nach Kapitel 1.7 und mit Hilfe der Wellenzahlkonstanten $K = 2\pi/\Lambda$ (Gl.(1.12)) eine einfache $ABCD$-Matrix für die Transformation eines Strahls durch eine Gradientenfaser der Länge ℓ angeben:

$$\mathbf{G} = \begin{pmatrix} \cos K\ell & K^{-1}\sin K\ell \\ -K\sin K\ell & \cos K\ell \end{pmatrix} \quad. \tag{1.28}$$

Mit kurzen Faserstücken ($\ell < \Lambda/4$) kann man auch dünne Linsen realisieren und zeigen, daß der Brennpunkt bei $f = K^{-1}\cot K\ell$ liegt. Diese Komponenten werden als *GRIN-Linsen* bezeichnet (s. auch Beispiel S. 16).

1.10   Strahlenoptik und Teilchenoptik

Die traditionelle Optik, die mit Lichtstrahlen arbeitet und Thema dieses Buches ist, war begrifflich in jeder Hinsicht ein Vorbild für die „Teilchen-Optik", die mit der Erforschung von Elektronenstrahlen und radioaktiven Strahlen um das Jahr 1900 herum begann. Die Strahlenoptik beschreibt die Ausbreitung von Lichtstrahlen, deshalb ist es naheliegend, die Analogie in den Trajektorien von Teilchen zu suchen. Wir werden aber im Kapitel über Kohärenz und Interferometrie (5) sehen, daß auch der Wellenaspekt der Teilchenstrahlen ganz entscheidend durch die Begriffe der Optik geprägt ist.

Um die Analogie explizit herzustellen, halten wir uns an die Überlegungen zum Fermatschen Prinzip (Abschn. 1.5), denn dort wird ein Zusammenhang zwischen der Lichtgeschwindigkeit und dem Brechungsindex hergestellt. Besonders einfach ist der Zusammenhang, wenn sich ein Teilchen in einem konservativen Potential (Potentielle Energie $E_{pot}(\mathbf{r})$) bewegt, wie zum Beispiel ein Elektron im elektrischen Feld. Wegen der Energieerhaltung

$$E_{kin}(\mathbf{r}) + E_{pot}(\mathbf{r}) = E_{tot}$$

können wir aus $E_{kin} = mv^2/2$ sofort folgern:

$$v(\mathbf{r}) = \sqrt{\frac{2}{m}(E_{tot} - E_{pot}(\mathbf{r}))} \quad ,$$

falls sich die Teilchen nicht zu schnell bewegen und wir die klassische Newtonsche Mechanik anwenden können. (In einem Teilchen-Beschleuniger für hohe Energien muß man die spezielle Relativitätstheorie verwenden.)

Wir können einen effektiven relativen Brechungsindex festlegen durch

$$\frac{v(\mathbf{r}_1)}{v(\mathbf{r}_2)} = \frac{n_{eff}(\mathbf{r}_2)}{n_{eff}(\mathbf{r}_1)} = \frac{\sqrt{(E_{tot} - E_{pot}(\mathbf{r}_2))}}{\sqrt{(E_{tot} - E_{pot}(\mathbf{r}_1))}} \quad .$$

Er muß wie beim Licht eine zusätzliche Bedingung erfüllen, um absolut festgelegt zu werden. Zum Beispiel können wir fordern $n_{eff} = 1$ für $E_{pot} = 0$. Damit ist aber auch schon klar, daß n_{eff} sehr stark von der Geschwindigkeit außerhalb des Potentials abhängig ist – die Teilchenoptik besitzt stark chromatische Eigenschaften! Der tiefere Grund für diesen Unterschied ist der unterschiedliche Zusammenhang zwischen kinetischer Energie E und Impuls p für Licht und für massebehaftete Teilchen, der ebenfalls als *Dispersionsrelation* bezeichnet wird, wobei wir uns auf den nichtrelativistischen Fall ($v/c \ll 1$) beschränken:

Licht $E = pc$.
Teilchen, nichtrelativistisch $E = p^2/2m$.

In geladenen Teilchenstrahlen kann aber durch Beschleunigung eine schmale Geschwindigkeitsverteilung präpariert werden, so daß der Unterschied nicht ins Gewicht fällt. Die große Geschwindigkeitsbreite von thermischen Strahlen neutraler Atome ruft aber erhebliche Probleme hervor. Allerdings kann deren Geschwindigkeitsverteilung mit sogenannten Düsenstrahlen oder durch Laserkühlung (s. Kap. 11.6) so manipuliert werden, daß man damit sogar „Atomoptik" betreiben kann [91]. In Abb. 1.22 haben wir einige wichtige Bauelemente der Elektronen- und Atomoptik vorgestellt.

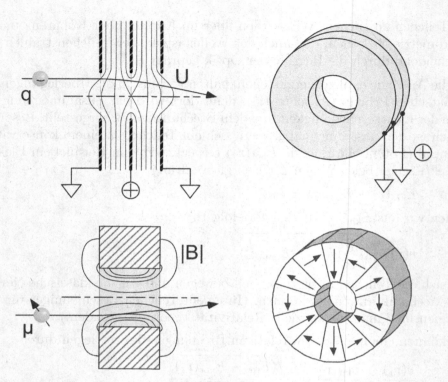

Abb. 1.22 *Teilchenoptische Linsen. Oben: Sogenannte „Einzellinse" für die Elektronenoptik mit Äquipotentialflächen qU [132]. Das Potential wird durch die symmetrische Anordnung aus drei leitfähigen Elektroden, von denen die äußeren auf gleichem Potential liegen, erzeugt. Unten: Magnetische Linse für die Atomoptik mit Äquipotentialflächen $|\mu \cdot B|$ [91]. Ein axialer magnetischer Hexapol wird aus Kreissegmenten gebildet, die aus homogen magnetisierten Dauermagneten (zum Beispiel NdFeB oder SmCo) gefertigt werden. Der Betrag des Magnetfeldes steigt in radialer Richtung quadratisch an.*

Aufgaben zu Kapitel 1[2]

1.1 Sonnenbilder Im Schatten eines dicht belaubten Baumes (an den Spalten eines Rolladen, ...) beobachtet man bei klarem Himmel zahlreiche runde Lichtflecke. Was stellen sie dar? Wie hängen sie von der Form der Blattlücken ab?

1.2 Spiegelbilder Wieso sieht man im Spiegel links und rechts vertauscht, aber nicht oben und unten?

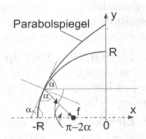

1.3 Sind parabolische Spiegel perfekt? Betrachten Sie einen spärischen Spiegel mit Radius R und zur Linken der y-Achse und geben Sie die Parabel an, die sich bei $x = -R$ anschmiegt (Abb. 1.23). Licht, das in der $-x$-Richtung propagiert, wird von den Spiegeln fokussiert. Vergleichen Sie die Eigenschaften des sphärischen und des parabolischen Spiegels, indem Sie ein zur Spiegelachse paralleles Strahlenbündel betrachten und den Brennpunkt als Funktion des Abstandes $y \ll R$ von der Achse bestimmen. Wie unterscheiden sich qualitativ die Bilder eines parallelen Strahlenbündels, das unter einem kleinen Winkel zur x-Achse propagiert, für die beiden Spiegeltypen?

Abb. 1.23 Reflektion am parabolischen und am sphärischen Spiegel.

1.4 Regenbogen Erklären Sie den Ursprung des Regenbogens. Regentropfen sind über einen weiten Parameterbereich in guter Näherung als Kugeln zu betrachten. Wie groß ist der Ablenkwinkel δ in Abb. 1.24. Der Brechungsindex von Wasser beträgt etwa n = 1,33 (der exakte Wert hängt von der betreffenden Lichtfarbe ab). Schätzen Sie anhand des Erscheinungsbildes des Regenbogens die Dispersion des Wassers $dn/d\lambda$ ab. Die Grenzwellenlängen des sichtbaren Spektrums sind $\lambda = 700$ nm für rotes und $\lambda = 400$ nm für violettes Licht. (Erinnerung: $d/dx(\arcsin(x)) = 1/(1 - x^2)^{1/2}$)

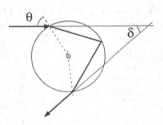

Abb. 1.24 *Geometrie der Brechung am Wassertröpfchen.*

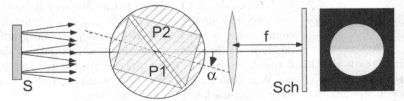

Abb. 1.25 *Bauteile eines Refraktometers nach Abbe. S: Streuscheibe; $P_{1,2}$: Prismenpaar; f: Brennweite der Linse; Sch: Beobachtungsschirm*

1.5 Refraktometer Mit dem abbeschen Refraktometer wird der Brechungsindex von Flüssigkeiten bestimmt-. Dazu tupft man ein Tröpfchen der zu untersuchenden Flüssigkeit auf ein Glasprisma und klappt dann ein zweites Prisma darauf. Mit einem Drehknopf (Winkel α in Abb. 1.25) wird das Doppelprisma solange gedreht, bis im Blickfeld eines Okulars eine scharfe Grenze zwischen Licht und Dunkelheit erscheint. Die Brechzahl kann dann aus dem

---

[2]Musterlösungen können von Dozenten beim Autor erbeten werden

Drehwinkel bestimmt werden. (Manchmal zeigt die Skala am Drehknopf direkt die Brechzahl der Flüssigkeit an, manchmal auch den Zuckergehalt einer Lösung). Erläutern Sie die Funktionsweise des Gerätes. Wenn n die Brechzahl der Glasprismen ist, welcher Wertebereich von Brechzahlen der Flüssigkeit läßt sich dann mit dem Instrument messen?

1.6 Halo Die häufigste Haloerscheinung ist ein Ring um Sonne oder Mond mit 22° Öffnungswinkel, ganz schwach gefärbt mit Rot innen. Eis hat die Brechzahl 1,31. Nadelförmige Eiskriställchen, wie sie sich in der Hochtroposphäre bilden, haben vorwiegend Prismenform mit gleichseitig-dreieckigem Querschnitt. Wie kommt der 22°-Halo zustande?

1.7 Fermatsches Prinzip Das Fermatsche Prinzip kann vereinfacht wie folgt ausgedrückt werden: Von einem Punkt zum nächsten wählt Licht den Weg, der die geringste Zeit in Anspruch nimmt. Leiten Sie ausgehend von diesem Prinzip das Reflexions- und das Brechungsgesetz her.

1.8 Lichtkrümmung Leiten Sie das Krümmungsmaß (die zweite Ableitung des Strahlengangs) eines Lichtstrahles in einem Medium mit stetig ortsabhängiger Brechzahl rein geometrisch-optisch her. Vermeiden Sie zunächst den Fall, daß der Strahl senkrecht zum Gradienten von n läuft.

1.9 Ablenkung im Prisma (I) Bei symmetrischem Durchgang durch ein Prisma ist die Ablenkung minimal. Zeigen Sie, daß diese Eigenschaft allein aus der Umkehrbarkeit des Lichtweges folgt.

1.10 Ablenkung im Prisma (II) Zeigen Sie, daß der Brechungsindex aus der minimalen Ablenkung δ_{min} eines Lichtstrahls durch ein symmetrisches Prisma bestimmt werden kann nach $n = \sin\left[(\delta_{min} + \alpha)/2\right]/\sin\left(\alpha/2\right)$. Wie wählt man α, um höchste Präzision zu erzielen?

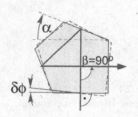

1.11 Pentaprisma Im Pentaprisma wird ein Lichtstrahl durch zweifache Reflektion um $\beta = 90°$ abgelenkt (Abb. 1.26). Welchen Winkel α müssen die Prismenflächen im symmetrischen Pentaprisma bilden? Ist Totalreflektion für Glas (n=1,5) möglich? Untersuchen Sie die Abhängigkeit des Ablenkungswinkels für kleine Verkippungen $\delta\phi$ gegenüber dem Idealfall und vergleichen Sie mit dem rechtwinkligen 90°-Prisma, s. Abb. 1.7.

Abb. 1.26 *Strahlengang im Pentaprisma.*

1.12 Glasfasern (I) Eine Quarz-Glasfaser habe einen Kern mit Brechungsindex $n_1 = 1,465$ und einen Mantel mit Brechungsindex $n_2 = 1,4500$. Bestimmen Sie die größte Winkelapertur (halber Öffnungswinkel des Lichtkegels, der auf die Faser trifft) für die das Licht durch die gerade Faser transmittiert wird. Der Kern habe einen Durchmesser von 50 μm. Wie groß ist der kleinste Krümmungsradius, um den die Faser gebogen werden darf, bevor es zu starken Lichtverlusten kommt?

1.13 Modendispersion Betrachten Sie einen optischen Puls mit der Länge T. Wenn die Lichtenergie gleichmäßig auf alle Winkel unterhalb des Grenzwinkels der Totalreflexion verteilt wird, werden die einzelnen Strahlen auseinanderlaufen und verschieden schnell entlang der Faserachse propagieren. Wie lange dürfen die Pulse auf einer typischen Glas-Stufenfaser dauern, damit sich die Pulslänge auf einer Laufstrecke ℓ um nicht mehr als 50% erhöht?

1.14 Astigmatismus Welche Abbildungseigenschaften hat eine Zylinderlinse (brechende Fläche gleich Ausschnitt eines Zylindermantels)? Kann man mit zwei Zylinderlinsen punktförmig abbilden? Sind sie dann ganz äquivalent zu einer sphärischen Linse? Erläutern Sie, warum die Optiker statt von Astigmatismus auch von einem Zylinderfehler reden!

1.15 Brennweitenbestimmung Überlegen Sie, wie man die Brennweite einer Linse schnell schätzen kann, und wie man sie genau bestimmen kann. Falls Sie Brillenträger sind, probieren Sie es mit Ihrer Brille aus. Wieviele Dioptrien haben Ihre Gläser?

1.16 Newton-Gleichung Zeigen Sie rechnerisch und geometrisch, daß die Gleichung für die Linsenabbildung (1.23) äquivalent ist zu $(g - f)(b - f) = f^2$. (S. auch Gl. (4.1).)

1.17 Schärfentiefe Wie groß ist die Schärfentiefe bei der Abbildung durch den Hohlspiegel? Wie definieren Sie die Schärfentiefe sinnvoll für die Beobachtung des Bildes mit bloßem Auge bzw. für die Photographie? Wie kann man sie steigern?

1.18 Linse und Glasplatte Nutzen Sie die ABCD-Gesetze, um den Einfluß einer Glasplatte mit der Dicke d auf eine Linse mit $f > d$ zu bestimmen, wenn sie sich innerhalb der Brennweite befindet. Verwenden Sie diesen Zusammenhang, um die Brechzahl der Glasplatte zu bestimmen. Schätzen Sie die Genauigkeit der Methode ab.

1.19 Glasfasern (II) Eine kleine Glaskugel (Radius R, Brechzahl n), welche vor der Eingangsfacette einer Glasfaser platziert wird, kann dazu dienen, Licht in die Faser einzukoppeln. Berechnen Sie die ABCD-Matrix für eine Glaskugel und die Transformation eines kollimierten Lichtstrahls, der durch die Glaskugel tritt. Diskutieren Sie die optimalen Parameter (R, n) für die Kugel, wenn Licht möglichst effektiv in die Faser eingekoppelt werden soll. Verwenden Sie als realistisches Beispiel die Glasfaser-Werte aus Aufg. 1.12.

1.20 Determinante der ABCD-Matrizen Die Determinanten der Translationsmatrix $\mathbf{T}$ (Gl. 1.15) und der Brechungsmatrix $\mathbf{B}$ (Gl. 1.16) sind $|\mathbf{T}| = 1$ und $|\mathbf{B}| = n_1/n_2$. Zeigen Sie, daß für die Linsenmatrix $|\mathbf{L}| = 1$ gelten muß. Leiten Sie daraus ferner die Bedingung für dünne Linsen ab, die Newton-Gleichung $(f - g)(f - b) = f^2$.

1.21 GRIN-Linsen Zeigen Sie, daß ein kurzes Stück einer Gradientenindex-Faser mit einer Länge $\ell < \Lambda/4$ (Λ: Pendellänge, Gl. 1.12) mit der ABCD-Matrix (1.28) als eine dünne Linse mit Brennweite $f = K^{-1} \cot K\ell$ verwendet werden kann.

1.22 Dicke Linsen und Hauptebenen Bei der Bildentstehung muß auch für eine dicke Linse das Ergebnis aus dem Beispiel auf S. 25 gelten, $bD + gA + bgC + B = 0$. Hier bezeichnen $\{b, g\}$ die Gegenstands- und Bildentfernung von den Schnittpunkten der Linse mit der z-Achse. Dann können wir in der ABCD-Matrix $C = -1/f$ mit der Brennweite identifizieren. Zeigen Sie zunächst, daß dann gilt $(fA - g)(fD - b) = f^2$. Wo liegen die Brennpunkte der dicken Linse? Schreiben Sie die Gleichung um in der Form $[f - (g - g_P)][f - (b - b_P)] = f^2$. Die Punkte $\{b_P, g_P\}$ bezeichnen die Lage der *konjugierten Ebenen* oder *Hauptpunkte*. Interpretieren Sie ihre Bedeutung und geben Sie dazu die zugehörige Newton-Gleichung an.

1.23 Gärtnerlatein? Manche Gärtner raten ab, Blumen bei Sonne zu gießen, weil die Brennglaswirkung der Tröpfchen auf den Blättern diese zerstöre. Was sagen Sie?

1.24 Stabilität in konfokalen Resonatoren Zeigen Sie, daß im Stabilitätsdiagramm (Abb. 1.21) die konfokalen Resonatoren ($d = (r_1 + r_2)/2$) auf der Kurve $y = x/(2x - 1)$ liegen mit $x = d/r_1 - 1, y = d/r_2 - 1$. Zeigen Sie graphisch, daß der Lichtweg im symmetrischen Resonator ($r_1 = r_2$) nach zwei Umläufen geschlossen wird. Geben Sie Beispiele für instabile Lichtwege in nicht-symmetrischen Resonatoren.

2 Wellenoptik

Zu Beginn des 19. Jahrhunderts waren einige Phänomene bekannt, die sich mit der einfachen geradlinigen, strahlenförmigen Ausbreitung von Licht nicht in Einklang bringen ließen und eine Wellentheorie erforderten. Am Anfang steht das Huygenssche Prinzip des holländischen Mathematikers und Physikers C. Huygens (1629–1695), eine bis heute viel gebrauchte anschauliche Erklärung der Wellenausbreitung. Etwa 100 Jahre später entwickelten T. Young (1773–1829) aus England und A.P. Fresnel (1788–1827) aus Frankreich eine sehr erfolgreiche Wellentheorie, die alle damals bekannten Phänomene der Interferenz beschreiben konnte. Nachdem G. Kirchhoff (1824–1887) dem Huygensschen Prinzip eine mathematische Formulierung gegeben hatte, kam der endgültige Durchbruch mit den berühmten Maxwellschen Gleichungen, die auch hier als systematische Grundlage der Wellentheorie des Lichtes dienen sollen.

Die Entwicklung einer gemeinsamen theoretischen Beschreibung elektrischer und magnetischer Felder durch den schottischen Physiker J.C. Maxwell (1831–1879) hat entscheidende Einflüsse nicht nur auf die Physik, sondern überhaupt auf die Wissenschaft und Technik des 20. Jahrhunderts ausgeübt. Die Maxwell-Gleichungen, die zunächst aufgrund empirischer Kenntnisse und ästhetischer Überlegungen gewonnen worden waren, veranlaßten zum Beispiel Heinrich Hertz 1887 zur ersten Erzeugung von Radiowellen, der damit die Grundlage der modernen Kommunikationstechnik legte.

2.1 Elektromagnetische Strahlungsfelder

Elektromagnetische Felder werden durch zwei Vektorfelder bestimmt,[1]

$$\mathbf{E}(\mathbf{r}, t) \quad \text{, die elektrische Feldstärke, gemessen in V/m,}$$
$$\text{und} \quad \mathbf{H}(\mathbf{r}, t) \quad \text{, die magnetische Erregung, gemessen in A/m.}$$

Sie werden durch elektrische Ladungen und Ströme verursacht.

---

[1]Wir folgen der neueren Literatur, in der üblicherweise mit $\mathbf{B}(\mathbf{r}, t)$ die magnetische Feldstärke, mit $\mathbf{H}(\mathbf{r}, t)$ die magnetische Erregung bezeichnet wird.

2.1.1   Statische Felder

Ladungen sind *Quellen* des elektrischen Feldes. Der formale Zusammenhang von Feldstärke und Ladungsdichte ρ bzw. Gesamtladung Q in einem Volumen mit der Oberfläche S wird durch das Gaußsche Gesetz in differentieller oder integraler Form angegeben,

$$\nabla \cdot \mathbf{E} = \rho/\epsilon_0 \quad \text{oder} \quad \oint_S \mathbf{E} \cdot \mathbf{df} = Q/\epsilon_0 \quad . \tag{2.1}$$

Ein elektrostatisches Feld ist darüberhinaus wirbelfrei, das heißt, es gilt $\nabla \times \mathbf{E} = 0$, und es läßt sich als Gradient eines skalaren elektrostatischen Potentials $\Phi(\mathbf{r})$ darstellen,

$$\mathbf{E}(\mathbf{r}) = -\nabla \Phi(\mathbf{r}) \quad .$$

Quellen oder Ladungen der magnetischen Erregung sind nicht bekannt,

$$\nabla \cdot \mathbf{H} = 0 \quad , \tag{2.2}$$

wohl aber *Wirbel*, die von Strömen (Stromdichte $\mathbf{j}$, Gesamtstrom I durch eine Fläche mit der Umrandung $\mathcal{C}$) verursacht werden. Nach dem Stokesschen Satz gilt

$$\nabla \times \mathbf{H} = \mathbf{j} \quad \text{oder} \quad \oint_{\mathcal{C}} \mathbf{H} \cdot \mathbf{dl} = I \quad . \tag{2.3}$$

Die magnetische Erregung läßt sich als Wirbel eines Vektorpotentials $\mathbf{A}(\mathbf{r})$ darstellen,

$$\mathbf{H}(\mathbf{r}) = \frac{1}{\mu_0} \nabla \times \mathbf{A}(\mathbf{r}, t) \quad .$$

2.1.2   Dielektrische Medien

Die Überlegungen des vorangegangene Abschnitts gelten nur für freie Ladungen und Ströme. Üblicherweise sind diese aber an Materialien gebunden, die wir grob in zwei Klassen einteilen können, in *Leiter* und in *Isolatoren*. In leitfähigen Substanzen können sich Ladungen frei bewegen; in Isolatoren sind sie an ein Zentrum gebunden, ein äußeres Feld verursacht aber durch Ladungsverschiebung eine makroskopische dielektrische *Polarisierung*[2]: zum Beispiel können die polaren Moleküle in einem Wasserbad ausgerichtet werden, oder in ursprünglich symmetrischen Molekülen kann eine Ladungsasymmetrie hervorgerufen werden (Abb. 2.1). In einer homogenen Probe kompensieren sich

---

[2]Genauer handelt es sich um eine Polarisierungsdichte. Die deutsche Sprache erlaubt es außerdem, zu unterscheiden zwischen *Polarisierung* (polarisieren: in seiner Gegensätzlichkeit immer stärker hervortreten) und *Polarisation* (Herstellen einer festen Schwingungsrichtung aus sonst unregelmäßigen Schwingungen.). [48]

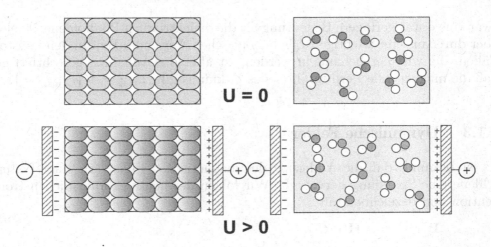

Abb. 2.1 *In einem Festkörper (links) werden Ladungen im elektrischen Feld getrennt. In einem Gas mit polaren Molekülen (rechts) werden vorhandene Dipole ausgerichtet.*

negative und positive Ladungen, und es bleibt nur eine effektive Ladungsdichte an den Rändern des polarisierten Volumens übrig. Wenn allerdings die Polarisierung kontinuierlich variiert, dann wird die Kompensation aufgehoben und man erhält eine effektive Ladungsdichte

$$\rho_{\text{pol}} = -\boldsymbol{\nabla} \cdot \mathbf{P}(\mathbf{r}, t) \quad .$$

Polarisierungsladungen müssen natürlich genauso wie die freien Ladungen berücksichtigt werden und deshalb gilt in dielektrischer Materie

$$\boldsymbol{\nabla} \cdot \mathbf{E} = \frac{1}{\epsilon_0} \left(\rho_{\text{frei}} + \rho_{\text{pol}} \right) \quad .$$

In vielen wichtigen optischen Materialien ist die Polarisierungsladung proportional zur äußeren Feldstärke, und der Koeffizient wird als lineare *dielektrische Suszeptibilität* χ bezeichnet,

$$\mathbf{P} = \epsilon_0 \chi \mathbf{E} \quad .$$

Wir führen die *dielektrische Verschiebung* mit der relativen Dielektrizitätskonstanten $\kappa = 1 + \chi$ ein,

$$\mathbf{D} = \epsilon_0 \mathbf{E} + \mathbf{P} = \epsilon_0 \kappa \mathbf{E} \quad , \tag{2.4}$$

und können dann einfacher schreiben

$$\boldsymbol{\nabla} \cdot \mathbf{D} = \rho \quad .$$

Analog zur dielektrischen kann auch eine magnetische Polarisierung $\mathbf{M}(\mathbf{r}, t) = \chi_{\text{mag}} \mathbf{H}(\mathbf{r}, t)$ auftreten, die gewöhnlich als Magnetisierung bezeichnet wird. Magnetooptische Effekte (zum Beispiel der Faraday-Effekt, s. Kap. 3.8.5) haben zwar eine etwas geringere Bedeutung als die dielektrischen Phänomene, spielen aber durchaus eine wichtige Rolle bei optischen Anwendungen. In den meisten Fällen, die wir hier behandeln werden, ist aber die Annahme gerechtfertigt, daß die magnetische Permeabilität des Vakuums gilt, $\mu_{mag} = 1 + \chi_{mag} = 1$.

2.1.3 Dynamische Felder

Es ist bekannt, daß die Änderung des magnetischen Flusses in einer Leiterschleife eine Spannung hervorruft. Wir folgen der heute gebräuchlichen Konvention und bezeichnen mit

$$\mathbf{B}(\mathbf{r}, t) = \mu_0 \mathbf{H}(\mathbf{r}, t)$$

das Magnetfeld, das sich in unmagnetischen Materialien nur durch μ_0, die Permeabilität des Vakuums, von der magnetischen Erregung unterscheidet. Damit formulieren wir das Induktionsgesetz als dritte Maxwell-Gleichung,

$$\mathbf{\nabla} \times \mathbf{E} = -\frac{\partial}{\partial t}\mathbf{B} \quad , \quad \text{oder} \quad \oint_C \mathbf{E} \cdot \mathbf{dl} = -\frac{\partial}{\partial t} \oint_S \mathbf{B d f} \quad . \tag{2.5}$$

Ganz analog führt eine veränderliche elektrische Feldstärke zu einem Verschiebungsstrom $\mathbf{j}_{dis} = \epsilon_0(\partial/\partial t)\mathbf{E}$, und eine zeitabhängige Polarisierung zu einem Polarisierungssstrom, $\mathbf{j}_{pol} = (\partial/\partial t)\mathbf{P}$. Wir erhalten die vollständige vierte Maxwell-Gleichung für zeitlich veränderbare Felder, wenn wir diese Beiträge in Gl.(2.3) berücksichtigen $((\partial/\partial t)\mathbf{D} = \mathbf{j}_{dis} + \mathbf{j}_{pol})$:

$$\mathbf{\nabla} \times \mathbf{H} = \mathbf{j} + \frac{\partial}{\partial t}\mathbf{D} \tag{2.6}$$

2.1.4 Fourierkomponenten

Elektrische und magnetische Felder mit harmonischer Zeitentwicklung stehen im Zentrum einer optischen Wellentheorie. Unter den *Fourierkomponenten* eines elektromagnetischen Feldes wollen wir die Fourieramplituden $\mathcal{E}, \mathcal{H}$ verstehen:[3]

$$\begin{aligned} E(\mathbf{r}, t) &= \Re e \left\{ \mathcal{E}(\omega, \mathbf{k})e^{-i(\omega t - \mathbf{kr})} \right\} \\ H(\mathbf{r}, t) &= \Re e \left\{ \mathcal{H}(\omega, \mathbf{k})e^{-i(\omega t - \mathbf{kr})} \right\} \end{aligned} \tag{2.7}$$

---

[3]Wir werden dynamische elektromagnetische Felder weitgehend in komplexer Notation schreiben. Die physikalischen Felder sind dabei stets als Realteil aufzufassen, auch wenn dies nicht wie hier explizit ausgedrückt ist.

Tab. 2.1 Zusammenfassung: Maxwell-Lorentz-Gleichungen

im Vakuum	in Materie	im $(\omega, \mathbf{k})$-Raum
Ladungen sind Quellen des elektrischen Feldes:		s. (2.1)
$\boldsymbol{\nabla} \cdot \mathbf{E} = \rho/\epsilon_0$	$\boldsymbol{\nabla} \cdot \mathbf{D} = \rho$	$i\mathbf{k} \cdot \mathcal{D} = \rho$
Es gibt keine magnetischen Ladungen:		s. (2.2)
$\boldsymbol{\nabla} \cdot \mathbf{B} = 0$		$i\mathbf{k} \cdot \mathcal{B} = 0$
Induktionsgesetz:		s. (2.5)
$\boldsymbol{\nabla} \times \mathbf{E} = -\dfrac{\partial}{\partial t}\mathbf{B}$		$i\mathbf{k} \times \mathcal{E} = -\dfrac{\partial}{\partial t}\mathcal{B}$
Ströme sind Wirbel des magnetischen Feldes:		s. (2.3)
$c^2\boldsymbol{\nabla} \times \mathbf{B} = \dfrac{1}{\epsilon_0}\mathbf{j} + \dfrac{\partial}{\partial t}\mathbf{E}$	$\boldsymbol{\nabla} \times \mathbf{H} = \mathbf{j} + \dfrac{\partial}{\partial t}\mathbf{D}$	$i\mathbf{k} \times \mathcal{H} = \mathbf{j} + \dfrac{\partial}{\partial t}\mathcal{D}$
Coulomb-Lorentzkraft:		(2.7)
$m\dfrac{d^2}{dt^2}\mathbf{r} = q(\mathbf{E} + \mathbf{v} \times \mathbf{B})$		

Ganz allgemein wird der Zusammenhang für eine Amplitude im Orts- bzw. Zeitraum, $\mathcal{A}(\mathbf{r}, t)$, und dem $(\omega, \mathbf{k})$-Raum angegeben durch sogenannte *Fourier-transform-Paare*,

$$
\begin{aligned}
\mathcal{A}(\mathbf{r},\omega) = \tfrac{1}{\sqrt{2\pi}}\int \mathbf{A}(\mathbf{r},t)e^{-i\omega t}dt \quad &; \quad \mathbf{A}(\mathbf{r},t) = \tfrac{1}{\sqrt{2\pi}}\int \mathcal{A}(\omega,t)e^{i\omega t}d\omega \\
\mathcal{A}(\mathbf{k},t) = \tfrac{1}{\sqrt{2\pi}}\int \mathbf{A}(\mathbf{r},t)e^{i\mathbf{kr}}d^3r \quad &; \quad \mathbf{A}(\mathbf{r},t) = \tfrac{1}{\sqrt{2\pi}}\int \mathcal{A}(\mathbf{k},t)e^{-i\mathbf{kr}}d^3k
\end{aligned}
\tag{2.8}
$$

Hier werden mit $\mathcal{A}$ Amplitudendichten im Frequenz- bzw. k-Raum bezeichnet. Die elektrische Feldamplitude $\mathcal{E}(\mathbf{r}, \omega)$ wird z.B. in [V/m·Hz] gemessen. Im Experiment bezieht sich die Dichte auf die vielleicht sehr kleine, aber immer endliche Bandbreite der Lichtquelle, mit der das Experiment ausgeführt wird. Mit den Fourierkomponenten lassen sich besonders monochromatische Felder, die eine feste harmonische Frequenz $\omega_0 = 2\pi\nu_0$ besitzen, günstig beschreiben. Für diese Wellen muß man nach (2.8) eigentlich $\mathcal{E}(\mathbf{r}, \omega) = \mathcal{E}_0(\mathbf{r})e^{-i\omega t}\delta(\omega - \omega_0)$ schreiben. Die Integration über ω kann aber für die Deltafunktion (definiert nach $\int f(\omega)\delta(\omega - \omega_0)d\omega = f(\omega_0)$) direkt ausgeführt werden. Dann hat die Amplitude $\mathcal{E}$ in Gl. (2.7) die Einheit [V/m].

Selbstverständlich können Zeit- und Ortsvariable auch gleichzeitig Fourier-transformiert werden. Wenn wir die Maxwell-Gleichungen darauf anwenden, werden aus den Differentialgleichungen Vektorgleichungen. Eine Übersicht aller Varianten haben wir in Tab. 2.1 zusammengefaßt und um die Coulomb-Lorentz-Kraft (2.7) ergänzt, die auf eine Ladung q am Ort $\mathbf{r}$ und bei der Geschwindigkeit $\mathbf{v} = d\mathbf{r}/dt$ ausgeübt wird.

2.1.5   Maxwell-Gleichungen für die Optik

Für die allermeisten Anwendungen der Optik können wir davon ausgehen, daß es keine freien Ladungen und Ströme gibt. Es ist Aufgabe einer mikroskopischen Theorie, die dynamische dielektrische Funktion $\epsilon(\omega) = \epsilon_0 \kappa(\omega) = \epsilon_0(1+\chi(\omega))$ aus Gl. (2.4) zu berechnen. Für einfache Fälle werden wir dieser Frage im Kapitel über die Wechselwirkung von Licht und Materie (Kap. 6) nachgehen. Zunächst ersetzen wir die dielektrische Funktion $\epsilon_0 \kappa$ auf phänomenologische Art und Weise durch den Brechungsindex n,

$$\epsilon_0 \kappa = \epsilon_0 n^2 \quad ,$$

der sowohl von der Frequenz ω als auch vom Ort $\mathbf{r}$ abhängen kann, und erhalten einen für die Optik sinnvollen Satz von Maxwell-Gleichungen, der sich durch eine hohe Symmetrie auszeichnet:

$$
\begin{aligned}
\boldsymbol{\nabla} \cdot n^2 \mathbf{E} &= 0 & \boldsymbol{\nabla} \times \mathbf{E} &= -\mu_0 \frac{\partial}{\partial t} \mathbf{H} \\
\boldsymbol{\nabla} \cdot \mathbf{H} &= 0 & \boldsymbol{\nabla} \times \mathbf{H} &= \epsilon_0 \frac{\partial}{\partial t} n^2 \mathbf{E}
\end{aligned}
\qquad (2.10)
$$

Da wir besonders an der Bewegung geladener, polarisierbarer Materie interessiert sind, müssen wir noch die Lorentzkraft (2.7) hinzu nehmen. Die fünf Gleichungen werden auch als *Maxwell-Lorentz-Gleichungen* bezeichnet. Sie sind in Tab. 2.1 in differentieller und integraler Form angegeben.

2.1.6   Kontinuitätsgleichung und Superpositionsprinzip

Wir können aus den Maxwell-Gleichungen zwei wichtige Folgerungen ziehen:

Die Ladungen einer Probe sind erhalten, wie man durch Divergenzbildung von Gl. (2.3) und unter Benutzung von (2.1) schnell herausfindet. Man erhält die *Kontinuitätsgleichung*

$$\boldsymbol{\nabla} \cdot \mathbf{j} = -\frac{\partial}{\partial t} \rho \quad .$$

Das *Superpositionsprinzip* ist eine Konsequenz der Linearität der Maxwell-Gleichungen: Zwei unabhängige elektromagnetische Felder $\mathbf{E}_{1,2}$ überlagern sich linear zum Superpositionsfeld $\mathbf{E}_{\mathrm{sup}}$,

$$\mathbf{E}_{\mathrm{sup}} = \mathbf{E}_1 + \mathbf{E}_2 \quad . \tag{2.11}$$

Das Superpositionsprinzip ist als Grundlage der Behandlung von Interferenzen besonders wichtig (Kap. 5).

2.1.7 Die Wellengleichung

Elektromagnetische Wellen breiten sich im Vakuum ($n_{\mathrm{Vac}}=1$) mit Lichtgeschwindigkeit aus, und sie sind eine direkte Konsequenz der Maxwellschen Gleichungen. Im Vakuum gibt es weder Ströme, $\mathbf{j} = 0$, noch Ladungen, $\rho = 0$. Dann werden die Maxwell-Gleichungen (2.1) und (2.5) erheblich vereinfacht,

$$\nabla \cdot \mathbf{E} = 0 \quad \text{und} \quad \nabla \times \mathbf{H} = \epsilon_0 \frac{\partial}{\partial t} \mathbf{E} \quad .$$

Mit der Vektoridentität $\nabla \times (\nabla \times \mathbf{E}) = \nabla (\nabla \cdot \mathbf{E}) - \nabla^2 \mathbf{E}$ und $c = 1/\sqrt{\mu_0 \epsilon_0}$ erhalten wir aus dem Induktionsgesetz (2.5) die Wellengleichung im Vakuum,

$$\left(\nabla^2 - \frac{1}{c^2} \frac{\partial^2}{\partial t^2} \right) \mathbf{E}(\mathbf{r}, t) = 0 \quad . \tag{2.12}$$

Die entsprechende eindimensionale Wellengleichung kann man in der Form

$$\left(\frac{\partial}{\partial z} - \frac{1}{c} \frac{\partial}{\partial t} \right) \left(\frac{\partial}{\partial z} + \frac{1}{c} \frac{\partial}{\partial t} \right) \mathbf{E}(z, t) = 0$$

schreiben und durch Nachrechnen schnell feststellen, daß sie Lösungen der Form

$$\mathbf{E}(z, t) = \mathbf{E}(z \pm ct) \quad .$$

besitzt. Die Lösungen breiten sich mit der *Phasengeschwindigkeit* c aus, deren Wert im Vakuum als Lichtgeschwindigkeit c (von lat. *celeritas*, Geschwindigkeit) bezeichnet wird. Die Lichtgeschwindigkeit ist eine der bedeutendsten Naturkonstanten. Ihr numerischer Wert wird seit 1983 nicht mehr immer genauer vermessen, sondern wurde für alle Zeiten auf den Vakuumwert der

$$\text{Lichtgeschwindigkeit:} \quad c = 299.792.458 \text{ m/s}$$

festgelegt.

Exkurs: Lichtgeschwindigkeit c und Relativitätstheorie

Das Licht breitet sich nach unserer unmittelbaren Erfahrung „instantan"aus. Der dänische Astronom Olaf Rœmer (1644–1710) stellte aber 1676 fest, daß die Phasen des innersten Jupitermondes *Io* kürzer wurden, wenn sich der Jupiter auf die Erde zubewegte, und größer, wenn er sich von ihr weg bewegte [141]. Er folgerte daraus, daß die Ausbreitung der Lichtstrahlen nicht unmeßbar schnell vor sich geht, sondern mit einer endlichen Geschwindigkeit, die Huygens aus seinen Daten zu 225 000 km/s bestimmte (s. auch Aufgabe 2.1.)

Seit 1983 ist der Wert der Lichtgeschwindigkeit c ein für allemal durch internationale Konvention festgelegt. Es mag zunächst überraschen, daß man eine physikalische Naturkonstante einfach definieren kann. Man muß aber bedenken, daß eine Geschwindigkeit durch die physikalischen Größen *Zeit* und *Länge* bestimmt wird und deshalb zu ihrer Bestimmung stets unabhängige Zeit- und Längenmessungen erfordert. Die Zeitmessung kann man durch

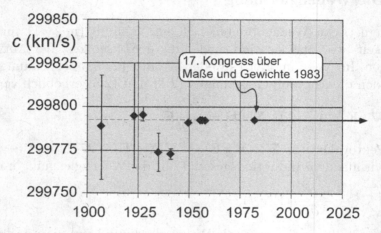

Abb. 2.2 *Die Lichtgeschwindigkeit besitzt seit dem 17. Kongress über Maße und Gewichte (1983) einen fest definierten Wert. Die Karos geben die Meßwerte verschiedener Labors mit ihrer Unsicherheit an [52].*

Vergleich mit einem atomaren Zeitstandard (einer *Atomuhr*) mit extremer Genauigkeit vornehmen, für die Längenmessung fehlt jedoch ein solcher Maßstab. Man hat deshalb das Verfahren umgekehrt und leitet nun — zumindest im Prinzip — jede Längenmessung von einer sehr viel genaueren Zeitmessung ab:

Ein Meter ist die Strecke, die das Licht im Vakuum in 1/299 792 458 s zurücklegt.

Die Lichtgeschwindigkeit hat eine zentrale Rolle bei der Formulierung der speziellen Relativitätstheorie durch A. Einstein gespielt [49]. In einem berühmten Interferenzexperiment haben die amerikanischen Physiker Michelson und Morley nämlich 1886 festgestellt, daß sich das Licht vom Standpunkt eines Beobachters *immer* mit derselben Geschwindigkeit ausbreitet, unabhängig von der Bewegung der Lichtquelle selbst. Zu den Konsequenzen dieser Theorie gehört, daß sich kein Teilchen und kein Objekt, ja überhaupt keine *Wirkung* einer physikalischen Ursache im Raum schneller als mit der Lichtgeschwindigkeit c ausbreiten oder bewegen kann.

Die Relativitätstheorie steht an einem herausragenden Schnittpunkt zwischen klassischer und moderner Physik. Danach ist es nötig, die Gleichungen der mechanischen Bewegung bei sehr großen Geschwindigkeiten zu modifizieren. Die Maxwell-Gleichungen, die die Ausbreitung des Lichtes beschreiben, stehen aber von Beginn an mit der Relativitätstheorie im Einklang. Diese Eigenschaft bezeichnet man als „relativistische Invarianz".

Die Wellengleichung wird weiter vereinfacht, wenn wir nur monochromatische Wellen mit harmonischer zeitlicher Entwicklung zulassen. Wir verwenden komplexe Zahlen, weil sich viele Wellenformen damit formal übersichtlich behandeln lassen. Generell wird aber nur der Realteil der komplexen Amplitude als physikalisch reale Größe betrachtet. Aus

$$\mathbf{E}(\mathbf{r}, t) = \Re\{\mathbf{E}(\mathbf{r})e^{-i\omega t}\}$$

erhält man mit $\omega^2 = c^2 \mathbf{k}^2$ die *Helmholtz-Gleichung*, die nur noch vom Ort $\mathbf{r}$ abhängt:

$$\left(\nabla^2 + \mathbf{k}^2\right)\mathbf{E}(\mathbf{r}) = 0. \tag{2.13}$$

In homogener Materie (d.h. bei konstantem Brechungsindex n) erfährt die Wellengleichung (2.12) wegen (2.10) nur eine Änderung: die Ausbreitung wird durch eine andere Phasengeschwindigkeit bestimmt, $c \rightarrow c/n$, ansonsten breitet sich die Welle genau wie im Vakuum aus. Man erhält

$$\left(\nabla^2 - \left(\frac{n}{c}\right)^2 \frac{\partial^2}{\partial t^2}\right)\mathbf{E}(\mathbf{r}, t) = 0. \tag{2.14}$$

In der theoretischen Elektrodynamik werden auch die dynamischen elektrischen und magnetischen Felder häufig und etwas eleganter von einem gemeinsamen Vektorpotential $\mathbf{A}(\mathbf{r}, t) = \mathbf{A}_0 e^{-i(\omega t - \mathbf{k}\mathbf{r})}$ abgeleitet, das seinerseits die Helmholtz-Gleichung (2.13) erfüllt:

$$\begin{aligned}
\mathbf{E} &= -\frac{\partial}{\partial t}\mathbf{A} = i\omega\mathbf{A} \\
\mathbf{H} &= \frac{1}{\mu_0}\boldsymbol{\nabla} \times \mathbf{A} = \frac{i}{\mu_0}\mathbf{k}\times\mathbf{A}
\end{aligned} \tag{2.15}$$

Eine vollständige Festlegung des Potentials $\mathbf{A}$ erfordert eine zusätzliche Bedingung in Form einer Eichvorschrift. Für unsere Zwecke ist die sogenannte *Coulomb-Eichung* ($\boldsymbol{\nabla} \cdot \mathbf{A} = 0$) eine sinnvolle Wahl, in anderen Situationen können aber Alternativen wie die Lorentz-Eichung bei relativistischen Problemen Vorteile bieten. Aus $\boldsymbol{\nabla} \cdot \mathbf{E} = 0$ und (2.15) folgt, daß Strahlungsfelder im freien Raum transversal sind (d.h. sie sind orthogonal zum Wellenvektor $\mathbf{k}$) (Abb. 2.3),[4]

$$\mathbf{E} \cdot \mathbf{k} = \mathbf{H} \cdot \mathbf{k} = 0 \quad .$$

Ferner kann man aus (2.15) eine nützliche Relation gewinnen,

$$\mathbf{H} = \frac{1}{\mu_0 c}\, \mathbf{e_k} \times \mathbf{E}.$$

Sie zeigt, daß $\mathbf{E}$- und $\mathbf{H}$-Feld auch zueinander senkrecht stehen, s. Abb. 2.3.

---

[4]Statische Felder von Ladungsverteilungen werden *longitudinal* genannt, denn nach Gl.(2.1) gilt dann $\boldsymbol{\nabla} \cdot \mathbf{E} = \rho(\mathbf{r}) \neq 0$. Die longitudinalen und transversalen Eigenschaften hängen allerdings von der Eichung ab.

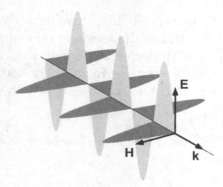

Abb. 2.3 *Die Richtungen des elektrischen* (**E**) *und magnetischen Feldes* (**H**) *einer elektromagnetischen Welle (hier: linear polarisiert) stehen im isotropen Raum senkrecht sowohl zueinander als auch auf der Ausbreitungsrichtung mit dem Wellenvektor* **k**.

2.1.8   Energie und Impuls

Die instantane Energiedichte U eines elektromagnetischen Feldes beträgt

$$U = \frac{1}{2}\left(\epsilon_0|\mathbf{E}|^2 + \mu_0|\mathbf{H}|^2\right) = \epsilon_0|\mathbf{E}|^2. \tag{2.16}$$

Die Gesamtenergie $\mathcal{U}$ eines elektromagnetischen Feldes wird durch Integration über das zugehörige Volumen V gewonnen,

$$\mathcal{U} = \epsilon_0\int_V |\mathbf{E}(\mathbf{r})|^2 d^3r.$$

Formal besitzt ein „Photon" bei der Schwingung mit der Frequenz ω die Energie $\mathcal{U} = \hbar\omega$. Daraus kann man auch die mittlere Feldstärke $\langle|\mathbf{E}|\rangle = \sqrt{\hbar\omega/2\epsilon_0 V}$ gewinnen, die einem Photon entspricht (Für Details vergl. Abschn. 12.2.). Diese Größe ist wichtig, wenn man zum Beispiel die Kopplung eines Atoms an die Feldschwingung eines Resonators beschreiben will.

Elektromagnetische Wellen transportieren Impuls und Energie. Die Energiestromdichte wird durch den *Poynting-Vektor* **S** gekennzeichnet,

$$\mathbf{S} = \mathbf{E}\times\mathbf{H} = c\epsilon_0\mathbf{e_k}|\mathbf{E}|^2 \quad , \tag{2.17}$$

die wegen $p = U/c$ zur Impulsdichte $\mathbf{g} = \mathbf{S}/c^2$ proportional ist. In einem Experiment ist die über eine Periode $T = 2\pi/\omega$ gemittelte Intensität $I = c\langle U\rangle$ einer elektromagnetischen Welle am leichtesten meßbar. Sie besitzt mit der elektrischen Feldamplitude $\mathcal{E}_0$ bei linearer Polarisation den Zusammenhang

$$I = \frac{1}{2}c\epsilon_0\mathcal{E}_0^2.$$

2.2 Wellentypen

Wir wollen nun Grenzfälle einfacher und wichtiger Wellentypen vorstellen.

2.2.1 Ebene Wellen

Ebene Wellen sind die charakteristischen Lösungen der Helmholtz-Gleichung
(2.13) in kartesischen Koordinaten (x,y,z):

$$\left(\frac{\partial^2}{\partial x^2} + \frac{\partial^2}{\partial y^2} + \frac{\partial^2}{\partial z^2} + \mathbf{k}^2 \right) \mathbf{E}(\mathbf{r}) = 0 \qquad (2.18)$$

Ebene Wellen sind Vektorwellen mit konstantem Polarisationsvektor $\boldsymbol{\epsilon}$ und
Amplitude $\mathcal{E}_0$,

$$\mathbf{E}(\mathbf{r}, t) = \Re e\{ \mathcal{E}_0 \boldsymbol{\epsilon} e^{-i(\omega t - \mathbf{k r})} \}$$

Sie besitzen generell zwei unabhängige, orthogonale Polarisationsrichtungen $\boldsymbol{\epsilon}$,
die wir in Kap. 2.4 näher behandeln werden. Der Wellenvektor definiert durch
$\mathbf{k} \cdot \mathbf{r} = const.$ Ebenen mit identischer Phase $\Phi = \omega t - \mathbf{k r}$ (Abb. 2.4).

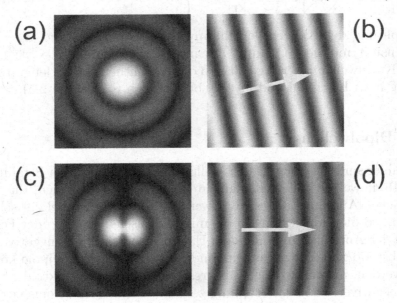

Abb. 2.4 *Momentaufnahme wichtiger Wellentypen: (a) die isotrope (skalare) Kugelwelle hat eine einfache Struktur; sie kann elektromagnetische Wellen, die immer Vektorfelder sind, jedoch nicht korrekt beschreiben; (b) Ebene Welle mit Wellenvektor; (c) die Dipolwelle entspricht einer Kugelwelle mit anisotroper Intensitätsverteilung; (d) schon im Abstand von wenigen Wellenlängen von der Quelle wird die Dipolwelle der ebenen Welle sehr ähnlich.*

2.2.2 Kugelwellen

Es entspricht unserer Erfahrung, daß sich Licht im Raum allseitig ausbreitet,
und daß dabei die Intensität abnimmt. Demnach wäre es naheliegend, die
Strahlenausbreitung durch eine Kugelwelle wie in Abb. 2.4(a) zu beschreiben.
In Kugelkoordinaten (r, θ, ϕ) lautet die Helmholtz-Gleichung (2.13):

$$\left(\frac{1}{r^2} \frac{\partial}{\partial r} r^2 \frac{\partial}{\partial r} + \frac{1}{r^2 \sin \theta} \frac{\partial}{\partial \theta} \sin \theta \frac{\partial}{\partial \theta} + \frac{1}{r^2 \sin^2 \theta} \frac{\partial^2}{\partial \phi^2} + \mathbf{k}^2 \right) \mathbf{E}(\mathbf{r}) = 0 . \quad (2.19)$$

Weil die elektromagnetischen Felder Vektorcharakter besitzen, muß man aber
Lösungen für „Vektor"-Kugelwellen suchen. Sie sind durchaus bekannt und gebräuchlich, für unsere Zwecke aber mathematisch zu aufwendig. Die Probleme
werden aber vereinfacht, weil in der Optik häufig nur ein kleiner Raumwinkel
in einer bestimmten Richtung von praktischer Bedeutung ist. Dort ändert sich
die Polarisation des Lichtfeldes nur ganz geringfügig und wir können in guter
Näherung die vereinfachte, skalare Lösung dieser Wellengleichung verwenden.
Eine isotrope, skalare Kugelwelle hat die Form

$$E(\mathbf{r}, t) = \Re e \left\{ \mathcal{E}_0 \frac{e^{-i(\omega t - \mathbf{k} \mathbf{r})}}{|\mathbf{k} \mathbf{r}|} \right\} \qquad (2.20)$$

Die Amplitude der Kugelwelle fällt invers mit dem Abstand $E \propto r^{-1}$ ab,
ihre Intensität mit dem Quadrat des inversen Abstandes $I \propto r^{-2}$. Mit der
skalaren Kugelwellennäherung läßt sich die Wellentheorie der Beugung in guter
Näherung nach Kirchhoff und Fresnel beschreiben (s. Kapitel 2.5).

2.2.3 Dipolwellen

Dipolstrahler sind die wichtigsten Quellen elektromagnetischer Strahlung. Das
gilt bei Radiowellen mit Wellenlängen im m oder km-Bereich, die von makroskopischen Antennen abgestrahlt werden, aber genauso bei optischen Wellenlängen, wo die induzierten Dipole mikroskopischer Atome oder Festkörper
die Rolle der Antennen übernehmen. Eine positive und eine negative Ladung
$\pm q$ im Abstand $\mathbf{x}$ besitzen das Dipolmoment $\mathbf{d}(t) = q\mathbf{x}(t)$. Dipole können induziert werden, indem durch ein äußeres Feld die Schwerpunkte der positiven
und der negativen Ladungsverteilung z.B. eines neutralen Atoms gegeneinan-
der verschoben werden. Ladungsschwingungen $\mathbf{x} = \mathbf{x}_0 e^{-i\omega t}$ verursachen ein
oszillierendes Dipolmoment,

$$\mathbf{d}(t) = \mathbf{d}_0 e^{-i\omega t}, \qquad (2.21)$$

das eine Dipolwelle abstrahlt und die einfachste Version einer Vektorkugelwelle
bildet. Wir nehmen nun an, daß unser Beobachtungsabstand groß ist gegen die

Wellenlänge $r \gg \lambda = 2\pi c/\omega$. Unter diesen Umständen befinden wir uns im *Fernfeld* des Strahlungsfeldes. Wenn auch der Abstand $|\mathbf{x}|$ der Ladungen sehr

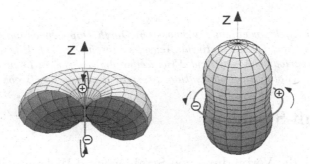

Abb. 2.5 *Winkelverteilung der Intensität ($\propto |\mathbf{E}|^2$) eines linear und eines zirkular schwingenden Dipols.*

klein ist gegen die Wellenlänge, können wir die Intensitätsverteilung mit den Ergebnissen für den *Hertzschen Dipol*[5] beschreiben. Die einfachste Form zeigt ein linearer Dipol entlang der z-Richtung, $\mathbf{d} = d_0 e^{-i\omega t}\mathbf{e}_z$, dessen Feldamplitude in sphärischen Koordinaten (r, θ, ϕ) gegeben wird:

$$\mathbf{E}_{\text{lin}} = \frac{k^3 d_0}{\epsilon_0} \sin\theta \frac{e^{-i(\omega t - kr)}}{kr} \mathbf{e}_\theta \quad .$$

Die Flächen konstanter Phase sind wiederum Kugelflächen, nur wird mit dem Winkelfaktor $\sin\theta$, der genau die Komponente des Dipolmoments senkrecht zur Ausbreitungsrichtung angibt, die Antennencharakteristik eines Dipols erzeugt. Für einen zirkularen Dipol, $\mathbf{d} = d_0 e^{-i\omega t}(\mathbf{e}_x + i\mathbf{e}_y)$ findet man

$$\mathbf{E}_{\text{circ}} = \frac{k^3 d_0}{\epsilon_0} \cos\theta \frac{e^{-i(\omega t - kr)}}{kr} (\cos\theta \mathbf{e}_\theta + i\mathbf{e}_\varphi) \quad .$$

In Abb. 2.5 ist die Intensitätsverteilung schwingender Dipole gezeigt. Beim linearen Dipol treten im Gegensatz zum zirkularen Richtungen auf, in welche keine Energie abgestrahlt wird. Die Dipolcharakteristik läßt sich beim *Tyndall-Effekt* mit relativ einfachen Mitteln sehr schön beobachten. Man benötigt einen linear polarisierten Laser und einen Plexiglasstab (Abb. 2.6): Die Doppelbrechung des Plexiglasstabes verursacht eine Modulation der Polarisationsebene, und der seitliche Beobachter sieht ein periodisches An- und Abschwellen des Streulichts im Plexiglasstab.

---

[5]Der Hertzsche Dipol besitzt keine räumliche Ausdehnung ($\mathbf{x} \to 0$), wohl aber ein von Null verschiedenes Dipolmoment $\mathbf{d}$.

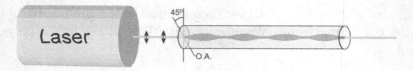

Abb. 2.6 *Tyndall-Effekt in einem Plexiglasstab. Durch Doppelbrechung wird die Polarisati-on periodisch moduliert (O.A.: Optische Achse; s. Abschn. 3.7.1). Ein seitlicher Beobachter sieht deshalb ein periodisches An- und Abschwellen der gestreuten Lichtintensität. Insbeson-dere zeigt an den Knoten die Polarisation linear in Richtung des Beobachters.*

2.3   Gauß-Strahlen

Wir wollen nun die Verbindung von Strahlen- und Wellenoptik herstellen. Da-zu werden wir die Ausbreitung eines Lichtstrahls im Wellenbild, das heißt mit Hilfe der Maxwellschen Gleichungen beschreiben. Wir wissen von unseren Be-obachtungen, daß sich das Profil eines Lichtstrahls nur sehr langsam verändert, und besonders augenfällig ist das an der starken Bündelung der Laserstrahlen. Entlang einer Ausbreitungsrichtung z verhält sich ein Lichtstrahl sehr ähnlich wie eine ebene Welle mit konstanter Amplitude $\mathcal{A}_0$, die eine bekannte Lösung der Wellengleichung (2.12,2.18) ist,

$$E(z,t) = \mathcal{A}_0 e^{-i(\omega t - kz)} \quad .$$

Andererseits wissen wir, daß sich in großer Entfernung von einer Quelle das Licht eher wie eine andere bekannte Lösung von Gl.(2.12,2.20) verhalten sollte, divergent wie die schon betrachtete Kugel- oder Dipolwelle nämlich, deren Amplitude radial mit der Entfernung von der Quelle abnimmt,

$$E(\mathbf{r},t) = \mathcal{A}_0 \frac{e^{-i(\omega t - \mathbf{kr})}}{|\mathbf{kr}|} \quad .$$

Um die Ausbreitung von Lichtstrahlen zu verstehen, betrachten wir nur einen Ausschnitt einer Kugelwelle in der Nähe der z-Achse („paraxial") und zerle-gen sie in ihre longitudinalen (z-Koordinate) und ihre transversalen Anteile. Außerdem betrachten wir Strahlen mit axialer Symmetrie, die nur noch von ei-ner transversalen Koordinate ρ abhängen. Man kann unter diesen Umständen $\mathbf{kr} = kr$ ersetzen und in der sogenannten *Fresnel-Näherung* wegen $\rho \ll z, r$ die Näherung $r = \sqrt{z^2 + \rho^2} \simeq z + \rho^2/2z$ verwenden:

$$E(\mathbf{r}) = \frac{\mathcal{A}(\mathbf{r})}{|\mathbf{kr}|} e^{i\mathbf{kr}} \simeq \frac{\mathcal{A}(z,\rho)}{kz} \exp\left(i\frac{k\rho^2}{2z}\right) e^{ikz} \quad . \tag{2.22}$$

Diese Form hat schon viel Ähnlichkeit mit einer ebenen Welle, deren räumliche Phase transversal geringförmig mit dem Fresnel-Faktor $\exp\left(ik\rho^2/2z\right)$ modu-liert bzw. gekrümmt ist.

Wir bemerken, daß wir eine weitere Kugelwellenlösung erhalten, indem wir in
(2.22) z durch den Radius der Wellenfronten $R(z) = z - R_0$ ersetzen, deren
Zentrum nun bei R_0 liegt, oder auch, wenn wir adhoc die lineare komplexe
Ersetzung (z_0 ist eine reelle Zahl)

$$z \rightarrow q(z) = z - iz_0$$

vornehmen. Auf diese Art und Weise haben wir den *Gaußschen Grundmode*[6]
bereits konstruiert, wenn wir eine konstante Amplitude $\mathcal{A}_0$ verwenden:

$$E(z, \rho) \simeq \frac{\mathcal{A}_0}{kq(z)} \exp\left(i\frac{k\rho^2}{2q(z)}\right) e^{ikz}. \tag{2.23}$$

Wir werden die hier „geratene" Lösung in Kürze als Lösung der paraxialen
Helmholtz-Gleichung (2.30) wiederfinden.

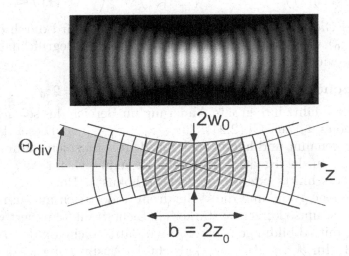

Abb. 2.7 *Ein Gaußscher Grund-Mode in der Nähe der Strahltaille. Im Zentrum werden
nahezu ebene Wellenfronten erreicht, außerhalb nähern sich die Wellen wieder schnell der
Kugelform an. Die Rayleighzone ist im unteren Teil schraffiert.*

Die Gaußmoden propagieren im freien, isotropen Raum, anders als etwa die
Wellen in einem dielektrischen Lichtleiter, die auf die inhomogenen optischen
Eigenschaften des Wellenleiters angewiesen sind. Im isotropen Raum sind sowohl das elektrische als auch das magnetische Feld transversal zur Ausbreitungsrichtung und die Wellenformen werden als **T**ransversaler **E**lektrischer
und **M**agnetischer Mode mit Indizes (m, n) bezeichnet. Die Grundlösung trägt
die Bezeichnung TEM$_{00}$-Mode. Sie ist die mit Abstand wichtigste Form aller
verwendeten Wellentypen und soll daher näher analysiert werden, bevor wir
uns den höheren Moden zuwenden.

---

[6]Der Begriff „Mode", der hier erstmals auftaucht, ist vom lat. *Modus*, Maß, Melodie entlehnt
und sollte im Deutschen besser als *der* Mode angesprochen werden.

2.3.1   Der Gaußsche Grund- oder TEM$_{00}$-Mode

Die Darstellung der Feldverteilung ist in Gl.(2.23) noch nicht sehr übersichtlich. Deshalb führen wir die Ersetzung $q(z) \to z - iz_0$ explizit aus,

$$\frac{1}{q(z)} = \frac{z + iz_0}{z^2 + z_0^2} = \frac{1}{R(z)} + i\frac{2}{kw^2(z)} \quad , \tag{2.24}$$

und führen neue Größen z_0, $R(z)$ und $w(z)$ ein. Die Zerlegung des Fresnelfaktors nach Real- und Imaginärteil erzeugt zwei Faktoren, einen komplexen Phasenfaktor, der die Krümmung der Wellenfronten beschreibt, und einen reellen Faktor, der die Einhüllende des Strahlprofils wiedergibt:

$$\exp\left(i\frac{k\rho^2}{2q(z)}\right) \quad . \to \quad \exp\left(i\frac{k\rho^2}{2R(z)}\right)\exp\left(-\left(\frac{\rho}{w(z)}\right)^2\right)$$

Die Form des Gaußschen Grundmodes in Abb. (2.7) wird durch das Parameterpaar (w_0, z_0) vollständig charakterisiert. Folgende Begriffe haben sich zur Beschreibung wichtiger Eigenschaften eingebürgert:

- **Rayleighzone, konfokaler Parameter b:** $b = 2z_0$

Die Gaußwelle erfährt ihre größte Änderung im Bereich des sogenannten Rayleigh-Parameters z_0 aus Gl.(2.24), für $-z_0 \leq z \leq z_0$. Dieser Bereich wird Rayleighzone genannt und häufig auch mit dem konfokalen Parameter $b = 2z_0$ charakterisiert. In der Rayleighzone befindet man sich im *Nahfeld* des kleinsten Strahlquerschnitts oder Brennflecks („Fokus"). Bei $z \ll z_0$ propagiert eine nahezu ebene Welle und die Wellenfront ändert sich nur geringfügig. Die Rayleighzone ist umso kürzer, je stärker ein Lichtstrahl fokussiert wird. Im Zusammenhang mit Abbildungen sprechen wir dabei auch von der *Tiefenschärfe* (s. Kap. 4.3.3). Im *Fernfeld* ($z \gg z_0$) gleicht die Ausbreitung wieder der Kugel- bzw. Dipolwelle.

- **Radius der Wellenfronten $R(z)$:** $R(z) = z\left(1 + (z_0/z)^2\right)$ (2.25)

In der Rayleighzone gilt bei $z \ll z_0$: $R(z) \simeq \infty$, im Fernfeld dagegen $R(z) \simeq z$. Die größte Krümmung oder der kleinste Radius der Wellenfronten tritt am Rand der Rayleighzone mit $R(z_0) = 2z_0$ auf.

- **Strahltaille $2w_0$:** $w_0^2 = \lambda z_0/\pi$

Strahltaille $2w_0$ bzw. -radius w_0 (engl. *waist*) geben den geringsten Strahlquerschnitt bei $z = 0$ an. Wenn die Welle sich im Medium mit dem Brechungsindex n ausbreitet, muß λ durch λ/n ersetzt werden. Der Durchmesser der Strahltaille beträgt dann $w_0^2 = \lambda z_0/\pi n$.

- **Strahlradius** $w(z)$: $\qquad w^2(z) = w_0^2 \left(1 + \left(\dfrac{z}{z_0}\right)^2\right)$

In der Rayleighzone bleibt der Strahlradius nahezu konstant. Im Fernfeld dagegen nimmt er linear zu nach $w(z) \simeq w_0 z / z_0$.

- **Divergenz** Θ_{div}: $\qquad \Theta_{\mathrm{div}} = \dfrac{w_0}{z_0} = \sqrt{\dfrac{\lambda}{\pi z_0 n}}$

Im Fernfeld ($z \gg b$) läßt sich die Divergenz aus $\Theta(z) = w(z)/z, z \to \infty$ bestimmen.

- **Gouy-Phase** $\eta(z)$: $\qquad \eta(z) = \tan^{-1}(z/z_0)$ $\hfill$ (2.26)

Die Gaußwelle erfährt beim Durchgang durch den Fokus etwas mehr Krümmung als eine ebene Welle. Zur Verdeutlichung können wir alternativ zu (2.24) und unter Verwendung von $a + ib = (a^2 + b^2)^{1/2} e^{i \tan^{-1}(b/a)}$ auch die Ersetzung

$$\frac{i}{q(z)} = -\frac{1}{z_0} \frac{w_0}{w(z)} e^{-i \tan^{-1}(z/z_0)}$$

vornehmen. (Der imaginäre Faktor stellt die übliche Konvention her, bei $z = 0$ eine reelle Amplitude oder verschwindende Phase zu finden). Durch die Funktion $\eta(z)$ wird dann die geringe Abweichung von der linearen Phasenentwicklung der ebenen Welle beschrieben, $-\pi/2 \leq \eta(z) \leq \pi/2$. Diese Extra-Phase ist unter dem Namen *Gouy-Phase* bekannt und wird zur Hälfte in der Rayleighzone aufgesammelt.

Das Gesamtresultat des Gaußschen Grundmodes oder TEM$_{00}$-Modes lautet mit diesen Bezeichnungen:

$$E(\rho, z) = \mathcal{A}_0 \frac{w_0}{w(z)} e^{-(\rho/w(z))^2} \, e^{ik\rho^2/2R(z)} \, e^{i(kz - \eta(z))}. \qquad (2.27)$$

Der erste Faktor beschreibt die transversale Amplitudenverteilung, der zweite (Fresnel-)Faktor die kugelförmige Krümmung der Wellenfronten und der letzte die Phasenentwicklung entlang der z-Achse. In der Physik und der optischen Technik wird in der überwiegenden Zahl aller Anwendungen ein Gaußscher Grund- oder TEM$_{00}$-Mode verwendet.

Beispiel: Intensität des TEM$_{00}$-Modes

Die Intensitätsverteilung in einer Ebene senkrecht zur Ausbreitungsrichtung entspricht der bekannten Gaußverteilung,

$$I(\rho, z) = \frac{c\epsilon_0}{2} E E^* = \frac{c\epsilon_0}{2} |\mathcal{A}_0|^2 \left(\frac{w_0}{w(z)}\right)^2 e^{-2(\rho/w(z))^2} \quad ,$$

mit dem axialen Spitzenwert

$$I(0, z) = \frac{c\epsilon_0}{2}|\mathcal{A}_0|^2 \left(\frac{w_0}{w(z)}\right)^2$$

Man gibt als „Querschnitt" eines Gaußstrahls im allgemeinen die Breite $2w(z)$ an, bei der die Intensität nur noch $1/e^2$ oder 13% des Maximalwertes beträgt. Innerhalb dieses Radius sind 87% der Gesamtleistung konzentriert.

Entlang der z-Achse folgt die Intensität einem Lorentz-Profil $1/(1+(z/z_0)^2)$. Sie fällt von ihrem Maximalwert $I(0,0) = (c\epsilon_0/2)|\mathcal{A}_0|^2$ ab (Abb. 2.7) und erreicht bei $z = z_0$ noch den halben Wert. Der konfokale Parameter b ist also auch ein Maß für die longitudinale Halbwertsbreite der Fokuszone.

Die gesamte Energiestromdichte $P = 2\pi \int I(\rho, z)\rho d\rho z$ einer Gaußwelle kann sich wegen der Energieerhaltung nicht ändern, wie man auch durch explizite Integration nachprüfen kann,

$$P/c\epsilon_0 = 2\pi\mathcal{A}_0^2 w_0^2 \int_0^\infty \frac{\rho d\rho}{w^2(z)} e^{-2(\rho/w(z))^2} = \pi w_c^z \mathcal{A}_0^2 \quad .$$

2.3.2 Das ABCD-Gesetz für Gaußmoden

Die Nützlichkeit der Gaußmoden bei der Analyse eines optischen Strahlengangs wird besonders durch eine einfache Erweiterung des aus der Strahlenoptik bekannten $ABCD$-Gesetzes (Kap. 1.9.2) gefördert. An jedem Ort z auf der Strahlachse kann ein Gaußstrahl entweder durch das Parameterpaar (w_0, z_0) oder alternativ den Real- und Imaginärteil von $q(z)$ nach Gl.(2.24) vollständig charakterisiert werden. Wir wissen, daß die beiden Parameter eines Lichtstrahls nach Gl.(1.17) linear transformiert werden, und daß für jedes optische Element ein bestimmter Typ einer Matrix $\mathbf{T}$ mit den Elementen $ABCD$ existiert. Die Parameter des Gaußstrahls werden durch lineare Operationen transformiert, deren Koeffizienten mit denen aus der Strahlenoptik identisch sind:

$$q_1 = \hat{\mathbf{T}} \otimes q_0 = \frac{Aq_0 + B}{Cq_0 + D} \quad . \tag{2.28}$$

Es ist nun gar nicht so schwer zu zeigen, daß diese Operationen auch mehrfach angewendet werden können und daß die Gesamtwirkung $\hat{\mathbf{T}}$ dem Matrizenprodukt $\hat{\mathbf{T}}_2\hat{\mathbf{T}}_1$ entspricht:

$$q_2 = \hat{\mathbf{T}}_2 \otimes (\hat{\mathbf{T}}_1 \otimes q_0) = \frac{A_2\dfrac{A_1q_0 + B_1}{C_1q_0 + D_1} + B_2}{C_2\dfrac{A_1q_0 + B_1}{C_1q_0 + D_1} + D_2} = \frac{(A_2A_1 + B_2C_1)q_0 + ...}{...}$$

Wir können also die Wirkung sämtlicher Elemente wieder durch die schon bekannten Matrizen aus Tab. 1.2 beschreiben.

Beispiel: Fokussierung mit einer dünnen Linse

Als ein wichtiges und instruktives Beispiel greifen wir die Wirkung einer dünnen Linse mit der Brennweite f heraus, mit der ein Gaußstrahl im TEM_{00}-Mode fokussiert werden soll, und vergleichen ihn mit den Vorhersagen der Strahlenoptik. Wir betrachten die Parameter der Welle in den Ebenen 1 (unmittelbar vor der Linse), 2 (unmittelbar nach der Linse) und 3 (im Fokus).

Ebene E1. Ein Gaußstrahl mit großer Strahltaille $2w_{01}$ und unendlich grossem Krümmungsradius $R(z = 0) = \infty$ kommt unserer Vorstellung von einer ebenen Welle recht nahe. Dann ist übrigens auch wegen $z_{01} = \pi w_{01}^2/\lambda$ die Rayleighlänge recht groß, z.B. misst sie bei einem Strahldurchmesser von nur 1 cm und einer Wellenlänge von 632 nm schon 124 m! Daher nehmen wir an, daß die Strahltaille des einlaufenden Strahls bei $z = 0$ liege und folglich $q(z)$ rein imaginär sei,

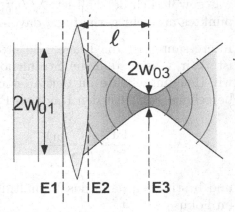

Abb. 2.8 *Fokussierung eines Gaußstrahls durch eine dünne Linse der Brennweite f.*

$$q_1 = -iz_{01} = -i\frac{\pi w_{01}^2}{\lambda}$$

Ebene E2. Durch die dünne Linse ändert sich der Strahlradius nicht sofort ($w_{02} = w_{01}$), wohl aber der Krümmungsradius, der nun $1/R_2 = -1/f$ beträgt:

$$\frac{1}{q_2(z = 0)} = -\frac{1}{f} + i\frac{1}{z_{01}} \quad .$$

Man hätte dasselbe Ergebnis auch durch formale Anwendung der Linsentransformation aus Tab. 1.2 und mit Gl.(2.28) erhalten.

Ebene E3. Für die Translation von der Linse zum neuen Fokus gilt

$$q_3(\ell) = q_2(0) + \ell \quad ,$$

aber die ℓ-Position der Ebene 3 ist zunächst unbekannt und muß aus der Bedingung bestimmt werden, daß $q_3^{-1} = i\lambda/\pi w_{03}^2$ dort wieder rein imaginär wird. Dazu bestimmen wir Real- und Imaginärteil von q_2,

$$q_2 = -\frac{f}{1 + (f/z_{01})^2} \left(1 + i\frac{f}{z_{01}} \right)$$

Offenbar wird der Realteil von q_3 genau bei

$$\ell = \frac{f}{1 + (f/z_{01})^2} = \frac{f}{1 + \left(\lambda f/\pi w_{01}^2\right)^2}$$

kompensiert, d.h. dort finden wir wieder ebene Wellenfronten. Nach der Strahlenoptik hätten wir den Fokus genau bei $\ell = f$ erwartet. Wenn aber die Brennweite kurz ist gegen die Rayleighlänge des einfallenden Strahls, $f \ll z_{01}$ oder, was gewöhnlich der Fall ist, $\lambda f/w_{01}^2 \ll 1$, dann wird sich die Lage des Brennpunktes nur sehr geringfügig davon unterscheiden.

Interessanter ist die Frage, wie groß der Durchmesser des Strahls im Fokus ist. Wir wissen, daß die Strahlenoptik darauf keine Antwort gibt und daß wir Beugungseffekte an der Apertur der Linse berücksichtigen müssen. Wir berechnen zunächst den Rayleigh-Parameter

$$\frac{1}{z_{03}} = \frac{1}{f}\frac{1 + (f/z_{01})^2}{f/z_{01}}$$

und bestimmen dann das Verhältnis der Strahldurchmesser an der Linse und im Fokus,

$$\frac{w_{03}}{w_{01}} = \left(\frac{z_{03}}{z_{01}}\right)^{1/2} = \frac{f/z_{01}}{\sqrt{1 + (f/z_{01})^2}} \quad . \tag{2.29}$$

Ersetzen von $1/z_{01}$ durch $\lambda/\pi w_{01}^2$ liefert

$$w_{03} = \frac{\lambda f}{\pi w_{01}}\frac{1}{\sqrt{1 + (\lambda f/\pi w_{01}^2)^2}} \simeq \frac{\lambda f}{\pi w_{01}} \quad ,$$

und wir erhalten mit dem ersten Faktor das aus der Beugungstheorie bekannte Rayleighkriterium für das Auflösungsvermögen einer Linse, welches wir im Kapitel über Beugung (Kap. 2.5, Gl.(2.50)) noch einmal behandeln.

2.3.3 Höhere Gaußmoden

Für eine formale Behandlung der Gauß-Moden zerlegen wir nun auch die Helmholtz-Gleichung (2.13) in transversale und longitudinale Beiträge,

$$\nabla^2 + k^2 = \frac{\partial^2}{\partial z^2} + \nabla_T^2 + k^2 \quad \text{und} \quad \nabla_T^2 = \frac{\partial^2}{\partial x^2} + \frac{\partial^2}{\partial y^2} \quad,$$

und wenden sie auf das elektrische Feld aus Gl.(2.22) an. Wir gehen davon aus, daß sich die Amplitude $\mathcal{A}$ auf der Wellenlängen-Skala nur sehr langsam ändert,

$$\frac{\partial}{\partial z}\mathcal{A} = \mathcal{A}' \ll k\mathcal{A} \quad,$$

erhalten die Näherung

$$\frac{\partial^2}{\partial z^2}\,\mathcal{A}\,e^{ik\rho^2/2z}\,\frac{e^{ikz}}{kz} \simeq (2ik\mathcal{A}' - k^2\mathcal{A})\,e^{ik\rho^2/2z}\,\frac{e^{ikz}}{kz} \quad,$$

und gewinnen schließlich die *paraxiale Helmholtz-Gleichung*,

$$\left(\nabla_T^2 + 2ik\frac{\partial}{\partial z}\right)\mathcal{A}(\rho, z) = 0 \quad. \tag{2.30}$$

Sie wird offensichtlich von $\mathcal{A} = const.$ erfüllt. Das ist nicht weiter verwunderlich, denn wir haben damit nur bestätigt, daß die verwendete Kugelwelle in der Nähe der z-Achse die paraxiale Helmholtzgleichung erfüllt. Die niedrigste Lösung der paraxialen Helmholtz-Gleichung hatten wir durch Intuition und Konstruktion bereits gefunden (Gl.(2.23)), der Grundmode ist aber nur eine, wenn auch eine besonders wichtige Lösung. Die höheren Lösungen suchen wir als Varianten der schon aus Gl.(2.27) bekannten Grundlösung, das heißt wir betrachten eine ortsabhängige Amplitude $\mathcal{A}(x, y, z)$. Wir verwenden der Übersichtlichkeit halber wieder $q(z) = z - iz_0$,

$$E(x, y, z) = \frac{\mathcal{A}(x, y, z)}{q(z)}\,\exp\left(i\frac{k(x^2 + y^2)}{2q(z)}\right)e^{ikz} \quad, \tag{2.31}$$

und verwenden kartesische Koordinaten, die uns die bekanntesten Lösungen liefern, die als *Hermite-Gauß-Moden* bezeichnet werden. Es gibt aber noch andere Klassen von Lösungen, zum Beispiel die *Laguerre-Gauß-Moden*, (s. Aufg. 2.4) die man bei Verwendung von Zylinderkoordinaten $\{x, y\} \to \{r, \varphi\}$ erhält. Die paraxiale Helmholtz-Gleichung (2.30) lautet

$$\left(\frac{\partial^2}{\partial x^2} + \frac{2ikx}{q(z)}\frac{\partial}{\partial x} + \frac{\partial^2}{\partial y^2} + \frac{2iky}{q(z)}\frac{\partial}{\partial y} + 2ik\frac{\partial}{\partial z}\right)\mathcal{A}(x, y, z) = 0 \quad. \tag{2.32}$$

Wir suchen wie für den Grundmode Amplituden, die symmetrisch von x und y abhängen und in longitudinaler Richtung nur eine geringfügige Korrektur der

Phasenentwicklung verursachen:

$$\mathcal{A}(x,y,z) = \mathcal{F}(x)\mathcal{G}(y)\exp\left(-i\mathcal{H}(z)\right)$$

Wir berücksichtigen $1/q(z) = 2(1 - iz/z_0)/ikw^2(z)$ und setzen diese Form ein in Gl.(2.32). Wenn wir ausschließlich reelle Lösungen für $\mathcal{F},\mathcal{G},\mathcal{H}$ fordern, entfallen imaginäre Anteile und wir erhalten

$$\frac{1}{\mathcal{F}(x)}\left[\frac{\partial^2}{\partial x^2}\mathcal{F}(x) - \frac{4x}{w^2(z)}\frac{\partial}{\partial x}\mathcal{F}(x)\right]$$

$$+ \frac{1}{\mathcal{G}(y)}\left[\frac{\partial^2}{\partial y^2}\mathcal{G}(y) - \frac{4y}{w^2(z)}\frac{\partial}{\partial y}\mathcal{G}(y)\right] + 2k\frac{\partial}{\partial z}\mathcal{H}(z) = 0 \quad.$$

Aus der Erwartung heraus, daß sich die transversale Amplitudenverteilung entlang der z-Achse nicht ändert, nehmen wir die Variablentransformationen

$$u = \sqrt{2}x/w(z) \text{ und } v = \sqrt{2}y/w(z)$$

vor (Der Faktor $\sqrt{2}$ dient dazu, die neuen Gleichungen auf ihre Normalform zu bringen.):

$$\frac{1}{\mathcal{F}(u)}\left[\mathcal{F}''(u) - 2u\mathcal{F}'(u)\right] + \frac{1}{\mathcal{G}(v)}\left[\mathcal{G}''(v) - 2v\mathcal{G}'(v)\right] + kw^2(z)\mathcal{H}'(z) = 0$$

Durch diese Tranformation haben wir eine Koordinaten-Separation erreicht, und die Gleichung kann durch Eigenwert-Probleme gelöst werden können:

$$\begin{aligned}
\mathcal{F}''(u) - 2u\mathcal{F}'(u) + 2m\mathcal{F}(u) &= 0 \\
\mathcal{G}''(v) - 2u\mathcal{G}'(v) + 2n\mathcal{G}(v) &= 0 \\
kw^2(z)\mathcal{H}'(z) - 2(m+n) &= 0
\end{aligned} \tag{2.33}$$

Die Gleichung für die (u,v)-Koordinaten ist als Hermitesche Differentialgleichung bekannt, ihre Lösungen werden als *Hermite-Polynome* $H_j(x)$ bezeichnet, die nach den Rekursionsrelationen

$$\begin{aligned}
H_{j+1}(x) &= 2xH_j(x) - 2jH_{j-1}(x) \\
H_j(x) &= (-)^j e^{x^2}\frac{d^j}{dx^j}(e^{-x^2})
\end{aligned} \tag{2.34}$$

leicht zu bestimmen sind. Die niedrigsten Hermite-Polynome lauten

$$H_0(x) = 1 \quad H_1(x) = 2x \quad H_2(x) = 4x^2 - 2 \quad H_3(x) = 8x^3 - 12x \quad.$$

Ihr Betragsquadrat gibt die transversale Intensitätsverteilung an und ist in Abb. (2.9) für die niedrigsten Moden dargestellt. Sie bilden ein System orthonormaler Funktionen mit der Orthonormalitätsbedingung

$$\int_{-\infty}^{\infty} H_j(x)H_{j'}(x)e^{-x^2}dx = \frac{\delta_{jj'}}{2^j j!\sqrt{\pi}} \tag{2.35}$$

Die dritte Gleichung aus (2.33) wird von

$$\mathcal{H}(z) = (n+m)\eta(z) \tag{2.36}$$

(00)   (10)   (11)

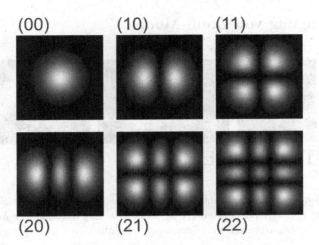

(20)   (21)   (22)

Abb. 2.9 *Transversale Intensitätsverteilung niedriger Hermite-Gauss-Moden* ($|\mathcal{A}_{mn}(x,y)|^2 = |H_m(x)H_n(y)|^2$).

mit $\eta(z) = \tan^{-1}(z/z_0)$ (Gl.(2.26)) gelöst. Sie erhöht die Phasenverschiebung der Gouy-Phase und spielt eine wichtige Rolle bei der Berechnung der Resonanzfrequenzen optischer Resonatoren (s. Kap. 5.6). Das Ergebnis für die ortsabhängige Amplitude für höhere Gauß- oder TEM_{mn}-Moden in Gl. (2.31) lautet also

$$\mathcal{A}_{mn} = \text{H}_m\left(\sqrt{2}x/w(z)\right)\text{H}_n\left(\sqrt{2}y/w(z)\right)e^{-i(m+n)\eta(z)}$$

und für das Gesamtergebnis nach Einsetzen, mit $\rho^2 = x^2 + y^2$ und den Bezeichnungen für $w_0, w(z)$ und $R(z)$ aus Abschn. 2.3.1:

$$E_{mn}(x,y,z) = E_0\text{H}_m\left(\frac{\sqrt{2}x}{w(z)}\right)\text{H}_n\left(\frac{\sqrt{2}x}{w(z)}\right)\frac{w_0}{w(z)}e^{-(\rho/w(z))^2} \times$$

$$\times\ e^{ik\rho^2/2R(z)}\,e^{i(kz - (m+n+1)\eta(z))}. \tag{2.37}$$

Insbesondere wird natürlich das Ergebnis für den TEM_{00}-Mode, $\mathcal{A}_{00}$=const., reproduziert. Alle Moden werden von einer gaußförmigen Einhüllenden beschrieben, die aber durch die Hermite-Polynome moduliert wird. Man spricht deshalb von *Hermite-Gauß-Moden*. Man mag sich noch die Frage stellen, weshalb wir die kartesische Form der paraxialen Helmholtz-Gleichung gewählt haben, und weshalb eigentlich die zylindersymmetrischen Lösungen selten auftauchen. Der Grund ist technischer Natur, denn die Spiegel und Fenster im Innern realer optischer Resonatoren zeigen immer geringe Abweichungen von der Zylindersymmetrie, so daß die kartesischen Gaußmoden gegenüber den Laguerre-Moden, die man als Lösung der Gleichungen mit zylindrischer Symmetrie findet, gewöhnlich bevorzugt werden.

2.3.4   Erzeugung von Gauß-Moden

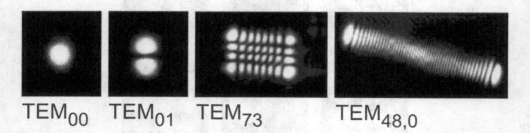

$$\text{TEM}_{00} \quad \text{TEM}_{01} \quad \text{TEM}_{73} \quad \text{TEM}_{48,0}$$

Abb. 2.10 *Gaußmoden hoher Ordnung aus einem einfachen Titan-Saphir-Laser. Der* TEM$_{48,0}$*-Mode ist geringfügig verkleinert worden. Die Asymmetrie der hohen Moden wird durch technische Ungenauigkeiten der Resonatorelemente (Spiegel, Laserkristall) verursacht.* [167]

In den meisten Experimenten ist man an dem TEM$_{00}$-Grundmode interessiert. Er ist in einem Laserresonator von Natur aus bevorzugt, weil er die geringsten Beugungsverluste aufweist: nach Abb. (2.9) ist klar, daß die effektive Fläche eines Modes mit den Ordnungen (m, n) wächst, so daß die Öffnungen eines Resonators (Spiegelränder, Aperturen) wachsende Bedeutung erhalten. Weil andererseits auch das räumliche Verstärkungsprofil mit dem gewünschten Mode optimal übereinstimmen muß, kann man durch absichtliche Fehljustierung eines Resonators Moden bis zu sehr hoher Ordnung erzeugen (Abb. (2.10)).

Die kontrollierte Formung von Lichtfeldern kann auch durch geeignete Filterung erreicht werden; dabei spricht man von einer *räumlichen Filterung* (engl. *spatial filter*). Ein solches Raumfilter ist in Abb. 2.11 gezeigt, es besteht

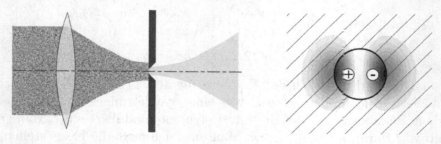

Abb. 2.11 *Räumliche Filterung. Vor der Blende besteht der Strahl aus einer Überlagerung vieler Gauß-Moden. Am Beispiel der* TEM$_{01}$ *ist dargestellt, wie höhere Moden durch die Blende unterdrückt werden. Die Felder in den beiden Ohren des Modes schwingen mit entgegengesetzter Phasenlage.*

in seiner einfachsten Form aus einer Fokussierungslinse (zum Beispiel einem Mikroskop-Objektiv) und einer Lochblende (engl. *pin hole*), deren Durchmesser auf den TEM$_{00}$-Grundmode abgestimmt ist.

Die Transmission höherer Gauß-Moden wird durch die Blende nicht nur verhindert, weil deren Durchmesser mit der Ordnung schnell ansteigt, sondern sie wird auch durch die räumlich alternierende Phasenverteilung unterdrückt. Die Blende wird deshalb nicht dipolartig erregt wie bei dem TEM_{00}-Grundmode, sondern mit einer höheren Ordnung, deren Abstrahlung bekanntlich schwächer ist.

Auf der Ausgangsseite propagiert ein „gereinigter" Gaußstrahl, der selbstverständlich an Intensität verloren hat. Besonders gute Unterdrückung höherer Moden wird erzielt, wenn statt der Lochblende ein Einmoden-Wellenleiter verwendet wird (s. Kap. 3.3).

2.4   Polarisation

Wir haben schon im vorherigen Abschnitt festgestellt, daß elektromagnetische Wellen Vektorwellen sind, deren Richtung im freien Raum mit zwei orthogonalen Polarisationsvektoren ϵ, ϵ' beschrieben wird[7]. Wir betrachten eine transversale Welle, die sich in $\mathbf{e}_z$-Richtung ausbreitet. Die Polarisation muß in der xy-Ebene liegen (Einheitsvektoren $\mathbf{e}_{x,y}$), und wir betrachten zwei Komponenten, deren zeitliche Phasen voneinander abweichen können,

$$\mathbf{E}(z,t) = \mathcal{E}_x\mathbf{e}_x \cos{(kz - \omega t)} + \mathcal{E}_y\mathbf{e}_y \cos{(kz - \omega t + \phi)} \qquad (2.38)$$

Für $\phi = 0, \pm\pi, \pm 2\pi, \ldots$ sind die Komponenten phasengleich und die Welle ist linear polarisiert,

$$\mathbf{E}(z,t) = (\mathcal{E}_x\mathbf{e}_x \pm \mathcal{E}_y\mathbf{e}_y) \cos{(kz - \omega t)}.$$

Für $\phi = \pm\pi/2, \pm 3\pi/2, \ldots$ oszillieren sie gerade außer Phase und ergeben eine im allgemeinen elliptische, für $\mathcal{E}_x = \mathcal{E}_y$ zirkular polarisierte Welle:

$$\mathbf{E}(z,t) = \mathcal{E}_x\mathbf{e}_x \cos{(kz - \omega t)} \pm \mathcal{E}_y\mathbf{e}_y \sin{(kz - \omega t)}.$$

Man kann die Feldamplitude statt nach Gl.(2.38) auch in der Form

$$\mathbf{E}(z,t) = \mathcal{E}_{\cos}(a\mathbf{e}_x + b\mathbf{e}_y) \cos{(kz - \omega t + \alpha)} + \\ + \mathcal{E}_{\sin}(-b\mathbf{e}_x + a\mathbf{e}_y) \sin{(kz - \omega t + \alpha)}.$$

mit $a^2 + b^2 = 1$ darstellen, die der um den Winkel α verdrehten Ellipse in Abb. 2.13 entspricht. Durch Koeffizientenvergleich bei $(kz - \omega t) = \pi/2, -\phi$ kann man den Winkel α ausrechnen,

$$\tan{(2\alpha)} = \frac{2\mathcal{E}_x\mathcal{E}_y \cos\phi}{\mathcal{E}_x^2 - \mathcal{E}_y^2} \qquad . \qquad (2.39)$$

---

[7]S. Fußnote S. 36.

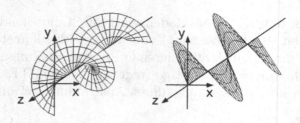

Abb. 2.12 *Das Feld der zirkular polarisierte Welle (links) rotiert überall mit gleicher Amplitude um die Ausbreitungsachse. Die linear polarisierte Welle (rechts) ist eine gewöhnliche Sinuswelle.*

In Abb. 2.13 ist außerdem die Zerlegung der linearen und der elliptischen Polarisation in zwei zirkulare Wellen vorgestellt.

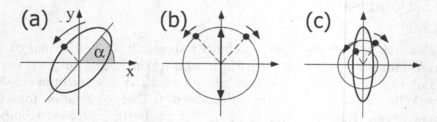

Abb. 2.13 *(a) Elliptisch polarisierte Welle. Die linear polarisierte Welle (b) kann in zwei gegensinnig zirkulare Wellen mit gleicher Amplitude, die elliptische Welle (c) mit unterschiedlicher Amplitude zerlegt werden*

2.4.1   Jones-Vektoren

Ganz allgemein können wir jede transversal polarisierte Lichtwelle entweder in zwei linear oder zwei zirkular orthogonale Wellen zerlegen. Zum Beispiel findet man für das Feld aus Gl.(2.38):

$$
\begin{aligned}
\mathbf{E}(z,t) &= \Re e (\mathcal{E}_x \mathbf{e}_x + \mathcal{E}_y e^{i\phi} \mathbf{e}_y) e^{-i(\omega t - kz)} \\
&= \frac{1}{\sqrt{2}} \Re e \left\{ (\mathcal{E}_x - i e^{i\phi}\mathcal{E}_y)\mathbf{e}_+ + (\mathcal{E}_x + i e^{i\phi}\mathcal{E}_y)\mathbf{e}_- \right\} e^{-i(\omega t - kz)} \\
&= \Re e \left\{ \mathcal{E}_+ e^{-i\alpha_+}\mathbf{e}_+ + \mathcal{E}_- e^{i\alpha_-}\mathbf{e}_- \right\} e^{-i(\omega t - kz)} ,
\end{aligned}
$$

wobei zwei neue komplexe Amplituden $\mathcal{E}_\pm e^{\mp i\alpha_\pm} = (\mathcal{E}_x \mp i e^{i\phi}\mathcal{E}_y)/\sqrt{2}$ definiert wurden. Die Phasenwinkel $\alpha_\pm$ hängen mit Gl. (2.39) nach $\alpha = (\alpha_+ + \alpha_-)/2$ zusammen. Für $\phi = \pi/2$ findet man z. B. speziell $\mathcal{E}_\pm = (\mathcal{E}_x \pm \mathcal{E}_y)/\sqrt{2}$, d.h. für $\mathcal{E}_x = \mathcal{E}_y$ eine perfekt rechtshändig zirkular polarisierte Welle.

R. Jones hat 1941 [88] die orthogonalen komplexen Einheitsvektoren

$$
\begin{array}{ll}
\mathbf{e}_+ = (\mathbf{e}_x + i\mathbf{e}_y)/\sqrt{2} & \mathbf{e}_x = (\mathbf{e}_+ + \mathbf{e}_-)/\sqrt{2} \\
\mathbf{e}_- = (\mathbf{e}_x - i\mathbf{e}_y)/\sqrt{2} \quad \text{und} \quad & \mathbf{e}_y = -i(\mathbf{e}_+ - \mathbf{e}_-)/\sqrt{2}
\end{array}
$$

zur Charakterisierung der Polarisation vorgeschlagen: $\mathbf{e}_{x,y}$ vorzugsweise für linear, alternativ $\mathbf{e}_\pm$ für zirkular polarisierte Komponenten. In Komponentenschreibweise erhalten wir

$$\mathbf{e}_x = \begin{pmatrix} 1 \\ 0 \end{pmatrix} \quad \mathbf{e}_y = \begin{pmatrix} 0 \\ 1 \end{pmatrix} \quad \mathbf{e}_\pm = \frac{1}{\sqrt{2}} \begin{pmatrix} 1 \\ \pm i \end{pmatrix}.$$

Wir können sofort zeigen, daß jede linear polarisierte Welle in zwei gegensinnig zirkular polarisierte Wellen zerlegt werden kann,

$$\frac{1}{\sqrt{2}} \left(\frac{1}{\sqrt{2}} \begin{pmatrix} 1 \\ i \end{pmatrix} + \frac{1}{\sqrt{2}} \begin{pmatrix} 1 \\ -i \end{pmatrix} \right) = \begin{pmatrix} 1 \\ 0 \end{pmatrix}.$$

Optische Elemente, die zum Beispiel wie Verzögerungsplatten auf die Polarisation wirken, können in diesem Formalismus sehr einfach mit Jones-Matrizen beschrieben werden (s. Kap. 3.7.4).

2.4.2 Stokes-Parameter und Poincaré-Kugel

Im Experiment werden gewöhnlich Intensitäten gemessen, also $|\mathcal{E}_{x,y}|^2$ und nicht die Amplituden $\mathcal{E}_{x,y}$. Außerdem nimmt jeder Detektor eine Mittelung über eine typische Zeit T vor, $\langle |\mathcal{E}_{x,y}|^2 \rangle_T$. Der Jones-Formalismus ist nur dann sinnvoll verwendbar, wenn aus dieser Messung auch die Amplitude direkt entnommen werden kann, das ist nur für idealisierte, perfekt polarisierte Felder der Fall, nicht für (im zeitlichen Mittel) nur teilweise oder gar nicht polarisierte Felder.

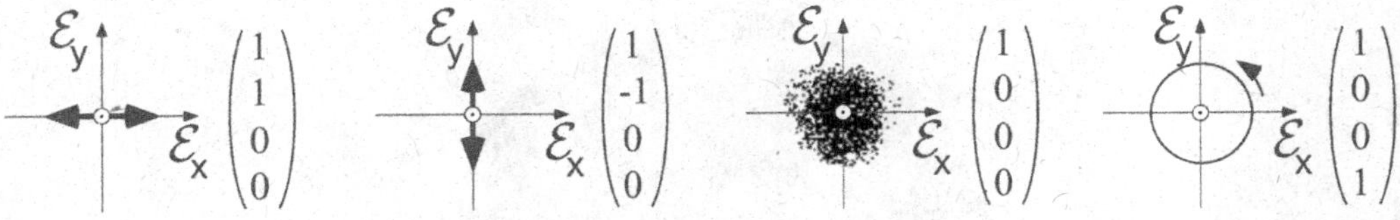

Abb. 2.14 *Stokes-Parameter und -Vektoren für ausgewählte Polarisationszustände. Von links nach rechts: Linear x polarisiert, linear y polarisiert, unpolarisiert, rechtshändig zirkular polarisiert. Das $\odot$-Zeichen deutet an, daß die Propagationsrichtug (die k-Vektoren) aus dem Bild herauszeigt.*

Zur vollständigen Charakterisierung des Polarisationszustandes einer Welle können die Intensitäten für zwei orthogonale Komponenten (z. B. $\mathbf{e}_{x,y}$ oder $\mathbf{e}_\pm$) sowie deren relative Phase verwendet werden. G. G. Stokes (1819 – 1903) hat vorgeschlagen, die Größen

$$\begin{aligned}
S_0 &= \langle \mathcal{E}_x^2 \rangle + \langle \mathcal{E}_y^2 \rangle &&= \langle \mathcal{E}_+^2 \rangle + \langle \mathcal{E}_-^2 \rangle \\
S_1 &= \langle \mathcal{E}_x^2 \rangle - \langle \mathcal{E}_y^2 \rangle &&= \langle 2\mathcal{E}_+\mathcal{E}_- \rangle \cos 2\alpha &&= S_0 \cos(2\gamma) \cos(2\alpha) \\
S_2 &= \langle 2\mathcal{E}_x\mathcal{E}_y \rangle \cos \phi &&= \langle 2\mathcal{E}_+\mathcal{E}_- \rangle \sin 2\alpha &&= S_0 \cos(2\gamma) \sin(2\alpha) \\
S_3 &= \langle 2\mathcal{E}_x\mathcal{E}_y \rangle \sin \phi &&= \langle \mathcal{E}_+^2 \rangle - \langle \mathcal{E}_-^2 \rangle &&= S_0 \sin(2\gamma)
\end{aligned} \tag{2.40}$$

zur Charakterisierung zu verwenden. Die geometrische Bedeutung des Winkels α ist schon aus Abb. 2.13 bekannt, den Winkel γ besprechen wir hier. Der erste Parameter S_0 ist proportional zur Intensität. Wenn man die S-Parameter auf $s_i = S_i/S_0$ normiert, gilt stets $s_0 = 1$ und außerdem

$$V = s_1^2 + s_2^2 + s_3^2 \le 1 \quad (= 1 \text{ für vollständig polarisiertes Licht})$$

Man erkennt, daß es nur drei unabhängige Parameter gibt. Ferner gilt bei der Überlagerung zweier Wellen nach dem Superpositionsprinzip für die Stokes-Parameter $S'' = S + S'$.

Die „Zirkularität" einer Welle kann offenbar durch das Achsenverhältnis der Ellipse aus Abb. 2.13 angegeben werden, die Größe

$$\tan \gamma = \frac{\mathcal{E}_+ + \mathcal{E}_-}{\mathcal{E}_+ - \mathcal{E}_-}$$

variiert zwischen +1 für rechtshändige und -1 für linkshändig zirkular polarisierte Wellen. H. Poincaré (1854–1912) hat vorgeschlagen, den Winkel $\tan(2\gamma) = (\mathcal{E}_+^2 - \mathcal{E}_-^2)/(2\mathcal{E}_+\mathcal{E}_-)$ zur Charakterisierung zu verwenden und damit den Parametersatz aus der 3. Spalte in Gl. (2.40) erhalten, der offenbar den Kugelkoordinaten eines dreidimensionalen Vektors entspricht. Jeder Polarisationszustand eines perfekt polarisierten Lichtfeldes wird danach durch genau einen Punkt auf der sogenannten Poincaré-Kugel festgelegt.[8]

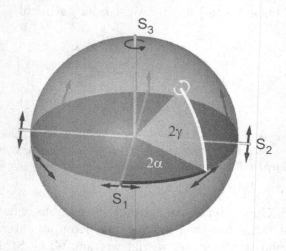

Abb. 2.15 *Darstellung eines Polarisationszustandes auf der Poincaré-Kugel. Die linear polarisierten Lichtfelder befinden sich am Äquator, zirkulare an den Polen.*

---

[8]Wir werden im Kapitel über Licht und Materie (Kap. 6) sehen, daß diese Struktur in den Blochvektoren der analogen atomaren Zwei-Zustands-Systeme wieder auftaucht.

2.4.3 Polarisation und Projektion

Eine ganz erstaunliche Eigenschaft der Polarisation läßt sich mit Polarisationsfolie sehr anschaulich vorführen. Polarisationsfolie erzeugt aus unpolarisiertem polarisiertes Licht, indem eine Polarisationskomponente, die parallel zur Vorzugsrichtung kettenartiger organischer Moleküle in der Folie schwingt, absorbiert wird. Weitere Polarisationskomponenten werden wir im Kapitel über Wellenausbreitung in Materie (Kap. 3) behandeln.

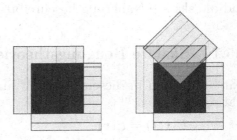

In Abb. 2.16 ist links dargestellt, daß zwei gekreuzte Polarisatoren zur Auslöschung der Transmission führen. Etwas überraschend ist es aber schon, wenn man einen weiteren Polarisator mit 45°-Polarisationsrichtung zwischen die beiden anderen schiebt, und dann ein Viertel des vom ersten Polarisator transmittierten Lichtes (bei Vernachlässigung von Verlusten) auch durch den orthogonalen Polarisator hindurchtritt! Die Polarisation des elektromagnetischen Feldes wird auf die Durchlaßrichtung des Polarisators „projiziert", der Polarisator wirkt auf das Feld und nicht auf die Intensität.

Abb. 2.16 *Transmission gekreuzter Polarisatoren. Die Schraffur deutet die Polarisationsrichtung an. Im unteren Bild ist der dritte Polarisator unter 45°-Grad zwischen die beiden anderen eingeschoben.*

2.5 Beugung

Die Lichtbeugung hat bei der Entwicklung der Wellentheorie des Lichtes eine wichtige Rolle gespielt. Selbst berühmte Physiker haben lange bezweifelt, daß das „Licht wie der Schall um die Ecke komme", aber schon Leonardo da Vinci (1452-1519) wußte, daß auch in den Schatten eines beleuchteten Objektes Licht fällt – entgegen den Vorhersagen der geometrischen Optik.

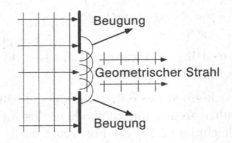

Abb. 2.17 *Huygens Prinzip: Beugung an einer Blende.*

C. Huygens hat der Wellentheorie eine erste anschauliche Vorstellung verliehen, indem er jeden Punkt des Raumes als Erreger einer neuen Welle auffaßte. Die allgemeine mathematische Fassung des Huygensschen Prinzips ist allerdings extrem aufwendig, weil die elektrischen und magnetischen Strahlungsfelder

Vektorfelder sind, $\mathbf{E} = \mathbf{E}(x, y, z, t)$ und $\mathbf{B} = \mathbf{B}(x, y, z, t)$. Es gibt bis heute nur wenige in Allgemeinheit gelöste Beispiele, zu den Ausnahmen zählt das von A. Sommerfeld (1868-1951) 1896 gelöste Problem der ebenen Wellenausbreitung an einer unendlich dünnen Kante.

Eine enorme Vereinfachung wird erzielt, wenn wir die vektoriellen durch skalare Felder ersetzen, wobei wir den Gültigkeitsbereich der Näherung abstecken müssen. Zu unserem Vorteil breiten sich Lichtstrahlen häufig mit nur geringen Richtungsänderungen aus. Die Polarisation ändert sich dann nur geringfügig und die skalare Näherung beschreibt das Verhalten ganz ausgezeichnet.

2.5.1 Skalare Beugungstheorie

Wir betrachten in diesem Kapitel[9] ausschließlich die Ausbreitung monochromatischer Wellen:[10]

$$E(\mathbf{r}, t) = \mathcal{E}(\mathbf{r})e^{-i\omega t}$$

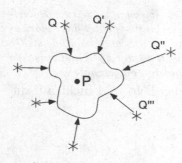

Es ist unser Ziel, das Huygenssche Prinzip mit den Mitteln der Mathematik in skalarer Näherung zu erfassen, indem wir das Superpositionsprinzip verwenden: Das totale Lichtfeld $\mathcal{E}(\mathbf{r}_P)$ an einem Punkt P (Abb. 2.18) setzt sich aus der Summe aller Beiträge der einzelnen Quellen Q, Q', ... zusammen. Wir wissen bereits, daß Kugelwellen aus einer punktförmigen Quelle Q die skalare Form aus Gl.(2.20) besitzen,

$$\mathcal{E} = \mathcal{E}_Q e^{ikr}/kr \quad .$$

Abb. 2.18 *Das Lichtfeld bei P wird von den Quellen Q, Q', Q", .. gespeist.*

Um die auf den Punkt P einströmenden Felder zu erfassen, betrachten wir die Quellen auf der Fläche S und ihre Wirkung auf ein sehr kleines Volumen mit der Fläche S' um P herum (Abb. 2.19).

Wir können uns dabei das aus der Mathematik wohl bekannte Greensche Integraltheorem zunutze machen, das für zwei Lösungen ψ und ϕ der Helmholtz-Gleichung (2.13) die Form annimmt

$$\oint_S [\psi \boldsymbol{\nabla} \phi - \phi \boldsymbol{\nabla} \psi] \, d\mathbf{S} = \int_V \left[\psi \boldsymbol{\nabla}^2 \phi - \phi \boldsymbol{\nabla}^2 \psi \right] d^3 r = 0 \quad .$$

Wir setzen e^{ikr}/kr und $\mathcal{E}(\mathbf{r}_P)$ für ψ und ϕ ein und schneiden in Abb. 2.19(a) eine Kugel mit sehr kleinem Radius r' und Oberflächenelement $d\mathbf{S}' = r^2 d\Omega' \mathbf{e}_r$

---

[9]Dieses Kapitel ist mathematisch etwas anstrengender. Man kann es überschlagen und nur die Resultate Gleichungen (2.46) und (2.47) verwenden.

[10]Diese Behandlung setzt räumliche und zeitliche Kohärenz der Lichtfelder voraus, die wir im Kapitel über Interferometrie näher behandeln werden (Kap. 5).

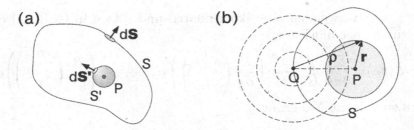

Abb. 2.19 *Kirchhoffs Theorem. (a): Wahl der Flächen zu Gl.(2.41). (b): Die Fläche S wird von der Quelle Q erregt und strahlt auf den Punkt P.*

um den Punkt P aus, um sie dort zusammen zu ziehen,

$$\left(\oint_S d\mathbf{S} + \oint_{S'} d\mathbf{S'} \right) \left[\frac{e^{ikr}}{r} \boldsymbol{\nabla}\mathcal{E} - \mathcal{E}\boldsymbol{\nabla} \frac{e^{ikr}}{r} \right] = 0 \quad .$$

Auf der kleinen Kugel um den Punkt P gilt $d\mathbf{S'} \parallel \mathbf{e}_r$ und daher $\boldsymbol{\nabla}\mathcal{E} \cdot d\mathbf{S'} = (\partial\mathcal{E}/\partial r)r^2 d\Omega'$. Ferner nutzen wir $-\boldsymbol{\nabla}e^{ikr}/r = (1/r^2 - ik/r)e^{ikr}\mathbf{e}_r$ und finden

$$\oint_S \left[\frac{e^{ikr}}{r} \boldsymbol{\nabla}\mathcal{E} - \mathcal{E}\boldsymbol{\nabla}\frac{e^{ikr}}{r} \right] d\mathbf{S} =$$

$$\oint_{S'} \left(\mathcal{E}(1 - ikr) + r\frac{\partial\mathcal{E}}{\partial r} \right) e^{ikr} d\Omega' \quad .$$

(2.41)

Wir lassen nun den Radius des Volumens um P herum immer kleiner werden $(r \to 0)$ und können mit

$$\oint_{S'} \left(\mathcal{E} - ikr\mathcal{E} + r\frac{\partial\mathcal{E}}{\partial r} \right) e^{ikr} d\Omega' \quad \overset{r \to 0}{\to} \quad 4\pi\mathcal{E}|_{r=0} = 4\pi\mathcal{E}(\mathbf{r}_P)$$

das Kirchhoffsche Integraltheorem begründen:

$$\mathcal{E}(\mathbf{r}_P) = \frac{1}{4\pi} \oint_S \left[\frac{e^{ikr}}{r} \boldsymbol{\nabla}\mathcal{E} - \mathcal{E}\boldsymbol{\nabla}\frac{e^{ikr}}{r} \right] d\mathbf{S} \quad .$$

(2.42)

In seiner immer noch relativ großen Allgemeinheit macht das Kirchhoffsche Theorem nicht den Eindruck, besonders nützlich zu sein. Wir wollen deshalb weitergehende Näherungen studieren und wenden es zu diesem Zweck auf eine Punktquelle Q an (Abb. 2.19(b)). Wir nehmen an, daß sich von dort eine skalare Kugelwelle der Form

$$\mathcal{E}(\boldsymbol{\rho}, t) = \frac{\mathcal{E}_Q}{k\rho} e^{i(\mathbf{k}\boldsymbol{\rho} - \omega t)}$$

ausbreitet. Wir verwenden Kugelkoordinaten und setzen in Gl.(2.42) die Kugelwelle zunächst einfach nur ein,

$$\mathcal{E}(\mathbf{r}_P) = \frac{\mathcal{E}_Q}{4\pi k} \oint_S \left[\frac{e^{ikr}}{r} \left(\frac{\partial}{\partial\rho} \left(\frac{e^{ik\rho}}{\rho} \right) \right) \mathbf{e}_\rho - \frac{e^{ik\rho}}{\rho} \left(\frac{\partial}{\partial r} \left(\frac{e^{ikr}}{r} \right) \right) \mathbf{e}_r \right] d\mathbf{S}.$$

Dann nutzen wir die Näherung

$$\frac{\partial}{\partial\rho} \frac{e^{ik\rho}}{\rho} = k^2 e^{ik\rho} \left(\frac{i}{k\rho} - \frac{1}{(k\rho)^2} \right) \simeq e^{ik\rho} \frac{ik}{\rho} \quad , \tag{2.43}$$

für ρ und r. Sie wird schon im Abstand von wenigen Wellenlängen wegen $k\rho \gg 1$ sehr gut erfüllt. Dann kann man auch das Kirchhoff-Integral (2.42) noch einmal entscheidend vereinfachen,

$$\mathcal{E}(\mathbf{r}_P) = -\frac{i\mathcal{E}_Q}{2\pi} \oint_S \frac{e^{ik(r+\rho)}}{r\rho} N(\mathbf{r},\boldsymbol{\rho}) \, dS \quad , \tag{2.44}$$

wobei wir den „Neigungsfaktor" $N(\mathbf{r},\boldsymbol{\rho})$, der auch Stokes-Faktor genannt wird, eingeführt haben:

$$N(\mathbf{r},\boldsymbol{\rho}) = -\frac{\mathbf{e}_r \mathbf{e}_s - \mathbf{e}_\rho \mathbf{e}_s}{2} = -\frac{1}{2} (\cos(\mathbf{r},\mathbf{e}_s) - \cos(\boldsymbol{\rho},\mathbf{e}_s)) \quad . \tag{2.45}$$

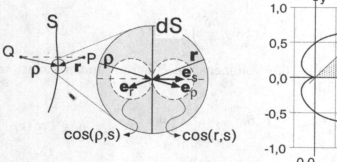 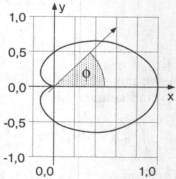

Abb. 2.20 *Zur Interpretation des Neigungsfaktors. Links: Geometrische Relationen. Rechts: Winkelabhängigkeit von* $N(\mathbf{r},\ \boldsymbol{\rho} \parallel \mathbf{e}_s) = (1 + \cos(\phi))/2$.

Um den Neigungsfaktor und seine Bedeutung zu verstehen (bzw. um ihn in den meisten Fällen durch den Wert „1" zu ersetzen) betrachten wir Abb. 2.20. Dabei nutzen wir schon ein realistischeres Beispiel, in welchem sich die Strahlen eher achsnah, das heißt in der Nähe der Verbindungsachse von Q nach P ausbreiten. Die „Erregung", die vom Flächenelement dS ausgeht, können wir mit $d\mathcal{E}_S = (\mathcal{E}_Q/k\rho) \exp(ik\rho) \cos(\boldsymbol{\rho},\mathbf{e}_S) dS$, den „Beitrag" bei P mit $d\mathcal{E}_P = d\mathcal{E}_S \cos(\mathbf{e}_r,\mathbf{e}_S) \exp(ikr)/r$ angeben und finden damit genau die Faktoren aus Gl.(2.44).

Eine bemerkenswerte Eigenschaft des Neigungsfaktors ist die Unterdrückung der Strahlung in Rückwärtsrichtung, nach Gl.(2.45) gilt nämlich $N \to 0$ für $\mathbf{e}_\rho \to \mathbf{e}_r$! Für achsnahe Strahlen in Vorwärtsrichtung finden wir dagegen $N \to 1$, und auf diesen häufigen Fall wollen uns im Folgenden beschränken. Der rechte Teil von Abb. 2.20 zeigt die vollständige Winkelverteilung des Neigungsfaktors für eine ebene einfallende Welle mit $\rho = \mathbf{e}_s$.

Wir betrachten nun nur noch die Ausbreitung achsnaher Strahlen für $N \simeq 1$ in der Geometrie und mit den Bezeichnungen von Abb. 2.21. Wir nehmen ferner

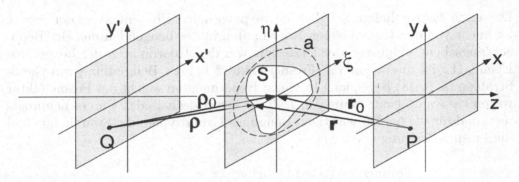

Abb. 2.21 *Fraunhofer-Beugung für N≃1.*

an, daß die Fläche S mit einer ebenen Welle ausgeleuchtet werde. Dann ist die Feldstärke $\mathcal{E}_S \simeq \mathcal{E}_Q/k\rho$ konstant, aber die Intensitätsverteilung kann durch eine Transmissionsfunktion $\tau(\xi, \eta)$ charakterisiert werden (die grundsätzlich imaginär sein kann, wenn Phasenverschiebungen verursacht werden). Nach Gl.(2.44) können wir für die Feldstärke am Punkt P berechnen nach

$$\mathcal{E}(\mathbf{r}_P) = -\frac{i\mathcal{E}_S}{\lambda} \oint_S \tau(\xi, \eta) \frac{e^{ikr}}{r} d\xi d\eta \quad . \tag{2.46}$$

Auch dieses Ergebnis ist für eine allgemeine Behandlung noch zu schwierig. Weitere Näherungen werden aber durch den Umstand erleichtert, daß der Abstand des beugenden Objekts vom Beobachtungsraum im allgemeinen groß ist gegen die Wellenlänge und gegen die transversalen Dimensionen, die in Abb. 2.21 durch den Kreis mit Radius a in der Ebene des beugenden Objekts markiert sind. Die Abstände r und r_0 drücken wir nun in den Koordinaten der jeweiligen Ebenen aus,

$$r^2 = (x - \xi)^2 + (y - \eta)^2 + z^2 \quad \text{und} \quad r_0^2 = x^2 + y^2 + z^2 \quad .$$

Wir betrachten r als Funktion von r_0,

$$r^2 = r_0^2 \left(1 - \frac{2(x\xi + y\eta)}{r_0^2} + \frac{\xi^2 + \eta^2}{r_0^2} \right) \quad ,$$

und entwickeln r mit $\kappa_x = -kx/r_0$ und $\kappa_y = -ky/r_0$,

$$r = r_0\sqrt{1 + \frac{2(\kappa_x\xi + \kappa_y\eta)}{kr_0} + \frac{\xi^2 + \eta^2}{r_0^2}} \simeq r_0\left(1 + \frac{\kappa_x\xi + \kappa_y\eta}{kr_0} + \frac{\xi^2 + \eta^2}{2r_0^2}\right).$$

Der Phasenfaktor in Gl.(2.46) zerfällt dann in drei Beiträge,

$$\exp ikr \rightarrow \exp ikr_0 \; \exp i(\kappa_x\xi + \kappa_y\eta) \; \exp\frac{ik(\xi^2 + \eta^2)}{2r_0}.$$

Der erste Faktor liefert lediglich einen pauschalen Phasenfaktor, der zweite ist linear von den transversalen Koordinaten in der beugenden und der Beobachtungsebene abhängig, der letzte nur von den Koordinaten der beugenden Ebene. (Er ist uns schon als „Fresnel-Faktor" bei der Behandlung von Gauß-Strahlen (s. S. 48) begegnet.) In vielen Experimenten weicht der Fresnelfaktor wegen $ka^2/r_0 \ll 1$ nur wenig von 1 ab. Er liefert deshalb das Unterscheidungsmerkmal für die beiden wichtigen Beugungs-Grundtypen, die Fraunhofer- und die Fresnel-Beugung ($r_0 \simeq z$):

$$\begin{aligned}&(i) \quad \text{Fraunhofer-Beugung} \quad a^2 \ll \lambda z/\pi\\&(ii) \quad \text{Fresnel-Beugung} \qquad a^2 \geq \lambda z/\pi \quad \text{und} \quad a \ll z\end{aligned} \qquad (2.47)$$

Die Beugungsphänomene haben seit dem frühen 19. Jahrhundert eine wichtige Rolle bei der Entwicklung der Wellentheorie des Lichtes gespielt und sind bis heute mit den Namen von Joseph von Fraunhofer (1787-1826) und Augustine Jean Fresnel (1788-1827) eng verknüpft.

Der Radius $a = \sqrt{\lambda z/\pi}$ definiert in der beugenden Ebene den Gültigkeitsbereich der Fraunhofer-Näherung. Man sagt, daß das Objekt in diesem Fall vollständig in der ersten *Fresnel-Zone* liegt (s. auch S. 78). Wenn man den Abstand zum beugenden Objekt z nur genügend groß wählt, gelangt man übrigens immer ins Fernfeld, in welchem die Fraunhofer-Bedingung gilt.

2.5.2 Fraunhofer-Beugung

Die Fraunhofer-Näherung wird im Fernfeld eines beugenden Objekts (z.B. eines Spaltes) angewendet, wenn die Bedingung (2.47(i)) erfüllt ist. Bei achsnahen Strahlen können wir den Faktor $1/r \simeq 1/r_0 \simeq 1/z$ ersetzen, so daß wir nach dem Einsetzen der Näherungen in Gl.(2.46) den Ausdruck erhalten

$$\mathcal{E}(\mathbf{r}_P) = -\frac{i\mathcal{E}_S e^{ikr_0}}{\lambda z} \oint_S \tau(\xi,\eta)e^{i(\kappa_x\xi + \kappa_y\eta)}d\xi d\eta . \qquad (2.48)$$

Im Phasenfaktor behalten wir aber r_0 bei,

$$\exp{(ikr_0)} \simeq \exp{(ikz)} \times \exp{\left(\frac{ik(x^2 + y^2)}{2z} \right)} \quad , \tag{2.49}$$

weil hier auch kleine Abweichungen zu einer schnellen Phasenrotation führen können, die dann bei Interferenzphänomenen eine wichtige Rolle spielen.

Die Feldamplitude am Punkt P hat danach die Form einer Kugelwelle, die mit dem Fourierintegral $T(\kappa_x, \kappa_y)$ der Transmissionsfunktion $\tau(\xi, \eta)$ moduliert ist,

$$T(\kappa_x, \kappa_y) = \int_{-\infty}^{\infty} \int_{-\infty}^{\infty} d\xi d\eta \, \tau(\xi, \eta) \, e^{i(\kappa_x \xi + \kappa_y \eta)} \quad .$$

Die Fouriertransformation hat nicht zuletzt wegen ihrer Bedeutung in der Behandlung optischer Beugungsprobleme ihren Siegeszug durch viele Bereiche der Physik angetreten. Wir wollen nun einige wichtige Beispiel behandeln.

Beispiele: Fraunhofer-Beugung

1. Beugung am langen Einzel-Spalt

Wir betrachten den langen, quasieindimensionalen Spalt (Abb. 2.22, Breite $d = 2a$) und nehmen wieder an, daß die Beleuchtung homogen ist. Weil wir mehrere Näherungen im Hinblick auf die Strahlenausbreitung eingeführt haben (z.B. Neigungsfaktor N = 1), können wir den eindimensionalen Fall nicht ohne Weiteres durch Integration der η-Koordinate in Gl.(2.48) von $-\infty$ nach ∞ gewinnen. Stattdessen muß man das Konzept des Kirchhoffschen Integral-Theorems für eine linienförmige

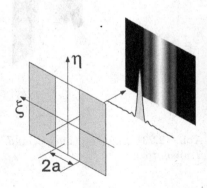

Abb. 2.22 *Beugung am langen Spalt.*

(statt einer punktförmigen) Quelle ausarbeiten. Von einer linienförmigen Quelle geht eine Zylinderwelle aus, deren Intensität nicht mehr wie $1/z^2$ bei der Kugelwelle, sondern nur noch mit $1/z$ abfällt. Es stellt sich dann heraus, daß das Ergebnis sehr ähnliche Struktur besitzt.

Die Amplitude der Zylinderwelle muß mit $1/\sqrt{z}$ abfallen und die eindimensionale Variante von Gl.(2.48) hat die Form

$$\mathcal{E}(\mathbf{r}_P) = -\frac{i\mathcal{E}_S e^{ikr_0}}{\lambda \sqrt{kz}} \oint_S \tau(\xi) e^{i\kappa_x \xi} d\xi \; .$$

Im Fall des linearen, unendlich langen Spaltes hat die Transmissionsfunktion die einfache Gestalt $\tau(\xi) = 1$ für $|\xi| \leq d/2$ und $\tau(\xi) = 0$ sonst. Man berechnet

$$\mathcal{E}(x) = -\frac{i\mathcal{E}_S e^{ikr_0}}{\lambda\sqrt{kz}} \int_{-a}^{a} d\xi\, e^{i\kappa_x \xi} = \mathcal{E}_S \frac{de^{ikr_0}}{\lambda\sqrt{kz}} \frac{\sin(kxa/z)}{kxa/z} \quad .$$

Die Intensitätsverteilung $I(x) \propto |\mathcal{E}(x)|^2$ ist in Abb. 2.22 vorgestellt und zur Verdeutlichung in der Grauskala leicht verzerrt worden.

2. Beugung am „Gauß-Transmitter"

Wir betrachten eine Gaußsche Amplitudenverteilung, die man zum Beispiel durch ein Filter mit gaußförmigem Transmissionsprofil aus einer ebenen Welle erzeugen könnte. Andererseits können wir auch gleich den Gaußstrahl aus Kap. 2.3 benutzen und nur in Gedanken eine Blende einfügen – das physikalische Resultat ist das gleiche. Auf einem Schirm hinter der Blende muß die Intensitätsverteilung durch die Beugung an dieser fiktiven Blende zustande gekommen sein!

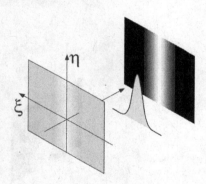

Abb. 2.23 *Beugung am „Gauß-Transmitter".*

Wir verwenden die Form und Bezeichnungen aus Kap. 2.3 mit der fiktiven Transmission

$$\tau(\xi) = e^{-(\xi/w_0)^2}/\sqrt{\pi} \quad .$$

Das Beugungsintegral

$$\mathcal{E}(x) = i\mathcal{E}_0 \frac{e^{ikr_0}}{\lambda\sqrt{kz}} \int_{-\infty}^{\infty} d\xi\, e^{i\kappa_x \xi} \frac{e^{-(\xi/w_0)^2}}{\sqrt{\pi}}$$

kann mit $\int_{-\infty}^{\infty} d\xi \exp\left(-(\xi/w_0)^2\right) \exp\left(i\kappa_x\xi\right) = \sqrt{\pi}w_0 \exp\left(-(\kappa_x w_0/2)^2\right)$ ausgewertet werden und wir finden unter Verwendung der Bezeichnungen von S. 50 (Strahltaille w_0, Länge der Rayleighzone z_0 usw.):

$$\mathcal{E}(x) = i\mathcal{E}_0 \frac{w_0 e^{ikr_0}}{\lambda\sqrt{kz}} e^{-(xz_0/w_0z)^2} \simeq \mathcal{E}_0 \frac{w_0 e^{ikz}}{\lambda\sqrt{kz}} e^{ikx^2/2z} e^{-(x/w(z))^2}$$

Die letzte Näherung gilt im Fernfeld ($z \gg z_0$) und man findet mit geringen Umformungen, daß sie dort exakt dem Gauß-TEM$_{00}$-Mode aus Kap. 2.3 entspricht. Tatsächlich hätte man die Suche nach stabilen Moden in einem Spiegel- oder Linsensystem auch vom Standpunkt der Beugung beginnen können: Die Amplitudenverteilung muß eine selbsterhaltende Lösung (oder Eigenlösung) des Beugungsintegrals sein, sie ist „beugungsbegrenzt". Allerdings sind Integralgleichungen in der Lehre weniger beliebt, deshalb wird üblicherweise der komplementäre Weg über die Differentialgleichungen nach Maxwell beschritten.

In unserer Behandlung haben wir übrigens die x- und y-Koordinaten ganz getrennt voneinander behandelt. Die Wellenausbreitung nach der Gaußschen Optik findet deshalb auch unabhängig in x- und y-Richtung statt, eine wichtige Voraussetzung für optische Systeme, bei denen die axiale Symmetrie gebrochen ist, wie zum Beispiel in Ringresonatoren.

3. Beugung an der Kreisblende

Ein weiteres, für die Optik außerordentlich wichtiges Element der Beugung ist die Kreisblende, denn an allen kreisförmigen optischen Elementen, zu denen zum Beispiel auch Linsen zählen, findet Beugung statt. Wir werden sehen, daß durch die Beugung an diesen Blenden zum Beispiel die Auflösung optischer Instrumente begrenzt wird, daß Beugung eine fundamentale Grenze ihrer Leistungsfähigkeit, die sogenannte *Beugungsgrenze* (engl. *diffraction limit*) verursacht.

Wir führen Polarkoordinaten ein, (ρ, ψ) in der (η, ξ)-Ebene der Blende und (r, ϕ) in der (x, y)-Ebene des Schirms. Das Beugungsintegral aus Gl.(2.48) lautet in diesen Koordinaten

$$\mathcal{E}(r) = -i\mathcal{E}_S \frac{e^{ikr_0}}{\lambda z} \int_0^a \rho d\rho \int_0^{2\pi} d\psi \, e^{-i(kr\rho/z)\cos(\phi - \psi)} \quad .$$

Es kann mit den mathematischen Beziehungen für Bessel-Funktionen,

$$J_0(x) = \frac{1}{2\pi} \int_0^{2\pi} \exp(ix\cos(\psi))d\psi$$

$$\text{und} \quad \int_0^x dx'x' J_0(x') = x J_1(x) \quad ,$$

ausgewertet werden. Das Ergebnis lautet:

$$\mathcal{E}(r) = -i\mathcal{E}_S e^{ikr_0} \frac{ka^2}{z} \frac{J_1(kar/z)}{(kar/z)}$$

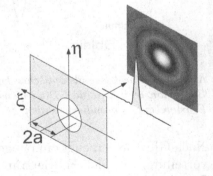

Das zentrale Beugungsmaximum wird auch Airy-Scheibchen genannt (nicht zu verwechseln mit der Airy-Funktion!).

Abb. 2.24 *Beugung an der kreisförmigen Lochblende.*

Die Intensitätsverteilung wird durch Betragsbildung ermittelt,

$$I(r) = I(r=0) \times \left(\frac{2J_1(kar/z)}{kar/z}\right)^2 \quad .$$

Der Radius r_{Airy} des „Airy-Scheibchens" wird durch die erste Nullstelle der Besselfunktion $J_1(x = 3,83) = 0$ definiert. Aus $kar_{\mathrm{Airy}}/r_0 = 1,22 \cdot \pi = 3,83$ erhält man den Radius

$$r_{\mathrm{Airy}} = 1,22\frac{z\lambda}{2a} \; .$$

Mit diesen Angaben können wir bereits das Rayleighkriterium für den Fokusdurchmesser einer Linse mit Durchmesser $2a \rightarrow D$ und Brennweite $z \rightarrow f$ ermitteln,

$$r_{\mathrm{Airy}} = 1,22\frac{f\lambda}{D} \; , \tag{2.50}$$

das bis auf geringfügige konstante Faktoren mit dem Ergebnis aus der Behandlung Gaußscher Strahlen übereinstimmt (s. S. 54).

2.5.3 Optische Fouriertransformation, Fourier-Optik

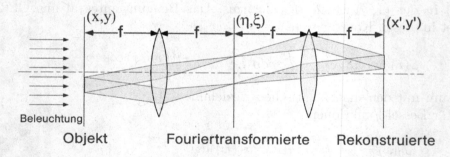

Abb. 2.25 *Eine Linse als optischer Fouriertransformator. Durch eine zweite Linse kann das Bild rekonstruiert werden. Die Eigenschaften des Bildes können im Fourierraum, d.h. in der Fourierebene manipuliert werden.*

Nach Gl.(2.48) erzeugt ein beugendes Objekt im Fraunhofer-Fernfeld eine Feldverteilung, die der Fouriertransformierten der komplexen Amplitudenverteilung in der Objektebene entspricht und eine Funktion der Ortsfrequenzen $\kappa_\eta = -k\eta/z$ bzw. $\kappa_\xi = -k\xi/z$ ist. Eine Sammellinse fokussiert parallel einfallende Strahlen und verlegt die Fouriertransformierte der Amplitudenverteilung in die Brennebene bei der Brennweite f (Abb. 2.25):

$$\begin{aligned}
\mathcal{E}(\kappa_\eta, \kappa_\xi) &= \mathcal{A}(\eta, \xi) \oint_S \tau(x,y) e^{i((\kappa_\eta x + \kappa_\xi y)} dxdy \\
&= \mathcal{A}(\eta, \xi)\, \mathcal{F}\{\mathcal{E}(x,y)\}.
\end{aligned}$$

Zur Betrachtung eines Fraunhofer-Beugungsbildes setzt man daher geschickterweise eine Linse (direkt nach dem beugenden Objekt) ein, um den Arbeitsabstand gering zu halten. Man kann zeigen, daß der Faktor $\mathcal{A}(\eta, \xi)$ unabhängig von (η, ξ) wird, falls sich das beugende Objekt in der vorderen Brennebene befindet. Wenn man unter diesen Umständen die Intensitätsverteilung $I(\eta, \xi) \propto |\mathcal{E}(\kappa_\eta, \kappa_\xi)|^2 \propto |\mathcal{F}\{\mathcal{E}(x, y)\}|^2$ studiert, erhält man offenbar ein Leistungspektrum in den Ortsfrequenzen des beugenden Objekts.

Die Fouriertransformation eines beugendes Objekts durch eine Linse wäre aber nicht so spannend, bildete sie nicht die Grundlage der Abbeschen Theorie der Abbildung im Mikroskop (s.S. 158) oder allgemeiner der *Fourier-Optik* [109]. Deren Behandlung geht über den Rahmen dieses Buches hinaus, wir wollen aber, ohne in die Einzelheiten zu gehen, anhand von Abb. 2.25 darauf hinweisen, daß eine zweite Linse die Fouriertransformation der ersten Linse wieder rückgängig macht oder invertiert. In der Brennebene der ersten Linse, der Fourierebene, kann nun das Bild manipuliert werden. Durch schlichtes Ausblenden (Amplitudenmodulation) können bestimmte unerwünschte Fourierkomponenten unterdrückt werden und man erreicht eine Glättung der Bilder. Man kann aber auch Phasenmodulation anwenden, z.B. durch Einfügen von Glasverzögerungsplatten, die nur auf ausgewählte Beugungsordnungen wirken. Dieses Verfahren ist auch die Grundlage der Phasenkontrast-Verfahren in der Mikroskopie. Die Abbildung kann übrigens eine Vergrößerung durch Verwendung von Linsen verschiedener Brennweite einschließen.

2.5.4 Fresnel-Beugung

Bei der Fraunhofer-Beugung muß der Schirm nicht nur im Fernfeld liegen, die Ausdehnung a der Strahlungsquelle muß auch in die erste Fresnel-Zone passen, d.h. es muß gelten $a \leq \sqrt{r_0 \lambda / \pi}$. Wenn diese Bedingung verletzt ist, kann man die Fresnel-Näherung anwenden, die die volle quadratische Näherung in (x, y, η, ξ) verwendet:

$$
\begin{aligned}
r^2 &= (x - \eta)^2 + (y - \xi)^2 + z^2 \\
r &= z \left(1 + \frac{(x - \eta)^2}{z^2} + \frac{(y - \xi)^2}{z^2} \right)^{1/2} \\
&= z + \frac{(x - \eta)^2}{2z} + \frac{(y - \xi)^2}{2z} + \dots.
\end{aligned}
$$

Das Beugungsintegral lautet dann nach Gl.(2.46)

$$
\mathcal{E}(\mathbf{r}_P) = i\mathcal{E}_0 \frac{e^{ikz}}{\lambda z} \oint_S \tau(\eta, \xi) \exp\left(\frac{ik}{2z} \{ (x - \eta)^2 + (y - \xi)^2 \} \right) d\eta d\xi. \quad (2.51)
$$

Es ist analytisch erheblich weniger zugänglich als die Fouriertransformation in der Fraunhofer-Näherung (Gl.2.48), aber mit numerischen Methoden leicht zu behandeln.

Beispiel: Fresnel-Beugung an der ebenen Kante

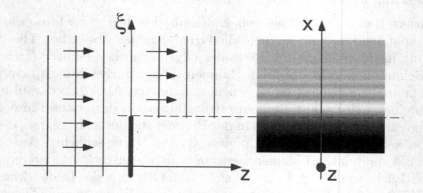

Abb. 2.26 *Fresnel-Beugung an einer geraden Kante.*

Wir führen zunächst im Beugungsintegral die normierte Variable u ein,

$$\frac{\pi}{2}u^2 := \frac{k}{2z}(x-\eta)^2; \quad u_0 = u(\eta = 0) = \sqrt{\frac{k}{\pi z}}x; \quad d\eta = -\sqrt{\frac{\pi z}{k}}du \quad ,$$

und ersetzen (K: Konstante)

$$\mathcal{E}(x) = K \int_0^\infty \exp\left[\frac{ik}{2z}(x-\eta)^2\right]d\eta = K\sqrt{\frac{\pi z}{k}} \int_{-\infty}^{u_0} \exp\left[i\frac{\pi}{2}u^2\right]du$$

In großer Entfernung $(x, u_0 \to \infty)$ von der Kante erwarten wir ein homogenes Feld und eine homogene Intensität, die wir zur Normierung verwenden können.:

$$I_0 = \frac{\epsilon_0}{2}\mathcal{E}(x \to \infty) = \frac{\epsilon_0}{2}|K\sqrt{\frac{\pi z}{k}}(1+i)|^2 = \frac{\epsilon_0}{2}K^2 z\lambda \quad .$$

Damit lassen sich die Intensitäten berechnen, die mit Hilfe der Fresnel-Integrale

$$C(u) := \int_0^u du' \cos\frac{\pi}{2}u'^2 \quad \text{und} \quad S(u) := \int_0^u du' \sin\frac{\pi}{2}u'^2$$

übersichtlich ausgedrückt werden können:

$$I(x = \sqrt{\frac{\pi z}{k}}u_0) = |\mathcal{E}(x)|^2 = \frac{1}{2}I_0 \left|\int_{-\infty}^{u_0} \exp\left[i\frac{\pi}{2}u^2\right]du\right|^2$$

$$= \frac{I_0}{2}\left\{\left[C(u_0) + \frac{1}{2}\right]^2 + \left[S(u_0) + \frac{1}{2}\right]^2\right\}$$

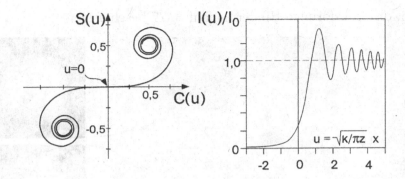

Abb. 2.27 *Cornu-Spirale und Beugungsintensität nach einer geraden Kante.*

Als Ergebnis erhält man die Cornu-Spirale und die Intensitätsverteilung nach einer geraden beugenden Kante, die beide in Abb. 2.27 vorgestellt werden.

Beispiel: Fresnel-Beugung an einer Kreisblende

Um das Beugungsintegral (2.51) im Fall der Nahfeldbeugung an einer Kreisblende mit Radius a zu bestimmen, verwenden wir $x = r\cos\phi'$, $y = r\sin\phi'$, $\eta = \rho\cos\phi$ und $\xi = \rho\sin\phi$.

$$\mathcal{E}(r,\phi) = i\mathcal{E}_S \frac{e^{ikz}e^{ikr^2/2z}}{\lambda z} \times$$
$$\times \int_0^a \int_0^{2\pi} e^{-ik\rho^2/2z}e^{-ir\rho\cos(\phi'-\phi)}\,\rho d\rho d\phi. \tag{2.52}$$

Die Winkelintegration kann ausgeführt werden und führt mit der Substitution $\kappa := ka^2/z$ zu dem erwarteten radialsymmetrischen Ergebnis

$$\mathcal{E}(r) = i\mathcal{E}_S e^{ikz}e^{i\kappa(r/a)^2/2}\,\kappa \int_0^1 e^{-i\kappa x^2/2}J_0(\kappa x r/a)\,xdx \quad .$$

Das Integral kann nur numerisch ausgewertet werden und ergibt dann die Beugungsbilder aus Abb. 2.28. Auf der optischen Achse ($r = 0$) kann das Integral auch analytisch ausgewertet werden mit dem Ergebnis:

$$\mathcal{E}(r=0) = i\mathcal{E}_S e^{ikz}\,2\sin(\kappa/4)e^{i\kappa/4} \quad \text{und}$$
$$I(r=0) = 4 \times \frac{c\epsilon_0}{2}|\mathcal{E}_S|^2\sin^2(ka^2/4z) \quad . \tag{2.53}$$

Auf der Achse trifft man also die bis zu 4-fache Intensität der einfallenden ebenen Welle! Die Fraunhofer-Näherung wird für $\kappa \ll 1$ erreicht, dort gilt $\sin(\kappa/4) \simeq \kappa/4 \propto 1/z$. Auf S. 78 werden wir dieses Ergebnis noch einmal mit Hilfe der Fresnelzonen interpretieren. Außerdem wird uns das komplementäre

Problem, das kreisförmige Hindernis, auf S. 77 beschäftigen.

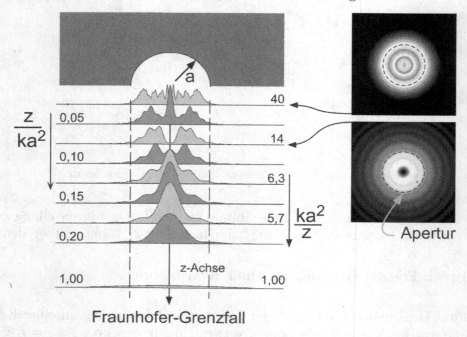

Abb. 2.28 *Beispiel für Fresnelbeugung an einer Kreisblende vom Fresnel- bis zum Fraunhofer-Grenzfall. Das rechte Bild deutet die Helligkeitsverteilung bei $ka^2/z=40$ an.*

2.5.5   Babinets Prinzip

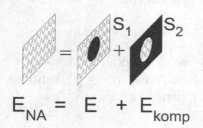

Abb. 2.29 *Beugung am kreisförmigen Hindernis: Babinets Prinzip.*

Das Prinzip von Babinet ist nichts weiter als eine Anwendung des Superpositions-Prinzips (Kap. 2.1.6). Bei der Analyse von Beugungsphänomenen erlaubt es häufig eine sehr geschickte Formulierung, weil es insbesondere auch in der beugenden Fläche linear ist. Wenn wir das Lichtfeld betrachten, das von zwei komplementären beugenden Geometrien S_1 und S_2 erzeugt wird, dann ist das Gesamtfeld, das sich ohne diese Objekte ausbreitet, einfach die Summe der beiden einzelnen beugenden Felder. Wenn wir uns an Abb. 2.29 orientieren, können wir das nicht abgebeugte Feld (Index NA) aus einem gebeugten Feld und dem dazu komplementären Feld zusammen setzen:

$$\mathbf{E}_{\mathrm{NA}}(\mathbf{r}_P) = \mathbf{E}(\mathbf{r}_P) + \mathbf{E}_{\mathrm{komp}}(\mathbf{r}_P)$$

Diese Feststellung scheint zunächst einigermaßen banal, sie erlaubt aber die geschickte Behandlung komplementärer Geometrien.

Beispiel: Kreisförmiges Hindernis

Wir können das von einer kreisförmigen Scheibe gebeugte Lichtfeld mit dem Babinetschen Prinzip und den Ergebnissen der kreisförmigen Blende konstruieren: Es besteht einfach aus der Differenz des nicht abgebeugten Feldes, im einfachsten Fall einer ebenen Welle, und des komplementären Feldes, das von der Kreisblende ausgeht:

$$\mathcal{E}(r) = \mathcal{E}_S e^{ikz} \left(1 + i \, e^{i\kappa(r/a)^2/2} \, \kappa \int_0^1 e^{-i\kappa x^2/2} J_0(\kappa x r/a) \, x dx \right) .$$

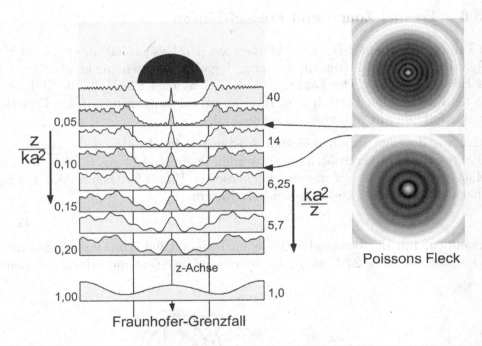

Abb. 2.30 *Fresnelbeugung an einem kreisförmigen Hindernis. Im Zentrum ist der Poissonsche Fleck zu erkennen. Vgl. die komplementäre Situation in Abb. 2.28.*

Das Beugungsbild des kreisförmigen Hindernisses besteht aus der Überlagerung von ebener Welle und Beugungswelle der Kreisblende. Im Zentrum ist *immer* ein heller Fleck zu beobachten, der als „Poissonscher Fleck" (engl. *hot spot*) berühmt geworden ist:

$$\mathcal{E}(r=0) = \mathcal{E}_S e^{ikz}(1 + 2i\sin(\kappa/4)e^{i\kappa/4}) \text{ und } I(r=0) = \frac{c\epsilon_0}{2}|\mathcal{E}_S|^2!$$

Nach einer Anekdote soll Poisson gegenüber der Fresnelschen Beugungstheorie geltend gemacht haben, das gerade erzielte Ergebnis sei absurd, es könne im Zentrum des Beugungsbildes hinter einer Blende kein stets heller Fleck beobachtet werden. Er wurde durch das Experiment widerlegt, wobei diese Beobachtung nicht ganz einfach ist, denn die Ränder des beugenden Scheibchen müssen mit optischer Genauigkeit (d.h. mit geringen Abweichungen im Mikrometerbereich) gearbeitet sein. Kleine Kugellager-Kugeln, die man auf einer Glasscheibe befestigt und in einen Laserstrahl hält, machen den Effekt gut sichtbar.

2.5.6   Fresnel-Zonen und Fresnel-Linsen

Im Fall der Fraunhofer-Beugung können wir den Fresnel-Faktor $\exp(-ik(x^2 + y^2)/2z)$ aus Gl. (2.52) wegen $ka^2/z \ll 1$ gleich 1 setzen, nicht aber im Fall der Fresnel-Beugung. Der Faktor gibt an, mit welcher Phase Φ_F die Teilwellen aus dem beugenden Bereich zum Interferenzbild beitragen, z.B. im Fraunhofergrenzfall alle mit näherungsweise $\Phi_F = 0$.

Wenn wir dagegen in einem festen Abstand z den Radius a des beugenden Objektes langsam vergrößern, dann werden beginnend bei $a_1 = \sqrt{z\lambda}$ die Teilwellen wegen $ka_1^2/z = \pi$ mit entgegengesetzter Phase beitragen. Wir können daher das auf Fresnel zurückgehende Kriterium

$$a_N^2 = N z\lambda \tag{2.54}$$

verwenden, um die beugende Ebene nach dem Charakter ihrer Phasenlage einzuteilen. In Abb. 2.31 ist die Einteilung mit weißen und schwarzen Zonen

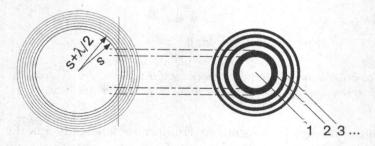

Abb. 2.31 *Fresnelzonen und Zonenplatte.*

vorgestellt, deren äußere Radien nach Gl.(2.54) anwachsen. Zur Verdeutlichung betrachten wir noch einmal die Beugung an der Kreisblende aus dem Beispiel auf S. 75: Nach Gl.(2.53) erreicht die Helligkeit auf der Achse bei $a^2/z\lambda = 1, 3, \ldots$ ein Maximum, während bei $a^2/z\lambda = 2, 4, \ldots$ ein Minimum auftritt.

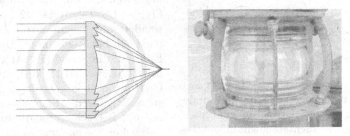

Abb. 2.32 *Fresnelsche Stufenlinse: Schema und ringförmige Anwendung („Gürtellinse") bei einer alten Bootslaterne. Quelle: Wikipedia, Urheber des Fotos: Anton (rp) 2004.*

In einer radialsymmetrischen Blende trägt jede Fresnelzone mit gleicher Fläche und Intensität zum Gesamtfeld auf der Achse bei. Aus den ungeraden Fresnelzonen stammende Teilwellen haben auf der Achse eine Wegdifferenz von $(N - 1) \times \lambda/2 = 0, 2, 4 \ldots \lambda$ angesammelt (links in Abb. 2.31), die zur konstruktiven Interferenz führen. Aus den geraden Zonen wird dagegen nach einem Weg von $N \times \lambda/2$ ein Beitrag mit entgegengesetzter Phase erzeugt, der bei gleichen Zahlen von geraden und ungeraden Zonen zur Auslöschung des Lichtfeldes führt.

Schon auf Fresnel geht der Vorschlag zurück, sich diesen Umstand zunutze zu machen und jede zweite Zone auszublenden. Die Zoneneinteilung aus Abb. 2.31 stellt daher auch genau das Bild einer Fresnelschen Zonenplatte dar. Alternativ kann man auch eine entsprechende Phasenplatte verwenden, die unter dem Namen Fresnel-Linse oder Fresnelsche Stufenlinse (Abb. 2.32) besser bekannt ist. Diese Linsen finden häufige Verwendung bei großen Aperturen, zum Beispiel in Overhead-Projektoren.

Aufgaben zu Kapitel 2

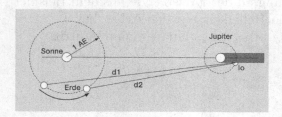

Abb. 2.33 Aus der Laufzeit des Lichtes zwischen den Verfinsterungen des Jupitermondes hat O. Roemer die ersten Daten gewonnen, aus denen sich die Lichtgeschwindigkeit bestimmen ließ.

2.1 Messung der Lichtgeschwindigkeit nach Rœmer und Huygens O. Rœmer hat Variationen in den beobachteten Umlaufzeiten des innersten Jupitermondes Io ($T_{\mathrm{Io}} = 1{,}8$ Tage oder 42,5 Stunden) verwendet, um daraus abzuleiten, wie lange das Licht benötigt, um die Umlaufbahn der Erde um die Sonne (1 Astronomische Einheit, $1\mathrm{AE} = 150\ 10^6$ km) zu durchqueren. C. Huygens hat aus diesen Daten die erste Schätzung der Lichtgeschwindigkeit ermittelt. Betrachten Sie die Erdumlaufbahn und geben Sie an, was von der Erde aus zu beobachten ist (Verfinsterung oder Austritt von Io?). Wo erwarten Sie die größten Abweichungen der beobachteten von der „wahren" Umlaufzeit? Welche Ganggenauigkeit müssen Uhren besitzen, damit die Verzögerung/Beschleunigung schon bei einem Umlauf gemessen werden kann? Roemer hat 40 Umläufe vor und 40 Umläufe nach der Opposition (Sonne zwischen Erde und Jupiter) verglichen und daraus geschlossen, daß das Licht den Durchmesser der Erdbahn in 22 Minuten durchquert. Welchen Wert konnte Huygens daraus für die Lichtgeschwindigkeit abschätzen?

2.2 Feldverteilungen und Poynting-Vektor in elektromagnetischen Wellen Skizzieren Sie die elektrische und magnetische Feldverteilung sowie den Poynting-Vektor bei der Überlagerung von ebenen, linear polarisierten Wellen zu (a) einer ebenen Stehwelle (b) zwei orthogonal gekreuzten Wellen.

2.3 Optische Quadrupolstrahlung In der Nähe leitender Ebenen kann man sich viele Eigenschaften eines strahlenden Dipols aus der Überlagerung seines eigenen Dipol-Feldes mit demjenigen des Bild-Dipols erklären, der sich im gleichen Abstand auf der anderen Seite der Ebene befindet. Diese Überlegungen gelten auch für atomare Dipole, die sichtbares Licht ausstrahlen. Betrachten Sie die beiden möglichen Orientierungen in Abschn. 12.3.3, Abb. 12.5, (σ- und π-Orientierung, senkrecht bzw. parallel zur Flächennormalen) und überzeugen Sie sich, daß die Dipole einmal parallele und einmal antiparallele Orientierungen besitzen müssen, damit die Randbedingung eines verschwindenden elektrischen Feldes auf der leitenden Ebene erfüllt wird. Geben Sie die räumliche Verteilung der Strahlung im Fernfeld (r Abstand vom Zentrum der beiden Dipole, $r \gg \lambda$) für den Grenzfall an, daß die Entfernung der Dipole zur Ebene klein ist gegen die Wellenlänge λ. Wie fällt die Amplitude des Feldes für die beiden Orientierungen mit r ab?

2.4 Laguerre-Gauß-Moden Eine alternative Beschreibung für zylindrisch symmetrische paraxiale Lichtstrahlen bieten die Laguerre-Gauß-Moden. In diesem Fall lautet die Amplitudenverteilung statt Gl. (2.37) mit den Bezeichnungen für $w_0, w(z), R(z)$ und $\eta(z)$ aus Abschn. 2.3.1:

$$E_{\ell \mathrm{m}}(r, \varphi, z) = E_0 \left(\frac{\sqrt{2}r}{w(z)} \right)^{\ell} L_m^{\ell} \left(\frac{\sqrt{2}r}{w(z)} \right) \frac{w_0}{w(z)} e^{-(\rho/w(z))^2} \times$$

$$\times \ e^{i\ell\varphi} e^{ik\rho^2/2R(z)} \, e^{i(kz - (2m + \ell + 1)\eta(z))}.$$

Informieren Sie sich über die Eigenschaften der Laguerre-Polynome (z.B. in [7]) und skizzieren Sie die transversalen Intensitätsverteilungen und Phasenlagen dieser Moden.

2.5 Bahn-Drehimpuls von Laguerre-Gauß-Moden Studieren Sie den Einfluß des azimuthalen Phasenfaktors $e^{i\ell\phi}$ in den Laguerre-Gauß-Moden aus der vorigen Aufgabe. In Erweiterung des Poynting-Vektors, der die Impulsdichte eines Lichtstrahls beschreibt, kann man auch eine Drehimpulsdichte nach

$$\mathbf{M} = \mathbf{r} \times \mathbf{E} \times \mathbf{H}$$

definieren [83]. Bestimmen und skizzieren Sie die Verteilung des Poynting-Vektors, der Drehimpulsdichte $\mathbf{M}$ und bestimmen Sie den Gesamtdrehimpuls des Strahls $\mathbf{L} = c \int \mathbf{M} d^3 r$. Interpretieren Sie das Ergebnis [2].

2.6 Wellenfront-Sensoren Optimale Bedingungen werden beim Einsatz optischer Komponenten insbesondere mit kohärentem Laserlicht nur dann erreicht, wenn auch die Voraussetzungen stimmen. Beispielsweise wird für optimale Abbildungseigenschaften mit einer Linse häufig eine ebene Wellenfront angenommen, aber praktisch längst nicht immer realisiert. Ein Beispiel für einen Sensor zur Charakterisierung der Wellenfronten ist der Hartmann-Shack-Sensor [71, 153]. Stellen Sie das Konzept der Meßmethode vor.

2.7 Mikrowellen-Gauß-Strahl Eine typische Satellitenantenne hat einen Durchmesser von 50 cm und eine Brennweite von 25 cm. Schätzen Sie mit Hilfe der Gaußschen Strahlenoptik den Durchmesser des Brennflecks ab, in den die vom Astra-Satelliten abgestrahlte Mikrowellenstrahlung bei 11 GHz fokussiert wird.

2.8 Intensität von Mikrowellen und optischen Wellen Nehmen wir nun an, dass wir mit der Antenne aus der vorigen Aufgabe ein 11 GHz Signal zum Astra-Satelliten schicken wollen. Die Leistung unseres Senders betrage 1 W. Schätzen Sie mit der Gaußschen Strahlenoptik ab, wie groß die maximale Intensität ist, welche den Satelliten erreicht. Schätzen Sie anschließend die Intensität ab, wenn wir anstatt der 11 GHz Strahlung einen 1 W Helium-Neon-Laser ($\lambda_{\text{He-Ne}} = 632$nm) verwenden.

2.9 Gouy-Phase Denken Sie sich eine experimentelle Anordnung aus, um die Gouy-Phase nachzuweisen. (Phasenlagen werden üblicherweise durch interferometrische Anordnungen nachgewiesen.) Gibt es in der Strahlenoptik ein Analogon zur Gouy-Phase?

2.10 Einkopplung in optische Fasern Für eine optische Faser wird bei $\lambda = 850$ nm eine numerische Apertur von NA = 0.1 spezifiziert. Wie groß ist der Durchmesser des geführten Strahls, wenn wir näherungweise ein Gaußsches Profil annehmen? Nehmen Sie an, Sie wollen einen gut kollimierten Strahl mit Halbwertsbreite 2 mm und Divergenz 1 mrad in die Faser mit einer Linse einkoppeln. Sie haben Linsen mit 10 cm, 5 cm, 2 cm, 1 cm Brennweite zur Verfügung. Welche Linse liefert die besten Resultate, und wo muß sie positioniert werden?

2.12 Achsen eines Polarisators Die Achsen eines unbekannten Polarisators kann man so bestimmen: Suchen Sie in Ihrer Umgebung eine möglichst glatte Bodenfläche mit Restspiegelung und betrachten Sie sie durch den Polarisator in 2–3 m Entfernung. Rotation des Polarisators sollte die Fläche heller und dunkler erscheinen lassen. Wodurch kommt die Polarisation zustande, und wie identifizeren Sie die Achsen?

2.13 Polarisation und Reflexion Bestimmen Sie den lokalen Polarisationszustand des elektrischen Feldes von Paaren von Lichtstrahlen, die sich gegenläufig in der +z- bzw. −z-Richtung ausbreiten, als Funktion der z-Koordinate: (a) lin∥lin: $E^{\text{lin}}_{+z} \parallel E^{\text{lin}}_{-z}$; (b) lin⊥lin: $E^{\text{lin}}_{+z} \perp E^{\text{lin}}_{-z}$; (c) $\sigma^+\sigma^+$: $E^{\text{zirk+}}_{+z}$, $E^{\text{zirk+}}_{-z}$; (d) $\sigma^+\sigma^-$: $E^{\text{zirk+}}_{+z}$, $E^{\text{zirk-}}_{-z}$. Welche optischen Komponenten werden verwendet, wenn der gegenläufige Laserstrahl durch Reflexion des hinlaufenden Strahls am ebenen Spiegel erzeugt wird?

2.14 Projektion und Rotation der Polarisation Zwei gekreuzte Polarisatoren löschen einen Strahl aus. Wird ein Polarisator unter 45° dazwischen gestellt, wird aber wieder Licht transmittiert (s. Abb. 2.16). Zeigen Sie, daß die transmittierte Intensität für verlustfreie Polarisatoren 25% beträgt. Führen Sie das Beispiel fort, indem Sie 2 3, ... Polarisatoren mit gleichen Winkelabständen 30°, 22,5°, etc. einsetzen.

2.15 Lineare und zirkulare Polarisation Häufig ist es wichtig, eine bestimmte Polarisation sehr genau zu definieren. Nehmen Sie an, nach zwei perfekten gekreuzten Polarisatoren betrage das Auslöschungsverhältnis $1:10^6$. Wie gut sind die Anteil der beiden zirkularen Komponenten des Feldes bestimmt?

2.16 Fraunhofer-Beugung an einfachen und irregulären Öffnungen Wie sieht das Beugungsbild einer quadratischen Öffnung im Fernfeld (Fraunhofer-Grenzfall) aus? Wie ändert sich das Bild für zwei gekreuzte Spalte? Wie sieht der Einfluß von irregulären Öffnungen (z.B. gestanzte Buchstaben) aus?

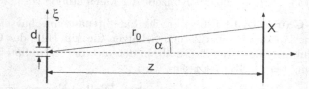

Abb. 2.34 *Bezeichnungen zur Beugung am Spalt, Aufg. 2.15–18.*

2.17 Einfachspalt: Teilwellen Eine ebene Welle (Wellenvektor $k = 2\pi/\lambda$) falle senkrecht auf einen unendlich ausgedehnten Spalt der Breite d. Wir interessieren uns für die Intensitätsverteilung, welche wir auf einem Schirm in der Entfernung z hinter dem Spalt beobachten können (Abb. 2.34). Wir nehmen dabei an, daß die Anordnung dem Fraunhofer Grenzfall ($d^2 \gg \lambda z/\pi$) entspricht. Berechne die Lage der ersten Beugungsminima nach der folgenden Methode: Wir zerlegen den Spalt in zwei gleich breite Teilspalte. Im jedem Punkt auf dem Schirm berechnen wir die Differenz der mittleren Phasen der beiden Teilstrahlen. Die Teilstrahlen löschen sich nun aus, wenn die Phasendifferenz gerade π beträgt.

2.18 Einfachspalt: Huygens Prinzip Ein realistischeres Bild als in der vorigen Aufgabe liefert das Huygensche Prinzip: Es besagt, daß von jedem Punkt des Spaltes eine Kugelwelle in den Halbraum hinter dem Spalt emittiert wird (Abb. 2.34). In unserem Fall kann aufgrund der Translationssymmetrie des Spaltes diese Kugel- durch eine Zylinderwelle der Form $\mathcal{E}(\rho) \propto \exp ik\rho/\sqrt{\rho}$ ersetzt werden, wobei ρ die Entfernung vom Zentrum der Zylinderwelle ist. Die Feldamplitude auf dem Schirm ergibt sich dann durch Aufsummierung aller Teilwellen. Berechnen Sie mit dieser Methode den Intensitätsverlauf der Spalt-Beugungsfigur in Abhängigkeit vom Winkel $\alpha \ll 1$.

2.19 Doppelspalt: Babinets Prinzip Konstruieren Sie das Beugungsbild des Doppelspalts nach Babinets Prinzip aus zwei Einzelspalten mit Breiten $d_1 > d_2$.

2.20 Kirchhoff-Integral Das Kirchhoffsche Beugungsintegral erlaubt die Berechnung der Feldverteilung, welche durch Beugung an einem beliebigen Objekt hervorgerufen wird. Im Fernfeld eines Beugungsspaltes (Abb. 2.34) reduziert sich das Kirchhoffsche Beugungsintegral durch Anwendung der Fraunhofer-Näherung und unter Ausnutzung der Translationssymmetrie zu einem eindimensionalen Integral:

$$\mathcal{E}(X) = -\frac{i\mathcal{E}_S \exp{(ikr_0)}}{\lambda\sqrt{kz}} \int_{-\infty}^{\infty} \tau(\xi) \exp{(i\kappa_X \xi)}d\xi$$

wobei $\kappa_X := -kX/r_0 (\approx ka$ für $\alpha \ll 1)$ und $\mathcal{E}_S$ die Amplitude der einfallenden ebenen Welle am Ort des Spaltes sind. (a) Geben Sie die Form der Transmissionsfunktion $\tau(\xi)$ für den Beugungsspalt an. (b) Berechnen Sie $\mathcal{E}(X)$ mit Hilfe der Formel für den Fall $\alpha \ll 1$.

2.21 **Beugung am dünnen Draht** Berechne mit Hilfe des Babinetschen Prinzips die Feldverteilung, welche durch Beugung einer ebenen Welle an einem dünnen Draht im Fernfeld hervorgerufen wird. Wie ändert sich das Bild, wenn der Draht durch ein langes schmales Glasplättchen mit der optischen Dicke $\ell_{\text{opt}} = (n_{\text{Glas}}-1)\ell = \lambda/2$ ersetzt wird?

3 Lichtausbreitung in Materie

Wir haben gesehen, daß wir die Brechung an dielektrischen Grenzflächen wie zum Beispiel an einer Glasscheibe mit Hilfe phänomenologisch eingeführter Brechzahlen beschreiben können. Andererseits können wir die Brechung auch als Antwort der Glasscheibe auf die einfallende elektromagnetische Lichtwelle betrachten. Das elektrische Feld verschiebt die geladenen Bestandteile des Glases und verursacht dadurch eine dynamische Polarisation. Diese strahlt ihrerseits eine elektromagnetischen Welle ab und wirkt durch Interferenz auf die einfallende Lichtwelle zurück. Hier behandeln wir die Materieeigenschaften mit makroskopisch-phänomenologischen Brechzahlen. Grundzüge des Zusammenhangs mit einer mikroskopischen Theorie werden in Kap. 6 vorgestellt.

Die Wellenausbreitung in homogener Materie hatten wir schon im voraufgegangenen Kapitel untersucht und festgestellt, daß sie sich nur durch die Phasengeschwindigkeit vom Vakuum unterscheidet (Gl. (2.14)). Wir wollen nun untersuchen, wie sich Grenzflächen oder Dielektrika mit inhomogener Brechzahl auf die Ausbreitung von elektromagnetischen Wellen auswirken.

3.1 Dielektrische Grenzflächen

Um die dielektrischen Grenzflächen behandeln zu können, müssen wir noch wissen, wie sie auf die elektromagnetischen Felder wirken. Die Begründung der Regeln (der mathematischen Randbedingungen) mit Hilfe der Maxwellgleichungen (2.10) überlassen wir den Lehrbüchern über Elektrodynamik und zitieren hier nur die für die Optik wichtigen Relationen.

Die Grenzfläche trenne zwei Medien mit Brechzahlen n_1 und n_2 mit dem Normalen-Einheitsvektor $\mathbf{e}_N$. Dann werden die elektromagnetischen Strahlungsfelder vollständig charakterisiert durch

$$
\begin{aligned}
(\mathbf{E}_2 - \mathbf{E}_1) \times \mathbf{e}_N = 0 \quad &\text{und} \quad (n_2^2 \mathbf{E}_2 - n_1^2 \mathbf{E}_1) \cdot \mathbf{e}_N = 0 \\
(\mathbf{H}_2 - \mathbf{H}_1) \times \mathbf{e}_N = 0 \quad &\text{und} \quad (\mathbf{H}_2 - \mathbf{H}_1) \cdot \mathbf{e}_N = 0
\end{aligned}
\tag{3.1}
$$

wobei $\mathbf{E}_{1,2}$ und $\mathbf{H}_{1,2}$ in unmittelbarer Nähe, aber auf verschiedenen Seiten der

Grenzfläche zu nehmen sind. Wir bemerken noch, daß wir uns in der Optik häufig auf die Anwendung der Vektorprodukte aus (3.1) beschränken können, die Skalarprodukte werden dann durch das Snellius-Gesetz (1.2) berücksichtigt.

3.1.1 Brechung und Reflexion an Glasflächen

Wir können beim Einfall einer transversalen elektromagnetischen Welle auf eine dielektrische Grenzfläche zwei Polarisationskonfigurationen unterscheiden: Die Polarisation der einfallenden Welle kann linear senkrecht auf der Flächennormalen und Einfallsebene stehen ((s) in Abb. 3.1) oder parallel zur Einfallsebene (p).

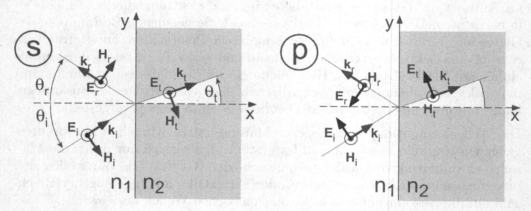

Abb. 3.1 *Elektromagnetische Felder an einer dielektrischen Grenzfläche für s- und p-Polarisation. Das Symbol ⊙ markiert Feldvektoren senkrecht zur Zeichenebene.*

Die Wellen mit s- bzw. p-Polarisation des elektrischen Feldes werden als s- bzw. p-Wellen bezeichnet. Alternativ werden auch die Bezeichnungen σ- und π- bzw. TE- und TM-Wellen verwendet. Wir müssen die beiden Fälle komponentenweise und getrennt behandeln. Elliptische Polarisationen können nach dem Superpositions-Prinzip auf Überlagerungen dieser Fälle zurückgeführt werden.

(a) s-Polarisation. Wir betrachten die $\{\mathbf{E}, \mathbf{H}, \mathbf{k}\}_\alpha$-Dreibeine des einfallenden (i), des reflektierten (r) und des transmittierten (t) Strahls und verwenden die Bezeichnungen aus Abb. 3.1 mit

$$\begin{aligned}
\mathbf{E}_\alpha &= \mathcal{E}_{0\alpha}\mathbf{e}_z e^{-i(\omega_\alpha t - \mathbf{k}_\alpha \mathbf{r})} &&\text{und}\\
\mathbf{H}_\alpha &= \frac{\mathcal{E}_{0\alpha}}{\mu_0 c \omega_\alpha}\mathbf{k}_\alpha \times \mathbf{e}_z\, e^{-i(\omega_\alpha t - \mathbf{k}_\alpha \mathbf{r})}
\end{aligned} \tag{3.2}$$

Das s-polarisierte elektrische Feld steht senkrecht auf der Flächennormalen, daher gilt

$$\mathbf{E}_t = \mathbf{E}_i + \mathbf{E}_r \quad .$$ (3.3)

Wenn diese Beziehung überall und zu allen Zeiten auf der Grenzfläche erfüllt werden soll, müssen offensichtlich alle Wellen dieselbe Frequenz besitzen und wir können den Zeitpunkt $t = 0$ betrachten. Wegen (3.1) muß außerdem für beliebige y gelten

$$\mathcal{E}_{0t} e^{ik_{yt}y} = \mathcal{E}_{0i} e^{ik_{yi}y} + \mathcal{E}_{0r} e^{ik_{yr}y} \quad ,$$

so daß alle y-Komponenten der $\mathbf{k}$-Vektoren gleich sein müssen,

$$k_{yt} = k_{yi} = k_{yr} \quad .$$ (3.4)

Als nächstes betrachten wir die Komponenten getrennt für den reflektierten und den transmittierten Anteil. Weil die reflektierte Welle im selben Medium propagiert wie die einfallende Welle, muß wegen $n_1^2 k_\alpha^2 = n_1^2 (k_{x\alpha}^2 + k_{y\alpha}^2)$ gelten $k_{xr}^2 = k_{xi}^2$ und

$$k_{xr} = -k_{xi} \quad ,$$

denn das positive Vorzeichen erzeugt ein weitere einlaufende Welle, die physikalisch nicht sinnvoll ist. Das Reflexionsgesetz ist damit erneut etabliert. Für die transmittierte Welle gilt $k_t/n_2 = k_i/n_1$. Aus der Geometrie erhält man direkt $k_\alpha = k_{y\alpha}/\sin\theta_\alpha$ und damit auch wieder das Gesetz des Snellius (1.2),

$$n_1 \sin\theta_i = n_2 \sin\theta_t \quad .$$

Es gilt zunächst nur für reelle Brechzahlen, kann aber verallgemeinert werden durch Verwendung von

$$k_{xt}^2 = k_t^2 - k_{yt}^2 = \frac{n_2^2}{n_1^2} k_i^2 - k_{yi}^2 \quad .$$ (3.5)

Alle bisherigen Resultate haben lediglich die Ergebnisse bestätigt, die wir schon aus der Strahlenoptik kannten. Mit deren Mitteln konnten wir aber keine Aussagen über die Amplitudenverteilungen treffen, die nun mit Hilfe der Wellenoptik möglich werden. Die Tangential-Komponenten des $\mathbf{H}$-Feldes sind nach (3.2) mit den $\mathbf{E}$-Komponenten verknüpft,

$$\mathcal{H}_{y\alpha} = -\frac{\mathcal{E}_{0\alpha}}{\mu_0 c \omega} k_{x\alpha} \quad ,$$

sie müssen wegen (3.1) stetig sein und deshalb der Gleichung

$$\begin{aligned} k_{xt}\mathcal{E}_{0t} &= k_{xi}\mathcal{E}_{0i} + k_{xr}\mathcal{E}_{0r} = k_{xi}(\mathcal{E}_{0i} - \mathcal{E}_{0r}) \\ \mathcal{E}_{0t} &= \mathcal{E}_{0i} + \mathcal{E}_{0r} \end{aligned}$$ (3.6)

gehorchen, die wir um die Bedingung (3.3) zu einem Gleichungssystem ergänzt haben. Es besitzt die Lösungen

$$\mathcal{E}_{0r} = \frac{k_{xi} - k_{xt}}{k_{xi} + k_{xt}} \mathcal{E}_{0i} \quad \text{und} \quad \mathcal{E}_{0t} = \frac{2k_{xi}}{k_{xi} + k_{xt}} \mathcal{E}_{0i}$$

Aus den Amplituden lassen sich die zugehörigen Intensitäten ohne Probleme berechnen. Man kann den *Reflexionskoeffizienten r* und den *Transmissionskoeffizienten t* auch nach

$$r = \frac{\mathcal{E}_{0r}}{\mathcal{E}_{0i}} = \frac{n_1 \cos\theta_i - n_2 \cos\theta_t}{n_1 \cos\theta_i + n_2 \cos\theta_t}$$
$$t = \frac{\mathcal{E}_{0t}}{\mathcal{E}_{0i}} = \frac{2n_1 \cos\theta_i}{n_1 \cos\theta_i + n_2 \cos\theta_t}$$

beschreiben und durch Ausnutzen von $n_1/n_2 = \sin\theta_t / \sin\theta_i$ nach Snellius umformen zu

$$r = \frac{\mathcal{E}_{0r}}{\mathcal{E}_{0i}} = -\frac{\sin(\theta_i - \theta_t)}{\sin(\theta_i + \theta_t)} \quad \text{und} \quad t = \frac{2\cos\theta_i \sin\theta_t}{\sin(\theta_i + \theta_t)}$$

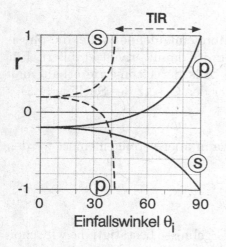
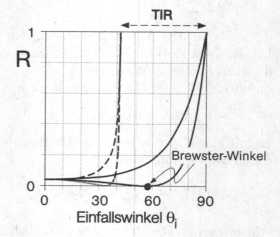

Abb. 3.2 *Reflexionskoeffizient und Reflektivität an einer Glasfläche mit Brechzahl n=1,5 für s- und p-Polarisation. Durchgezogene Linie: Vom Vakuum ins Glas; gestrichelt: vom Glas ins Vakuum. TIR: Bereich der Totalreflexion (von engl. total internal reflection).*

Die Abhängigkeit von Reflexionskoeffizient und Reflektivität vom Einfallswinkel θ_i ist in Abb. 3.2 dargestellt. Die Graphik zeigt unter anderem den Vorzeichenwechsel des Reflexionskoeffizienten bei der Reflexion am dichteren Medium, dort tritt ein Phasensprung von 180° auf.

Ein sehr wichtiger Spezialfall tritt auf, wenn das Licht senkrecht, das heißt mit $\theta_i = 0°$ einfällt. Für *Reflektivität R* und *Transmission T* gelten dann die

Fresnel-Formeln

$$R = \frac{|\mathbf{E}_r|^2}{|\mathbf{E}_i|^2} = \left(\frac{n_1 - n_2}{n_1 + n_2}\right)^2 \quad \text{und} \quad T = \frac{|\mathbf{E}_t|^2}{|\mathbf{E}_i|^2} = \frac{4 n_1 n_2}{(n_1 + n_2)^2} \quad . \tag{3.7}$$

Insbesondere rechnet man leicht nach, daß am Glas-Luft-Übergang ($n_1 = 1$, $n_2 = 1,5$) 4% der Intensität reflektiert werden.

(b) p-Polarisation. Die Behandlung eines p-polarisierten elektrischen Feldes, das in der Einfallsebene schwingt, folgt dem gerade erprobten Muster und kann daher auf die Ergebnisse beschränkt werden. Das Snellius-Gesetz wird erneut reproduziert, und für die Amplituden findet man das Gleichungssystem

$$\begin{aligned} k_t \mathcal{E}_{0t} &= k_i \mathcal{E}_{0i} + k_r \mathcal{E}_{0r} \\ k_i \mathcal{E}_{0t} &= k_t (\mathcal{E}_{0i} - \mathcal{E}_{0r}) \end{aligned}$$

mit den Lösungen

$$\mathcal{E}_{0r} = \frac{k_t^2 - k_i^2}{k_t^2 + k_i^2} \mathcal{E}_{0i} \quad \text{und} \quad \mathcal{E}_{0t} = \frac{2 k_i k_t}{k_t^2 + k_i^2} \mathcal{E}_{0i}$$

Der Reflexionskoeffizient der p-Welle gehorcht

$$r = \frac{\mathcal{E}_{0r}}{\mathcal{E}_{0i}} = -\frac{\tan(\theta_i - \theta_t)}{\tan(\theta_i + \theta_t)}$$

und wird zusammen mit der Reflektivität ebenfalls in Abb. 3.2 gezeigt. Er verschwindet für

$$\theta_i - \theta_t = 0 \quad \text{und} \quad \theta_i + \theta_t = \pi/2.$$

Die erste Bedingung wird nur trivial für $n_1 = n_2$ erfüllt. Die zweite führt auf die *Brewster-Bedingung*

$$\frac{n_2}{n_1} = \frac{\sin \theta_B}{\sin \theta_t} = \frac{\sin \theta_B}{\sin(\pi/2 - \theta_B)} = \tan \theta_B,$$

die für den Glas-Luft-Übergang (n=1,5) den *Brewster-Winkel* bei $\theta_B = 57°$ ergibt.

Die Brewster-Bedingung läßt sich mit der Winkelverteilung der Dipolstrahlung (s. Kap. 2.2.3 und Abb. 3.3) physikalisch interpretieren: Die lineare dielektrische Polarisation im brechenden Medium steht transversal zum gebrochenen Strahl und kann in Richtung der reflektierten Welle nicht abstrahlen, wenn diese mit der gebrochenen Welle gerade einen rechten Winkel bildet.

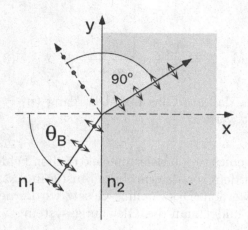
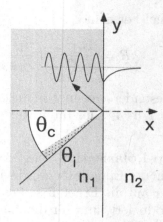

Abb. 3.3 *Links: Am Brewster-Winkel θ_B wird nur s-polarisiertes Licht reflektiert. Rechts: Bei der Totalreflexion am dichteren Medium ($n_1 > n_2$) entsteht im dünneren Medium ein evaneszentes Wellenfeld.*

3.1.2   Totalreflexion

Wir wollen die Totalreflexion, deren Einfluß auf die Reflexion schon in Abb. 3.2 für den Übergang vom dichteren ins dünnere Medium zu erkennen ist, noch genauer analysieren. Wir betrachten die Komponente $k_{xt} = k_2 \cos\theta_t$, die das Eindringen der Welle in das dünnere Medium beschreibt. Wir können die Lösungen für die laufenden Wellen unterhalb des kritischen Winkels $\theta_c = \sin^{-1}(n_2/n_1)$, $n_1 > n_2$, den wir schon aus Gl. (1.3) kennen, übernehmen, indem wir die Snelliusbedingung für $\theta_i > \theta_c$ auf imaginäre Werte verallgemeinern. Man kann mit $W = \sin\theta_t = \sin\theta_i / \sin\theta_c > 1$ schreiben

$$\cos\theta_t = (1 - \sin^2\theta_t)^{1/2} = (1 - W^2)^{1/2} = iQ \quad ,$$

worin Q wieder eine reelle Zahl ist. Wir schreiben nun das elektrische Feld für Einfallswinkel jenseits des kritischen Winkels als laufende Welle,

$$\mathbf{E}(\mathbf{r}, t) = \mathbf{E}_{20} \exp\left\{-i(\omega t - \mathbf{k}_2 \mathbf{r})\right\} \quad .$$

Mit $\mathbf{k} = k_2(\cos\theta_t \mathbf{e}_x + \sin\theta_t \mathbf{e}_y)$ erhält man dann

$$\mathbf{E} = \mathbf{E}_{20} e^{-k_2 Q x} \exp\left\{-i(\omega t - k_2 W y)\right\} \quad .$$

Für $\theta_i > \theta_c$ propagiert die Welle entlang der Grenzfläche. Sie dringt außerdem in das dünnere Medium ein, wird dort aber exponentiell mit der Eindringtiefe $\delta_e = 1/(k_2 Q)$ gedämpft (Abb. 3.3). Die Welle im dünneren Medium wird häufig als *evaneszentes Wellenfeld* oder auch als *quergedämpfte Welle* bezeichnet.

Beispiel: Eindringtiefe und Energietransport bei der Totalreflexion

Die Eindringtiefe einer total reflektierten Welle in das optisch dünnere Medium $(n_1 > n_2 = 1, k_2 = 2\pi/\lambda)$ beträgt nach dem voraufgegangenen Absatz

$$\delta_e = \frac{1}{k_2 Q} = \frac{\lambda/2\pi}{\sqrt{n_1^2 \sin^2 \theta_i - 1}} \quad .$$

Man berechnet für den Fall des 90°-Prismas (Einfallswinkel 45°, Brechzahl n_1=1,5) aus Abb. 1.7 $Q = 0,35$ und $\delta_e = 0,27 \mu m$ @ 600 nm.

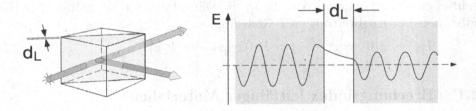

Abb. 3.4 *Links: Frustrierte Totalreflexion am Luftspalt zwischen zwei 45°-Prismen. Rechts: Das elektrische Feld der laufenden Wellen ist positiv, das der quergedämpften Welle negativ gekrümmt. Um effiziente Transmission zu erreichen, muß die Breite des Luftspaltes geringer sein als die Eindringtiefe der evaneszenten Welle.*

Es ist instruktiv, den Energietransport nach Gl. (2.17) durch die Grenzfläche in die evaneszenten Welle zu betrachten. Es stellt sich heraus, daß die Normal-Komponente des zeitlich gemittelten Poynting-Vektors rein imaginär ist,

$$\begin{aligned}
\langle \mathbf{S} \rangle \cdot \mathbf{e}_N &= \langle \mathbf{E} \times \mathbf{H} \rangle \cdot \mathbf{e}_N \\
&= \mathcal{R}e\{c\epsilon_0/2|\mathbf{E}|^2 iQ\} = 0 \quad .
\end{aligned}$$

und deshalb kein Energietransport über die Grenzfläche stattfindet. Allerdings läßt sich diese Situation ändern, wenn wir wie in Abb. 3.4 eine zweite Grenz-fläche in die Nähe bringen. Dabei tritt die sogenannte *frustrierte* oder *behin-derte* Totalreflexion auf (engl. *FTIR, Frustrated Total Internal Reflection*). Sie wird nicht nur eingesetzt, um optische Strahlteiler zu bauen, sondern auch, um Licht in variabler Weise (durch Variation des Luftspaltes) in Wellenleiter (s. Abb. 3.7) oder monolithische optische Resonatoren (s. Abb. 13.12) ein-zukoppeln, oder um zum Beispiel Spektroskopie in unmittelbarer Nähe einer Oberfläche zu treiben.

3.2　Komplexe Brechzahl

Wir haben bisher reelle Brechzahlen betrachtet, die eine gute Näherung für absorptionsfreie Medien sind. Die Absorption läßt sich aber phänomenologisch leicht berücksichtigen, indem wir den Brechungsindex zur komplexen Größe verallgemeinern,

$$n = n' + in'' \quad .$$

Im homogenen Medium wird die Wellenausbreitung dann nach

$$\mathbf{E}(\mathbf{r}, t) = \mathbf{E}_0 e^{-i(\omega t - n'\mathbf{k}\mathbf{r})} e^{-n''\mathbf{k}\mathbf{r}}$$

beschrieben, wobei offenbar $\alpha = 2n''k_z$ die Dämpfung der Intensität ($I \propto |\mathbf{E}|^2$) angibt, hier bei Ausbreitung in z-Richtung:

$$I(\mathbf{r}) = I(0) \exp(-\alpha z) = I(0) \exp(-2n'' k_z z) \quad . \tag{3.8}$$

3.2.1　Brechungsindex leitfähiger Materialien

Bei Laseranwendungen werden heute in der Regel dielektrische Vielschichten-spiegel verwendet (s. Kap. 5.7). Konventionelle Spiegel aus aufgedampften Metallschichten spielen aber wegen ihres geringen Preises und wegen ihrer Breitband-Wirkung eine wichtige Rolle, vor allem auch in der optischen „Alltagstechnik". Metalle zeichnen sich durch extrem hohe Leitfähigkeit aus, die auch die hohe Reflektivität verursacht. Wir betrachten ein klassisches, phänomenologisches Modell für die Leitfähigkeit σ, das auf Paul Drude (1863-1906) zurückgeht. Es hat sich als außerordentlich leistungsfähig erwiesen und erst viel später durch die Quantentheorie fester Körper eine mikroskopische Begründung erfahren. Im Drude-Modell wird die Bewegung der freien Elektronen eines Metalls durch eine Reibungskraft mit der Dämpfungsrate τ^{-1} gedämpft,

$$m\left(\frac{dv}{dt} + \frac{v}{\tau}\right) = \mathcal{R}e\{q\mathcal{E}_0 e^{-i\omega t}\} \quad ,$$

die pauschal alle inneren Verluste im Kristall berücksichtigt. Der Ansatz $v = v_0 \exp(-i\omega t)$ ergibt im Gleichgewicht eine mittlere Geschwindigkeitsamplitude

$$v_0 = \frac{q\mathcal{E}_0}{m} \frac{1}{-i\omega + 1/\tau} = -\frac{q\mathcal{E}_0 \tau}{m} \frac{1}{1 - i\omega\tau} \quad . \tag{3.9}$$

Mit der Ladungsträgerdichte $\mathcal{N}$ und der Stromdichte $j = \sigma\mathcal{E} = \mathcal{N}qv$ kann man die frequenzabhängige Leitfähigkeit eines Metalls bestimmen, wobei wir die Plasmafrequenz $\omega_p^2 = \mathcal{N}q^2/m\epsilon_0$ einführen,

$$\sigma(\omega) = \frac{\mathcal{N}q^2}{m} \frac{\tau}{1 - i\omega\tau} = \epsilon_0 \omega_p \frac{\omega_p \tau}{1 - i\omega\tau} \quad . \tag{3.10}$$

Die Plasmafrequenzen typischer Metalle mit hohen Ladungsträgerdichten ($\mathcal{N}$ = $10^{19}\mathrm{cm}^{-3}$) liegen bei $\omega_p \approx 10^{16}s^{-1}$ und damit oberhalb der Frequenzen des sichtbaren Lichtes. In Halbleitern kann die Leitfähigkeit durch die Dotierung eingestellt werden und diese Frequenz leicht in den sichtbaren oder infraroten Spektralbereich geschoben werden.

Um den Einfluß der Leitfähigkeit auf die Wellenausbreitung zu analysieren, greifen wir auf die vierte Maxwell-Gleichung (2.6) zurück und führen die gerade bestimmte Stromdichte ein,

$$\boldsymbol{\nabla} \times \mathbf{H} = \mu_0 \sigma \mathbf{E} + \epsilon_0 \frac{\partial}{\partial t} \mathbf{E} \quad .$$

Sie verursacht eine Modifikation der Wellengleichung (2.12),

$$\left(\nabla^2 - \frac{1}{c^2} \frac{\partial^2}{\partial t^2} \right) \mathbf{E}(\mathbf{r}, t) - \frac{\sigma}{\epsilon_0 c^2} \frac{\partial}{\partial t} \mathbf{E} = 0 \quad . \tag{3.11}$$

Die Lösung $\mathbf{E} = \mathcal{E}_0 \boldsymbol{\epsilon} e^{-i(\omega t - n(\omega)\mathbf{kr})}$ führt nach $k^2 = n^2(\omega)(\omega/c)^2$ zu einem komplexen Brechungsindex, der von der phänomenologisch zu bestimmenden Leitfähigkeit des Mediums abhängt,

$$n^2(\omega) = 1 + i \frac{\sigma(\omega)}{\epsilon_0 \omega} \quad . \tag{3.12}$$

Es lohnt sich, die Grenzfälle niederer und hoher Frequenzen zu unterscheiden:

(i) Hohe Frequenzen: $\omega_p \tau \gg \omega \tau \gg 1$
Diesen Fall erwarten wir bei optischen Frequenzen, es gilt direkt nach (3.10)

$$\sigma \simeq i\epsilon_0 \omega_p^2/\omega \quad \text{und} \quad n^2(\omega) \simeq 1 - (\omega_p/\omega)^2.$$

Der Brechungsindex wird für $\omega < \omega_p$ imaginär,

$$n = i \frac{(\omega_p^2 - \omega^2)^{1/2}}{\omega} = in'' \quad , \tag{3.13}$$

die Welle pflanzt sich in diesem Medium gar nicht mehr fort, dringt aber für $\omega < \omega_p$ wie bei der Totalreflexion auf einer Länge

$$\delta = (n'' k)^{-1} = \frac{c}{\sqrt{\omega_p^2 - \omega^2}}$$

in das Medium ein. Für $\tau^{-1} \ll \omega \ll \omega_p$ gilt $n'' \approx \omega_p/\omega$, das Eindringen wird als „anomaler Skineffekt" mit näherungsweise konstanter Eindringtiefe δ_{as} bezeichnet, die gerade der Plasmawellenlänge $\lambda = \omega_p/2\pi c$ entspricht,

$$\delta_{\mathrm{as}} = c/\omega_p = \lambda_p/2\pi \quad .$$

(ii) Niedere Frequenzen: $\omega\tau \ll 1 \ll \omega_p\tau$.

Am niederen Ende des Frequenzspektrums ist die Leitfähigkeit in guter Näherung frequenzunabhängig,

$$\sigma(\omega) \simeq \epsilon_0\omega_p^2\tau$$

und der Imaginärteil der Brechzahl lautet in diesem Fall nach Gl. (3.12) und wegen $n^2 \simeq i\omega_p^2\tau/\omega$

$$n'' \simeq \omega_p\sqrt{\tau/2\omega} \quad .$$

Die Brechzahl bestimmt nun die Eindringtiefe, die bei niederen Frequenzen als „normaler Skineffekt" bezeichnet wird:

$$\delta_{\mathrm{ns}} = \frac{\lambda_p}{\pi\sqrt{\omega\tau}} \quad .$$

Dieser Fall spielt weniger in der Optik, wohl aber bei Radiofrequenzanwendungen eine große Rolle.

3.2.2   Metallische Reflexion

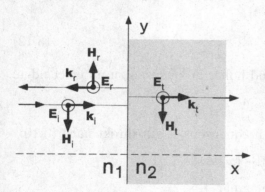

Abb. 3.5 *Elektromagnetische Felder bei der Reflexion unter senkrechtem Einfall.*

Wir können die Ergebnisse des voraufgegangenen Kapitel nun verwenden, um die metallische Reflexion zu untersuchen. Allerdings beschränken wir uns auf den senkrechten Einfall. Der schräge Einfall besitzt viele interessante Eigenschaften, erfordert aber eine mathematisch aufwendige Behandlung und ist in der Spezialliteratur dargestellt.

Bei optischen Wellenlängen können wir den Grenzfall hoher Frequenzen ($\omega\tau \gg 1$) aus dem vorausgegangenen Kapitel mit dem rein imaginären Brechungsindex (3.13) $n = in'' = i\sqrt{\omega_p^2 - \omega^2}/\omega$ verwenden.

Die Bestimmungsgleichungen können wir aus Gl. (3.6) entnehmen und für den die Luft-Metall-Grenzfläche gleich $k_t/k_i = in''$ verwenden,

$$in''\mathcal{E}_{0t} = \mathcal{E}_{0i} - \mathcal{E}_{0r}$$
$$\mathcal{E}_{0t} = \mathcal{E}_{0i} + \mathcal{E}_{0r} \quad .$$

Man findet ohne Probleme die Lösungen

$$\mathcal{E}_{0r} = \frac{1 - in''}{1 + in''}\mathcal{E}_{0i} \quad \text{und} \quad \mathcal{E}_{0t} = \frac{2in''}{1 + in''}\mathcal{E}_{0i} \quad .$$

Das interessante Ergebnis zeigt sich bei der Berechnung der Reflektivität,

$$R = \frac{|\mathbf{E}_r|^2}{|\mathbf{E}_i|^2} = \frac{|1 - in''|^2}{|1 + in''|^2} = 1 \quad.$$

Allerdings haben wir die Ohmschen Verluste (Relaxationsrate τ^{-1}!) dabei vernachlässigt, die in realen Metallen natürlich immer vorhanden sind. In der Tat findet man, daß im sichtbaren Spektralbereich wichtige Metalle wie Al, Au, Ag Reflektivitäten von 90–98% besitzen. Normalerweise wird dieser Wert noch durch die oxidierten Oberflächen reduziert, so daß man die metallischen Spiegelschichten entweder auf der Rückseite einer Glasscheibe aufbringt oder mit einer transparenten, dünnen Schutzschicht versieht.

Beispiel: Hagen-Rubens-Beziehung.

Um den Einfluß Ohmscher Verluste in Gl. (3.10) zu berücksichtigen, verwenden wir die Näherung

$$\sigma(\omega) = \frac{\sigma_0}{1 - i\omega\tau} \simeq \frac{i\sigma_0}{\omega\tau}\left(1 - \frac{i}{\omega\tau}\right) \quad,$$

die für den Brechungsindex bei optischen Frequenzen ($\omega_p \gg \omega \gg \tau^{-1}$) die Näherung

$$n^2(\omega) \simeq -\frac{\omega_p^2}{\omega^2}\left(1 - \frac{i}{\omega\tau}\right)$$

liefert. Weiterhin verwenden wir $\sqrt{1 - i/\omega\tau} \simeq -i(1 - i/2\omega\tau)$ und finden mit n'' nach (3.13) und mit $n'/n'' = 1/2\omega\tau$ aus

$$n^2(\omega) \simeq \frac{\omega_p^2}{\omega^2}\left(i + \frac{1}{2\omega\tau}\right)^2 = n''^2\left(i + \frac{n'}{n''}\right)^2$$

für die Reflektivität die Hagen-Rubens-Beziehung

$$R = 1 - 4n'/n''^2 \simeq 1 - 2/\omega_p\tau \quad.$$

Aluminium besitzt eine Plasmafrequenz $\omega_p \approx 1,5 \cdot 10^{16} s^{-1}$, die bei einer optimalen Reflektivität einer frischen Schicht von 95% für sichtbare Wellenlängen auf eine pauschale Stoßrate $\tau \approx 2 \cdot 10^{-15} s$ schließen läßt.

3.3   Lichtwellenleiter (LWLs)

Wir schließen an das Kapitel über Strahlenausbreitung in Lichtwellenleitern an (Kap. 1.7), wollen aber hier die Eigenschaften der Wellenausbreitung untersuchen und dazu die entsprechende Helmholtz-Gleichung lösen. Dabei konzen-

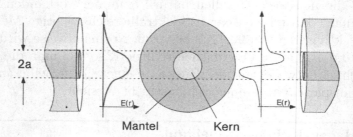

Abb. 3.6 *Stufenfaser mit transversaler Feldverteilung. Die Krümmung der Feldverteilung muß im Kern positiv, im Mantel negativ sein. Links ist die Feldverteilung für einen Grund-Mode, rechts für den ersten höheren Mode dargestellt.*

trieren wir uns wieder auf die Wellenleiter, die umgangssprachlich als „Glasfasern" bezeichnet werden, zylindrischen Querschnitt (Abb. 3.6) besitzen und wie schon in Kap. 1.7 erwähnt das Rückgrat der optischen Nachrichtenübertragung bilden – von kurzen Verbindungen zur lokalen Vernetzung von Geräten bis hin zu Überseekabeln der optischen Nachrichtentechnik.

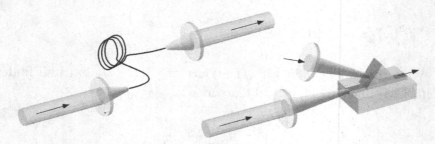

Abb. 3.7 *Wellenleitertypen. Zylindrische, mechanisch sehr flexible Fasern (links, das Licht wird durch Linsen ein- und ausgekoppelt) werden bei der Übertragung über kleine und große Distanzen eingesetzt. Für die integrierte Optik spielen Wellenleiter mit rechteckigem Querschnitt (rechts) an der Oberfläche geeigneter Substrate (z.B. LiNbO$_3$) eine wichtige Rolle. Die Einkopplung kann direkt über eine Kante erfolgen oder durch frustrierte Totalreflexion mit einem aufgesetzten Prisma.*

Wellenleiter sind auch ein wichtiges Grundelement der integrierten Optik. Dabei werden planare Strukturen bevorzugt (Abb. 3.7), auf denen mit den wohlbekannten Verfahren aus der Halbleitertechnologie transversale Strukturen mit μm-Dimensionen hergestellt werden können. Im LiNbO$_3$ läßt sich zum Beispiel die Brechzahl durch Eindiffusion von Protonen um ca. 1% variieren, so daß an der Oberfläche ebener Kristalle Wellenleiter entstehen, die näherungsweise rechteckige Brechzahlprofile besitzen.

Lichtwellenleiter werden durch relativ einfache Strukturierung von dielektrischen Materialien hergestellt, z.B. durch Kern-Dotierung eines Glasrohrs (s. den Exkurs auf S. 14) oder die Präparation von Oberflächenwellenleitern. In jüngerer Zeit ist es gelungen, deutlich komplexere Strukturen auf der Skala der optischen Wellenlänge oder sogar darunter zu fertigen. Solche *photonischen* oder *Metamaterialien*, zu denen auch die photonischen Kristallfasern zählen, behandeln wir näher in Kap. 3.5.

Die mathematische Untersuchung der Wellenformen in einer optischen Faser ist durchaus anspruchsvoll und aufwendig. Als Beispiel skizzieren wir nun die Behandlung der zylindrischen Faser, dem für Anwendungen wichtigsten Typus.

3.3.1 Stufenfasern

In der Stufenfaser (Abb. 3.6) ist die Brechzahl zylindrisch symmetrisch und in Kern und Mantel jeweils homogen. Ihr Wert fällt von n_1 im Kern bei $r = a$ stufenartig auf den Mantelwert $n_2 < n_1$ ab. Der Geometrie angemessen suchen wir Lösungen der Form $\mathbf{E} = \mathbf{E}(r, \phi)e^{-i(\omega t - \beta z)}$, die eine Welle beschreiben, die sich entlang der Faser-z-Achse ausbreitet. Die effektive Wellenzahl β wird *Propagationskonstante* genannt und gibt die Phasengeschwindigkeit entlang der Faser an.

Die Wellengleichung für zylindrische (r, ϕ)-Komponenten ist kompliziert, weil die $\mathbf{e}_r$- und $\mathbf{e}_\phi$-Einheitsvektoren nicht konstant sind. Eine skalare Wellengleichung, in welcher $\nabla_\perp(r, \phi)$ den transversalen Anteil des Nabla-Operators bezeichnet, bleibt aber für die $\mathcal{E}_z, \mathcal{H}_z$-Komponenten erhalten,

$$\left(\nabla_\perp^2 + \mathbf{k}^2 - \beta^2\right) \left\{ \begin{array}{c} \mathcal{E}_z \\ \mathcal{H}_z \end{array} \right\} = 0 \quad .$$

Erfreulicherweise gewinnt man ein vollständiges System von Lösungen, wenn kann man zunächst die Komponenten $\{\mathcal{E}_z, \mathcal{H}_z\}$ ermittelt und erst anschließend $\{\mathcal{E}_r, \mathcal{E}_\phi, \mathcal{H}_r, \mathcal{H}_\phi\}$ mit Hilfe der Maxwell-Gleichungen konstruiert:

$$\nabla \times \mathbf{H} = -i\omega\epsilon_0 n_i^2 \mathbf{E} \quad \text{und} \quad \nabla \times \mathbf{E} = i\omega\mu_0 \mathbf{H} \quad . \tag{3.14}$$

Das Ergebnis ist in Glgn. (3.19, 3.20) zu finden. Die Propagationskonstante β muß als Eigenwert aus der Helmholtzgleichung für $\{\mathcal{E}_z, \mathcal{H}_z\}$ bestimmt werden. Sie lautet in Zylinderkoodinaten mit $k_{1,2} = n_{1,2}\omega/c$

$$\left(\frac{\partial^2}{\partial r^2} + \frac{1}{r}\frac{\partial}{\partial r} + \frac{1}{r^2}\frac{\partial^2}{\partial \phi^2} + (k_i^2 - \beta^2) \right) \left\{ \begin{array}{c} E_z(r, \phi) \\ H_z(r, \phi) \end{array} \right\} = 0 \quad ,$$

und wird mit den Ansätzen $\{\mathcal{E}_z, \mathcal{H}_z\} = \{e(r), h(r)\}e^{\pm i\ell\phi}$ auf eine Bessel-Gleichung für die radialen Amplitudenverteilungen reduziert,

$$\left(\frac{\partial^2}{\partial r^2} + \frac{1}{r}\frac{\partial}{\partial r} + k_i^2 - \beta^2 - \frac{\ell^2}{r^2}\right)\left\{\begin{array}{c} e(r) \\ h(r) \end{array}\right\} = 0 \quad .$$

Die Krümmung der radialen Amplituden $\{e(r), h(r)\}$ hängt vom Vorzeichen von $k_i^2 - \beta^2$ ab. Im Kern können wir positive, konvexe Krümmungen und damit oszillierende Lösungen zulassen, im Mantel aber muß die Amplitude schnell abfallen und deshalb eine negative Krümmung besitzen – andernfalls entstünde dort unerwünschter Energieverlust durch Abstrahlung (vgl. Abb. 3.6):

$$\begin{array}{rcccc}
\text{im Kern} & 0 & < & k_\perp^2 & = & k_1^2 - \beta^2 \\
\text{im Mantel} & 0 & > & -\kappa^2 & = & k_2^2 - \beta^2
\end{array} \tag{3.15}$$

Die Propagationskonstante β muß anders ausgedrückt einen Wert zwischen den Wellenzahlen $k_i = n_i\omega/c$ des homogenen Kern- und Mantelmaterials annehmen,

$$n_2\omega/c \quad \leq \quad \beta = \text{Propagationskonstante} \quad \leq \quad n_1\omega/c \quad ,$$

und unterscheidet sich bei geringen Brechzahldifferenzen ($\Delta = (n_1{-}n_2)/n_1 \ll 1$ (1.7)) nur wenig von $k_{1,2}$. Solche Wellenleiter werden *schwach führend* genannt. Per Definition gilt nach Gl. 3.15

$$k_\perp^2 + \kappa^2 = (\omega/c)^2(n_1^2 - n_2^2) \simeq 2\Delta(n_1\omega/c)^2 \ll \beta^2 \quad . \tag{3.16}$$

Für $k_1 \simeq k_2 \simeq \beta$ sind die transversalen Wellenvektoren $k_\perp, \kappa$ klein gegen die Propagationskonstante β. Die transversalen Feldverteilungen müssen endlich bleiben, so daß im Kern (Mantel) allein die Besselfunktionen J_ℓ (modifizierte Besselfunktionen K_ℓ) 1. Art übrigbleiben. Der Übersichtlichkeit halber verwenden wir die skalierten Koordinaten $X := k_\perp r, Y := \kappa r$ bzw. $X_a := k_\perp a, Y_a := \kappa a$:

$$e(r) = \left\{\begin{array}{lll}
A \cdot \dfrac{J_\ell(X)}{J_\ell(X_a)} & r \underset{\propto}{\to} 0 & (k_\perp r)^\ell \quad \text{Kern} \\[2ex]
A \cdot \dfrac{K_\ell(Y)}{K_\ell(Y_a)} & r \underset{\propto}{\to} \infty & e^{-\kappa r}/\sqrt{\kappa r} \quad \text{Mantel} \\[2ex]
B \cdot \dfrac{J_\ell(X)}{J_\ell(X_a)} & r \underset{\propto}{\to} 0 & (k_\perp r)^\ell \quad \text{Kern} \\[2ex]
B \cdot \dfrac{K_\ell(Y)}{K_\ell(Y_a)} & r \underset{\propto}{\to} \infty & e^{-\kappa r}/\sqrt{\kappa r} \quad \text{Mantel}
\end{array}\right. \tag{3.17}$$

Wir haben die noch zu bestimmenden Koeffizienten $\{A, B\}$ schon so definiert, daß die $\{\mathcal{E}_z, \mathcal{H}_z\}$-Komponenten bei $r = a$ stetig sind. Für die $\{\mathcal{E}_r, \mathcal{E}_\phi, \mathcal{H}_r, \mathcal{H}_\phi\}$-Anteile erhalten wir die Bestimmungsgleichungen aus (3.14) unter Verwendung von Zylinderkoordinaten:

$$-i\omega\epsilon_0 n_i^2 \mathcal{E}_r = \frac{i\ell h(r)}{r} e^{i\ell\phi} - i\beta\mathcal{H}_\phi;$$

$$-i\omega\epsilon_0 n_i^2 \mathcal{E}_\phi = i\beta\mathcal{H}_r - \frac{\partial}{\partial r} h(r) e^{i\ell\phi};$$

$$i\omega\mu_0 \mathcal{H}_r = \frac{i\ell e(r)}{r} e^{i\ell\phi} - i\beta\mathcal{E}_\phi; \tag{3.18}$$

$$i\omega\mu_0 \mathcal{H}_\phi = i\beta\mathcal{E}_r - \frac{\partial}{\partial r} e(r) e^{i\ell\phi} \ .$$

Einsetzen der Lösungen für $\{e(r), h(r)\}$ und die Verwendung der normierten Koordinaten $X = k_\perp r$ ergibt die radialen Komponenten:

$$
\begin{aligned}
\mathcal{E}_r(X,\phi) &= i\beta a \left(\frac{\omega\mu_0}{\beta} \frac{iB\ell}{XX_a} \frac{J_\ell(X)}{J_\ell(X_a)} + \frac{A}{X_a} \frac{J_\ell'(X)}{J_\ell(X_a)} \right) e^{i\ell\phi} \\
\mathcal{H}_r(X,\phi) &= \beta a \left(\frac{\omega\epsilon_0 n_i^2}{\beta} \frac{A\ell}{XX_a} \frac{J_\ell(X)}{J_\ell(X_a)} + \frac{iB}{X_a} \frac{J_\ell'(X)}{J_\ell(X_a)} \right) e^{i\ell\phi}
\end{aligned}
\tag{3.19}
$$

und die azimuthalen Anteile:

$$
\begin{aligned}
\mathcal{E}_\phi(X,\phi) &= i\beta a \left(\frac{iA\ell}{XX_a} \frac{J_\ell(X)}{J_\ell(X_a)} - \frac{\omega\mu_0}{\beta} \frac{B}{X_a} \frac{J_\ell'(X)}{J_\ell(X_a)} \right) e^{i\ell\phi} \\
\mathcal{H}_\phi(X,\phi) &= \beta a \left(\frac{B\ell}{XX_a} \frac{J_\ell(X)}{J_\ell(X_a)} + \frac{\omega\epsilon_0 n_i^2}{\beta} \frac{iA}{X_a} \frac{J_\ell'(X)}{J_\ell(X_a)} \right) e^{i\ell\phi} \ .
\end{aligned}
\tag{3.20}
$$

Dabei gelten Glgn. 3.19 und 3.20 im Kern, für den Mantel kann die entsprechende Gleichung leicht durch den Austausch $X \to Y, J_\ell \to K_\ell$ gewonnen werden. Zur Bestimmung der Propagationskonstanten β verwendet man die Stetigkeitsbedingungen (3.1) bei $X = X_a$ in Gl. 3.20. Man erhält nach kurzer Rechnung ein lineares Gleichungssystem in A, B,

$$B\frac{\omega\mu_0}{\beta} \left(\frac{J_\ell'(X)}{X J_\ell(X)} + \frac{K_\ell'(Y)}{Y K_\ell(Y)} \right) - i\ell A \left(\frac{1}{X^2} + \frac{1}{Y^2} \right) = 0$$

$$A\frac{\omega\epsilon_0}{\beta} \left(\frac{n_1^2 J_\ell'(X)}{X J_\ell(X)} + \frac{n_2^2 K_\ell'(Y)}{Y K_\ell(Y)} \right) + i\ell B \left(\frac{1}{X^2} + \frac{1}{Y^2} \right) = 0 \ ,$$

das zu der charakteristischen Eigenwertgleichung

$$
\left(\frac{J_\ell'(X)}{X J_\ell(X)} + \frac{K_\ell'(Y)}{Y K_\ell(Y)} \right) \left(\frac{k_1^2 J_\ell'(X)}{X J_\ell(X)} + \frac{k_2^2 K_\ell'(Y)}{Y K_\ell(Y)} \right) =
$$
$$
= \ell^2 \beta^2 \left(\frac{1}{X^2} + \frac{1}{Y^2} \right)^2
\tag{3.21}
$$

führt. Wenn wir Gl. (3.16) mit a^2 multiplizieren, erhalten wir die Zusatzbedingung

$$X_{\ell m}^2 + Y_{\ell m}^2 = (\omega/c)^2 (n_1^2 - n_2^2) a^2 = V^2 \ . \tag{3.22}$$

Dabei haben wir den *V-Parameter* eingeführt, der sich auch direkt mit der numerischen Apertur NA aus Gl. (1.9) ausdrücken läßt und zu jeder Wellenlänge λ die Eigenschaften der Stufenfaser – die Brechungsindizes (n_1, n_2) und den Kernradius a – vollständig berücksichtigt:

$$V = \frac{2\pi a}{\lambda} \cdot \text{NA} \quad . \tag{3.23}$$

Die numerische Behandlung der transzendenten Gleichung 3.21 zusammen mit der Zusatzbedingung 3.22 liefert zu jedem V und $\ell = 0, 1, 2, \ldots$ einen Satz von Lösungen $(X_{\ell m}, Y_{\ell m})$ mit $m = 1, 2, 3, \ldots$ und die Propagationskonstante $\beta_{\ell m}$ nach Gl. (3.15),

$$\beta_{\ell m} = (k_1^2 - (X_{\ell m}/a)^2))^{1/2} = (k_2^2 + (Y_{\ell m}/a)^2))^{1/2} \quad .$$

Die Propagation im LWL kann also zu jeder Frequenz bzw. Wellenlänge $\omega = 2\pi c/\lambda$ durch die Angabe $(\beta_{\ell m}, \omega)$ beschrieben werden. Die numerische Behandlung ist i. Allg. aufwendig und nimmt in der Literatur breiten Raum ein [145]. Vereinfacht wird das Problem im Fall schwach führender Wellenleiter, den wir auch schon in der Strahlenoptik (Abschn. 1.7.2) behandelt haben.

Schwach führende Stufenfasern

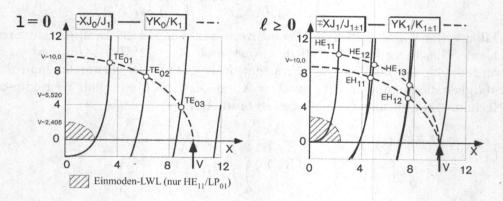

Abb. 3.8 *Graphische Auswertung von Gl. (3.26) für eine schwach führende Stufenfaser und V=10; hier wurden die Kehrwerte aus Gl. 3.26 verwendet, und die Argumente von $YK_\ell/K_{\ell\pm1}$ lauten $\sqrt{V^2-X^2}$. Links: TE- und TM-Moden für $\ell = 0$. Im schattierten Bereich gibt es nur eine Lösung (Monomode). Rechts: HE- und EH-Moden für $\ell = 0$.*

In schwach führenden Wellenleitern gilt $n_1 \simeq n_2$ und mit $k_1 \simeq k_2 \simeq \beta$ vereinfacht sich Gl. 3.21 zu

$$\left(\frac{J'_\ell(X)}{X J_\ell(X)} + \frac{K'_\ell(Y)}{Y K_\ell(Y)} \right) = \pm\ell \left(\frac{1}{X^2} + \frac{1}{Y^2} \right) \quad . \tag{3.24}$$

Die Ableitungen können wir mit den Identitäten

$$J_\ell'(X) = \pm J_{\ell\mp1}(X) \mp \frac{\ell J_\ell(X)}{X}; \quad K_\ell'(Y) = -K_{\ell\mp1}(Y) \mp \frac{\ell K_\ell(Y)}{Y} \quad (3.25)$$

ersetzen. Für $\ell = 0$ finden wir transversale elektrische TE- und transversale magnetische TM-Lösungen. Für die beiden Vorzeichen in $\ell \pm 1$ ergeben sich nach der Umformung zwei Klassen von sogenannten *Hybrid-Moden*. Die Bedingungen lauten:

$$
\begin{array}{lll}
\ell = 0 \quad \text{TE}_{\ell m}, \text{TM}_{\ell m} & \dfrac{J_0(X_{\ell m})}{X_{\ell m} J_1(X_{\ell m})} = & -\dfrac{K_0(Y_{\ell m})}{Y_{\ell m} K_1(Y_{\ell m})} \\[3mm]
\ell \geq 1 \quad \text{HE}_{\ell m} & \dfrac{J_{\ell-1}(X_{\ell m})}{X_{\ell m} J_\ell(X_{\ell m})} = & \dfrac{K_{\ell-1}(Y_{\ell m})}{Y_{\ell m} K_\ell(Y_{\ell m})} \\[3mm]
\ell \geq 1 \quad \text{EH}_{\ell m} & \dfrac{J_{\ell+1}(X_{\ell m})}{X_{\ell m} J_\ell(X_{\ell m})} = & -\dfrac{K_{\ell+1}(Y_{\ell m})}{Y_{\ell m} K_\ell(Y_{\ell m})}
\end{array} \quad (3.26)
$$

Graphische Lösungen sind unter der Zusatzbedingung (3.22) in Abb. 3.8 skizziert. Aus diesen Lösungen wird die Dispersionsrelation $\omega(\beta_{\ell m})$ konstruiert.

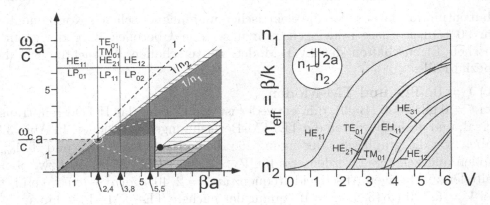

Abb. 3.9 *Links: (ω, β)-Dispersionsrelation einer schwach führenden Stufenfaser. In den normierten Einheiten hat die „Lichtgerade", die Gerade $\omega = c\beta$ die Steigung 1. Rechts: Effektive Brechzahl als Funktion des V-Parameters.*

In Abb. 3.9 ist die Dispersionsrelation in charakteristischer Form vorgestellt:

- Links: Dispersionsrelationen in normierten Größen ($\omega a/c$ bzw. βa). Die Geraden mit den Steigungen $1/n_1$ bzw. $1/n_2$ teilen das Diagramm in drei Bereiche ein: Unterhalb von $\omega a/c = 1/n_1$, im dunkel schattierten Bereich, kann überhaupt keine Propagation stattfinden. Oberhalb der Geraden mit Steigung $1/n_2$ liegende Moden propagieren frei im Mantel, oberhalb der als *Lichtgerade* bezeichneten Geraden $\omega = c\beta$ auch im Vakuum. Ein einzelner Mode wird durch die Werte (ω, β) charakterisiert, wobei β nur die Komponente des Wellenvektors in Faserrichtung angibt, daher ist das Spektrum dort kontinuierlich.

Zwischen den Geraden mit den Steigungen $1/n_1$ und $1/n_2$ kann Propagation nur bei den diskreten Werten der entlang der Faser geführten Moden stattfinden. Im hellgrau schattierten Bereich besitzt die Faser Monomoden-Charakter, dort existiert zu jeder Frequenz nur eine Propagationskonstante. Der vergrößerte Ausschnitt zeigt das Ende des Monomoden-Bereiches und das Anfangsverhalten der TE_{01}-Moden.

• Rechts: Manchmal ist es zweckmäßig, statt der Propagationskonstante eine effektive Brechzahl anzugeben:

$$n_{\text{eff}} = \beta/k = c\beta/\omega \qquad \text{mit} \qquad n_2 < n_{\text{eff}} < n_1 \qquad (3.27)$$

Die effektive Brechzahl gibt auch einen besseren Überblick über die erlaubten Moden im engen Bereich zwischen $1/n_1$ und $1/n_2$.

Man kann mit Gl. (3.24) eine Bedingung für die (A,B)-Koeffizienten aus (3.17) angeben, die die Amplituden festlegen. Das „+"-Zeichen gilt für die HE-, das „-"-Zeichen für die EH-Moden:

$$(A \pm i(\omega\mu_0/\beta)\, B)\, \ell = 0 \quad . \qquad (3.28)$$

Man entnimmt daraus, daß die elektrischen und magnetischen z-Komponenten um 90° außer Phase schwingen. Um uns einen Überblick über die geometrischen Eigenschaften der LWL-Moden zu verschaffen, betrachten wir die Spezial-Fälle:

(1) $\ell = 0$: TE- und TM-Moden.
Bei $\ell = 0$ gilt A=0 (B=0), d.h. entweder ist das E- oder das H-Feld rein transversal, und deshalb werden die TE/TM-Bezeichnungen verwendet. In Abb. 3.8 haben wir die graphische Bedingung für die (entarteten) TE_{0m} und TM_{0m}-Moden angezeigt. Sie werden erst für $V > 2,405$ ($J_0(2,405) = 0$) bzw. oberhalb der zugehörigen Abschneidefrequenz $\omega_{\text{cut}} = 2,405c/a(n_1^2 - n_2^2)^{1/2}$ geführt. Bei $V = 5,520$ ($J_1(5,520) = 0$) kommt der nächste TE-/TM-Mode hinzu.

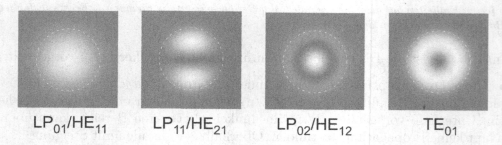

LP_{01}/HE_{11} $\qquad$ LP_{11}/HE_{21} $\qquad$ LP_{02}/HE_{12} $\qquad$ TE_{01}

Abb. 3.10 *Intensitätsverteilung (E-Feld) für verschiedene Modentypen der Stufenfaser. Als Modell wurde eine Stufenfaser mit der numerischen Apertur NA=0,12 und dem Kerndurchmesser $2a=5,1\mu m$ angenommen. Der gestrichelte Kreis deutet den Kern an. Linkes Bild: $\lambda=850$ nm, V=2,26; sonst: $\lambda=400$ nm, V=4,81.*

(2) $\ell \geq 1$: HE- und EH-Moden.

Die niedrigste Mode ist die HE_{11}-Mode, sie existiert bis hinunter zu $X = 0$: Der Kern heftet den Mode sozusagen für beliebig schwach gekrümmte transversale Amplituden fest, wobei ein immer größerer Anteil der Energie im Mantel propagiert und sich dort auch immer mehr ausdehnt. Bei der mathematischen Behandlung hatten wir angenommen, daß der Mantel eine unendlich große Ausdehnung hat, so daß man hier auch an technische Grenzen stößt.

Die HE- und EH-Moden unterscheiden sich nach Gl. (3.26) und Gl. (3.28). Der Unterschied äußert sich neben den unterschiedlichen Propagationskonstanten darin, daß die H- (HE) bzw. E-Anteile (EH) der jeweiligen z-Komponenten überwiegen.

(3) $\ell \geq 1$: LP-Moden.

Für $\ell > 0$ muß nach Gl. (3.28) $A = \pm i(\omega\mu_0/\beta)\ B$ gelten. Durch Einsetzen in Glgn. (3.19, 3.20) und Verwendung der Rekursionsformeln (3.25) stellt man nach kurzer Rechnung fest, daß die HE_{1m}-Moden lineare transversale Polarisation besitzen und daß die transversalen Anteile $\mathcal{E}_x = \mathcal{E}_r \cos(\phi) + \mathcal{E}_\phi \sin(\phi)$ die longitudinalen $\mathcal{E}_z$-Anteile um den Faktor $\beta_{\ell m} a / X_{\ell m} \gg 1$ überragen. Diese Moden werden auch als *linear polarisierte* (LP-)Moden bezeichnet. Sie entstehen aus den HE-Moden bzw. für höhere ℓ-Werte aus linearen Superpositionen der entarteten $\{HE_{\ell+2,m}, EH_{\ell,m}\}$-Moden:

$$HE_{\ell,m} \to LP_{\ell-1,m} \quad \text{bzw.} \quad HE_{\ell+2,m}, EH_{\ell,m} \to LP_{\ell+1,m} \quad (\ell \geq 2).$$

Beispiel: Kern-Durchmesser eines Mono-Mode-Wellenleiters. In technischen Katalogen werden für Wellenleiter, die für Mono-Moden-Anwendungen vorgesehen sind, typischerweise Angaben zur numerischen Apertur und zur cut-off-Wellenlänge gemacht, beispielsweise:

NA	0,13	0,12	0,11
λ cut-off (nm)	1260	800	620

Aus diesen Angaben läßt sich der Kerndurchmesser $2a$ nach Gl. (3.23) und $2a = V\lambda/\pi\text{NA}$ abschätzen. Das Ergebnis lautet:

2a (μm)	7,4	5,1	4,3

3.3.2 GRIN-Fasern

Hinter der Bezeichnung „Quadratische Indexmedien" verbergen sich durchaus häufig vorkommende Systeme wie zum Beispiel die schon im Kapitel über

Strahlenoptik behandelten Gradientenfasern mit ihrem parabolischen Index-
profil (s. nebenstehende Abbildung), die man als den Grenzfall einer unendlich dicken Linse auffassen kann. Realistische Gradientenfasern besitzen nur im
Zentrum ein quadratisches Profil, das dann wieder in Stufenformen übergeht.
Wir betrachten stattdessen ein vereinfachtes, rein quadratisches System, das
aber die Eigenschaften der Gradientenfaser bereits reflektiert.

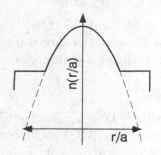

Das Brechzahlprofil soll vom normierten Radius
r/a abhängen und lautet mit der Brechzahldifferenz ($\Delta = (n_1 - n_2)/n_1$, s. Kap. 1.7.3)

$$n(r) = n_1(1 - \Delta(r/a)^2) \quad \text{und} \quad \Delta \ll 1 \quad .$$

Wir suchen Lösungen zur Helmholtz-Gleichung
(2.13), deren Einhüllende sich entlang der Ausbreitungsrichtung nicht ändert, d.h. in der Form
$\mathcal{E}(x, y, z) = \mathcal{A}(x, y)\exp(i\beta z)$, und erhalten die
modifizierte Gleichung

Abb. 3.11 *Vereinfachtes Brechzahlprofil einer GRIN-Faser.*

$$\left(\nabla_\perp + n_1^2 k^2 - 2n_1^2 k^2 \Delta((x/a)^2 + (y/a)^2) - \beta^2\right) \mathcal{A}(x, y) = 0 \quad ,$$

wobei wir $(n_1 k(1 - \Delta(r/a)^2))^2 \simeq (n_1 k)^2(1 - 2\Delta(r/a) + ...)$ genutzt haben. Wir
nehmen nun an, daß die transversale Verteilung wie schon bei den höheren
Gauß-Moden (s. Kap. 2.3.3) einer modifizierten Gauß-Funktion entspricht,

$$\mathcal{A}(x, y) = \mathcal{F}(x)e^{-(x^2/x_0^2)}\mathcal{G}(y)e^{-(y^2/y_0^2)} \quad .$$

Mit diesem Ansatz erhalten wir

$$\left(\mathcal{F}'' - \frac{4x}{x_0^2}\mathcal{F}' - \frac{2}{x_0^2}\mathcal{F}\right)\mathcal{G} + \left(\mathcal{G}'' - \frac{4y}{y_0^2}\mathcal{G}' - \frac{2}{y_0^2}\mathcal{G}\right)\mathcal{F} + n_1^2 k^2 \mathcal{F}\mathcal{G} +$$
$$+ \left\{\left(\frac{4}{x_0^4} - \frac{2n_1^2 k^2 \Delta}{a^2}\right)x^2 + \left(\frac{4}{y_0^4} - \frac{2n_1^2 k^2 \Delta}{a^2}\right)y^2\right\}\mathcal{F}\mathcal{G} - \beta^2 \mathcal{F}\mathcal{G} = 0 \quad ,$$

in welchem wir durch Wahl von

$$kx_0 = ky_0 = (ka)^{1/2}/(2n_1^2 \Delta)^{1/4} \gg 1$$

die i. Allg. unangenehme quadratische Abhängigkeit beseitigen können. Nun
kann man durch die Substitution $\sqrt{2}x/x_0 \to u$ und $\sqrt{2}y/y_0 \to v$ wieder auf
das System der Hermiteschen Differentialgleichungen transformieren, das wir
schon von den höheren Gaußmoden kennen. Mit den Indizes m und n erhalten
wir zunächst

$$2(\mathcal{F}'' - 2u\mathcal{F}' + 2m\mathcal{F})\mathcal{G} + 2(\mathcal{G}'' - 2v\mathcal{G}' + 2n\mathcal{G})\mathcal{F} +$$
$$+ (n_1^2 k^2 x_0^2 - \beta^2 x_0^2 - 4(m + n + 1))\mathcal{F}\mathcal{G} = 0 \quad .$$

Die ersten Beiträge sind so konstruiert, daß sie bei Einsetzen der Hermite-Polynome $\mathcal{H}_{m,n}$ (s. S. 56) gerade verschwinden. Für die hier im Zentrum stehende Propagationskontante findet man nach kurzer Rechnung

$$\beta_{mn}(\omega) = n_{\text{eff}}\frac{\omega}{c} = \frac{n_1\omega}{c}\sqrt{1 - \frac{4\sqrt{2\Delta}(m+n+1)}{n_1 ka}}\ .$$

Die transversale Amplitudenverteilung entspricht dann ebenfalls denjenigen aus Abb. 2.9. Im Unterschied zu den Gauß-Moden ändert sich aber der Modendurchmesser nicht. Das Beispiel der vereinfachten GRIN-Faser zeigt, daß Multi-Mode-Fasern zusätzlich zur „Material-Dispersion", die durch den frequenzabhängigen Brechungsindex charakterisiert wird, eine „Moden-Dispersion" zeigen. Sie beeinflußt die Form von Pulsen, weil verschiedene Teil-Moden verschiedene Ausbreitungsgeschwindigkeiten besitzen.

3.3.3 Faserabsorption

Der Erfolg optischer Fasern ist nicht denkbar ohne ihre außergewöhnlich vorteilhaften Absorptionseigenschaften (Abb. 3.12). Diese werden auf der kurzwelligen Seite durch die Rayleighstreuung an kleinen Inhomogenitäten begrenzt ($\propto 1/\lambda^4$), auf der langwelligen durch die Infrarot-Absorption in den Flanken des Phononen-Spektrums.

Die wichtigsten Wellenlängen für die optische Kommunikationstechnik, 1,3 und 1,55 μm, liegen bei sehr niedrigen Absorptionskoeffizienten, und gleichzeitig verschwindet bei 1,3 μm die Gruppengeschwindigkeitsdispersion (s. S. 124). Dazwischen liegen Resonanzen, die z.B. durch OH-Verunreinigungen im Glas verursacht werden. Die Graphik

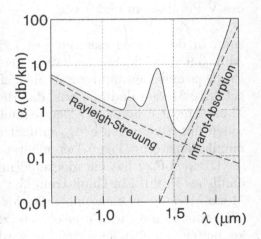

Abb. 3.12 *Absorptionseigenschaften optischer Fasern aus Silikatglas. Die relativ scharfen Resonanzlinien werden durch OH^--Einlagerungen im Glas verursacht.*

gibt bei $\lambda = 1,55$ μm den Wert $\alpha = 0,3$ dB/km an. Die Leistung fällt danach erst nach ca. $\ell = 10$ km Laufstrecke auf 50% ihres Anfangswertes ab (Nach der Definition des Dezibels gilt $P/P_0 = 10^{-(\alpha/10)\ell}$).

3.4   Funktionstypen von Fasern

- **Multi-Moden-Fasern**: In Abb. 3.8 erkennt man, daß mit wachsendem V-Parameter, $V = (2\pi a/\lambda)(n_1^2 - n_2^2)^{1/2}$ (3.23), in fast regelmäßigen Abständen bei $\pi, 2\pi, 3\pi, \ldots$ ein neuer Mode mit zunächst $Y_{\ell m} = 0$ und $\beta = n_2\omega/c$ auftritt. In Abb. 3.9 liegen alle geführten Moden zwischen den beiden Geraden (Steigungen c/n_1 und c/n_2), die die Propagation im homogenen Kern- bzw. Mantelmaterial beschreiben. Bei höheren Frequenzen spielen natürlich immer größere ℓ-Werte ein Rolle. Man kann zeigen [145], daß die Anzahl der Moden M nicht linear, sondern quadratisch mit dem V-Parameter wächst nach (s. Aufg. 3.8.6)

$$M \approx V^2/2 \quad .$$

Wenn in einer Viel- oder Multimodenfaser Licht eingekoppelt wird, wird im Allgemeinen eine Überlagerung mehrerer Moden angeregt, die sich mit unterschiedlicher Geschwindigkeit ausbreiten („Modendispersion"). Am Ausgang des Wellenleiter wird aus dem Multimodenfeld wieder ein freies Feld, dessen transversales und longitudinales Profil aber durch die verschiedenen Beiträge zur Dispersion verformt worden ist. Solche Fasern werden verwendet, wenn die transversale Kohärenz keine große Rolle spielt, z.B. beim Pumpen von Hochleistungslasern (siehe z.B. Kap. 7.4.2).

- **Mono-Moden-Fasern**, auch SM-Fasern (von engl. *single-mode*): Für Werte des V-Parameters (3.23) von

$$V < 2,405 \tag{3.29}$$

kann in der Stufenfaser nur der LP_{01}- bzw. HE_{rm11}-Mode propagieren. In Abb. 3.9 sind die Eigenschaften der Stufenfaser in einem Dispersions- oder Propagationsdiagramm zusammengefaßt. In diesem Diagramm zeichnen sich geführte Moden dadurch aus, daß die freie Propagation im Kern erlaubt, im Mantel nicht erlaubt ist. Der schmale schraffierte Bereich zwischen den Geraden mit Steigungen $c/n_{1,2}$ umfaßt das Terrain der gesamten optischen Kommunikationstechnologie! Der niedrigste Mode in der zylindrischen Stufenfaser (HE_{11}/LP_{01}) hat ein glockenförmiges, dem freien TEM_{00}-Gaußmode sehr ähnliches Profil. Ein Gaußstrahl läßt sich effizient in diesen Grundmode einer Mono-Mode-Faser einkoppeln. Die Mono-Mode-Faser wird sogar häufig als sehr effizientes räumliches Filter eingesetzt (s. Abschn. 2.3.4), denn aus der eingekoppelten Amplitudenverteilung wird dann nur der erwünschte Grundmode propagieren und am Ende als sehr „sauberer" TEM_{00}-Mode abgestrahlt.

- **Polariations-erhaltende Fasern**, auch PM-Fasern (von engl. *polarization maintaining*): Selbst die ideale zylindrische Stufenfaser ist aber noch im Hinblick auf zwei orthogonale Polarisationszustände entartet. In realistischen Fasern ist deshalb der Polarisationszustand am Auskoppelende nicht vorhersagbar und schwankt zudem durch Temperaturänderungen oder mechanische

Schwingungen in den Faserkrümmungen. Diese Probleme werden durch polarisationserhaltende Mono-Moden-Fasern gelöst. Sie werden realisiert, indem zum Beispiel die Brechzahl des Faserkerns geringfügig elliptisch verzerrt wird (Abb. 3.13) und dadurch verschiedene Propagationskonstanten für die Hauptachsen verursacht.

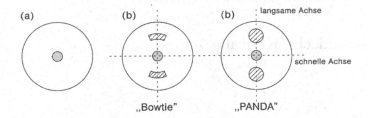

Abb. 3.13 *Die doppelbrechenden Eigenschaften einer optischen Faser werden durch Mantel-Elemente beeinflusst, die auf den Faserkern mechanische Spannungen ausüben. Gebräuchliche Typen sind die „Bowtie"- und die „PANDA"-Struktur.*

- **Photonische Fasern**: Seit etwa 1995 werden Lichtwellenleiter mit Strukturen ausgestattet, deren Komplexität weit über das von Stufen- oder GRIN-Fasern bekannte Maß hinausgeht. Diese Fasern sind ein sehr aktuelles Forschungsgebiet, weil man ihre Eigenschaften, zum Beispiel die Rolle der Dispersion bei nichtlinearen Prozesse, kontrollieren kann. Photonische Fasern sind eng verwandt mit den sogenannten Photonischen Materialien, dort ist ihnen ein eigener Abschnitt gewidmet (3.5.6).

3.5 Photonische Materialien

Bisher haben wir im allgemeinen die Propagation von Licht in mehr oder weniger homogenen Materialien studiert, lediglich Grenzflächen und langsam veränderliche Brechungsindizes haben eine Rolle gespielt. Die Methoden der Mikrostrukturierung erlauben uns aber heute, die optischen, d.h. die dielektrischen Eigenschaften auf der Nanometerskala, bei der Wellenlänge des Lichts und darunter zu modifizieren. Mit *Photonischen Materialien* läßt sich die Propagation von Licht in einer Weise beeinflussen und kontrollieren, wie es natürlich vorkommende Materialien nicht zulassen.

Strukturierte dielektrische Materialien, bei denen sich der Brechungsindex in zwei oder drei Dimensionen periodisch ändert, spielen für die photonischen Materialien eine große Rolle. Weil solche Materialien den periodischen Strukturen eines Kristalls entsprechen, wird auch von „photonischen Kristallen" gesprochen. Anders als bei gewöhnlichen Kristallen sind aber die Periodenlängen von der Größenordnung der Wellenlängen des verwendeten Lichts und betragen für sichtbares Licht einige 100 nm bis einige μm. Photonische Kristalle für experimentelle und technische Anwendungen müssen i. Allg. technisch hergestellt werden. Es gibt aber in der Natur auch Beispiele von Materialien, deren Farbigkeit gerade auf der Wirkung von periodisch strukturierten Materialien beruht, z.B. Schmetterlingsflügel oder Opale.

3.5.1   Photonische Kristalle

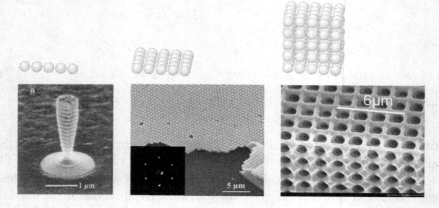

Abb. 3.14 *Beispiele für photonische Kristalle (s. Text). Mit freundlicher Erlaubnis von Y. Yamamoto (links, [95]), M. Giersig (mitte, [143]) und R. Wehrspohn (rechts, [119]).*

In Abb. 3.14 sind Beispiele für photonische Kristalle verschiedener Dimensionalität gezeigt:

• Links: Der eindimensionale „Pillar" besteht aus GaAs-Schichten mit wechselnder Zusammensetzung [95]. In transversaler Richtung wird die Propagation des Lichtfeldes in dieser *Hybrid-Struktur* durch Totalreflexion unterdrückt, so daß ein geschlossener Resonator entsteht.

• Mitte: Zweidimensionale (2D) Kristalle können, wie hier gezeigt, durch Selbstorganisation hergestellt werden [143] oder mit konventionellen Methoden der Mikrostrukturierung. 2D-photonische Kristalle (Abschn. 3.5.4) sind für Anwendungen in der integrierten Optik interessant, denn das Licht wird mit Hilfe eines Brechungsindexsprungs innerhalb einer dünnen Schicht geführt. In photonischen Kristallfasern (Abschn. 3.5.6) wird das Licht durch transversale 2D-photonische Strukturen entlang einer Faserachse geführt.

• Rechts: Der hier dargestellte dreidimensionale photonische Kristall wurde durch kontrolliertes photoelektrochemisches Ätzen entlang der sogenannten $\langle 100 \rangle$-Richtung eines Si-Kristalls erzeugt [119]. Er hat eine sogenannte photonische Bandlücke bei der infraroten Wellenlänge von 5 μm.

Um die Propagation von Licht in photonischen Kristallen theoretisch zu beschreiben, kann man die aus der Festkörperphysik bekannten Begriffe verwenden, die Punktsymmetriegruppen und das reziproke Gitter spielen eine wichtige Rolle. Bei vielen Konzepten hat insbesondere das *Bändermodell* der Bewegung von Elektronen Pate gestanden, und hier in besonderer Weise Halbleitermaterialien mit ihrer Bandlücke, deren Kontrollierbarkeit uns die Mikroelektronik beschert hat. Die theoretische Behandlung ist aufwendig, weil nicht wie in der Festkörperphysik mit skalaren elektronischen Wellenfunktionen schon gute Ergebnisse erzielt werden, sondern von vornherein vektorielle Maxwell-Gleichungen gelöst werden müssen.

In Materialien mit einer *Photonischen Bandlücke* (*PBG*, von engl. Photonic Bandgap) ist die Lichtpropagation in gewissen Wellenlängenbereichen vollständig unterdrückt. Periodische Vielschichtensysteme lassen sich schon lange durch Aufdampfen herstellen, sie werden als Spiegel oder Interferenzfilter eingesetzt (s. auch Abschn. 5.7.2). Sie sind als 1D-Modell gut geeignet, um den Ursprung der Bandlücke physikalisch zu verstehen. Von besonderem Interesse für Anwendungen werden die PBG-Materialien aber erst in 2 und 3 Dimensionen, weil sie dort die Konstruktion komplexer optischer Schaltkreise versprechen.

Lichtpropagation in 1D-periodisch strukturierten Dielektrika

Wir studieren zur Einführung die Propagation von Licht in einem Kristall, dessen Brechungsindex in einer Richtung (1D) mit der Periodenlänge Λ moduliert ist. Das 1D-Beispiel ist eng mit der Behandlung dielektrischer Vielschichtenstapel in Kap. 5.7 verbunden, die durch Aufdampfen hergestellt werden und in einer Dimension schon lange Zugang zu diesen Materialien bieten.

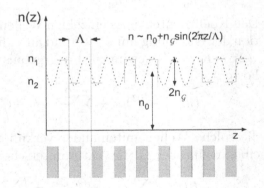

Abb. 3.15 *Ein periodisches Schichtensystem mit alternierenden Brechungsindizes wird durch eine Fouriersumme genähert. Die gestrichelte Kurve zeigt die Näherung bis zur 1. Ordnung.*

Für unser Problem ist es zweckmäßig, für eine Welle $E(z,t) = E(z)e^{-i\omega t}$ mit $\omega = ck_0$ die Helmholtz-Gleichung (2.13) in der Form

$$\left(n^{-2}(z)\frac{d^2}{dz^2} + k_0^2\right)E(z) = 0 \tag{3.30}$$

zu verwenden. Der Brechungsindex $n(z)$ ist eine (reelle) Funktion mit Periodizität Λ, $n(z) = n(z+\Lambda)$. Daher kann man eine Fourierreihe $n(z) = n_0 + n_{\mathcal{G}}e^{i\mathcal{G}z} +$

$n_{-\mathcal{G}}e^{-i\mathcal{G}z} + ...$ angeben. Die Fourier-Koeffizienten n_{G} mit $G = 0, \pm\mathcal{G}, \pm2\mathcal{G}, ...$ und $\mathcal{G} = 2\pi/\Lambda$ bilden die Punkte des *reziproken Gitters*, das aus der Festkörperphysik wohl vertraut ist. Weil n(z) eine reelle Funktion ist, muß $n_{\mathcal{G}} = (n_{-\mathcal{G}})^*$ gelten. Zur Lösung der Gl. 3.30 empfiehlt es sich, $n^{-2}(z)$ ebenfalls in eine Fourierreihe zu entwickeln. Für kleine Entwicklungskoeffizienten $n_{\mathrm{G}} \ll n_0$ erhält man

$$n^{-2}(z) \simeq n_0^{-2} - \sum_G \frac{2n_G}{n_0^3}e^{iGz} \quad .$$

3.5.2 Bloch-Wellen

Wir nehmen an, daß wir die Welle im Material mit periodischer Brechzahlvariation durch eine Summe ebener Wellen mit Koeffizienten e_K beschreiben können,

$$E(z) = \sum_K e_K e^{iKz} \quad .$$

Das propagierende Feld $E(z)$ muß aber nicht periodisch in Λ sein. Aus der Helmholtzgleichung (3.30) gewinnen wir durch Einsetzen und geringfügiges Umsortieren

$$\frac{1}{n_0^2}\left[\sum_K \sum_G \frac{2n_G}{n_0}K^2 e_K e^{i(K+G)z} - \sum_K (K^2 - n_0^2 k_0^2)e_K e^{iKz}\right] = 0 \quad .$$

Den Koeffizienten eines einzelnen Wellenvektors K kann man durch Multiplikation der Gleichung mit $e^{-iK'z}$ und anschließende Integration mit $\int e^{iK'z}e^{-iKz}dz = \sqrt{2\pi}\,\delta(K - K')$ gewinnen. Im Ergebnis ersetzen wir $K' \to k$ und erhalten die Form

$$(n_0^2 k_0^2 - k^2)e_k + \sum_G \frac{2n_G}{n_0}(k - G)^2 e_{k-G} = 0 \quad , \tag{3.31}$$

die solche Wellen miteinander verknüpft, deren K-Vektoren sich gerade um einen reziproken Gittervektor unterscheiden. Die Lösung hat deshalb die Form

$$E(z) = \sum_G e_{k-G}e^{i(k-G)z} = \left(\sum_G e_{k-G}e^{-iGz}\right)e^{ikz} = \mathcal{E}_k(z)e^{ikz} \quad . \tag{3.32}$$

Die Fourier-Reihe in der Klammer ist periodisch in Λ, $\mathcal{E}(z) = \mathcal{E}(z + \Lambda)$. Damit haben wir das *Blochsche Theorem* begründet, das zuerst für Kristallelektronen formuliert wurde: Elektronen, die sich in einem periodischen Potential bewegen, werden durch eine Wellenfunktion der Form $\psi_k(r) = u_k(r)e^{ikr}$ beschrieben, in der $u_k(r)$ die Periodizität des Kristallpotentials besitzt. Da sich die Wellenvektoren in 1D um $G = \pm\ell\mathcal{G}$ unterscheiden, $\ell = 1, 2, ...$, verwendet man praktischerweise die k-Vektoren aus der 1. Brillouin-Zone, d.h. $-\mathcal{G}/2 \le k \le \mathcal{G}/2$ zur Beschreibung einer spezifischen Welle.

3.5.3 Photonische Bandlücke in 1D

Um die Koeffizienten e_{k-G} in Gl. 3.32 zu bestimmen, muß das unendlich große System der Glgn. 3.31 gelöst oder geeignet genähert werden. Zur Illustration betrachten wir den Spezialfall, daß nur die Koeffizienten n_0 und $n_{\pm 1} = n_{\pm G}$ von Null verschieden sind. Dann lauten die Gleichungen für die ersten drei Koeffizienten

$$
\begin{aligned}
(n_0^2 k_0^2 - k^2)e_k - \frac{2n_1}{n_0}(k-G)^2 e_{k-G} - \frac{2n_{-1}}{n_0}(k+G)^2 e_{k+G} &= 0 \\
(n_0^2 k_0^2 - k^2)e_{k-G} - \frac{2n_1}{n_0}(k-2G)^2 e_{k-2G} - \frac{2n_{-1}}{n_0} k^2 e_k &= 0 \quad (3.33) \\
(n_0^2 k_0^2 - k^2)e_{k+G} - \frac{2n_1}{n_0} k^2 e_k - \frac{2n_{-1}}{n_0}(k+2G)^2 e_{k+2G} &= 0
\end{aligned}
$$

Für eine Abschätzung der Koeffizienten können wir Gl. 3.31 verwenden,

$$
e_k = \frac{\sum_{G>0} 2(n_G/n_0)(k-G)^2 e_{k-G}}{(n_o\omega/c)^2 - k^2}
$$

In der Nähe des Ursprungs der Brillouin-Zone, wenn $(k, \omega/c) \ll G$ gilt, wird der Nenner für e_k durch $((n_0\omega/c)^2 - k^2)$, für die anderen Koeffizienten $e_{k\pm G}$ durch $((n_0\omega/c)^2 - (k-G)^2) \simeq G^2 \gg |(n_0\omega/c)^2 - k^2|$ bestimmt, d.h. es dominiert der Koeffizient e_k und in guter Näherung gilt der lineare Zusammenhang $k = n_0\omega/c$.

Eine andere Situation tritt am Rand der Brillouin-Zone bei $k \simeq G/2$ auf, dort gilt $|k - G| \simeq G$, und wenigstens die beiden Koeffizienten e_k und e_{k-G} sind von Bedeutung. Wir betrachten e_k und e_{k-G} und vereinfachen die Glgn. 3.33, indem wir alle anderen Komponenten vernachlässigen,

$$
\begin{aligned}
(n_0^2 k_0^2 - k^2)e_k - \frac{2n_1}{n_0}(k-G)^2 e_{k-G} &= 0 \\
\frac{2n_{-1}}{n_0} k^2 e_k - (n_0^2 k_0^2 - k^2)e_{k-G} &= 0 \quad .
\end{aligned}
$$

Dieses Gleichungssystem hat bekanntlich dann eine Lösung, wenn die Determinante verschwindet,

$$
((n_0\omega/c)^2 - k^2)^2 - ((2|n_1|/n_0)^2(k(k-G))^2 = 0 \quad .
$$

Man findet ohne Umstände die Dispersionsrelation, den Zusammenhang zwischen ω und k,

$$
\omega_\pm = \frac{ck}{n_0}\left(1 \pm \frac{2|n_1|}{n_0}\frac{k-G}{k}\right)^{1/2} \quad \text{für} \quad k \approx G/2 = \pi/\Lambda \quad , \qquad (3.34)
$$

der in Abb. 3.16 qualitativ dargestellt ist. Für Frequenzen zwischen ω_- und ω_+ gibt es keine Lösung, d.h. dort wird die Ausbreitung von elektromagnetischen Wellen unterdrückt, man spricht von einer „photonischen Bandlücke" (engl.

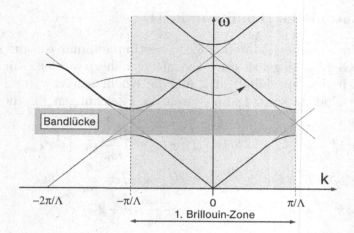

Abb. 3.16 *Dispersionsrelation für elektromagnetische Wellenpropagation in einem 1D-photonischen Kristall mit Bandlücke. Addition eines reziproken Gittervektors $\mathcal{G}$ verschiebt den markierten Ast der Dispersionsrelation in die 1. Brillouin-Zone.*

Kürzel „PBG" von *Photonic Bandgap*) in Analogie zum Bändermodell der Festkörperphysik. Ihre Größe kann man aus Gl. 3.34 für $k \approx \mathcal{G}/2$ und nicht zu große n_1/n_0 abschätzen. Mit $\omega_0 = ck/m_0$ gilt:

$$\Delta\omega = \omega_+ - \omega_- \simeq \omega_0 \frac{4|n_1|}{n_0} \ .$$

Wie erwartet verschwindet die Bandlücke mit verschwindender Modulation, $n_1 \to 0$. Für $k = \mathcal{G}/2$ wird auch der maximale Mischungsgrad erreicht – die vorwärts laufende Welle ($k = \mathcal{G}/2$) wird an die rückwärts laufende ($k - \mathcal{G}/2 = -\mathcal{G}/2$) gekoppelt, so daß dort Reflexion stattfindet und eine Stehwelle ausgebildet wird. Die Bedingung entspricht gerade der Bragg-Bedingung für Reflexion,

$$k = 2\pi/\lambda = \mathcal{G}/2 = \pi/\Lambda \quad \text{oder} \quad 2\Lambda = \lambda,$$

wobei λ die Wellenlänge im Kristall bezeichnet. Im Kap. 5.7 werden wir einen derartigen „Bragg-Stapel", mit dem dielektrische Verspiegelung erzeugt wird, noch einmal genauer betrachten. Die wellenlängenabhängige Reflexion aus Abb. 5.27 zeigt genau die photonische Bandlücke, auf die wir in unserem Modell gestoßen sind. Bragg-Stapel mit alternierenden Brechungsindizes spielen auch bei der Konstruktion von Halbleiterlasern ein große Rolle (Kap. 9.5.2).

3.5.4   Bandlücken in 2D und 3D

Während in einer Dimension immer eine Bandlücke auftritt, ist aus der Festkörperphysik wohl bekannt, daß das Auftreten einer Bandlücke (für Elektronen) in zwei und drei Dimensionen von der genauen Kristallsymmetrie

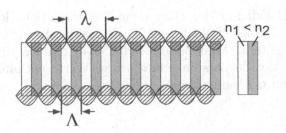

Abb. 3.17 *Das Bild bietet eine physikalische Erklärung für die Entstehung der Bandlücke (λ:*
Wellenlänge der im Kristall propagierenden Welle; Λ: Periode des photonischen Gitters.)
Die Maxima der oberen Stehwelle erfahren im Mittel eine höhere Brechzahl, diejenigen der
unteren eine niederere Brechzahl. Der effektive Brechungsindex ist also sehr verschieden und
führt zu einer Frequenzerhöhung bzw. -erniedrigung gegenüber dem mittleren Brechungsindex
(s. auch Abb. 9.27).

abhängt. Photonische Bandlücken, die Propagation in allen oder wenigstens
2 Raumrichtungen unterdrücken, haben aber schon länger Interesse hervorgerufen [87, 178], weil sie es – in Analogie zur Halbleiterphysik – gestatten,
elektromagnetische Schwingungsenergie an einen „Defekt" zu heften.

2D-Photonische Kristalle

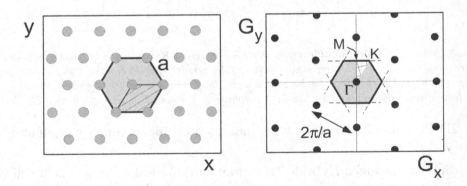

Abb. 3.18 *Links: Hexagonales 2-dimensionales Gitter mit primitiver Einheitszelle (schraf-*
fiert). Rechts: Reziprokes Gitter und 1. Brillouin-Zone. Die gestrichelten Linien geben die
halben Abstände zum nächsten reziproken Gittervektor an. Aus Symmetriegründen ist alle
Information schon in dem karierten Dreieck Γ-M-K enthalten. Bandstrukturen werden häufig
durch ihre Dispersionsrelationen auf den Rändern dieser irreduziblen Brillouin-Zonen dar-
gestellt, s. Abb. 3.19.

In Abb. 3.18 ist ein wichtiges Beispiel einer (hexagonalen) 2-dimensionalen
Struktur mit ihrem reziproken Gitter gezeigt. Die Propagationseigenschaften

werden wie im 1D-Fall mit der Dispersionsrelation $\omega(\mathbf{k})$, ($\mathbf{k} = (k_x, k_y)$) charakterisiert, die jetzt selbst flächigen 2D-Charakter hat. Sie ist am Beispiel in Abb. 3.19 vorgestellt. Man behilft sich i. Allg., indem man statt der gekrümmten Fläche der Dispersionsrelation ihre Werte entlang der Ränder der irreduziblen Brillouin-Zone aufträgt.

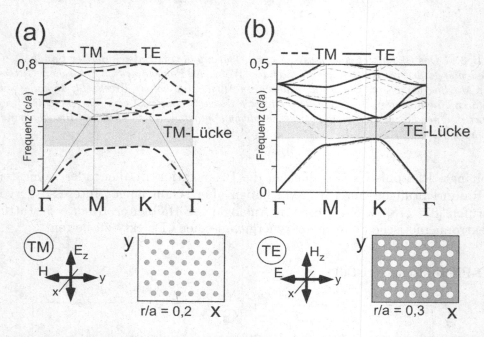

Abb. 3.19 *Beispiele für Bandlücken in 2D-Photonischen Kristallen. Die Bezeichnungen für die reziproken Gitter-Vektoren sind in Abb. 3.18 erklärt. (a) Periodische dielektrische Zylinder mit $n^2 = 12$. (b) Periodische zylindrische Löcher in einem Dielektrikum mit $n^2 = 12$. Mit freundlicher Erlaubnis von Steven G. Johnson. Weitere Eigenschaften in [82]*

Für 2D-Photonische Kristalle kann man zwei Gruppen von Komponenten unterscheiden:

• In dünnen, flächigen Hybrid-Strukturen wird die Führung der Lichtwellen in der Ebene durch Indexführung, d.h. durch Totalreflexion an den ebenen Begrenzungsflächen erreicht (Abb. 3.20). In der Ebene bestimmt die periodische Modulation der Brechzahl die Propagation.

• In photonischen Fasern wird die transversale Ausbreitung durch eine photonische Bandlücke unterdrückt, das Licht propagiert entlang ihrer Achse. Diesen Komponenten, die wegen ihrer besonderen Eigenschaften schnell ein ganz neues Gebiet nichtlinearer optischer Wechselwirkungen erschlossen haben, ist ein eigener Abschnitts gewidmet (3.5.6).

Die Dispersionskurven aus Abb. 3.19 geben detaillierte Auskunft über die Pro-

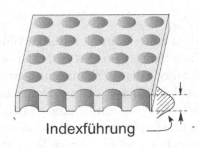 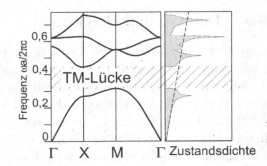

Abb. 3.20 *Links: Hybridstrukturen: In einem 2D-Photonischen Kristall kann die transversale Feldverteilung durch (Total-)Reflexion an den Grenzflächen eines scheibenförmigen Kristalls eingeschränkt werden.*
Rechts: Zustandsdichte der TE-Moden in einem 2D-Photonischen Kristall aus einem quadratischen Gitter von zylindrischen Löchern mit $r/a = 0,2$ in einem Dielektrikum mit $n^2 = 10$. Nach [90]. Die gestrichelte Gerade deutet den erwarteten Verlauf der 2D-Zustandsdichte in einem homogenen Material an (s. Anhang B.3).

pagation einer eben Welle mit einem gegebenen **k**-Vektor. Häufig reicht aber die pauschale Information der sogenannten Zustandsdichte vollkommen aus. Für homogene Materialien ist die Berechnung im Anhang B.3 vorgestellt, die periodischen Strukturen müssen numerisch behandelt werden. In Abb. 3.20 ist rechts als Beispiel die Zustandsdichte der TE-Moden zu der Struktur links mit $r/a = 0,2$ vorgestellt.

3D-Photonische Kristalle

In drei Dimensionen wird die Struktur der Dispersionsrelationen aufgrund der Geometrie notwendigerweise noch einmal komplexer, geht aber konzeptionell nicht über die schon aus zwei Dimensionen bekannten Eigenschaften hinaus. Eine 3D-Bandlücke äußert sich in der Zustandsdichte ebenfalls als eine Lücke.

Die Suche nach Methoden zur Strukturierung geeigneter dielektrischer Materialien mit einer vollständigen Bandlücke, die die Propagation in allen drei Dimensionen unterdrückt, ist ein sehr aktives Forschungsgebiet. Schon die theoretische Berechnung und Vorhersage erfordert aufwendige numerische Verfahren, die den Rahmen dieses Buches weit übersteigen, und tatsächlich sind bisher sogar theoretisch nur wenige Strukturen bekannt, die eine vollständige Bandlücke bieten. Eine große Herausforderung stellt auch die Präparation solcher Kristalle bei Nanometer-Dimensionen dar. Für die Herstellung müssen nämlich neue Verfahren der Nanostrukturierung ersonnen werden, weil die konventionellen Verfahren der Mikroelektronik vor allem für die Strukturierung von dünnen Schichten auf geeigneten Oberflächen anwendbar sind. Ein Beispiel mit einer Bandlücke bei ca. 5 μm Wellenlänge ist in Abb. 3.14 gezeigt.

3.5.5   Defekte und Defektmoden

Das große Interesse an den photonischen Kristallen wäre kaum vorstellbar ohne die sogenannten Defektmoden. *Defekte* sind lokale Störungen des perfekt periodischen Brechzahlgitters, z.B. führen Vergrößerung oder Verkleinerung eines Loches in dem 2D-Photonischen Kristall aus Abb. 3.20 zu solchen Defekten. In Abb. 3.21 sind Beispiele für Defekte gezeigt: Verkleinerung eines Loches führt zu einem *dielektrischen Defekt*, denn der Brechungsindex wird dadurch lokal erhöht. Vergrößerung eines Loches verringert den Brechungsindex lokal und erzeugt einen lochartigen Defekt. Defekte können in der photonischen

(a)   (b)   (c)   (d)

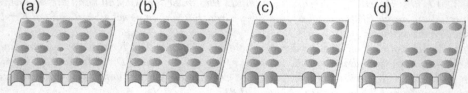

Abb. 3.21 *Defekte in 2D-Photonischen Kristallen: (a) dielektrischer Defekt, punktförmig; (b) lochartiger Defekt, punktförmig; (c) dielektrischer Defekt, linienförmig; (d) linienförmige Defekte in 2D-Hybridstrukturen können genutzt werden, um komplexe Lichtleit-Bahnen zu realisieren.*

Bandlücke isolierte und lokalisierte Zustände verursachen. Die Propagation des Feldes wird dort unterdrückt und damit auch der spontane strahlende Zerfall, es gibt nur die exponentiell von der Störung abfallenden Felder des sogenannten „Defektmodes", ähnlich dem quergedämpften, „evaneszenten" Feld der Totalreflexion (Kap. 3.1.2). An einem punktförmigen Defekt läßt sich ein Lichtfeld ähnlich wie in einem optischen Resonator speichern. Der optische Defekt hat ähnliche Eigenschaften wie die Donator- und Akzeptor-Atome in einem Halbleiter, die ein Elektron lokal speichern können (Kap. 9.3.4).

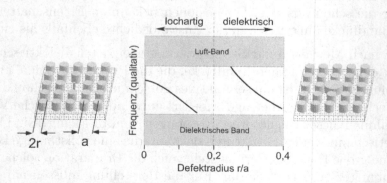

Abb. 3.22 *2D-Photonischer Kristall aus dielektrischen Zylindern mit Radius $r/a = 0,2$ zeigt eine Bandlücke für $n^2 = 12$, s. Abb. 3.19. Die Lage (Frequenz) der Defektmoden in der Bandlücke hängt vom Defektradius ab. Für $r/a < 0,2$ sind die Defekte lochartig, für $r/a > 0,2$ dielektrisch.*

Die dielektrischen Defekte scheinen sich in Abb. 3.22 aus dem oberen (Luft-)
Band zu lösen, die lochartigen aus dem unteren (dielektrischen) Band. Qualitativ kann man diese Entwicklung verstehen, wenn man berücksichtigt, daß
Frequenz und Propagationskonstante nach $\omega = c\beta/n_{\text{eff}}$ (Gl. 3.27) zusammenhängen. Wir erwarten, daß ein dielektrischer Defekt n_{eff} lokal erhöht, ein
lochartiger erniedrigt. Die Frequenz wird im ersten Fall verringert, im zweiten
erhöht. Das „Anheften" einer lokalisierten Mode an einen dielektrischen Defekt
läßt sich in direkter Analogie zur geführten Mode einer Stufenfaser verstehen,
bei welcher der Faserkern die axiale Propagation unterhalb der im homogenen
Mantelmaterial erlaubten Zustände (ω, β) ermöglicht (s. Abb. 3.9). Bei lochartigen Defekten wird der „verbotene" Bereich, die photonische Bandlücke, durch
Interferenz an der periodischen Struktur erst erzeugt.

3.5.6   Photonische Kristallfasern (PCFs)

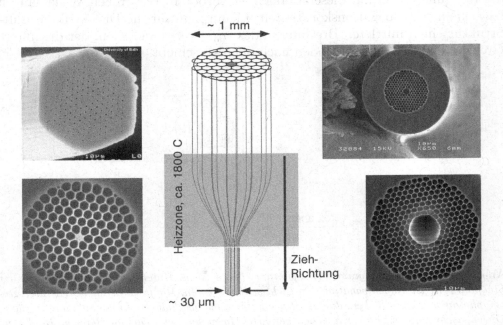

Abb. 3.23 *Photonische Kristallfasern werden durch Ausziehen eines Stapels von Kapillarröhren geformt (mitte). Links: Fasern mit dielektrischem Kern. Rechts: Faser mit Hohl-
kern (BlazePhotonics Ltd). Mit freundlicher Erlaubnis von P. St. Russell.*

Photonische Kristallfasern (PCFs, von engl. *Photonic Crystal Fibre*) gehören
seit ihrer Erfindung um 1996 [100] zu den interessantesten mikrostrukturierten
Materialien der Optik. Sie bieten nicht nur außergewöhnliche Eigenschaften,
sondern sind trotz ihrer Komplexität vergleichsweise einfach herzustellen: Die

gewünschte Struktur wird als Vorform aus einem Bündel von hohlen oder massiven Glaskapillaren hergestellt. Anschließend wird das Bündel wie die gewöhnlichen Fasern der Telekommunikation erhitzt und ausgezogen, und es erhält dabei im wesentlichen seine strukturellen Eigenschaften, nur mit geringerem Querschnitt.

In Abb. 3.23 werden der Prozeß skizziert und zwei Beispiele vorgestellt. Im Gegensatz zu den Hybridstrukturen aus Abschn. 3.5.4, die das Licht in der Ebene dünner 2D-Photonischer Kristalle führen, propagiert das Licht in den PCFs entlang des Faserkerns, der den Defekten aus Abschn. 3.5.5 entspricht. Es ist naheliegend, ein Dispersionsdiagramm analog zu Abb. 3.19 für photonische Kristallfasern anzugeben [142]. In Abb. 3.24 ist ein solches Diagramm mit charakteristischen Eigenschaften vorgestellt.

Im Vollmaterial (Brechzahl n_1), aus dem der 2D-Photonische Kristall aufgebaut ist, gibt es sicher keine (ω, β)-Zustände unterhalb der Geraden mit der Steigung c/n_1, d.h. dieser Bereich ist verboten. Bei großen Wellenlängen bzw. kleinen Propagationskonstanten β kann man für die Dielektrikum-Luft-Struktur einen mittleren Brechungsindex $n_{ave} < n_1$ annehmen, der die untere Grenze für die erlaubten Moden nach oben verschiebt.

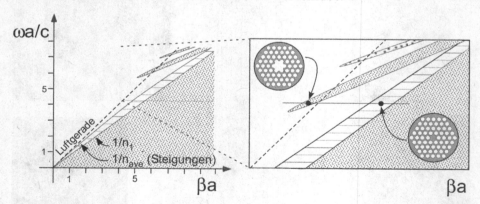

Abb. 3.24 *Dispersionsdiagramm von photonischen Fasern. Unterhalb der Geraden mit der Steigung $1/n_1$ ist die Propagation von Licht strikt verboten. Die fingerartigen Strukturen zeigen photonische Bandlücken, dort ist Propagation auch oberhalb der Luftgeradenunterdrückt. Dielektrische Faserkerne verursachen geführte Moden im gestrichelten Bereich, Hohlkerne in den photonischen Bandlücken.*

Wenn die Licht-Wellenlänge die Größenordnung der 2D-Periodizität erreicht, kann aber nicht mehr gemittelt werden, der Grenzbereich der Propagation in diesem Material nähert sich der Geraden des homogenen Materials an, weil das Licht stärker im Dielektrikum konzentriert wird. Ein dielektrischer Defekt erzeugt dann einen geführten Mode in dem schraffierten Bereich der Graphik. Im Gegensatz zu den Stufenfasern treten in den PCFs Bandlücken auf. Sie verursachen in der (ω, β)-Ebene Bereiche, bei denen die Propagation sogar oberhalb der Luft-Geraden mit der Steigung c unterdrückt wird. In einer solchen Lücke können auch „Hohlkerne" – lochartige Defekte – geführte Moden hervorrufen.

Die Anwendungsmöglichkeiten der PCFs sind außerordentlich vielfältig und werden in der Spezialliteratur [21, 142] vorgestellt. Wir beschränken uns auf ein qualitatives Beispiel, das das wachsende Interesse an diesen mikrostrukturierten optischen Lichtwellenleitern beleuchten soll.

Beispiel: Eine endlos monomodige Faser [20]

Um eine Stufenfaser monomodig zu verwenden, muß für den V-Parameter $V = (2\pi a/\lambda (n_1^2 - n_2^2)^{1/2} < 2,405$ gelten (3.23, 3.29). In gewöhnlichen Stufenfasern ist der V-Parameter bei vernachlässigbarer Dispersion wellenlängenabhängig und übersteigt den Schwellwert 2,405 mit abnehmender Wellenlänge. Ein dielektrischer Voll-Kern kann Licht in PCF-Materialien aus einer Glas-Luft-Struktur führen. Qualitativ kann man grob den Brechungsindex des Defekts (n_1) mit dem mittleren

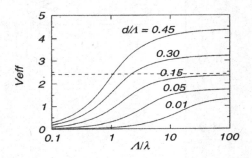

Abb. 3.25 *Berechnete Werte des effektiven V-Parameters für photonische Kristallfasern vom Typ Abb. 3.23 links. Mit freundlicher Erlaubnis von P. Russell, Erlangen.*

Brechungsindex $\langle n_2 \rangle$ des periodisch strukturierten Mantelmaterials vergleichen. Er hängt jetzt selbst – wie auch im Dispersionsdiagramm Abb. 3.24 angedeutet – von der Wellenlänge ab, er wächst mit λ und modifiziert auch den V-Parameter. Eine „endlos monomodige Faser" für die der V-Parameter unterhalb des Schwellwertes 2,405 bleibt, ist in Abb. 3.23 links oben gezeigt. Die hier gezeigte Graphik Abb. 3.25 zeigt berechnete V-Werte für verschiedene Verhältnisse des Lochdurchmessers d zum Lochabstand Λ.

3.6 Lichtpulse in dispersiven Materialien

Elektromagnetische Wellen werden benutzt, um Information zu übertragen. Damit am anderen Ende einer Übertragungsstrecke noch genügend Leistung zur Verfügung steht, um die Nachricht von einem Empfänger abzulesen, muß

das Material (i. Allg. eine optische Faser), in welchem die Übertragung stattfindet, hinreichend transparent sein. Diese Bedingungen gelten natürlich für
alle Typen von elektromagnetischen Wellen, die zur Nachrichtenübertragung
verwendet werden, für Radiowellen mit Ultrakurz- oder Langwellen, oder für
Mikrowellensysteme. Bei optischen Wellenlängen werden die Eigenschaften

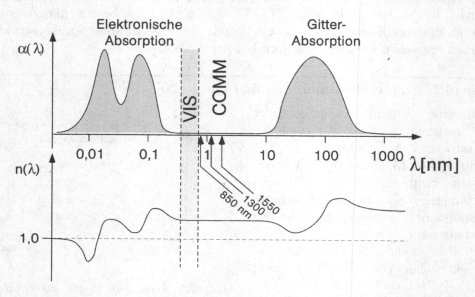

Abb. 3.26 *Qualitativer Verlauf von Absorptionskoeffizient und Brechzahl als Funktion der
Wellenlänge für transparente optische Materialien. Das schmale Band sichtbarer Wellenlängen (400-700 nm) und die optischen Kommunikationsfenster (850, 1300, 1550 nm)
sind markiert.*

eines transparenten Mediums pauschal durch die frequenzabhängigen Indizes
von

$$\text{Absorption } \alpha(\omega) \quad \text{und} \quad \text{Dispersion } n(\omega)$$

beschrieben. Ein Lichtpuls wird nämlich nicht nur durch die Absorption von
Lichtenergie geschwächt, sondern durch die damit verbundene Dispersion auch
in seiner Gestalt verändert. Es ist daher wichtig herauszufinden, ob ein solcher
Puls am Ende einer Übertragungsstrecke noch in seiner ursprünglichen Form
zu erkennen ist. Wir wissen, daß es ausreicht, ein kontinuierliches, monochro-
matisches Feld durch den Absorptionskoeffizient $\alpha(\omega)$ und die reelle Brechzahl
$n(\omega)$ zu beschreiben, deren spektrale Eigenschaften in Abb. 3.26 qualitativ
gezeigt sind. Die Amplitude des Feldes am Ort z beträgt dann mit dem Aus-
breitungskoeffizienten $\beta(\omega) = n(\omega)\omega/c$

$$\text{am Anfang bei z=0:} \quad E(0,t) = E_0 e^{-i\omega t} ,$$
$$\text{am Ort z:} \quad E(z,t) = E_0 e^{-i(\omega t - \beta(\omega)z)} e^{-\alpha(\omega)z/2} .$$

Einen Lichtimpuls können wir als Wellenpaket, das heißt durch Überlagerung vieler Teilwellen darstellen. Dazu betrachten wir ein elektrisches Feld

$$E(0, t) = \mathsf{E}(z, t)e^{-i\omega_0 t}$$

mit der *Trägerfrequenz* $\nu_0 = \omega_0/2\pi$ und der zeitlich veränderlichen Einhüllenden (engl. *envelope*) $\mathsf{E}(z, t)$, die die Pulsform beschreibt, aber außer bei sehr kurzen Femtosekundenpulsen langsam variiert im Vergleich zur Feldschwingung selbst,

$$\frac{\partial}{\partial t}\mathsf{E}(t) \ll \omega_0 \mathsf{E}(t) \quad . \tag{3.35}$$

Wir bestimmen das *Feldspektrum* $\mathcal{E}(z, \nu)$ des Lichtimpulses durch Fourierzerlegung:

$$\begin{aligned}
\mathcal{E}(z, \nu) &= \int_{-\infty}^{\infty} E(z, t)e^{i2\pi\nu t}dt = \int_{-\infty}^{\infty} \mathsf{E}(z, t)e^{i2\pi(\nu - \nu_0)t}dt \\
E(z, t) &= \int_{-\infty}^{\infty} \mathcal{E}(z, \nu)e^{-i2\pi\nu t}d\nu = \int_{-\infty}^{\infty} \mathcal{E}(z, \omega)e^{-i\omega t}d\omega/2\pi
\end{aligned} \tag{3.36}$$

Wegen (3.35) ist das Spektrum des Wellenpaketes bei $\nu = \nu_0$ lokalisiert und seine Breite ist klein gegen die Oszillationsfrequenz ν_0. In Abb. 3.27 geben wir zwei Beispiele für wichtige und gebräuchliche Impulsformen.

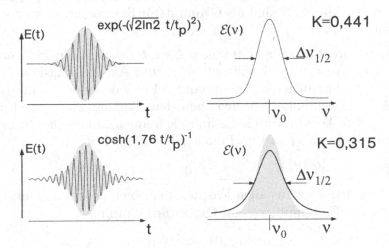

Abb. 3.27 *Zwei wichtige Pulsformen im Zeitbereich und im Frequenz- oder Fourier-Raum. Zur Verdeutlichung ist dem sech- oder $\cosh^{-1}$-Impuls der Gauß-Puls hinterlegt. Die Amplituden sind so gewählt, daß die Pulse gleiche Gesamtenergie ($\int |E(t)|^2 dt$) besitzen. Die K-Werte geben das Halbwertsbreite-Pulslänge-Produkt aus Gl. (3.38) an.*

Wichtige Kenngrößen gepulster Laserstrahlung sind die spektrale Bandbreite $\Delta\nu$ und die Pulslänge Δt, die nicht ganz einfach zu definieren und noch schwerer zu messen sind. Wir können sie beispielsweise wie die gewöhnliche Varianz definieren:

$$(\Delta\nu)^2 = \langle(\nu - \nu_0)^2\rangle = \int_{-\infty}^{\infty} (\nu - \nu_0)^2 |\mathcal{E}(\nu)|^2 d\nu \Big/ \int_{-\infty}^{\infty} |\mathcal{E}(\nu)|^2 d\nu \quad .$$

Entsprechend wird die Pulslänge bestimmt durch

$$(\Delta t)^2 = \langle(t - \langle t\rangle)^2\rangle = \int_{-\infty}^{\infty} (t - \langle t\rangle)^2 |\mathsf{E}(t)|^2 dt \Big/ \int_{-\infty}^{\infty} |\mathsf{E}(t)|^2 dt \quad .$$

Man kann zeigen, daß zwischen diesen beiden Größen der allgemeine Zusammenhang

$$2\pi\Delta\nu\Delta t \geq 1/2 \tag{3.37}$$

besteht. Das Gleichheitszeichen gilt nur für Pulse mit Gaußscher Enveloppe im Zeitbereich und Gaußschem Spektrum, solche Pulse werden „Fourierlimitiert" genannt. Vom experimentellen Standpunkt ist es leichter, Halbwertsbreiten $t_p = 2K\Delta t$ zu messen, dann wird das Pulslängen-Bandbreite-Produkt geschrieben als

$$2\pi\Delta\nu_{1/2}t_p = K \quad , \tag{3.38}$$

und bei den beiden Beispielen in Abb. 3.27 ist auch die Konstante genannt. Sie ist i. Allg. kleiner als 0,5, weil die Halbwertsbreite die Varianz gewöhnlich unterschätzt. In Abb. 3.27 sind als Grund dafür die wesentlich weiter ausgreifenden Flanken des $\cosh^{-1}$-Pulses zu sehen.

Für die monochromatischen Teilwellen $E_\nu(z,t) = \mathcal{E}(z,\nu)e^{-i2\pi\nu t}$ eines Wellenpaketes sind Absorptionskoeffizient $\alpha(\nu)$ und Ausbreitungskonstante $\beta(\nu)$ häufig bekannt, aber auch frequenzabhängig. Für jede monochromatische Teilwelle wird der Zusammenhang zwischen dem Anfang und dem Ende einer Übertragungsstrecke wird durch die lineare, frequenzabhängige Transfer- oder Übertragungsfunktion $\tau(z,\nu)$ im Frequenzraum beschrieben:

$$\mathcal{E}(z,\nu) = e^{i\beta(\nu)z}e^{-\alpha(\nu)z/2}\mathcal{E}(0,\nu) = \tau(z,\nu)\mathcal{E}(0,\nu) \quad .$$

Ein Puls setzt sich aber aus allen Frequenzbeiträgen zusammen, und der zeitliche Verlauf der Feldamplitude am Ort z wird dann nach

$$E(z,t) = \int_{-\infty}^{\infty} \tau(z,\nu)\mathcal{E}(0,\nu)e^{-i2\pi\nu t}d\nu$$

bestimmt. Nach dem Faltungstheorem der Fouriertransformation gilt übrigens ein nichtlokaler Zusammenhang im Zeitbereich,

$$E(z,t) = \int_{-\infty}^{\infty} T(z,t-t')E(0,t')dt'$$

mit

$$T(z,t) = \int_{-\infty}^{\infty} \tau(z,\nu)e^{-i2\pi\nu t}d\nu \quad .$$

Die optische Bandbreite üblicher Lichtpulse ist i. Allg. klein gegen die spektralen Eigenschaften eines transparenten optische Materials, wie es zum Beispiel in Lichtwellenleitern verwendet wird. Daher sind folgende Annahmen sinnvoll: Die Frequenzabhängigkeit des Absorptionskoeffizienten spielt bei der Pulsausbreitung keine Rolle, es gilt in guter Näherung

$$\alpha(\nu) \simeq \alpha(\nu_0) = const \quad .$$

Die Pulsform wird durch die frequenzabhängige Dispersion sehr empfindlich verändert, und die Ausbreitungskonstante $\beta(\nu) = 2\pi\nu n(\nu)/c$ kann durch die Entwicklung

$$\begin{aligned} \beta(\nu) = \quad & \beta_0 + \frac{d\beta}{d\nu}(\nu - \nu_0) + \frac{1}{2}\frac{d^2\beta}{d\nu^2}(\nu - \nu_0)^2 + \ldots \\ \simeq \quad & \beta_0 + \beta'(\nu - \nu_0) + \frac{1}{2}\beta''(\nu - \nu_0)^2 \end{aligned} \tag{3.39}$$

beschrieben werden. Der Frequenzgang der Ausbreitungskonstanten $\beta(\nu)$ wird in dieser Näherung durch die materialabhängigen Parameter β_0, β', β'' beschrieben, deren physikalische Interpretation wir nun vorstellen wollen. Die zugehörige Transferfunktion lautet mit $\tau_0 = e^{-\alpha z/2}$:

$$\tau(z,\nu) = \tau_0 \, e^{i\beta_0 z} \, e^{i\beta'(\nu - \nu_0)z} \, e^{i\beta''(\nu - \nu_0)^2 z/2} \quad .$$

3.6.1 Pulsverformung durch Dispersion

Wir werden nun den Einfluß der dispersiven Beiträge im Detail untersuchen. Wenn die Dispersion frequenzunabhängig ist, dann gewinnen wir die Wellengleichung (2.14) zurück, in welcher lediglich die Lichtgeschwindigkeit des Vakuums durch die materialabhängige Phasengeschwindigkeit ersetzt wird,

$$\beta_0 = 2\pi n(\nu_0)\nu_0/c = 2\pi\nu_0/v_\phi \quad .$$

Als nächstes betrachten wir den Fall, wenn $\beta'' = 0$. Dieser Fall tritt beim Glas tatsächlich auf, und man erkennt qualitativ schon in Abb. 3.26, daß irgendwo zwischen der Gitterabsorption und der elektronischen Absorption die Krümmung der Brechzahl verschwinden muß. Dies tritt bei der Wellenlänge von $\lambda = 1,3$ μm ein, die genau aus diesem Grund ein wichtiges Fenster für die optische Kommunikation anbietet. Die Pulsform nach der Laufstrecke z gewinnen wir aus

$$E(z,t) = \tau_0 e^{i\beta_0 z} \int_{-\infty}^{\infty} e^{i\beta'(\nu - \nu_0)z} \mathcal{E}(0,\nu) \, e^{-i2\pi\nu t} d\nu \quad .$$

Nach kurzen Umformungen erhalten wir daraus mit der Ersetzung $\beta' z \rightarrow 2\pi t_g$ die Form

$$\begin{aligned} E(z,t) = \quad & \tau_0 e^{i\beta_0 z} e^{-i2\pi\nu_0 t} \int_{-\infty}^{\infty} \mathcal{E}(0,\nu) \, e^{-i2\pi(\nu - \nu_0)(t - t_g)} d\nu \\ = \quad & \tau_0 \, e^{-i(2\pi\nu_0 t - \beta_0 z)} E(0, t - t_g) \end{aligned}$$

Die einzige Wirkung der Dispersion ist eine Verzögerung der Pulslaufzeit $t_g = z/v_g$, die wir als Gruppenverzögerungszeit interpretieren, als Definition der Gruppengeschwindigkeit v_g verwenden können und mit einer „Gruppenbrechzahl" n_g versehen können:

$$\frac{1}{v_g} = \frac{1}{2\pi}\frac{d}{d\nu}\beta = \frac{1}{c}\left(n(\omega) + \omega\frac{d}{d\omega}n(\omega)\right) = \frac{n_g(\omega)}{c} \quad . \tag{3.40}$$

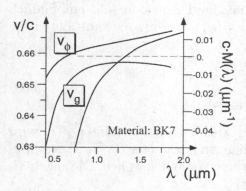

Abb. 3.28 *Beispiel: Dispersionsparameter von BK7-Glas.*

In den meisten Anwendungen breiten sich optische Pulse im Bereich normaler Dispersion aus, d.h. bei $dn/d\omega > 0$. Dann gilt wegen Gl. (3.40) $v_g < v_\phi = c/n(\omega)$. Rote Frequenzanteile im Material laufen zwar schneller als blaue, behalten aber ihre Form, solange die Gruppengeschwindigkeit konstant („dispersionsfrei") ist: Eine günstige Voraussetzung in der optischen Nachrichtentechnik, in welcher ein Sender digitale Signale („Bitströme") in Form von Pulsen in Lichtwellenleiter injiziert, die vom Empfänger am anderen Ende dekodiert werden müssen. In Glasfasern tritt dieser Fall ähnlich wie beim BK7-Glas gerade bei $\lambda = 1{,}3\ \mu m$ ein, in Abb. 3.28 am Nulldurchgang des Materialparameters $M(\lambda)$ zu erkennen, den wir im nächsten Abschnitt behandeln.

Beispiel: Phasen- und Gruppengeschwindigkeit in Gläsern

Tab. 3.1 *Dispersionseigenschaften ausgewählter Gläser.*

Kurzname	BK7	SF11	LaSF N9	BaK 1	F 2
Brechzahl bei 850 nm					
n	1,5119	1,7621	1,8301	1,5642	1,6068
Gruppenbrechzahl					
n_g	1,5270	1,8034	1,8680	1,5810	1,6322
Materialdispersion					
$c \cdot M(\lambda)[\mu m^{-1}]$	-0,032	-0,135	-0,118	-0,042	-0,075

Wir können die Angaben aus Tab. 3.1 verwenden, um die Brechzahl und die Gruppenbrechzahl als Maß für Phasen- und Gruppengeschwindigkeit in wichtigen optischen Gläsern zu ermitteln. Die Wellenlänge 850 nm ist von großer

Bedeutung für die Arbeit mit kurzen Laserpulsen, weil dort einerseits GaAs-Diodenlaser mit hoher Modulationsbandbreite existieren (bis zu Pulsdauern von 10 ps und weniger), und weil die Wellenlänge im spektralen Zentrum des Ti-Saphir-Lasers liegt, der gegenwärtig der wichtigste Oszillator für extrem kurze Laserpulse von nicht mehr als 10–100 fs Pulsdauer ist. Dort findet man mit Hilfe der Sellmeier-Formel Gl. (1.6) und der Koeffizienten aus Tab. 1.1 die Werte für Tab. 3.1. Die Werte für die Gruppenbrechzahl liegen stets um einige % über der (Phasen-)Brechzahl.

Bei immer kürzeren Pulsen steigt die Bandbreite wegen Gl. (3.37) und auch die Frequenzabhängigkeit der Gruppengeschwindigkeit beeinflußt die Pulsausbreitung. Sie wird mit einem der beiden Parameter

Gruppengeschwindigkeitsdispersion (GVD):
$$D_\nu(\nu) = \frac{1}{2\pi}\frac{d^2}{d\nu^2}\beta = 2\pi\frac{d}{d\omega}\left(\frac{1}{v_g}\right)$$

Materialdispersionsparameter:
$$M(\lambda) = \frac{d}{d\lambda}\frac{1}{v_g} = -\frac{2\pi\omega^2}{c}D_\nu(\nu)$$

als Funktion der Frequenz oder der Wellenlänge spezifiziert. Das Kürzel „GVD" nimmt auf den englischsprachigen Ausdruck *group velocity dispersion* Bezug. Die Pulsform gewinnen wir wie zuvor aus

$$E(z,t) = \tau_0 e^{-i(\omega_0 t - \beta_0 z)} \times$$
$$\times \int_{-\infty}^{\infty} \mathcal{E}(0,\nu)\, e^{iD_\nu(\omega - \omega_0)^2 z/2}\, e^{-i(\omega - \omega_0)(t - t_g)} d\omega/2\pi \qquad (3.41)$$

Der Puls wird diesmal nicht nur verzögert, sondern auch in seiner Form verändert. Diese Modifikation können wir nicht mehr allgemein angeben, sondern müssen uns konkrete Beispiele ansehen.

Beispiel: Pulsverzerrung im Gaußpuls.

Wir nehmen an, daß der optische Impuls $E(0,t) = E_0 e^{-2\ln 2(t/t_p)^2} e^{-i\omega_0 t}$ mit Intensitäts-Halbwertslänge t_p bei $z=0$ das Spektrum

$$\mathcal{E}(0,\nu) = \mathcal{E}_0 e^{-[(\omega - \omega_0)t_p]^2/8\ln 2}$$

besitzt. Am Ende der Laufstrecke bei $z = \ell$ ist das Spektrum entsprechend Gl. (3.41) verformt. Der Übersichtlichkeit wegen führen wir ein $\ell_D = t_p^2/4\ln 2 D_\nu$ und finden

$$\mathcal{E}(\ell,\omega) = \mathcal{E}_0 e^{-((\omega - \omega_0)t_p)^2/8\ln 2}\, e^{i(\ell/\ell_D)\cdot((\omega - \omega_0)t_p)^2/8\ln 2}$$

Inverse Fouriertransformation liefert die zeitabhängige Form,

$$E(\ell,t) = \tau_0 E_0\, e^{-i(2\pi\nu_0 t - i\beta_0 \ell)} \times$$
$$\times \exp\left(\frac{2\ln 2(t-t_g)^2}{t_p^2(1+(\ell/\ell_D)^2)}\right) \exp\left(i\frac{\ell}{\ell_D}\frac{2\ln 2(t-t_g)^2}{t_p^2(1+(\ell/\ell_D)^2)}\right) \quad.$$

Der Puls wird danach nicht nur wie zuvor verzögert, sondern auch verlängert,

$$t_p'(z=\ell) = t_p\sqrt{1+(\ell/\ell_D)^2} \quad.$$ (3.42)

Außerdem erfährt das Spektrum einen sogenannten „frequency chirp" , bei welchem sich die Frequenz während des Pulses ändert:

$$\nu(t) = \frac{1}{2\pi}\frac{d}{dt}\Phi(t) = \nu_0 + \frac{1}{\pi}\frac{\ell}{\ell_D}\frac{t-z/v_g}{t_p^2(1+(\ell/\ell_D)^2)}$$

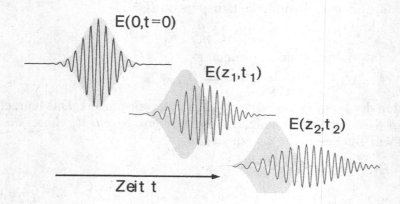

Abb. 3.29 *Die Pulsverzerrung äußert sich als Pulsverbreiterung und als Frequency Chirp: Die roten Frequenzanteile laufen voraus (im Bild links), die blauen nach. Zum Vergleich ist der weder verformte noch verzögerte Puls schattiert eingetragen.*

Wir können nun bestimmen, wie weit ein Puls in einem Material läuft, ohne sein Form entscheidend zu verlieren. Zum Beispiel gilt nach Gl. (3.42), daß die Pulsdauer sich bei

$$\ell = \ell_D$$

gerade um den Faktor $\sqrt{2}$ verlängert hat. Diese Laufstrecke wird auch als Dispersionslänge bezeichnet und spielt in der Übertragung von Pulsen eine ähnliche Rolle wie die Rayleigh-Zone bei der Propagation von Gauß-Strahlen (s. S. 50).

Für das BK7-Glas aus Tab. 3.1 gilt $D(\lambda = 850\mathrm{nm}) = 100\ \mathrm{ps^2/m^2}$. Dann findet man für einen GaAs-laser ($t_p = 10$ ps) bzw. einen konventionellen Ti-Saphir-

Laser ($t_p = 100$ fs):

$$\text{GaAs-Diodenlaser} \quad t_p = 10 \text{ ps} \quad \ell_D = 200 \text{ m}$$
$$\text{Ti-Saphir-Laser} \quad \quad t_p = 50 \text{ fs} \quad \ell_D = 5 \text{ mm}$$

Es zeigt sich, daß der kurze Puls im BK7-Glas schon innerhalb von $100~\mu m$ stark verformt wird!

3.6.2   Solitonen [47]

Alle optischen Materialien zeigen Dispersion, die zu den gerade vorgestellten, für Anwendungen aber häufig unerwünschten Pulsverformungen führen. In einigen Materialien kann man aber nichtlineare Eigenschaften, die wir erst im Kapitel über nichtlineare Optik (Kap. 13) genauer besprechen werden, ausnutzen, um die Effekte der Dispersion dynamisch zu kompensieren. Insbesondere interessiert uns hier der optische Kerr-Effekt, der den intensitätsabhängigen Brechungsindex beschreibt,

$$n(I) = n_0 + n_2 I \quad . \tag{3.43}$$

Der nichtlineare Index nimmt im Glas zwar nur Werte von $n_2 \approx 10^{-15}/(W/cm^2)$ an, weil die Leistungsdichte in optischen Fasern aber sehr hoch ist, spielt dieser Effekt schon bei Leistungen von wenigen mW eine Rolle und erlaubt die Erzeugung von sogenannten „Solitonen", die unter geeigneten Bedingungen über Tausende km mit stabiler Form in einer optischen Faser propagieren können.

Wir studieren den Einfluß der Nichtlinearität in der 1-d-Wellengleichung, wobei der lineare Anteil wie bisher im Brechungsindex bzw. der Propagationskonstanten β berücksichtigt wird,

$$\left(\frac{\partial^2}{\partial z^2} + \beta^2(\omega) \right) \mathsf{E}(z,t) e^{-i(\omega_0 t - \beta_0 z)} = \frac{1}{\epsilon_0 c^2} \frac{\partial^2}{\partial t^2} P_{\mathrm{NL}}(z,t) \tag{3.44}$$

und betrachten ein harmonisches Feld $E(z,t) = \mathsf{E}(z,t) \exp{-i(\omega_0 t - \beta_0 z)}$. In der Wellengleichung trennen wir die linearen und nichtlinearen Anteile der Polarisation ($P = \epsilon_0 (n^2-1)E \simeq \epsilon_0 (n_0^2 - 1 + 2n_0 n_2 I + ...)E = \epsilon_0 (n_0^2 - 1)E + P_{\mathrm{NL}}$),

$$P_{\mathrm{NL}}(z,t) = 2\epsilon_0 n_0 n_2 \frac{\epsilon_0 c^2}{2} |\mathsf{E}(z,t)|^2 \, \mathsf{E}(z,t) e^{-i(\omega_0 t - \beta_0 z)} \quad .$$

Um Näherungslösungen zu gewinnen, nutzen wir die sogenannte *Slowly Varying Envelope Approximation*, in der wir zweite Ableitungen wegen $\partial/\partial z \, \mathsf{E} \ll k\mathsf{E}$ vernachlässigen,

$$\frac{\partial^2}{\partial z^2} \mathsf{E}(z,t) e^{-i(\omega_0 t - \beta_0 z)} \simeq e^{-i\omega_0 t} \left(2i\beta_0 \frac{\partial}{\partial z} - \beta_0^2 \right) \mathsf{E}(z,t) \quad .$$

Diese Näherung haben wir auch schon bei der Entwicklung der paraxialen Helmholtzgleichung verwendet (s. Gl. (2.30)).

Die statisch dispersiven Eigenschaften des Materials berücksichtigen wir mit $\Delta\omega = \omega - \omega_0$ und angelehnt an Gl. (3.39) durch

$$\beta(\omega) \approx \beta_0 + \Delta\omega/v_g + D_\nu(\Delta\omega)^2/2 + \ldots \quad .$$

Bei nicht zu großer Bandbreite des Pulses ($\Delta\omega \ll \omega_0$) können wir – wir übergehen hier eine strengere mathematische Transformation mit Hilfe der Fouriertransformation – die Äquivalenz $-i\Delta\omega\mathsf{E} \simeq \partial/\partial t\,\mathsf{E}$ usw. ausnutzen und schreiben

$$\beta^2(\omega) \approx \beta_0^2 + \frac{2i\beta_0}{v_g}\frac{\partial}{\partial t} - \beta_0 D_\nu \frac{\partial^2}{\partial t^2} + \ldots$$

Wenn wir nun alle Beiträge in Gl. (3.44) einsetzen, erhalten wir als Endergebnis nach wenigen algebraischen Schritten die Bewegungsgleichung des Solitons,

$$\left\{ \left(\frac{\partial}{\partial t} + \frac{1}{v_g}\frac{\partial}{\partial z} \right) + \frac{iD_\nu}{2}\frac{\partial^2}{\partial t^2} - i\gamma|\mathsf{E}(z,t)|^2 \right\} \mathsf{E}(z,t) = 0 \quad . \tag{3.45}$$

Die Ausbreitung eines Pulses mit der Einhüllenden $\mathsf{E}(z,t)$ wird offenbar neben den beiden Dispersionsparametern Gruppengeschwindigkeit v_g und Gruppengeschwindigkeitsdispersion (GVD) D_ν durch einen nichtlinearen Koeffizienten

$$\gamma = \epsilon_0 c^2 n_2 \beta_0 / n_0$$

charakterisiert. Auch nach den erheblichen Näherungen, die wir schon angewendet haben, erfordert die Lösung dieser Gleichung noch einigen mathematischen Aufwand. Wir wollen uns daher auf die Angabe der einfachsten Soliton-Lösung beschränken (engl. *Solitary Envelope Solution*). Ein Puls (Pulsdauer τ_0) der am Anfang einer Faser mit der Dispersionslänge ℓ_D (s. Gl. (3.42)) die Form

$$\mathsf{E}(0,t) = \mathsf{E}_0 \operatorname{sech}\left(\frac{t}{\tau_0} \right) \quad .$$

besitzt ($\operatorname{sech}(t/\tau_0) = 1/\cosh(t/\tau_0)$), kann unter Beibehaltung seiner Form propagieren,

$$\mathsf{E}(z,t) = \mathsf{E}_0 \operatorname{sech}\left(\frac{t - z/v_g}{\tau_0} \right) e^{iz/\ell_D} \quad ,$$

falls die Bedingungen $\gamma \propto n_2 > 0$ und $D_\nu < 0$ eingehalten werden, und falls außerdem die Amplitude gerade

$$\mathsf{E}_0 = (|D_\nu|/\gamma)^{1/2}/\tau_0$$

beträgt. Diese Bedingungen werden in optischen Fasern im Bereich der anomalen Gruppengeschwindigkeitsdispersion (GVD < 0) typischerweise bei $\lambda > 1{,}3$

μm gefunden, bei gleichzeitig moderaten Anforderungen an die Leistung im Puls. Außer der Grundlösung existieren wie bei den Gauß-Moden auch noch Solitonen höherer Ordnung, die sich durch eine periodische Wiederkehr ihrer Form nach der Laufstrecke ℓ_D auszeichnen, die wir aber hier übergehen wollen.

Abb. 3.30 *Ein Solitonenfeld von Leichtathleten (Mit freundlicher Erlaubnis von Linn Mollenauer).*

Linn Mollenauer, der mit seinen Kollegen als erster die Fernübertragung von optischer Solitonen auf Glasfasern demonstriert hat [124], hat ein anschauliches Modell zur Verdeutlichung der physikalischen Eigenschaften eines Solitons vorgelegt (Abb. 3.30): Er vergleicht die verschiedenfarbigen Anteile eines Pulses mit einem kleinen Feld unterschiedlich schneller Läufer, das sich ohne besondere Einwirkungen schnell auseinander zieht. Die Dispersion kann aber durch einen weichen, nichtlinearen Untergrund kompensiert werden, wie im unteren Teil der Zeichnung zu sehen ist

Solitonen spielen auch in vielen anderen Systemen eine wichtige Rolle (ein weiteres Beispiel geben wir in Kap. 14.2.1). Der Zusammenhang von Gl. (3.45) mit der nichtlinearen Schrödingergleichung,

$$i\frac{\partial}{\partial x}\Psi + \frac{1}{2}\frac{\partial^2}{\partial t^2}\Psi + |\Psi|^2\Psi = 0 \quad ,$$

läßt sich mit der Transformation in ein bewegtes Bezugssystem mit $x = z - v_g t$ und den Ersetzungen $\Psi = \tau_0\sqrt{\pi\gamma|/D_\nu|}\mathsf{E}$, $z/\ell_D \to x = \pi|D_\nu|x/\tau_0^2$ demonstrieren. Räumliche Solitonen behandeln wir in Abschn. 14.2.1.

3.7   Anisotrope optische Materialien

Bei der bisherigen Behandlung der Lichtausbreitung in Materie haben wir stets angenommen, daß das Medium isotrop sei. Diese Isotropie hat zur Folge, daß die induzierte dielektrische Verschiebung stets parallel steht zum erregenden Feld und für transparente Materialien durch einen einzigen Parameter, die Brechzahl, gut beschrieben werden kann, $\mathbf{D} = \epsilon_0 n^2 \mathbf{E}$.

Reale Kristalle sind jedoch sehr häufig anisotrop und der Brechungsindex hängt von der relativen Orientierung der elektrischen Feldvektoren zu den Kristallachsen ab.

3.7.1   Doppelbrechung

Abb. 3.31 *Kalkspat-Kristall* (5x5x15cm³), *der ca. 1850 dem Bonner Physiker Julius Plücker von Sir Michael Faraday geschenkt wurde.*

Die Doppelbrechung im Calcit hat die Physiker schon lange fasziniert (s. Abb. 3.31) und zählt zu den bekanntesten optischen Eigenschaften anisotroper Kristalle. Doppelbrechende Elemente spielen aber auch eine wichtige Rolle in Anwendungen, zum Beispiel als Verzögerungsplatten (S. 134), als doppelbrechendes Filter zur Frequenzselektion (S. 136) oder als nichtlineare Kristalle bei der Frequenzkonversion (Kap. 13.4). Kristall-Anisotropien können auch durch äußere Einflüsse wie mechanische Verspannung (Spannungs-Doppelbrechung) oder elektrische Felder (Pockels-Effekt) hervorgerufen werden.

Wir beschränken uns auf den einfachsten Fall uniaxialer Kristalle, in welchen man die Symmetrieachse als „optische Achse" (O.A.) bezeichnet und dabei das formale Problem von 3 auf 2 Dimensionen reduziert. Ein Lichtstrahl, der parallel zur optischen Achse polarisiert ist, erfährt eine andere Brechzahl als ein Strahl mit orthogonaler Polarisation. In einem einfachen mikroskopischen Modell mögen wir uns vorstellen, daß die Ladungen des Kristalls mit unterschiedlichen Federkonstanten an dessen Achsen gebunden sind (Abb. 3.32). Folglich werden sie bei gleicher Erregung unterschiedlich ausgelenkt und der Zusammenhang von dielektrischer Verschiebung $\mathbf{D}(\mathbf{r}, t)$ zum einfallenden elektrischen Feld $\mathbf{E}(\mathbf{r}, t)$ muß durch einen Tensor beschrieben werden, der bei Verwendung der optischen Achse als einer Koordinatenachse gleich diagonale Form besitzt,

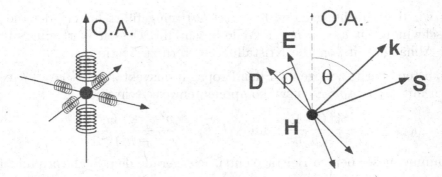

Abb. 3.32 *Links: Mikroskopisches Modell der elektromagnetischen Kristall-Anisotropie. Rechts: Elektromagnetische Feld- und Propagationsvektoren im anisotropen Kristall.*

$$\mathbf{D} = \epsilon_0 \begin{pmatrix} n_o^2 & 0 & 0 \\ 0 & n_o^2 & 0 \\ 0 & 0 & n_e^2 \end{pmatrix} \mathbf{E} \quad , \quad \mathbf{E} = \begin{pmatrix} n_o^{-2} & 0 & 0 \\ 0 & n_o^{-2} & 0 \\ 0 & 0 & n_e^{-2} \end{pmatrix} \mathbf{D}/\epsilon_0 \quad .$$

In uniaxialen Kristallen (Einheitsvektoren $\mathbf{e}_\perp \perp$ O.A., $\mathbf{e}_\parallel \parallel$ O.A.), gibt es zwei identische Indizes (ordentlicher Index $n_\perp = n_o$) und einen außerordentlichen Brechungsindex $n_\parallel = n_e \neq n_o$. Ausgewählte Beispiele sind in Tab. 3.2 genannt, wobei die Differenz $\Delta n = n_o - n_e$ häufig selbst als Doppelbrechung bezeichnet wird, die sowohl positive wie negative Werte annehmen kann.

Tab. 3.2 *Doppelbrechung ausgewählter Materialien bei* $\lambda = 589$ *nm.*

Material	n_o	n_e	$\Delta n = n_e - n_o$	$\rho_{\max}$
Quarz	1,5442	1,5533	0,0091	0,5°
Calcit	1,6584	1,4864	-0,1720	6,2°
LiNbO$_3$	2,304	2,215	-0,0890	2,3°

Wir müssen auch in den Maxwell-Gleichungen Gl. (2.10) für die Optik nun statt $\mathbf{D} = \epsilon_0 n^2 \mathbf{E}$ den korrekten tensoriellen Zusammenhang verwenden und schreiben genauer

$$\begin{aligned} i\mathbf{k} \cdot \mathbf{D} &= 0 & i\mathbf{k} \times \mathbf{E} &= i\mu_0\omega\mathbf{H} \\ i\mathbf{k} \cdot \mathbf{H} &= 0 & i\mathbf{k} \times \mathbf{H} &= -i\omega\mathbf{D} \quad . \end{aligned} \tag{3.46}$$

Daraus folgern wir direkt

$$\mathbf{k} \times (\mathbf{k} \times \mathbf{E}) = -\omega^2 \mathbf{D}/\epsilon_0 c^2 \quad .$$

Mit geringen Umformungen können wir schreiben

$$\mathbf{D} = \epsilon_0 n^2 \left(\mathbf{E} - \frac{\mathbf{k}(\mathbf{k} \cdot \mathbf{E})}{k^2} \right) \quad ,$$

wobei wir den Brechungsindex $n^2 = (ck/\omega)^2$ eingeführt haben, der die Phasengeschwindigkeit $v_\theta = c/n$ der Welle beschreibt. Dessen Wert gilt es nun in seiner Abhängigkeit von den Kristallparametern zu bestimmen.

Im nächsten Schritt zerlegen wir den Propagationsvektor $\mathbf{k} = k_\perp \mathbf{e}_\perp + k_\parallel \mathbf{e}_\parallel$ und können mit $D_\perp = \epsilon_0 n_\perp^2 E_\perp$ usw. komponentenweise schreiben

$$k_\perp E_\perp = \frac{n^2 k_\perp^2 (\mathbf{k} \cdot \mathbf{E})}{(n^2 - n_o^2)k^2} \quad \text{und} \quad k_\parallel E_\parallel = \frac{n^2 k_\parallel^2 (\mathbf{k} \cdot \mathbf{E})}{(n^2 - n_e^2)k^2}$$

Die Summe dieser beiden Beiträge entspricht gerade dem Skalarprodukt $\mathbf{k} \cdot \mathbf{E}$, und aus

$$\mathbf{k} \cdot \mathbf{E} = \left(\frac{n^2 k_\perp^2}{(n^2 - n_o^2)k^2} + \frac{n^2 k_\parallel^2}{(n^2 - n_e^2)k^2} \right) (\mathbf{k} \cdot \mathbf{E}) \quad .$$

erhalten wir nach kurzen Umformungen eine vereinfachte Form der sogenannten Fresnelgleichung [25],

$$\frac{1}{n^2} = \frac{k_\perp^2/k^2}{n^2 - n_o^2} + \frac{k_\parallel^2/k^2}{n^2 - n_e^2} \quad ,$$

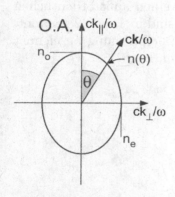

die eine in n^2 lineare Gleichung ergibt, weil der n^4-Beitrag beim Ausmultiplizieren herausfällt ($k^2 = k_\perp^2 + k_\parallel^2$). Wenn wir zum Schluß die Komponenten des Propagationsvektors $\mathbf{k}$ durch $k_\perp/k = \sin\theta$ und $k_\parallel/k = \cos\theta$ ersetzen, sind wir am wichtigsten Ergebnis zur Beschreibung der Wellenausbreitung in einem einachsigen Kristall angelangt:

$$\frac{1}{n^2(\theta)} = \frac{\cos^2\theta}{n_o^2} + \frac{\sin^2\theta}{n_e^2} \tag{3.47}$$

Diese Gleichung beschreibt das sogenannte „Index-Ellipsoid" der Brechzahl in einem uniaxialen Kristall, das wir in Abb. 3.33 vorgestellt haben.

Abb. 3.33 *Index-Ellipsoid.*
O.A.: Optische Achse.

3.7.2   Ordentliche und außerordentliche Lichtstrahlen

Wir betrachten nun den Einfall eines Lichtstrahls auf einen Kristall, dessen optische Achse mit der Ausbreitungsrichtung einen Winkel θ bildet. Wenn der Lichtstrahl senkrecht zur optischen Achse (O.A., Abb. 3.34) polarisiert ist, spielt nur der ordentliche Brechungsindex n_o eine Rolle. Der ordentliche Lichtstrahl (E_o) folgt dem gewöhnlichen Snellius-Gesetz Gl. (1.2). Wenn die Polarisation in der Ebene aus Ausbreitungsrichtung $\mathbf{k}$ und optischer Achse liegt, dann wirken unterschiedliche Brechzahlen auf die Komponenten des Feldes parallel und senkrecht zur optischen Achse, und der Strahl propagiert nun als außerordentlicher Lichtstrahl (E_{ao}).

Weil nach den Randbedingungen Glgn.(3.1) die Normal-(z-)Komponente der dielektrischen Verschiebung stetig ist, muß sie bei senkrechtem Einfall des Feldes verschwinden; daher liegt die dielektrische Verschiebung parallel zur Polarisation des einfallenden elektrischen Feldes. Der Ausbreitungsvektor **k** steht wegen (3.46) senkrecht auf **D** und **H** und behält seine Richtung auch im außerordentlichen Strahl. Die Ausbreitungsrichtung des Strahls wird aber nach wie vor durch den Poyntingvektor **S** bestimmt,

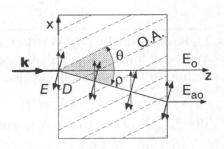

Abb. 3.34 *Ordentlicher und außerordentlicher Strahl bei der Doppelbrechung.*

$$\mathbf{S} = \mathbf{E} \times \mathbf{H}$$

d.h., die Richtung von **S** bildet mit dem Wellenvektor **k** denselben Winkel wie **E** und **D**. Es reicht dann nach Abb. 3.34, den Winkel

$$\tan \rho = E_z / E_x$$

aus den elektrischen Feldkomponenten im Kristall zu bestimmen, um den Ablenkungswinkel des außerordentlichen Strahls zu bestimmen.

Der Zusammenhang zwischen **D** und **E** ist ohne Umstände zu berechnen, wenn wir das Hauptachsensystem unter Einschluß der optischen Achse verwenden,

$$\begin{pmatrix} D_z \\ D_x \end{pmatrix} = \begin{pmatrix} \cos\theta & -\sin\theta \\ \sin\theta & \cos\theta \end{pmatrix} \begin{pmatrix} n_e^2 & 0 \\ 0 & n_o^2 \end{pmatrix} \begin{pmatrix} \cos\theta & \sin\theta \\ -\sin\theta & \cos\theta \end{pmatrix} \begin{pmatrix} E_z \\ E_x \end{pmatrix}$$

$$= \begin{pmatrix} n_e^2 \cos^2\theta + n_o^2 \sin^2\theta & (n_e^2 - n_o^2)\sin\theta\cos\theta \\ (n_e^2 - n_o^2)\sin\theta\cos\theta & n_e^2 \cos^2\theta + n_o^2 \sin^2\theta \end{pmatrix} \begin{pmatrix} E_z \\ E_x \end{pmatrix} .$$

Wegen der Randbedingungen (Glgn. (3.1)) muß die D_z-Komponente verschwinden, und wir können direkt folgern

$$\tan \rho = \frac{1}{2} \frac{(n_e^2 - n_o^2)\sin 2\theta}{n_e^2 \cos^2\theta + n_o^2 \sin^2\theta} .$$

Das „Ausweichen" des außerordentlichen Strahls wird in der englischsprachigen Literatur als *beam walk-off* bezeichnet und muß beim Einsatz doppelbrechender Komponenten stets berücksichtigt werden. Eine äquivalente Formulierung für den *walk-off*-Winkel können wir unter Verwendung von $n(\theta)$ aus Gl. (3.47) finden,

$$\tan\rho = \frac{n^2(\theta)}{2}\left(\frac{1}{n_o^2} - \frac{1}{n_e^2}\right)\sin 2\theta \quad . \tag{3.48}$$

Beispiel: *Walk-Off*-Winkel von Quarz

Wir berechnen den maximal möglichen Abweichungswinkel bei der Doppelbrechung im Quarzkristall mit den üblichen Methoden und finden:

$$\theta_{\max} = \arctan n_e/n_o = 45,2° \quad .$$

Bei $\theta_{\max}$ berechnet man den *walk-off*-Winkel nach Gl. (3.48),

$$\rho = 0,53° \quad .$$

Man kann sagen, daß der walk-off-Winkel generell nur wenige Grad beträgt, auch beim viel stärker doppelbrechenden Kalkspat (s. Tab. 3.2) wächst er nur auf ca. 6°. In der nichtlinearen Optik wird aber zum Beispiel die Effizienz bei der Frequenzkonversion im Fall der sogenannten Winkel-Phasenanpassung (s. Kap. 13.4) durch den *walk-off* begrenzt.

3.7.3 Verzögerungsplatten

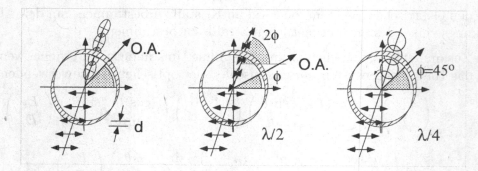

Abb. 3.35 *Verzögerungsplatten; Mitte: $\lambda/2$-Platte; Rechts: $\lambda/4$-Platte.*

Eine wichtige Anwendung doppelbrechender Materialien sind sogenannte „Verzögerungsplatten" (engl. *retarder plates*), mit denen der Polarisationszustand von Lichtstrahlen manipuliert werden kann, indem die optische Achse senkrecht zur Ausbreitungsrichtung gestellt wird. Ordentlicher und außerordentlicher Strahl propagieren dann kollinear durch den Kristall, und ihre Komponenten sind durch die Projektion auf die optische Achse gegeben, deren Winkel relativ zur einfallenden Polarisation durch Drehung justiert wird (s. Abb. 3.35).

Zur Behandlung verwenden wir geschickterweise Jones-Vektoren, die in einer Basis linear polariserten Lichts (Kap. 2.4.1) z.B. die Form $\mathbf{E} = a\mathbf{e}_x + b\mathbf{e}_y$ besitzen. Der ordentliche und der außerordentliche Strahl werden in einem Plättchen der Dicke d mit Phasenverschiebungen $\exp i\alpha_o = \exp(in_o\omega d/c)$ bzw. $\exp i\alpha_e = \exp(in_e\omega d/c)$ gegeneinander verzögert. Die Koordinaten des elektrischen Feldes transformieren wir vor der Verzögerungsplatte durch Drehung um den Winkel ϕ in das Koordinatensystem der optischen Achse und nachher wieder zurück. Dann läßt sich die allgemeine Transformationsmatrix angeben,

$$\mathbf{E}' = \begin{pmatrix} \cos\phi & -\sin\phi \\ \sin\phi & \cos\phi \end{pmatrix} \begin{pmatrix} e^{i\alpha_o} & 0 \\ 0 & e^{i\alpha_e} \end{pmatrix} \begin{pmatrix} \cos\phi & \sin\phi \\ -\sin\phi & \cos\phi \end{pmatrix} \mathbf{E} \ .$$

Daraus erhält man nach kurzer Umformung

$$\mathbf{E}' = \begin{pmatrix} e^{i\alpha_o}\cos^2\phi + e^{i\alpha_e}\sin^2\phi & (e^{i\alpha_o}-e^{i\alpha_e})\sin\phi\cos\phi \\ (e^{i\alpha_o}-e^{i\alpha_e})\sin\phi\cos\phi & e^{i\alpha_o}\sin^2\phi + e^{i\alpha_e}\cos^2\phi \end{pmatrix} \mathbf{E} \ . \qquad (3.49)$$

Wir betrachten nun zwei wichtige Spezialfälle, die $\lambda/2$ und die $\lambda/4$-Platte.

$\lambda/2$-**Platte**
Bei der $\lambda/2$-Platte wird der Spezialfall $\exp i\alpha_o = -\exp i\alpha_e$ gewählt. Dazu müssen sich die optischen Weglängen von ordentlichem und außerordentlichem Strahl gerade um eine halbe Wellenlänge unterscheiden. Die Jones-Matrix $\mathbf{M}_{\lambda/2}$ lautet in diesem Fall

$$\mathbf{M}_{\lambda/2} = e^{i\alpha_o} \begin{pmatrix} \cos 2\phi & \sin 2\phi \\ \sin 2\phi & -\cos 2\phi \end{pmatrix}$$

und zeigt eine Rotation eines beliebigen Eingangszustandes um einen Winkel 2ϕ (Abb. 3.35 Mitte).

$\lambda/4$-**Platte**
Bei der $\lambda/4$-Platte wird der Spezialfall $\exp i\alpha_e = i\exp i\alpha_o$ gewählt, der einer viertel Wellenlänge Gangunterschied entspricht. Die Jones-Matrix $\mathbf{M}_{\lambda/4}$ lautet in diesem Fall

$$\mathbf{M}_{\lambda/4} = \frac{e^{i\alpha_o}}{2} \begin{pmatrix} (1+i)+(1-i)\cos 2\phi & (1-i)\sin 2\phi \\ (1-i)\sin 2\phi & (1+i)-(1-i)\cos 2\phi \end{pmatrix}$$

$$= \frac{e^{i(\alpha_o+\pi/4)}}{\sqrt{2}} \begin{pmatrix} 1 & -i \\ -i & 1 \end{pmatrix} \quad \text{für } \phi = \pi/4 \ \ .$$

Insbesondere bei der Winkelstellung $\phi = 45°$ transformiert das $\lambda/4$-Plättchen lineare Polarisation in zirkulare Polarisation und umgekehrt.

Die Weglängendifferenzen der Verzögerungsplatten betragen i. Allg. nicht genau $\lambda/2$ oder $\lambda/4$, sondern $\lambda(n+1/2)$ oder $\lambda(n+1/4)$, und die Zahl der ganzen Wellen n wird als Ordnung bezeichnet. Sie erfüllen ihren Zweck unabhängig von ihrer Ordnung, aber wegen der Dispersion, die auch noch unterschiedliche Temperatur-Koeffizienten für n_o und n_e besitzt, sind Verzögerungsplatten hoher Ordnung sehr viel empfindlicher auf Frequenz- und Temperaturvariationen als solche niedriger Ordnung.

Sogenannte Verzögerungsplatten nullter Ordnung bestehen aus zwei Platten fast gleicher Dicke, aber mit Gangdifferenz $\lambda/2$ oder $\lambda/4$. Wenn die beiden Platten mit gekreuzten optischen Achsen aufeinander montiert werden[1], dann werden die Einflüsse der hohen Ordnungen kompensiert und eine effektive Platte niederer Ordnung bleibt übrig, die geringere spektrale und Temperaturempfindlichkeit zeigt. „Echte" Platten nullter Ordnung wären i. Allg. zu dünn und schon in der Herstellung zu empfindlich.

Lyot-Filter
Die relative Verzögerung der beiden Teilwellen in einer Verzögerungsplatte der Dicke d, deren optische Achse zur einfallenden Polarisation unter dem Winkel ϕ steht, beträgt $\Delta = 2\pi(n_o - n_e)d/\lambda$ und ist wellenlängenabhängig. Wenn man Verzögerungsplatten mit Polarisatoren kombiniert, kann man eine wellenlängen- bzw. frequenzabhängige Transmission erzielen. Solche Anordnungen werden doppelbrechende oder Lyot-Filter genannt. In Abb. 3.36 ist eine

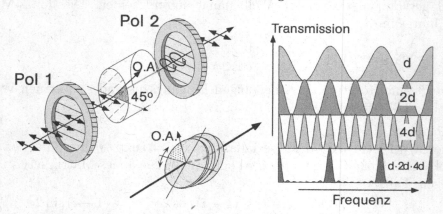

Abb. 3.36 *Unten: 3-Platten-Lyotfilter unter Brewsterwinkel zur Verwendung im Laser-Resonator. Rechts: Transmissionskurven der Einzelkomponenten und des zusammengesetzten Filters aus drei Platten.*

Verzögerungsplatte (nun zweckmäßig höherer Ordnung) unter $\phi=45°$ zwischen zwei parallele Polarisatoren gestellt. Nur bei bestimmten Wellenlängen wirkt sie z.B. als $\lambda/2$-Platte und löscht die Transmission aus.

---

[1]Sie werden häufig „optisch kontaktiert", d.h. sie werden auf zwei sehr gut polierten Flächen (deren Ebenheit muß sehr viel besser sein als eine optische Wellenlänge) allein durch Adhäsionskräfte verbunden.

Das einfallende Licht wird in Abhängigkeit vom Winkel der optischen Achse ϕ in elliptisch polarisiertes Licht transformiert. Wir berechnen die Transmission eines anfangs in x-Richtung linear polarisierten Lichtfeldes nach Gl. (3.49), nach der Verzögerungsplatte und einem weiteren x-Polarisator,

$$E_x' = \exp\left(i\frac{\alpha_o + \alpha_e}{2}\right)\left(\cos\left(\frac{\alpha_o - \alpha_e}{2}\right) + i\sin\left(\frac{\alpha_o - \alpha_e}{2}\right)\cos 2\phi\right) E_x$$

und erhalten mit $(\alpha_o - \alpha_e) = (n_o - n_e)2\pi\nu d/c$ zur einfallenden Intensität I_x die transmittierte Intensität

$$I_T = I_x\left(\cos^2\left(\frac{(n_o - n_e)\pi\nu d}{c}\right) + \sin^2\left(\frac{(n_o - n_e)\pi\nu d}{c}\right)\cos^2 2\phi\right) \quad .$$

Insbesondere für $\phi = 45°$ erhält man eine zu 100% modulierte Transmission mit der Periode (oder dem „Freien Spektralbereich") $\Delta\nu = c/(n_o - n_e)d$. Wenn man mehrere Lyot-Filter mit Dicken $d_m = 2^m d$ hintereinander schaltet, bleibt der freie Spektralbereich erhalten, aber die Breite der Transmissionskurve nimmt schnell ab.

Lyot- bzw. doppelbrechende Filter (engl. *birefringent filter*) können auch unter dem Brewster-Winkel in den Strahlengang gebracht werden, um die Verluste möglichst gering zu halten (Abb. 3.36). Die optische Achse liegt in der Plattenebene, und die Zentralwellenlänge des Filters mit den geringsten Verlusten kann durch Drehen der Achse abgestimmt werden. Solche Elemente werden bevorzugt in breitbandigen Laseroszillatoren (z.B. Ti-Saphir-, Farbstoff-Laser, Kap. 7.5) zur groben Frequenzselektion eingesetzt.

3.7.4 Polarisatoren

Eine weitere wichtige Anwendung doppelbrechender Materialien ist der Einsatz in Polarisatoren. Unter den zahlreichen Varianten stellen wir den Glan-Luft-Polarisator vor. Seine Wirkung beruht auf den verschiedenen kritischen Winkeln der Totalreflexion für den ordentlichen Strahl (der bei Komponenten aus Kalkspat reflektiert wird) und den außerordentlichen Strahl (Abb. 3.37).

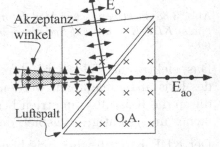

Abb. 3.37 *Glan-Luft-Polarisator.*

In der Anwendung eines Polarisators kommt es auf das Auslöschungs- oder Extinktions-Verhältnis sowie auf den Akzeptanzwinkel an, der die Justierempfindlichkeit bestimmt und vom Unterschied der ordentlichen und der außerordentlichen Brechzahl abhängt. Mit Glan-Polarisatoren werden sehr hohe Auslöschungsverhältnisse von $1{:}10^6$ und mehr erreicht. Eine Variante ist der Glan-Thompson-Polarisator, bei welchem zwischen den Prismen ein Kitt mit einer Brechzahl zwischen n_o und n_e eingefügt wird. Dann wird der Teilstrahl mit der niedrigeren Brechzahl immer transmittiert und der Akzeptanzwinkel steigt von ca. 10° auf 30°. Allerdings reduziert der Kitt die Zerstörschwelle.

3.8   Optische Modulatoren

Materialien, in welchen sich die Brechzahl durch äußere Felder – elektrisch oder magnetisch – steuern oder schalten läßt, bieten zahlreiche Möglichkeiten, die Polarisation oder Phase von Lichtfeldern zu beeinflussen und damit mechanisch trägheitslose optische Modulatoren für Amplitude, Frequenz, Phase oder Strahlrichtung zu realisieren. Wir greifen einige wichtige Beispiele heraus.

3.8.1   Pockels-Effekt und Elektrooptische Modulatoren

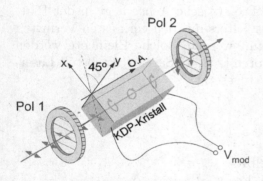

Der elektrooptische Effekt bezeichnet die lineare Abhängigkeit der Brechzahl von einer elektrischen Feldstärke und wird auch Pockels-Effekt genannt. Wenn die Brechzahl quadratisch von der Feldstärke bzw. linear von der Intensität abhängt, spricht man vom optischen Kerr-Effekt, der uns im Kapitel über nichtlineare Optik (Kap. 14.2) interessieren wird. Die Selbstmodulation einer optischen Welle durch den Kerr-Effekt war uns auch schon im Abschnitt über Solitonen Kap. 3.6.2 begegnet.

Abb. 3.38 *Elektrooptischer Modulator mit einem KDP-Kristall, auf Sperren geschaltet.*

Das elektrische Feld wird durch Elektroden erzeugt, die auf den Flächen des Kristalls aufgebracht werden. Die Brechzahländerungen werden allgemein durch die Kristallsymmetrien bestimmt, wir beschränken uns hier auf ein einfaches und wichtiges Beispiel, den uniaxialen KDP-Kristall.

Der KDP-Kristall wird zwischen zwei gekreuzten Polarisatoren eingebaut und seine optische Achse wird parallel zur Ausbreitungsrichtung gelegt. Mit transparenten Elektroden wird ein longitudinales elektrisches Feld erzeugt (Abb. 3.38).

Im feldfreien Zustand herrscht axiale Symmetrie, die durch das äußere Feld aufgehoben wird und einen optisch geringfügig biaxialen Kristalls erzeugt. Dabei werden die Brechungsindizes in x- und y-Richtung, die um 45° gegen die Polarisatorstellung gedreht sind, um den gleichen Betrag, aber in entgegengesetzter Richtung verändert:

$$n_{ox} = n_o - rn_o^3 U/2d \quad \text{und} \quad n_{oy} = n_o + rn_o^3 U/2d$$

In dieser Anordnung ist die Transmission proportional zu

$$I_T = I_0 \cos^2(2\pi rn_o^3 U/d) \quad .$$

Zu den wichtigen technischen Kriterien bei der Anwendung von EOMs zählt die Halbwellenspannung, bei welcher der Brechzahlunterschied gerade eine Phasenverzögerung der x- und y-Komponenten um $\lambda/2$ verursacht. Die maximale Modulationsfrequenz wird durch kapazitiven Eigenschaften der Treiberschaltung bestimmt. Bei sehr großen Frequenzen (> 200 MHz) kommen Laufzeit-Effekte hinzu, so daß man Wanderwellen-Modulatoren verwenden muß, in welchen die Radiofrequenz-Welle und die optische Welle kopropagieren.

Beispiel: Halbwellenspannung von KDP

Der elektrooptische Koeffizient von KDP beträgt $r = 11$ pm/V bei einer Brechzahl $n_o = 1{,}51$. Bei einem Kristall von d = 10mm Länge berechnet man bei der Wellenlänge $\lambda = 633$ nm eine Halbwellenspannung (E=U/d)

$$U = 2 \times \frac{\lambda}{2} \frac{1}{rn_o^3} = 84 \text{ V/cm} \quad .$$

Die Halbwellenspannung hängt in diesem Fall gar nicht von der Kristallänge ab. Es ist daher günstiger, Anordnungen mit transversalen elektrooptischen Koeffizienten zu wählen.

Beispiel: Phasenmodulation mit einem EOM

Wenn man die lineare Polarisation eines Lichtstrahls parallel zu den Hauptachsen des Kristalls stellt und die Polarisatoren aus Abb. 3.38 wegläßt, erfährt der Strahl keine Amplitudenmodulation, wohl aber eine Phasen- bzw. Frequenzmodulation. Der Brechungsindex hängt linear mit der treibenden Spannung zusammen und verursacht am Ausgang des EOMs eine Phasenvariation

$$\begin{aligned}
\Phi(t) &= \omega t + m \sin(\Omega t) \quad \text{und} \\
E(t) &= \Re\left\{ E_0 \exp(-i\omega t) \exp(-im \sin(\Omega t)) \right\} \quad ,
\end{aligned} \tag{3.50}$$

wobei der Modulationsindex m die Amplitude angibt und mit den Materialparametern durch

$$m = \omega rn_o^3 U/2c$$

zusammenhängt. Auch die zugehörige instantane Frequenz erfährt eine harmonische Modulation,

$$\omega(t) = \frac{d}{dt}\Phi(t) = \omega + m\Omega\cos(\Omega t) \quad,$$

worin der Modulationshub $M = m\Omega$ auftritt. Wir können gar nicht ganz streng zwischen Phasen- und Frequenzmodulation unterscheiden. Der Modulationsindex erlaubt aber eine grobe und gebräuchliche Einteilung in verschiedene Bereiche:

$$m < 1 \quad \text{Phasenmodulation, PM}$$
$$m \geq 1 \quad \text{Frequenzmodulation, FM}$$

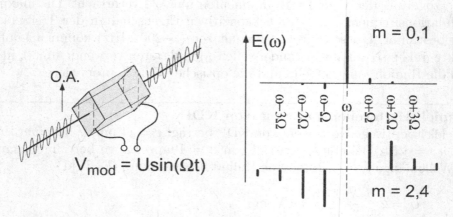

Abb. 3.39 *Phasenmodulation mit einem EOM. Die Spektren sind für die Modulationsidizes m = 0,1 (oben) und m = 2,4 (unten) dargestellt. Die Länge der Balken gibt den Beitrag des Seitenbandes, die Richtung die Phasenlage nach Gl. (3.51) an.*

Der Unterschied wird deutlicher, wenn wir die elektromagnetische Welle (3.50) mit der Identität

$$e^{-im\sin(\Omega t)} = J_0(m) + 2(J_2(m)\cos(2\Omega t) + J_4(m)\cos(4\Omega t) + ...)$$
$$-2i(J_1(m)\sin(\Omega t) + J_3(m)\sin(3\Omega t) + ...)$$

nach ihren Fourierfrequenzen zerlegen:

$$E(t) = E_0 e^{-i\omega t}\left(J_0(m) + J_1(m)(e^{-i\Omega t} - e^{i\Omega t})+\right.$$
$$\left. J_2(m)(e^{-i2\Omega t}+e^{i2\Omega t}) + J_3(m)(e^{-i3\Omega t}-e^{i3\Omega t}) + ...\right) \quad. \tag{3.51}$$

Diese Spektren haben wir für die Fälle $m=0{,}1$ und $m=2{,}4$ in Abb. 3.39 vorgestellt. Bei kleinem Modulationsindex (PM) ist die Intensität bei der Trägerfrequenz ω kaum verändert, es treten aber Seitenbänder im Abstand der Modulationsfrequenz auf. Die Intensität der Seitenbänder ist übrigens proportional zu $J_\ell^2(m)$.

Bei großem Hub (FM) ist die Intensität bereits auf viele Seitenbänder verteilt, und in unserem speziellen Beispiel wird der Träger wegen $J_0(2,4) = 0$ sogar vollständig unterdrückt.

Im Gegensatz zur harmonischen Amplitudenmodulation (AM), bei welcher bekanntlich genau zwei Seitenbänder erzeugt werden, treten bei der PM/FM-Modulation viele Seitenbänder auf. Ein weiterer wichtiger Unterschied besteht darin, daß die AM-Variation mit einem einfachen Photodetektor nachgewiesen („demoduliert") werden kann, nicht aber die PM/FM-Information.

3.8.2   Flüssigkristall-(LC-)Modulatoren

Die Flüssigkristall-Modulatoren (auch LC-Modulatoren) sind uns von den LCD-Anzeigen (engl. *liquid crystal display*) wohlbekannt. Unter „Flüssigkristallen" versteht man bestimmte Typen der Ordnung von stab- oder scheibenförmigen organischen Molekülen in einer Flüssigkeit (die durchaus häufig auftreten).

In der nematischen Phase (es gibt auch noch smektische und cholesterische Phasen) zeigen die molekularen Stäbchen alle in die gleiche

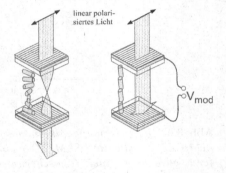

Abb. 3.40 *Flüssigkristall-Modulator.*

Richtung, ohne daß ihre Zentren ausgerichtet sind. Wenn die Moleküle einer Oberfläche mit einer Vorzugsrichtung (Rillen, anisotrope Kunststoffe) ausgesetzt werden, ordnen sie sich in dieser Richtung an. Der Einschluß eines Flüssigkristalls zwischen Glasplatten mit gekreuzten Rillen verursacht dann die gedrehte nematische Phase aus Abb. 3.40, bei der die Molekülachsen kontinuierlich von der einen zur anderen Richtung gedreht werden.

Die gedrehte nematische Phase rotiert die Polarisation einer einfallenden polarisierten Lichtwelle ebenfalls um 90°. Durch ein elektrisches Feld können die Molekül-Stäbe aber parallel zu den Feldlinien ausgerichtet werden und die Polarisation wird bei der Transmission nicht verändert. Das elektrische Feld kann also verwendet werden, um die transmittierte Amplitude zu schalten. LC-Anzeigen (LCDs) arbeiten nach demselben Prinzip, aber i. Allg. in Reflexion.

3.8.3   Räumliche Lichtmodulatoren

Die digitale Revolution hat mehr und mehr auch die optischen Technologien verändert, und insbesondere werden die für die Halbleiterindustrie entwickelten Methoden der Mikrostrukturierung auch bei dielektrischen Materialien eingesetzt.

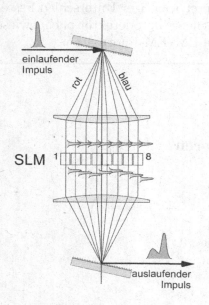

Die Mikrostrukturierung hat zur Entwicklung von Modulatoren geführt, mit denen die Intensität und die Phase ausgedehnter Lichtfelder ortsaufgelöst kontrolliert werden kann, sogenannten „räumlichen Lichtmodulatoren", engl. *spatial light modulators* und abgekürzt „SLMs". Konzeptionell führt ein direkter Weg von den allgegenwärtigen LC-Anzeigen (LCDs) des vorausgegangenen Kapitels und den digitalen Computerbildschirmen zur Aufteilung der LC-Systeme in Felder mit individuell adressierbaren Pixeln. Bei hinreichender optischer Qualität kann eine LC-Matrix eingesetzt werden, um Wellenfronten aktiv und mit räumlicher Auflösung zu kontrollieren.

Abb. 3.41 *Impulsformung mit einem räumlichen Lichtmodulator (SLM). Der einlaufende ultrakurze Impuls (typischerweise einige Femtosekunden lang) wird mit einem Gitter in seine spektralen Komponenten zerlegt. Der SLM modifiziert die Intensität der einzelnen Kanäle (1–8), oder verursacht kleine Verzögerungen. Mit dem zweiten Gitter wird der Impuls rekombiniert.*

Während Anwendungen für die dynamische Display-Technologie ziemlich offensichtlich sind (s.u.), stellen wir zunächst ein anderes Beispiel vor, in welchem Flüssigkristall-SLMs verwendet werden, um die Form von ultrakurzen Licht-Impulsen zu manipulieren.

(Zur Erzeugung von Femtosekunden-Impulsen s. Kap. 8.5.3.) In Abb. 3.41 wird ein sehr kurzer Lichtimpuls von einem Gitter in seine spektralen Bestandteile zerlegt. Eine Linse erzeugt dann ein paralleles Wellenfeld mit räumlich variabler Farbe. Ohne den räumlichen Lichtmodulator (SLM) würden die zweite Linse und das zweite Gitter den Impuls einfach wieder herstellen.

In jedem einzelnen Kanal des SLMs (In Abb. 3.41 8, typischerweise 128 und mehr Kanäle.) wird eine individuell kontrollierbare Abschwächung oder Verzögerung eingestellt, falls notwendig durch Hinzufügen von Polarisatoren oder anderen optischen Elementen. Nach der Rekombination hat der auslaufende Impuls eine ganz andere Form als der einlaufende. Diese Methode wird beispielsweise verwendet, um die Effizienz chemischer Reaktionen durch geeignet geformte Femtosekunden-Impulse zu steigern („Femtochemie") [30].

Im Jahr 1987 hat Larry Hornbeck von der Firma Texas Instruments das *digital mirror device* (DMD, soviel wie „Digitale Spiegel-Baugruppe") erfunden. Auf einem Silizium-Chip werden dazu mehr als 1,3 Millionen kleine Spiegel integriert, die an einem elektromechanisch steuerbaren Gelenk befestigt sind. Jeder Spiegel in Abb. 3.42 hat eine Kantenlänge von 15μm und entspricht gerade einem Pixel eines digitalen Bildes. Er ist vom Nachbarspiegel durch einen 1μm breiten Spalt getrennt und kann in 1 ms bis zu 12° durch elektromechanische Stellelemente gekippt werden.

DMDs ebenso wie LC-Matrizen ermöglichen die Darstellung digitaler Bilder, sie haben mit der *Digital Light Processing*-Technologie (DLP^{TM}) eine Revolution in der Projektionstechnologie hervorgerufen. Ein Video-Projektor (in Deutschland „Beamer" genannt) erzeugt mit den DMDs „schwarz" und „weiß", indem ein einzelner Spiegel in das Licht der Projektionslampe hinein- oder herausgekippt wird. Weil jeder Spiegel

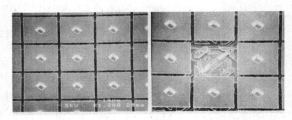

Abb. 3.42 *Ein Abschnitt mit 3x3 Spiegeln aus einem Feld von 1280x1024. Auf der rechten Seite wurde einer der Spiegel entfernt, um die elektromechanischen Stellelemente zu zeigen. Mit freundlicher Erlaubnis von Texas Instruments, aus* www.dlp.com/dlp.technology.

mehrere tausend Mal pro Sekunde geschaltet werden kann, können auch Graustufen durch Variation der „an"- bzw. „aus"-Zeit des Spiegels realisiert werden. Farben werden durch zusätzliche Farbräder oder drei parallel betriebene DMDs realisiert.

3.8.4 Akustooptische Modulatoren

Wenn eine Schallwelle in einem Kristall propagiert, verursacht sie periodische Dichteschwankungen, die eine Brechzahlvariation bei gleicher Frequenz und Wellenlänge verursachen. Die periodische Brechzahlschwankung wirkt wie ein laufendes optisches Gitter, an welchem der Lichtstrahl gebeugt wird. Die Beugung läßt sich auch als Bragg-Streuung oder -Beugung interpretieren.

Ein akustooptischer Modulator besteht aus einem Kristall, dem an einem Ende ein Piezoelement zur Erzeugung von Ultraschallwellen aufgeklebt wird (Abb. 3.43). Um Reflexionen und Stehwellen zu vermeiden, wird am anderen Ende ein Schallabsorber eingebaut.

Der Ultraschallkopf wird mit einer Radiofrequenz (typ. 10 – 1000 MHz) in mechanische Schwingungen versetzt und sendet Schallwellen durch den Modulator-Kristall. Der Lichtstrahl durchläuft dann ein i. Allg. ausgedehntes Schallwellenfeld und erfährt in diesem „Bragg-Bereich" Beugung in nur einer Ordnung. Wenn der Lichtstrahl durch ein dünnes Schallwellenfeld wie bei einem optischen Gitter läuft, treten mehrere, hier unerwünschte Beugungsordnungen auf. Dieser Grenzfall wird als „Raman-Nath-Bereich" bezeichnet.

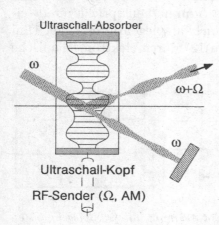

Abb. 3.43 *Akustooptischer Modulator.*

Um den Einfluß der Schallwelle auf die Ausbreitung des Lichtstrahls genauer zu behandeln, betrachten wir die von der Schallwelle mit Frequenz Ω und Wellenvektor $\mathbf{q} = q\mathbf{e}_x$ in x-Richtung verursachte Brechzahlvariation,

$$
\begin{aligned}
n(t) &= n_0 + \delta n(t) \\
&= n_0 + \delta n_0 \cos(\Omega t - qx) \quad .
\end{aligned}
$$

Wir nutzen die Wellengleichung in der Form Gl. (2.14), berücksichtigen $(n_0 + \delta n(t))^2 \simeq n_0^2 + 2n_0\delta n(t) + ..$). Außerdem beschränken wir uns auf die Variation der x-Komponente, denn in den anderen Richtungen erwarten wir keine Änderung durch die Schallwelle,

$$
\left\{ \frac{\partial^2}{\partial x^2} - k_y^2 - k_z^2 - \left(\frac{n_0^2}{c^2} - \frac{2n_0\delta n(t)}{c^2} + ... \right) \frac{\partial^2}{\partial t^2} \right\} \mathbf{E}(\mathbf{r}, t) = 0. \quad (3.52)
$$

Wir wollen nun betrachten, wie sich die Amplitude der einfallenden Welle entwickelt, die zur Vereinfachung nur eine lineare Polarisationskomponente besitzt:

$$
E_i(\mathbf{r}, t) = E_{i0}(x, t)e^{-i(\omega t - \mathbf{k}\mathbf{r})} \quad .
$$

Der modulierte Brechungsindex führt zu einer zeitabhängigen Variation bei den Frequenzen $\omega \pm \Omega$, daher können wir ein zusätzliches Feld, das wir als reflektiertes Feld interpretieren können,

$$
E_r(\mathbf{r}, t) = E_{a0}(x, t)e^{-i(\omega' t - \mathbf{k}_r \mathbf{r})} \quad ,
$$

mit $\omega' = \omega + \Omega$ und $\mathbf{k}_r = \mathbf{k} + \mathbf{q}$ „erraten", das durch die Beugung an der Schallwelle entsteht. Die oszillierende Brechzahl hat auf den Propagationsvektor keinen Einfluß, daher muß schon hier gelten (Abb. 3.44)

$$
\mathbf{k}_r^2 = (\mathbf{k} + \mathbf{q})^2 = n_0^2(\omega + \Omega)^2/c^2 \simeq (n_0\omega/c)^2 \quad ,
$$

wegen $\Omega \ll \omega$. Daraus folgt sofort die Bragg-Bedingung

$$
q = -2k_x \quad .
$$

Wir studieren nun Gl. (3.52) mit dem Gesamtfeld $E = E_i + E_r$ und nehmen wieder an, daß die Amplitudenänderung auf der Skala der Wellenlänge vernachlässigbar ist, d.h. $\partial^2/\partial x^2(E(x)e^{ikx}) \simeq (-k^2 + 2ikE'(x))e^{ikx}$.

Wir gewinnen in kurzer Rechnung mit $k_x^2 + k_y^2 + k_z^2 = (n_0\omega/c)^2$ und $(k_x + K)^2 + k_y^2 + k_z^2 = (n_0(\omega + \Omega)/c)^2$ zunächst die Gleichung

$$\left\{2ik_x\frac{\partial}{\partial x} + \frac{2\omega^2 n_0\delta n_0}{c^2}\cos(\Omega t - qx)\right\} E_{i0}(x)e^{-i(\omega t - k_x x)} +$$
$$\left\{-2ik_x\frac{\partial}{\partial x} + \frac{2\omega^2 n_0\delta n_0}{c^2}\cos(\Omega t - qx)\right\} E_{a0}(x)e^{-i((\omega + \Omega)t + k_x x)} = 0$$

Um ein vereinfachtes System für die beiden Amplituden E_{i0} und E_{a0} zu gewinnen, verwenden wir die cos-Terme in ihrer komplexen Form, sortieren nach den Oszillationsfrequenzen und ignorieren oszillierende Terme, bei welchen das einfallende Feld nicht beteiligt ist:

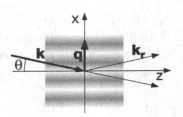

$$2ik_x\frac{\partial}{\partial x}E_{i0} + \frac{\omega^2 n_0\delta n_0}{c^2}E_{a0} = 0 \quad,$$
$$-2ik_x\frac{\partial}{\partial x}E_{a0} + \frac{\omega^2 n_0\delta n_0}{c^2}E_{i0} = 0 \quad.$$

Abb. 3.44 *Bragg-Geometrie.*

Zum Schluß ersetzen wir die x-Abhängigkeit durch die Abhängigkeit entlang der Hauptausbreitungsrichtung z (dabei breitet sich E_a in entgegen gesetzter Richtung aus wie E_i) Mit $k_x = k\sin\theta = (n_0\omega/c)\sin\theta$ gilt dann

$$i\frac{\partial}{\partial z}E_{i0} + \frac{k\delta n_0}{2n_0\sin\theta}E_{a0} = 0 \quad,$$
$$i\frac{\partial}{\partial z}E_{a0} + \frac{k\delta n_0}{2n_0\sin\theta}E_{i0} = 0 \quad.$$

$$(3.53)$$

Die Lösungen des Systems sind bekanntlich harmonische Schwingungen mit der Frequenz

$$\gamma = \frac{k\delta n_0}{n_0\sin\theta}$$

Weil am Eingang des AOMs i. Allg. $E_{a0} = 0$ gilt, finden wir die Pendellösung

$$E_i(z,t) = E_{i0}\cos(\gamma z/2)e^{-i(\omega t - \mathbf{k}\mathbf{r})}$$
$$E_a(z,t) = E_{i0}\sin(\gamma z/2)e^{-i((\omega + \Omega)t - \mathbf{k}_r\mathbf{r})}$$

Der reflektierte Strahl ist also frequenzverschoben wie erraten. Für kleine z ist die reflektierte Intensität proportional zu $(\gamma z)^2$. Die Brechzahl-Modulationsamplitude bei der Schall-Intensität beträgt

$$\delta n_0 = \sqrt{\mathcal{M}I_S/2} \quad.$$

Der $\mathcal{M}$-Koeffizient hängt von den Materialparametern ab und soll hier nur phänomenologisch eingeführt werden. Bei kleinen Leistungen ist die reflektierte (in anderer Sprache: gebeugte) Intensität $\propto |E_a|^2$ nach diesem Ergebnis proportional zur applizierten Schalleistung.

3.8.5 Faraday-Rotatoren

Bestimmte Materialien zeigen den Faraday-Effekt, bei welchem die Schwingungsebene von linear polarisiertem Licht unabhängig von der Anfangsorientierung proportional zu einem longitudinalen Magnetfeld gedreht wird,

$$\mathbf{E}' = \begin{pmatrix} \cos\alpha & -\sin\alpha \\ \sin\alpha & \cos\alpha \end{pmatrix} \mathbf{E} \quad \text{mit} \quad \alpha = V \cdot B \cdot \ell \quad ,$$

mit der *Verdet-Konstanten* V (Einheit $\mathrm{m}^{-1}\mathrm{T}^{-1}$), der magnetischen Feldstärke B und der Kristallänge ℓ. Die Magnetisierung eines Faraday-Kristalls wirkt mit unterschiedlichen Brechungsindizes auf rechts- und linkshändig zirkular polarisierte Wellen: $n_\pm = n_0 \pm V \cdot B \cdot \lambda/2\pi$.

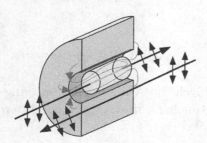

Abb. 3.45 *Faraday-Rotation. Es sind nur Feldlinien gezeigt, die den Kristall durchdringen. Die Polarisation des Lichtstrahls wird immer in einer Richtung gedreht.*

Im Unterschied zu den Verzögerungsplatten aus Kap. 3.7.3 wird die Polarisationstransformation einer elektromagnetischen Welle im Faraday-Rotator nicht rückgängig gemacht, wenn die Welle in gleicher Konfiguration zurückgeschickt wird. Der Faraday-Rotator ist „nicht-reziprok" und eignet sich daher bestens zum Bau von Isolatoren und Dioden. Allerdings werden wegen der kleinen Verdet-Konstanten relativ hohe Magnetfeldstärken benötigt, die aber mit Dauermagneten aus SmCo oder NdFeB gut erreicht werden. [177]

Tab. 3.3 *Verdet-Konstante ausgewählter Materialien bei 589 nm*

Material	Quarz	Schwerflint	TGG*
V (Grad $\cdot T^{-1} \cdot m^{-1}$)	209	528	-145

* TGG=Terbium-Gallium-Granat

3.8.6 Optische Isolatoren und Dioden

In den meisten Anwendungen wird Laserlicht über verschiedene optische Komponenten zur zu untersuchenden Probe geschickt. Dabei treten immer Rückreflexionen auf, die schon bei sehr geringer Intensität Amplituden- und Frequenzschwankungen des Laserlichtes verursachen. Optische Isolatoren bieten

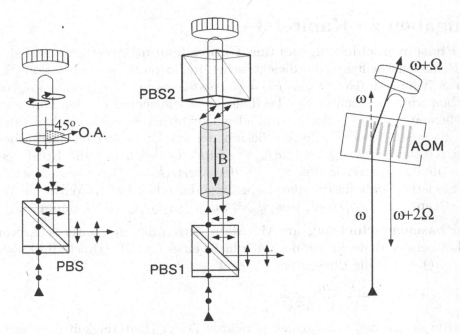

Abb. 3.46 *Optische Isolatoren. Links: $\lambda/4$-Platten-Isolator; Mitte: Faraday-Isolator; Rechts: Die Wirkung des AOM-Isolators beruht auf Frequenzverschiebungen.*

eine Möglichkeit, Experiment und Lichtquelle voneinander zu entkoppeln. Dabei spielen die in den vorangegangenen Kapiteln vorgestellten Komponenten eine zentrale Rolle.

In Abb. 3.46 haben wir drei Konzepte vorgestellt, die die Reflexe vom oberen Reflektor unterdrücken sollen:

Der linke Isolator verwendet eine $\lambda/4$-Platte, die die lineare Polarisation in zirkulare Polarisation verwandelt, z.B. rechtshändig. Nach der Reflexion wird die nun linkshändige Polarisation weiter gedreht und die in Gegenrichtung propagierende Welle wird am Polarisator ausgelenkt. Diese Anordnung wirkt allerdings nur gegen die Reflexion zirkular polarisierten Lichtes isolierend.

Der Faraday-Isolator dagegen erlaubt in Kombination mit einem zweiten Polarisator zwischen Rotator und Spiegel die Unterdrückung beliebiger Reflexe. Ein Nachteil ist die technisch unpraktische Rotation um 45°, die aber mittels einer $\lambda/2$-Platte oder einer zweiten Rotatorstufe kompensiert werden kann [177].

Gelegentlich wird auch der akustooptische Modulator zu Isolationszwecken eingesetzt. Seine Isolationswirkung beruht auf der Frequenzverschiebung des reflektierten Lichtes um 2×Modulationsfrequenz, die z.B. außerhalb der Bandbreite der Laserlichtquelle liegt.

Aufgaben zu Kapitel 3

3.1 Phasenverschiebung bei der Totalreflexion Zeigen Sie zunächst, daß der Reflexionskoeffizient der dielektrischen Reflexion bei p-Polarisation (S. 89) alternativ auch durch $r = E_{0r}/E_{0i} = (n_1 \cos \theta_t - n_2 \cos \theta_i)/(n_1 \cos \theta_t + n_2 \cos \theta_i)$ gegeben wird. Betrachten Sie die Reflexionskoeffizienten für den Fall der Totalreflexion ($n_2 < n_1$), also für Einfallswinkel oberhalb des kritischen Winkels $\theta_i > \theta_c = \sin^{-1}(n_2/n_1)$. Zeigen Sie mit der verallgemeinerten Snelliusbedingung ($\cos(\theta_t) = (1 - \sin\theta_i/\sin\theta_c)^{1/2} = iQ$, Q reell), daß die Koeffizienten für s- und p-Polarisation für $\theta_i > \theta_c$ den Wert $R = |r|^2 = 1$ annehmen. Zeigen Sie ferner, daß die Phasenverschiebung der reflektierten Wellen die Werte $\varphi_s = 2 \tan^{-1}(n_1 \cos \theta_i/n_2 Q)$ bzw. $\varphi_p = 2 \tan^{-1}(n_1 Q/n_2 \cos \theta_i)$ annimmt.

3.2 Phasenverschiebung an Metallen Zeigen Sie, daß unter senkrechtem Einfall bei der Reflexion an der Oberfläche eines Metalls (Brechzahl $n = n' + in'' = n(1 + i\kappa)$) die Phasenverschiebung

$$\tan \phi = \frac{2n\kappa}{n^2 - 1 + n^2 \kappa^2}$$

auftritt. Zeigen Sie, daß für den perfekten Leiter (Leitfähigkeit $\sigma \to \infty$) gilt $\tan \phi \to 0$.

3.3 Strahlteiler mit Metallfilm Einfache Strahlteiler werden aus dünnen Metallfilmen hergestellt, die auf ein Prisma aufgedampft werden. Wie dick muß die Schicht bei einem Metall mit der Leitfähigkeit σ gewählt werden, damit die Intensität gleichmäßig aufgeteilt wird? Nehmen Sie der Einfachkeit halber senkrechten Einfall an.

3.4 Oberflächen-Plasmonen Die imaginäre Brechzahl mit $n_{\mathrm{met}}^2(\omega) = \varepsilon(\omega) < 0$ von Metallen ermöglicht die Anregung besonderer elektromagnetischer Schwingungen, sogenannter Oberflächen-Plasmonen, an der Grenzfläche zu einem Dielektrikum. Betrachten Sie eine Metall-Vakuum-Grenzfläche in der ($z = 0$)-Ebene. Nehmen Sie Wellen von der Form $E(x, y, z) = E_0 \exp[i(k_x x + k_y y - \omega t) - \kappa_\pm |z|]$ an ($1/\kappa_\pm$: Eindringtiefe im Vakuum („+": $z > 0$) bzw. im Metall („-": $z \leq 0$), lösen Sie die Wellengleichung und zeigen Sie, daß die Randbedingungen in diesem Fall genau erfüllt werden können. Ermitteln Sie die Dispersionsrelation $\omega(k)$. Überlegen Sie sich eine Anordnung, um die Schwingungen anzuregen und nachzuweisen.

3.5 Schichtwellenleiter, maximale Oberflächenfeldstärke Betrachten Sie eine dünne dielektrische Schicht mit Dicke d und Brechzahl n. Studieren Sie, bei welchem Dicke/Wellenlängenverhältnis die maximale Oberflächenfeldstärke der geführter Lichtfelder auftritt.

3.6 Faserkopplung, Richtkopplung (a) Für Anwendungen z.B. in der Kommunikation müssen LWLs häufig stumpf aneinander gekoppelt werden. Studieren Sie quantitativ den Einfluß von transversalem Versatz, kleinen Verkippungen und axialem Versatz. Nehmen Sie zur Vereinfachung ein kastenförmiges Modenprofil an. Welche Breite wird sinnvollerweise gewählt? (b) Das Signal, das auf einer Faser propagiert, muß häufig aufgeteilt werden. Dazu dienen Richtkoppler, die im einfachsten Fall durch paralleles Verschmelzen zweier LWLs hergestellt werden können. Durch die Verschmelzung wird eine Kopplung zwischen den Moden der Einzelfasern verursacht. Betrachten Sie ein einfaches Modell, in welchem die elektrischen Feldamplituden der ungestörten Moden der Einfachfasern gekoppelt werden. Wie hängt die Verteilung der auslaufenden Leistung von Kopplungsstärke und Länge der Verschmelzungszone ab?

3.7 Lineare Polarisation der LP/HE-Moden Konstruieren Sie explizit die linearen transversalen Komponenten $\mathcal{E}_x, \mathcal{E}_y$ des LP_{01}-Mode aus dem HE_{11}-Mode nach Gl. (3.19, 3.20) und bestätigen Sie die Berechtigung für die LP-Bezeichnung.

3.8 Mono-Moden-Faser Schätzen Sie für eine Stufenfaser mit NA $= 0,12$ bei $\lambda = 0,85\mu m$ ab, welcher Anteil der Leistung eines LP_{01}-Moden im Kern, welcher im Mantel propagiert. Wie muß ein Gaußscher TEM_{00}-Mode für optimale Einkoppeleffizienz auf das Faserende fokussiert werden?

3.9 Modenzahl Wenn der V-Parameter (3.23) wächst, nehmen nicht nur die erlaubten ℓ-Werte von $J_\ell(X)$ zu, es treten auch immer mehr Wurzeln (Nullstellen) $X_{\ell m} < V$ hinzu. Um die Modenzahl abzuschätzen, überzeugen Sie sich zunächst, daß $J_\ell(x) \approx (2/\pi x)^{1/2} \cos(x - (\ell + 1/2)\pi/2)$ eine gute Näherung für große x ist. Berechnen Sie mit dieser Näherung explizit die Summe der erlaubten Moden und zeigen Sie, daß sie mit $M \approx 4V^2/\pi^2$ anwächst. Berechnen Sie die Modenzahl für eine Standard-Stufenfaser mit NA $= 0,2$ und Kerndurchmesser $2a = 50\mu m$. Wie ändert sich die Modenzahl, wenn Sie eine reine Glasfaser mit Durchmesser $50\mu m$ verwenden?

3.10 Brillouin-Zone in einem 2-dimensionalen rechteckigen Gitter Konstruieren Sie das reziproke Gitter zu einem quadratischen Gitter (Seitenlänge a) und zu einem Parallelgramm-Gitter (Seitenlängen a und b, Winkel $45°$). Geben Sie jeweils die erste Brillouin-Zone an.

3.11 Polarisatoren Informieren Sie sich und beschreiben Sie die Polarisationswirkung folgender Polarisator-Bauteile: Glan-Taylor-, Glan-Thompson-, Rochon-, Sénarmont- und Nicol-Prismen; Dünnschicht-Polarisatoren; Polarisationsfolie (auch Polaroid-Filter). Machen Sie Angaben zur Transmission, zum Löschungsverhältnis und zum Akzeptanzwinkel.

3.12 Wollaston-Prisma Zwei Dreikantprismen von rechtwinklig-gleichschenkligem Querschnitt sind aus einem einachsigen Kristall geschnitten (meist aus

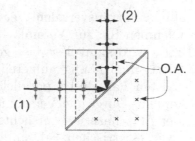

Abb. 3.47 *Wollastonprisma mit zwei möglichen Eingängen.*

Quarz), und zwar so, dass in dem einen die optische Achse im Querschnitt liegt, im anderen senkrecht dazu (Abb. 3.47). Beide werden mit den Hypotenusenflächen zusammengekittet (oft einfach mit einem Tropfen Wasser aneinander geheftet). Was wird aus einem engen unpolarisierten Lichtbündel, das senkrecht auf eine der vier Kathetenflächen fällt? Welche Winkel treten für Kalkspat auf? Was unterscheidet die Situationen (1) und (2) in Abb. 3.47?

3.13 **Lichtschalter** Überlegen Sie, wie schnell man Licht ein- und ausschalten kann: (a) mit einem mechanischen Verschluß; (b) mit einem AOM; (c) mit einem EOM.

4   Abbildungen

Abbildungen gehören traditionell zu den wichtigsten Anwendungen der Optik. Ihr Grundelement ist die Sammellinse, die bei einer stigmatischen Abbildung alle Strahlen, die von einem Punkt ausgehen, wieder in einem Punkt zusammenführt. Mit Hilfe der Geometrie (Abb. 4.1) können wir die wichtigsten Eigenschaften der (reellen) optischen Abbildung zu verstehen:
• Ein achsenparalleler Strahl wird von einer Sammellinse durch den Brennpunkt gelenkt.
• Ein Strahl, der durch den Brennpunkt die Linse erreicht, verläßt die Linse parallel zur Achse.
• Strahlen durch den Mittelpunkt der Linse werden nicht gebrochen.

Aus geometrischen Überlegungen können wir die Abstände von Gegenstand G und Bild B mit der Brennweite f verbinden und daraus die Linsengleichung (auch Newton-Gleichung) ableiten,

$$\frac{x'}{f} = \frac{f}{x} \qquad (4.1)$$

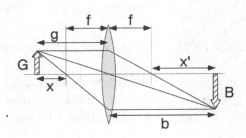

Die Form der Abbildungsgleichung

$$\frac{1}{f} = \frac{1}{g} + \frac{1}{b} \quad , \qquad (4.2)$$

Abb. 4.1 *Konventionelle Konstruktion einer Linsenabbildung mit den üblichen Bezeichnungen.*

haben wir schon in Gl. (1.23) bei der Behandlung der Matrizenoptik kennengelernt, sie entsteht aus der Linsengleichung, wenn man Gegenstands- und Bildweite, $g = f + x'$ und $b = f + x$, verwendet.

Die Linsenabbildung ist die Grundlage zahlreicher optischer Instrumente, denen wir hier ein eigenes Kapitel widmen. Sie haben die Entwicklung der Optik maßgeblich beeinflußt und uns buchstäblich den Blick in den Makrokosmos und den Mikrokosmos ermöglicht. Neben den Funktionsprinzpien wollen wir an vorderster Stelle die Frage nach der Leistungsfähigkeit solcher Instrumente stellen – welche Objekte können wir in großer Entfernung sichtbar machen, welche sind die kleinsten Objekte, die wir mit dem Mikroskop betrachten können?

Auch in unserem Auge findet eine Linsenabbildung statt, die wir bei allen Seh-
vorgängen mit berücksichtigen müssen, deshalb stellen wir zuvor noch einige
wichtige Eigenschaften unseres ureigenen Sehinstruments vor.

4.1   Das menschliche Auge

Leider sind wir hier nicht in der Lage, auf die spannenden physiologischen
Zusammenhänge beim Sehvorgang einzugehen und müssen dazu auf die einschlägige Literatur verweisen. Für unsere Zwecke reicht es, gewissermaßen ein

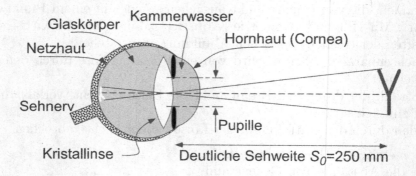

Abb. 4.2 *Menschliches Auge, auf die wesentlichen optischen „Komponenten" reduziert.*

reduziertes technisches Normalauge zu konstruieren. Der Augenkörper hat
gewöhnlich etwa 25 mm Durchmesser, und einige wichtige optische Eigenschaften haben wir in Tab. 4.1 zusammengefaßt. Die Brechkraft des gesamten

Tab. 4.1 *Optische Eigenschaften des menschlichen Auges*

Glaskörper, Kammerwasser	$n = 1{,}336 \sim 4/3$
Hornhaut (Cornea)	$n = 1{,}368$
Kristallinse	$n = 1{,}37\text{-}1{,}42$
Brennweite vorn	$f = 14\text{-}17$ mm
Brennweite hinten	$f = 19\text{-}23$ mm
Deutliche Sehweite	150 mm - ∞, $S_0 = 250$ mm
Pupille (Durchmesser)	$d = 1\text{-}8$ mm
Pupille (Verschlußzeit)	$\tau = 1$s
Auflösungsvermögen @ 250mm	$\Delta x = 10$ μm
Empfindlichkeit (Netzhaut)	$1{,}5 \times 10^{-17}$ W/Sehzelle ~ 30 Photonen/s

Auges wird in erster Linie durch die Krümmung der Hornhaut erzielt (typischer Radius 5,6 mm, Brechzahlunterschied zur Luft $\Delta n \sim 0{,}37$), während die

Kristallinse durch Kontraktion die „Scharfstellung" gewährleistet. Man kann durch Hornhaut-Formung die Sehfähigkeit des Auges zum Vorteil eines Patienten verändern, wobei sich in jüngerer Zeit die Abtragung durch Laser-Ablation mit Femtosekunden-Lasern als eine vielversprechende Methode etabliert hat.

Durch Adaption der Brennweite unserer Augen sind wir gewöhnlich in der Lage, Gegenstände im Abstand von 150 mm oder mehr deutlich zu erkennen. Als standardisierte Sehentfernung wird bei optischen Instrumenten häufig die konventionelle Sehweite von $S_0 = 250$ mm angenommen, bei der die besten Ergebnisse mit den Sehhilfen erzielt werden.

4.2 Lupen und Okulare

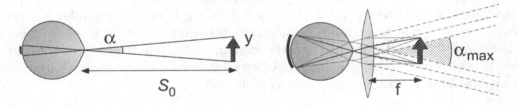

Abb. 4.3 *Vergrößerungsglas oder Lupe. Die Vergrößerung wird durch die Aufweitung des Sehwinkels verursacht. Der Gegenstand befindet sich innerhalb der Brennweite der Lupe, die Position des virtuellen Bildes wurde in diesem Beispiel bei der Standardsehweite S_0 gewählt.*

Das einfachste, seit dem Altertum bekannte optische Instrument ist die als Lupe verwendete Sammellinse. Die Wirkung des Vergrößerungsglases kann man am schnellsten verstehen, wenn man den Winkel α betrachtet, unter welchem ein Objekt der Größe y gesehen wird, denn dieser bestimmt unseren physiologischen Eindruck von seiner Größe – ein 1000 m hoher Berg in 10 km Entfernung erscheint uns ebenso groß wie eine Streichholzschachtel in 25 cm Abstand, erst unser Wissen um die Entfernung identifiziert die Objekte nach ihrer tatsächlichen Größe.

Ohne technische Hilfen sehen wir einen Gegenstand der Größe y mit dem Auge (Abb. 4.3) unter dem Winkel $\alpha = \tan(y/S_0) \simeq y/S_0$, der durch die Sehweite S_0 bestimmt wird. Wir halten nun die Lupe unmittelbar vor das Auge: Die Lupe erweitert den Winkel, unter welchem wir ein Objekt sehen. Wenn wir den Gegenstand in die Nähe der Brennweite rücken, $x \sim f$, dann gelangen parallele Strahlen zum Auge, so daß das Objekt ins Unendliche gerückt scheint. Wir können aus den geometrischen Beziehungen den Zusammenhang

$$\alpha_{\mathrm{max}} = \frac{y}{f}$$

bestimmen. Daraus können wir unmittelbar die maximale Lupen-Vergrößerung M entnehmen,

$$M = \frac{\alpha_{\mathrm{max}}}{\alpha} = \frac{\mathcal{S}_0}{f} \ .$$

Je kleiner also die Brennweite einer Lupe, desto stärker ihre Vergrößerung. Weil aber die kleinste Sehnähe festgelegt ist ($\mathcal{S}_0 \sim 250$ mm), und weil bei kleineren Brennweiten immer dickere, stärker gekrümmte Linsen erforderlich sind, ist die praktikable Vergrößerung von Lupen auf $M \leq 25$ beschränkt.

Im Gegensatz zu der im ersten Abschnitt beschriebenen *reellen* Abbildung entwirft die Lupe ein *virtuelles* Bild, das lediglich auf der Netzhaut entsteht und sich nicht auf einen Schirm projizieren läßt. Wenn das Auge nicht wie in Abb. 4.3 unmittelbar an die Lupe gehalten wird, ist die Vergrößerung etwas geringer, wie man durch Geometrie-Überlegungen nachvollziehen kann. Der Unterschied ist aber i. Allg. sehr gering, und ein individueller Benutzer sucht sich sowieso den geeigneten Arbeitsabstand durch manuelle Variation der Abstände von Lupe, Auge und Gegenstand.

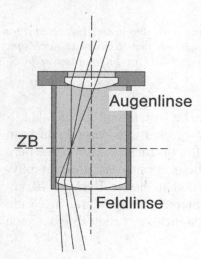

In optischen Geräten werden reelle Zwischenbilder erzeugt, die wir dann mit einem sogenannten *Okular* betrachten. Das Okular besteht i. Allg. aus zwei Linsen, um die Farbfehler zu korrigieren, die wir in Abschn. 4.5.3 besprechen werden. Im Huygens-Okular (Abb. 4.4) wird von der Feldlinse ein reelles Zwischenbild erzeugt, das mit der Augenlinse betrachtet wird. Davon abgesehen erfüllt das Okular genau die Aufgabe einer Lupe mit einer effektiven Brennweite f_{Oku} und der Vergrößerung $M_{\mathrm{oku}} = \mathcal{S}_0/f_{\mathrm{Oku}}$ für ein Auge, das auf unendliche Sehweite adaptiert ist.

Abb. 4.4 *Huygens-Okular mit Strahlengang.*

Beispiel: Effektive Brennweite und Vergrößerung eines Huygens-Okulars.
Ein Huygens-Okular besteht aus zwei Linsen im Abstand $d = (f_1 + f_2)/2$, weil dort der geringste Farbfehler auftritt (s. Abschn. 4.5.3). Wir bestimmen die effektive Brennweite und Vergrößerung eines Systems aus zwei Linsen mit $f_1 = 30$ mm und $f_2 = 15$ mm.

Die effektive Brennweite des Systems beträgt

$$\frac{1}{f_{\text{Oku}}} = \frac{1}{f_1} + \frac{1}{f_2} - \frac{f_1 + f_2}{2f_1f_2} = \frac{f_1 + f_2}{2f_1f_2} = (20\text{mm})^{-1}$$

und erzeugt eine Vergrößerung $M_{\text{Oku}} = 250/20 = 12{,}5\times$.

4.3 Mikroskope [94]

Kleines „groß" zu sehen, gehört zu den alten Träumen der Menschen und bildet bis heute eine Triebfeder unserer naturwissenschaftlichen Neugier. Die Lupe allein reicht, wie wir schon wissen, nicht aus, um die Struktur sehr kleiner Objekte, zum Beispiel Details einer biologischen Zelle, sichtbar zu machen. Durch Vorschaltung einer oder mehrerer Linsen, mit denen zunächst ein reelles Bild entworfen wird, ist es aber seit dem 19. Jahrhundert möglich, bis zu 2000fache Vergrößerung zu erreichen.

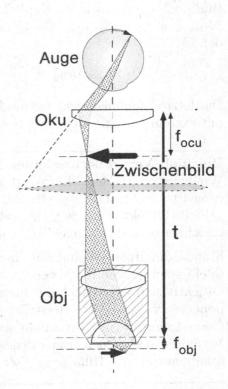

Wir betrachten ein Mikroskop (Abb. 4.5) in welchem ein Objektiv *Obj* mit der Brennweite f_{Obj} ein reelles Zwischenbild bei *ZB* erzeugt. Die Zwischenbildebene eignet sich, um zum Beispiel Längenmaßstäbe unterzubringen, die gleichzeitig mit dem Mikroskopier-Objekt betrachtet werden. Dazu wird ein Okular *Oku* mit der Brennweite f_{Oku} oder einfacher dem Maßstabsfaktor $M_{\text{Oku}} = S_0/f_{\text{Oku}} = 250mm/f_{\text{Oku}}$ verwendet, typischerweise mit Faktoren $10\times$ oder $20\times$. In

Abb. 4.5 *Strahlengang im Mikroskop. t: Tubuslänge; $f_{\text{Obj}}, f_{\text{Oku}}$. Brennweiten von Objektiv und Okular; ZB: Zwischenbild.*

der Praxis sind Objektiv und Okular ihrerseits Linsenkombinationen, um Bildfehler (s. Abschn. 4.5.3) zu korrigieren. Die Gesamtbrennweite f_μ des zusammengesetzten Mikroskops ermittelt man nach Gl. (1.25),

$$\frac{1}{f_\mu} = \frac{1}{f_{\text{Obj}}} + \frac{1}{f_{\text{Oku}}} - \frac{t}{f_{\text{Obj}}f_{\text{Oku}}}$$

Nun haben Mikroskope i. Allg. festgelegte Tubuslängen von t=160 mm, und wegen $t \gg f_{\mathrm{Obj,Oku}}$ kann man näherungsweise angeben

$$f_\mu \simeq -\frac{f_{\mathrm{Obj}} f_{\mathrm{Oku}}}{t} = -\frac{f_{\mathrm{Obj}} f_{\mathrm{Oku}}}{160mm} \ .$$

Die Bildgröße können wir in zwei Schritten bestimmen: Das Objekt befindet sich näherungsweise in der Brennebene des Objektivs, während sich die Entfernung des reellen Bildes vom Objektiv nur wenig von der Tubuslänge t unterscheidet. Nach Abb. (4.1) gilt sinngemäß $G/f_{\mathrm{Obj}} \simeq B/t$ und das Objektiv bewirkt eine Vergrößerung $M_{\mathrm{Obj}} = B/G \simeq t/f_{\mathrm{Obj}}$. Das Okular vergrößert das Bild noch einmal, wie im Kapitel über die Lupe beschrieben, um den Faktor $M_{\mathrm{Oku}} = y''/y' = \mathcal{S}_0/f_{\mathrm{Oku}}$. Die Gesamtvergrößerung M_μ des Mikroskops beträgt dann

$$M_\mu = M_{\mathrm{Oku}} M_{\mathrm{Obj}} \simeq \frac{\mathcal{S}_0}{f_{\mathrm{Oku}}} \frac{t}{f_{\mathrm{Obj}}} = \frac{\mathcal{S}_0}{f_\mu} \ .$$

Das letzte Ergebnis zeigt, daß das Mikroskop in der Tat wie eine effektive Lupe mit extrem geringer Brennweite wirkt.

Beispiel: Vergrößerung eines Mikroskops.
Wir konstruieren ein Mikroskop aus einem Okular mit der Okular-Vergrößerung 10× und einem Objektiv mit der Brennweite f_{Obj}=8 mm. Die Maßstabszahl des Objektivs beträgt M_{Obj}=160mm/8mm = 20. Die Gesamtvergrößerung errechnet man direkt nach M_μ=10×20 = 200.

Standardmikroskope sind auf einen schnellen Wechsel der optischen Elemente eingerichtet, um die Vergrößerung leicht verändern zu können. Okular und Objektiv sind gewöhnlich mit ihren Maßstabszahlen gekennzeichnet, die Komponenten verschiedener Hersteller sind i. Allg. untereinander austauschbar. Die Gesamtvergrößerung kann man ohne Schwierigkeiten nach dem beschriebenen Verfahren bestimmen. Bei Präzisionsmessungen ist es notwendig, den Abbildungmaßstab mit Hilfe geeigneter Längennormale zu kalibrieren.

4.3.1   Auflösungsvermögen von Mikroskopen

Wir haben das Mikroskop bisher allein vom Standpunkt der geometrischen Optik betrachtet und sind davon ausgegangen, daß ein Punkt immer wieder in einen idealen Punkt abgebildet wird. Das ist aber wegen der Beugung an den Aperturen der Linsen nicht möglich, die Auflösung wird also durch die Beugung begrenzt. Ein erstes Maß für das Auflösungsvermögen können wir aus dem Ergebnis für den Durchmesser des Beugungsscheibchens nach Gl. (2.47) gewinnen: Wir fordern, daß der Abstand zweier Beugungsscheibchen Δx_{min} wenigstens deren Durchmesser entsprechen soll:

$$\Delta x_{min} \geq 1,22 \, \frac{f_{Obj}\lambda}{D} \quad . \tag{4.3}$$

Der systematische Zugang wird durch die Numerische Apertur NA (oder Abbesche Sinusbedingung, s. nächstes Kapitel) geliefert. Sie ist wie beim Akzeptanzwinkel von Glasfasern (Gl. 1.9) als der Sinus des halben Öffnungswinkels definiert (Abb. 4.6), d.h. der Randstrahlen, die gerade noch zur Abbildung beitragen:

$$NA = n\sin\alpha \quad .$$

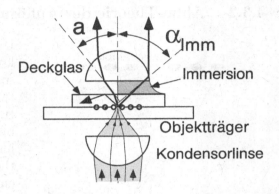

Abb. 4.6 *Auflösung und Numerische Apertur. Rechte Hälfte: Steigerung der Auflösung mit Immersionsöl. Die Auflösung wird auch durch die Beleuchtung beeinflußt. Hier ist eine Kondensor-Linse verwendet, die einen möglichst großen Raumwinkel ausleuchtet.*

Dabei bezeichnet n die Brechzahl im Objektraum. Die Ortsauflösung eines Mikroskops wird gewöhnlich definiert durch:

$$\Delta x_{min} \geq \frac{\lambda}{NA} \quad . \tag{4.4}$$

Bei geringeren Vergrößerungen treten längere Brennweiten und deshalb kleinere Winkel auf. Dann sind die beiden Bedingungen wegen $\sin\alpha \simeq \tan\alpha \simeq D/2f_{Obj}$ äquivalent.

Weil sich das betrachtete Objekt immer ganz in der Nähe der Fokusebene befindet, ist die NA eine Eigenschaft des verwendeten Objektivs und auf den Standard-Komponenten üblicherweise angegeben. Das Auflösungsvermögen wird also durch kurze Wellenlängen (optische Mikroskope verwenden für hohe Auflösung blaues oder sogar UV-Licht) und eine große NA erhöht. An Luft werden bei kurzen Brennweiten, d.h. bei Objektiven mit hoher Vergrößerung, NA-Werte um 0,7 erreicht. Um die theoretischen Werte der Auflösung zu erreichen, muß schon bei der Konstruktion des Objektivs das Deckglas berücksichtigt werden, das i. Allg. das Objekt bedeckt (s. Abb. 4.6). Dabei ist z.B. auch die Totalreflexion hinderlich, die den maximalen Winkel im Deckglas auf ca. 40° begrenzt. Mit Hilfe von Immersionsflüssigkeiten kann der nutzbare NA-Wert aber deutlich gesteigert werden, wobei man zum Beispiel eine Flüssigkeit mit einer Brechzahl verwendet, die derjenigen der Deckgläser gerade angepasst ist. Auch die genaue Form der Beleuchtung ist von Bedeutung, wenn man die volle theoretische Auflösung erzielen will, Details übersteigen aber den Rahmen dieses Buches bei weitem. Die besten optischen Mikroskope erreichen bei blauer Beleuchtung Auflösungen von ca. 0,2 μm. Kürzere Wellenlängen können bei Verwendung von alternativem „Licht" wie zum Beispiel Elektronen in einem Elektronenmikroskop erzielt werden.

4.3.2   Abbe-Theorie der Auflösung

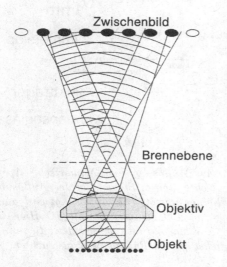

Abb. 4.7 *Mikroskop mit Brenn- oder Fourierebene nach E. Abbe. FE: Fokus- oder Fourier-Ebene*

Um das Auflösungsvermögen eines Mikroskops noch etwas genauer zu fassen, wollen wir eine periodische Struktur (ein Gitter mit der Periode Δx) betrachten, die wir mit dem Mikroskop beobachten. Ernst Abbe (1840–1905) hat als Professor für Physik und Mathematik an der Universität Jena und enger Mitarbeiter von Carl Zeiss (1816–1888) ganz entscheidende apparative und theoretische Beiträge zur Entwicklung der modernen Mikroskopie geleistet.

In Abb. 4.7 ist diese Situation dargestellt, und eine ganz entscheidende Rolle spielt nun die Brenn- oder Fourier-Ebene des Objektivs. Dort werden parallele Strahlenbündel fokussiert und man beobachtet das Fraunhofer-Beugungsbild des Objekts, wobei die Struktur natürlich nur für das hier gewählte Beispiel eines 1-dimensionalen Gitters so einfach ist. Entscheidend ist aber: Das Objektiv erzeugt in der Fokusebene die Fouriertransformierte der komplexen Amplitudenverteilung in der Objektebene, wie wir schon in Abschn. 2.5.3 gesehen haben. Eine Struktur mit einer bestimmten Größe a kann nur rekonstruiert werden, wenn außer der 0. Ordnung wenigstens eine weitere Beugungsordnung in das Objektiv eintritt und zur Bildentstehung beiträgt. Daraus erhält man wiederum die Abbesche Sinusbedingung

$$a \geq \lambda / \sin\alpha \quad . \tag{4.5}$$

Im optischen Mikroskop wird das Fourierspektrum eines beugenden oder streuenden Objekts durch Okular und Auge oder ein Kameraobjektiv zum vergrößerten Bild rekonstruiert. Die Rekonstruktion kann grundsätzlich auch durch ein rechnerisches, numerisches Verfahren gewonnen werden. In diesem Sinne sind auch die Streuexperimente der Hochenergiephysik, in denen das Fernfeld

der Beugung extrem kurzwelliger Materiewellen an sehr kleinen Beugungsob-
jekten vermessen wird, nichts anderes als riesige Mikroskope.

Exkurs: Optische Lithographie

Die optische Lithographie ist in vieler Hinsicht die Umkehrung der Mikroskopie, denn in der
Lithographie, die heute eine der mächtigsten Antriebskräfte der Weltwirtschaft ist, geht es
in erster Linie um die Miniaturisierung elektronischer Schaltkreise auf möglichst kleine Dimensionen. Das Verfahren ist schematisch in Abb. 4.8 vorgestellt. In einem „Wafer-Stepper"
wird Schritt für Schritt eine Maske mit der Struktur des gewünschten Schaltkreises immer
wieder auf cm^2-große Flächen verkleinert abgebildet. Dabei wird ein geeignetes Filmmaterial
(„Resist") chemisch so verändert, daß anschließend in eventuell mehreren Prozeßschritten
Transistoren und Leiterbahnen hergestellt werden können. Den Herstellern der Lithographie-

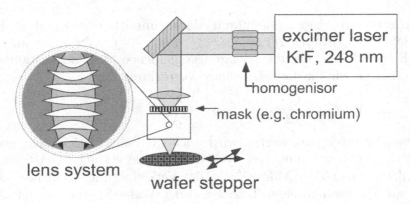

Abb. 4.8 *Optische Lithographie: Schema von Wafer-Stepper und UV-Belichtungs-Einrich-
tung. Die Linsensysteme enthalten zahlreiche Komponenten, um Bildfehler zu korrigieren.*

Objektive, die heute 60 und mehr Einzellinsen umfassen können, ist es in beeindruckender
Weise gelungen, die Auflösung ihrer Wafer-Stepper unter Verwendung immer kürzerer Wellenlängen unmittelbar an der Auflösungsgrenze nach Gl. (4.3) entlang zu führen. Deshalb ist
die Verkleinerung der elektronischen Schaltkreise derzeit durch die verwendete Wellenlänge
begrenzt, heute i. Allg. die Wellenlängen des KrF*-Lasers bei 248 nm und die 193 nm des
ArF*-Lasers. Weitere Fortschritte verursachen enorme Kosten, weil bei diesen kurzen Wellenlängen große Probleme in der Herstellung und Bearbeitung geeigneter, d.h. transparenter
und homogener optischer Materialien auftreten.

4.3.3 Schärfentiefe und konfokale Mikroskopie

Jeder Benutzer eines Mikroskops weiß, daß er die Abbildung „scharf" stellen
muß und daß der Bereich von Einstellungen, bei welchen scharfe Bilder entstehen, mit zunehmender Vergrößerung abnimmt. Der longitudinale Abstand
in Richtung der optischen Achse, über welchen zwei Punkte noch gemeinsam

scharf abgebildet werden, wird als „Schärfentiefe" bezeichnet. Ein quantitatives Maß für die Schärfentiefe erhält man zum Beispiel aus den geometrischen Überlegungen in Abb. 4.9.

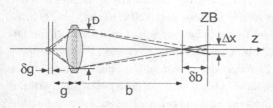

Abb. 4.9 *Geometrie der Schärfentiefe beim Mikroskop.*

Im Mikroskop verursacht die Verrückung eines Objektpunktes um δg aus der „wahren" Objektebene in der Zwischenbildebene ZB einen Fleck mit dem Durchmesser Δx. Zunächst können wir aus Gl. (4.2) für $\delta g/g \ll 1$ näherungsweise eine Verrückung der Bildweite um $\delta b/b \sim -\delta g/g$ entnehmen.

Geometrische Überlegungen führen dann unmittelbar zu dem Ergebnis $\Delta x = |\delta b D/2b| = |\delta g D/2g| \simeq |\delta g D/2f|$ mit $g \sim f$. Wenn wir fordern, daß dieser Fleck kleiner als das Beugungsscheibchen des Gegenstandspunktes bleibt, erhalten wir für die tolerierbare Verrückung Δz:

$$\Delta z \le \Delta x_{\min} \frac{f}{D/2} \sim \frac{\lambda f^2}{(D/2)^2} \sim \frac{\lambda}{NA^2} \; .$$

Bei hohen Vergrößerungswerten wird auch die Schärfentiefe sehr gering, sie erreicht die Größenordnung der Wellenlänge. Die geringe Schärfentiefe beim umgekehrten Prozeß der Mikroskopie, der Verkleinerung, stellt hohe Anforderungen an die mechanischen Toleranzen der Wafer-Stepper in der optischen Lithographie. Wir können noch eine Analogie aus der Gaußschen Strahlenoptik angeben (s. S. 53): Die Länge der Rayleighzone des fokussierten kohärenten Lichtstrahls steht im selben Verhältnis zum Durchmesser des Brennflecks wie die Schärfentiefe!

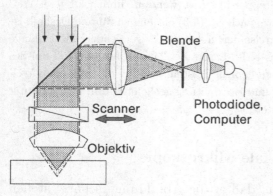

Abb. 4.10 *Prinzip der konfokalen Mikroskopie.*

Die konfokale Mikroskopie macht sich die geringe Schärfentiefe einer Abbildung mit kurzer Brennweite und hoher numerischer Apertur zunutze, um über die flächige Information hinaus, die die gewöhnliche Mikroskopie bietet, dreidimensionale Information über das untersuchte Objekt zu gewinnen.

In Abb. 4.10 ist das Grundprinzip der konfokalen Mikroskopie vorgestellt: Ein kohärenter Lichtstrahl erzeugt in der Probe einen engen Brennfleck mit geringer Schärfentiefe. Nur die aus dem Brennfleck reflektierte bzw. gestreute Lichtintensität wird auf eine Blende fokussiert. Strukturen in anderen Ebenen werden in eine andere Ebene abgebildet und daher durch die Blende stark unterdrückt. Die durch die Blende transmittierte Intensität wird von einem Photodetektor kontinuierlich aufgezeichnet und von einem Computer zu einem Bild verarbeitet. Die konfokale Mikroskopie ist ein Beispiel einer Rastersonden-Methode, denn der Brennfleck muß die Probe abrastern. In unserem Bild wird das durch einen beweglichen Strahlversetzer („Scanner") erreicht. Die konfokale Mikroskopie erreicht eine Auflösung von ca. 1 μm, ihr Vorteil ist der Zugriff auf die dritte Dimension, der aber selbstverständlich nur in transparenten Proben zugänglich ist.

4.3.4 Nahfeld-optische Mikroskopie (SNOM)

Die begrenzte Auflösung des Mikroskops ist eine „Folge" der Maxwell-Gleichungen: Die Krümmung eines elektrischen Feldes kann im freien Raum auf keiner kleineren Skala als der Wellenlänge stattfinden, eine ideale Punktlichtquelle wird von einem optischen Abbildungssystem im besten Fall in einen Fleck abgebildet und begrenzt die Auflösung durch Beugung auf einen Wert von etwa der halben Wellenlänge des verwendeten Lichtes $\lambda/2$.

Im Nahfeld eines strahlenden Systems kann diese Grenze aber durchaus überwunden werden, denn in Gegenwart polarisierbarer Materie ist die Ausbreitung von elektromagnetischen Wellen nicht mehr an die Beugungsgrenze gebunden. Eine typische Anordnung ist in Abb. 4.11 vorgestellt: Eine Glasfaser wird mit einem Pipettenziehgerät zu einer Spitze ausgezogen, deren Krümmungsradius weniger als 100 nm beträgt. Sie erhält einen Mantel, z.B. aus relativ verlustarmem Aluminium, der nur eine kleine Öffnung übrig läßt, die als Strahlungsquelle oder Detektor des lokalen Lichtfeldes (oder beides gleichzeitig) dient.

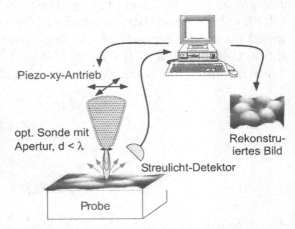

Abb. 4.11 *Nahfeld-optisches Mikroskop (SNOM): Eine Apertur am Ende einer Glasfaser dient als Quelle oder Detektor von Strahlungsfeldern mit einer Auflösung unterhalb optischer Wellenlängen.*

Das Faserende, das mit Hilfe des Piezoantriebs in Schwingungen versetzt wird, erfährt bei einem typischen Abstand von 10 μm eine anziehende Van der Waals-

Kraft und eine Dämpfungskraft, die wie in der Kraftmikroskopie zur Abstandsregelung genutzt werden kann und deshalb Informationen über die Oberflächentopographie der Probe liefert. Die optische Information wird durch Nachweis des am Faserende aufgenommenen oder reflektierten Lichtes gewonnen. Mit immer kleinerer Apertur wird auch die Ortsauflösung besser und kann deutlich unter die verwendete Wellenlänge (typisch $\lambda/20$) getrieben werden; sie hängt übrigens im wesentlichen vom Aperturdurchmesser und nicht von der Wellenlänge selbst ab. Andererseits wird auch die Nachweisempfindlichkeit immer geringer, weil die Empfindlichkeit mit einer hohen Potenz des Aperturdurchmessers abnimmt und weil schon Leistungen von 1 mW die Aperturen schädigen.

Nach dem großen Erfolg der Rastersonden-Mikroskopie, die durch die Tunnel-Mikroskopie und die Kraft-Mikroskopie in den 1980er-Jahren eingeleitet wurde, ist heute auch die Nahfeld-optische Mikroskopie (engl. *Scanning Nearfield Optical Microscopy*, SNOM) zu einer neuen Mikroskopiermethode herangereift.

4.4   Teleskope

Ferngläser und Teleskope dienen dazu, entfernte irdische oder astronomische Objekte besser sichtbar zu machen. Sie sind i. Allg. zusammengesetzt aus zwei Linsen oder Spiegeln, deren Brennpunkte genau zusammenfallen, d.h. für ihren Abstand gilt $d = f_1 + f_2$. Im Galilei-Teleskop in Abb. 4.12 wird dabei eine Linse mit negativer Brennweite verwendet. Unter diesen Umständen lautet die

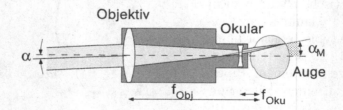

Abb. 4.12 *Winkelvergrößerung im Galilei-Teleskop.*

Abbildungsmatrix des Systems nach Gl. (1.24):

$$M_{\text{Tel}} = \begin{pmatrix} -f_2/f_1 & d \\ 0 & -f_1/f_2 \end{pmatrix} \, .$$

Die Gesamtbrechkraft dieses Systems verschwindet, $\mathcal{D}_{\text{Tel}} = 0$. Solche Systeme werden als afokal bezeichnet [136], ihre Wirkung beruht allein auf der Winkelvergrößerung: Die Objekte befinden sich effektiv stets in unendlich großer

Entfernung. Von dort kommen parallele Strahlenbündel, die in parallele Strahlenbündel bei einem anderen Winkel transformiert werden.

4.4.1 Theoretische Auflösung eines Teleskops

Bevor wir die Vergrößerung bestimmen, wollen wir uns schon überlegen, welche Objekte wir denn wirklich erkennen können. Dazu müssen wir uns an das Auflösungsvermögen einer Sammellinse halten, das wir schon in Gl. (2.47) und (4.3) bestimmt haben. Dort hatten wir schon festgestellt, daß bei fester

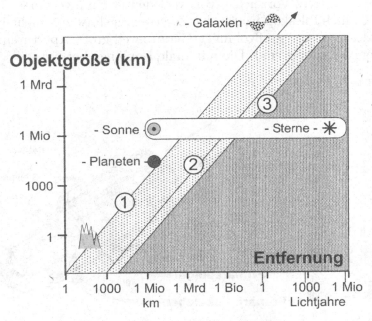

Abb. 4.13 *Strukturerkennung von entfernten Objekten mit dem Auge (1), einem Teleskop mit 10 cm-Spiegel (2) und dem Hubble-Space-Teleskop (3). (1 Lichtjahr = 9,5 Bio km)*

Wellenlänge die Apertur einer Abbildungsoptik den Winkel bestimmt, unter welchem man zwei punktförmige Objekte noch unterscheiden kann. Wir reformulieren diese Bedingung für Fernrohre:

$$\text{Minimale Strukturgröße} \simeq \frac{\text{Wellenlänge} \times \text{Entfernung}}{\text{Apertur}}$$

Die Konsequenzen für das menschliche Auge (Pupille 1 mm), ein Schüler-Teleskop mit 10 cm-Spiegel und den 2,4 m-Spiegel des Hubble-Space-Teleskops (HST) haben wir in Abb. 4.13 dargestellt. Objekte oberhalb der Begrenzungslinien 1–3 können wir in ihrer Struktur erkennen, unterhalb bleiben die Objekte immer scheinbare Punkte.

4.4.2   Vergrößerung eines Teleskops

In Abb. 4.12 hatten wir die von G. Galilei erfundene Form vorgestellt, die aus einer Sammellinse mit der Brennweite f_{Obj} und einem Zerstreuungslinsen-Okular mit der Brennweite f_{Oku} zusammengesetzt ist. Geometrische Überlegungen wie die Betrachtung der Systemmatrix M_{Tel} zeigen schnell, daß die Winkelvergrößerung eines Fernrohrs

$$\text{Vergrößerung } M = \frac{\alpha_M}{\alpha} = -\frac{f_{Obj}}{f_{Oku}} \tag{4.6}$$

beträgt. Ein negatives Vorzeichen von M bedeutet ein invertiertes Bild, daher bietet das Galilei-Teleskop wegen der Zerstreuungslinse ein nicht invertiertes Bild an. Teleskope sind großvolumige Geräte, weil große Aperturen und große Brennweiten vorteilhaft sind. Die minimale Baulänge beträgt

$$\ell_{Teleskop} = f_{Obj} + f_{Oku} \quad .$$

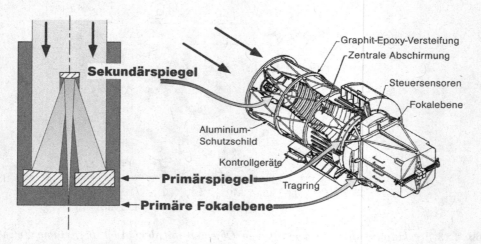

Abb. 4.14 *Spiegelteleskop (Cassegrain-Typ) und Hubble-Space-Teleskop.*

4.4.3   Bildfehler von Teleskopen

Teleskope werden wie alle optischen Instrumente durch zahlreiche Bildfehler, die Inhalt des nächsten Abschnitts sind, beeinträchtigt. Wir beschränken und hier auf ausgewählte Probleme, außerdem wird der Schmidt-Spiegel als Beispiel für die Korrektur der sphärischen Aberration auf S. 172 vorgestellt.

Linsen- und Spiegel-Teleskope
Chromatische Aberrationen, die wir in Abschn. 4.5.3 eingehend besprechen

werden, wurden schon frühzeitig als Hindernis bei der technischen Verbesserung der Linsen-Teleskope erkannt. I. Newton hatte daher als einer der ersten (1668) erkannt, daß die refraktive, stark dispersionsbehaftete Linsenoptik vorteilhaft durch die reflektive Optik der Spiegelteleskope ersetzt werden sollte, die heute zur Standardbauform geworden ist.

In Abb. 4.14 ist die Cassegrain-Bauform vorgestellt, die in Analogie zum Galilei-Teleskop aus einem primären Hohlspiegel und einem konvexen Sekundär-Spiegel aufgebaut ist. Wenn der Primärspiegel parabolische Form besitzt, muß der sekundäre hyperbolisch geformt sein, es sind aber auch andere Formen (mit anderen Typen von Bildfehlern) möglich. Eines der neuesten Instrumente dieses Typs ist das Hubble-Space-Teleskop, das seit 1990 die Astronomen in aller Welt mit immer neuen, faszinierenden und von atmosphärischen Schwankungen unbeeinflussten Bildern ferner Sterne und Galaxien beliefert [79].

Wirkliche Freude über die neuen Informationen stellte sich allerdings erst ein, nachdem die Optik des Teleskops durch ein zusätzliches Spiegelpaar korrigiert worden war, als man dem HST gewissermaßen eine „Brille" verpaßt hatte: In der ursprünglichen Konfiguration hatte ein Fehler in den Berechnungen der Spiegeleigenschaften zu Abbildungsfehlern geführt, die die volle theoretisch verfügbare Auflösung verhinderten!

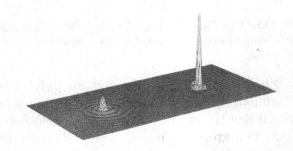

Abb. 4.15 *Point Spread Function des Hubble-Space-Teleskops nach Einbau der COSTAR-Korrektur-Optik. Nach [39].*

Um die Qualität eines Abbildungssystems zu beurteilen, wird häufig die sogenannte *Point Spread Function* verwendet, mit der die Abbildung eines Punktes nach der Wellentheorie unter Berücksichtigung der genauen Form des abbildenden Systems beschrieben wird. In Abb. 4.15 ist das Ergebnis der Berechnungen für das HST vor und nach dem Einbau der Korrektur-Optik gezeigt.

Atmosphärische Turbulenzen.

Das HST verfügt mit einem Spiegel von 2,4 m Durchmesser über gar keinen besonders großen Durchmesser, das neue Mt. Keck Observatory in Hawaii hat mit 10 m viel mehr zu bieten. Dennoch ist seine Auflösung denen erdgebundener Teleskope deutlich überlegen, weil deren Auflösungsvermögen durch die turbulente Bewegung der Atmosphäre auf effektive 10 cm (das Schüler-Teleskop aus Abb. 4.13!) begrenzt wird! Die irdischen Riesenteleskope bieten aber durch ihre große Sammelleistung die Möglichkeit, auch sehr lichtschwache Objekte genauer zu studieren.

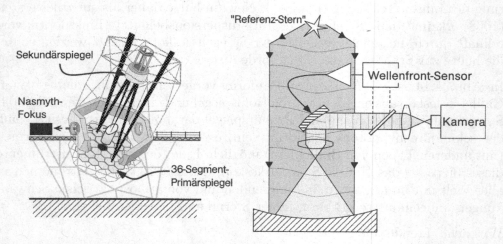

Abb. 4.16 *Das Teleskop des Keck Observatory auf Hawaii besteht aus 36 Segmenten, der Gesamtdurchmesser beträgt 10 m. Rechts: Künstliche oder Referenz-Sterne für die adaptive Optik.*

Zur Aufstellung der großen Spiegel-Teleskope sucht man Umgebungen mit günstigen atmosphärischen Bedingungen, z.B. in den chilenischen Anden oder auf den Hawaii-Inseln. Das 10 m-Teleskop im Mt. Keck-Observatorium gehört zu den größten Einrichtungen (Baujahr 1992). Um die volle theoretische Leistungsfähigkeit eines Spiegels ausnutzen zu können, muß die optische Form – einer Kugel, eines Hyperboloids oder welcher Form auch immer – mit einer Genauigkeit unterhalb einer Wellenlänge eingehalten werden. Diese Forderung ist aber mit zunehmender Spiegelgröße immer schwieriger zu erfüllen, weil sich die schweren Spiegel schon unter dem Einfluß der Schwerkraft verzerren und dadurch Abbildungsfehler hervorrufen. Der Keck-Spiegel wurde daher aus 36 Segmenten hergestellt, deren Position und Form durch hydraulische Stellelemente so korrigiert werden kann, daß optimale Abbildungsergebnisse erzielt werden.

Aktiv geregelte optischen Komponenten werden in wachsendem Maß verwendet und unter dem Begriff „adaptive Optik" zusammengefaßt. In einer neueren Entwicklung wird versucht, die atmosphärischen Turbulenzen, die sich auf einer langsamen Zeitskala von ca. 100 ms verändern, zu kompensieren. Typischerweise muß dazu die Wellenfront analysiert und in einer Rückkopplungsschleife zur Steuerung eines verformbaren Spiegels eingesetzt werden. Die Wellenfront kann bei atmosphärischer Beobachtung durch Analyse des Lichtes von einem sehr hellen Referenz-Stern oder durch Positionierung eines „künstlichen Sterns" (Abb. 4.16), das sind z.B. Laserlichtquellen, in der oberen Atmosphäre erreicht werden [57].

4.5 Linsen: Bauformen und Fehler

Die sphärisch-bikonvexe Linse ist gewissermaßen der Kardinalfall der Sammellinse und wird in Abbildungen als die Linse schlechthin dargestellt. Alle sphärischen Linsen verursachen aber Abbildungsfehler, und die Anwendung bestimmter Bauformen hängt ganz von deren Einsatzgebiet ab. Um eine Faustregel zu erhalten, welcher Linsentyp für welche Anwendung Vorteile verspricht, erinnern wir uns an die paraxiale Näherung: Die linearisierte Form des Snellius-Gesetzes ($\sin\theta \to \theta$, Gl. (1.14)) wird umso besser erfüllt, je kleiner die Brechungswinkel sind! Es ist daher zweckmäßig, die Brechung eines Strahlenbündels beim Passieren einer Linse auf die beiden brechenden Flächen möglichst gleichmäßig zu verteilen. Für ausgewählte Punkte kann man Abbildungsfehler („Aberrationen") dann durch geeignete Wahl der Flächen kompensieren. In einem mehrlinsigen System (Dublett, Triplett, ...) stehen zur Korrektur weitere Krümmungsflächen und damit Freiheitsgrade zur Verfügung. Das perfekte Linsensystem, eines, das mehrere Typen von Bildfehlern (s.u.) gleichzeitig korrigiert, läßt sich aber auch so nicht realisieren, und so sind alle mehrlinsigen Systeme („Objektive") i. Allg. für bestimmte Anwendungszwecke konstruiert. Bevor wir die technische Behandlung von Linsenfehlern vorstellen,

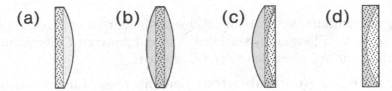

Abb. 4.17 *Wichtige Linsentypen: (a) Plankonvex-Linse; (b) Bikonvex-Linse; (c) konvergente Meniskuslinse; (d) Plankonkav-Linse.*

wollen wir einige intuitive Argumente für den Umgang mit ein oder zwei Linsen sammeln. Kompliziertere Systeme müssen numerisch analysiert werden.

4.5.1 Bauformen

Plankonvexe Linsen. Dieser Linsentyp (Abb. 4.17(a)) benötigt nur eine gekrümmte Fläche und ist deshalb relativ günstig herzustellen. Bei typischen Brechungsindizes technischer Gläser von $n = 1,5$ erhält man nach Gl. (1.19) $f = -1/\mathcal{D} \simeq 2R$. Bei der Fokussierung eines Lichtstrahls kann die plankonvexe Linse mit zwei verschiedenen Orientierung verwendet werden. In Abb. 4.18 ist angedeutet, wie sich vor allem die sphärischen Aberrationen auf die Fokussierbarkeit auswirken. Die sogenannten „Spot-Diagramme" zeigen die Entwicklung

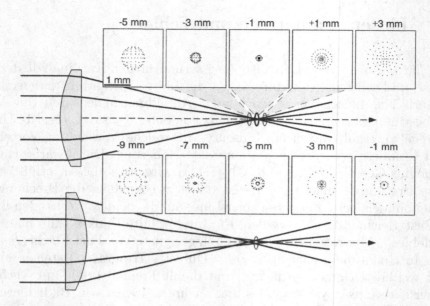

Abb. 4.18 *Spot-Diagramme einer plankonvexen Linse für zwei verschiedene Orientierungen (nach einem kommerziellen Programm zur Analyse von Bildfehlern). Die Entfernungsangaben beziehen sich auf den Abstand zum nominellen Brennpunkt (hier: 66 mm).*

der Fleckgröße entlang der optischen Achse. Offenbar ist es günstig, die Brechkraft auf mehrere Flächen zu verteilen – in der unteren Orientierung findet diese nämlich nur auf einer Seite der Linse statt.

Bikonvexe Linsen und Dubletten. Eine bikonvexe Linse können wir uns aus zwei plankonvexen Linsen Rücken an Rücken zusammengesetzt denken, wie in Abb. 4.19 angedeutet.

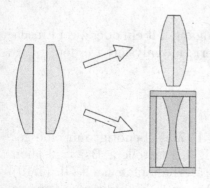

Abb. 4.19 *Bikonvexe Linse und plankonvexes Dublett.*

Dabei addieren sich die Brechkräfte und wir erhalten für gewöhnliche Gläser wieder nach Gl. (1.19) mit n ~ 1,5:

$$f \simeq R$$

Bikonvexe Linsen haben minimale sphärische Aberrationen bei 1:1-Abbildung, die zum Beispiel für Kollimatoren wichtig sind. Die Brechkraft der plankonvexen Linsen wird aber genauso addiert, wenn sie mit den Kugelflächen gegenüber montiert werden. Dabei wird die Brechkraft in der 1:1 Abbildung auf 4 Flächen verteilt und man kann weitere Linsenfehler reduzieren.

Meniskus-Linsen. Meniskuslinsen (Abb. 4.17(c)) können als Singletts die Bildfehler für eine gegebene Gegenstand-Bild-Entfernung minimieren. Sie sind aber vor allem auch Teil von mehrlinsigen Objektiven und dienen z.B. dazu, die Brennweite anderer Linsen zu verändern, ohne daß sphärische Aberrationen oder Koma zusätzlich eingeführt werden. Diese Formen werden *aplanatisch* genannt [112].

4.5.2 Abbildungsfehler: Seidel-Aberrationen

Wir wollen hier kurz den grundsätzlichen formalen Weg, der auf Seidel zurückgeht, beschreiben, um Abbildungsfehler zu klassifizieren. Weil es notwendig ist, auch die nichtaxialen Beiträge zu untersuchen, bieten sich komplexe Zahlen $r_0 = x + iy$ zur Behandlung an.

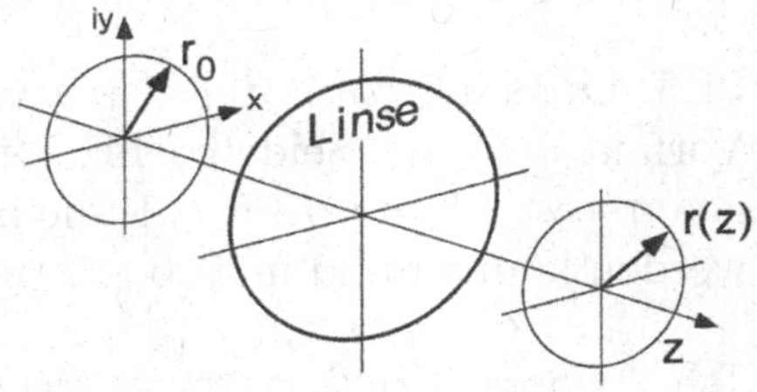

Wir verwenden die Bezeichnungen aus Abb. 4.20, in Anlehnung an die Behandlung in der Matrizenoptik (Abschn. 1.9). Dann

Abb. 4.20 *Bezeichnungen zu Bildfehlern.*

gilt für den Zusammenhang zwischen einem Gegenstandspunkt bei r_0 mit der Steigung r_0' und einem Bildpunkt bei $r(z)$:

$$r(z) = g(z; x, x', y, y') = f(z; r_0, r_0^*, r_0', r_0'^*) \quad .$$

Man kann die aus der Theorie komplexer Zahlen bekannte Laurent-Entwicklung verwenden,

$$r(z) = \sum_{\alpha\beta\gamma\delta \geq 0} C_{\alpha\beta\gamma\delta} \, r_0^\alpha r_0^{*\beta} r_0'^\gamma r_0'^{*\delta} \quad . \tag{4.7}$$

Eine Drehung um den Winkel Θ in der Gegenstandsebene, $r_0 \to r_0 e^{i\Theta}$, muß eine Drehung um denselben Winkel in der Bildebene hervorrufen,

$$r(z)e^{i\Theta} = \sum_{\alpha\beta\gamma\delta} C_{\alpha\beta\gamma\delta} \times r_0{}^\alpha r_0{}^{*\beta} r_0'{}^\gamma r_0'{}^{*\delta} e^{i\Theta(\alpha - \beta + \delta - \gamma)}$$

Daraus erhält man unmittelbar die erste Bedingung

$$\begin{aligned}(i) & \quad \alpha - \beta + \gamma - \delta = 1 \\ (ii) & \quad \alpha + \beta + \gamma + \delta = 1, 3, 5, \ldots \quad , \end{aligned} \tag{4.8}$$

während die zweite aus dem Spezialfall $\Theta = \pi$ bzw. $r(z) \to -r(z)$ folgt, aus der Spiegelung an der optischen Achse. Sie legt fest, daß nur ungerade Ordnungen 1, 3, ... auftreten können.

Strahlenpropagation in 1. Ordnung

In 1. Ordnung ($\alpha + \beta + \gamma + \delta = 1$ in Gl. (4.8)) findet man $\beta = \delta = 0$ und

$$r(z) = C_{1000}\, r_0 + C_{0010}\, r_0'\ \ .$$

Diese Form entspricht exakt der linearen Näherung, die wir als Grundlage der Matrizenoptik verwendet hatten und in Abschn. 1.9 schon ausführlich diskutiert haben.

Strahlenpropagation in 3. Ordnung

In 3. Ordnung ($\alpha + \beta + \gamma + \delta = 3$) tauchen insgesamt 6 Beiträge auf, deren Vorfaktoren als „Seidelkoeffizienten" bekannt sind. Wir finden die Bedingungen $\alpha + \gamma = 2$ und $\beta + \delta = 1$, die mit 6 verschiedenen Koeffizienten $C_{\alpha\beta\gamma\delta}$ erfüllt werden können und in Tab. 4.2 aufgezählt sind. Aus dieser Tabelle werden wir

Tab. 4.2 *Seidel-Koeffizienten der Bildfehler*

Koeffizient	α	β	γ	δ	$\propto$	Bildfehler
C_{0021}	0	0	2	1	r'^3	Sphärische Aberration
C_{1011}	1	0	1	1	$r'^2 r$	Koma I
C_{0120}	0	1	2	0	$r'^2 r$	Koma II
C_{1110}	1	1	1	0	$r' r^2$	Astigmatismus
C_{2001}	2	0	0	1	$r' r^2$	Bildfeldkrümmung
C_{2100}	2	1	0	0	r^3	Verzeichnung

nun einige ausgewählte Fehler und ihre Korrektur im Detail behandeln. Die Koeffizienten sind Eigenschaften der Linse oder des Linsensystems und ihre theoretische Bestimmung war in der Vergangenheit wegen des hohen numerischen Rechenaufwandes nur für ausgewählte Anwendungen möglich. Heute werden diese Aufgaben von geeigneten Computer-Programmen erledigt.

Öffnungsfehler oder sphärische Aberration

Die Wirkung der sphärischen Aberration haben wir in Abb. 4.18 am Beispiel der plankonvexen Linse mit Spot-Diagrammen schon vorgestellt. Sie hängt nur vom Öffnungswinkel ab (r_0' in Gl. (4.7)), kann durch dessen Begrenzung reduziert werden und wird deshalb auch als „Öffnungsfehler" bezeichnet. Allerdings verliert das abbildende System dabei sehr schnell an Lichtstärke. Für praktische Anwendungen sind daher weitere Korrekturen notwendig, die zum Beispiel durch die Wahl einer Kombination günstiger Krümmungsradien („aplanatische Systeme") oder durch die Verwendung eines Linsensystems erreicht werden können. Speziell die sphärische Aberration wird häufig im Zusammenhang mit der chromatischen Aberration (s. den Abschnitt 4.5.3) korrigiert.

Beispiel: Öffnungsfehler einer dünnen Linse

Weil die sphärische Abberation nur vom Öffnungswinkel bestimmt wird, betrachten wir einen Punkt auf der Achse, $r_0 = 0$, und im Abstand g von der Linse (Abb. 4.21). Wie wir schon auf S. 24 näher betrachtet haben, muß der Bildpunkt ebenfalls bei $r(z) = 0$ liegen und von r_0' unabhängig sein. Man erhält aus der Kombination der linearen Näherung mit der Seidel-Näherung zunächst

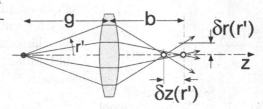

Abb. 4.21 *Sphärische Aberrationen.*

$$r(z) = 0 = gz \left[\frac{1}{g} + \frac{1}{z} - \frac{1}{f} \right] r_0' + C_{0021} r_0'^{\,3} \quad .$$

In der paraxialen Näherung ist Gl. (4.2) für $z = b$ exakt erfüllt. Hier jedoch hängt der Schnittpunkt mit der optischen Achse von r_0' ab. Bei kleinen Verrückungen δz gilt in linearer Näherung ($z = b + \delta z(r')$) und bei $r(z) = 0$ für r_0':

$$\delta z = \frac{b}{g} C_{0021} r_0'^{\,3}$$

Wir haben hier die sogenannte *longitudinale sphärische Aberration* bestimmt. In ähnlicher Weise läßt sich auch die transversale sphärische Aberration ($\delta r(r')$ in Abb. 4.21) berechnen.

Beispiel: Schmidt-Spiegel.

Eine interessante Variante des meist gebrauchten Cassegrain-Konzepts ist das sogenannte Schmidt-Teleskop, das zusätzlich mit einer asphärischen Kompensatorplatte aus Glas ausgerüstet ist. Sie korrigiert nicht nur den Öffnungsfehler, sondern auch Koma und Astigmatismus. Dadurch erreicht man große Bildfelder bis zu 6°, die für Himmelsdurchmusterungen besonders gut geeignet sind. Standard-Teleskope erreichen nur ca. 1,5°.

Schmidts Idee berücksichtigt zunächst, daß ein Parabolspiegel zwar perfekte Abbildungen in unmittelbarer Achsennähe, aber starke Koma-Verzerrungen schon in geringer Entfernung verursacht, während der sphärische Spiegel mit einer kreisförmigen Bildfläche ein viel gleichmäßigeres Bild erzeugt. Man kann die Ortskurve des sphärischen Spiegels in Achsennähe nach

$$z = \frac{y^2}{4f} + \frac{y^4}{64f^3} + \dots$$

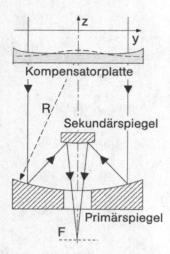

beschreiben, wobei der erste Term exakt der Paraboloid-Form entspricht. Die Kompensatorplatte mit Brechzahl n gleicht den optischen Weglängenunterschied zwischen Kugel- und Paraboloidfläche genau dann aus, wenn ihre Dickenvariation

$$\Delta(y) = \frac{y^4}{(n-1)32f^3}$$

beträgt (Der Faktor 2 tritt wegen der Reflexion auf). Diese Form wächst zur Apertur des Teleskops hin an, während die gestrichelte Variante aus Abb. 4.22 auch die chromatische Abberationen minimiert.[25]

Wenn die Kompensatorplatte in der Ebene des Krümmungsmittelpunktes des Primärspiegels eingebaut wird, gilt die Korrektur in guter Näherung auch für größere Einfallswinkel.

Abb.   4.22   *Cassegrain-Schmidt-Teleskop.*

Astigmatismus

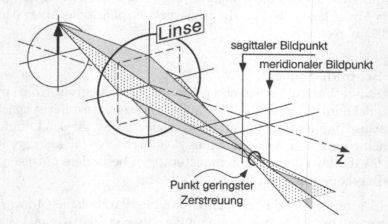

Abb. 4.23 *Astigmatismus einer Linse. In der sagittalen (punktiert) und der meriodionalen Ebene (schattiert) liegen die Bildpunkte bei unterschiedlichen Entfernungen.*

Wenn Gegenstandspunkte nicht auf der optischen Achse liegen, ist die axiale Symmetrie verletzt und wir müssen die „sagittale" und die „meridionale" Ebene der Strahlenausbreitung getrennt behandeln.[1] Die effektive Brennweite einer Linse hängt vom Einfallswinkel ab, wie in Abb. 4.23 zu erkennen ist, in der die Lichtstrahlen der sagittalen und der meriodionalen Ebene in zwei verschiedenen Brennlinien konzentriert werden. Zwischen den beiden Linien gibt es eine Ebene, in der man als Kompromiß einen Bildpunkt „geringster Zerstreuung" identifizieren kann.

Beispiel: Astigmatismus geneigter Planplatten.

In Abb. 4.24 haben wir qualitativ dargestellt, daß eine Planplatte, die von einem Lichtstrahl unter einem schiefen Winkel durchlaufen wird, zu verschiedenen effektiven Brennweiten und damit zu Astigmatismus führt.

Eine Planplatte kann damit auch eingesetzt werden, um den Astigmatismus anderer Komponenten zu kompensieren. Astigmatismus tritt z.B. als Eigenschaft der Lichtstrahlen von Diodenlasern auf, die in der kantenemittierenden Bauform generell keine axiale Symmetrie besitzen (s. Abschn. 9).

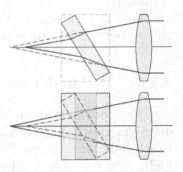

Abb. 4.24 *Astigmatismus einer Planplatte.*

Optische Komponenten werden in Laserresonatoren häufig unter dem Brewster-Winkel eingebaut. Wenn dabei gekrümmte Hohlspiegel verwendet werden, kann deren Astigmatimus (s. S. 20) durch Wahl der Winkel ihrerseits zur Kompensation verwendet werden [101].

Koma und Verzeichnung

Unter allen Bildfehlern ist der als Koma (von griech. *langes Haar*) oder Asymmetriefehler bezeichnete am ärgerlichsten. Die Koma verursacht einen kometenartigen Schweif (daher die Bezeichnung) für nichtaxiale Gegenstandspunkte, den wir in Abb. 4.25 qualitativ dargestellt haben.

---

[1]Der Astigmatismus einer optischen Linse tritt auch für eine perfekt rotationssymmetrische Komponente auf. Er ist zu unterscheiden vom Astigmatismus des Auges, der durch eine zylindrische Asymmetrie der Hornhaut hervorgerufen wird und schon für axiale Punkte Bildpunkte bei unterschiedlichen Weiten erzeugt.

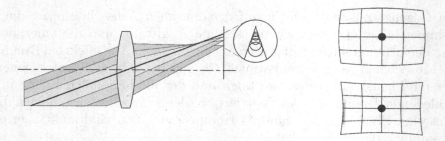

Abb. 4.25 *Koma (links) und Verzeichnung (rechts).*

Die Bildfeldwölbung hat nach Tab. 4.2 eine ähnliche Form wie der Astigmatismus, ist aber axialsymmetrisch. Die Verzeichnung kennt eine kissenförmige und eine tonnenförmige Variante, die ebenfalls in Abb. 4.25 angedeutet sind. Dieser Beitrag ist nur vom Radius abhängig.

4.5.3   Farbfehler oder chromatische Aberration

Der Farbfehler wird durch die *Dispersion* optischer Materialien verursacht, denn der Brechungsindex der Linsengläser hängt von der Wellenlänge ab: Die Brechkraft einer Sammellinse ist für blaues Licht i. a. höher als für rotes Licht. Wir untersuchen die Wirkung der Dispersion anhand der Linsenmacher-Gleichung (1.19) für eine Linse mit der Brechzahl n(λ) und den Krümmungsradien R und R':

$$\frac{1}{f} = \frac{1}{g} + \frac{1}{b} = (n-1)\left(\frac{1}{R} - \frac{1}{R'}\right) \ .$$

Die Gegenstandsweite ist natürlich festgelegt, aber die Bildweite verändert sich mit der Brechzahl,

$$\Delta\frac{1}{b} = \Delta n\left(\frac{1}{R} - \frac{1}{R'}\right) = \frac{\Delta n}{n-1}\frac{1}{f} \ .$$

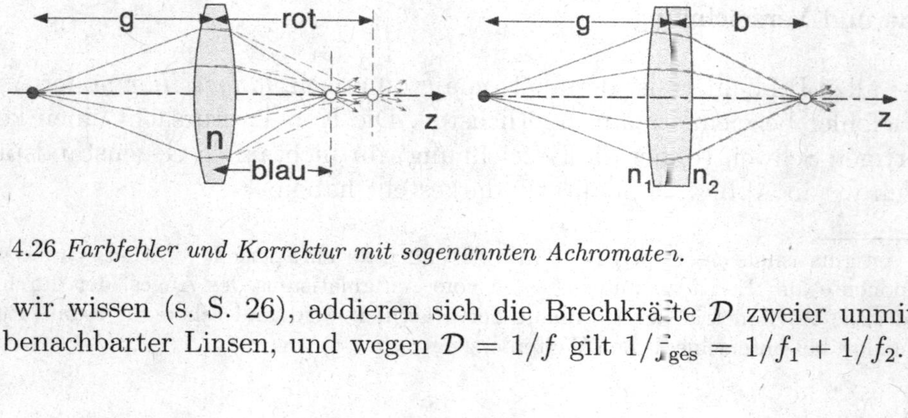

Abb. 4.26 *Farbfehler und Korrektur mit sogenannten Achromaten.*

Wie wir wissen (s. S. 26), addieren sich die Brechkräfte $\mathcal{D}$ zweier unmittelbar benachbarter Linsen, und wegen $\mathcal{D} = 1/f$ gilt $1/f_{ges} = 1/f_1 + 1/f_2$. Die

Brennweite des zusammengesetzten Systems soll sich nun nicht mehr mit der Wellenlänge ändern,

$$\Delta \frac{1}{f_{\text{ges}}} = \frac{\Delta n_1}{n_1 - 1}\frac{1}{f_1} + \frac{\Delta n_2}{n_2 - 1}\frac{1}{f_2} = 0 \quad,$$

und wir erhalten eine Bedingung, um den Farbfehler zu korrigieren:

$$f_2 \frac{\Delta n_1}{n_1 - 1} = -f_1 \frac{\Delta n_2}{n_2 - 1} \tag{4.9}$$

Dabei müssen wir genauer die lineare Entwicklung der Brechzahl verwenden,

$$\Delta n_i = \frac{dn_i}{d\lambda}\Delta\lambda + \frac{1}{2}\frac{d^2 n_i}{d\lambda^2}(\Delta\lambda)^2 + \ldots \quad,$$

weil man sich aber für $\Delta\lambda$ auf bestimmte Standardwellenlängen geeinigt hat (s. Tab. 1.1), ist auch die obige Schreibweise ausreichend. Weil die Dispersion für alle bekannten Gläser das gleiche Vorzeichen hat, muß eine Linse ohne Farbfehler, die *achromatisch* genannt wird, aus einer Sammel- und einer Zerstreuungslinse zusammengesetzt werden (s. Abb. 4.26). Linsen spielen auch in der Teilchenoptik eine wichtige Rolle, dort ist es aber viel schwieriger als in der Lichtoptik, achromatische Systeme zu konstruieren.

Übrigens werden durch die Bedingung (4.9) zur Korrektur des Farbfehlers die Radien der beiden Linsen noch nicht festgelegt. Dieser Freiheitsgrad wird häufig verwendet, um nicht nur den Farbfehler, sondern gleichzeitig die sphärische Aberration einer Linse zu korrigieren. Mit einem Achromaten erhält man daher häufig auch eine sphärisch korrigierte Linse.

Aufgaben zu Kapitel 4

4.1 Graphische Bildkonstruktion Konstruieren Sie graphisch das Bild des Objekts O welches durch das Abbildungssystem (a) (z.B. $F_{1,2} = 3$ cm, Abstand der Linsen d = 8cm, Abstand des Objekts vom ersten Brennpunkt x=2cm) und (b) (z.B. F_1 = -2cm, F_2 = 2cm, x = 2 cm, d= 1,5 cm) erzeugt wird.

(a)   **(b)**

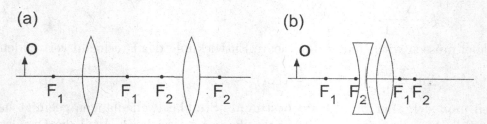

Abb. 4.27 *Linsensysteme zu Aufg. 4.1.*

4.2 Linsenabbildung Zeigen Sie, daß der Abstand zwischen einem Objekt und seinem mit einer Sammellinse erzeugten reellen Bild mindestens 4f beträgt. Wie groß ist das Bild der Sonne, das eine Linse mit Brennweite f erzeugt?

4.3 Zahnarzt-Spiegel Wie muß man einen (Zahnarzt-)Spiegel konstruieren, damit man bei einem Arbeitsabstand von 15 mm ein aufrechtes, um den Faktor 2 vergrößertes Bild erhält?

4.4 Kurzsichtige im Vorteil Warum können Kurzsichtige kleine Dinge besser erkennen? Wie viel kann dieser Effekt einbringen?

4.5 Grenzen der Lupe Wieso kann man mit einer Lupe nicht mehr als 20-30-fache Vergrößerung erzielen?

4.6 Projektion

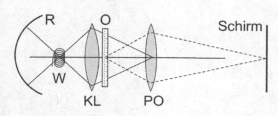

Abb. 4.28 *Schema einer Projektionseinrichtung mit Beleuchtung.*

Bei einer Projektion entwirft ein Objektiv ein vergrößertes Bild eines kleinen Objekts (z.B. eines Diapositivs) auf einer Leinwand. Für den Eindruck des Beobachters ist eine gleichmäßige Ausleuchtung des Objektes entscheidend. Erläutern Sie das Beleuchtungskonzept aus der Zeichnung, d.h . die Funktionen von Lampenwendel W, Reflektor R, Kondensorlinse KL und Projektionsobjektiv PO. Welche Qualität müssen die Linsen besitzen?

4.7 Deckgläschen Handelsübliche Mikroskopobjektive sind so berechnet, daß sie ihre optimale Auflösung erreichen, wenn die zu untersuchenden Proben mit einem Deckgläschen (Normdicke 0,17 mm) bedeckt sind. Wie wirkt sich das Fehlen des Deckgläschens auf die Mikroskopabbildung aus, besonders bei hoher Numerischer Apertur?

4.8 Kontrasterzeugung in der Mikroskopie Der Informationsgehalt von Bildern beruht in erster Linie auf der Wirkung von Kontrasten, d.h. der Verteilung der Grauwerte (oder Farbwerte), und das menschliche Auge benötigt – bei hellem Hintergrund – örtliche Intensitätsschwankungen von 10 - 20 %. Das Bild beruht also vor allem auf der Absorption von Licht. Informieren Sie sich über folgende Verfahren zur Kontrastverbesserung: (a) Die Dunkelfeld-Methode erzeugt im Mikroskop einen künstlichen dunklen Hintergrund durch geeignete Beleuchtung des Präparats. (b) Mit dem Phasenkontrastverfahren können Bakterien oder Zellkulturen sichtbar gemacht werden, die kaum Licht absorbieren, indem kleine Brechzahlunterschiede zwischen den Zellen und der wässrigen Umgebung ausgenutzt werden.

Betrachten Sie als ein Modell ein transparentes Objekt, das einen schmalen Streifen enthält, der eine andere optische Weglänge besitzt und die zusätzliche Phasenverschiebung $e^{i\phi}$ verursacht. Nach Abbe betrachten wir die Bildentstehung im Mikroskop in Analogie zur Fourieroptik, d.h. wir bestimmen zunächst die Intensitätsverteilung in der Brennebene durch Fouriertransformierte des Beugungsbildes des Objekts. Das

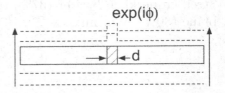

Abb. 4.29 *Modellobjekt für das Dunkelfeld- und Phasenkontrastverfahren.*

Bild wird dann durch Rücktransformation dieser Verteilung gewonnen, wobei wir durch geeignete Filter in der Brennebene die Amplituden- oder Phasenverteilung beeinflussen können. Zeigen Sie, daß das Beugungsfeld in der Brennebene die Form hat $\mathcal{E}(\kappa) = \delta(\kappa) + d(e^{i\phi} - 1)sin(\kappa d/2)(\kappa d/2)$. Beim Dunkelfeldverfahren wird der zentrale Strahl (das Hellfeld) ausgeblendet, beim Phasenkontrastverfahren wird er gegenüber dem übrigen Beugungsbild um $\pi/2$ verzögert. Studieren Sie den Einfluß dieser Operationen auf das Bild.

4.9 Vierzackige Sterne Wieso sieht man auf astronomischen Bildern, die mit Spiegelteleskopen aufgenommen wurden, Sterne häufig als vierzackige Form?

4.10 Teleobjektive und Zoom-Linsen Weit entfernte Objekte können mit Fernrohren beobachtet werden, für die Vergrößerung ist dabei eine große Objektiv-Brennweite wichtig (Gl. 4.6). Für eine Kamera sind Fernrohre aber wegen ihrer Baulänge sehr unpraktische Bauteile. Man verwendet stattdessen Teleobjektive, bei denen lange Brennweite mit vergleichsweise kurzer Baulänge erzielt wird. Außerdem liegt das Bild in der Nähe der Linsen. Überzeugen Sie sich zunächst davon, daß man ein möglichst großes Bild weit entfernter Objekte auf einem Film (oder heute wichtiger auf dem CCD-Chip einer Digitalkamera) ebenfalls mit einer möglichst langbrennweitigen Linse erzielt. Ein Teleobjektiv ist ein Linsensystem aus einer Sammellinse (Brennweite f_S) und einer Zerstreuungslinse (Brennweite $-f_Z$). Zeigen Sie, daß für $d > f_S - f_Z$ das Linsensystem einer Sammellinse äquivalent ist. Geben Sie an, über welchen Bereich die Brennweite durch Variation des Abstandes variiert werden kann. Skizzieren Sie die Positionen, die die beiden Linsen in einem Zoom-Objektiv (d.h. bei festgelegter Bildposition) einnehmen müssen.

4.11 Trikolore Unser Auge ist offenbar chromatisch gut korrigiert. Da aber rotes Licht schwächer gebrochen wird als blaues, muss der Akkommodationsmuskel die Linse stärker wölben, wenn eine rote als wenn eine blaue Fläche in gleichem Abstand betrachtet wird. Wie kommt es, daß Rot, wie die Maler sagen, „aggressiv auf uns zukommt" und Blau „uns in seine Tiefen zieht"? Wenn man bunte Kirchenfenster betrachtet, scheinen die verschiedenen Farben oft in verschiedenen Ebenen zu stehen. In der französischen Trikolore ist der rote Streifen merklich breiter (37%) als der weiße (33%) und dieser breiter als der blaue (30%). Warum?

5   Kohärenz und Interferometrie

Das Superpositionsprinzip aus Abschn. 2.1.6 liefert die Voraussetzung, um die Überlagerung von Wellenfeldern zu behandeln, und man könnte Interferometrie und Kohärenz einfach als Teil der Wellenoptik behandeln, als Ausführungen des Superpositionsprinzips. Ganz entscheidend wird die Überlagerung in der Interferometrie aber von den Phasenbeziehungen der Teilwellen bestimmt. Wegen ihrer enormen Bedeutung gönnen wir diesen Aspekten der Wellenoptik ein eigenständiges Kapitel, und insbesondere wollen wir dabei auch dem etwas sperrigen Kohärenzbegriff selbst Rechnung tragen.

Nahezu alle Gebiete der Physik, in denen Wellen- und insbesondere Interferenzphänomene eine Rolle spielen, haben den Kohärenzbegriff übernommen, zum Beispiel auch die Quantenmechanik, in der die Überlagerung zweier Zustände – die durch Amplitude und Phase charakterisiert sind – als Kohärenz bezeichnet wird. Mit Hilfe der Quantenmechanik werden zum Beispiel Interferenzexperimente mit Materiewellen beschrieben und gedeutet.

Tab. 5.1 *Interferometer-Grundtypen*

Zweistrahl-Interferometer	Vielstrahl-Interferometer	Kohärenztyp
Youngs Doppelspalt	Optisches Gitter	transversal
Michelson-Interferometer	Fabry-Perot-Interferometer	longitudial

Zum Thema Interferometrie gibt es eine kaum überschaubare Fülle von Literatur, nicht zuletzt wegen ihrer Bedeutung für Anwendungen etwa in der Präzisions-Längenmeßtechnik. Wir beschränken uns hier auf die Grundtypen aus Tab. 5.1, die allen Varianten zugrunde liegen.

5.1   Youngs Doppelspalt

Der Doppelspaltversuch von *Thomas Young* (1773–1829), einem frühen Advokaten der Wellentheorie des Lichtes, gehört wohl zu den berühmtesten Experimenten der Physik, weil es eine der einfachsten Anordnungen ist, um Interferenzen zu erzielen. Das Konzept findet bis heute in zahlreichen Varianten Nachahmung, um die Welleneigenschaften anderer Phänomene nachzuweisen, zum Beispiel bei den Materiewellen aus Elektronen- [122] oder Atomstrahlen [33], die wir in einem kleinen Exkurs (s. S. 186) behandeln.

Eine grundsätzliche Darstellung der Interferenzerscheinung von Licht, das aus einem Doppelspalt austritt, ist im Vergleich zu einem Einfachspalt in Abb. 5.1 vorgestellt.

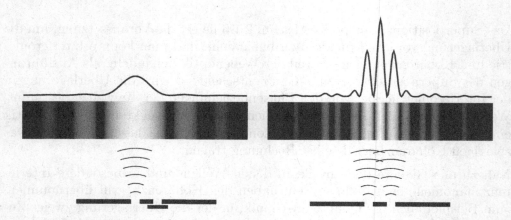

Abb. 5.1 *Doppelspalt-Experiment nach T. Young. Auf der rechten Seite ist das Interferenzmuster des Doppelspalts gezeigt, auf der linken das Muster eines Einfachspalts (ein Spalt verschlossen) zum Vergleich. Im Zentrum der Interferenzfigur beträgt die Intensität das vierfache der maximalen Intensität im Beugungsbild des Einfachspaltes. Um das Interferenzmuster sichtbar zu machen, wurde eine logarithmische Grauskala gewählt.*

5.2   Kohärenz und Korrelation

Mit dem Begriff der „Kohärenz" ist die „Interferenzfähigkeit" von Wellenfeldern gemeint, und wir werden sehen, wie wir sie auch quantitativ durch „Kohärenzlänge" und „-zeit" beschreiben können. Der Begriff stammt aus der Wellenlehre der Optik und gibt an, über welche Entfernungen oder Zeiträume zwischen (mindestens) zwei Teilwellen eine feste Phasenbeziehung existiert, so daß während dieser Zeit das Superpositionsprinzip ohne Umstände angewendet werden kann.

Wenn man die Intensitätsverteilung aus der Überlagerung zweier kohärenter Teilwellen $E_{1,2}(\mathbf{r}, t)$ berechnet, müssen zunächst die Amplituden addiert und erst dann das Betragsquadrat gebildet werden:

$$I_{\text{coh}}(\mathbf{r}, t) = \frac{c\epsilon_0}{2}|E_1(\mathbf{r}, t) + E_2(\mathbf{r}, t)|^2 =$$
$$= I_1(\mathbf{r}, t) + I_2(\mathbf{r}, t) + c\epsilon_0 \Re e\{E_1(\mathbf{r}, t)E_2^*(\mathbf{r}, t)\} \quad . \tag{5.1}$$

Im inkohärenten Fall dagegen werden einfach die Intensitäten addiert,

$$I_{\text{inc}}(\mathbf{r}, t) = \frac{c\epsilon_0}{2}\left(|E_1(\mathbf{r}, t)|^2 + |E_2(\mathbf{r}, t)|^2\right) = I_1(\mathbf{r}, t) + I_2(\mathbf{r}, t) \quad ,$$

und wir sehen sofort, daß der Unterschied durch den Beitrag der Überlagerung bestimmt wird. Dieser Beitrag zu I_{coh} wird allerdings nur dann zu beobachten sein, wenn wenigstens während der Meßzeit eine feste Phasenbeziehung zwischen E_1 und E_2 vorliegt, denn jeder reale Detektor nimmt eine Mittelung über ein endliches Zeit- und Raum-Intervall vor. Die Fluktuationszeiten zum Beispiel einer thermischen Lichtquelle finden auf der pico- und femto-Sekundenskala statt, die von gewöhnlichen Detektoren auf einer typischen nano-Sekundenskala nicht erreicht wird.

5.2.1 Korrelationsfunktionen

Quantitativ können wir die Zeitentwicklung der Phasenbeziehung mit dem Begriff der *Korrelation* erfassen. Wir definieren die allgemeine komplexe *Korrelationsfunktion*, die auch als *Kohärenzfunktion* bezeichnet wird,

$$\Gamma_{12}(\mathbf{r}_1, \mathbf{r}_2, t, \tau) = \frac{c\epsilon_0}{2}\langle \mathbf{E}_1(\mathbf{r}_1, t + \tau)E_2^*(\mathbf{r}_2, t)\rangle =$$
$$= \frac{c\epsilon_0}{2}\frac{1}{T_D}\int_{t-T_D/2}^{t+T_D/2} E_1(\mathbf{r}_1, t' + \tau)E_2^*(\mathbf{r}_2, t')dt' \, ,$$

die in der Mittelung (spitze Klammern $\langle\,\rangle$) nur die endliche Integrationszeit T_D des Detektors berücksichtigt. Genauer handelt es sich um die Korrelationsfunktion 1. Ordnung. Weitergehende Theorien der Kohärenz benötigen auch Korrelationsfunktionen höherer Ordnung, in denen etwa in 2. Ordnung 4 Feldamplituden in Beziehung gesetzt werden [114, 118], s. auch Abschn. 12.6.1.

In der Interferometrie werden wir Korrelationen betrachten, die sich selbst in der Zeit nicht verändern, so daß bei der Mittelung nur noch die Abhängigkeit von der Verzögerung τ übrigbleibt. Außerdem werden wir i. Allg. die Intensität von Wellenüberlagerungen bestimmen, d.h. Γ_{12} an nur *einem* Ort $\mathbf{r} = \mathbf{r}_1 = \mathbf{r}_2$ aber zu verschiedenen Zeiten $(t, t + \tau)$ betrachten, also

$$\Gamma_{12}(\mathbf{r}, \tau) = \frac{c\epsilon_0}{2}\langle E_1(\mathbf{r}, t + \tau)E_2^*(\mathbf{r}, t)\rangle \quad . \tag{5.2}$$

Bei sehr großen Verzögerungszeiten τ erwarten wir ganz allgemein, daß die Phasenbeziehung zwischen E_1 und E_2 verloren geht. Dann ist das Vorzeichen der Feldamplituden zufällig und Γ_{12} schwankt statistisch um 0 herum und verschwindet im Mittel,

$$\Gamma_{12}(\mathbf{r}, \tau \to \infty) \to 0.$$

Um den Zusammenhang mit Gl.(5.1) herzustellen, müssen wir berücksichtigen, daß die Teilwellen in einem typischen Interferometrie-Experiment mit Hilfe von Strahlteilern aus derselben Lichtquelle gewonnen werden. Die Verzögerung τ beschreibt dann unterschiedliche Laufzeiten der Teilwellen zum Überlagerungsort, und die Funktion $\Gamma_{12}(\mathbf{r}, \tau)$ beschreibt ihre Fähigkeit, Interferenzstreifen auszubilden.

Es ist sehr bequem, die normierte Korrelationsfunktion zu definieren, die ein quantitatives Maß für den Interferenzkontrast bietet,

$$g_{12}^{(1)}(\mathbf{r}, \tau) = |g_{12}^{(1)}(\mathbf{r}, \tau)| \cos\phi = \frac{c\epsilon_0}{2} \frac{\langle E_1(\mathbf{r}, \tau) E_2^*(\mathbf{r}, 0)\rangle}{\sqrt{\langle I_1(\mathbf{r})\rangle \langle I_2(\mathbf{r})\rangle}} \quad . \tag{5.3}$$

Der Phasenfaktor $\cos\phi$ beschreibt die Phasendifferenz zwischen den beiden Teilamplituden und kann konstruktiv, $\phi = 0$, und destruktiv ausfallen, $\phi = \pi$. Die Funktion $g_{12}^{(1)}$ ist i. Allg. komplex und nimmt Werte an zwischen

$$0 \le |g_{12}^{(1)}(\mathbf{r}, \tau)| \le 1 \quad .$$

Ein wichtiger Spezialfall von (5.3) ist die Autokorrelationsfunktion,

$$g_{11}^{(1)}(\mathbf{r}, \tau) = \frac{c\epsilon_0}{2} \frac{\langle E_1(\mathbf{r}, \tau) E_1^*(\mathbf{r}, 0)\rangle}{\langle I_1(\mathbf{r})\rangle} \quad , \tag{5.4}$$

die in diesem Fall die Amplitude eines elektromagnetischen Feldes mit sich selbst bei einer Verzögerung τ in Beziehung setzt. Wir werden noch sehen, daß sie eine wichtige Rolle in der quantitativen Analyse von Kohärenzeigenschaften spielt.

Wir können nun die Intensitätsberechnung für kohärente und inkohärente Überlagerung zusammenfassen nach

$$\langle I(\mathbf{r})\rangle = \langle I_1(\mathbf{r})\rangle + \langle I_2(\mathbf{r})\rangle + 2\sqrt{\langle I_1(\mathbf{r})\rangle \langle I_2(\mathbf{r})\rangle} \, \Re\{g_{12}^{(1)}(\mathbf{r}, \tau)\} \quad .$$

In der Interferometrie rufen i. Allg. unterschiedliche Wege $s_{1,2}$ der Lichtstrahlen, die aus ein und derselben Quelle stammen, die Verzögerung $\tau = (s_1 - s_2)/c$ hervor. Um den Grad der Kohärenz auch quantitativ zu erfassen, führen wir die *Visibilität* ein (engl. *visibility*),

$$V = \frac{I_{max} - I_{min}}{I_{max} + I_{min}} = |g_{12}^{(1)}| \tag{5.5}$$

wobei I_{max} und I_{min} die Intensitätsmaxima bzw. -minima eines Interferenzmusters bezeichnen. Das Meßergebnis „1" wird *kohärent* genannt, der Wert „0" *inkohärent*. Der Kohärenzgrad $0 \le |g_{12}^{(1)}| \le$ kann in einem interferometrischen

Experiment durch Bestimmung der Visibilität gemessen werden, z. B. in einem Michelson-Interferometer (Abschn.5.4).

Interferenzfähigkeit war keineswegs selbstverständlich und hat in der Entwicklung der Wellentheorie eine bedeutende Rolle gespielt. Der Grund für die große Bedeutung der Interferometrie für die Wellentheorie liegt darin, daß man die physikalischen Größen der Welle, nämlich *Phase* und *Amplitude*, nur durch Überlagerung mit einer anderen Welle messen kann, also durch ein interferometrisches Experiment. Ob die Interferenz beobachtet werden kann, hängt entscheidend von den Kohärenzeigenschaften der Welle ab.

5.2.2 Strahlteiler

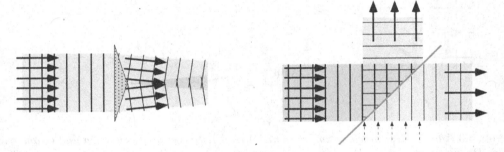

Abb. 5.2 *Wellenfront- (links) und Amplitudenstrahlteiler (rechts). Strahlteiler besitzen einen zweiten Eingang, der nicht immer so leicht wie am rechten Typ zu erkennen ist.*

Das zentrale Element einer interferometrischen Anordnung ist der Strahlteiler. Zunächst konnte man überhaupt nur durch *Teilung* einer optischen Welle, die einer einzigen Lichtquelle entstammte,[1] zwei interferenzfähige, getrennte Teilwellen erzeugen.

Grundsätzlich kann man dabei die beiden verschiedenen Typen von Strahlteilern aus Abb. 5.2 unterscheiden: Den „Wellenfrontteiler", dessen klassische Form der Doppelspalt ist, und den „Amplitudenteiler", für gewöhnlich in Form eines teildurchlässigen Spiegels.

Bei fortgeschrittenen Anwendungen bekommt die Existenz eines zweiten Eingangs in die Interferometer Bedeutung. Der zweite Eingang ist im rechten Interferometer leicht zu erkennen.

---

[1]Heute können wir zwei individuelle Laserlichtquellen so gut synchronisieren, daß wir damit Interferenzexperimente durchführten können.

5.3   Der Doppelspaltversuch

Wir betrachten den Einfall einer ebenen Welle auf einen Doppelspalt (Abb. 5.3).
Die beiden Spalte wirken als neue, *virtuelle* und phasensynchrone („kohärente") Lichtquellen. Um das Interferenzmuster auf dem Schirm P zu verstehen,
müssen wir die optische Wegdifferenz der beiden Wege „1" und „2" bestimmen.
Wenn die Entfernung z zwischen Doppelspalt und Schirm sehr viel größer ist
als der Spaltabstand und die Ausdehnung des Interferenzmusters, $d, x \ll z$,
dann können wir den Gangunterschied Δ_{12} zwischen 1 und 2 geometrisch nach
der Konstruktion aus Abb. 5.3 bestimmen.

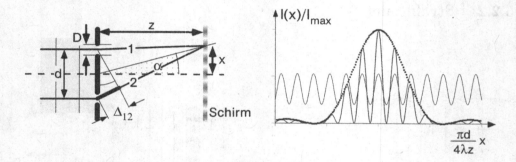

Abb. 5.3 *Analyse des Interferenzmusters aus Abb. 5.1. Links: Bezeichnungen und Geometrie
des Doppelspalts. Rechts: Das Interferenzmuster kann als Produkt aus der Beugung am Einfachspalt (gepunktete Linie) und einer sinusförmigen Modulation (dünne Linie) verstanden
werden. Hier wurde der Fall D=d/4 angenommen.*

Wenn der „Gangunterschied" ein ganzzahliges Vielfaches der Wellenlänge ist,
$\Delta_{12} = n\lambda$, erwarten wir konstruktive, bei halbzahligem Vielfachen destruk-
tive Interferenz. Unter dem Winkel α findet man für die Wellenlänge λ den
Gangunterschied

$$\Delta_{12} = d \sin \alpha \quad ,$$

und auf dem Schirm erwarten wir mit $\alpha \simeq x/z$ ein periodisches Streifenmuster
der Form

$$I(x) = I_0 \left(1 + \cos \frac{2\pi d}{\lambda} \frac{x}{z} \right) \quad .$$

Bei dieser Analyse haben wir so getan, als ob die beiden Spalte unendlich dünn
wären. In einem realen Experiment haben sie natürlich endliche Ausdehnung
und wir müssen die Beugung am Einzelspalt berücksichtigen.

Die Überlagerung dieser beiden Phänomene können wir mit Hilfe der Fraun-
hoferbeugung am Spalt nach S. 69 berücksichtigen. Besonders einfach wird die

Situation, wenn wir die Spalte um $\xi_0 = \pm d/2 = \pm\xi_0$ aus der Achse verschieben. Wenn wir mit $\tau(\xi)$ wieder die kastenförmige Spaltfunktion der Breite D bezeichnen, erhalten wir für das Beugungsintegral mit $\kappa_x = 2\pi x/\lambda z$

$$\mathcal{E} \propto \oint_S \left(\tau(\xi - \xi_0)e^{i\kappa_x\xi} + \tau(\xi + \xi_0)\right) e^{i\kappa_x\xi}d\xi =$$

$$= \oint_S \tau(\xi)e^{i\kappa_x\xi}d\xi\, (e^{i\kappa_x\xi_0} + e^{-i\kappa_x\xi_0})$$

Die Intensitätsverteilung wird wie gewöhnlich für lineare Polarisation aus $I = c\epsilon_0|\mathcal{E}|^2/2$ bestimmt,

$$I = \frac{I_0}{2}\frac{\sin^2(\pi x D/\lambda z)}{(\pi x D/\lambda z)^2}\left(1 + \cos\left(\frac{2\pi d}{\lambda}\frac{x}{z}\right)\right)\quad.$$

Man erkennt sofort, daß das vollständige Interferenzbild das Produkt aus dem Beugungsbild des Einzelspaltes und des Doppelspaltes enthält (Abb. 5.3).

5.3.1   Transversale Kohärenz

Wenn nun die Lichtquelle eine endliche Ausdehnung besitzt, dann können wir sie uns aus punktförmigen Lichtquellen zusammengesetzt vorstellen, die zwar mit gleicher Farbe oder Wellenlänge, aber mit völlig unabhängiger Phase den Doppelspalt ausleuchten. Dann tritt eine zusätzliche Phasendifferenz auf, die sich nach derselben geometrischen Konstruktion wie in Abb. 5.3 ermitteln läßt. Wenn eine dieser Punktquellen S unter dem Winkel β zur Achse liegt, dann beträgt die gesamte Phasendifferenz für kleine Winkel α und β:

$$\Delta\phi_{12} = k\Delta_{12} \simeq \frac{2\pi d}{\lambda}(\alpha - \beta)\quad.$$

Die Verschiebung der Lichtquelle verursacht danach auf dem Beobachtungsschirm eine transversale Verschiebung des Interferenzmusters. Wenn alle Verschiebungen zwischen 0 und 2π vorkommen, sind die Streifenmuster der einzelnen Punktquellen gegeneinander verschoben und löschen sich aus. Damit wir die Interferenzen beobachten können, darf die maximale Phasenverschiebung Δ_{max}, die von zwei Punktquellen einer Lichtquelle im Abstand $\Delta a = z_S(\beta - \beta')$ voneinander und in der Entfernung z_S vom Doppelspalt auftritt, nicht zu groß werden,

$$\Delta\phi_{\mathrm{max}} = k\Delta_{\mathrm{max}} = \frac{2\pi d\Delta a}{\lambda z_S} < 1\quad.$$

Die Bedingung wird erfüllt, wenn der Winkel $\Omega = \beta - \beta' = \Delta a/z_S$, unter dem man die beiden Quellpunkte sieht, hinreichend klein ist,

$$\Omega = \frac{\Delta a}{z_S} < \frac{1}{2\pi}\frac{\lambda}{d}\quad. \tag{5.6}$$

Danach können wir für eine gegebene Wellenlänge λ und gegebenen Abstand z_S die Interferenzfähigkeit durch Lichtquellen mit hinreichend kleiner („punktförmiger") Fläche ($\Delta a \leq \lambda z_S/2\pi d$) oder durch kleine Spaltabstände ($d \leq \lambda z_S/2\pi\Delta a$) erreichen.

Die Kohärenzfläche einer Quelle wird bestimmt, indem wir bei festem Abstand der Quelle den Abstand d der Spalte verändern und den zentralen Interferenzstreifen (der stets ein Maximum ist) mit seinen benachbarten Minima beobachten und nach Gl. (5.5) auswerten. Als Kohärenzlänge definieren wir dann den Abstand, bei dem der Wert $V = 1/2$ erreicht wird.

Exkurs: Doppelspaltexperimente mit Materiewellen

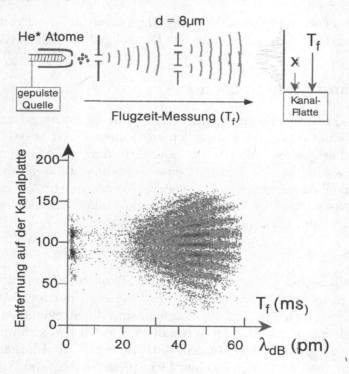

Abb. 5.4 *Beugung von Materiewellen am Doppelspalt. Mit freundlicher Erlaubnis von J. Mlynek und T. Pfau [103].*

Wir haben die Zweispalt-Interferenz im voraufgegangenen Abschnitt als ein reines Wellenphänomen behandelt, aber auch schon auf seine Übertragung auf andere Wellenphänomene, insbesondere auf die Materiewellen, hingewiesen. Von besonderem, unsere Intuition auf eine harte Probe stellenden Reiz ist dabei die Tatsache, daß das Interferenz-Muster auch von einem einzelnen Teilchen, als sogenannte *Selbstinterferenz*, erzeugt wird! Obwohl wir also stets nur ein Teilchen nachweisen, muß seine Materiewelle durch die beiden Spalte gleichzeitig hindurchgetreten sein! Diese Vorstellung entnehmen wir der theoretischen Behandlung durch die Quantenmechanik. Sie ist im Experiment unzählige Male bestätigt worden, steht aber im bizarren Widerspruch zu unserer natürlichen, nämlich makroskopischen Auffassung eines „Teilchens".

Eine erste Bestätigung wurde von Möllenstedt [122] mit Elektronenstrahlen demonstriert. Dazu wurde ein Elektronenstrahl kollimiert und durch eine elektrische Feldanordnung geschickt, die dem Fresnelschen Biprisma entspricht.

In jüngerer Zeit hat sich die Atomoptik [1] als ein neues Feld etabliert, und mit Helium-Atomen ist ein Doppelspalt in perfekter Analogie zum Youngschen Experiment ausgeführt worden [33]. Einerseits sind die de-Broglie-Wellenlängen der neutralen Atome mit Masse m und Geschwindigkeit v im Atomstrahl sehr klein, $\lambda_{\text{deBroglie}} = h/mv \simeq 20pm$. Deshalb mußten sehr geringe Spaltbreiten und -abstände verwendet werden, $d \leq 1\mu m$, und der atomare Fluß wurde entsprechend klein. Helium-Atome im metastabilen ^{3}S-Zustand können aber mit Hilfe von Kanalplatten (s. Abschn. 10.5) nahezu Atom für Atom nachgewiesen werden, und diese hohe Nachweisempfindlichkeit hat das atomare Young-Experiment möglich gemacht.

Im unteren Teil der Abb. 5.4 ist das Ergebnis des Experiments aufgetragen. Die geringe atomare Flußdichte hat sogar noch einen Vorteil: Bei einer gepulsten Strahlquelle kann man die Geschwindigkeit des Atoms durch Flugzeitmessung registrieren und beobachtet dabei eine Veränderung des Interferenzbildes. Diese kann direkt als Folge der Variation der de-Broglie-Wellenlänge interpretiert werden, die sich aus der Flugzeitmessung direkt ermitteln läßt.

Zum guten Schluß können wir die Interpretation noch einmal herumdrehen und nun das Licht vom Standpunkt der Teilchen oder *Photonen* betrachten. Dazu stellen wir uns ein Experiment vor, in welchem der Doppelspalt mit so geringer Intensität ausgeleuchtet wird, daß dort nur ein Photon gleichzeitig vorhanden ist – die Bedingung für Selbstinterferenz also wieder erfüllt ist. Empfindliche ortsauflösende Photonenzähler sollen eingesetzt werden, um das Interferenzmuster zu detektieren. Wir beobachten in der Tat ein statistisches Muster, das nach längerer Zeit eine Häufigkeitsverteilung produziert, die genau durch die Interferenz der Lichtwellen beschrieben wird.

5.3.2 Optische oder Beugungs-Gitter

Wenn man die Anzahl der Spalte vervielfacht, gelangt man zum optischen Gitter, das ein Beispiel ist für Vielstrahl-Interferenz. Optische Gitter werden als Amplituden-, Phasen- oder Reflexionsgitter verwendet wie in Abb. 5.5 qualitativ vorgestellt. Sie werden nach der Anzahl der Striche/mm spezifiziert, bei optischen Wellenlängen typischerweise 1000/mm und mehr. Es ist erstaunlich und eindrucksvoll, daß die Herstellung auch sehr feiner Gitter mechanisch durch „einfaches" Ritzen mit Diamanten möglich ist.

Die mechanisch hergestellten Gitter leiden allerdings an Streuverlusten und an zusätzlichen Störungen mit langer Periode („Gittergeister"). Bessere optische Qualität bieten die nach dem Herstellungsverfahren als „holographische Gitter" bezeichneten Komponenten: Sie werden mit den Methoden der optischen

Lithographie hergestellt: Ein Film („Photoresist") wird auf einem Substrat optischer Qualität einer Licht-Stehwelle ausgesetzt. Die Löslichkeit des belichteten Films hängt von der Dosis ab, daher bleiben die Knoten der Stehwelle übrig (s. Abb. 5.5). Auf dieser Struktur kann dann z.B. durch Bedampfen ein Reflexionsgitter gefertigt werden. Allerdings ist es beim holographischen Gitter schwieriger, den Glanzwinkel (engl. *blaze*) durch Formung der Rillen zu kontrollieren.

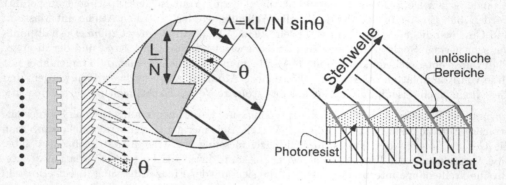

Abb. 5.5 *Links: Amplituden-, Phasen- und Reflexionsgitter. Der Glanzwinkel eines Reflexionsgitter kann so gewählt werden, daß die Beugung überwiegend in eine bestimmte, erwünschte Ordnung gelenkt wird. Rechts: Herstellung eines holographischen Gitters mit asymmetrischer Furche.*

Die Interferenzbedingung des Beugungsgitters ist identisch mit der des Doppelspalts. Wir betrachten die Strahlen, die von den N Strichen eines Gitters der Länge L ausgehen. Zwei benachbarte Strahlen haben den Gangunterschied

$$\Delta(\theta) = (kL/N)\sin\theta \quad . \tag{5.7}$$

Bei gleichmäßiger Ausleuchtung beträgt die Feldamplitude

$$\begin{aligned}
E &= E_1 + E_2 + ... + E_N \\
&= E_0(1 + e^{-i\Delta} + e^{-2i\Delta} + ... + e^{-Ni\Delta})e^{-i\omega t} \\
&= E_0 \exp(-i(\omega t + \frac{N-1}{2}\Delta)) \frac{\sin(N\Delta/2)}{\sin(\Delta/2)} \quad .
\end{aligned}$$

Das Beugungsmuster des Gitters hat Hauptmaxima bei $\Delta = 2m\pi, m = 0, 1, ...,$ und dort berechnet man die Intensität mit $I_0 = c\epsilon_0|E_0|^2$

$$I_{max} = c\epsilon_0|E(\Delta = 2m\pi)|^2/2 = N^2 I_0 \quad .$$

Allerdings wird die Beugung zwischen den Intensitätsmaxima nun stark unterdrückt und das Gitter kann sehr vorteilhaft als dispersives Element zur spektralen Analyse verwendet werden.

Das erste Minimum tritt bei $\Delta = 2\pi/N$ auf, das erste Nebenmaximum bei $\Delta = 3\pi/N$. Dort ist für große N nur noch die Intensität $I(\Delta = 3\pi/N) \simeq N^2/(3\pi/2)^2 \approx 0,05\,I_{max}$ enthalten: Das Beugungsgitter konzentriert die Strahlungsenergie in den Hauptmaxima.

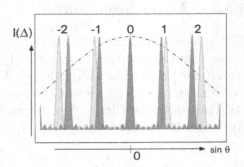

Von großem Interesse ist das spektroskopische Auflösungsvermögen. Nach dem Rayleigh-Kriterium soll das Hauptmaximum einer Wellenlänge in die 1. Nullstelle der gerade noch auflösbaren Nachbar-Wellenlänge fallen, d.h. nach Gl.(5.7)

Abb. 5.6 *Beugungsbild eines Gitters aus 6 Einzelspalten und für zwei verschiedene Wellenlängen. Der Beitrag des Einzelspaltes (gestrichelt, Breite = 0,6× Spaltabstand) ist vernachlässigt worden.*

$$\Delta(\theta + \delta\theta) - \Delta(\theta) \simeq \frac{2\pi}{\lambda}\frac{L}{N}\cos(\theta)\,\delta\theta = \frac{2\pi}{N} \quad .$$

Die Bedingung für die Hauptmaxima variiert mit der Wellenlänge nach $m\,\delta\lambda = (L/N)\cos(\theta)\delta\theta = \lambda/N$ und ergibt damit schließlich das Auflösungsvermögen

$$\mathcal{R} = \frac{\lambda}{\delta\lambda} = m \cdot N \quad .$$

Es nimmt mit der Anzahl der ausgeleuchteten Spalte N und mit der Ordnung der Interferenz m zu, wie man auch in Abb. 5.6 leicht erkennt.

Beispiel: Auflösungsvermögen eines optischen Gitters.
Wir bestimmen das Auflösungsvermögen eines Gitters von 100 mm Durchmesser bei $\lambda = 600$ nm mit der Strichzahl 800/mm in 1. Ordnung, d.h. $m = 1$:

$$\mathcal{R} = 100\,\text{mm} \times 800/\text{mm} = 0,8 \cdot 10^5 \quad .$$

Damit können Wellenlängen noch bei einer Differenz von

$$\delta\lambda = \frac{\lambda}{m \cdot N} \simeq 7 \cdot 10^{-3} nm$$

getrennt werden.

5.3.3   Monochromatoren

Gitter-Monochromatoren gehören zur Standard-Ausrüstung eines optischen Labors und sie spielen eine große Rolle, weil sie eines der einfachsten Verfahren der Spektroskopie mit hoher Auflösung bieten. Allen gemeinsam ist die Verwendung von Reflexions-Gittern, die bessere optische Eigenschaften haben als Transmissions-Gitter. Sie unterscheiden sich lediglich in den Details des Aufbaus, die Bedienbarkeit oder Auflösung betreffen.

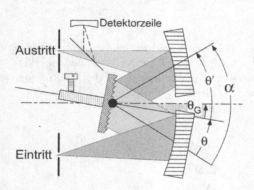

Abb. 5.7 *Prinzip des Czerny-Turner-Monochromators.*

Beispielhaft stellen wir den Aufbau nach Czerny-Turner (Abb. 5.7) vor. Das Gitter muß vollständig ausgeleuchtet werden, um höchstmögliche Auflösung zu erzielen, daher muß das Licht auf den Eingangsspalt fokussiert werden. Das Gitter dient gleichzeitig als Spiegel, der mit einem linearen Vortrieb gedreht wird. Man findet nach Gl.(5.7)

$$m\lambda = \frac{L}{N}(\sin\theta - \sin\theta') \quad .$$

Wegen $\theta = \alpha/2 - \theta_G$ und $\theta' = \alpha/2 + \theta_G$ gilt dann

$$\lambda = \frac{2L}{mN}\cos(\alpha/2)\sin(\theta_G) \quad ,$$

und die Wellenlänge hängt nur noch vom Drehwinkel θ_G ab. Monochromatoren werden mit Standard-Baulängen angeboten, 1/8 m, 1/4 m, 1/2 m usw., die ein grobes Maß für ihre Auflösung darstellen. Oberhalb von ca. 1 m werden sie aber groß, schwer und unpraktikabel, so daß Auflösungen oberhalb von 10^6 schwer zu erzielen sind. Durch die Entwicklung der Laser-Spektroskopie, die wir in Kap. 11 behandeln, konnten aber Auflösungen erzielt werden, die mit den in diesem Kapitel beschriebenen klassischen Verfahren unvorstellbar waren.

5.4   Michelson-Interferometer

Die erstmals von dem amerikanischen Physiker M. Michelson (1852–1931) angegebene Interferometer-Anordnung ist zu großer Berühmtheit gelangt. Sie war erdacht worden, um dem im 19. Jahrhundert postulierten „Äther", der für die Ausbreitung des Lichtes verantwortlich sein sollte, auf die Spur zu kommen. Falls der Äther existierte, sollte die Lichtgeschwindigkeit von der Relativgeschwindigkeit der Lichtquelle zu diesem Medium abhängen.

Die Ergebnisse von Michelson und Morley ließen sich aber nur so interpretieren, daß die Ausbreitungsgeschwindigkeit des Lichtes unabhängig war vom jeweiligen Bezugssystem - eine Entdeckung, die Poincaré, Lorentz und schließlich Einstein zur Entwicklung der Relativitätstheorie veranlaßten.

Herzstück eines Michelson-Interferometers ist der Amplituden-Strahlteiler, (ST in Abb. 5.8), der meistens aus einem halb- oder teildurchlässigen Spiegel besteht. Eine einlaufende ebene Welle $E = \mathcal{E}_{in}e^{-i(\omega t - \mathbf{kr})}$ wird in zwei Teilwellen mit Amplituden $\mathcal{E}_{a,b} = \mathcal{E}_{in}/\sqrt{2}$ aufgespalten. Nun besteht der Strahlteiler gewöhnlich aus einem polierten Glassubstrat, das auf einer Seite beschichtet ist, und der reflektierte und der transmittierte Strahl passieren unterschiedliche optische Wege. Zum

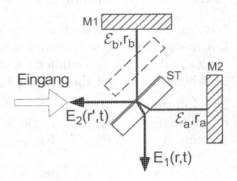

Abb. 5.8 *Michelson-Interferometer.*

Ausgleich fügt man gelegentlich in den einen Arm ein weiteres Glassubstrat gleicher Dicke ein, um die Interferometer-Arme möglichst symmetrisch aufzubauen. Bei monochromatischem Laserlicht spielt das keine Rolle, weil wir den optischen Weglängenunterschied einfach geometrisch ausgleichen können. Wenn aber das Licht mehrfarbig ist, dann verursacht die Dispersion der Glassubstrate einen wellenlängenabhängigen Wegunterschied, der durch das zusätzliche Substrat kompensiert werden kann.

Am Ende der beiden Interferometerarme werden die beiden Teilwellen in sich reflektiert und passieren erneut den Strahlteiler. Das Interferometer erzeugt an seinen beiden Ausgängen zwei Teilwellen E_1 und E_2,

$$
\begin{aligned}
E_1(r,t) &= \frac{1}{\sqrt{2}}(\mathcal{E}_a + \mathcal{E}_b) = \tfrac{1}{2}\mathcal{E}_{in}\,e^{-i(\omega t - kr)}\left(e^{2ikr_a} + e^{2ikr_b}\right)\\
E_2(r',t) &= \frac{1}{\sqrt{2}}(\mathcal{E}_a - \mathcal{E}_b) = \tfrac{1}{2}\mathcal{E}_{in}\,e^{-i(\omega t - kr')}\left(e^{2ikr_a} - e^{2ikr_b}\right)
\end{aligned}
\tag{5.8}
$$

Wir berechnen die Intensität in den beiden Ausgängen und erhalten mit $I_0 = \epsilon_0 c \mathcal{E}\mathcal{E}^*/2$

$$
\begin{aligned}
I_1 &= \tfrac{1}{2}I_0\left(1 + \cos 2k(r_a - r_b)\right)\\
I_2 &= \tfrac{1}{2}I_0\left(1 - \cos 2k(r_a - r_b)\right)
\end{aligned}
\tag{5.9}
$$

Danach wird die Gesamtintensität in Abhängigkeit vom Weglängenunterschied $s = 2(r_1 - r_2)$ auf die beiden Ausgänge verteilt. In der rechnerischen Behandlung werden übrigens die unterschiedlichen Vorzeichen in der Summe der Teilstrahlen in (Gl.(5.8)) ($E_{1,2} = (\mathcal{E}_a \pm \mathcal{E}_b)$), durch die Reflexionen am Strahlteiler verursacht, in einem Fall am dichteren, im anderen am dünneren Medium. Der

90°-Phasenunterschied ist auch wichtig, um die Energieerhaltung zu garantieren.

5.4.1   Longitudinale oder zeitliche Kohärenz

Mit dem Michelson-Interferometer wird die zeitliche Kohärenzlänge vermessen,
indem die Länge eines Arms solange vergrößert wird, bis der Interferenzkontrast auf die Hälfte abgefallen ist. Als quantitatives Maß verwendet man dabei
üblicherweise wieder die Visibilität aus Gl.(5.5).

Der Interferenzkontrast mißt nach Gl.(5.4) mit $\tau = s/c$ die Feld-Autokorre-
lations-Funktion $\Gamma_{EE*}(s/c)$. Sie ist nach dem Wiener-Khintchin-Theorem (s.
Anhang A, Gl.(A.9)) mit der spektralen Leistungsdichte nach

$$S_E(\omega) = \frac{1}{c} \int_0^\infty \Gamma_{EE*}(s/c) e^{i\omega s/c} ds$$

verknüpft. Fourier-Transformation des Spektrometer-Signals liefert also Information über die spektralen Eigenschaften der Lichtquelle. Eine Analyse des
Lichtes einer Natrium-Dampflampe mit dem Michelson-Interferometer zeigt
den Zusammenhang sehr klar, wie wir qualitativ in Abb. 5.9 dargestellt haben. Dieser Zusammenhang wird auch im „Fourier-Spektrometer" genutzt, das

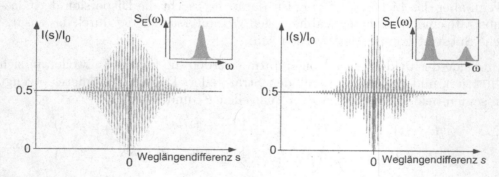

Abb. 5.9 *Interferometer-Signale eines Michelson-Interferometers für eine einzelne und eine
doppelte Spektrallinie wie zum Beispiel die gelbe D-Linie der Natrium-Dampflampe. In den
oberen Kästen sind die zugehörigen Spektren eingezeichnet.*

wir hier aber nicht behandeln können. Ferner kann man die Selbst-Heterodyn-
Methode aus Abschn. 7.1.7 als Variante des Michelson-Interferometers betrachten. Darin muß die Differenz der Armlängen sogar so groß sein, daß im zeitlichen Mittel gar keine stabile Interferenz zu beobachten ist. Das Verfahren
dient zur Bestimmung der spektralen Eigenschaften einer schmalbandigen Laserlichtquelle.

Beispiel: Das *Wavemeter*.

Eine in vielen Labors verwendete Form des Michelson-Interferometers ist das *wavemeter* (deutsch soviel wie „Wellenlängenmeter", auch Lambda-Meter). Monochromatische Laser-Lichtquellen verfügen über eine sehr große Kohärenzlänge (> 10 m). Sie verursachen daher bei einer kontinuierlichen Variation der Armlängendifferenz eine sinusförmige Modulation des Interferometersignals, deren Periode nach Gl.(5.9) proportional ist zur Frequenz des Laserlichts. Aus dem Vergleich des Interferometer-Signals einer unbekannten Wellenlänge λ_{neu} mit einer Referenz-Laserwellenlänge λ_{ref} kann die unbekannte Frequenz bzw. Wellenlänge bestimmt werden. In der wavemeter-Anordnung

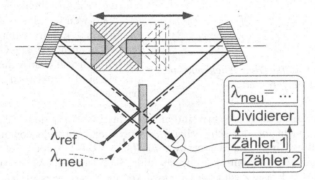

Abb. 5.10 *Wavemeter-Anordnung zur Bestimmung von Laserwellenlängen. Der Übersichtlichkeit wegen ist der zu messende Laserstrahl (gestrichelt) nur am Eingang und am Ausgang eingezeichnet.*

werden dazu zwei Retroreflektoren (s. Abschn. 1.6) auf einem fahrbaren Schlitten montiert (Abb. 5.10), so daß der vorlaufende und rücklaufende Strahl des Michelson-Interferometers räumlich getrennt sind. Am einen Ausgang wird der Referenzstrahl auf eine Photodiode gelenkt, am anderen Ausgang dient er als Führungsstrahl für den zu messenden, andersfarbigen Laserstrahl. Dessen Interferometer-Signal wird auf einer zweiten Photodiode registriert und elektronisch mit dem Referenzlaser verglichen.

Exkurs: Gravitationswellen-Interferometer

Eine besonders ungewöhnliche Form von Michelson-Interferometer mit riesigen Abmessungen wird derzeit an mehreren Orten weltweit konstruiert. Zum Beispiel besitzt das als GEO600 bezeichnete Projekt bei Hannover eine Armlänge von 600 m, während an anderen Orten sogar bis zu 4 km Armlänge geplant sind.

Mit einem Michelson-Interferometer können wie mit allen optischen Interferometern Längen oder Längenänderungen mit einer Genauigkeit weit unterhalb der optischen Wellenlängen gemessen werden. Genau diese Eigenschaft kann dazu dienen, Raumverzerrungen nachzuweisen, die durch Gravitationswellen verursacht werden. Sie werden von A. Einsteins Allgemeiner Relativitätstheorie zwar im Detail vorhergesagt, konnten aber noch niemals direkt beobachtet werden, weil sie eine außerordentlich schwache Kraft selbst auf große Massen ausüben.

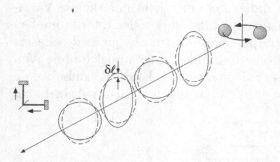

Abb. 5.11 *Gravitationswellen-Nachweis mit einem Michelson-Interferometer.*

Um mit dem Interferometer möglichst empfindlich eine Längenänderung $\delta\ell$ nachweisen zu können, muß das Instrument selbst eine möglichst große Länge ℓ besitzen. Nach der Relativitätstheorie sind aber selbst bei starken astronomischen „Gravitationsstrahlern" wie z.B. Supernova-Explosionen relative Empfindlichkeiten von $\delta\ell/\ell \approx 10^{-20}$ notwendig, das entspricht bei einer Länge von 1 km etwa dem 100sten Teil eines Protonenradius! Die Gravitationswellen breiten sich wie elektromagnetische Wellen aus, sie sind transversal, haben aber Quadrupolcharakter.

Man kann die Empfindlichkeit steigern, indem man das Licht in jedem Arm faltet. Auch die schmalbandige Beobachtung der schwächeren, dafür aber kontinuierlichen und streng periodischen Abstrahlung eines Doppelsternsystems (s. Abb. 5.11) verspricht eine Steigerung der Empfindlichkeit. Zur Erzielung hinreichender Signal-Rausch-Verhältnisse des Interferometersignals ist der Einsatz sehr leistungsstarker und frequenzstabiler Laserlichtquellen notwendig. Gegenwärtig sollen dafür in erster Linie Neodym-Laser eingesetzt werden.

Der Nachweis von Gravitationswellen könnte nicht nur eine schon lange gesuchte Bestätigung für die Allgemeine Relativitätstheorie bieten. Mit den Gravitationswellen-Antennen könnte auch ein neues Fenster zur Beobachtung des Weltraums aufgestoßen werden. Angesichts dieser Erwartung scheinen auch die Pläne für LISA (*Laser Interferometer Space Antenna*, [129]) nicht mehr völlig abwegig: In diesem Raumfahrt-Projekt soll ca. 2014 ein aus 3 Raumschiffen bestehendes Michelson-Interferometer (2 Spiegel und ein Strahlteiler mit Lichtquelle) um 20° versetzt auf der Erdumlaufbahn um die Sonne geparkt werden. Dieses Michelson-Interferometer soll eine Armlänge von 5 Mio km erhalten!

5.4.2   Mach-Zehnder- und Sagnac-Interferometer

Es gibt zahlreiche Varianten des Michelson-Interferometers, die verschiedenste methodische Vor- und Nachteile besitzen. Zwei bedeutende Beispiel sind das Mach-Zehnder- und das Sagnac-Interferometer, das genau genommen eine eigene Klasse bildet.

Mach-Zehnder-Interferometer

Das Mach-Zehnder-Interferometer (MZI) geht aus dem Michelson-Interferometer hervor, wenn man die Reflexion an den Spiegeln nicht mehr senkrecht ausführt und zur Rekombination der Strahlen einen zweiten Strahlteiler verwendet. Das MZI wird verwendet, um Veränderungen der Wellenfronten beim Durchgang durch interessante Objekte auch mit räumlicher Auflösung zu studieren [72].

Der Reflexionswinkel an den Strahlteilern und Spiegeln $M_{1,2}$ in Abb. 5.12 muß keineswegs 90° betragen. Das MZI hat häufig Pate gestanden für interferometrische Experimente in der Teilchen-Optik, weil dort Spiegel oft nur bei streifendem Einfall, mit kleinen Reflexionswinkeln realisiert werden können.

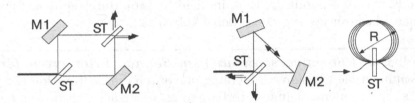

Abb. 5.12 *Mach-Zehnder- und Sagnac-Interferometer.*

Sagnac-Interferometer

Das Sagnac-Interferometer geht aus dem Michelson-Interferometer hervor, indem man die Lichtstrahlen nicht in sich zurückreflektiert, sondern auf entgegengesetzten Wegen umlaufen läßt, die zunächst immer identisch sich. Falls aber das Interferometer um eine Achse rotiert, die senkrecht zu seiner Ebene steht, ergibt sich aus der speziellen (und allgemeinen) Relativitätstheorie eine Phasenverschiebung zwischen den gegenläufigen Strahlen. Der Einfachheit halber betrachten wir eine kreisförmige Lichtbahn (Radius R) in einer Faser und einen Strahlteiler. Die Umlaufzeit beträgt $T = L/c = 2\pi nR/c$, wobei n der Brechungsindex der Faser ist. Aus der speziellen Relativitätstheorie übernehmen wir das Ergebnis, daß in einem mit der Geschwindigkeit v bewegten Medium die Lichtgeschwindigkeit nach

$$c_{\pm} = c\,\frac{1 \pm nv/c}{n \pm v/c}. \tag{5.10}$$

modifiziert wird [112]. In der rotierenden Faserbahn (Winkelgeschwindigkeit Ω) läuft das Licht in der einen Richtung dem Strahlteiler entgegen, in der anderen davon. Die effektive Weglänge wird also vergrößert bzw. verringert um den Weg $R\Omega T = vT$, den der Strahlteiler zurücklegt, und man erhält den Zusammenhang $T_\pm = L_\pm/c_\pm = (L \pm vT_\pm)/c_\pm$. Daraus leitet man die implizite Bedingung $T_\pm = L/(c_\pm \mp v)$ ab, und eine kurze Rechnung unter Ausnutzung von Gl. 5.10 ergibt schließlich $1/(c_\pm \mp v) \simeq (n/c)(1 \pm (v/nc))$. Überraschenderweise hängt $T_+ - T_-$ nicht von n ab,

$$T_+ - T_- \simeq 2vR/c^2 = 2R^2\Omega/c^2.$$

Für Licht mit der Frequenz $\omega = 2\pi c/\lambda$ können wir nun unmittelbar die Weglängendifferenz bzw. Phasendifferenz am Strahlteiler entnehmen aus

$$\Delta = \omega(T_+ - T_-) \simeq \omega\frac{2R^2\Omega}{c^2} = \Omega\frac{4F}{\lambda c}.$$

Das Interferenzsignal ist danach nicht nur zur Winkelgeschwindigkeit Ω proportional, sondern auch zur Fläche $F = \pi R^2$ des Sagnac-Interferometers. Die effektive Fläche und damit die Empfindlichkeit kann durch spulenartige Wicklung einer Glasfaser gesteigert werden (Abb. 5.12).

Beispiel: Das *Phasenverschiebung im Sagnac-Interferometer*.
Wir bestimmen die Phasenverschiebung, die durch die Erdrotation ($2\pi/24h = 1,8\,10^{-6}\mathrm{s}^{-1}$) in einem Sagnac-Interferometer verursacht wird, bei dem eine Faser von 1 km Länge auf einer Fläche mit 10 cm Durchmesser aufgewickelt ist, und welches mit einem Diodenlaser bei $\lambda = 780$ nm betrieben wird.

$$\Delta = 1,8 \times 10^{-6}\frac{\pi \times 4 \cdot (0,1/2)^2(10^3/\pi \times 0,1)}{(0,78 \times 10^{-6}) \times (3 \times 10^8)} = 0,77 \times 10^{-5}\ \mathrm{rad}.$$

Diese Anforderung erfordert hohes experimentelles Können, ist aber im Lasergyro realisierbar.

Wenn man einen Laserverstärker in das Sagnac-Interferometer einbaut, gelangt man zum „Lasergyro". Es ist sehr weit verbreitet, weil es den sehr empfindlichen Nachweis von Drehbewegungen erlaubt, zu dessen Studium wir aber auf die Spezialliteratur verweisen müssen. Es ist aber auch so schon klar, daß die rechts- und die linksherum laufende Welle im Lasergyro verschiedene Frequenzen haben müssen.

5.5   Fabry-Perot-Interferometer

Wir betrachten zwei plane, parallele Flächen, die von einem Lichtstrahl unter einem kleinen Winkel beleuchtet werden. Solch ein optisches Element läßt sich am einfachsten aus einer planparallelen Glasscheibe herstellen. Man spricht in diesem Fall von einem Fabry-Perot-Etalon (FPE) (von franz. *etalon*, Eichmaß) das häufig zur Frequenzselektion in Laserresonatoren oder als einfaches und sehr hoch auflösendes Diagnose-Instrument für Laserwellenlängen verwendet wird. Die Lichtstrahlen werden im FPE viele Male hin und her reflektiert, und zeigen damit in longitudinaler Richtung in Analogie zum Beugungsgitter Vielstrahl-Interferenz.

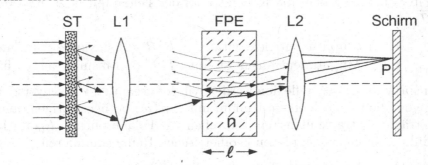

Abb. 5.13 *Vielstrahlinterferenz im Fabry-Perot-Etalon. ST: Streuglasscheibe; L1,2: Linsen; Sch: Schirm.*

Die Flächen eines FPEs sind teilweise verspiegelt und müssen eine große Ebenheit aufweisen, außerdem muß die gegenseitige Verkippung sehr gering sein und für Präzisionsmessungen muß auch der Abstand sehr genau bekannt sein und kontrolliert werden. Die optische Länge des FPEs hängt vom Brechungsindex des Zwischenraums n ab,

$$\ell_{\mathrm{opt}} = n \cdot \ell \quad ,$$

der sich mit der Temperatur relativ schnell ändert ($dn/dT \simeq 10^{-3} K^{-1}$). Stabile, weniger empfindliche Etalons werden aus einem Luftspalt zwischen zwei Glasplatten konstruiert, die mit Abstandhaltern geringer thermischer Ausdehnung wie zum Beispiel Quarzstäben fixiert sind. Wenn der Abstand ℓ des Zwischenraums variiert werden kann, zum Beispiel durch einen Piezovortrieb, spricht man von einem Fabry-Perot-Interferometer (FPI). Es wurde 1899 erstmals von C. Fabry und A. Perot benutzt.

Die Bedingung für konstruktive Interferenz läßt sich wieder aus der Phasendifferenz δ zwischen zwei benachbarten Strahlen bestimmen. Man bestimmt den Weg A-B-C in Abb. 5.14 und findet mit $k = 2\pi/\lambda$

$$\delta = k \cdot \ell_{\mathrm{opt}} = 2nk\ell \cos\theta = N \cdot 2\pi \quad , \tag{5.11}$$

wobei N, die *Ordnung* der Interferenz, gewöhnlich eine große Zahl ist. Dieses Ergebnis widerspricht unserer Intuition, denn man hätte aufgrund der Geometrie, des längeren Weges des einzelnen Strahls im Interferometer eher eine Verlängerung des Weges auf $\ell/\cos\theta$ erwartet. Genau das Gegenteil ist jedoch der Fall: Verkippen eines Etalons verstimmt die Interferenz-Bedingung zu kürzeren Wellenlängen!

Wir wollen nun die Beiträge der einzelnen Strahlen aufsummieren und müssen dabei Reflexion und Transmission beachten. Mit dem Reflexions- bzw. Transmissions-*Koeffizienten* wird gewöhnlich die Intensitätsänderung beschrieben. Wir unterscheiden davon die Koeffizienten der Feldamplituden $r = \sqrt{R}$ und $t = \sqrt{T}$,

r, r' : Amplitudenreflektivität $\qquad R, R'$: Reflexionskoeffizient
t, t' : Amplitudentransmissivität $\quad T, T'$: Transmissionskoeffizient

Phasensprünge bei der Reflexion werden wir der gesamten Phasenverschiebung zuschlagen, die wir nach einem Umlauf mit $\exp(i\delta)$ berücksichtigen, und dann die Beiträge der transmittierten Teilwellen zur Feldamplitude E_{tr} im Interferenzpunkt P in einer komplexen geometrischen Reihe summieren,

$$E_{\mathrm{tr}} = t't E_{\mathrm{ein}} + rr'e^{i\delta}tt'E_{\mathrm{ein}} + (rr')^2 e^{2i\delta} tt'E_{\mathrm{ein}} + ... \quad .$$

Wir erhalten das Ergebnis

$$E_{\mathrm{tr}} = \frac{tt'E_{\mathrm{ein}}}{1 - rr'e^{i\delta}} \quad . \tag{5.12}$$

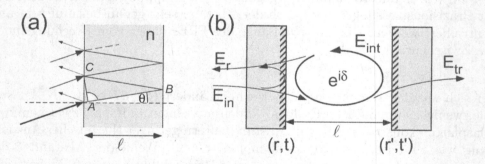

Abb. 5.14 *Phasenbedingung am Fabry-Perot-Etalon: (a) Gangunterschied der Teilstrahlen; (b) Selbstkonsistenzbedingung des internen Feldes.*

Zu diesem Ergebnis gelangt man noch schneller, wenn man nur die Welle im Etalon gleich nach dem ersten Spiegel betrachtet (s. Abb. 5.14): Diese muß sich nämlich im Gleichgewicht aus der einmal umgelaufenen Welle und der einlaufenden Welle rekonstruieren:

$$E_{\mathrm{int}} = e^{i\delta}rr' E_{\mathrm{int}} + tE_{\mathrm{ein}} \quad .$$

Daraus erhält man mit $E_{tr} = t'E_{int}$ unmittelbar wieder das erste Ergebnis. Schon aus Gründen der Energieerhaltung muß es eine reflektierte Welle E_r

geben. Aus diesen Überlegungen wird deutlich, daß es sich auch hier um einen Interferenzeffekt handelt,

$$E_r = r E_{\text{ein}} - r't e^{i\delta} E_{\text{int}} = \frac{r - r' e^{i\delta}}{1 - r r' e^{i\delta}} E_{\text{ein}} \quad . \tag{5.13}$$

Das Minuszeichen tritt hier auf, weil in diesem Fall gegenüber der umlaufenden Welle eine Reflexion weniger stattgefunden hat. Wir wollen nun Gl.(5.12) auswerten, indem wir die transmittierte Intensität betrachten. Durch Betragsbildung erhalten wir zunächst den Ausdruck

$$I_{\text{tr}} = I_{\text{ein}} \frac{TT'}{|1 - \sqrt{RR'} e^{i\delta}|^2} \quad .$$

Er läßt sich übersichtlich schreiben, wenn wir den *Finesse-Koeffizienten* F einführen,

$$F = \frac{4\sqrt{RR'}}{(1 - \sqrt{RR'})^2} \quad , \tag{5.14}$$

womit wir nach kurzer Rechnung die *Airy*-Funktion erhalten,

$$I_{\text{tr}} = I_{\text{ein}} \frac{TT'}{(1 - \sqrt{RR'})^2} \frac{1}{1 + F \sin^2(\delta/2)} \quad . \tag{5.15}$$

Nach unserer Rechnung variiert die transmittierte Intensität zwischen

$$\frac{(1 - R)(1 - R')}{(1 + \sqrt{RR'})^2} \leq I_{\text{tr}}/I_{\text{ein}} \leq \frac{(1 - R)(1 - R')}{(1 - \sqrt{RR'})^2} \tag{5.16}$$

und kann im Idealfall verlustfreier Spiegel mit gleichen Reflexionskoeffizienten sogar mit der eingestrahlten Welle identisch werden:

$$(R, T) = (R', T') : \quad I_{\text{tr}} = \frac{I_{\text{ein}}}{1 + F \sin^2(\delta/2)}$$

$$\delta = N \cdot 2\pi : \quad I_{\text{tr}} = I_{\text{ein}} \quad .$$

Wir werden über diesen Fall im Kapitel über optische Resonatoren noch mehr hören. Wir wollen noch die gespeicherte oder im Etalon umlaufende Intensität und die reflektierte Intensität bestimmen,

$$\begin{aligned} I_{\text{int}} &= \frac{1}{T'} I_{\text{tr}} \quad , \\ I_r &= I_{\text{ein}} - I_{\text{tr}} \quad . \end{aligned}$$

Reale Resonatoren sind immer mit Verlusten behaftet, die man natürlich so gering wie möglich halten möchte. Wenn wir die Verluste pro Umlauf pauschal mit einem Koeffizienten A berücksichtigen, erhalten wir den verallgemeinerten

Finesse-Koeffizienten

$$F_A = \frac{4\sqrt{RR'(1-A)}}{(1 - \sqrt{RR'(1-A)})^2} \quad , \tag{5.17}$$

mit dem wir die transmittierte Leistung erneut berechnen können nach:

$$I_{\mathrm{tr}} = \frac{4TT'(1-A)}{(T+T'+A)^2} \frac{I_{\mathrm{ein}}}{1 + F_A \sin^2(\delta/2)} \quad ,$$

und entsprechende Ausdrücke für die reflektierte und die eingekoppelte Leistung finden.

Beispiel: Ankopplung eines optischen Resonators.
Optische Resonatoren, die wir im Abschnitt 5.6 näher besprechen, dienen der Speicherung von Lichtenergie, und daher ist die Frage von Interesse, welcher Anteil eines einfallenden Lichtfeldes in den Resonator eingekoppelt wird. Diese Frage läßt sich mit den gerade angestellten Überlegungen beantworten.

Besonders wichtig ist auch hier wieder der Resonanzfall $\delta = 0$, für den wir die Relationen

$$\frac{I_r}{I_{\mathrm{ein}}} = \left(\frac{T'+A-T}{T'+A+T}\right)^2 \quad \text{und} \quad \frac{I_{\mathrm{tr}}}{I_{\mathrm{ein}}} = \frac{4TT(1-A)}{(T'+A+T)^2}$$

finden. Auch die im Resonator zirkulierende Leistung ist nach $I_{\mathrm{Res}} = I_t/T'$ leicht zu ermitteln und in Abb. 5.15 vorgestellt. Das Maximum der eingekop-

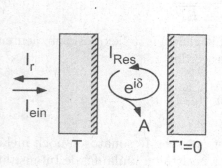
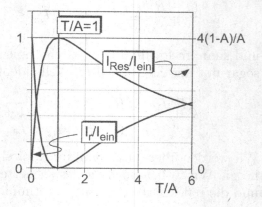

Abb. 5.15 *Einfluß der Verluste auf die Ankopplung eines Fabry-Perot-Resonator im Resonanzfall $\delta = 0$.*

pelten Leistung wird bei $T/A = 1$ erreicht, und die dort im Resonator zirkulierenden Leistung ist für kleine A proportional zu $1/A$. Die externen Verluste (durch den Einkoppel-Spiegel) sind in diesem Fall gerade gleich den internen

Verlusten. Diese Situation ist bei Resonatoren ganz allgemein bekannt: Nur bei perfekter „Impedanz-Anpassung" wird alle einfallende Leistung in den Resonator gekoppelt, ansonsten ist man im Bereich der Über- oder Unterkopplung.

5.5.1   Freier Spektralbereich, Finesse und Auflösungsvermögen

Das Fabry-Perot-Interferometer liefert nach (5.11) eine periodische Serie von Transmissionslinien als Funktion der Frequenz $\omega = ck$ des eingestrahlten Lichtfeldes. Der Abstand benachbarter Linien entspricht aufeinanderfolgenden Ordnungen N und $N+1$ und wird als „freier Spektralbereich" (engl. free spectral ránge, FSR) Δ_{FSR} bezeichnet:

$$\Delta_{\mathrm{FSR}} = \nu'_{N+1} - \nu_N = \frac{c}{2n\ell} = \frac{1}{\tau_{\mathrm{Um}}} \quad . \tag{5.18}$$

Der Freie Spektralbereich entspricht auch gerade der inversen Umlaufzeit τ_{Um} des Lichtes im Interferometer.

Wenn der Zwischenraum zwischen den Spiegeln leer ist ($n = 1$), gilt noch einfacher $\Delta_{\mathrm{FSR}} = c/2\ell$. Typischerweise werden Fabry-Perot-Interferometer mit cm-Abständen verwendet, deren freie Spektralbereiche nach

$$\Delta_{\mathrm{FSR}} = \frac{15\,\mathrm{GHz}}{\ell/\mathrm{cm}}$$

berechnet werden und i. Allg. einige 100 MHz bis einige GHz betragen.

Das Fabry-Perot-Interferometer kann nur dann für Messungen verwendet werden, wenn man die Periodizität, die zu Überlagerungen verschiedener Ordnungen führt, erkennen kann. Wenn das der Fall ist, dann wird das Auflösungsvermögen zwischen zwei eng benachbarten Frequenzen durch die Breite der Transmissionsmaxima bestimmt. Sie läßt sich aus (5.15) näherungsweise berechnen, wenn man berücksichtigt, daß die meisten Interferometer große F-Koeffizienten besitzen. Dann kann man die Sinusfunktion durch ihr Argument ersetzen,

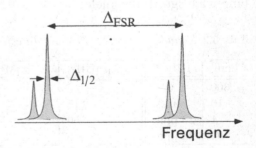

Abb. 5.16 *Freier Spektralbereich und Halbwertsbreite im Fabry-Perot-Resonator.*

$$I_{\mathrm{tr}} \simeq \frac{I_{\mathrm{ein}}}{1 + F(\delta/2)^2} \quad .$$

Wenn man annimmt, daß sich zwei Spektrallinien dann trennen lassen, wenn ihre Halbwertsbreiten $\delta_{1/2}$ nicht überlappen, dann wird die kleinste noch auflösbare Phasendifferenz aus $\delta_{1/2} = 2 \cdot 2 / F^{1/2} = 4 / F^{1/2}$ bestimmt. Die zur Verschiebung notwenige Frequenzdifferenz $\Delta_{1/2}$ berechnet man mit $\Delta_{1/2} = c \delta k_{1/2} / 2\pi$ nach $\delta_{1/2} = 2n\ell\delta k_{1/2} = 2\pi\Delta_{1/2}/\Delta_{\mathrm{FSR}}$ und man erhält für Spiegelpaare identischer Reflektivität

$$\frac{\Delta_{\mathrm{FSR}}}{\Delta_{1/2}} = \frac{\pi\sqrt{R}}{1-R} =: \mathcal{F} \quad . \tag{5.19}$$

Das Verhältnis $\mathcal{F} = \Delta_{\mathrm{FSR}}/\Delta_{1/2}$ von freiem Spektralbereich und Auflösung läßt sich leicht wie in Abb. 5.16 von einem Oszillographen-Schirm ablesen. Dieses Maß ist gebräuchlicher als der Finesse-Koeffizient F und wird als *Finesse* bezeichnet. Der Zusammenhang lautet

$$\mathcal{F} = \frac{\pi}{2}\sqrt{F} \tag{5.20}$$

Die interferometrische Auflösung liegt tatsächlich noch wesentlich höher, nämlich bei

$$\mathcal{R} = \nu_N / \Delta_{1/2} = N\Delta_{\mathrm{FSR}}/\Delta_{1/2} = N\mathcal{F}$$

und kann leicht den Wert von $\mathcal{R} > 10^8$ überschreiten.

Beispiel: Auflösung von Fabry-Perot-Interferometern Wir haben in Tab. 5.2 Kenndaten typischer FP-Interferometer zusammengestellt, die auch schon für das nächste Kapitel, bei ihrer Verwendung als optische Resonatoren, eine wichtige Rolle spielen.

Tab. 5.2 *Kenndaten von Fabry-Perot-Interferometern*

ℓ [mm]	1-R=T	Δ_{FSR} [GHz]	$\Delta_{1/2}$ [MHz]	$\mathcal{F}$	Q @ 600 nm	τ_{Res} (ms)
300	1%	0,5	1,7	300	$3\,10^8$	0,1
10	0,1%	15	5	3000	10^8	0,03
1	20 ppm	150	1	150.000	$5\,10^8$	0,15
100	20 ppm	1,5	0,01	150.000	$5\,10^{10}$	15

In der Tabelle fällt auf, daß die Halbwertsbreite $\Delta_{1/2}$ stets von ähnlicher Größenordnung ist. Der Grund dafür ist die praktische Anwendbarkeit mit kontinuierlichen Laserlichtquellen im Labor, die typischerweise Linienbreiten von 1 MHz besitzen.

5.6 Optische Resonatoren

Laserstrahlung wird meistens in optischen Resonatoren erzeugt, schon allein deshalb sind sie von Bedeutung. Allgemeiner sind optische Resonatoren Objekte, in denen das Lichtfeld gespeichert werden kann, gewöhnlich in Form einer Stehwelle.

Ganz besonders wichtig sind Fabry-Perot-Interferometer als optische Resonatoren (engl. *optical cavities*), die für den Bau von Laserresonatoren benötigt werden oder als optische Spektrum-Analysatoren (Einzelheiten dazu finden sich in Abschn. 7.1.7) breite Verwendung finden.

5.6.1 Dämpfung optischer Resonatoren

Ein elektromagnetischer Resonator speichert Strahlungsenergie. Er wird einerseits durch das Spektrum seiner Resonanzfrequenzen oder Moden ν_{qmn} charakterisiert, andererseits durch deren Zerfalls- oder Dämpfungszeiten τ_{Res}, die sich auf die gespeicherte Energie $\mathcal{E} \propto E^2$ beziehen,

$$\frac{1}{\mathcal{E}}\frac{d\mathcal{E}}{dt} = \frac{2dE/dt}{E} = -1/\tau_{Res} \quad .$$

Wir können den Verlust näherungsweise ermitteln, indem wir die Spiegelreflektivitäten $(R = r^2)$ und sonstige Verluste $(A = (1 - t_0)^2)$ auf einen Umlauf $\tau_{Um} = \Delta_{FSR}^{-1}$ verteilen,

$$\frac{\Delta E}{E\tau_{Um}} \simeq \frac{1}{2}\ln\left((1 - A)RR'\right) = \ln\sqrt{(1 - A)RR'}$$

Daraus gewinnt man den Zusammenhang

$$\tau_{Res} = -\frac{\tau_{Um}}{\ln\sqrt{(1 - A)RR'}} \simeq \frac{\tau_{Um}}{1 - \sqrt{(1 - A)RR'}} \quad ,$$

der wiederum durch

$$\Delta_{1/2} = \frac{\nu}{Q} = \frac{1}{2\pi\tau_{Res}}.$$

mit dem Q-Faktor bzw. der Halbwertsbreite $\Delta_{1/2}$ verknüpft ist. Für $A \to 0$ und $R = R'$ geht dieses Ergebnis in das Resultat 5.19 über. Die Resonator-Dämpfungszeit τ_{Res} bestimmt das Anschwing- und Abklingverhalten optischer Resonatoren. In Tab. 5.2 haben wir für einige Resonatoren Q-Werte und Schwingzeiten angegeben, wobei wir angenommen haben, daß die absorptiven Verluste gegenüber der Auskopplung vernachlässigbar sind.

5.6.2   Moden und Modenanpassung

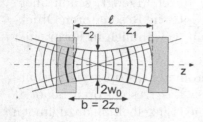

Abb. 5.17 *Gaußwelle und Reso-*
natorspiegel.

Aus Stabilitätsgründen werden beim Bau von Resonatoren nicht mehr ebene, sondern gekrümmte Spiegelflächen verwendet[2]. Mit unserer Kenntnis über Gaußstrahlen aus Abschn. 2.3 können wir auch sofort angeben, wie ein geeigneter Resonatormode aussehen muß: Die Spiegeloberflächen müssen an ihrer Position gerade den Krümmungen der Wellenfronten entsprechen (s. Abb. 5.17).

Ob Resonatoren stabil oder instabil arbeiten, können wir wieder mit den $ABCD$-Gesetzen der Strahlenoptik untersuchen. Ein Spiegelpaar ist dem periodischen Linsensystem aus Abschn. 1.9.5 vollständig äquivalent, wenn wir die Brennweiten $f_{1,2}$ durch die Radien $R_{1,2}/2$ ersetzen. Dann erhalten wir aus Gl.(1.27) das Stabilitätsdiagramm (Abb. 1.21 auf S. 27) für optische Resonatoren nach

$$0 \le \left(1 - \frac{\ell}{R_1}\right)\left(1 - \frac{\ell}{R_2}\right) \le 1 \tag{5.21}$$

Kenndaten eines Resonators aus zwei Spiegeln sind deren Radien $R_{1,2}$ und seine Länge ℓ. Zwischen den Spiegeln entwickelt sich eine stehende Gaußwelle mit dem konfokalen Parameter $b = 2z_0$ und der Strahltaille w_0. Die Spiegeloberflächen befinden sich an den Positionen $z_{1,2}$, deren Abstand gerade der Resonatorlänge entspricht,

$$\ell = z_1 + z_2$$

Die Gesamtlösung der Gaußschen Moden wird nach Gl.(2.27) und Gl.(2.37) beschrieben,

$$E_{mn}(x,y,z) = \mathcal{E}_0 \frac{w_0}{w(z)} \mathcal{H}_m(\sqrt{2}x/w(z))\mathcal{H}_n(\sqrt{2}y/w(z)) \times$$
$$\exp\left\{-((x^2+y^2)/w(z))^2\right\} \exp\left\{ik(x^2+y^2)/2R(z)\right\} \times \tag{5.22}$$
$$\exp\left\{-i(kz - (m+n+1)\eta(z))\right\}.$$

In der mittleren Zeile steht die geometrische Form der Gaußschen Grundlösung, die durch $(R(z), w(z))$ bzw. (z_0, w_0) charakterisiert wird. Höhere Moden verursachen eine transversale Modulation $\mathcal{H}_{m,n}$ dieser Grundform (obere Zeile), und die Phase wird auf der z-Achse allein durch die Gouy-Phase bestimmt. Wir können uns daher zunächst auf die geometrische Anpassung der Wellenfronten konzentrieren, die durch $R(z)$ nach Gl.(2.22) beschrieben werden.

---

[2]Auch instabile Resonatoren finden aber Verwendung z.B. beim Bau von Hochleistungslasern [156]

Bei $z_{1,2}$ müssen die Radien der Wellenfronten gerade den Krümmungsradien der Spiegel entsprechen,

$$R_{1,2} = \frac{1}{z_{1,2}}(z_{1,2}^2 + z_0^2) = z_{1,2} + \frac{z_0^2}{z_{1,2}} \quad .$$

Mit Hilfe von

$$z_{1,2} = \frac{R_{1,2}}{2} \pm \sqrt{R_{1,2}^2 - 4z_0^2}$$

können wir dann die Parameter der Gaußwelle (z_0, w_0) durch die Resonatorkenngrößen (R_1, R_2, ℓ) ausdrücken,

$$z_0^2 = \frac{-\ell(R_1 + \ell)(R_2 - \ell)(R_2 - R_1 - \ell)}{(R_2 - R_1 - 2\ell)^2} \quad , \qquad (5.23)$$

$$w_0^2 = \frac{\lambda z_0}{n\pi} \quad .$$

Bei der Auswertung dieser Formel muß man berücksichtigen, daß nach den Konventionen für ABCD-Matrizen (S. 22) Spiegeloberflächen mit Zentrum links bzw. rechts von der Oberfläche verschiedene Vorzeichen haben.

Bei der Anregung eines Resonatormodes müssen die Strahlparameter (z_0, w_0) schon für die eingestrahlte Welle eingestellt werden. Ist diese Bedingung, die „Modenanpassung", nicht erfüllt, wird nur der Teil des Feldes eingekoppelt, der dem Überlapp mit dem Resonator-Mode entspricht.

5.6.3 Resonanzfrequenzen optischer Resonatoren

Ein Resonator wird durch das Spektrum seiner Resonanzfrequenzen gekennzeichnet, und vom FP-Resonator erwarten wir ein äquidistantes Raster von Transmissionslinien im Abstand des freien Spektralbereichs Δ_{FSR}. Für eine genauere Analyse müssen wir den Phasenfaktor (die Gouy-Phase, letzte Zeile Gl.(5.22) bzw. Gl.(2.23)) berücksichtigen. Die Phasendifferenz muß wieder ein ganzzahliges Vielfaches von π betragen,

$$\Phi_{mn}(z_1) - \Phi_{mn}(z_2) = q\pi = k(z_1 - z_2) - (m+n+1)(\eta(z_1) - \eta(z_2)). \quad (5.24)$$

Mit $\ell = z_1 - z_2$ und $\eta(z) = \tan^{-1}(z/z_0)$ finden wir zunächst

$$k_{qmn}\ell = q\pi + (m+n+1)\left[\tan^{-1}\frac{z_1}{z_0} - \tan^{-1}\frac{z_2}{z_0}\right] \quad .$$

Die Resonanzfrequenzen ν_{qmn} bestimmen wir aus $k_{qmn}\ell = 2\pi n\nu_{qmn}\ell/c = \pi\nu_{qmn}/\Delta_{\mathrm{FSR}}$ und führen die Resonator-Gouy-Frequenzverschiebung

$$\Delta_{\mathrm{Gouy}} = \left[\tan^{-1}\frac{z_1}{z_0} - \tan^{-1}\frac{z_2}{z_0}\right]\frac{\Delta_{\mathrm{FSR}}}{\pi}$$

ein, die zwischen 0 und Δ_{FSR} variiert. Wir erhalten das übersichtliche Ergebnis

$$\nu_{qmn} = q\Delta_{\text{FSR}} + (m+n+1)\Delta_{\text{Gouy}} \quad .$$

Es zeigt ein Modenspektrum, das eine grobe Einteilung nach dem freien Spektralbereich Δ_{FSR} zeigt. Die Feinstruktur wird von ebenfalls Resonanzlinien im Abstand Δ_{Gouy} bestimmt.

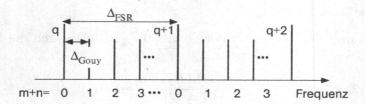

Abb. 5.18 *Modenspektrum eines Fabry-Perot-Resonators.*

5.6.4 Symmetrische Resonatoren

Wir wollen nun den Spezialfall eines symmetrischen optischen Resonators untersuchen, der aus zwei identischen Spiegeln besteht, $R_2 = R = -R_1$. Dann wird die Form von (5.23) stark vereinfacht und läßt sich interpretieren,

$$z_0^2 = \frac{(2R-\ell)\ell}{4} \quad \text{und} \quad w_0^2 = \frac{\lambda}{2\pi n}\sqrt{(2R-\ell)\ell} \tag{5.25}$$

Die Länge des symmetrischen Resonators kann von $\ell = 0$ bis $2R$ variiert werden, dort wird der Stabilitätsbereich verlassen.

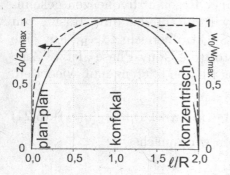

Abb. 5.19 *Rayleighlänge und Strahltaille im symmetrischen optischen Resonator.*

Die Strahlparameter der Gaußwelle im symmetrischen Resonator, $(z_0,\ w_0)$, sind in Abb. 5.19 vorgestellt und dazu auf die Maximalwerte $z_{0max} = R/2$ und $w_{0max} = (\lambda R/4\pi n)^{1/2}$ normiert worden. Die Instabilität des plan-planen und des konzentrischen Resonators drückt sich hier auch in der empfindlichen Abhängigkeit der Moden-Parameter vom ℓ/R-Verhältnis aus.

Die Gouy-Phase hängt im symmetrischen Resonator nach

$$\Delta_{\text{Gouy}} = \Delta_{\text{FSR}}\,\frac{2}{\pi}\tan^{-1}\left(\frac{\ell}{2R-\ell}\right)^{1/2}$$

von Länge und Krümmungsradius ab.

5.6.5 Wichtige Spezial-Resonatoren

Die drei Spezialfälle $\ell/R = 0, 1, 2$ verdienen besondere Aufmerksamkeit, denn sie entsprechen gerade den ebenen, konfokalen und konzentrischen Resonatoren.

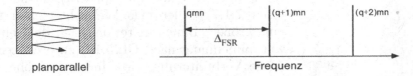

Abb. 5.20 *Strahlengang und Resonanzfrequenzen des planparallelen Resonators.*

Planparalleler Resonator: $\ell/R = 0$. Das Fabry-Perot-Interferometer oder Etalon, das im vorangehenden Kapitel beschrieben wurde, entspricht genau diesem Grenzfall. Wie wir aus Abb. 1.21 wissen, ist er hinsichtlich der Stabilität ein Grenzfall. Im praktischen Einsatz spielt dabei auch eine Rolle, daß polierte ebene Oberflächen aus technischen Gründen immer eine geringe konvexe Krümmung besitzen, ein FPE aus zwei „ebenen" Spiegeln also stets zur Instabilität tendiert.

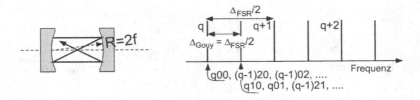

Abb. 5.21 *Strahlengang und Resonanzfrequenzen des konfokalen Resonators.*

Konfokaler Resonator: $\ell/R = 1$. Wenn die Brennpunkte der beiden Resonatorspiegel ($f = R/2 = \ell/2$) zusammenfallen, ist die Konfiguration des konfokalen Resonators erreicht. (Dabei müssen die Radien $R_{1,2}$ nicht unbedingt wie im symmetrischen Fall identisch sein.) In diesem Fall sind die Moden bei zwei je hoch entarteten Frequenzpositionen angeordnet, deren Abstand

$$\Delta_{\text{FSR}}^{\text{konfok}} = c/4n\ell \tag{5.26}$$

beträgt. Die hohe Entartung besitzt ihr strahlenoptisches Analogon in der Beobachtung, daß paraxiale Trajektorien nach 2 Umläufen geschlossen sind.

Wenn man den konfokalen Resonator ohne Modenanpassung bestrahlt, werden viele transversale Moden angeregt und man beobachtet den Abstand (5.26) als effektiven freien Spektralbereich und nicht $c/2n\ell$. Wenn man die Länge des konfokalen Resonators geringfügig von der perfekten Position $\ell/R = 1$

verschiebt, beobachtet man das Hervortreten der Moden wie in Abb. 5.22 angedeutet.

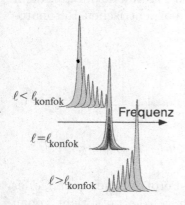

Abb. 5.22 *Spektrum nahezu konfokaler Resonatoren.*

Die hohe Entartung macht den konfokalen Resonator besonders unempfindlich in der Handhabung und geeignet für Spektralanalyse (s. Abschn. 7.1.7). Allerdings beobachtet man i. Allg. eine größere Linienbreite, als nach dem einfachen Zusammenhang nach Gl.(5.19) zu erwarten wäre. Diese Verbreiterung wird durch die höheren Moden verursacht, die zunehmend höhere Dämpfung erleiden und nur in der paraxialen Näherung exakte Entartung aufweisen.

Konzentrischer Resonator $\ell/R = 2$. Dieser Resonator ist offensichtlich sehr empfindlich von den genauen Positionen der Spiegel abhängig, er führt aber zu einer sehr scharfen Fokussierung, die das Beugungslimit erreicht. In Laserresonatoren werden nahezu konzentrische Teilelemente verwendet, um eine hohe Verstärkungsdichte zu erreichen.

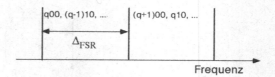

Abb. 5.23 *Strahlengang und Resonanzfrequenzen des konzentrischen Resonators.*

Exkurs: Mikro-Resonatoren

Neuerdings ist man auch an sehr kleinen Bauformen optischer Resonatoren interessiert, die nur Abmessungen von wenigen μm besitzen. Weil das Strahlungsfeld in einem sehr kleinen Volumen gespeichert wird, kann darin eine sehr starke Kopplung von Strahlungsfeld und Materie erreicht werden.

Die äußere Ankopplung ist bei solchen Resonatoren aber nicht einfach, weil sich die Richtung der Emission nicht sehr einfach kontrollieren läßt. Kürzlich wurden in diesem Zusammenhang ovale[3] Resonatoren untersucht [131], die durch ihre Form dieses Problem lösen helfen.

In Abb. 5.24 wird die berechnete Intensitätsverteilung für einen zylindersymmetrischen, einen elliptischen und einen ovalen Resonator gezeigt. Man erkennt insbesondere am ovalen Resonator den Zusammenhang mit den aus der Strahlenoptik entlehnten Bildern.

---

[3]Das sind gerade nicht elliptische Resonatoren, die sich analytisch behandeln lassen und ein diskretes Spektrum zeigen.

 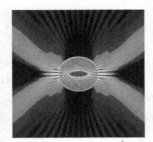 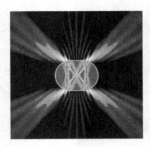

Abb. 5.24 *Lichtverteilung in kreisrunden, elliptischen und ovalen Mikroresonatoren. Mit der freundlichen Erlaubnis von Dr. J. Noeckel [131].*

5.7 Dünne optische Schichten

Dünne optische Schichten spielen eine große Rolle bei Anwendungen, denn dielektrische Entspiegelungen und Vergütungen sind seit langem in die Alltagswelt eingedrungen. Wir wollen uns auf die Interferenzphänomene an dünnen Schichten beschränken und müssen zum Beispiel die wichtigen materialwissenschaftlichen Aspekte zu deren Herstellung fast gänzlich ignorieren.

Metallische Spiegel verursachen bei der Reflexion sichtbarer Wellenlängen Verluste von 2–10%, mehr als viele Lasersysteme tolerieren können, um auch nur die Schwelle zu überwinden. Mit einer Vielzahl transparenter Materialien lassen sich dielektrische Schichtsysteme mit strukturierter Brechzahl herstellen, die kontrollierbare Reflektivitäten zwischen 0 und 100% ermöglichen. Bei sehr hoher Reflektivität spezifiziert man Transmission und Absorption, die im besten Fall nur noch wenige *ppm* betragen!

5.7.1 Einfache Schichten

Wir betrachten die Einfachschicht aus Abb. 5.25 und bestimmen die reflektierte Welle $E_r = r_1 E_i + t_1 r_2 E_i$. Man rechnet mit den bekannten Formeln für die Reflexionskoeffizienten aus Abschn. 3.1.1 leicht nach, daß die reflektierte Welle bei senkrechtem Einfall die Form

$$E_r = \left(\frac{1-n_1}{1+n_1} + \frac{4n_1}{(1+n_1)^2} \frac{n_1-n_2}{n_1+n_2} e^{i2kn_1 d} \right) E_i$$

$$\simeq \left(\frac{1-n_1}{1+n_1} + \frac{n_1-n_2}{n_1+n_2} e^{i2kn_1 d} \right) E_i \tag{5.27}$$

besitzt. Die Vereinfachung in der zweiten Zeile wird durch die Vernachlässigung der geringen Abweichung des Transmissionsfaktors $4n_1/(1+n_1)^2$ von 1 im technisch wichtigen Bereich zwischen n=1,3 und n=2 ermöglicht (s. Abb. 5.25).

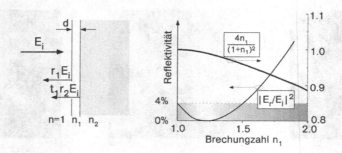

Abb. 5.25 *Reflexion an einer einfachen dünnen Schicht. Links: Schichtensystem. Rechts: Faktor $4n_1/(1+n_1)^2$ und Wirkung einer Einfachschicht auf Glas mit $n = 1{,}5$ bei optimaler Schichtdicke $d = \lambda/4n_1$.*

Schon mit nur einer dünnen dielektrischen Schicht erreicht man gute Ergebnisse in der Vergütung optischer Gläser. Für technisch anspruchsvollere Anwendungen werden aber Schichtensysteme mit vielen Schichten benötigt.

Unterdrückte Reflexion: Vergütung, AR-Schicht, $\lambda/4$-Schicht

Die dünne Schicht aus Abb. 5.25 wird als $\lambda/4$-Schicht mit $d = \lambda/4$ ausgelegt, und außerdem wählen wir $n_1 < n_2$, so daß wegen der Reflexion am dichteren Medium gilt $\exp(2ikd) = -1$. Diese im Vergleich zum Substrat niedrigbrechende Schicht wird als L-Schicht (von engl. *low*) bezeichnet. Um perfekte Auslöschung der beiden reflektierten Teilwellen zu erreichen, muß die Bedingung

$$\frac{1-n_1}{1+n_1} = \frac{n_1-n_2}{n_1+n_2}$$

erfüllt werden. Sie ist äquivalent zu

$$n_1 = \sqrt{n_2} \ .$$

Die einfachen AR-Schichten (AR: Anti-Reflexion), die zur „Vergütung" von Brillen und Fenstern verwendet werden, reduzieren die Reflexion von Glas von 4% auf typischerweise 0,1–0,5%. MgF_2 kommt dieser Bedingung schon recht nahe und wird daher gerne verwendet.

Tab. 5.3 *Brechzahl von Materialien für dünne dielektrische Schichten*

MgF_2	SiO	TaO_2	TiO_2
1,38	1,47	2,05	2,30

Verstärkung der Reflexion: Hochreflektoren

In diesem Fall wählen wir zunächst eine hochbrechende (H-)Schicht auf einem Substrat mit niederer Brechzahl, d.h. $n_1 > n_2$. Der 180°-Phasensprung bei der Reflexion am dünneren Medium verursacht nun konstruktive Interferenz der beiden Teilwellen, und die Reflektivität wird erhöht. Beispielsweise schraubt eine einzelne TiO_2-$\lambda/4$-Schicht auf Glas (Brechzahlen in Tab. 5.3) die Reflektivität von 4% auf über 30% (s. Abb. 5.27).

5.7.2   Vielfachschichten

Als vereinfachtes Beispiel für eine Vielfachschicht wollen wir einen periodischen Schichtenstapel aus N Elementen betrachten [98]. Wir müssen die Wellenaufspaltung an jeder einzelnen Grenzfläche betrachten (Abb. 5.26):

$$E_j^+ = t_{ij}E_i^+ + r_{ji}E_j^-$$
$$E_i^- = t_{ji}E_j^- + r_{ij}E_i^+$$

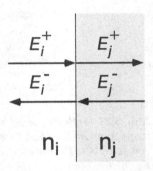

Wir wollen eine von links einfallende Welle betrachten, formulieren aber die Transformationen in umgekehrter Richtung, weil nach der letzten Grenzfläche in Ausbreitungsrichtung keine links laufende Welle mehr auftritt ($E_N^- = 0$).

Abb. 5.26 *Grenzfläche in der Vielfachschicht.*

Das Gleichungssystem läßt sich lösen und günstig in Matrixform für $\mathbf{E}_i = (E_i^+, E_i^-)$ darstellen, wenn wir außerdem $r_{ij} = -r_{ji}$ und $|t_{ij}t_{ji}| + |r_{ij}r_{ji}| = 1$ verwenden,

$$\mathbf{E}_i = \mathbf{G}_{ji}\mathbf{E}_j = \frac{1}{t_{ij}}\begin{pmatrix} 1 & r_{ij} \\ r_{ij} & 1 \end{pmatrix}\begin{pmatrix} E_j^+ \\ E_j^- \end{pmatrix} \ .$$

Bevor wir die nächste Grenzschicht erreichen, erleidet die Welle eine Phasenverschiebung $\varphi = n_j kd$ für die nach rechts bzw. $-\varphi$ für die nach links laufende Welle. Dann lautet die Gesamttransformation von einer Grenzfläche zur nächsten

$$\mathbf{E}_j = \mathbf{\Phi}_{ji}\mathbf{G}_{ji}\mathbf{E}_i = \mathbf{S}_{ji}\mathbf{E}_i \quad \text{mit} \quad \mathbf{\Phi}_{ji} = \begin{pmatrix} e^{-i\varphi} & 0 \\ 0 & e^{i\varphi} \end{pmatrix} \ ,$$

und insbesondere gilt bei N Grenzflächen

$$\mathbf{E}_1 = \mathbf{S}_{1,2}\mathbf{S}_{2,3}...\mathbf{S}_{N-2,N-1}\mathbf{S}_{N-1,N}\begin{pmatrix} E_N^+ \\ 0 \end{pmatrix} = \begin{pmatrix} R_{11} & R_{12} \\ R_{21} & R_{22} \end{pmatrix}\begin{pmatrix} E_N^+ \\ 0 \end{pmatrix} \quad (5.28)$$

Der Zusammenhang zwischen einlaufender, reflektierter und transmittierter Welle ist damit eindeutig festgelegt, und insbesondere läßt sich die Reflektivität aus $|R_{21}|^2/|R_{11}|^2$ berechnen, wenn $\mathbf{R}$ erst einmal bekannt ist. Während eine analytische Lösung mühsam bleibt, bietet sich dazu die numerische Analyse mit dem Computer an. In Abb. 5.27 haben wir die Entwicklung von einer Einfach-Schicht zu einer hochreflektierenden Schicht vorgestellt.

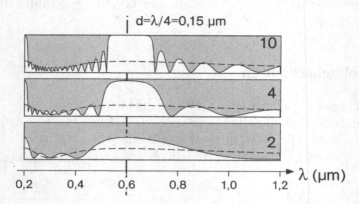

Abb. 5.27 *Wellenlängenabhängige Reflektivität von Vielfachschichten mit 2, 4 und 10 Schichtenpaaren. Im Beispiel haben wir einen Stapel von TiO_2- und Glasschichten mit einer Dicke von jeweils 0,15 μm angenommen. Die gestrichelte Linie bezeichnet die Reflektivität einer Einfach-Schicht. Der 10er-Stapel hat zwischen 0,55 und 0,65 μm eine Reflektivität $R > 99\%$.*

5.8   Holographie

Zu den erstaunlichsten und attraktivsten Möglichkeiten der Optik zählen die Fähigkeit zur Bildwiedergabe, der wir schon ein ganzes Kapitel (4) gewidmet hatten. Unter den verschiedenen Methoden ruft im allgemeinen die Holographie (von griech. *holo*, Vorsilbe für ganz, unversehrt) das größte Erstaunen hervor. Die Attraktion geht von der vollständig dreidimensionalen Wiedergabe eines aufgezeichneten Objektes aus! Wir wollen uns hier auf die Vorstellung der interferometrischen Grundprinzipien der Holographie beschränken und verweisen für ein intensiveres Studium auf die Spezialliteratur [69].

5.8.1   Holographische Aufnahme

Bei der konventionellen Aufnahme eines Bildes, ob es nun noch mit einem altmodischen Film oder mit einer modernen CCD-Kamera geschieht, wird stets die räumliche Intensitätsverteilung des Lichtes auf dem Film oder im Datenregister gespeichert. Bei einer holographischen Aufnahme werden stattdessen Amplitude und Phase des Lichtfeldes registriert, indem das vom Objekt gestreute Lichtfeld, die Signalwelle (Amplitudenverteilung $E_S(x,y) = 1/2\{\mathcal{E}_S(x,y)e^{-i\omega t} + c.c.\}$) mit einer kohärenten Referenzwelle überlagert wird,

$E_R(x,y) = 1/2\{\mathcal{E}_R(x,y)e^{-i\omega t} + c.c.\}$. Es handelt sich also um eine interferometrische Aufnahme eines Objektes, weil das Interferenzmuster die Bildinformation enthält!

Durch die Überlagerung von Bild- und Referenzwelle entsteht die Intensitätsverteilung

$$2I(x,y)/c\epsilon_0 = |E_S + E_R|^2 = |\mathcal{E}_S|^2 + |\mathcal{E}_R|^2 + \mathcal{E}_S\mathcal{E}_R^* + \mathcal{E}_S^*\mathcal{E}_R \qquad (5.29)$$

Dabei haben wir schon angenommen, daß Signal- und Referenzwelle eine hinreichende, wohldefinierte Phasenbeziehung besitzen, weil sie zum Beispiel aus derselben kohärenten Lichtquelle stammen. Andernfalls wären die Mischterme unerwünschten zeitlichen Schwankungen unterworfen. Die Beleuchtungsstärke auf dem Filmmaterial – das gemeinhin nichtlineare Eigenschaften hat – wird so eingestellt, daß man einen linearen Zusammenhang zwischen der Transmission und der Intensitätsverteilung erreicht,

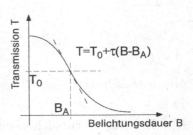

Abb. 5.28 *Die Holographie nutzt den linearen Anteil in der Schwärzung des Filmmaterials.*

$$T(x,y) = T_0 + \tau I(x,y) \quad . \qquad (5.30)$$

Die holographische Aufnahme wird heute, nachdem Laser mit großer Kohärenzlänge routinemäßig verfügbar sind, nach dem *offaxis*-Verfahren von Leith-Upatnieks hergestellt, das in Abb. 5.29 zu sehen ist.

Die historischen Experimente von D. Gabor wurden dagegen als *inline*- oder „Sichtlinien"-Hologramme gewonnen, weil dabei geringere Anforderungen an die Kohärenz der Lichtquelle gestellt werden. Die monochromatische Signalwelle breite sich in der Anordnung von Abb. 5.29 in z-Richtung aus, und die transversale Phasenverteilung $\phi(x,y)$ sei verursacht durch das beleuchtete Objekt,

$$E_S = \mathcal{E}_S e^{-i\omega t} e^{ikz} e^{i\phi(x,y)} \quad .$$

Die (nahezu) ebene Referenzwelle werde mit identischer Frequenz ω unter dem Winkel θ mit der z-Achse eingestrahlt. Der Wellenvektor k besitze die Komponenten $k_z = k\cos\theta$ und $k_y = k\sin\theta$

$$E_R = \mathcal{E}_R e^{-i\omega t} e^{ik_z z_0} e^{ik_y y} \quad .$$

In Anlehnung an Gl.(5.29) erhalten wir in der Ebene P mit $\phi_0 = k_z z_0$ die Intensitätsverteilung

$$I_P(x,y) = I_S + I_R + \{\mathcal{E}_S\mathcal{E}_R^* e^{i\phi_0} e^{-i(k_y y + \phi(x,y))} + c.c.\} \quad . \qquad (5.31)$$

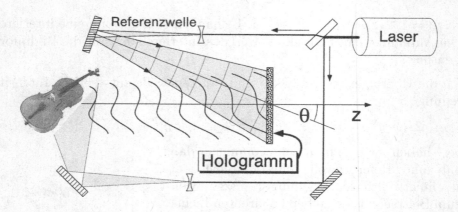

Abb. 5.29 *Aufnahme eines Hologramms nach dem Leith-Upatnieks-Verfahren.*

Alle Beiträge verursachen eine Schwärzung des Filmmaterials. Die Referenzwelle wird im allgemeinen in guter Näherung einer ebenen Welle entsprechen und deshalb eine gleichmäßige Schwärzung verursachen. Die Schwärzung durch die Signalwelle, die wir der Einfachheit halber mit konstanter Amplitude angenommen hatten, wird jedoch im allgemeinen eine inhomogene Intensitätsverteilung verursachen, weil von einem unregelmäßigen Objekt keine ebenen Wellenfronten ausgehen. Dieses Phänomen ist in anderem Zusammenhang auch als „Laser-Speckelmuster" bekannt und wird in Abschn. 5.9 näher besprochen.

5.8.2   Holographische Wiedergabe

Die große Faszination der Holographie tritt erst bei der Wiedergabe zutage, denn der holographische Film – das „Hologramm" – enthält für unser Auge keinerlei Information. Zur Rekonstruktion muß man lediglich das Objekt entfernen und das Hologramm allein mit der Referenzwelle beleuchten. Durch Beugung entstehen dann die Sekundärwellen aus Abb. 5.30. Formal können wir die Sekundärwellen gewinnen, indem wir die Feldverteilung E_{rek} der Rekonstruktion unmittelbar nach Durchtritt durch das Hologramm betrachten. Wir können vier unterschiedliche Beugungswellen U_0, U_0^H und $U_{\pm 1}$ angeben,

$$
\begin{aligned}
E_{rek} &= T(x,y)E_R \\
&= T_0 E_R + \tau E_R I_R &&+ \tau E_R I_S &&+ \tau |E_R|^2 E_S &&+ \tau E_R^2 E_S^* \\
&= U_0(x,y) &&+ U_0^H(x,y) &&+ U_1(x,y) &&+ U_{-1}(x,y)
\end{aligned}
$$

die wir im einzelnen betrachten wollen. Eigentlich ist es sehr kompliziert, das Beugungsfeld des komplizierten Hologramms zu bestimmen. Glücklicherweise können wir aber die einzelnen Beiträge gut mit bekannten Wellenformen identifizieren, die sich auf natürliche Weise aus der lokalen Feldverteilung fortsetzen.

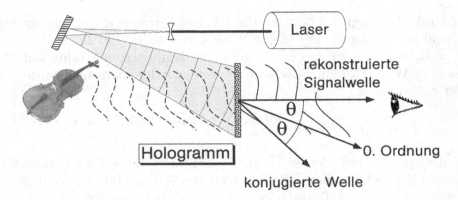

Abb. 5.30 *Wiedergabe eines Hologramms mit Sekundärwellen (vgl. Abb. 5.29).*

0. Ordnung

$$U_0(x,y) = (T_0 + \tau I_R)\mathcal{E}_R e^{-i\omega t} e^{i(k_y y + k_z z)}$$

In 0. Ordnung wird die einfallende Referenzwelle fortgesetzt und nur wegen der Abschwächung mit einem konstanten Faktor $(T_0 + \tau I_R) < 1$ multipliziert.

Halo

$$U_0^H(x,y) = \tau I_S \mathcal{E}_R(x,y) e^{-i\omega t} e^{i(k_y y + k_z z)}$$

Wie schon oben erwähnt, verursacht die Signalwelle eine im allgemeinen inhomogene Schwärzung. Die dadurch verursachte Sekundärwelle propagiert ebenfalls in 0. Ordnung, die Beugung am Speckelmuster führt aber zu einer Verbreiterung im Vergleich zur transmittierten Referenzwelle und wird gelegentlich als „Halo" bezeichnet.

Rekonstruierte Signalwelle

$$U_1(x,y) = \tau \mathcal{E}_S e^{i\phi(x,y)} \mathcal{E}_R \mathcal{E}_R^* e^{-i\omega t} e^{ikz}$$

Offensichtlich ist mit diesem Beitrag bis auf einen konstanten Faktor genau die Signalwelle wiederhergestellt worden! Die rekonstruierte Signalwelle breitet sich in z-Richtung aus, was wir in Analogie zur Beugung am Gitter als 1. Ordnung bezeichnen wollen. Das virtuelle Bild enthält alle Informationen des rekonstruierten Objektes und kann deshalb – innerhalb des Lichtkegels – von allen Seiten betrachtet werden.

Konjugierte Welle

$$U_{-1}(x,y) = \tau \mathcal{E}_R^2 \mathcal{E}_S e^{-i\omega t} e^{-i\phi(x,y)} e^{i(2k_y y + (2k_z - k)z)}$$

In einem Vektordiagramm können wir die Ausbreitungsrichtung des konjugierten Strahls bestimmen. Für kleine Winkel $\theta = k_y/k_z$ gilt $2k_z - k \simeq k_z$ und $k_{conj}^2 = 4k_y^2 + (2k_z - k)^2 \simeq k^2$. Die Achse des konjugierten Strahls läuft daher unter dem Winkel 2θ zur z-Achse und verschwindet spätestens bei $\theta = \pi/4$. In der Schreibweise

$$U_{-1}(x,y) = \tau \mathcal{E}_R^2 \left(\mathcal{E}_S e^{i\phi(x,y)} \right)^* e^{-i(\omega t - k(\sin(2\theta)y + \cos(2\theta)z))}$$

wird die „phasenkonjugierte" Form dieses Strahls im Vergleich zur Objektwelle deutlich. Physikalisch gesehen wird die Krümmung der Wellenfronten invertiert, die Welle läuft also scheinbar rückwärts in der Zeit. Wieder in Anlehnung an die Beugung am Gitter bezeichnet man diese Welle auch als die -1. Beugungsordnung.

Die drei interessierenden Sekundärwellen sind in Abb. 5.30 vorgestellt. Die gebeugten Strahlen lassen sich im Gegensatz zum Sichtlinienhologramm in der off-axis-Holographie geometrisch leicht trennen und beobachten.

5.8.3   Eigenschaften

Hologramme verfügen über einige faszinierende Eigenschaften, die hier aufgezählt werden sollen.

Räumliche Bildwiedergabe. Weil die vom Objekt ausgesandte Signalwelle rekonstruiert wird, erscheint auch das virtuelle Bild, das der Betrachter durch die holographische Platte hindurch sieht, in seiner Räumlichkeit, man kann hinter Kanten und Ecken blicken, falls denn eine Sichtverbindung im beleuchteten Bereich besteht.

Stückweise Rekonstruktion. Aus jedem Bruchstück eines Hologramms läßt sich das gesamte Objekt rekonstruieren. Das scheint zunächst widersprüchlich, wird aber in der Analogie zur Beugung am Gitter schnell klar: Auch dort werden an immer kleineren Bruchstücken stets dieselben Beugungsordnungen beobachtet. Allerdings nimmt die Breite der einzelnen Beugungsordnungen zu, d.h. die Auflösung des Gitters wird verringert, weil die Anzahl der ausgeleuchteten Spalte abnimmt. In ähnlicher Weise nimmt bei der Rekonstruktion aus einem holographischen Bruchstück die Auflösung ab, im Bild verschwinden die feineren Strukturen, während die Gesamtform der Signalwelle erhalten bleibt.

Vergrößerung. Wenn bei der Rekonstruktion einer Objektwelle Licht einer anderen Wellenlänge verwendet wird, dann ändert sich der Abbildungsmaßstab entsprechend.

5.9   Speckelmuster (Laser-Granulation)

Wenn eine matte Wand oder ein rauher Gegenstand mit Laserlicht beleuchtet wird, dann nimmt der Beobachter eine körnige, fleckige Struktur wahr, die bei Beleuchtung mit einer konventionellen Lichtquelle nicht auftritt und offensichtlich durch die Kohärenzeigenschaften des Laserlichtes verursacht wird. Obwohl kohärente Phänomene, Beugung und Interferenz, auch mit gewöhnlichem Licht beobachtet werden können, hat uns doch die Erfindung des Lasers tatsächlich eine ganz neue sinnliche Erfahrung beschert. Aber schon I. Newton hatte erkannt, daß das „Funkeln" der Sterne, das unsere Vorfahren dichterisch überhöht haben, ein kohärentes Phänomen ist, welches durch die Unregelmäßigkeiten der Atmosphäre verursacht wird und deshalb eng mit den Speckelmustern zusammenhängt.

Die körnige, unregelmäßige Struktur wird als „Laser-Granulation", bzw. nach Eindeutschung der Bezeichnung *speckle pattern* (engl. in etwa „Fleckenmuster") Speckelmuster genannt. Von der rauhen, zufällig geformten Oberfläche eines großen Objekts wird eine kohärente Welle mit einer komplizierten Wellenfront reflektiert, wie nach dem Durchgang durch eine Mattscheibe. Vereinfacht können wir uns vorstellen, daß die Lichtstrahlen einer großen Zahl zufällig angeordneter Spalte zur Interferenz kommen. In jeder Ebene entsteht dann ein anderes, eben statistisches Interferenzmuster, und auch jeder Beobachter sieht ein anderes, aber raumfestes Muster.

Die formale Behandlung der Speckelmuster erfordert einigen Aufwand mit den mathematischen Methoden der Statistik, wir behandeln dieses Phänomen mehr der Vollständigkeit halber und werden uns auf einige einfache Aspekte beschränken. Die Laser-Granulation erscheint zunächst als ein unerwünschtes Phänomen, weil sie aber sehr viel Information über die streuenden Oberflächen enthält, eignet sie sich sogar für interferometrische Anwendungen in der Meßtechnik zur Bestimmung winziger Oberflächenveränderungen [75].

Abb. 5.31 *Speckelmuster eines fokussierten Helium-Neon-Laserstrahls nach Durchlaufen einer Streuglasscheibe. Der Fokus wurde von links nach rechts immer weiter in die Scheibe geschoben.*

5.9.1   Reelle und virtuelle Speckel-Muster

Speckel-Muster lassen sich zum Beispiel beobachten, wenn wir einen Laser-strahl aufweiten und von einem diffusen Reflektor auf einen Schirm werfen. Auf der Wand entsteht dabei ein körniges Muster, welches ortsfest ist und sich nur bei Veränderung des Reflektors verändert. Dieses Muster wird allein durch die Mikrostruktur des Reflektors bestimmt und wird reelles oder objektives Speckel-Muster genannt [109]. Es kann durch direkte Belichtung eines Films registriert werden.

Wenn das Muster abgebildet wird, wird es jedoch durch die Abbildung verändert: Es entstehen subjektive oder virtuelle Speckel-Muster, deren Eigenschaften durch die Apertur der abbildenden Optik bestimmt wird, zum Beispiel durch die Pupillengröße unseres Auges. Diese Eigenschaft läßt sich schon mit einem Laserpointer leicht nachvollziehen, mit dem wir eine weiße Wand betrachten: Wenn wir mit unserer Hand ein kleines Loch als künstliche Pupille formen, dann werden die Granulationsflecken mit kleinerem Durchmesser immer gröber.

Eine detaillierte Betrachtung des kohärenten Wellenfeldes ist i. Allg. gar nicht von Interesse. Sinnvolle physikalische Fragestellungen betreffen aber die Intensitätsverteilung in den statistischen Wellenfeldern, die zur Lasergranulation führen, und die charakteristischen Größen der Speckelkörner, auf die wir uns hier beschränken wollen.

5.9.2   Speckelkorngrößen

Die Speckelkorngrößen lassen sich durch eine einfache Überlegung abschätzen [109]. Die Linse einer Abbildungsoptik wird von dem Wellenfeld eines Granulationsmusters mit einer zeitlich festen, aber räumlich zufälligen Verteilung von Phasen ausgeleuchtet. Die charakteristische Skala d des Interferenzmusters wird durch das Auflösungsvermögen der Abbildung bestimmt und erreicht wie in Gl.(2.50) das Rayleigh-Kriterium. Wenn die Wellenfronten aus großer Entfernung auf die Linse fallen, dann werden die aus einer bestimmten Richtung kommenden Strahlen in der Brennebene im Abstand f überlagert. Der Durchmesser der Brennflecke kann daher mit einer kreisförmigen Linse mit der Apertur D nicht kleiner werden als

$$d = 1,22\,\lambda f/D \quad .$$

Bei Verringerung der Aperturgröße wird man also eine Vergröberung des Speckel-Musters erwarten.

Aufgaben zu Kapitel 5

5.1 Interferenzbild des Michelson-Interferometers Das Interferenzmuster am Ausgang eines Michelson-Interfereometers kann man wie folgt verstehen: Ein Beobachter, welcher in den Ausgang blickt, sieht zwei virtuelle Bilder der Lichtquelle, welche in den Eingang des Interferometers eingestrahlt werden. Diese beiden virtuellen Lichtquellen interferieren miteinander und ergeben in der Beobachtungsrichtung je nach (Fehl-) Justierung des Interferometers verschiedene Interferenzmuster.

(a) Vollziehen Sie den Strahlengang nach, welcher zum jeweiligen virtuellen Bild gehört und erklären Sie, warum die Entfernung zwischen den beiden virtuellen Bildern $2(l_1 - l_2 + \lambda/2)$ beträgt. (b) Erklären Sie, unter welchen Bedingungen man das Interferenzmuster (a) beobachtet. (c) Ist das Interferometer nicht perfekt justiert, so kann man auch das Interferenzmuster (b) beobachten. Skizzieren Sie, wie in diesem Fall der Strahlengang verläuft und wie die virtuellen Lichtquellen liegen.

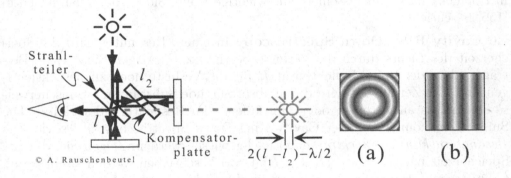

Abb. 5.32

5.2 Lineal-Interferenzen Mit einem Laser kann man schöne Interferenzfiguren schon mit einem einfachen Lineal erzielen. Dazu läßt man den Laser streifend auf das Lineal fallen. Welche Figuren erhalten Sie für die mm- und cm-Markierungen? Wie ist deren Verhältnis? Zöllige Lineale werden häufig mit einer Einteilung nach 1/2, 1/4, 1/8 ... usw. versehen. Wie äußert sich der Unterschied? Warum kann man diese Interferenzen mit einer klassischen Lampe nicht beobachten?

5.3 Ringe am Fabry-Perot-Interferometer Das klassische Fabry-Perot-Interferometer verwendet eine Streuglasscheibe (Abb. 5.13). Die Linse verursacht ringförmige Interferenzringe in der Brennebene. Berechnen Sie die Position der Ringe als Funktion der Linsenbrennweite f.

5.4 Spiegelqualität beim Fabry-Perot-Interferometer Oberflächenrauhigkeiten der Spiegel verursachen Deformationen der Phasenfronten des reflektierten Lichtes. Sie beeinflussen das Auflösungsvermögen eines Fabry-Perot-Interferometers, das durch die Finesse $\mathcal{F}$ (Gl. 5.20) charakterisiert wird. Betrachten Sie als Modell den Einfluß einer Stufe auf der Spiegelfläche mit der Höhe h. Zeigen Sie, daß für $h < \lambda/2\mathcal{F}$ das Auflösungsvermögen nicht nennenswert beeinflusst wird.

5.5 Instabiler konfokaler Resonator Finden Sie die Position der konfokalen Resonatoren mit Radien $\{R_1, R_2\}$ im Stabilitätsdiagramm Abb. 1.21 und zeigen Sie, daß sie mit Ausnahme des symmetrischen Falls $R_1 = R_2$ instabil sind. Wie unterscheiden sich die beiden Äste? Um wieviel ändert der Strahl für $R_1 \neq R_2$ nach jedem Umlauf seinen Querschnitt? Wenn man die Finesse als effektive Zahl der Umläufe des Lichts im Resonator deutet, kann man auch dem instabilen Resonator eine effektive Finesse zuordnen. Wieviele Umläufe werden als Funktion des Radienverhältnisses R_1/R_2 benötigt, um den Strahl auf die doppelte Fläche aufzuweiten? Instabile Resonatoren spielen in Hochleistungslaser-Systemen eine wichtige Rolle. Sie werden ausführlich in [156] beschrieben.

5.6 Cavity Ring Down Spectroscopy In einem Resonator wird die Speicherzeit des Lichts durch die Verluste bestimmt. Überlegen Sie, welche Beiträge neben der Spiegelreflektivität R für die Verluste noch zu berücksichtigen sind. Die Zerfallszeit wird durch absorbierende Substanzen – typischerweise einem Gas aus Atomen oder Molekülen – im Resonatorfeld verkürzt. Die Substanzen können mit der Cavity Ring Down Spectroscopy (dt. soviel wie *Resonatorabklingzeit-Spektroskopie*) nachgewiesen werden. Zeigen Sie, daß die Speicherzeit nach $\tau = (\ell/c)/((1 - R) + \alpha s)$ beschrieben werden kann, wobei ℓ die Resonatorlänge, α der Absorptionskoeffizient, $s < \ell$ die Länge der absorbierenden Substanz ist. Wie hoch muß die Spiegelreflektivität sein, damit man bei einer Resonatorlänge von 50 cm in einen sinnvoll meßbaren Bereich von $\tau > 10\mu s$ gelangt? Wie empfindlich ist die Methode für den Nachweis von Atomen mit einer starken atomaren Resonanzlinie? (Hinweis: Schätzen Sie den Absorptionskoeffizienten α nach Gl. 6.18 ab.)

5.7 Computeranalyse von Vielschichtenspiegeln Schreiben Sie ein Computerprogramm (Empfehlung: Computer-Algebra Programme wie Maple™ oder Mathematica™), um Gl. 5.28 graphisch als Funktion der Wellenlänge oder Frequenz auszuwerten. Untersuchen Sie die Breite des bei λ_0 zentrierten Reflexionsbandes als Funktion der Zahl der Schichtensysteme. Was finden Sie bei $2\lambda_0$ und $3\lambda_0$? Sie können das Programm erweitern, indem Sie die Dispersion der Materialien berücksichtigen.

6   Licht und Materie

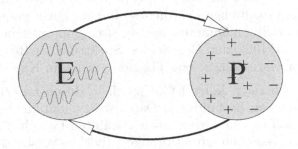

Abb. 6.1 *Elektromagnetische Felder E erzeugen eine Polarisierung P in geladener Materie. Die bewegten Ladungen erzeugen ein Strahlungsfeld und wirken dadurch auf die Felder zurück.*

Eine elektromagnetische Welle beschleunigt elektrisch geladene Teilchen in Gasen, Flüssigkeiten und festen Körpern, sie erzeugt Polarisierungen und Ströme. Die beschleunigten Ladungen verursachen ihrerseits wieder ein Strahlungsfeld, das sich dem eingestrahlten Feld überlagert. Zum Verständnis der makroskopischen optischen Eigenschaften kommt man deshalb nicht ohne eine mikroskopische Beschreibung der Polarisierungseigenschaften der Materie aus, die nur mit der Quantentheorie möglich ist. Dennoch hat die klassische theoretische Physik viele optische Phänomene durch phänomenologische Ansätze erklären können.

Tab. 6.1 *Licht und Materie in der theoretischen Physik*

	Materie	Licht	Atomare Bewegung
Klassische Optik	K	K	K
Quantenelektronik	Q	K	K
Quantenoptik	Q	Q	K
Materiewellen	Q	Q	Q

K = Klassische Physik; Q = Quantentheorie

Die quantentheoretische Beschreibung der Materie hat zur Entwicklung der „Quantenelektronik" (s. Tab. 6.1) geführt, in der die elektromagnetischen Strahlungsfelder zunächst noch klassisch, das heißt mit wohldefinierter Phase und Amplitude, berücksichtigt werden. Diese Behandlung der Strahlungswechselwirkung wird auch „semiklassisch" genannt.

Auch die elektromagnetischen Felder müssen aber quantentheoretisch behandelt werden, wenn man Phänomene wie die berühmte *Lamb shift* verstehen will. Die „Quantenelektrodynamik" oder kürzer QED gilt heute als Modellbeispiel einer modernen physikalischen Feldtheorie. In der „Quantenoptik" im engeren Sinne[1] werden speziell die Quanteneigenschaften von optischen Strahlungsfeldern behandelt [114, 135], zum Beispiel das Spektrum der Resonanzfluoreszenz oder Photonenkorrelationen. Solche Themen werden in Kap. 12 behandelt.

Seit Beginn der achtziger Jahre ist es möglich, durch Laserkühlung die Bewegung von Atomen zu beeinflussen. Dabei wird deren kinetische Energie soweit abgesenkt, daß in einem dermaßen gekühlten Gas ihre Bewegung nicht mehr wie die von klassischen, punktförmigen Teilchen verstanden werden kann, daß vielmehr ihre Schwerpunktsbewegung nach der Quantentheorie behandelt werden muß und als Materiewelle gedeutet werden kann. Im Exkurs auf S. 186 haben wir diese Erklärung schon für die Beugung von Atomstrahlen verwendet. Die Hierarchie der theoretischen Behandlung der Licht-Materie-Wechselwirkung ist in Tab. 6.1 zusammengefaßt.

Wenn man die Wirkung eines Lichtfeldes auf dielektrische Proben beschreiben will, dann reicht die elektrische Dipolwechselwirkung im Allgemeinen aus, weil sie stärker ist als alle anderen Kopplungen, magnetische und Effekte höherer Ordnung vernachlässigt werden können. Die Konzepte der Optik können aber ohne Probleme erweitert werden, wenn man derartige Phänomene theoretisch formulieren will.

6.1   Klassische Strahlungswechselwirkung

6.1.1   Lorentz-Oszillatoren

Ein einfaches und doch sehr erfolgreiches Modell für die Wechselwirkung von elektromagnetischer Strahlung mit polarisierbarer Materie geht auf H. Lorentz (1853–1928) zurück. In diesem Modell werden Elektronen betrachtet, die wie mit einer Feder als kleine Planeten harmonisch an einen ionischen Rumpf gebunden sind und Schwingungen bei optischen Frequenzen ω_0 ausführen. Die

---

[1]Der Begriff Quantenoptik wird im allgemeinen nicht sehr scharf definiert.

klassische Dynamik eines solchen Systems ist wohlbekannt, und der Einfluß des Lichtfeldes äußert sich als treibende elektrische oder magnetische Kraft, die zusätzlich zur Bindungskraft $\mathbf{F}_B = -m\omega_0^2\mathbf{x}$ wirkt.

Weiterhin stellen wir uns vor, daß die Dämpfung des Oszillators durch die Abgabe von Strahlungsenergie geschieht. Dieses Konzept läßt sich in der klassischen Elektrodynamik zwar nicht ganz ohne Widersprüche verfolgen, führt aber in einer Näherung auf die *Abraham-Lorentz-Gleichung*, in der neben der Bindungskraft eine Reibungskraft $\mathbf{F}_R = -m\gamma(d\mathbf{x}/dt)$ auftritt, die eine schwache Dämpfung ($\gamma \ll \omega_0$) verursacht. An dieser Stelle werden die Grenzen der klassischen Elektrodynamik deutlich [134], denn eine konsistente und korrekte Berechnung von γ konnte erst mit Hilfe der Quantenelektrodynamik erreicht werden [171]. Vorläufig reicht es aus, γ als phänomenologische Dämpfungsrate zu betrachten.

Zur Vereinfachung benutzen wir die komplexe Schreibweise für den Bahnradius, $r = x + iy$. Wir betrachten die Bewegungsgleichung des getriebenen Oszillators mit der Ladung q,

$$\ddot{r} + \gamma\dot{r} + \omega_0^2 r = \frac{q}{m}\mathcal{E}e^{-i\omega t} \quad , \tag{6.1}$$

unter dem Einfluß eines treibenden Lichtfeldes $\mathcal{E}e^{-i\omega t}$, das zirkular polarisiert sei. Mit der Versuchsfunktion $r(t) = \rho(t)e^{-i\omega t}$ findet man aus der Säkulargleichung $\rho(-\omega^2 - i\omega\gamma + \omega_0^2) = q\mathcal{E}/m$ die stationäre Lösung $\rho(t) = \rho_0 = $ const. und

$$\rho_0 = \frac{q\mathcal{E}/m}{(\omega_0^2 - \omega^2) - i\omega\gamma} \ .$$

In nahresonanter Näherung ersetzen wir $(\omega_0^2 - \omega^2) \simeq 2\omega(\omega_0 - \omega) = -2\omega\delta$, führen den maximalen Radius $\rho_{max} = q\mathcal{E}/m\omega_0\gamma$ ein und erhalten

$$\rho_0 = \rho_{max}\frac{\gamma/2}{\delta - i\gamma/2} \ .$$

Für die x- und die y-Koordinaten des getriebenen Oszillators gilt

$$r(t) = x + iy = \rho_{max}\frac{\gamma}{2}\frac{\delta + i\gamma/2}{\delta^2 + (\gamma/2)^2}e^{-i\omega t} \quad . \tag{6.2}$$

Wir werden noch sehen, daß x und y im Hinblick auf die Ausbreitung von Licht in polarisierbarer Materie genau den „dispersiven" (x) bzw. „absorptiven" (y) Anteil der Strahlungswechselwirkung angeben. Die Form der Dispersion und die *Lorentz-Kurve* der Absorption sind in Abb. 6.2 vorgestellt. Der positiv ansteigende Ast der Dispersionkurve vor der Resonanzfrequenz ist typisch für transparente optische Materialien, deren elektronische Anregungen jenseits des sichtbaren Spektrums bei UV-Wellenlängen liegen.

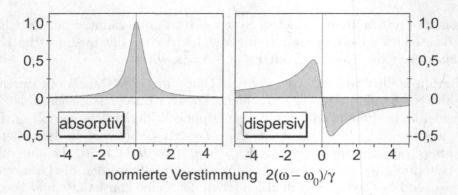

Abb. 6.2 *„Quadratur"-Komponenten des Lorentz-Oszillators, die in Phase (x, absorptiv) bzw. 90° außer Phase (y, dispersiv) mit dem treibenden Feld schwingen. Die Auslenkung ist auf den Maximalwert im Resonanzfall bei δ = 0 normiert.*

Um die Dämpfungsrate abzuschätzen, berechnen wir die Strahlungsleistung näherungsweise nach der aus der Elektrodynamik bekannten Larmorformel für ein geladenes Teilchen, das die Beschleunigung a erfährt,

$$P_{\text{rad}} = \frac{1}{4\pi\epsilon_0} \frac{2q^2}{3c^3} a^2 \quad . \tag{6.3}$$

Die dadurch verursachte Dämpfung wird als Strahlungsrückwirkung bezeichnet und wurde in Gl.(6.1) schon phänomenologisch berücksichtigt. Wir berechnen die Energietransferrate des freien Lorentzoszillator an das Strahlungsfeld $(-P_{\text{rad}})$ aus Gl.(6.1) durch Multiplikation mit $\dot{r}$:

$$\frac{d}{dt}\left(\frac{m\dot{r}^2}{2} + \frac{m\omega_0^2 r^2}{2}\right) + m\gamma\dot{r}^2 = P_{\text{rad}} + m\gamma\dot{r}^2 = 0.$$

Wenn die Dämpfung sehr schwach ist $(\omega_0 \gg \gamma)$, können wir annehmen, daß während einer Oszillationsperiode $2\pi/\omega_0$ die Amplitudenänderung von r vernachlässigbar ist. Dann können wir $\ddot{r} = \omega_0^2 r$ und $\dot{r} = \omega_0 r$ ersetzen, und der Vergleich des Energieverlustes durch Reibung bzw. Abstrahlung nach (6.3) ergibt

$$\gamma = \frac{q^2\omega_0^2}{6\pi\epsilon_0 c^3 m} \qquad \text{und} \qquad \rho_{\text{max}} = \frac{3\epsilon_0\lambda^3}{4\pi^2 q}\mathcal{E}. \tag{6.4}$$

Dieses Resultat wird häufig verwendet, um den sogenannten *klassischen Elektronenradius* [55, 134] einzuführen, mit $q = -e$:

$$r_{\text{el}} = \frac{e^2/4\pi\epsilon_0}{2mc^2} = 1.41 \times 10^{-15}\,\text{m} \qquad \text{mit} \qquad \gamma = \frac{4}{3}\frac{r_{\text{el}}c}{\lambda^2}.$$

Damit können wir das komplexe Dipolmoment eines einzelnen Teilchens aus

$d = qr$ nach Gl.(6.2, 6.4) gewinnen,

$$d(t) = qr(t) = \frac{3\lambda^3}{4\pi^2} \frac{i + 2\delta/\gamma}{1 + (2\delta/\gamma)^2} \epsilon_0 \mathcal{E} e^{-i\omega t} \quad . \tag{6.5}$$

Häufig wird auch die Polarisierbarkeit α verwendet. Sie ist definiert durch

$$d(t) = \alpha\mathcal{E} \quad .$$

Sowohl in der x- als auch der y-Komponente tritt zwischen elektrischem Feld und Dipolmoment eine Phasenverzögerung ϕ auf, die nur von der Dämpfungsrate γ und der Verstimmung $\delta = -(\omega_0 - \omega)$ abhängt (Abb. 6.3),

$$\phi = \arctan \gamma/2\delta \quad . \tag{6.6}$$

Die Phasenlage zeigt das bekannte Verhalten eines getriebenen Oszillators, nämlich gleichphasige Anregung bei zu kleinen („roten") Frequenzen, 90° Nachlauf im Resonanzfall und Gegentakt bei zu hohen („blauen") Frequenzen.

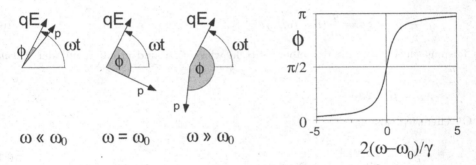

Abb. 6.3 *Phasenlage des Lorentz-Oszillators im eingeschwungenen Zustand: Bei kleinen Frequenzen schwingen treibendes Feld und Dipol in Phase, im Resonanzfall läuft der Dipol dem Feld um 90° nach, bei großen Frequenzen schwingt er gegenphasig.*

Aus Gl.(6.1) können wir auch die zeitabhängige Gleichung für $\rho(t)$ gewinnen. Wir nehmen an, daß sich $\rho(t)$ nur langsam ändert, d.h. $\ddot{\rho} \ll \omega\dot{\rho}$ etc., und erhalten dann näherungsweise

$$\dot{\rho} + \left(i\delta + \frac{\gamma}{2}\right)\rho = -i\frac{q\mathcal{E}}{2m\omega} \quad ,$$

wobei wir auch noch $i\omega + \gamma/2 \simeq i\omega$ verwendet haben. Dieses Gleichungssytem besitzt schon große Ähnlichkeit mit dem Ergebnis der Quantenmechanik, das wir auf S. 241 diskutieren: Dort werden wir Blochvektor-Komponenten finden, die große formale Ähnlichkeit mit den hier eingeführten Dipolkomponenten (u, v) besitzen, wenn wir $\rho = u + iv$ setzen:

$$\begin{aligned} \dot{u} &= \quad \delta v - \frac{\gamma}{2}u \\ \dot{v} &= \quad -\delta u - \frac{\gamma}{2}v - \frac{q\mathcal{E}}{2m\omega} \end{aligned} \quad . \tag{6.7}$$

Wir können diese Gleichung noch um

$$\frac{d}{dt}(u^2 + v^2) = -\gamma(u^2 + v^2) - \frac{q\mathcal{E}}{m\omega}\, v \tag{6.8}$$

ergänzen und erhalten damit eine Beziehung, die die Anregungsenergie des Systems beschreibt und zur dritten optischen Blochgleichung für die w-Komponente der Besetzungszahldifferenz (s. Gl.(6.32)) analog ist.

Exkurs: Lorentz-Oszillator im magnetischen Feld

Wenn ein magnetisches Feld die Bewegung der Ladung beeinflußt, dann tritt in der Bewegungsgleichung (6.1) auch die Lorentzkraft auf, die hier $\mathbf{F}_{\text{Lor}} = q\dot{\mathbf{x}} \times \mathbf{B}$ lautet. Wenn ihr Einfluß auf die Dynamik gering ist, $|q\mathbf{B}|/m \ll \omega_0$, dann verursachen die Anteile des magnetischen Feldes in der xy-Ebene eine Drehung der Bahnebene, während die B_z-Komponente die Eigenfrequenz des Oszillators modifiziert. Die vollständige Bewegungsgleichung lautet nun

$$\ddot{\rho} + \gamma\dot{\rho} + \omega_0^2\rho = \frac{q}{m}\left(\mathcal{E} + i\dot{\rho}B_z\right)e^{-i\omega t} \quad . \tag{6.9}$$

Die Lösung suchen wir mit denselben Mitteln wie vorher und erhalten mit der *Larmor-Frequenz*

$$\omega_L = qB_z/2m$$

die Gleichgewichtslösung

$$\rho_0 = \frac{\rho_{\max}\gamma/2}{(\omega_0 - \omega_L - \omega) - i\gamma} \quad . \tag{6.10}$$

In Gl.(6.2–6.5) muß man daher lediglich die Eigenfrequenz ω_0 durch den modifizierten Wert $\omega_0 - \omega_L$ ersetzen und die Ergebnisse ansonsten übernehmen. Mit dieser Theorie konnte H. Lorentz den Zeeman-Effekt, die Verschiebung und Aufspaltung atomarer Resonanzlinien durch äußere Magnetfelder, deuten.

Wir wollen noch die Wirkung eines transversalen Magnetfeldes auf die Bewegung des Elektrons studieren. Dazu multiplizieren wir Gl.(6.9) mit $\mathbf{x}\times$ und erhalten dabei eine neue Gleichung für den elektronischen Drehimpuls $\mathbf{L} = m\mathbf{x}\times\dot{\mathbf{x}}$. Genau genommen ergibt $m\mathbf{x}\times(\dot{\mathbf{x}}\times\mathbf{B}) = \mathbf{L}\times\mathbf{B} + m\dot{\mathbf{x}}\times(\mathbf{x}\times\mathbf{B})$, aber bei statischen Feldern verschwindet der zweite Term, bei Wechselfeldern entspricht er einer relativistischen Korrektur erster Ordnung $(v/c)\mathbf{d}\times\mathbf{E}$ und kann vernachlässigt werden:

$$\frac{d}{dt}\mathbf{L} + \gamma\mathbf{L} = \mathbf{d}\times\mathbf{E} + \frac{q}{m}\mathbf{L}\times\mathbf{B} \quad .$$

Man erkennt an dieser Gleichung, daß sowohl das zirkular polarisierte elektrische Lichtfeld als auch ein transversales statisches Feld ($\mathbf{B} \perp \mathbf{L}$) eine Drehung des elektronischen Bahnmoments verursachen können. Der erstere Fall wird in der Spektroskopie gewöhnlich als „optisches Pumpen" [68] bezeichnet, der zweite Fall tritt beim Hanle-Effekt [38] auf, s. Aufg. 6.1.

6.1.2 Makroskopische Polarisierung

Die makroskopische Polarisierung $\mathbf{P}(\mathbf{r}, t)$ haben wir schon in Abschnitt 2.1.2 eingeführt, um die Ausbreitung von elektromagnetischen Wellen in einem dielektrischen Medium zu beschreiben. Vom mikroskopischen Standpunkt setzt sich eine Probe aus den mikroskopischen Dipolmomenten von Atomen, Molekülen oder Gitterbausteinen zusammen. Das „Nahfeld" der mikroskopischen Teilchen spielt für die Ausbreitung des Strahlungsfeldes, das stets ein „Fernfeld" ist, keine Rolle. Wenn sich in einem Volumen N mikroskopische Dipole, z.B. polarisierbare Atome befinden, ist die makroskopische Polarisierung im einfachsten Fall das Produkt aus Teilchendichte N/V und mikroskopischen Dipolmomenten $\mathbf{d}$,

$$\mathbf{P} = \frac{N}{V}\mathbf{p} = \frac{N}{V}\,\mathbf{d}\,(u + iv) \quad . \tag{6.11}$$

Dabei wird das Volumen V groß gegenüber molekularen Längenskalen (z.B. $d_{mol} < 5\text{Å}$) und auch dem mittleren Volumen eines einzelnen Teilchens gewählt. Wenn die räumliche Verteilung der Dipole, d.h. die Polarisierungsdichte $\mathbf{p}(\mathbf{r})$ bekannt ist, kann man auch schreiben

$$\mathbf{P}(\mathbf{r}, t) = \frac{N}{V}\int_V \mathbf{p}(\mathbf{r} - \mathbf{r}', t)d^3r' \quad .$$

In unserem klassischen Modell hängen die Fourieramplituden der Polarisierung $\mathcal{P} = \mathcal{F}\{\mathbf{P}\}$ und des Treiberfeldes $\mathcal{E}$ linear zusammen,

$$\mathcal{P}(\omega) = \epsilon_0 \chi(\omega)\mathcal{E}(\omega) \quad , \tag{6.12}$$

und man gibt die Suszeptibilität $\chi(\omega) = \chi'(\omega) + i\chi''(\omega)$ an, wobei wir die Bezeichnungen von Gl.(6.5) benutzen,

$$\begin{aligned}
\chi'(\delta) &= \frac{N}{V} \cdot \frac{3\lambda^3}{4\pi^2} \frac{2\delta/\gamma}{1 + (2\delta/\gamma)^2} \quad \text{und} \\
\chi''(\delta) &= \frac{N}{V} \cdot \frac{3\lambda^3}{4\pi^2} \frac{1}{1 + (2\delta/\gamma)^2} \quad .
\end{aligned} \tag{6.13}$$

Weil das zeitliche Verhalten der Polarisierung auch durch Einschwing-Prozesse gekennzeichnet ist, hängt sie im allgemeinen von der Feldstärke auch zu früheren Zeiten ab. Das wird im Zeitbild deutlicher,

$$\mathbf{P}(\mathbf{r}, t) = \epsilon_0 \int_{-\infty}^{\infty} \chi(t - t')\mathbf{E}(\mathbf{r}, t')dt' \quad ,$$

wobei $\chi(t - t') = 0$ für $(t - t') < 0$ gelten muß, damit die Kausalität nicht verletzt wird. Dabei zeigt sich auch die wörtliche Bedeutung von „Suszeptibilität" oder „Nachwirkung". Wir wollen für unsere Zwecke aber annehmen, daß wir Relaxationsprozesse, die in einem Festkörper auf der Pikosekunden-Skala oder schneller ablaufen, vernachlässigen und damit eine nur instantane

Wechselwirkung annehmen können.[2] Nach dem Faltungstheorem der Fourier-transformation ist der Zusammenhang im Frequenzraum nach Gl.(6.12) viel einfacher.

Die „dielektrische Funktion" (Gl.(2.4)) $\epsilon_0\kappa(\omega) = \epsilon_0(1 + \chi(\omega))$ und die Suszeptibilität sind genauer Tensoren zweiter Stufe, z.B. $\chi_{ij} = \partial P_i/\partial \mathcal{E}_j$, und reflektieren die Anisotropie realer Materialien. Die magnetische Polarisierung kann bei optischen Phänomenen meist vernachlässigt werden ($\mu_r \sim 1$), d.h., magnetisches Feld $\mathbf{B}$ und magnetische Erregung $\mathbf{H}$ sind bis auf einen Faktor identisch, $\mathbf{H} = \mathbf{B}/\mu_0$.

Die Wellengleichung nimmt zwar nur in einem isotropen ($\boldsymbol{\nabla} \cdot \mathbf{P} = 0$) und nach Gl.(2.4) linearen Medium eine einfache Form an, aber in diesem wichtigen, häufig realisierten Spezialfall treibt offenbar die Polarisierung die Welle an:

$$\boldsymbol{\nabla}^2\mathbf{E} - \frac{1}{c^2}\frac{\partial^2}{\partial t^2}\mathbf{E} = \frac{1}{\epsilon_0 c^2}\frac{\partial^2}{\partial t^2}\mathbf{P} \quad . \tag{6.14}$$

Lineare Polarisierung und makroskopischer Brechungsindex

Wenn die Polarisierung nach Gl.(6.12) linear von der Feldstärke abhängt, dann kann die Modifikation der Ausbreitungsgeschwindigkeit im Dielektrikum, $c^2 \rightarrow c^2/\kappa(\omega)$, mit dem makroskopischen Brechungsindex $n(\omega)$ berücksichtigt werden (s. Gl. (2.14)):

$$\boldsymbol{\nabla}^2\mathbf{E} - \frac{n^2(\omega)}{c^2}\frac{\partial^2}{\partial t^2}\mathbf{E} = 0 \quad . \tag{6.15}$$

Nach Gl.(6.12) gilt $\mathcal{E} + \mathcal{P}/\epsilon_0 = (1 + \chi(\omega))\mathcal{E} = n^2(\omega)\mathcal{E}$ mit

$$n^2(\omega) = \kappa(\omega) = 1 + \chi(\omega) \quad .$$

Dabei vereinfacht sich der Zusammenhang zwischen dem komplexen Brechungs-index $n = n' + in''$ und der Suszeptibilität χ erheblich, wenn z.B. in verdünnter Materie wie in einem Gas die Polarisierung sehr klein ist, $|\chi(\omega)| \ll 1$:

$$n' \simeq 1 + \chi'/2 \qquad n'' \simeq \chi''/2$$

oder

$$n \simeq 1 + \frac{N}{V}\frac{3\lambda^3}{8\pi^2}\frac{i + 2\delta/\gamma}{1 + (2\delta/\gamma)^2} \quad . \tag{6.16}$$

Durch eine Messung des makroskopischen Brechungsindex können also mikroskopische Eigenschaften des Dielektrikums bestimmt werden, die eine theoretische Behandlung nach der Quantenmechanik erfordern. Wir können aus

---

[2]Mit den Methoden der Femtosekunden-Spektroskopie kann man sogar diese sehr schnellen Relaxationsphänomene seit einiger Zeit im Zeitbereich studieren.

Gl.(6.16) auch die Teilchendichte nach $(N/V)3\lambda^3/8\pi^2 \geq 0,1$ abschätzen, bei der wir den Grenzfall dünner Medien spätestens verlassen. Bei optischen Wellenlängen ($\lambda \simeq 0,5\ \mu$m) findet dieser Übergang schon bei der relativ geringen Dichte von $N/V \approx 10^{14}\ \text{cm}^{-3}$ statt, die wir bei Raumtemperatur in einem idealen Gas mit einem Vakuum-Druck von nur 10^{-2} mbar in Verbindung bringen.

Die Lösung für eine ebene Welle nach Gl.(6.15) lautet

$$\mathbf{E}(\mathbf{r}, t) = \mathbf{E}_0 e^{-i(\omega t - n'\mathbf{k}\cdot\mathbf{r})} e^{-n''\mathbf{k}\cdot\mathbf{r}} \quad .$$

Die Ausbreitung findet nicht nur bei veränderter Phasengeschwindigkeit $v_{Ph} = c/n'$ statt, sondern wird außerdem nach dem Beerschen Gesetz in z-Richtung mit dem Absorptionskoeffizienten $\alpha = 2n''k_z$ exponentiell gedämpft,

$$I(z) = I(0)e^{-2n''k_z z} = I(0)e^{-\alpha z} \tag{6.17}$$

Wir haben nämlich nach Gl.(6.16) $n'', \chi'' > 0$ für gewöhnliche Dielektrika gewählt; wie wir noch sehen werden, kann man in einem „Lasermedium"auch durchaus $n'', \chi'' < 0$ und damit die Verstärkung einer optischen Welle erreichen.

Wir wollen noch kurz der Frage nachgehen, ob wir einem einzelnen mikroskopischen Dipol einen Brechungsindex zuschreiben können. Dazu formulieren wir den Absorptionskoeffizienten noch einmal um nach

$$\alpha = 2n''k = \frac{N}{V}\frac{3\lambda^2}{2\pi}\frac{1}{1 + (2\delta/\gamma)^2} = \frac{N}{V}\frac{\sigma_Q}{1 + (2\delta/\gamma)^2} \tag{6.18}$$

Die Wirkung eines einzelnen Atoms wird also durch einen resonanten Wirkungsquerschnitt von

$$\sigma_Q = 3\lambda^2/2\pi \quad \text{bei} \quad \delta = 0 \tag{6.19}$$

bestimmt. Wenn es uns nun gelingt, ein einzelnes Atom auf ein Volumen vom Durchmesser der Wellenlänge zu beschränken ($V \simeq \lambda^2 z$, die longitudinale Ausdehnung spielt hier keine Rolle), dann wird ein Laserstrahl, der auf dieses Volumen fokussiert wird, eine starke Absorption erfahren. Ein solches Experiment ist an einem gespeicherten Ion ausgeführt worden [174]. Bei der Verstimmung $\delta = \pm\gamma/2$ kann ein einziges Atom auch eine meßbare Phasenverschiebung $\delta\Phi = \pm 1/8\pi$ verursachen.

Absorption und Dispersion in dünnen Medien

Manchmal ist es nützlich, die Wirkung der Polarisierung auf die Amplitude einer elektromagnetischen Welle bei der Ausbreitung in einem dielektrischen

Medium direkt zu betrachten. Dazu nehmen wir die eindimensionale Form der Wellengleichung (6.14),

$$\left(\frac{\partial^2}{\partial z^2} - \frac{1}{c^2}\frac{\partial^2}{\partial t^2}\right)\mathcal{E}(z)e^{-i(\omega t - kz)} = \frac{1}{\epsilon_0 c^2}\frac{\partial^2}{\partial t^2}\mathcal{P}(z)e^{-i(\omega t - kz)} \quad ,$$

wir legen die Frequenz $\omega = ck$ fest für $|\mathbf{E}(z,t)| = \mathcal{E}(z)e^{-i(\omega t - kz)}$ und nehmen außerdem an, daß sich die Amplitude bei der Wellenausbreitung nur langsam (auf der Skala einer Wellenlänge) ändert:

$$\left|\frac{\partial^2 \mathcal{E}(z)}{\partial z^2}\right| \ll k\left|\frac{\partial \mathcal{E}(z)}{\partial z}\right| \quad .$$

Dann gilt mit $\partial^2/\partial z^2[\mathcal{E}(z)e^{ikz}] \simeq e^{ikz}[2ik\frac{\partial}{\partial z} - k^2]\mathcal{E}(z)$ näherungsweise die Wellengleichung

$$\left[2ik\frac{\partial}{\partial z} - k^2 + \frac{\omega^2}{c^2}\right]\mathcal{E}(z) = -\frac{\omega^2}{\epsilon_0 c^2}\mathcal{P}(z) \quad ,$$

die sich wegen $k = \omega/c$ weiter vereinfacht zu

$$\frac{\partial}{\partial z}\mathcal{E}(z) = \frac{ik}{2\epsilon_0}\mathcal{P}(z) \quad . \tag{6.20}$$

Wir betrachten nun die elektromagnetische Welle mit reeller Amplitude und Phase, $\mathcal{E}(z) = \mathcal{A}(z)e^{i\Phi(z)}$ und berechnen

$$\mathcal{E}(z)\frac{d\mathcal{E}^*(z)}{dz} = \mathcal{A}\frac{d\mathcal{A}}{dz} + i\mathcal{A}^2\frac{d\Phi}{dz} = \frac{-ik}{2\epsilon_0}\mathcal{P}^*(z)\mathcal{E}(z)$$

$$\mathcal{E}^*(z)\frac{d\mathcal{E}(z)}{dz} = \mathcal{A}\frac{d\mathcal{A}}{dz} - i\mathcal{A}^2\frac{d\Phi}{dz} = \frac{ik}{2\epsilon_0}\mathcal{P}(z)\mathcal{E}^*(z) \quad .$$

Daraus können wir nun die Änderung der Intensität $I(z) = \frac{1}{2}c\epsilon_0\mathcal{A}^2$ einer elektromagnetischen Welle bei der Ausbreitung im polarisierten Medium nach

$$\frac{d}{dz}I(z) = \frac{\omega}{2}\Im m\{\mathcal{E}(z) \cdot \mathcal{P}^*(z)\}$$

und die Phasenverschiebung nach

$$\frac{d}{dz}\Phi(z) = \frac{\omega}{2I(z)}\Re e\{\mathcal{E}(z) \cdot \mathcal{P}^*(z)\}$$

bestimmen. Der Absorptionskoeffizienten α und der Realteil des Brechungsindex n' lassen sich dann nach

$$\begin{aligned} \alpha &= \frac{1}{I(z)}\frac{dI(z)}{dz} = \frac{\omega}{2I(z)}\Im m\{\mathcal{E}(z) \cdot \mathcal{P}^*(z)\} \\ n' - 1 &= \frac{1}{k}\frac{d\Phi(z)}{dz} = \frac{c}{2I(z)}\Re e\{\mathcal{E}(z) \cdot \mathcal{P}^*(z)\} \end{aligned} \tag{6.21}$$

auf naheliegende Weise berechnen. Selbstverständlich erhalten wir wieder die Ergebnisse aus dem Abschnitt über den linearen Brechungsindex, wenn wir den linearen Zusammenhang nach Gl.(6.12) annehmen. Die hier entwickelte Form erlaubt aber auch, nichtlineare Zusammenhänge zu untersuchen und wird uns im Kapitel über nichtlineare Optik (Kap. 13) nützlich sein.

Dichte dielektrische Medien und Nahfelder

Sicher machen wir in einem dünnen Medium keinen großen Fehler, wenn wir das durch die Polarisierung zusätzlich erzeugte Feld der Probe vernachlässigen. Das ist aber in Flüssigkeiten oder Festkörpern nicht mehr der Fall. Um das „lokale Feld" der Probe zu bestimmen, schneiden wir eine fiktive Kugel mit einem Durchmesser $d_{Atom} \ll d_{Kugel} \ll \lambda$ aus dem Material mit „eingefrorener" Polarisierung heraus (Abb. 6.4).

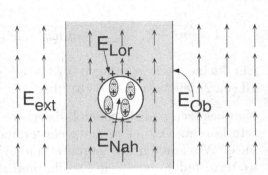

Abb. 6.4 *Beiträge zum lokalen elektrischen Feld in einem dichten Medium. Für eine transversale Welle verschwinden die Oberflächenbeiträge bei senkrechtem Einfall.*

Um das mikroskopische lokale Feld $\mathbf{E}_{lok}$ am Ort eines Teilchens zu bestimmen, zerlegen wir es in die Beiträge

$$\mathbf{E}_{lok} = \mathbf{E}_{ext} + \mathbf{E}_{Ob} + \mathbf{E}_{Lor} + \mathbf{E}_{Nah} \quad .$$

Sie hängen von der unterschiedlichen Geometrie und Beschaffenheit der Probe ab und werden in ihrer Summe auch als „entelektrisierendes Feld" bezeichnet, weil sie das externe Feld normalerweise schwächen:

• $\mathbf{E}_{Ob}$: Das Feld der Oberflächenladungen wird durch die Oberflächenladungsdichte $\rho_{Ob} = \mathbf{n} \cdot \mathbf{P}(\mathbf{r}_{Ob})$ verursacht. Es verschwindet für eine Welle unter senkrechtem Einfall;

• $\mathbf{E}_{Lor}$: Feld der Oberfläche einer fiktiven Hohlkugel, die aus dem Volumen herausgeschnitten wird (auch als „Lorentz-Feld" bezeichnet); bei homogener Polarisierung gilt $\mathbf{E}_{Lor} = \mathbf{P}/3\epsilon_0$;

• $\mathbf{E}_{Nah}$: Feld der elektrischen Ladungen in der Kugel; für isotrope Medien gilt $\mathbf{E}_{Nah} = 0$;

Aus $\mathbf{P} = \epsilon_0 \chi \mathbf{E}_{lok} = \epsilon_0 \chi (\mathbf{E} + \mathbf{P}/\epsilon_0)$ erhalten wir dann durch Einsetzen die makroskopische Volumensuszeptibilität χ^V für ein isotropes und lineares Material,

$$\chi_{ij}^V(\omega) = \frac{1}{\epsilon_0} \frac{\partial P_i}{\partial E_j} = \frac{\chi}{1 - \chi/3}$$

Daraus läßt sich durch Umordnen die *Clausius-Mossotti-Gleichung* gewinnen, die den Einfluß des entelektrisierenden Feldes auf den Brechungsindex des Materials mit der Dichte $\mathcal{N} = N/V$ wiedergibt,

$$3\frac{n^2 - 1}{n^2 + 2} = \chi = \frac{\mathcal{N}q^2}{\epsilon_0 m} \frac{1}{(\omega_0^2 - \omega^2) - i\omega\gamma} \quad . \tag{6.22}$$

Für kleine Polarisierungen $\chi/3 \ll 1$ und in Resonanznähe ($\omega \simeq \omega_0$) geht Gl.(6.22) wieder in Gl.(6.16) über.

Nun besitzen realistische polarisierbare Substanzen nicht wie der hier betrachtete Lorentz-Oszillator nur einen Freiheitsgrad der Schwingung, sondern sehr viele. Wir können das Lorentz-Modell aber für ein nicht zu starkes Feld erweitern, indem wir viele Oszillatoren mit verschiedenen Resonanzfrequenzen ω_k und Dämpfungsraten γ_k linear überlagern und mit ihrem relativen Beitrag, der „Oszillatorstärke" f_k, wichten,

$$3\frac{n^2 - 1}{n^2 + 2} = \frac{\mathcal{N}q^2}{\epsilon_0 m} \sum_k \frac{f_k}{(\omega_k^2 - \omega^2) - i\omega\gamma_k} \quad .$$

Selbst wenn die Feldstärke sehr groß wird, können wir mit den eingeführten Konzepten noch weiterarbeiten, wenn wir eine nichtlineare Suszeptibilität einführen. Dieser Fall wird im Kap. 13 über Nichtlineare Optik behandelt.

Die dimensionslose Oszillatorstärke erlaubt einen einfachen Übergang zur quantenmechanisch korrekten Beschreibung der mikroskopischen Polarisierung.[158] Dazu muß man lediglich das Dipolübergangs-Matrixelement $q\mathbf{r}_{kg} = q\langle\phi_k|\mathbf{r}|\phi_g\rangle$ zwischen Grundzustand $|\phi_g\rangle$ und angeregten Zuständen $|\phi_k\rangle$ des Systems verwenden:

$$f_{kg} = \frac{2m\omega_{kg}|\mathbf{r}_{kg}|^2}{\hbar}$$

Dabei müssen wir keine Voraussetzungen über die Natur des Zustandes machen, es kann sich um atomare und molekulare Anregungen, aber z.B. auch um optische Phononen oder Polaritonen in einem Festkörper handeln. Genau genommen wird durch diesen Zusammenhang der Erfolg des klassischen Lorentz-Modells für einfache Atome gerechtfertigt: In Atomen befolgen die Oszillatorstärken die Thomas-Reiche-Kuhn-Summenregel $\sum_k f_{kg} = 1$; für die niedrig liegenden atomaren Resonanzlinien, wie z.B. die bekannten Dubletten der Alkali-Spektren, gilt schon $f \sim 1$; die übrigen Resonanzlinien müssen daher wesentlich schwächer sein.

6.2 Zwei-Niveau-Atome

6.2.1 Gibt es Atome mit nur zwei Zuständen?

Calcium

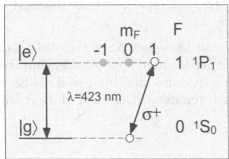

Natrium

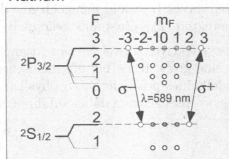

Abb. 6.5 *Abstrakte und realistische Zwei-Niveau-Atome Links: Calcium-Atom. Ein σ^+-polarisiertes Lichtfeld koppelt nur die Zustände mit den Drehimpuls-Quantenzahlen $|g\rangle =$ $|F, m_F\rangle = |0, 0\rangle$ und $|e\rangle = |1, 1\rangle$. Rechts: Natrium-Atom. Ein zirkular polarisiertes Licht-feld ($\sigma^\pm$) „pumpt" die Natrium-Atome in die äußeren $|F, m_F\rangle = |2, \pm 2\rangle$-Zustände, die mit $\sigma^\pm$-Licht nur an die $|3, \pm 3\rangle$-Zustände ankoppeln.*

In der Quantenmechanik beschreiben wir die Atome durch ihre Zustände. Im einfachsten Fall koppelt ein Lichtfeld einen Grundzustand $|g\rangle$ an einen angereg-ten Zustand $|e\rangle$. Dieses Modellsystem läßt sich theoretisch gut behandeln und ist besonders geeignet für das Verständnis der Wechselwirkung von Licht und Materie. Selbst einfache, leicht zu beherrschende und für experimentelle Un-tersuchungen häufig verwendete Atome wie die Alkali- oder Erdalkali-Atome weisen jedoch schon im Grundzustand eine komplizierte Struktur mit vielen Zuständen auf.[3]

Gelegentlich ist es aber möglich, Atome so zu präparieren, daß nur noch zwei Zustände an das Lichtfeld ankoppeln. Das Calcium-Atom besitzt einen nicht entarteten Singulett-Grundzustand ($^1S_1, \ell = 0, m = 0$). Durch ein Lichtfeld der Wellenlänge 423 nm und Wahl der Polarisation ($\sigma^\pm, \pi$) können drei verschie-dene Zwei-Niveau-Systeme durch Kopplung an die ($^1P_1, \ell = 1, m = 0, \pm 1$)-Zustände präpariert werden.

Das berühmte gelbe Dublett des Natrium-Atoms ($\lambda = 589nm$) hat in expe-

---

[3]Die reiche Struktur wird durch die Kopplung der magnetischen Bahn- und Spinmomente von Elektron und Kern verursacht. Bei niedrigliegenden Zuständen betragen die Aufspal-tungen 100 – 10000 MHz. Details erfährt man in Lehrbüchern über Quantenmechanik [37] oder Atomphysik.[175]

rimentellen Untersuchungen eine große Rolle gespielt, obwohl es wegen des Kernspins von $I = 3/2$ einen hohen Gesamtdrehimpulses $F = 1, 2$ schon im $^2S_{1/2}$-Grundzustand besitzt und eine reiche magnetische Unterstruktur aufweist. Durch das sogenannte „Optische Pumpen" [68] mit σ^+-polarisiertem Licht kann man aber alle Atome eines Gases zum Beispiel in den Zustand mit den Quantenzahlen $F = 2$, $m_F = 2$ befördern. Dieser Zustand wird dann durch dieses Lichtfeld nur noch mit dem $F' = 3, m_{F'} = 3$ Unterzustand des angeregten $^2P_{3/2}$-Zustands gekoppelt.[4]

Diese effektiven „Zwei-Niveau-Atome", deren Liste sich fortsetzen ließe, spielen eine große Rolle bei physikalischen Experimenten, weil sie das einfachste Modell eines polarisierbaren physikalischen Systems sind, und weil die Strahlungswechselwirkung dabei auf ihren einfachsten möglichen Fall reduziert wird.

6.2.2   Dipolwechselwirkung

Das „freie Atom" der Masse M beschreiben wir mit dem Hamiltonoperator H_{At}, der nur den Grundzustand $|g\rangle$ und den angeregten Zustand $|e\rangle$ besitzt.

Wir lassen der Vollständigkeit halber eine beliebige Schwerpunktenergie $E_0 = P^2/2M$ zu,

$$H_{\text{At}} = \frac{P^2}{2M} + \frac{\hbar\omega_0}{2}\left(|e\rangle\langle e| - |g\rangle\langle g|\right) \quad . \tag{6.23}$$

Die Energie des Atoms beträgt $E_e = \langle e|H_{\text{At}}|e\rangle = E_0 + \hbar\omega_0/2$ im angeregten und $E_g = E_0 - \hbar\omega_0/2$ im Grundzustand. Die Resonanzfrequenz des Atoms gibt den Energieabstand der beiden Zustände an, $\omega_0 = (E_e - E_g)/\hbar$.

Den Dipoloperator $\hat{V}_{\text{dip}}$ gewinnen wir durch Analogieschluß, indem wir die Beiträge zur klassischen Energie eines Dipols im elektrischen Feld zu Operatoren erheben. Für den elektronischen Ortsoperator $\hat{\mathbf{r}}$ erhalten wir[5]

$$\hat{V}_{\text{dip}} = -q\hat{\mathbf{r}}\mathbf{E} \quad .$$

In einem realistischen Experiment müssen wir stets die genaue geometrische Orientierung von Atom und elektrischem Feld berücksichtigen. Wir vernachlässi-

---

[4]In der Realität ist die zirkulare Polarisation niemals perfekt. Geringe Beimischungen von σ^--Licht im σ^+-Licht verursachen aber z.B. Anregungen mit $\Delta m_F = -1$ und begrenzen dadurch die „Qualität" des Zwei-Niveau-Atoms.

[5]Eine strenge Analyse nach der Quantenmechanik ergibt das Produkt aus elektronischem Impuls und elektromagnetischem Vektorpotential $\hat{\mathbf{p}}\mathbf{A}$. Man kann aber zeigen, daß $\hat{\mathbf{r}}\mathbf{E}$ in der Nähe von Resonanzfrequenzen zum selben Ergebnis führt.[147]

gen aber diesen geometrischen Einfluß für unsere Betrachtungen zum Zwei-Niveau-Atom und reduzieren das Problem auf nur eine Dipolkoordinate $\hat{d} = q\hat{r}$,

$$\hat{V}_{\text{dip}} = -\hat{d}\mathcal{E}_0 \cos \omega t \quad .$$

Mit der Vollständigkeitsrelation der Quantenmechanik können wir den Orts-operator auf die beteiligten Zustände projizieren ($\langle i|\hat{d}|i\rangle = 0$):

$$\hat{d} = |e\rangle\langle e|\hat{d}|g\rangle\langle g| + |g\rangle\langle g|\hat{d}|e\rangle\langle e|$$

Wir nutzen das Matrixelement $d_{eg} = \langle e|\hat{d}|g\rangle$ des Dipoloperators. Mit der Definition von atomaren Auf- und Absteigeoperatoren, $\sigma = |g\rangle\langle e|$ und $\sigma^\dagger = |e\rangle\langle g|$ schreiben wir

$$\hat{d} = d_{eg}\sigma^\dagger + d_{eg}^*\sigma \quad . \tag{6.24}$$

Mit diesen Operatoren können wir den atomaren Hamiltonoperator und den Dipoloperator schon sehr kompakt ausdrücken,

$$\begin{aligned} H_{\text{At}} &= \frac{P^2}{2M} + \hbar\omega_0\left(\sigma^\dagger\sigma - \frac{1}{2}\right) \quad , \\ \hat{V}_{\text{dip}} &= -(d_{eg}\sigma^\dagger + d_{eg}^*\sigma)\,\mathcal{E}_0\cos\omega t \quad . \end{aligned} \tag{6.25}$$

Aus den atomaren Feldoperatoren lassen sich durch Linearkombination Pauli-Operatoren erzeugen, die bekanntlich ein Spin-1/2-System mit nur zwei Zuständen beschreiben,

$$\begin{aligned} \sigma_x &= \sigma^\dagger + \sigma \\ \sigma_y &= -i(\sigma^\dagger - \sigma) \\ \sigma_z &= \sigma^\dagger\sigma - \sigma\sigma^\dagger = [\sigma^\dagger, \sigma] \quad . \end{aligned}$$

Wir werden sehen, daß wir die Erwartungswerte von σ_x und σ_y als Komponenten der atomaren Polarisierung, σ_z als Besetzungszahldifferenz oder „Inversion" interpretieren können. Insbesondere hat der Hamiltonoperator aus Gl.(6.25) mit $(\sigma^\dagger\sigma - 1/2) = (\sigma_z + 1)/2$ die Form eines Spin-1/2-Systems im magnetischen Feld:

$$H_{\text{At}} = \frac{P^2}{2M} + \frac{\hbar\omega_0}{2}(\sigma_z + 1) \tag{6.26}$$

Generell kann jedes Zwei-Niveau-Atom kann als Pseudo-Spin-System beschrieben werden und zeigt eine vollkommen analoge Dynamik.

Die Pauli-Operatoren haben in der Matrizendarstellung die Form

$$\sigma_x = \begin{pmatrix} 0 & 1 \\ 1 & 0 \end{pmatrix} \qquad \sigma_y = \begin{pmatrix} 0 & -i \\ i & 0 \end{pmatrix} \qquad \sigma_z = \begin{pmatrix} 1 & 0 \\ 0 & -1 \end{pmatrix}$$

und befolgen u.a. die hilfreiche Relation $[\sigma_i, \sigma_j] = 2i\sigma_k$ bei zyklischer Vertauschung der Koordinaten xyz. Außerdem gilt

$$\sigma^\dagger = \tfrac{1}{2}(\sigma_x + i\sigma_y) \quad,$$
$$\sigma = \tfrac{1}{2}(\sigma_x - i\sigma_y) \quad.$$

Die Bewegungsgleichung der Operatoren wird nach der Heisenberggleichung,

$$\dot\sigma_i = \frac{\partial}{\partial t}\sigma_i + \frac{i}{\hbar}[H, \sigma_i]$$

gewonnen. Dazu schreibt man den Hamiltonoperator zweckmäßig in der Form

$$H = \frac{\hbar\omega_0}{2}\sigma_z - \frac{1}{2}(d_{eg} + d_{eg}^*)\mathcal{E}_0 \cos\omega t \sigma_x - \frac{i}{2}(d_{eg} - d_{eg}^*)\mathcal{E}_0 \cos\omega t \sigma_y \quad,$$

wobei wir konstante Anteile aus (6.26) fortgelassen haben. Häufig kann man reelle Werte für d_{eg} wählen. Dann fällt der σ_y-Term weg und man kann einfach schreiben

$$H = \frac{\hbar\omega_0}{2}\sigma_z - d_{eg}\mathcal{E}_0 \cos\omega t \, \sigma_x \quad.$$

Wenn die Operatoren nicht explizit zeitabhängig sind, erhält man als Ergebnis ein Gleichungssystem, das als *Mathieusche Differentialgleichungen* bekannt ist,

$$\dot\sigma_x = -\omega_0\sigma_y$$
$$\dot\sigma_y = \omega_0\sigma_x - \frac{2d_{eg}\mathcal{E}_0}{\hbar}\cos\omega t \, \sigma_z \qquad\qquad (6.27)$$
$$\dot\sigma_z = \frac{2d_{eg}\mathcal{E}_0}{\hbar}\cos\omega t \, \sigma_y \qquad .$$

Man kann leicht zeigen, daß sich nur die Richtung, nicht aber die Größe des Drehimpulses unter der Einwirkung des Lichtfeldes ändert, es gilt wie für die Pauli-Matrizen $\sigma_x^2 + \sigma_y^2 + \sigma_z^2 = 1$.

6.2.3 Optische Blochgleichungen

Wir haben bisher die Entwicklung atomarer Operatoren unter dem Einfluß eines Lichtfeldes betrachtet. Wir können in der semiklassischen Betrachtung zu Erwartungswerten $S_i = \langle\sigma_i\rangle$ übergehen[6] und erhalten dabei wieder das Gleichungssystem (6.27), nur mit komplexen Zahlen bzw. Funktionen [3]. Um zu geeigneten Lösungen zu gelangen, ist es sinnvoll, die Entwicklung neuer Größen

---

[6]Es treten keine Operatorprodukte auf, die wegen Nichtvertauschbarkeit typisch quantenmechanische Eigenschaften hervorrufen könnten.

in einem Koordinatensystem zu betrachten, das sich mit der Lichtfrequenz ω um die z-Achse, d.h. mit der Polarisierung dreht,

$$S_x = u \cos \omega t - v \sin \omega t \quad ,$$
$$S_y = u \sin \omega t + v \cos \omega t \quad ,$$
$$S_z = w \quad .$$

Diese häufig verwendete Näherung wird „Drehwellennäherung" (engl. *rotating wave approximation, RWA*) genannt. Die Größen (u,v) beschreiben die sin- und cos-Komponenten des induzierten elektrischen Dipolmoments, w bezeichnet die Differenz der Wahrscheinlichkeiten, das Atom im oberen ($w = +1$) bzw. unteren Quantenzustand ($w = -1$) zu finden. Die physikalische Relevanz dieser Größen und den engen Zusammenhang mit dem klassischen Lorentz-Modell aus Abschn. 6.1.1 erläutern wir noch näher in Abschn. 6.2.4 – 6.2.7. Mit der Verstimmung $\delta = \omega - \omega_0$ erhalten wir nach einigem Rechnen

$$\dot{u} = \delta v - \frac{d_{eg}\mathcal{E}_0}{\hbar} \sin 2\omega t \, w \quad ,$$
$$\dot{v} = -\delta u - \frac{d_{eg}\mathcal{E}_0}{\hbar}(1 + \cos 2\omega t) w \quad ,$$
$$\dot{w} = \frac{d_{eg}\mathcal{E}_0}{\hbar} \sin 2\omega t \, u + \frac{d_{eg}\mathcal{E}_0}{\hbar}(1 + \cos 2\omega t) v \quad .$$

Bei gewöhnlichen optischen Prozessen spielen die mit $2\omega t$ sehr schnell oszillierenden Beiträge nur eine geringe Rolle (sie verursachen die sogenannte *Bloch-Siegert-Verschiebung*) und werden daher vernachlässigt. Wir führen die *Rabifrequenz*

$$\Omega_R \doteq |d_{eg}\mathcal{E}_0/\hbar| \qquad (6.28)$$

ein und erhalten die ungedämpften optischen Blochgleichungen, die ursprünglich von F. Bloch (1905–1983) für die magnetische Resonanz gefunden worden waren, um dort die Wechselwirkung eines magnetischen Moments mit dem Spin 1/2 und einem Hochfrequenzfeld zu beschreiben:

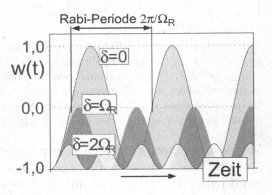

Abb. 6.6 *Lösungen zu (6.29) mit $(u,v,w)(t = 0) = (0,0,-1)$. Mit wachsender Verstimmung wächst die Rabifrequenz wobei die Amplitude der Besetzungszahloszillationen abnimmt. Siehe auch Abb. 6.8.*

$$\dot{u} = \delta v \quad ,$$
$$\dot{v} = -\delta u + \Omega_R w \quad , \qquad (6.29)$$
$$\dot{w} = -\Omega_R v \quad .$$

Das Gleichungssystem (6.29) beschreibt in exzellenter Näherung das Verhalten eines magnetischen Dipolübergangs, z.B. zwischen den Hyperfeinzuständen eines Atoms. Auch wenn die Verstimmung δ nicht verschwindet, tritt eine verallgemeinerte Rabioszillation mit der Frequenz

$$\Omega = \sqrt{\delta^2 + \Omega_{\mathrm{R}}^2}$$

auf. Allerdings wird die Amplitude der Besetzungszahloszillation mit wachsender Verstimmung immer kleiner.

Fast alle Begriffe der kohärenten Optik sind deshalb aus der Elektronen- und Kernspinresonanz entlehnt. Man kann das Gleichungssystem (6.29) kürzer schreiben, indem man den Bloch-Vektor $\mathbf{u} = (u, v, w)$ und $\boldsymbol{\Omega} = (\Omega_{\mathrm{R}}, 0, \delta)$ verwendet:

$$\dot{\mathbf{u}} = -\boldsymbol{\Omega} \times \mathbf{u} \tag{6.30}$$

6.2.4   Pseudo-Spin, Präzession und Rabi-Nutation

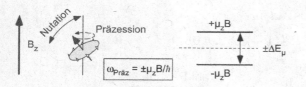

Jedes quantenmechanische System, das sich durch zwei Zustände beschreiben läßt, läßt sich analog zum Spin-1/2-System verstehen („Pseudo-Spin"), das nur die „auf"- und „ab"-Zustände kennt. Die Energieaufspaltung entspricht der Präzession des zugehörigen magnetischen Moments im äußeren Magnetfeld, und eine zusätzliche äußere Kraft (in der

Abb. 6.7 *Präzession und Nutation eines Gyromagneten (Kreisel mit magn. Dipolmoment). Der Pseudospin eines Zwei-Niveau-Atoms zeigt analoge Bewegungen, wobei die z-Komponente mit der Besetzungszahldifferenz w, die transversalen Komponenten mit den Polarisierungen u und v identifiziert werden.*

Magnetresonanz das transversale magnetische Wechselfeld, hier das elektrische optische Wechselfeld) verursacht Nutation zwischen diesen Zuständen. Die longitudinale z-Richtung wird mit der Besetzungszahldifferenz w, die transversale Richtungen mit den Polarisierungskomponenten u, v identifiziert.

Tab. 6.2 Vergleich des Spin-1/2-Systems mit dem Bloch-Vector.

	Spin 1/2	Bloch vector	
Transversale Komponenten	x, y	u, v	Polarisierung
Longitudinale Komponente	z	w	Besetzungszahldifferenz

Wir betrachten spezielle Lösungen der optischen Blochgleichungen (6.29), um die physikalische Dynamik des Zwei-Niveau-Systems zu analysieren. Besonders leicht ist der Resonanzfall zu bestimmen: Dort ist die Verstimmung $\delta = 0$. Die Besetzungszahldifferenz w und die v-Komponente der Polarisierung führen eine Oszillation mit der *Rabifrequenz* nach Gl.(6.28) aus. Ein Atom mit einer optischen Anregungsfrequenz befindet sich bei thermischen Energien i. Allg. im Grundzustand, deshalb gilt gewöhnlich $w(t = 0) = -1$ und

$$v(t) = -\sin(\Omega_R t) \quad ,$$
$$w(t) = -\cos(\Omega_R t) \quad .$$

Dabei schwingt das atomare System bei $\Omega_R t = \pi$ in den vollständig „invertierten" Zustand mit $w = +1$! Ein elektrischer Feldimpuls, dessen Amplitude und Länge gerade so bemessen sind, daß $\Omega_R t = \pi$, wird deshalb als *Pi*-Puls bezeichnet. Sie spielen eine wichtige Rolle, um Überlagerungen quantenmechanischer Zustände zu präparieren, z.B. für die Ramsey-Spektroskopie (s. Aufg. 11.3).

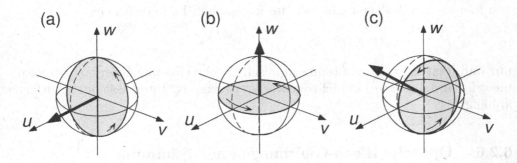

Abb. 6.8 *Dynamik des Blochvektors: (a):* $\Omega = (\Omega_R, 0, 0)$; *(b):* $\Omega = (0, 0, \delta)$; *(c):* $\Omega = (\Omega_R, 0, \delta)$.

6.2.5 Mikroskopischer Dipol und Ensemble

Wie beim klassischen Lorentzmodell müssen wir wieder den Übergang vom mikroskopischen Modell zur makroskopisch meßbaren physikalischen Größe finden. Aus der Quantenmechanik ist bekannt, daß die Berechnung von Erwartungswerten Wahrscheinlichkeiten liefert, die das Meßergebnis an einem Ensemble mit vielen Teilchen vorhersagen. So bestimmt die Anzahl der Atome (oder sonstigen polarisierbaren Teilchen) im angeregten (N_e) bzw. im Grundzustand (N_g) die z- oder besser w-Komponente des Blochvektors aus (6.30)

$$w = \frac{N_e - N_g}{N_e + N_g} = \frac{\Delta N}{N} \quad . \tag{6.31}$$

Die w-Komponente entspricht also gerade der normierten Besetzungszahldifferenz, und streng genommen spricht man nur für $w > 0$, wenn sich mehr Teilchen im angeregten als im Grundzustand befinden, von Inversion. Etwas ungenauer wird aber auch von w bzw. ΔN allgemein als Inversion gesprochen, die beliebige Werte annehmen kann.

In einem physikalischen System, das sich im thermischen Gleichgewicht befindet, nimmt die mittlere Besetzungszahl der Zustände mit wachsender Energie nach der Boltzmann-Formel ab, $n_{th} \sim e^{-E/kT}$. Deshalb ist der Gleichgewichtswert für die Differenz der Besetzungszahlen im oberen (N_e) und im unteren Zustand (N_g) stets negativ, $w_0 = (N_e - N_g)/N < 0$. Außerdem sind optische Übergänge mit einigen eV viel energiereicher als thermische Energien, die lediglich $1/40\,eV$ betragen, deshalb kann man gewöhnlich $w_0 = -1$ als Anfangs- bzw. Gleichgewichtszustand einer ungestörten Probe annehmen.

Um die makroskopische Polarisierungsdichte P einer Probe zu bestimmen, verwenden wir ebenfalls die Teilchendichte N/V und erhalten für ein Ensemble von identischen Teilchen ganz wie im klassischen Fall Gl.(6.11)

$$P = \frac{N}{V} d_{eg}(u + iv) \quad ,$$

nur daß jetzt d_{eg} das quantenmechanisch zu berechnende Übergangsdipolmoment ist und daß (u, v) in nichtlinearer Weise von der Intensität des Lichtfeldes abhängt.

6.2.6   Optische Bloch-Gleichungen mit Dämpfung

Im bisherigen Modell findet die Bewegung nach (6.29) ungedämpft statt, während eine optische atomare Anregung durch vielfältige Prozesse gedämpft wird. Dazu gehören der strahlende Zerfall, aber auch Stöße oder andere Phänomene, die wir vorläufig durch phänomenologisch begründete Relaxationsraten berücksichtigen:

Die *longitudinale Relaxationsrate* $\gamma = 1/T_1$ beschreibt den Energieverlust des Zwei-Niveau-Systems, der sich in der Besetzungszahldifferenz der w-Koordinate des Blochvektors manifestiert. Im Gleichgewicht muß sich ohne treibendes Lichtfeld der stationäre thermische Wert $w_0 = -1$ einstellen.

Die *transversale Relaxationsrate* $\gamma' = 1/T_2$ beschreibt die Dämpfung der Polarisierung, das heißt der u- und v- Komponenten des Blochvektors. In einem Ensemble kann die makroskopische Polarisierung auch dadurch verloren gehen, daß die einzelnen Teilchen unterschiedlich schnell präzedieren und deshalb ihre ursprüngliche Phasenbeziehung (im Präzessionswinkel) verlieren. Bei der reinen Strahlungsdämpfung gilt $T_2 = 2T_1$. Die Polarisierung verschwindet, wenn das Lichtfeld ausgeschaltet ist.

Die vollständigen *optischen Blochgleichungen*, deren Ähnlichkeit mit den klassischen Gleichungen (6.7, 6.8), die Ergebnis des Lorentz-Modells sind, nicht mehr zu übersehen ist, lauten:

$$\dot{u} = \delta v - \gamma' u \quad ,$$
$$\dot{v} = -\delta u - \gamma' v + \Omega_{\mathrm{R}} w \quad , \tag{6.32}$$
$$\dot{w} = -\Omega_{\mathrm{R}} v - \gamma(w - w_0) \quad .$$

Offenbar bestimmt das Verhältnis der Rabifrequenz Ω_{R} zu den Dämpfungsraten γ, γ' die Dynamik des Systems: Wir erwarten oszillierende Eigenschaften wie im ungedämpften System nur, wenn sie genügend groß ist, d.h. das System hinreichend stark getrieben wird. Der Grenzfall

$$\Omega_{\mathrm{R}} > \gamma, \gamma' \tag{6.33}$$

wird als *starke Kopplung* bezeichnet. Er spielt eine wichtige Rolle für die Licht-Materiewechselwirkung, weil er nur mit Hilfe intensiven und kohärenten, d.h. monochromatischen Laserlichts zu erreichen ist (s. Kap.12).

Häufig werden die optischen Blochgleichungen auch in der kompakteren komplexen Schreibweise benutzt, die die Sprache der Dichtematrix-Theorie aus der Quantenmechanik (s. Anhang B.2) verwendet. Mit $\rho_{\mathrm{eg}} = u + iv$ und $w = \rho_{\mathrm{ee}} - \rho_{\mathrm{gg}}$ gilt

$$\dot{\rho}_{\mathrm{eg}} = -(\gamma' + i\delta)\rho_{\mathrm{eg}} + i\Omega_{\mathrm{R}} w \quad ,$$
$$\dot{w} = -\Im m\{\rho_{\mathrm{eg}}\}\Omega_{\mathrm{R}} - \gamma(w - w_0) \quad . \tag{6.34}$$

6.2.7 Stationärer Zustand, Inversion und Polarisierung

Wir wollen jetzt den stationären Zustand bestimmen ($\dot{u} = 0$), das heißt, nach dem Einschalten eines Lichtfeldes ist eine Zeit $t \gg T_1, T_2$ verstrichen. Dann besitzt (6.32) folgende stationäre Lösungen, die man zweckmäßig in Bezug zur Inversion w_0 im thermischen Gleichgewicht, d.h. ohne treibendes Lichtfeld setzt,

$$w_{\mathrm{st}} = \frac{w_0}{1 + \dfrac{\Omega_{\mathrm{R}}^2}{\gamma\gamma'}\dfrac{1}{1 + (\delta/\gamma')^2}} = \frac{w_0}{1 + s} = \frac{\Delta N_0}{N}\frac{1}{1 + s} \quad , \tag{6.35}$$

wobei im thermischen Gleichgewicht nach (6.31) und wegen $N_e \ll N_g$ im allgemeinen $w_0 = \Delta N_0/N \simeq -1$ gilt. Der „Sättigungsparameter"

$$s = \frac{s_0}{1 + (\delta/\gamma')^2} \quad \text{mit} \quad s_0 = \frac{I}{I_0} = \frac{\Omega_{\mathrm{R}}^2}{\gamma\gamma'} \tag{6.36}$$

setzt das Gewicht der kohärenten Prozesse, deren Dynamik durch die Rabifrequenz bestimmt wird, ins Verhältnis zu den inkohärenten Dämpfungsprozessen, die durch die Relaxationsraten γ, γ' bestimmt werden. Wegen $\Omega_{\mathrm{R}}^2 =$

$|-d_{eg}E_0/\hbar|^2 = |-d_{eg}/\hbar|^2(2I/c\epsilon_0)$ kann man aus $s_0 = I/I_0 = 1$ die Sättigungsintensität I_0 bestimmen:

$$I_0 = \frac{c\epsilon_0}{2}\frac{\hbar^2\gamma\gamma'}{d_{eg}^2} \quad .$$

Wenn wir das bekannte Resultat für die spontane Emission nutzen, $\gamma = d_{eg}^2\omega^3/3\pi\hbar\epsilon_0 c^3$ (6.45), kann man die Sättigungsintensität nur mit Kenntnis der Resonanzwellenlänge λ und der transversalen Relaxationsrate γ' bestimmen und erhält einen nützlichen Zusammenhang mit dem resonanten Wirkungsquerschnitt der Absorption σ_Q aus Gl.(6.19),

$$I_0 = \frac{2\pi hc\gamma'}{3\lambda^3} = \frac{\hbar\omega\gamma'}{\sigma_Q} \quad , \tag{6.37}$$

der sich interpretieren läßt: Offensichtlich fließt bei der Sättigungsintensität gerade die Energie eines Photons während der transversalen Kohärenzzeit T' durch eine Fläche von der Größe σ_Q.

Wenn nur strahlender Zerfall möglich ist, wie zum Beipiel bei verdünnten Gasen oder Atomstrahlen, dann ist die Sättigungsintensität mit $\gamma' = \gamma/2$ allein von den Eigenschaften des freien Atoms abhängig und es gilt

$$I_0 = \frac{\pi hc\gamma}{3\lambda^3} \quad . \tag{6.38}$$

Als Beispiel geben wir die Sättigungsintensität für eine Reihe wichtiger Atome an. Sie sind mit kontinuierlichen Laserlichtquellen mit Ausnahme des Wasserstoff-Atoms ohne besondere Anstrengung erreichbar:

Tab. 6.3 *Sättigungsintensität wichtiger atomarer Resonanzlinien*

Atom	H	Na	Rb	Cs	Ag	Ca	Yb
Übergang	1S→2P	3S→3P	5S→5P	6S→6P	5S→5P	4S→4P	6S→6P
$\gamma/2\pi$ $[10^6\mathrm{s}^{-1}]$	99,5	9,9	5,9	5,0	20,7	35,7	0,18
λ [nm]	121,6	589,0	780,2	852,3	328,0	422,6	555,8
I_0 [mW/cm^2]	7242	6,34	1,63	1,06	76,8	61,9	0,14

Die „Stärke" des Übergangs wird durch die Zerfallsrate $\gamma/2\pi = \Delta_{1/2}$ charakterisiert, die wir hier in Einheiten der natürlichen Linienbreite angegeben haben. Es ist auf den ersten Blick vielleicht verwunderlich, daß die Sättigungsintensität mit abnehmender Linienbreite und damit bei schwächeren Linien sinkt. Man muß aber berücksichtigen, daß die kohärente Kopplung auch immer mehr Zeit benötigt, um die Anregung zu erreichen.

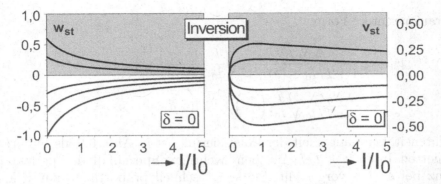

Abb. 6.9 *Einwirkung eines Lichtfeldes nach Gl.(6.35, 6.40) auf die Gleichgewichtswerte der Besetzungszahldifferenz („Inversion") w_{st} und der Polarisierungskomponenten u_{st}, v_{st} als Funktion des Sättigungsparameters $s(\delta = 0) = I/I_0$. Bei verschwindendem Lichtfeld ($s = 0$) wurden die Werte $w_0 = -1, -0.6, -0.3, +0.3$ und $+0.6$ verwendet.*

Wachsende Intensität des Treiberfeldes baut die Besetzungszahldifferenz bzw. Inversion nach Gl.(6.35) ab, man kann unter Verwendung der Sättigungsintensität I_0 transparent schreiben

$$w_{st} = w_0 \frac{1 + (\delta/\gamma')^2}{1 + I/I_0 + (\delta/\gamma')^2} \quad .$$

Ihre Abhängigkeit von der Intensität des Treiberfeldes ist für $\delta = 0$ und verschiedene „ungesättigte" Inversionswerte $w_0 = w_{st}(I/I_0 \rightarrow 0)$ in Abb. 6.9 dargestellt. Es ist bemerkenswert, daß sich bei wachsender Intensität das Vorzeichen von w_{st} niemals ändert.

Experimentell sind in erster Linie wieder Brechungzahl und Absorptionskoeffizient zugänglich, z.B. der Absorptionskoeffizient α, der nach Glgn. (6.11)–(6.13), (6.18) und (6.21) über

$$\alpha = 2n''k = -\frac{2\pi}{\lambda} \frac{N}{V} \frac{v}{\epsilon_0 \mathcal{E}} d_{eg} \tag{6.39}$$

mit der v-Komponente des Blochvektors zusammenhängt. Bevor wir die Eigenschaften des Absorptionskoeffizienten näher untersuchen (s. Kap. 6.4.3 und 11.2.1) müssen wir also die stationären (u, v)-Werte bestimmen,

$$v_{st} = \frac{w_0}{1 + s} \frac{\Omega_R/\gamma'}{1 + (\delta/\gamma')^2}$$
$$u_{st} = \frac{\delta}{\gamma'} v_{st} \quad . \tag{6.40}$$

Wenn wir die Rabifrequenz Ω_R nach (6.36) umgekehrt durch die Sättigungsintensität ausdrücken und w durch die Besetzungszahlen, erhalten wir für v_{st}

die transparentere Form

$$v_{st} = \frac{\Delta N_0/N}{1 + I/I_0 + (\delta/\gamma')^2} \sqrt{\frac{I}{I_0}} \frac{(\gamma/\gamma')^{1/2}}{1 + (\delta/\gamma')^2}$$

$$\rightarrow \frac{\Delta N_0/N}{1 + I/I_0} \sqrt{\frac{I}{I_0}} \left(\frac{\gamma}{\gamma'}\right)^{1/2} \quad \text{für } \delta \rightarrow 0 \quad .$$

(6.41)

Die Intensitätsabhängigkeit der Polarisierung ist in Abb. 6.9 als Funktion der normierten Intensität I/I_0 für den wichtigen Spezialfall der perfekten Resonanz bei $\delta = 0$ vorgestellt. Sie steigt schnell proportional zur Feldstärke des Treiberfeldes an, $\sqrt{I/I_0} \propto \mathcal{E}$, und sie nimmt bei großen Intensitäten wie $1/\sqrt{I/I_0}$ wieder ab. Bei kleinen Intensitäten finden wir also den klassischen Grenzfall wieder, (u_{st}, v_{st}) korrespondieren dann mit den (u, v)-Koordinaten des Lorentz-Oszillators aus Gl.(6.7) und zeigen natürlich auch den Frequenzgang aus Abb.(6.2).

Die Behandlung nach der Quantenmechanik sagt auch wie im klassischen Fall voraus, daß ein Lichtfeld in einem Ensemble aus Zwei-Zustands-Atomen stets absorbiert wird, denn wegen (6.41) gilt $v_{st} \propto \Delta N_0 < 0$ für beliebige Intensitäten. Wenn allerdings zu Beginn eine Inversion $w > 0$ erzeugt werden kann, dann erwarten wir einen Vorzeichenwechsel für v_{st} und in der Folge auch für α – Lichtfelder werden dann nicht mehr geschwächt, sondern verstärkt.

6.3   Stimulierte und spontane Strahlungsprozesse

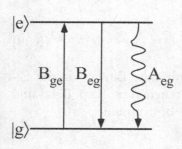

Abb.   6.10   *Einstein-Koeffizienten, stimulierte und spontane Strahlungsprozesse.*

Im vorausgehenden Kapitel haben wir die Kopplung eines Atoms an eine monochromatische Lichtwelle untersucht. Dabei tauchen drei unterscheidbare Strahlungsprozesse auf, die durch die Einstein-Koeffizienten beschrieben werden:

• Durch die Kopplung an das treibende Feld kann ein Atom vom Grund- in den angeregten Zustand befördert werden. Dieser Prozess wird als „(stimulierte) Absorption" bezeichnet und ist nur möglich, wenn das Feld vorhanden ist.

• Der analoge Prozeß findet auch vom angeregten zum Grundzustand statt und heißt „stimulierte Emission". Dabei verstärkt die Energie des Atoms das treibende Feld.

Die stimulierten Prozesse beschreiben die kohärente Entwicklung des Atom-Feld-Systems, d.h. die Phasenlagen des Treiberfeldes und der atomaren Dipole spielen eine wichtige Rolle. Die Einstein-B-Koeffizienten (s. Abschn. 6.3.1) geben die Raten dieser Prozesse an.

• Wenn sich ein Atom im angeregten Zustand befindet, dann kann es durch „spontane Emission" in den Grundzustand zerfallen. Dieser Prozeß findet, von den Ausnahmen aus dem Exkurs auf S. 454 abgesehen, immer statt und wurde in Gl.(6.32) phänomenologisch durch Einführung der Dämpfungskonstanten berücksichtigt. Die Rate des spontanen Zerfalls wird durch den Einstein-A-Koeffizienten gegeben. Die Anregungsenergie wird in diesem Fall mit der Antennencharakteristik z.B. eines atomaren Dipols abgestrahlt.

Exkurs: Das Spektrum schwarzer Körper (Hohlraumstrahler)

Kurz vor der Wende vom 19. zum 20. Jahrhundert wurde das Spektrum schwarzer Körper oder Hohlraumstrahler in der Physikalisch-Technischen Reichsanstalt in Berlin sehr sorgfältig vermessen, übrigens um ganz praktisch die Qualität der damals noch jungen Glühlampen zu sichern und zu steigern. Dieses Spektrum hat eine herausragende Rolle für die moderne Physik und unser Verständnis von Lichtquellen gespielt.

In den Messungen der Reichsanstalt stellte sich heraus, daß die von Wien angegebene Formel $S'_E(\nu)d\nu = (8\pi h\nu^3/c^3)\exp(-h\nu/kT)d\nu$ für die Energiedichte des Strahlungsfeldes bei kleinen Frequenzen nicht mit dem Experiment übereinstimmte. Gleichzeitig hatte Lord Rayleigh in England eine abweichende niederfrequente Strahlungsformel $S''_E(\nu)d\nu = (8\pi\nu^2/c^3)kTd\nu$ angegeben. Max Planck erhielt seine berühmte Strahlungsformel durch geschickte Interpolation, in unserer Schreibweise

$$S_E(\nu)\,d\nu = \frac{8\pi}{c^3}\frac{h\nu^3}{\exp\left(h\nu/kT\right)-1}\,d\nu \quad , \tag{6.42}$$

von der wir heute wissen, daß sie vom Produkt aus der Zustandsdichte des Strahlungsfeldes bei der Frequenz ω und der Besetzungswahrscheinlichkeit nach der Bose-Einstein-Statistik gebildet wird. Diese Formel, die Planck am 14. Dezember 1900 in Berlin erstmals öffentlich vorstellte, war der Beginn derjenigen Ideengeschichte, die zur modernen Physik überhaupt geführt hat. Thermische Lichtquellen, die Begriffe der Optik und eine ganz angewandte Fragestellung – die Effizienz von Beleuchtungskörpern – haben bei der Geburt der Quantenphysik eine wichtige Rolle gespielt!

Die ungebrochene Faszination der Strahlungsphysik hat sich in jüngerer Zeit auch bei Messungen der Radioastronomie bestätigt: Es ist schon einigermaßen beeindruckend, daß die genaueste Vermessung eines schwarzen Körpers heute aus dem Spektrum der kosmischen Hintergrundstrahlung gewonnen wird, der Unterschied von gemessenen Werten und theoretischer Kurve ist in Abb. 6.11 nicht sichtbar! Dabei konnte die Temperatur dieser Strahlung, die häufig als das „Nachleuchten" des inzwischen allerdings erheblich abgekühlten Urknalls interpretiert wird, zu T = 2,726±0,005 K bestimmt werden.

Die Messungen des COBE-Satelliten (*Cosmic Background Explorer*) [130, 26] sind schon so genau gewesen, daß man auf einer Himmelskarte die Temperatur-Schwankungen der aus der jeweiligen Richtung empfangenen Strahlung relativ zum Mittelwert eintragen konnte. Das spektakuläre Ergebnis zeigt eine dipolartige Asymmetrie von der Größenordnung

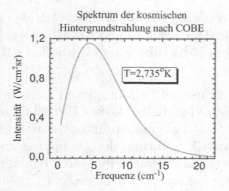

Abb. 6.11 *Links: Spektrum der 2,7 K Himtergrundstrahlung. Rechts: Himmelskarte der Intensitätsschwankungen. Oben: Dipolasymmetrie. Unten: Restliche Schwankungen von maximal $\Delta T/T \simeq 10^{-5}$. Nach [130].*

$\Delta T/T \simeq 10^{-3}$, die man durch die Eigenbewegung unserer Milchstraße relativ zu einem gleichförmigen Strahlungshintergrund erklären kann. Darüberhinaus ist die Mikrowellenstrahlung bis auf geringere räumliche Schwankungen von ca. $\Delta T/T \simeq 10^{-3}$ isotrop. Es wird vermutet[26], daß auch die geringen Fluktuationen den Dichteschwankungen des Universums entsprechen, die ihrerseits Keime für die beobachtbare Materie ergeben. Die Messungen der WMAP-Mission (*Wilkinson Microwave Anisotropy Probe*) bestätigen die COBE-Ergebnisse mit noch eindrucksvollerer Präzision.

Die Begriffe stimulierte und spontane Emission sind von A. Einstein im Zusammenhang mit thermischen, breitbandigen Lichtfeldern entwickelt worden [50], weil beide Formen aus thermodynamischen Gründen erforderlich waren. Eine kohärente Kopplung zwischen Lichtfeld und Atomen war damals, 1917, jedoch weder begrifflich noch experimentell vorstellbar.

6.3.1 Emission und Absorption im breitbandigen Lichtfeld

Wir wollen hier untersuchen, wie wir den Grenzfall eines breitbandigen, d.h. inkohärenten Lichtfeldes aus den Blochgleichungen zurückgewinnen können. Dazu nutzen wir die komplexe Form Gl.(6.34) und nehmen an, daß $|\rho_{eg}| \ll w \simeq -1$. Mit dem Gleichgewichtswert ρ_{eg} entnehmen wir schnell

$$\dot{w} = -\frac{\gamma'\Omega_\mathrm{R}^2}{\gamma'^2 + \delta^2}w - \gamma(w - w_0) \quad .$$

Wir interessieren uns für den ersten Beitrag, der wegen $\Omega_\mathrm{R}^2 = d_{eg}^2\mathcal{E}_0^2/\hbar^2 \propto I$ die stimulierten Prozesse (Emission und Absorption) enthält, und berücksichtigen die Breitbandigkeit, indem wir über alle Verstimmungen δ integrieren und mit $\mathcal{E}_0$ nun die mittlere quadratische Feldamplitude meinen,

$$\dot{w} = \pi(d_{eg}^2/3)\mathcal{E}_0^2/\hbar^2 - \gamma(w+1) \quad .$$

Die Kopplung zwischen unpolarisiertem Feld und atomarem Dipol verursacht durch Mittelung über die Raumrichtungen den Faktor 1/3, und mit $\rho_{ee} = (w+1)/2$ finden wir die Form

$$\dot{\rho}_{ee} = \frac{\pi d_{eg}^2}{3\epsilon_0 \hbar^2} u(\nu_0)w - \gamma(w+1)/2 = B_{eg}u(\nu_0)(\rho_{gg} - \rho_{ee}) - \gamma\rho_{ee}, \quad (6.43)$$

wobei mit $u(\nu_0) = \epsilon_0\mathcal{E}_0^2/2$ die Energiedichte bei der Resonanzfrequenz ν_0 bezeichnet wird. Der Koeffizient

$$B_{eg} = \frac{\pi d_{eg}^2}{3\epsilon_0 \hbar^2} \quad (6.44)$$

wird als Einstein-B-Koeffizient bezeichnet und gibt die Rate der stimulierten Emission bzw. Absorption an. Damit können wir auch die Ratengleichungen für diese Wechselwirkung angeben:

$$\dot{\rho}_{ee} = B_{eg}u(\nu_0)(\rho_{gg} - \rho_{ee}) - \gamma\rho_{ee} \quad ,$$
$$\dot{\rho}_{gg} = B_{eg}u(\nu_0)(\rho_{ee} - \rho_{gg}) + \gamma\rho_{ee} \quad .$$

6.3.2 Spontane Emission

Eine genauere Berechnung der Rate der spontanen Emission erfordert eine Behandlung nach den Regeln der Quantenelektrodynamik, d.h. mit Hilfe eines quantisierten elektromagnetischen Feldes. Tatsächlich war die Berechnung der Rate der spontanen Emission durch V. Weisskopf und E. Wigner [171], die wir im Kapitel über Quantenoptik (Kap. 12) ausführlich vorstellen, der erste große Erfolg dieser 1930 noch ganz jungen Theorie.

Vorläufig wählen wir einen stark verkürzten Weg, indem wir die schon beim Lorentzmodell vorgestellte Larmorformel (6.3)

$$P = \gamma h\nu_0 = \frac{2}{3c^3} \frac{e^2}{4\pi\epsilon_0}\ddot{x}^2$$

wieder verwenden und davon ausgehen, daß während der charakteristischen Zerfallszeit γ^{-1} gerade die Energie $h\nu_0$ abgegeben wird. Aus der Quantenmechanik übernehmen wir das Ergebnis $\ddot{x} = x\omega_0^2$ und erhalten durch Multiplikation mit dem Faktor 2, den erst die Quantenelektrodynamik liefert, das Ergebnis

$$\gamma = A_{eg} = 2 \times \frac{P}{h\nu_0} = \frac{d_{eg}^2\omega_0^3}{3\pi\hbar\epsilon_0 c^3} \quad (6.45)$$

für den Einstein-A-Koeffizienten. Aus dem Vergleich mit Gl.(6.43) bestätigen wir das Ergebnis, das Einstein aus rein thermodynamischen Überlegungen gewonnen hatte,

$$A : B = \frac{\hbar\omega_0^3}{\pi^2 c^3} = \hbar\omega \frac{\omega^2}{\pi^2 c^3} \quad . \tag{6.46}$$

Die letzte Form enthält mit $\rho(\omega) = \omega^2/\pi^2 c^3$ gerade die Dichte der Zustände des Strahlungsfeldes zur Frequenz ω (s. Anhang B.3). Wenn das treibende Feld in einer bestimmten Mode $\overline{n}_{ph}$ Photonen enthält, dann muß die Rate der spontanen Emission zur stimulierten Emission in diese Mode

$$A : B = 1 : \overline{n}_{ph} \tag{6.47}$$

betragen. Obwohl die Existenz und die Rate der spontanen Emission aus thermodynamischen, grundsätzlichen Argumenten begründet werden kann, ist sie doch experimentellen Modifikationen zugänglich, wie wir in Abschn. 12.3.3 näher berichten.

6.4   Inversion und Verstärkung

Die Behandlung der Licht-Materie-Wechselwirkung in Kap. 6.2.7 verspricht die Präparation eines *lichtverstärkenden* Mediums, wenn es nur gelingt, den angeregten Zustand stärker zu bevölkern als den Grundzustand. Formal gesprochen entspricht diese Situation einer *negativen Temperatur*, denn der Boltzmann-Faktor $N_e/N_g = \exp\left(-(E_e - E_g)/kT\right)$ kann nur dann größer als 1 werden, wenn $T < 0$ – lichtverstärkende Medien befinden sich nicht im thermischen Gleichgewicht.

6.4.1   Vier-, Drei- und Zwei-Niveau-Lasersysteme

In einem System mit drei oder vier Quanten-Zuständen können wir durch Energiezufuhr ein dynamisches Gleichgewicht schaffen, das eine stationäre Inversion zwischen bestimmten Zuständen erzeugt und die Voraussetzung für Lichtverstärkung und den Betrieb eines Lasers schafft. Das idealisierte System ist in Abb. 6.12 vorgestellt. Der Pumpprozeß, der mit der Gesamtrate $R = V\mathcal{R}$ Teilchen aus dem Grundzustand $|0\rangle$ in das Pumpniveau $|p\rangle$ befördert, kann durch Elektronenstoß in einer Entladung verursacht werden, durch Absorption aus dem Licht einer Lampe oder eines Lasers oder noch andere Mechanismen, für die wir mehrere Beispiele im Kapitel über Laser kennenlernen werden.

Unsere besondere Aufmerksamkeit gilt den beiden Niveaus $|e\rangle$ und $|g\rangle$, die wir zukünftig als „Laserniveaus" ansprechen wollen. Eine Inversion (und damit die

Voraussetzung zum Laserbetrieb) kann auch mit drei Niveaus erzielt werden, wenn zum Beispiel das Pumpniveau $|p\rangle$ und das obere Laserniveau $|e\rangle$ identisch sind.

Das Vier-Niveau-System sorgt für eine strenge funktionale Trennung der Zustände, die am Pumpprozeß und die am Laserprozeß unmittelbar beteiligt sind. Ein vereinfachtes Lasermodell (s. Abschn. 8.1) betrachtet daher nur die Laserniveaus $|e\rangle$ und $|g\rangle$ („Zwei-Niveau-Lasermodell") und berücksichtigt die übrigen Zustände in theoretischen Beschreibungen (s. Abschn. 8.1) nur indirekt und pauschal durch die Pumprate R und die Depopulationsrate γ_{dep}.

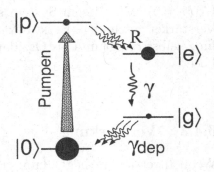

Abb. 6.12 *Vier-Niveau-System mit Inversion zwischen oberem ($|e\rangle$) und unterem ($|g\rangle$) Niveau. Die Kreise deuten die Bevölkerung der Niveaus im Fließgleichgewicht an.*

6.4.2   Erzeugung von Inversion

Wir betrachten die Ratengleichungen für die Besetzungszahlen N_0, N_p, N_e, N_g, und wir konzentrieren uns auf schwache Pumpprozesse. Dann werden die meisten Atome im Grundzustand bleiben und in guter Näherung gilt $N_0 \simeq const.$ Man findet durch kurze Überlegung oder Rechnung, daß unter diesen Umständen das Ratengleichungssystem auf die beiden Laserzustände $|e\rangle$ und $|g\rangle$ beschränkt werden kann. Die Dynamik wird bestimmt durch die Populationsrate R des oberen Zustandes, dessen Zerfallsrate γ, den Anteil $\gamma_{\text{eg}} \leq \gamma$, der davon ins untere Laser-Niveau fällt, und schließlich γ_{dep}, die Entleerungsrate des unteren Laserniveaus:

$$\begin{aligned}\dot{N}_e &= R - \gamma N_e \ , \\ \dot{N}_g &= \gamma_{\text{eg}} N_e - \gamma_{\text{dep}} N_g \ .\end{aligned} \qquad (6.48)$$

Man findet die stationären Lösungen $N_e^{st} = R/\gamma$ und $N_g^{st} = \gamma R/\gamma_{\text{eg}}\gamma_{\text{dep}}$ und berechnet die Besetzungszahldifferenz ΔN im Gleichgewicht, aber in Abwesenheit eines Lichtfeldes, das die beiden Zustände kohärent koppeln könnte:

$$\Delta N = N_e^{st} - N_g^{st} = \frac{R}{\gamma}\left(1 - \frac{\gamma_{\text{eg}}}{\gamma_{\text{dep}}}\right) \ . \qquad (6.49)$$

Wenn die Depopulationsrate γ_{dep} des unteren Zustandes größer ist als die Zerfallsrate des oberen Zustandes, dann wird in diesem System wegen $\gamma/\gamma_{\text{dep}} < 1$ offenbar eine *Inversion* aufrecht erhalten, $\Delta N > 0$. Die Inversion ist vom thermodynamischen Standpunkt eine Nicht-Gleichgewichtssituation und setzt voraus, daß ein Energiefluß durch das System stattfindet.

Weil der Imaginärteil der Polarisierung nun *positiv* ist, erwarten wir, daß die Polarisierung das Feld, durch das sie verursacht wird, nicht mehr absorbiert, sondern im Gegenteil verstärkt! Ein stärker werdendes Feld reduziert diese Inversion nach Gl.(6.41) zwar, erhält aber die verstärkenden Eigenschaften (Abb. 6.9). Mit diesem System sind daher die Voraussetzungen für optische Verstärker geschaffen. Es ist bekannt, daß sich ein Verstärker durch Rückkopplung selbst erregt und als Oszillator arbeitet. Wir bezeichnen diese Geräte als Laser.

6.4.3 Verstärkung

Wenn Inversion vorliegt, dann erhalten wir einen negativen Absorptionskoeffizienten, der auch als Verstärkungskoeffizient bezeichnet wird und ebenfalls die Einheit cm^{-1} besitzt. Um ihn zu berechnen, werten wir Gl.(6.39) mit den stationären Werten für v_{st} aus:

$$\alpha = \frac{2\pi}{\lambda} \frac{N}{V} \left[\frac{w_0}{1+s} \frac{-d_{eg}^2 \mathcal{E}/\hbar\gamma'}{\epsilon_0 \mathcal{E}(1+(\delta/\gamma')^2)} \right] \; .$$

Das Ergebnis läßt sich mit Hilfe von Gl.(6.19) und (6.31) übersichtlich formulieren,

$$\alpha = \frac{N}{V} \sigma_Q \frac{-\Delta N_0/N}{(1+s)(1+(\delta/\gamma')^2)} \; ,$$

und insbesondere für $\delta = 0$ finden wir den leicht zu überschauenden Zusammenhang

$$\alpha = \frac{N}{V} \; \sigma_Q \; \frac{-\Delta N_0/N}{1+I/I_0} \; . \tag{6.50}$$

Nach Abb. 6.9 ist klar, daß die Inversion – und damit die Verstärkung – unter der Einwirkung eines Lichtfeldes abgebaut wird. Im Laserbetrieb werden wir dann von *gesättigter Verstärkung* reden. Für sehr kleine Intensitäten $I/I_0 \ll 1$ ist die Verstärkung aber konstant und man spricht von der *Kleinsignalverstärkung*. Deren Wert wird typischerweise für ein Lasermaterial angegeben.

Man kann Gl.(6.50) natürlich auch mit $\Delta N_0 = N_e - N_g$ ausdrücken,

$$\alpha = \frac{N_g}{V} \; \sigma_Q \; \frac{1 - N_e/N_g}{1+I/I_0} \; , \tag{6.51}$$

und erkennt dann deutlich den von Kramers und Heisenberg 1925 [102] als *negative Dispersion* eingeführten Beitrag. Er wurde schon 1930 von Ladenburg

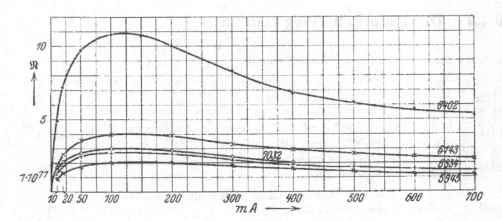

Abb. 6.13 *Die negative Dispersion wurde schon 1930 an einer Entladung mit Neon-Atomen beobachtet [107, 106]. Das Diagramm zeigt die Größe „$\mathcal{N}$", die aus der Brechzahl bei starken Übergangswellenlängen (in Å im Ne_{1s-2p}-System, vgl. Abb. 7.5) bestimmt wurde und ein Maß ist für die Größe $N_g(1 - N_e/N_g)$ in Gl. (6.49). Anfangs steigt die Zahl der Atome im 1s-Niveau schnell an. Mit wachsendem Entladungstrom wird aber auch das 2p-Niveau effizient bevölkert. Dadurch werden Absorption und Dispersion verringert.*

und Kopfermann [107, 106] beobachtet, 25 Jahre vor der ersten Beschreibung des Lasers durch Schawlow und Townes [148].

6.4.4   Der historische Weg zum Laser

Tab. 6.4 *Ausgewählte Meilensteine auf dem Weg zum Laser [19, 165]*

Jahr	Ereignis	Ref.
1917	A. Einstein publiziert die *Quantentheorie der Strahlung* und führt die A- und B-Koeffizienten ein.	[50]
1925	H.A. Kramers und W. Heisenberg publizieren eine theoretische Arbeit über *negative Dispersion* in atomaren Gasen.	[102]
1930	R. Ladenburg und H. Kopfermann weisen am Kaiser-Wilhelm-Institut für physikalische Chemie in Berlin die negative Dispersion in einer Neon-Entladung nach.	[107]
1951	W. Paul besucht die Columbia Univerität in New York und berichtet C. Townes u.a. von magnetischen Hexapollinsen, mit denen Atome und Moleküle fokussiert werden können.	[165]
1954	J. Gordon, H. Zeiger und C. Townes verwenden die Paulsche Methode, um Inversion in einem Ammoniak-Strahl zu erzeugen und realisieren den ersten Maser.	[63]
1954	N. Basov und A. Prokhorov publizieren eine theoretische Arbeit über *Molekularverstärker* am Lebedev Institut in Moskau.	[13]
1958	A. Schawlow und C. Townes beschreiben den Laser bzw. *optischen Maser* in einer umfangreichen theoretischen Arbeit.	[148]
1960	T. Maiman betreibt den Rubinlaser als ersten, gepulsten und sichtbaren Laser bei Hughes Research Laboratories.	[117]
1960	A. Javan, W.R. Bennett, und D.R. Herriott realisieren den ersten kontinuierlichen He-Ne-Gaslaser an den Bell-Laboratories.	[84]
1962	A. White und J. Rigden betreiben die bekannteste sichtbare Laserlinie im He-Ne-Laser bei 633 nm.	[172]

Aufgaben zu Kapitel 6

6.1 Doppler-verbreiterter Wirkungsquerschnitt In einem Gaslaser wird ein realistischer Absorptions- bzw. Verstärkungskoeffizient durch den Doppler-verbreiterten Wirkungsquerschnitt bestimmt. Verwenden Sie die Geschwindigkeitsverteilung aus Abschn. 11.3.2, um den effektiven Wirkungsquerschnitt für eine atomare Resonanzlinie abzuschätzen.

6.2 „Klassische Blochgleichungen" Vergleichen Sie die optischen Blochgleichungen (Gl. 6.32) und die Gleichungen für den klassischen Dipol Gl. 6.7 und stellen Sie die Bedeutung der Faktoren und Parameter gegenüber. Wenn sich die Dynamik des (ungedämpften) Bloch-Vektors mit der Bloch-Kugel beschreiben läßt, welche geometrische Form kommt dann für den klassischen Dipol in Frage? Inwiefern ist sie eine Näherung für die Bloch-Kugel?

6.3 Hanle-Effekt Wird ein elektrischer Dipol zu Schwingungen angeregt, strahlt er die Anregungsenergie im feldfreien Raum entsprechend den räumlichen Verteilungen aus Abb. 2.5 wieder ab. Bei Anregung im feldfreien Raum erwartet man z.B. keine Abstrahlung in Richtung des Detektors, wenn wie in der Zeichnung das linear polarisierte E-Feld genau auf den Detektor gerichtet ist.

Falls der Dipol auch ein magnetisches Moment mit Komponente $\mu_\perp$ senkrecht zum magnetischen Feld besitzt – für Atome meistens der Fall –, präzediert er mit der Larmorfrequenz $\omega_L = \mu_\perp B_z/\hbar$ um die Achse des externen magnetischen Feldes, und modifiziert dadurch die Strahlungsverteilung. Betrachten Sie ein vereinfachtes, klassisches Dipolmodell, das schon 1924 von W. Hanle [67] vorgeschlagen wurde: Bei $t = 0$ werden elektrische Dipole angeregt, die bei $B_z = 0$ die Amplitude $E(t) = E_0 \exp(-i\omega_0 t)\exp(-\gamma t/2)$ abstrah-

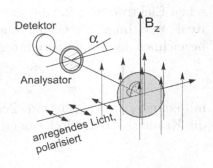

Abb. 6.14 *Versuchsanordnung beim Hanle-Effekt.*

len. Die Dipole sollen für $B_z \neq 0$ mit der Frequenz ω_L präzedieren, d.h. um die Achse des B_z-Feldes rotieren. Die mittlere Intensität auf dem Detektor wird durch Integration über alle Zeiten bestimmt, $I_D = \int_0^\infty I(t)dt$.

(a) Lineare Polarisation $E \parallel B_z$, π-Polarisation. Begründen Sie, daß das Magnetfeld die mit dem Detektor registrierte Fluoreszenz-Intensität nicht beeinflusst, $I_D(t) = const.$ (b) Lineare Polarisierung $E \perp B_z$, σ_+- und σ_--Polarisation. Begründen Sie, daß man für die Analysator-Stellung α auf dem Detektor die Intensität $I(t) = I_0 \exp{-\gamma t}\cos^2[\omega t - \alpha]$ erwartet. Bestimmen und skizzieren Sie die mittlere Intensität auf dem Detektor als Funktion des externen Magnetfeldes für die Analysatorstellungen $\alpha = 0, \pi/4, \pi/2, 3\pi/4$.

6.4 Kann ein Natrium-Atom mit Sonnenlicht gesättigt werden? Die Natrium-D-Linie bei $\lambda = 589$ nm hat eine natürliche Linienbreite von 10 MHz und eine zugehörige Sättigungsleistung von 63.4 W/m^2. (a) Ein irdisches Natrium-Atom befindet sich $D_{s-e} = 1.5 \cdot 10^8$ km von der Sonne entfernt. Läßt sich die D-Line mit dem Sonnenlicht sättigen? (b) Wird die Natrium-D-Linie gesättigt, wenn sich das Atom direkt auf der Oberfläche der Sonne befindet (Radius $r_s = 7 \cdot 10^5$ km)? (c) Bestimmen Sie die Temperatur, bei der das Atom auf der Sonnenoberfläche gerade gesättigt ist. (Hinweis: Betrachten Sie die Sonne als idealen schwarzen Körper und verwenden Sie die Plancksche Formel für die spektrale Energiedichte Gl. 6.42. Die Sonnentemperatur beträgt T = 5700 K.

6.5 Blochgleichungen: Magnetresonanz und optische Übergänge Die optischen Bloch-Gleichungen, mit denen optische Übergänge beschrieben werden, sind identisch mit den Bloch-Gleichungen, die verwendet werden, um die Methoden der Magnetresonanz zu beschreiben, von denen die Kernspinresonanz (NMR, engl. *Nuclear Magnetic Resonance*) die wichtigste ist. Wo sehen Sie Unterschiede in den relevanten Lösungen? (Hinweis: Studieren Sie die verschiedenen Zeitkonstanten, die die Lösungen bestimmen).

6.6 Kramers-Kronig-Relationen Ein wichtiges Ergebnis der der theoretischen Elektrodynamik sind die *Kramers-Kronig-Relationen*. nach welchen der Real- und Imaginärteil der linearen Suszpetibilität durch den Ausdruck ($\mathcal{P}$ bezeichnet das Hauptwert-Integral)

$$\chi''(\omega) = -\frac{1}{\pi} \mathcal{P} \int_{-\infty}^{\infty} \frac{\chi'(\omega)}{\omega' - \omega} d\omega' \quad \text{und} \quad \chi'(\omega) = \frac{1}{\pi} \mathcal{P} \int_{-\infty}^{\infty} \frac{\chi''(\omega)}{\omega' - \omega} d\omega'$$

miteinander verknüpft sind. Zeigen Sie, daß die Suszeptibilität nach Gl. 6.13 die Kramers-Kronig-Relationen erfüllt.

7   Laser

Der Laser hat sich zu einem wichtigen Instrument nicht nur in der physikalischen Forschung, sondern weit darüberhinaus in fast allen Bereichen des täglichen Lebens entwickelt. Mehr als 50 Jahre nach der experimentellen Realisierung des ersten Lasers kommt man kaum noch daran vorbei, ihn zu den wichtigsten Erfindungen des 20. Jahrhunderts zu zählen.

Wir wollen in diesem Kapitel die Funktionsprinzipien anhand besonders wichtiger Lasersysteme vorstellen. Im nächsten Kapitel geben wir eine Einführung in die theoretische Beschreibung ihrer wichtigsten physikalischen Eigenschaften, und den Halbleiterlasern ist ein eigenes Kapitel gewidmet, weil sie mit ihren kompakten, preisgünstig herzustellenden Bauformen in besonderer Weise zur noch immer wachsenden Bedeutung des Lasers beitragen.

Laser = Light **A**mplification by **S**timulated **E**mission of **R**adiation

Das Wort *Laser* ist zu einem selbstständigen Begriff der Alltagssprache geworden. Es leitet sich aber von seinem historischen Vorgänger, dem *Maser* ab. Das englische Acronym (**M**icrowave **A**mplification by **S**timulated **E**mission of **R**adiation) bedeutet soviel wie „Mikrowellen-Verstärkung durch stimulierte Emission von Strahlung"

Natürliche Maser- und Laserquellen Wir wollen unter einem Laser grundsätzlich die Quelle eines intensiven, kohärenten Lichtfeldes verstehen. Laserlicht erscheint uns absolut artifiziell, und ganz sicher haben unsere Vorfahren niemals die Wirkung eines kohärenten Lichtstrahls erlebt.[1] Es gibt aber im Kosmos mehrere natürliche Quellen von kohärenter Strahlung, die i. Allg.zu langwellig sind, um noch als Laser zu gelten und daher als Maser identifiziert werden [126]. Sie kommen in der Nähe heißer Sterne vor, wo z.B. in molekularen Gasen Inversion erzeugt werden kann. Ein Beispiel mit relativ kurzer Wellenlänge ist das Wasserstoffgas, das die Umgebung eines Sterns mit

---

[1]Interferenz- und Kohärenzphänomene lassen sich aber auch in unserer alltäglichen Umgebung beobachten. Man nehme ein Stück dünnen, feinen Stoff und beobachte hindurch entfernte, am besten farbige Lichter, zum Beispiel die Rücklichter eines Autos. Und das Funkeln der Sterne hat die Menschen zu allen Zeiten fasziniert!

dem Namen *MWC349* in der Cygnus-Konstellation umgibt und durch die UV-Strahlung des heißen Sterns zum Leuchten angeregt wird. Das scheibenförmig angeordnete Wasserstoff-Gas verstärkt die Fern-Infrarot-Strahlung des Sterns bei der Wellenlänge von 169 μm millionenfach, so daß es sich auf der Erde nachweisen läßt.

Allerdings herrschen im Weltall völlig andere Dichte- und Temperaturverhältnisse als unter irdischen Bedingungen. Unter den 130 heute bekannten kosmischen Maser- und Laser-Wellenlängen von 10 verschiedenen Molekülen werden nur zwei Linien im Labor beobachtet: Neben Vibrationsübergängen des HCN-Moleküls [149] interessanterweise gerade diejenige Linie des Ammoniak-Moleküls, mit der Townes und seine Mitarbeiter 1954 den ersten irdischen Maser betrieben [63]. Die Eigenschaften der kosmischen Maser und Laser liefern den Astronomen interessante Daten über die Dynamik großer Molekülwolken.

Laser-Verstärker und -Oszillatoren

Der Lasers hat historische Wurzeln in der Hochfrequenz- und der Gasentladungsphysik. Man hatte vom Maser gelernt, daß es möglich war, mit einem invertierten molekularen oder atomaren System einen Verstärker und Oszillator für elektromagnetische Strahlung zu konstruieren, und in einer berühmten Arbeit [148] hatten Arthur Schawlow und Charles Townes die Eigenschaften eines „optischen Masers", der dann Laser genannt wurde, zunächst theoretisch vorhergesagt.

Die optischen Eigenschaften atomarer Gase waren schon lange in Entladungen studiert worden und man hatte auch die Frage gestellt, ob sich durch eine geeignete Situation eine Inversion und damit Lichtverstärkung erzielen ließe. So wird verständlich, daß der erste Dauerstrich-Laser mit einem überraschend komplizierten System, einem Gasgemisch aus Helium- und Neon-Atomen, im Jahr 1961 von dem amerikanischen Physiker Ali Javan [84] bei der infraroten Wellenlänge von 1,152 μm realisiert wurde.

Der Laser besitzt eine enge Analogie zu einem elektronischen Verstärker, der durch positive Rückkopplung zu Schwingungen angeregt wird, und dessen Oszillationsfrequenz durch den Frequenzgang von Verstärkung und Rückkopplung bestimmt wird (Abb. 7.1). Es ist bekannt, daß ein Verstärker mit positiver Rückkopplung schwingt, wenn die Verstärkung größer wird als die Verluste,

Oszillationsbedingung: Verstärkung ≥ Verluste   .

Die Amplitude wächst dann immer weiter an, bis die Verluste durch Auskopplung oder auch im Oszillatorkreis die Verstärkung gerade noch kompensieren. Die effektive Verstärkung sinkt und man spricht von „gesättigter Verstärkung" (s. auch Abschn. 8.1.2).

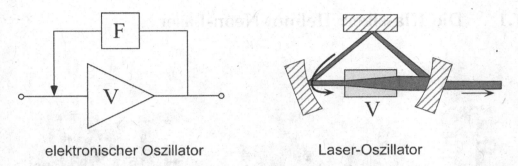

elektronischer Oszillator   Laser-Oszillator

Abb. 7.1 *Analogie zwischen einem Laser und einem elektronischen Verstärker (V), der durch Rückkopplung zum Oszillator wird. Die Oszillatorfrequenz kann zum Beispiel durch ein Filter (F) im Rückkoppelpfad selektiert werden.*
Beim Laser wird Rückkopplung durch die Resonatorspiegel erzielt. Zur Verdeutlichung wurde ein Ringresonator mit drei Spiegeln gewählt. Sowohl das Verstärkungsmedium als auch die wellenlängenabhängige Reflektivität der Resonatorspiegel bestimmen die Laserfrequenz.

Wie wir aus dem Kapitel über Licht und Materie schon wissen, benötigen wir eine Inversion des Lasermediums, um Verstärkung einer Lichtwelle zu erzielen. Wenn der Verlustkoeffizient α_V heißt, muß die Bedingung konkret nach Gl.(6.50) lauten

$$\frac{N}{V}\,\sigma_Q\,\frac{-\Delta N_0/N}{1+I/I_0} \;>\; \alpha_V\;.$$

Im einfachsten Bild müssen sich dazu stets sehr viel mehr Atome im oberen angeregten Zustand als im unteren befinden ($\Delta N_0 > 0$). Wenn diese Bedingung nicht erfüllt ist, erlöscht die Laseroszillation oder schwingt erst gar nicht an. Von einem idealen Laser wünscht man sich eine frequenzunabhängige, möglichst hohe Verstärkung. Weil aber solch ein System bis heute nicht gefunden worden ist, wird eine Vielzahl von Lasertypen verwendet. Die wichtigsten Varianten, die wir in Tab. 7.1 grob eingeteilt haben, wollen wir mit ihren technischen Konzepten, Stärken und Schwächen vorstellen.

Tab. 7.1 Lasertypen

	Gase	Flüssigkeiten	Festkörper
Festfrequenz	Neutralatome Ionen		Seltene-Erd-Ionen 3d-Ionen
Vielfrequenz	Moleküle		
Durchstimmbar		Farbstoffe	3d-Ionen, Halbleiter Farbzentren

7.1   Die Klassiker: Helium-Neon-Laser

Abb. 7.2 *Helium-Neon-Laser in offener, experimenteller Bauform. Der Strom wird der Ent-ladungsröhre durch die beiden Kabel zugeführt. Resonatorspiegel und Laserrohr sind feinju-stierbar gelagert.*

Der Helium-Neon- oder kürzer HeNe-Laser hat bei der wissenschaftlichen Un-tersuchung der physikalischen Eigenschaften von Laserlichtquellen eine unüber-troffene Rolle gespielt, beispielsweise bei der experimentellen Untersuchung der Kohärenzeigenschaften. Er ist schon deshalb der „Klassiker" unter allen Lasersystemen. Wir wollen wichtige Lasereigenschaften an diesem System bei-spielhaft vorstellen.

7.1.1   Konstruktion

Der Helium-Neon-Laser bezieht seine Verstärkung aus einer Inversion in den metastabilen atomaren Anregungen des Neon-Atoms. (Das Leuchten der Neon-Atome ist uns auch von den sprichwörtlichen Neon-Röhren bekannt.)

Verstärker

In Abb. 7.3 sind die entscheidenden atomaren Niveaus mit einigen wichtigen Kenngrößen und ausgewählten Laserwellenlängen („Linien") vorgestellt. Wir können den HeNe-Laser im Bild unabhängiger Atome gut verstehen, weil das Gasgemisch relativ dünn ist. Die Neon-Atome werden nicht direkt durch die Entladung angeregt, sondern durch Energieübertrag von Helium-Atomen, die durch Elektronenstoß in die metastabilen $^1S_0$ und $^3S_1$-Niveaus angeregt wer-den. Das Neon-Atom besitzt eng benachbarte Energieniveaus, so daß resonante Stoßprozesse einen effizienten Energietransfer ermöglichen.

Die Anregung und der Laserübergang sind im HeNe-Laser auf zwei verschiedene atomare Systeme verteilt, was bei der Realisierung des wünschenswerten Vier-Niveau-System hilfreich ist. Allerdings gibt es ein Problem im unteren Laserniveau der Neon-Atome (Abb. 7.3), das ebenfalls metastabil ist und nicht durch strahlende Zerfälle entleert werden kann. In einem engen Entladungsrohr führen aber Wandstöße zu einer ausreichenden Entleerung des unteren Laserniveaus.

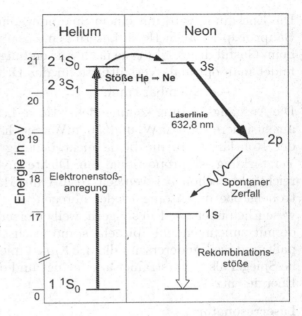

Abb. 7.3 *Energieniveaus von Helium- und Neon-Atomen mit dem bekanntesten optischen Übergang bei 632,8 nm. Als Nomenklatur werden die spektroskopischen Bezeichnungen verwendet. Zu den Energieniveaus sind auch die Lebensdauern angegeben.*

Betriebsbedingungen

Die Inversion kann nur in einem im Vergleich zur atmosphärischen Umgebung relativ dünnen Gasgemisch aufrecht erhalten werden. Der Helium-Druck p beträgt einige 10 mbar, das He:Ne Mischungsverhältnis ca. 10:1. Die Helium-Entladung wird bei einem Strom von mehreren mA und einer Spannung von 1 – 2 kV betrieben und brennt in einer Kapillarröhre (Abb. 7.4, Durchmesser $d \leq 1$ mm), an deren Wänden die metastabilen Neon-Atome (Abb. 7.3) durch Stoßrelaxation wieder in den Grundzustand zurückfallen und für einen weiteren Anregungszyklus zur Verfügung stehen.

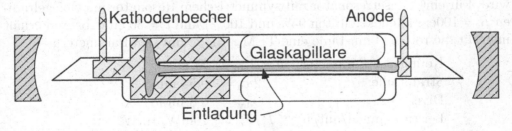

Abb. 7.4 *Schematische Darstellung eines Helium-Neon-Laserrohrs. Der große Kathodenbecher verhindert die schnelle Abtragung durch die Entladung. Die Brewsterfenster an den Enden des Laserrohr verringern die Verluste an den Fenstern und legen die Laserpolarisation eindeutig fest.*

Die Entladung wird mit einem Spannungspuls von 7 – 8 kV gezündet. Dieses Bauprinzip ist allen HeNe-Lasern gemeinsam, lediglich bei der Baulänge und beim Gasfülldruck gibt es je nach Anwendung geringe Unterschiede. Empirisch findet man optimale Verhältnisse für das Druck-Durchmesser-Produkt bei

$$p \cdot d \simeq 5 \text{ mbar} \cdot \text{mm}.$$

Die Ausgangsleistung kommerzieller HeNe-Laser variiert zwischen gerade noch augensicheren 0,5 mW und 50 mW. Sie hängt vom Entladungsstrom und der Rohrlänge ab, die beide nicht beliebig vergrößert werden können. Die Verstärkung ist proportional zur Dichte invertierter Neon-Atome. Diese erreicht aber schon bei wenigen 10 mA ihr Maximum, weil zunehmende Elektronenstöße die Atome wieder abregen. Die Rohrlänge läßt sich auch nicht wesentlich über $\ell = 1$ m steigern, weil einerseits der Durchmesser der Gaußmode mit zunehmendem Spiegelabstand wächst und nicht mehr in die Kapillare paßt und weil andererseits die 3,34 μm-Linie bei größerer Baulänge auch ohne Spiegel als Superstrahler anschwingt und dann konkurrierenden Laserlinien Energie entzieht.

Laserresonator

Die Resonatorspiegel können in die Entladungsröhre integriert und schon bei der Fertigung endgültig justiert werden. Insbesondere für Experimentierzwecke wird ein externer Resonator mit manuell justierbaren Spiegeln verwendet und das Rohr mit Fenstern abgeschlossen. Im einfachsten Fall besteht der Resonator lediglich aus zwei (dielektrischen) Spiegeln und dem Entladungsrohr. Um Verluste zu vermeiden, werden die Fenster entweder entspiegelt oder als Brewster-Fenster geformt.

Beispiel: Strahlungsfeld im HeNe-Laserresonator.

Die Laserspiegel bestimmen die Geometrie des Laser-Strahlungsfeldes nach den Regeln der Gaußoptik (s. Abschn. 2.3): Sie müssen so gewählt werden, daß das invertierte Neon-Gas in der Kapillare möglichst optimal ausgenutzt wird. Für einen Laserresonator mit symmetrischem Resonator mit Spiegelradien $R = 100$cm (Reflektivitäten 95% und 100%) und $\ell = 30$ cm Abstand erhält man für die rote 633 nm-Linie eine TEM$_{00}$-Mode mit den Parametern

Konfokaler Parameter:	$b = 2z_0 =$	71 cm
Strahltaille:	$2w_0 =$	0,55 mm
Divergenz:	$\Theta_{\text{div}} =$	0,8 mrad
Leistung innen/außen	$P_i/P_a =$	20mW/1mW

Der Laserstrahl paßt im Resonator auf ganzer Länge problemlos in den typischen Querschnitt des Plasmarohrs von ca. 1 mm hinein, und auch in einer Entfernung von 10 m hat er erst einen Querschnitt von gut 4 mm.

7.1.2 Modenselektion im HeNe-Laser

Wir widmen den physikalischen Eigenschaften des HeNe-Lasers zwei eigene Abschnitte (Modenselektion und Spektrale Eigenschaften), weil sich daran modellhaft die wichtigsten Lasereigenschaften vorführen lassen und weil am HeNe-Laser die physikalische Eigenschaften besonders gründlich untersucht worden sind.

Das Ziel der Modenselektion in jedem Laser ist die Präparation eines Laserlichtfeldes, das nur durch eine einzige optische Frequenz ω bestimmt wird. Die am HeNe-Laser verwendeten Verfahren sind mit geringen Modifikationen auf alle anderen Lasertypen anwendbar. Die erwünschte transversale Mode ist meistens vom TEM_{00}-Typ, hat wegen ihres vergleichsweise geringen Querschnitts kleinere Verluste und ist daher häufig sowieso schon bevorzugt. Im Zweifelsfall kann eine geeignete Justierung des Resonators oder eine zusätzliche Blende die erwünschte transversale Mode selektieren.

Linienselektion

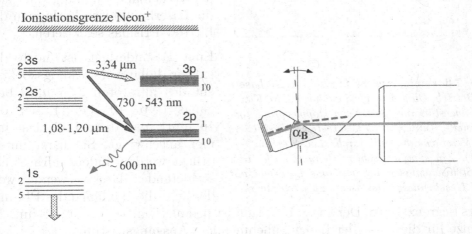

Abb. 7.5 *Wellenlängenselektion im HeNe-Laser. Links: Auszüge aus dem Energiediagramm des Neon-Atoms mit wichtigen Laserübergängen. Die gebräuchliche Notation folgt nicht der üblichen Singulett/Triplett-Konvention nach dem LS-Kopplungsschema. Die hier verwendete Notation stammt von Paschen, der die Niveaus einfach nur durchnummeriert hat. Ein s-Niveau spaltet in 4, ein p-Niveau in 10 Drehimpulszustände auf.*
Rechts: Littrow-Prisma als dispersiver Endspiegel zur Wellenlängenselektion.

Wenn mehrere Laserlinien des Neon-Atoms ein gemeinsames oberes Laserniveau (z.B. 3s in Abb. 7.5) besitzen, dann wird man nur diejenige mit der höchsten Verstärkung beobachten. Wenn die Laserlinie ganz unterschiedliche Niveaus koppelt (z.B. 2s–2p und 3s–3p), dann lassen sich die Linien gleichzeitig beobachten. Durch die Helium-Entladung werden im Neongas sowohl

der 2s als auch der 3s-Zustand bevölkert, wobei in der 3s-Gruppe die Besetzung des obersten $3s_2$-Unterzustandes dominiert. Die höchste Verstärkung
besitzen die Wellenlängen bei 0,633, 1,152 und 3,392 µm. Übergänge mit geringerer Verstärkung lassen sich aber beobachten, wenn die Rückkopplung durch
die Resonatorspiegel mittels geeigneter Elemente frequenzselektiv wirkt. Dafür
kommen grundsätzlich dispersive optische Elemente wie optische Gitter, Prismen, Fabry-Perot-Etalons in Frage.

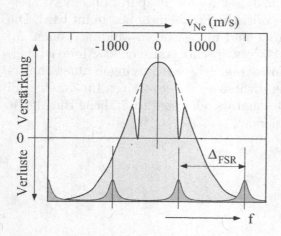

Abb. 7.6 *Verstärkungsprofil eines HeNe-Lasers
im Betrieb. Ohne Laserfeld entspricht die Kleinsignalverstärkung dem Neon-Dopplerprofil (gestrichelte Linie), der Laserbetrieb modifiziert
das Verstärkungsprofil durch „Lochbrennen" (s.
Text). Ein symmetrisches „Bennett-Loch" tritt
im Stehwellenlaser auf, weil das Laserfeld mit
zwei Geschwindigkeitsklassen ±v wechselwirkt.*

Zu den einfachsten Methoden
gehört der Einbau eines Littrow-
Prismas wie in Abb. 7.5. Das
Littrow-Prisma ist ein halbiertes
Brewster-Prisma, so daß die Verluste für p-polarisierte Lichtstrahlen
minimiert werden. Die Rückseite
des Littrow-Prismas wird verspiegelt. Weil der Brechungswinkel von
der Wellenlänge abhängt, läßt sich
die Laserlinie durch Verkippen des
Littrow-Prismas selektieren.

Eine Besonderheit ist noch der
extrem hohe Verstärkungskoeffizient des infraroten 3,34 µm-Über-
gangs (typ. 10^3 cm^{-1}), der dazu führt, daß diese Linie fast immer anschwingt. Sie kann unterdrückt werden, indem infrarot absorbierende Gläser verwendet werden und die Baulänge des Plasma-

rohrs begrenzt wird. Der letzte Umstand ist bedauerlich, weil er eine technische
Grenze für die – mit der Länge zunehmende – Ausgangsleistung setzt.

7.1.3   Verstärkungsprofil, Laserfrequenz, spektrale Löcher

Wir stellen uns nun am Beispiel des HeNe-Lasers die Frage, wie die Oszillations-
Frequenz einer Laserlinie von den Eigenschaften des Gases abhängt. Das Fluoreszenzspektrum (die Breite der optischen Resonanzlinie) wird durch die Dopp-
lerverbreiterung des Neon-Gases bestimmt (s. Abschn. 11.3.2). Sie ist inhomogen, und das heißt im Hinblick auf den Laserprozeß insbesondere, daß die
Kopplung der Neon-Atome an das Laserlichtfeld sehr stark von ihrer Geschwindigkeit abhängt. Für die rote Laserlinie bei 633 nm beträgt die Dopplerlini-

enbreite nach Gl.(11.8) bei Raumtemperatur etwa $\Delta\nu_{\text{Dopp}} = 1.5$ GHz und kann mit einem hochauflösenden Spektrometer (z.B. Fabry-Perot) noch gut aufgelöst werden.

In Abb. 7.6 ist das Verstärkungsprofil und seine Bedeutung für die Laserfrequenz zu sehen. Sie läßt den Laser anschwingen, wenn die Verstärkung größer ist als die Verluste. Die Laserfrequenz wird im Verstärkungsprofil durch die Resonanzfrequenzen des Laserresonators (angedeutet durch die Transmissionskurve mit den Maxima im Abstand des freien Spektralbereiches Δ_{FSR}) bestimmt. Dort kann der Laser anschwingen, wie wir im Detail in Kapitel 8.1 noch näher untersuchen werden, wobei eine kleine Verschiebung gegenüber den Resonanzen des leeren Resonators beobachtet wird, die als *mode pulling* bezeichnet wird (S. 304).

Bei den Eigenschwingungen des Lasers wird man spektrale Löcher (sogenannte *Bennett holes*) beobachten, weil dort die Verstärkung im Gleichgewicht auf den Wert abgebaut wird, der gerade den Verlusten (inklusive der Auskopplung an den Resonatorspiegeln) entspricht. Diese Situation wird gesättigte Verstärkung genannt, wobei die Atome eines Gaslasers nur innerhalb der homogenen Linienbreite zur Verstärkung beitragen. Die Atome bringen die Differenz zwischen ihrer Ruhefrequenz ν_0 und der Laserfrequenz ν_L durch ihre Geschwindigkeit v_z in Richtung der Resonatorachse auf.

Die Kleinsignalverstärkung aus Abb. 7.6 kann man messen, indem man einen sehr schwachen, abtimmbaren Sondenstrahl durch den HeNe-Laser schickt und die Verstärkung direkt mißt. Weil in einem Stehwellen-Resonator aber Atome an das Lichtfeld in beiden Richtungen ankoppeln können, werden zwei spektrale Löcher bei

$$\nu_{\text{L}}' = \nu_0 \pm k v_z$$

beobachtet. Ein besonders interessanter Fall tritt auf, wenn die beiden Löcher zur Deckung gebracht werden, zum Beispiel indem die Resonatorfrequenz durch Längenvariation mit einem Piezospiegel verändert wird. Bei $v_z = 0$ steht dann eine geringere Verstärkung als außerhalb des Überlappbereichs der Löcher zur Verfügung und die Ausgangsleistung des Lasers sinkt. Dieser Einbruch wird nach Willis E. Lamb (geb. 1913)[2] als *Lamb-dip* bezeichnet und hat den Anstoß gegeben zur Entwicklung der Sättigungsspektroskopie.

---

[2]W. Lamb hat sich in der Physik vor allem durch die Entdeckung der nach ihm benannten *Lamb shift* unsterblich gemacht, für die er 1955 den Nobelpreis erhielt. Er hat aber auch in den Pioniertagen der Laserspektroskopie viele Beiträge geleistet.

7.1.4   Einfrequenz- oder *Single Mode* Laser

In Abb. 7.6 liegt nur eine Resonatorfrequenz so im Verstärkungsprofil, daß
die Laserschwelle überschritten wird. Allerdings erreicht der freie Spektralbereich $\Delta_{\text{FSR}} = c/2\ell$ des HeNe-Laser bei ca. $\ell = 10$ cm die Breite des Doppler-
Profils, d.h. bei größeren Baulängen schwingen i.a. 2–4 Frequenzen an, denn
im inhomogenen Verstärkungsprofil tritt zwischen den Moden kein Wettbe-
werb um die verfügbare Inversion auf. Wir können aber zusätzliche dispersive,
möglichst verlustarme Elemente in den Resonator einfügen, die die spektralen Eigenschaften des Verstärkungsprofil in geeigneter Weise modulieren, um
aus den angebotenen Laserfrequenzen die gewünschte herauszufiltern. Um zwischen benachbarten Resonatormoden zu diskriminieren, kommt nur ein hoch
dispersives Element wie ein Fabry-Perot-Etalon in Frage.

Beispiel: Frequenzselektion mit Intra-Cavity-Etalons.

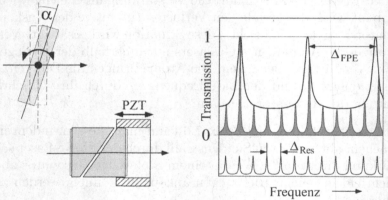

Abb. 7.7 *Frequenzselektion durch Resonatorelemente. Links: „Dünnes" (oben) und „dickes"
(unten) Etalon (PZT: Piezoröhrchen). Zur Grobabstimmung wird das dünne Etalon, ein einfaches Glassubstrat, verkippt, wobei der walk-off durch Parallelversatz genügend klein bleiben
muß. Das dicke Etalon wird mit einem Luftspalt unter Brewster-Winkel konstruiert, dessen
Länge mit einem Piezoantrieb verändert wird. Rechts: Kombinierte Wirkung von Etalon
(freier Spektralbereich Δ_{FPE}) und Laserresonator (Δ_{Res}) auf die Transmission (und damit
die Verstärkung). In diesem Beispiel beträgt die Länge des Etalons 1/5 der Resonatorlänge.*

Der Frequenzabstand Δ_{FPE} aufeinanderfolgender Ordnungen oder Transmissionsmaxima des Etalons kann durch geeignete Wahl der Länge ℓ größer gemacht
werden als das nächst wichtige selektive Element, zum Beispiel Laserresonator oder Verstärkungsprofil. Man erhält aus geometrischen Überlegungen nach
Abschn. 5.5

$$\nu_{\max} = N \, \Delta_{\text{FPE}}(\alpha) = N \, \frac{c}{2\ell\sqrt{n^2 - \sin^2\alpha}} \simeq N \, \frac{c}{2\ell n}\left(1 - \frac{1}{2}\left(\frac{\alpha}{n}\right)^2\right) \quad .$$

Kleine Verkippungen ändern den freien Spektralbereich nur geringfügig, reichen aber wegen der hohen Ordnung N aus, um die Frequenz sehr effizient zu verstimmen. Das in Abb. 7.7 vorgestellte massive Etalon ist einfach und intrinsisch stabil, führt aber bei Verkippung zu einem *walk-off* und wachsenden Verlusten. Das Luftspalt-Etalon (der Luftspalt ist am Brewsterwinkel eingebracht, um die Resonatorverluste so gering wie möglich zu halten) ist mechanisch viel aufwendiger, reduziert aber die *walk-off*-Verluste des gekippten Bauteils.

Die Intra-Cavity-Etalons benötigen häufig keine Verspiegelung. Schon bei Ausnutzung der reinen Glas-Luft-Reflektivität von 4% erhält man nach Gl.(5.16) eine Modulation der Gesamtverstärkung um ca. 15%, die angesichts der geringen Verstärkung in vielen Lasertypen zur Modenselektion vollkommen ausreicht.

7.1.5 Laserleistung

Wir wollen nun untersuchen, wie wir die Laserleistung P_{out} optimieren, d.h. aus praktischen Gründen im allgemeinen maximieren können. Die Eigenschaften des Verstärkermediums sind physikalisch festgelegt und daher nur durch geeignete Wahl zu beeinflussen, und die Verluste können wir durch Gestaltung und Wahl der Bauelemente des Resonators so klein wie möglich halten.

Am Ende bleibt dann nur noch die Wahl der Spiegelreflektivität als letztem freien Parameter, die sich ebenfalls als Verlust auswirkt. Als Modell betrachten wir ein Fabry-Perot-Interferometer mit Verstärkung und können dazu aus Ab-

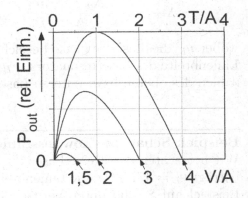

Abb. 7.8 *Ausgangsleistung eines Lasers als Funktion der Transmission T des Auskoppelspiegels und der Verstärkung V, normiert auf die Resonatorverluste A.*

schn. 5.5 die Überlegungen zu verlustbehafteten Resonatoren verwenden. Der Laser wird immer im Resonanzfall betrieben, und wir nehmen hier den in Abschn. 8.1, Gl.(8.16) genauer begründete Abhängigkeit der Ausgangsleistung P_{out} von Verstärkung V, Verlusten A und Transmission des einzigen Auskoppelspiegels T vorweg,

$$P_{out} = P_0 \frac{T(V - A - T)}{A + T}$$

und untersuchen sie als Funktion der wählbaren Transmission T in Abb. 7.8.

7.1.6   Spektrale Eigenschaften des HeNe-Lasers

Laser-Linienbreite

Bisher haben wir monochromatische optische Lichtfelder einfach vorausgesetzt, das heißt, wir haben angenommen, daß die optische Welle durch eine einzige genau definierte Frequenz ω beschrieben werden kann. Wir werden im Kapitel über die Lasertheorie noch sehen, daß das Laserlicht dieser zutiefst klassischen Vorstellung einer perfekten harmonischen Schwingung wie kaum ein anderes physikalisches Phänomen nahekommt: Die physikalische Grenze für die spektrale Breite einer Laserlinie wird nach dem sogenannten *Schawlow-Townes-Limit* (Abschn. 8.4.4) meist in Hz oder sogar darunter gemessen! Diese physikalische Grenze kommt durch die Quantennatur des Lichtfeldes zustande und wurde schon 1958 von Schawlow und Townes in der Arbeit, in der der Laser vorgeschlagen wurde [148], erwähnt. Danach beträgt die *Schawlow-Townes*-Linienbreite $\Delta\nu_{\text{ST}}$ des Lasers (s. Gl.(8.30))

$$\Delta\nu_{\text{ST}} = \frac{N_2}{N_2 - N_1} \frac{2\pi h \nu_L \gamma_c^2}{P_L} \quad ,$$

wobei ν_L die Laserfrequenz bezeichnet, $\gamma_c = \Delta\nu_c$ die Dämpfungsrate oder Linienbreite des Laserresonators, P_L die Laserleistung und $N_{1,2}$ die Bestzungszahlen des oberen bzw. unteren Laserniveaus.

Beispiel: Schawlow-Townes-Linienbreite des HeNe-Lasers.
Wir betrachten den HeNe-Laser aus dem vorigen Beispiel. Die Laserfrequenz beträgt $\nu_L = 477$ THz, die Linienbreite des Resonators mit den Daten aus dem Beispiel auf S. 260 unter Vernachlässigung aller internen Resonatorverluste und nach Gl.(5.19) $\Delta\nu_c = 8$ MHz. Der HeNe-Laser ist ein 4-Niveau-Laser (s. S. 259), so daß $N_1 \simeq 0$ gilt. Für 1 mW Ausgangsleistung berechnen wir eine Laserlinienbreite von nur

$$\Delta\nu_{\text{ST}} \simeq \frac{2\pi h \cdot 476\,\text{THz} \cdot (8\,\text{MHz})^2}{1\text{mW}} = 0,13 \text{ Hz} \quad !$$

Die extrem geringe Schawlow-Townes-Linienbreite der roten HeNe-Linie entspricht einem Q-Wert $\nu/\Delta\nu_{\text{ST}} \simeq 10^{15}$! Bis heute fassen die Laserphysiker diese Grenze als große Herausforderung auf, denn sie verspricht, den Laser zu dem Präzisionsmeßinstrument schlechthin zu machen, wo immer sich eine physikalische Größe mit den Mitteln der optischen Spektroskopie messen läßt.

Der HeNe-Laser hat von Anfang an in Präzisions-Experimenten eine herausragende Rolle gespielt, und eine Herausforderung ist es schon, diese Linienbreite auch nur zu vermessen! Wir wollen uns deshalb hier mit der Frage beschäftigen, welche Methoden eingesetzt werden, um die Linienbreite eines Lasers zu bestimmen.

7.1.7 Optische Spektral-Analyse

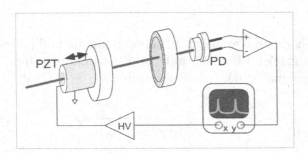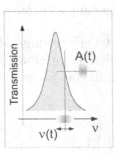

Abb. 7.9 *Links: Aufbau eines „Scanning Fabry-Perot Interferometers" zur spektralen Analyse von Laserstrahlung. Rechts: Die Flanke der Transmissionskurve kann als Frequenz-Amplituden-Wandler verwendet werden. PZT: Piezoröhrchen; PD: Photodiode; HV: Hochspannungsverstärker.*

Das Spektrum eines Laseroszillator kann wie bei jedem Oszillator mit mehreren Methoden untersucht werden: Ein Fabry-Perot-Interferometer (Abb. 7.9) kann als schmalbandiges Filter verwendet werden, dessen Mittenfrequenz über den interessierenden Bereich hinweggestimmt wird. Eine Photodiode mißt die gesamte Leistung, die innerhalb der Filterbandbreite transmittiert wird.

Alternativ kann der Laserstrahl mit einem zweiten kohärenten Lichtfeld (*Lokaloszillator*) auf einer Photodiode überlagert werden (Abb. 7.10). Die Photodiode erzeugt durch Mischung die Differenzfrequenz. Das Überlagerungs- oder Schwebungssignal kann wiederum mit RF-Methoden analysiert werden.

Fabry-Perot Spektrum-Analysator

Die einfachste und deshalb im Labor vielfältig eingesetzte Methode ist das kurz als „Scanning Fabry-Perot" bezeichnete optische Filter, gewöhnlich ein konfokaler optischer Resonator, dessen einer Spiegel mit Hilfe eines Piezo-Stellelements um einige freie Spektralbereiche verstimmt (im Jargon „gescanned") werden kann. Die Auflösung des optischen Filters erreicht gewöhnlich einige MHz und kann daher nur für grobe Analysen oder Laser mit großer Linienbreite (wie zum Beispiel Diodenlaser, s. Kap. 9) eingesetzt werden.

Wenn die Linienbreite des Lasers kleiner ist als die Breite der Transmissionskurve des Fabry-Perot-Interferometers, kann man aber immer noch Informationen über die Frequenzfluktuationen des Lasers gewinnen, indem man seine
Frequenz auf die Flanke der Filterkurve setzt und diese als Frequenzdiskrimi-
nator verwendet: Frequenzschwankungen werden in Amplitudenschwankungen
umgesetzt, die dann wiederum mit den Methoden der RF-Technik oder durch
Fouriertransformation analysiert werden können.

Überlagerungs-Verfahren

Bei der Überlagerungs-Methode muß man darauf achten, daß die Wellenfronten
der beiden Lichtfelder mit großer Ebenheit auf die Photodiode treffen, weil
andernfalls das Schwebungssignal stark reduziert wird.

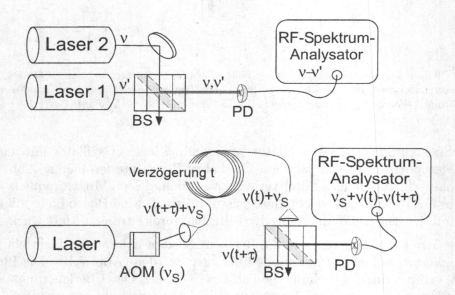

Abb. 7.10 *Überlagerungsverfahren zur Bestimmung der Linienbreite. Oben: Überlagerung*
mit einem als Lokal-Oszillator verwendeten Laser. Unten: Überlagerung nach dem Auto-
Korrelations-Verfahren. (PD: Photodiode; BS: Strahlteiler; AOM: Akustooptischer Modula-
tor, s. Abschn. 3.8.4)

In Abb. 7.10 wird das Schema vorgestellt, nachdem man ein Überlagerungssi-
gnal bei RF-Frequenzen gewinnen kann. Einerseits kann man einen zweiten
Laser als Lokal-Oszillator verwenden. Er muß viel „stabiler" sein als der zu te-
stende Laser, und seine Frequenz darf nicht zu weit von der Testfrequenz abweichen, denn oberhalb von 1–2 GHz werden Hochgeschwindigkeits-Photodioden

im Betrieb immer unhandlicher (die aktive Fläche wird immer kleiner, um parasitäre Kapazitäten zu vermeiden und Bandbreite zu gewinnen) und teurer.

Eine Alternative ist das Autokorrelationsverfahren, bei welchem sich der Laser gewissermaßen selbst aus dem Sumpf zieht: Ein Teil des Laserlichts wird mit einem AOM (Akustooptischer Modulator) abgespalten und dabei um die Frequenz ν_S verschoben, die typischerweise einige 10 MHz beträgt. Einer der beiden Lichtstrahlen wird nun über eine lange Lichtleitfaser soweit verzögert, daß keine Phasenbeziehung („Kohärenz") mehr zwischen den beiden Lichtwellen besteht. Die beiden Lichtwellen werden wie zuvor auf einer Photodiode überlagert und das abgemischte Signal wird mit einem RF-Spektrum-Analysator untersucht.

Das Verfahren ist zu einem Michelson-Interferometer vollständig analog. Es wird bei einem Gangunterschied betrieben, der größer ist als die Kohärenzlänge. Dort gibt es zwar keine Visibilität (d.h. der Mittelwert des Interferenzsignals verschwindet), wohl aber ein schwankendes Schwebungssignal, das ein gutes Maß für die spektralen Eigenschaften des Lasers liefert.

7.1.8 Anwendungen des HeNe-Lasers

Zur Herstellung der HeNe-Laserröhre eignete sich die Fertigungstechnologie der Radioröhren ganz ausgezeichnet. Radioröhren wurden in den 60er-Jahren durch die Transistoren abgelöst, deshalb war auch eine große Produktionskapazität vorhanden, als der HeNe-Laser entdeckt wurde. Dieser Umstand ist seiner schnellen Verbreitung sehr entgegen gekommen.

Die bekannteste Wellenlänge des HeNe-Lasers ist die rote Laserlinie bei 632 nm, die in unzähligen Justier-, Interferometer- und Leseeinrichtungen verwendet wird. Allerdings geht die Verwendung des roten HeNe-Lasers schnell zurück, seitdem rote Diodenlaser verfügbar geworden sind, die mit gewöhnlichen Batterien betrieben werden können, eine sehr kompakte Bauform besitzen und inzwischen auch sehr akzeptable TEM_{00}-Strahlprofile bieten. Der HeNe-Laser spielt auch heute noch eine wichtige Rolle in der Metrologie (der Wissenschaft von den Präzisionsmessungen). Die rote Linie wird beispielsweise benutzt, um Längennormale zu realisieren, und die infrarote Linie bei 3,34 μm bildet einen sekundären Frequenzstandard, wenn sie auf eine bestimmte Resonanz des Methan-Moleküls stabilisiert wird.

7.2 Andere Gaslaser

Nach dem Erfolg des Helium-Neon-Lasers sind auch viele andere Gassysteme auf ihre Eignung als Lasermedium untersucht worden. Gaslaser haben eine kleine Verstärkungsbandbreite und sind, wenn man von der geringen Durchstimmbarkeit innerhalb der Doppler-Bandbreite absieht, *Festfrequenzlaser*.

Tab. 7.2 *Übersicht: Gaslaser*

Laser	Kürzel	cw/p[1]	Laserlinien	Leistung
Neutralatomgas-Laser				
Helium-Neon	HeNe	cw	633 nm	50 mW
			1.152 nm	50 mW
			3.391 nm	50 mW
Helium-Cadmium	HeCd	cw	442 nm	200 mW
			325 nm	50 mW
Edelgas-Ionen-Laser				
Argon-Ionen	Ar^+	cw	514 nm	10 W
			488 nm	5 W
			$334 - 364$ nm	7 W
Krypton-Ionen	Kr^+	cw	647 nm	5 W
			407 nm	2 W
Molekülgas-Laser				
Stickstoff	N_2	p	337 nm	100 mW
Kohlen-Monoxid	CO	cw	$4 - 6$ μm	100 W
Kohlen-Dioxid	CO_2	cw	$9,2 - 10,9$ μm	10 kW
Metalldampf-Laser				
Kupferdampf	Cu	p	511 nm	60 W
			578 nm	60 W
Golddampf	Au	p	628 nm	9 W

1) cw = kontinuierlich, p = gepulst

Helium-Neon-Laser und andere Gaslaser spielen eine wichtige Rolle als Instrumenten-Laser, falls sie brauchbare physikalisch-technische Eigenschaften besitzen wie zum Beispiel gute Strahlqualität, hohe Frequenzstabilität und niedrige Verbrauchswerte. Einzelne Gaslaser sind wegen der großen Ausgangsleistung gefragt, die sie nicht im Puls-, sondern im Dauerstrich-Betrieb (Engl. *cw, continuous wave*) bieten. In der Tabelle 7.2 sind diejenigen aufgezählt, die heute praktische Bedeutung besitzen. Technisch ist es wünschenswert, daß die Substanz schon bei Raumtemperatur gasförmig vorliegt. Daher sind Edelgase besonders attraktiv. Technische Bedeutung erlangt haben Argon-Ionenlaser mit deutlichem Abstand vor den Krypton-Ionenlasern.

7.2.1 Argon-Laser

Eine große Rolle spielt der Argon-Ionen-Laser, weil er zu den leistungsstärksten Quellen von Laserstrahlung zählt und kommerziell mit mehreren Watt Ausgangsleistung erhältlich ist. Allerdings beträgt die technische Konversionseffizienz, das Verhältnis von elektrischer Anschlußleistung und optischer Nutzleistung typischerweise 10 kW:10W. Für viele Anwendungen ist das vollkommen inakzeptabel und wird zusätzlich durch die Notwendigkeit belastet, den größten Teil der aufgewendeten Energie durch eine ebenfalls aufwendige Wasserkühlung wieder zu vernichten. Es ist daher zu beobachten, daß dem Argon-Laser mit den frequenzverdoppelten Nd:YAG-Lasern (s. Abschn. 7.4.2) derzeit ein wirtschaftlich kräftiger Konkurrent heranreift. Im ultravioletten Spektralbereich ist aber noch kein Konkurrent für den Ar-Ionen-Laser in Sicht.

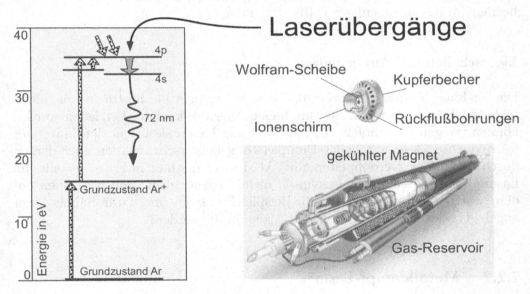

Abb. 7.11 *Laserprozeß des Argon-Ionenlasers und Schnitt durch das Plasmarohr. Das Magnetfeld dient zur Bündelung des Plasmastroms auf der Achse. In den Kupferscheiben sorgen zusätzliche Bohrungen für den Rückfluß der Argon-Ionen.*

Verstärker

Die Anregung der hochliegenden Ar^+-Zustände geschieht durch sukzessive Stöße mit Elektronen. Daher ist eine sehr viel höhere Stromdichte als in einem Helium-Neon-Laser erforderlich. Das obere Laserniveau kann dabei sowohl aus dem Ar^+-Grundzustand als auch aus anderen Niveaus darüber oder darunter bevölkert werden. Krypton-Laser folgen einem ganz ähnlichen Konzept, haben aber weniger technische Bedeutung erlangt.

Betriebsbedingungen

In den $0,5$ bis $1,5$ m langen Rohren brennt eine Entladung, die ein Argon-Plasma unterhält. Der Schnitt durch das Plasmarohr in Abb. 7.11 deutet die komplexe Technologie an, die wegen der hohen Plasmatemperaturen notwendig ist. Die inneren Bohrungen des Plasmarohrs werden durch widerstandsfähige Wolfram-Scheiben geschützt, die in Kupferscheiben eingesetzt sind, um die Wärme schnell abzuleiten. Ein Magnetfeld fokussiert den Plasmastrom zusätzlich auf die Achse, um die Wände vor Abtragung zu schützen. Weil durch Diffusion die Argon-Ionen zur Kathode wandern, sind die Kupferscheiben mit Löchern für den Ausgleichstrom versehen. Ein Argonlaser verbraucht Gas, weil die Ionen in den Wänden implantiert werden. Die kommerziellen Ionenlaser sind deshalb mit einem automatischen Reservoir ausgestattet. Der Gasdruck beträgt im Argon-Ionenlaser $0,01 - 0,1$ mbar.

Eigenschaften und Anwendungen

Die Ar-Ionen besitzen mehrere optische Übergänge bis hinein in den ultravioletten Spektralbereich, die mit hoher Ausgangsleistung betrieben werden können. Wegen ihrer hohen Ausgangsleistung haben sie bisher den Markt für festfrequente Laser mit hoher Pumpleistung beherrscht, werden aber derzeit durch die frequenzverdoppelten Nd:YAG-Laser ernsthaft in Frage gestellt. Im Laserlabor sind sie seit Jahrzehnten nicht wegzudenken, weil mit ihnen andere, abstimmbare Laser wie zum Beispiel Farbstoff- und Titan-Saphir-Laser angeregt, oder wie man salopp sagt, „gepumpt" werden.

7.2.2   Metalldampf-Laser

Die Kupfer- und Gold-Dampf-Laser sind kommerziell erfolgreich, weil sie für viele Zwecke attraktive Spezifikationen bieten: Es handelt sich um gepulste Laser, die aber mit ca. 10 KHz sehr hohe Repetitionsraten besitzen. Die Pulslänge beträgt einige 10 ns und die durchschnittliche Ausgangsleistung kann 100 W betragen. Die wichtigsten Wellenlängen sind die gelbe 578 nm und die grüne 510 nm Linie ($^2P_{1/2,3/2} \rightarrow {}^2D_{3/2,5/2}$) des Kupferatoms.

Die physikalische Ursache für diesen Erfolg, den man angesichts einer Betriebstemperatur des Metalldampfes von ca. 1500 C nicht unbedingt erwartet, sind die hohe Anregungswahrscheinlichkeit durch Elektronenstoß (die Entladung wird zum Beispiel von einem Neon-Puffergas getragen) und die hohe Kopplungsstärke der dipolerlaubten Übergänge.

7.2.3 Molekülgas-Laser

Im Unterschied zu den Atomen verfügen Moleküle über Schwingungs- und Rotationsfreiheitsgrade und damit über ein viel reicheres Linienspektrum, das im Prinzip auch in einem vielfältigen Spektrum von Laserlinien resultiert. Allerdings sind die elektronischen Anregungen vieler gasförmiger Moleküle sehr kurzwellig, so daß es im interessanten sichtbaren Spektralbereich gar nicht so viele Systeme gibt, die sich erfolgreich betreiben lassen. Zu den Ausnahmen gehören der Natrium-Dimeren-Laser (Na_2), der aber keine praktische Bedeutung erlangt hat, weil Natriumdämpfe erst bei sehr hoher Temperatur eine sinnvolle Dichte von Dimeren enthalten, und der Stickstoff-Laser, der nur noch als Demonstrationsobjekt Verwendung findet. Immerhin kann man diesen Laser sogar im Eigenbau herstellen!

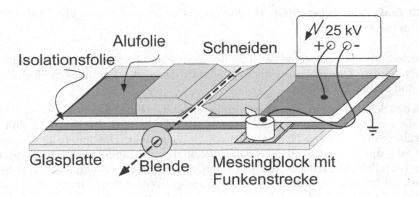

Abb. 7.12 *Einfacher „Luftlaser"zum Eigenbau. Entscheidend für die Funktionsfähigkeit ist die hohe Parallelität der Schneiden.*

Exkurs: Kann man mit Luft einen Laser betreiben?
Die kurze Antwort lautet: Ja! Der 78%ige Stickstoffanteil der Luft eignet sich als Laserverstärker. Und noch schöner: ein primitiver „Luftlaser" ist so einfach konstruiert, daß er mit einigem Geschick (und Vorsicht wegen der Hochspannung!) in der Schule oder in einem wissenschaftlichen Praktikum nachgebaut werden kann. Die ursprüngliche Idee eines simplen Stickstofflasers wurde schon 1974 im Scientific American mit einer Bauanleitung vorgestellt [161]. Sie ist insofern noch aufwendig, als eine Vakuumeinrichtung zur Kontrolle des Stickstoffflusses erforderlich ist. Das Konzept hat mit Vereinfachungen viele Nachahmer gefunden, gar nicht selten in Schülerprojekten [176]. Diese Laser können – bei etwas verringerter Ausgangsleistung – direkt mit dem Stickstoff der Luft betrieben werden.

In der einfachsten Version wird dazu eine Überschlag-Entladung entlang der Schneiden von Abb. 7.12 verwendet. Der Überschlag wird nach der Schaltskizze von Abb. 7.13 erzeugt: Die Schneiden werden zunächst auf gleiches Hochspannungspotential aufgeladen. Der Luftdurchbruch findet zuerst an der scharfen Spitze der Funkenstrecke statt, wodurch zwischen den Schneiden abrupt die volle Spannung anliegt. Die Entladung brennt entlang der Schneiden und bricht bei den hier in Frage kommenden Hochspannungsquellen mit großem Innenwiderstand auch schnell wieder ab. Geeignete Hochspannungsquellen sind in vielen Einrichtungen

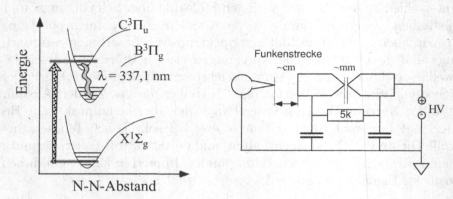

Abb. 7.13 *Links: Molekülpotentiale im Stickstoff-Molekül (schematisch). Rechts: Schaltplan des Luftlasers.*

verfügbar, ein kleiner Spannungsvervielfacher kann aber ohne großen Aufwand auch selbst angefertigt werden. Das zentrale experimentelle Problem ist erfahrungsgemäß eine reproduzierbare und stabile Entladung.

Zwischen den Schneiden wird eine linienförmige Besetzungsinversion von Stickstoff-Molekülen erzeugt, die zur Laseremission auf der 337,1 nm-UV-Linie führt. In Abb. 7.13 sind relevante Molekülniveaus mit ihren Namen schematisch dargestellt. Das untere Laserniveau wird nur sehr langsam entleert, weil die beiden beteiligten Zustände zum Triplett-System des Moleküls (parallele Elektronen-Spins) gehören, das keine Dipolübergänge zum Singulett-Grundzustand besitzt. Deshalb kann die Besetzungsinversion auch durch eine kontinuierliche Entladung nicht aufrecht erhalten werden und die Lasertätigkeit bricht nach wenigen Nanosekunden ab.

Der „spiegelfreie Luftlaser" ist strenggenommen kein Laser, sondern ein sogenannter „Superstrahler". In einem Superstrahler wird die spontane Emission entlang der linienförmigen Inversionsverteilung verstärkt (auch: ASE, von engl. *Amplified Spontaneous Emission*) und als kohärenter, gerichteter Lichtblitz abgestrahlt.

CO_2-Laser

Die wichtigsten Vertreter der Molekülgaslaser sind die Kohlenstoffoxide CO und CO_2, bei denen infrarote Übergänge zwischen den Vibrations-Rotations-Niveaus ausgenutzt werden. Der CO_2 ist einer der leistungsstärksten Laser überhaupt und spielt daher eine wichtige Rolle in der Materialbearbeitung mit Lasern.[78]

Verstärkung

Die molekularen Zustände, die am Laserprozeß im CO_2-Laser beteiligt sind, findet man in Abb. 7.14, eine symmetrische (v_1), eine antisymmetrische (v_3) Streckschwingung und eine Biegeschwingung (v_2). Der Zerfall des (001)-Niveaus ist zwar dipolerlaubt, aber dennoch sehr langsam wegen des ω^3-Faktors im Einstein-A-Koeffizienten. Der wichtigste Laser-Übergang findet zwischen dem (001)- und dem (100)-Niveau statt.

Die CO-Laser werden mit einer Entladung angeregt. Direkte Bevölkerung des oberen Laserniveaus ist möglich, aber unter Beigabe von

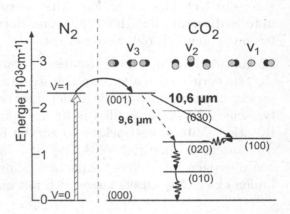

Abb. 7.14 *Laserprozesse im CO_2-Laser. Die angeregten N_2-Moleküle übertragen ihre Energie durch Stöße auf die CO_2-Moleküle, deren Laserübergänge mit den zugehörigen Vibrations-Quantenzahlen dargestellt sind.*

Stickstoff indirekt wesentlich günstiger: Metastabile N_2-Niveaus können nicht nur sehr effizient angeregt werden, sondern übertragen die Energie auch wirkungsvoll auf die CO_2-Moleküle.

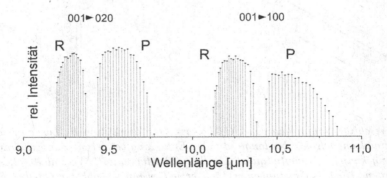

Abb. 7.15 *Emissionslinien des CO_2-Lasers auf der 9,6 µm und der 10,6 µm-Linie. Wenn ein Resonator-Spiegel als Gitter ausgelegt wird, kann die Abstimmung sehr leicht durch Rotation des Gitters erreicht werden. Die Bezeichnung R,P-Zweig stammt aus der Molekülspektroskopie. In den R-Zweigen des Spektrums wird die Rotations-Quantenzahl des Moleküls J um 1 erniedrigt, in den P-Zweigen um 1 erhöht, $J \to J\pm1$.*

Das (100)-Niveau wird durch Stoßprozesse sehr rasch entleert, und außerdem ist es energetisch dem (020)-Niveau benachbart, das seinerseits für ein schnelles Einstellen des thermischen Gleichgewichts auch mit den (000) und (010)-Niveaus sorgt. Dabei spielt die sogenannte vv-Relaxation eine wichtige Rolle, die auf Prozessen vom Typ $(020)+(000) \rightarrow (010)+(010)$ beruht. Starke Heizung des CO_2-Gas ist andererseits unerwünscht, weil sie die Population im unteren Laserniveau erhöht. Sie kann durch Beimischung von He als Wärmeleitmittel deutlich reduziert werden.

In Abb. 7.14 haben wir die Rotationsniveaus des Moleküls gänzlich vernachlässigt, sie verursachen aber eine Feinstruktur der Schwingungsübergänge, die zu vielen, nahe beieinander liegenden Laserwellenlängen führt (Abb. 7.15). Ein typischer CO_2-Laser stellt ca. 40 Übergänge aus den P- und R-Zweigen des Rotations-Vibrations-Spektrums zur Verfügung. Die Verstärkungsbandbreite der einzelnen Linie (50-100 MHz) ist sehr gering, weil der Dopplereffekt bei den niedrigen infraroten Frequenzen keine signifikante Rolle mehr spielt. Die Linien eines CO_2-Lasers lassen sich mit einem Gitter selektieren.

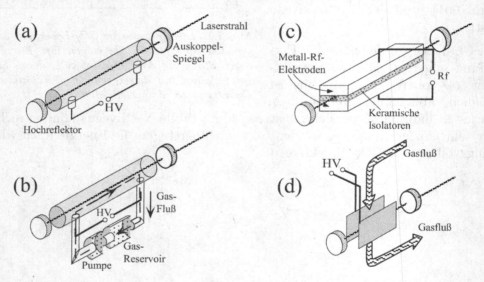

Abb. 7.16 *Wichtige Bauformen von CO_2-Lasern. Der konventionelle Laser (a) wird mit einer abgeschmolzenen Röhre bei longitudinaler Entladung betrieben. Zur Erhöhung der Ausgangsleistung kann ein longitudinaler Gasfluß (b) oder ein Rf-Wellenleiter-Laser (c) eingesetzt werden. Höchste Leistungen werden erzielt, wenn sowohl der Gasfluß als auch die Entladung transversal zum Laserstrahl betrieben werden (TE-Laser) (d).*

Betriebsbedingungen

Der CO_2-Laser gehört zu den leistungsstärksten und robustesten Lasertypen überhaupt. Er stellt eine hohe und fokussierbare Energiedichte zur Verfügung, die sich hervorragend zur berührungsfreien Materialbearbeitung eignet. Wegen des hohen Anwendungspotential sind viele technisch verschiedene CO_2-Lasertypen entwickelt worden (Abb. 7.16).

Der Betrieb des CO_2-Laser wird durch induzierte chemische Reaktionen gestört. Man muß deshalb für eine Regeneration des Lasergases sorgen, entweder, indem man ihn im Durchfluß betreibt, oder indem man das Gas mit geeigneten Katalysatoren versieht, zum Beispiel mit einer kleinen Wasserbeimengung, die die unerwünschten CO-Moleküle wieder zu CO_2 oxidiert. Ausgangsleistungen von mehreren 10 kW werden in größeren Lasersystemen routinemäßig erzielt.

Excimer-Laser

Excimer-Laser spielen eine wichtige Rolle in Anwendungen, weil sie sehr energiereiche und zudem die kürzesten UV-Laserwellenlängen anbieten, allerdings nur in gepulster Form. Der Begriff Excimer ist eine Kurzform für *excited dimer* und bezeichnet besondere zweiatomige Moleküle (Dimere), die nur in einem angeregten Zustand überhaupt existieren. Der Begriff ist heute auf alle Moleküle übertragen worden, die nur angeregt existieren, z.B. ArF oder XeCl, um zwei für die Laserphysik wichtige Beispiele zu nennen.

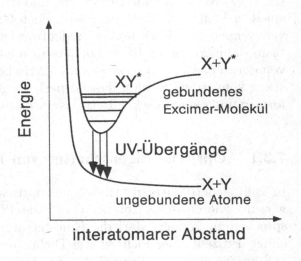

Abb. 7.17 *Laserprozeß im Excimer-Laser.*

Das Termschema und Prinzip des Excimer-Lasers ist in Abb. 7.17 vorgestellt. Weil der untere Zustand intrinsisch instabil ist, wird die Inversionsbedingung gewissermaßen immer erfüllt, wenn die Excimer-Moleküle erst einmal existieren. Zur deren Erzeugung wird das Gas mit UV-Licht vorionisiert, um die Leitfähigkeit zu erhöhen und damit die Anregungseffizienz in der anschließenden Entladung zu steigern. Die Lebensdauer der Excimer-Moleküle beträgt typischerweise 10 ns, die auch die Pulsdauer dieses Lasertyps bestimmt.

Erzeugung und Behandlung eines Gases von Excimer-Molekülen sind durchaus aufwendig, das Gas ist korrosiv und das Lasermedium altert nach einigen Tausend oder Millionen Pulsen (bei typischen Repetitionsraten von 10–1000 Pulsen pro Sekunde). Deshalb müssen zur Konstruktion ausgesuchte Materialien und ausgefeilte Gastausch-Systeme eingesetzt werden. Die hohe Nachfrage nach Excimer-Lasern für medizinische Anwendungen und der zunehmende Einsatz in der Halbleiter-Industrie als Lichtquelle für die optische Lithographie (s. Exkurs in Abschn. 4.3.2) haben aber heute schon die KrF-Laser bei

248 nm, in Zukunft wohl auch den ArF (193 nm) und sogar den Laser mit der
kürzesten kommerziell erhältlichen Wellenlänge, den F_2-Laser, zu ausgereiften
Produkten werden lassen.

7.3   Die Arbeitspferde: Festkörper-Laser

Der von T. Maiman [117] konstruierte erste Laser der Welt war ein gepulster
Rubin-Laser, dessen rotes Licht ($\lambda = 694{,}3$ nm) von den Chrom-Ionen eines
$Cr:Al_2O_3$-Kristalls emittiert wurde, und damit ein Festkörperlaser. Allerdings
spielt er heute nur noch aus historischen Gründen eine Rolle. Festkörperlaser
verzeichnen jedoch wachsende Bedeutung, weil viele Typen mit den immer lei-
stungsfähiger werdenden Diodenlasern angeregt werden können. Dabei kann
von der in das System gesteckten elektrischen Leistung bis zu 20% in Lichtleistung konvertiert werden. Festkörperlaser gehören wegen ihrer robusten Bauformen und ökonomischen Betriebsweise zu den bevorzugten Laserlichtquellen.

7.3.1   Optische Eigenschaften von Laser-Kristallen

In zahlreichen Wirtsgittern können optisch aktive Ionen gelöst werden, die
wir uns wie ein eingefrorenes Gas vorstellen können. Um von einer Lösung
sprechen zu können, darf die Konzentration nicht größer sein als höchstens
einige Prozent. Dennoch ist die Dichte dieser Fremdionen im Kristall sehr
viel größer als die Teilchendichte in einem Gaslaser und erlaubt daher auch
eine größere Verstärkungsdichte, falls geeignete optische Übergänge existieren. Natürlich müssen die Wirtsgitter hohe optische Qualität besitzen, denn
Verluste durch Absorption und Streuung beeinträchtigen die Laseroszillation.
Fremdionen können besonders leicht in einen Wirtskristall eingebaut werden,
wenn sie ein chemisch ähnliches Element ersetzen können. Daher enthalten
viele Materialien Yttrium, das sehr leicht durch Seltene Erden ersetzt wird.
Eine andere wichtige Eigenschaft der Wirtskristalle ist ihre Wärmeleitfähig-
keit, denn in jedem Fall wird im Kristall ein großer Anteil der Anregungsenergie
in Wärme umgesetzt. Durch inhomogene Temperaturverteilungen im Laserkristall werden zum Beispiel wegen der Brechungsindexänderungen Linseneffekte
hervorgerufen, welche die Eigenschaften der Gaußschen Resonatormode empfindlich verändern. Weil die wenigsten Lasermaterialien alle Wünsche auf einmal erfüllen, ist die Zucht neuer, verbesserter Laserkristalle auch heute noch
ein wichtiges Forschungsgebiet in der Laserphysik.

Im einfachsten Fall werden die Eigenschaften der freien Ionen durch den Festkörper nur geringfügig modifiziert. Das zeigt sich am Beispiel der Energieniveaus des Erbium-Ions in verschiedenen Gläsern (Abb. 7.18). Diese Laser kann

Tab. 7.3 Ausgewählte Wirtsmaterialien [14]

Wirt		Formel	Wärmeleitf.	$\partial n/\partial T$	Ionen
			$\mathrm{Wcm^{-1}K^{-1}}$	$10^{-6}\mathrm{K^{-1}}$	
Granat	YAG	$Y_3Al_5O_{12}$	0,13	7,3	Nd, Er, Cr, Yb
Vanadat	YVO	YVO_4	0,05	3,0 (o) 8,5 (e)	Nd, Er, Cr
Fluorid	YLF	$LiYF_4$	0,06	-0,67 (o) -2,30 (e)	Nd, Yb
Saphir	Sa	Al_2O_3	0,42	13,6 (o) 14,7 (e)	Ti, Cr
Glas		SiO_2	0,01 typ.	3–6	Nd

man mit den Konzepten eines „eingefrorenen" Gaslasers sehr gut beschreiben.

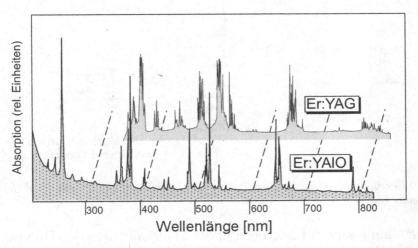

Abb. 7.18 *Das Absorptionsspektrum des Erbium-Ions Er^{3+} zeigt in den Wirtsmaterialien YAG (oben) und YAlO₃ (unten) im wesentlichen dieselbe Struktur. Nach [4]*

Eine wichtige Gruppe von Elementen bilden die Ionen der Seltenen Erden, deren ungewöhnliche Elektronen-Konfiguration sie für den Laserbetrieb besonders geeignet machen. Zu einer anderen gehören die Ionen einfacher Übergangsmetalle, die es erlauben, über große Wellenlängenbereiche abstimmbare Lasersysteme zu bauen. Sie bilden die Gruppe sogenannter vibronischer Laser, zu der auch die Farbzentrenlaser zählen.

7.3.2 Seltene Erd-Ionen

Als *Lanthanide* oder Seltene Erden[3] bezeichnet man die 13 Elemente, die dem Lanthan (*La*, Ordnungszahl 57) mit $N = 58$ (Cer, *Ce*) bis $N = 70$ (Ytterbium, *Yb*) folgen. Als Fremdionen liegen sie gewöhnlich in dreifach ionisierter Form mit der Elektronenkonfiguration $[Xe]4f^n$ vor, wobei $1 \leq n \leq 13$ das n-te Element nach dem Lanthan bezeichnet. Die optischen Eigenschaften eines ansonsten transparenten Wirtsgitters werden von den $4f$-Elektronen bestimmt, die im Rumpf dieser Ionen lokalisiert sind und deshalb nur relativ schwach an das Gitter des Wirtskristalls ankoppeln.

In guter Näherung werden die elektronischen Zustände durch die LS-Kopplung und die Hundschen Regeln beschrieben [175]. Wegen der großen Zahl von Elektronen, die jeweils einen Bahndrehimpuls $\ell = 3$ mitbringen, gibt es im allgemeinen eine Vielzahl von Feinstruktur-Zuständen, die zu der Niveau-Vielfalt in Abb. 7.20 führen.

Beispiel: Energieniveaus des Neodym^{3+}-Ions

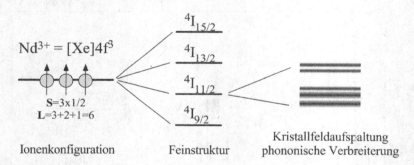

Abb. 7.19 *Energieniveaus von Neodym^{3+}-Ionen im Festkörper. Die Details der Aufspaltungen hängen vom Wirtsgitter ab.*

Das Nd^{3+}-Ion besitzt 3 Elektronen in der $4f$-Schale; nach den Hundschen Regeln koppeln sie im Grundzustand mit dem maximalen Gesamtspin $S = 3/2$ und dem Gesamt-Bahndrehimpuls $L = 3 + 2 + 1 = 6$. Aus dem ^4I-Multiplett wird wegen der weniger als halb besetzen Schale der Grundzustand bei $J = 9/2$ erwartet. Anders als beim freien Atom oder Ion wird aber durch die anisotropen Kristallfelder der lokalen Umgebung auch die magnetische Entartung in der m-Quantenzahl aufgehoben. Die Kopplung an die Gitterschwingungen

---

[3]Die Seltenen Erden sind in der Erdkruste keineswegs selten. Weil ihre chemischen Eigenschaften aber sehr ähnlich sind, war es lange Zeit schwierig, sie mit großer Reinheit darzustellen. Das Element *Pm* (Promethium) ist nicht verwendbar, weil es stark radioaktiv ist.

(„Phononen") führt schließlich zu den homogen verbreiterten Multipletts aus
Abb. 7.19

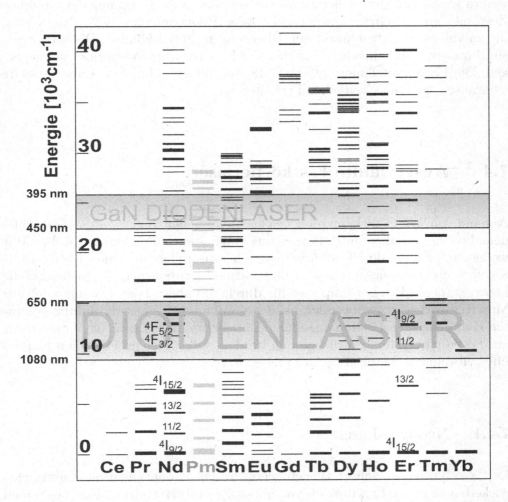

Abb. 7.20 *Energieniveaus der Seltenen Erden mit ausgewählten Bezeichnungen. Der mit
Diodenlasern anregbare Bereich ist gekennzeichnet. Nach [73].*

Die strengen Dipolauswahlregeln des freien Atoms ($\Delta\ell = \pm 1$) werden durch die
(schwache) Kopplung der elektronischen Zustände an die Umgebung des elektrischen Kristallfeldes aufgehoben, das eine Mischung von $4f^n$ und $4f^{n-1}5d$-
Zuständen verursacht. Die Energie-Verschiebung durch diese Wechselwirkung
ist eher gering, beim strahlenden Zerfall überwiegt aber nun die Dipolkopp-

lung und verkürzt die Lebensdauern der Zustände dramatisch in den Bereich einiger μs. Man beobachtet daher intensive Absorption und Fluoreszenz der Seltenen-Erd-Ionen auf Übergängen zwischen den Feinstruktur-Niveaus.

Andererseits wird wiederum nicht aus jedem Niveau Fluoreszenz beobachtet, weil es konkurrierende Relaxations-Prozesse durch die Kopplung der ionischen Zustände an die Gitterschwingungen oder Phononen des Wirtsgitters gibt, die zu vollständig strahlungslosen Übergängen führen können. Diese Prozesse sind umso wahrscheinlicher, je näher die Feinstrukturniveaus beieinander liegen. Die Fluoreszenzlinien in Abb. 7.18 sind relativ schmal, weil der atomare Charakter der Ionen weitgehend erhalten ist.

7.4   Ausgewählte Festkörperlaser

Anhand von Abb. 7.20 kann man sich leicht vorstellen, daß es zahllose verschiedene Lasermaterialien unter Beteiligung von Seltenen-Erd-Ionen gibt [92]. Wir wollen einige besondere Festkörperlasern herausgreifen, die eine wichtige Rolle als effiziente, leistungsstarke oder rauscharme Festfrequenzlaser spielen. Solche Laser werden z.B. als Pumplaser für durchstimmbare Lasersysteme oder zur Materialbearbeitung verwendet, bei der es auf intensive Laserstrahlung mit guten Kohärenzeigenschaften ankommt. Durchstimmbare Laser, die immer mehr auf Festkörpersysteme zurückgreifen werden, sollen erst im folgenden Kapitel über vibronische Laser (7.5) besprochen werden.

7.4.1   Neodym-Laser

Der Neodym-Laser gehört zu den schon in den Kindertagen des Lasers entwickelten Geräten. Er wurde bis vor einiger Zeit mit Hochdruck-Edelgaslampen angeregt, von deren Lichtenergie aber nur ein kleinerer Teil absorbiert wurde, während der größere ungenutzt als Wärme abgeführt und vernichtet wurde. Auch die Idee, diese Laser mit Laserdioden anzuregen, kam schon sehr früh auf, konnte aber wegen technischer und ökonomischer Probleme erst in den 80er-Jahren realisiert werden. Heute sind Pumpdioden nicht mehr wegzudenken, und das Ende dieser erfolgreichen Entwicklung ist mehr als zehn Jahre später noch nicht abzusehen. In Tab. 7.3 sind ausgewählte Wirtsmaterialien vorgestellt, die heute große Bedeutung für den praktischen Einsatz haben.

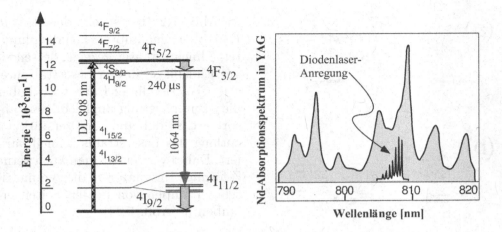

Abb. 7.21 *Laserübergänge von Neodym-Lasern und Absorptionsspektrum.*

Neodym-Verstärker

Die energetische Struktur der Neodym-Ionen haben wir schon oben beschrieben (Abschn. 7.3.2). Wir haben auch schon erwähnt, daß sich mit Ionen im Festkörper eine sehr viel höhere Dichte angeregter Atome als im Gaslaser erzielen läßt. In den meisten Wirts-Kristallen gilt das für Konzentrationen bis zu einigen Prozent. Darüberhinaus treten die Ionen miteinander in Wechselwirkung, wobei unerwünschte, nichtstrahlende Relaxationen auftreten können. Es gibt aber auch spezielle Materialien wie zum Beispiel Nd:LSB (Nd:LaScB), in denen das Neodym stöchiometrisch mit 25% vorkommt. Wegen der extrem hohen Verstärkungsdichte lassen sich mit solchen Materialien außerordentlich kompakte, intensive Laserlichtquellen aufbauen.

Der $^4I_{9/2} \rightarrow {}^4F_{5/2}$-Übergang des Nd^{3+}-Ions läßt sich sehr vorteilhaft mit Diodenlasern bei der Wellenlänge von 808 nm anregen, wobei das obere $^4F_{3/2}$-Laserniveau sehr schnell durch phononische Relaxation bevölkert wird. Weil das untere $^4I_{11/2}$-Niveau ebenso schnell entleert wird, ist der Neodym-Laser ein ausgezeichneter 4-Niveau-Laser.

Bauarten und Betriebsbedingungen

Wegen ihres vielfältigen Anwendungspotentials gibt es zahllose technische Varianten der Neodym-Laser. Bevor Diodenlaser-Pumpen in ausreichender Qualität zur Verfügung standen, wurde der Kristall im Dauerstrich-Laser häufig mit Hochdruck-Xe-Lampen angeregt, die sich im zweiten Brennpunkt eines elliptischen Hohlraums befanden, um möglichst hohe Kopplungseffizienz zu erreichen (Abb. 7.22(a)).

Mit Diodenlasern ist das Leben in dieser Hinsicht sehr viel einfacher geworden:

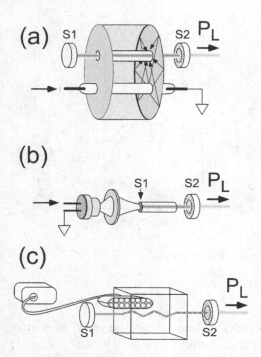

(a) S1   S2 P_L

(b)   S1   S2 P_L

(c) P_L

S1   S2

Abb. 7.22 *Bauformen von Neodym-Lasern (S$_{1,2}$ Resonatorspiegel, P_L Ausgangleistung): (a) Pumplampe und Laserstab befinden sich im Brennpunkt des elliptischen Resonators. (b) Longitudinal mit Diodenlasern gepumpter Neodym-Laser. (c) Im Slab-Laser wird die Pumpenergie transversal zugeführt. Der Laserstrahl wird unter Ausnutzung der Totalreflexion im Kristall geführt.*

In Abb. 7.22(b) ist ein derart vom Ende her gepumpter („endgepumpter") linearer Laser gezeigt, dessen einer Endspiegel in den Laserstab integriert ist. Bei dieser Bauart wird aber die Pumpleistung ungleichmäßig absorbiert, so daß auch die Verstärkung entlang des Laserstrahls schnell variiert. Daher verwendet man auch gerne Z-förmige Resonatoren, die symmetrisches Pumpen von beiden Seiten erlauben (s. Abb. 7.23).

Eine Erhöhung der Ausgangsleistung kann man mit den sogenannten „Slab"-Geometrien (*slab*: Scheibe) erreichen, in denen die Pump-Energie transversal zugeführt wird. In dieser Anordnung läßt sich auch das Licht mehrerer Pumplaserdioden gleichzeitig ausnutzen. Dabei ist es technisch vorteilhaft, die Laserdioden räumlich getrennt vom übrigen Laser zu betreiben und das Pumplicht mit Hilfe von Glasfaserbündeln in einer buchstäblich flexiblen und optimalen geometrischen Anordnung zum Laserverstärker zu transportieren. Der eigentliche Laserkopf hat dann selbst bei beachtlichen Ausgangsleistungen von mehreren Watt nur noch die Größe einer DIN-A4-Seite. Ein Ende der technologischen Entwicklung ist auf diesem Gebiet heute noch nicht abzusehen.

7.4.2   Anwendungen von Neodym-Lasern

Neodym-Laser werden schon lange in zahllosen Anwendungen eingesetzt und haben in jüngerer Zeit durch die günstige Kombination mit Pumplaserdioden bei der Wellenlänge von 808 nm noch zusätzlichen Auftrieb erfahren. Wir stellen zwei jüngere Beispiele vor, welche die große Breite der möglichen Anwendungen symbolisieren: Einerseits stellen wir die leistungsstarken frequenzverdoppelten Neodym-Laser vor, die als Ersatz für die teuren Argon-Ionen-Laser gelten, und andererseits die extrem frequenzstabilen monolithischen *Miser*.

Frequenzverdoppelter Neodym-Laser

In Abb. 7.23 haben wir ein Neodym-Laser-Konzept vorgestellt, mit dem sich sehr intensive sichtbare Laserstrahlung bei $1064/2 = 532$ nm erzeugen läßt. Die Pumpenergie wird dem Nd:YVO$_4$-Material durch Faserbündel zugeführt. Auf diese Art und Weise kann die Leistung mehrerer Diodenlaser kombiniert werden. Der Z-förmige Resonator bietet eine günstige Geometrie, um sehr hohe Leistung bei der Grundwellenlänge von 1064 nm zu erzeugen. In einem Arm des Lasers wird das Licht mit einem nichtlinearen Kristall (hier: LBO, s. Kap.13.4) frequenzverdoppelt

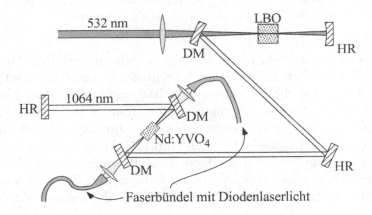

Abb. 7.23 *Leistungsstarker frequenzverdoppelter Neodymlaser. Das Diodenlaserlicht wird durch Faserbündel über dichroitische Spiegel* (DM) *in der Z-förmigen Anordnung symmetrisch zugeführt. Im Resonator zirkuliert 1064 nm Licht mit hoher Intensität. Der nichtlineare Kristall dient zur Frequenzverdopplung.* HR: *Hochreflektor.* [137]

Grundsätzlich war schon lange klar, daß sich mit dem hier vorgestellten Konzept intensive sichtbare Laserstrahlung erzeugen lassen sollte. Bevor daraus kommerzielle Geräte werden konnten, mußten aber nicht nur technologische Probleme gelöst werden, die vor allem durch die hohen auftretenden Leistungsdichten verursacht werden, sondern auch physikalische Probleme wie zum Beispiel das sogenannte „greening problem". Es wird durch Modenwettbewerb verursacht, [12] äußert sich in heftigen Intensitätsfluktuationen und kann entweder durch Einfrequenzbetrieb oder durch besonders vielmodigen Betrieb gelöst werden.

Monolithische Miniaturlaser: Miser

Die passive Frequenz-Stabilität eines gewöhnlichen Lasers (ohne aktive Regelelemente) wird zunächst durch die mechanische Stabilität des Resonators

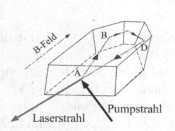
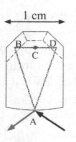

Abb. 7.24 *Monolithischer Neodym-Ringlaser. Der Strahl wird zwischen B und D aus der Ebene herausgeführt. Diese „out of plane"-Konfiguration wirkt als optische Diode und ermöglicht den Ein-Richtungsbetrieb. Im rechten Bild ist das zirkulierende Laserfeld durch Streuung zu erkennen. (Mit freundlicher Erlaubnis der Fa. Innolight, Hannover).*

bestimmt, dessen Länge durch akustische Störungen der Umgebung (Schall-Übertragung) fluktuiert. Es ist daher vorteilhaft, Laserresonatoren sehr kompakt und außerdem leicht zu bauen, denn Bauteile mit geringer Masse haben höhere mechanische Resonanzfrequenzen, die weniger leicht durch akustische Störungen aus der Umgebung angeregt werden. Im Extremfall kann man die Komponenten eines Ringlasers (s. auch Kap.7.6) – Lasermedium, Spiegel, optische Diode – sogar in einem einzigen Kristall integrieren. T. Kane und R. Byer [93, 56] haben dieses Konzept 1985 realisiert und ihm den Namen *Miser* geben, eine Kurzform der Bezeichnung *Monolithically integrated laser*.

Der Miser wird mit Diodenlaserlicht gepumpt, und der Ringresonator wird unter Ausnutzung der Total-Reflexion an den geeignet geschliffenen und polierten Kristall-Flächen geschlossen. Interessant ist die intrinsische optische Diode: Die sogenannte „out of plane"-Anordnung des Resonatormodes (In Abb. 7.24 der Stahlenverlauf BCD) verursacht durch die „schiefen" Reflexionswinkel eine Rotation der Polarisation des Laserfeldes analog zu einer Lambda-halbe-Platte, und ein Magnetfeld in Richtung der langen Achse des Misers verursacht eine Faraday-Drehung. In der einen Richtung kompensieren sich die Drehungen, in der anderen addieren sie sich. Weil die Reflektivität der Austrittsfacette polarisationsabhängig ist, wird eine der beiden Richtungen im Laserbetrieb bevorzugt.

7.4.3   Erbium-Laser

Erbium-Ionen sind in den gleichen Wirtskristallen löslich wie Neodym-Ionen und vor allem für Anwendungen bei tiefer im Infraroten liegenden Wellenlängen interessant. Sie können mit SQW-Laserdioden (*strained quantum well*, s. Abschn. 9.3.4) bei 980 nm und damit sehr energieeffizient angeregt werden (Abb. 7.25). Die langwelligen Laserübergänge werden vor allem bei medizinischen Anwendungen genutzt. Eine angenehme Eigenschaft ist der augensichere Betrieb bei diesen langen Wellenlängen.

EDFAs

Ein besonderer technologischer Durchbruch wurde 1989 von D. Payne und E. Desurvire [43] erzielt, als sie mit *Er*-dotierten Faserlasern eine Verstärkung bei der Wellenlänge von 1550 nm demonstrieren konnten. *Erbium doped fibre amplifiers* sind unter dem Kürzel EDFA in kürzester Zeit zu einem wichtigen Verstärkerbauteil (Verstärkung typisch 30–40 dB) in der Datenfernübertragung geworden. Ihnen ist es zu verdanken, daß die restlichen Verluste optischer Fasern in diesem a priori schon verlustarmen (s. Abb. 3.12 auf S. 105) 3. Kommunikationsfenster der Telekommunikation heute keine Grenze für die Erzielung höchster Übertragungsraten über große Entfernungen mehr bedeuten. Auch dieser Durchbruch ist ohne die Verfügbarkeit

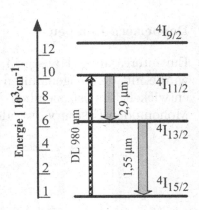

Abb. 7.25 *Ausschnitt aus dem Energiediagramm des Erbiumlasers mit zwei wichtigen Laserübergängen. Die genaue Übergangswellenlänge hängt vom Wirtskristall ab.*

preiswerter und robuster Diodenlaser zur Anregung nicht denkbar, wie wir im folgenden Kapitel über Faserlaser etwas ausführlicher diskutieren wollen.

7.4.4 Faserlaser

Die Gesamtverstärkung einer optischen Welle in einem Lasermedium wird durch die Inversionsdichte (die den Verstärkungskoeffizienten festlegt) und die Länge des verstärkenden Mediums festgelegt. E. Snitzer hatte schon 1961 bemerkt [157], daß optische Wellenleiter bzw. Fasern mit einer geeigneten Dotierung des Kerns optimale Voraussetzungen bieten sollten, um hohe Gesamtverstärkung zu erreichen.

Das attraktive Konzept der Faserlaser wurde also schon früh erkannt, aber erst seitdem robuste Diodenlaser als Pumplichtquellen verfügbar sind, erfreuen sich die Faserlaser eines stetig wachsenden Interesses. Selbst die mäßigen transversalen Kohärenzeigenschaften eines Laserdioden-Arrays (s. Abschn. 9.6) sind nämlich herkömmlichen Lampen, wie in den konventionellen Neodymlaser-Anordnungen in Abb. 7.22 hinsichtlich der Fokussierbarkeit weit überlegen und können zur effizienten Anregung der kleinen Faservolumina eingesetzt werden.

Faserlaser sind ein Feld aktiver technolgischer Entwicklung, die in keiner Weise abgeschlossen ist [164]. Wir wollen uns hier auf die Vorstellung einiger spezifischer Konzepte beschränken, denn der Aufbau eines Faserlasers unterscheidet sich nicht grundsätzlich von anderen Lasertypen, er verfügt sozusagen nur über ein besonders langes und dünnes Verstärkungsmedium [182].

Doppelkern-Pumpen

Ein interessanter Kunstgriff, um die Zufuhr der Pumpenergie zu erleichtern, wurde mit dem sogenannten „Doppelkern"-Pumpen (engl. *cladding pumping*) entwickelt. Es ist ziemlich offensichtlich, daß man für das aktive Medium Monomoden-Fasern verwenden sollte. Dann wird aber die effiziente Einkopp-

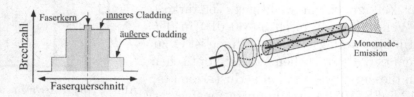

Abb. 7.26 *Cladding-Pumpen im Faserlaser.*

lung der Pumplaserstrahlung aus Hochleistungslaserdioden schwierig, weil diese nur noch selten ihre Leistung in der TEM_{00}-Grundmode konzentrieren. Man kann dieses Problem aber überwinden, wenn man einen doppelten Fasermantel verwendet, der um den aktiven Faserkern herum einen Multimode-Wellenleiter erzeugt. Die Pumpleistung wird in diese Multimode-Faser eingekoppelt, immer wieder in den Kern gestreut und dort absorbiert. Um die Einstreuung zu optimieren, erhält der äußere Kern eine leicht sternförmige statt einer rein zylindrischen Struktur. Tab. 7.4 enthält eine Reihe nachgewiesener Wellenlängen, die weit über das infrarote und sichtbare Spektrum verteilt sind. Mit diesem

Tab. 7.4 *Elemente und Wellenlängen ausgewählter Faserlaser*

Wellenlänge [μm]	Element	Wellenlänge [μm]	Element
3,4	Er	0,85	Er
2,3	Tm	0,72	Pr
1,55	Er	0,65	Sm
1,38	Ho	0,55	Ho
1,03-1,12	Yb	0,48	Tm
1,06	Nd	0,38	Nd
0,98	Er		

Verfahren werden nicht nur sehr niedrige Schwellwerte für Lasertätigkeit erreicht, sondern inzwischen auch beachtliche Ausgangsleistungen von mehr als

1 kW. Faserlaser sind noch längst nicht am Ende ihrer Entwicklung angekommen. Großes Interesse wird auch hier der Entwicklung von Lichtquellen bei blauen Wellenlängen entgegen gebracht. Dazu existieren mehrere Konzepte, zum Beispiel durch synchrone Frequenzverdopplung des Laserlichtes in derselben Faser, oder auch die sogenannten „up-conversion"-Laser, bei denen aus höherliegenden Energieniveaus, die durch Absorption mehrerer Pumpphotonen angeregt werden, blaue oder noch kürzere Strahlung emittiert werden kann.

Faser-Bragg-Gitter (FBGs)

Um Faserlaser zu praktikablen Geräten zu machen, sind viele Komponenten, die für die Kontrolle eines Lichtstrahls wichtig sind, z.B. Spiegel, Auskoppler, Modulatoren, mittlerweile direkt in die Faser integriert worden. Für deren detaillierte Behandlung verweisen wir auf die Spezialliteratur [181] und beschränken uns auf das Beispiel von Faser-Bragg-Gittern[108], die als effiziente Spiegel oder spektrale Filter eingesetzt werden.

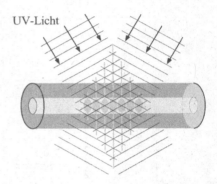

Abb. 7.27 *Herstellung eines Bragg-reflektors (qualitativ).*

Das Bragg-Gitter wird durch eine periodische Modulation der Brechzahl in Ausbreitungsrichtung realisiert. Dazu wird der Ge-dotierte Faserkern von zwei unter einem einstellbaren Winkel θ gekreuzten intensiven UV-Strahlen belichtet. Das UV-Licht induziert Veränderungen, die chemischer oder photorefraktiver Natur[4] sein können und zur lokalen Intensität des Stehwellenfeldes proportional sind. Die Periode des Braggspiegels kann durch Wahl des Kreuzungswinkels und der UV-Wellenlänge bestimmt werden, $\Lambda = \lambda/2\sin\theta$.

7.4.5   Ytterbium-Laser für hohe Ausgangsleistungen

Der Klassiker der Hochleistungslaser, der Nd:YAG-Laser, bekommt seit etwa dem Jahr 2000 mehr und mehr Konkurrenz von Yb-Lasern, die sich ebenfalls in den Wirtsmaterialien von Tab. 7.3 lösen lassen. Die Yb-Laserkristalle haben einige entscheidende Vorzüge auf dem Weg zu höheren Ausgangsleistungen: Die Dotierung kann 25% und damit hohe Verstärkungswerte erreichen, weit mehr als die 1–2%, die man mit Nd-Ionen ohne Verluste durch Wechselwir-

---

[4]Bei der Photorefraktion werden durch Beleuchtung Ladungen im Kristallgitter verschoben, die eine räumliche Modifikation der Brechzahl bewirken.

kungen benachbarter Ionen erreicht. Außerdem ist für die Yb-Ionen, die mit 940 nm-Licht (Nd: 808 nm) angeregt werden, der Abstand der Pump- zur Laserwellenlänge von 1030–1120 nm (Nd: 1064 nm) und damit die Wärmeverluste deutlich kleiner. Schließlich ist auch die Absorption in nicht-lasernde Zustände und die Reabsorption des Laserlichts beim Yb geringer als beim Nd.

Hinzu kommen technologische Durchbrüche wie das „Thin Disc"-Konzept sowie verbesserte Faserlaser-Systeme, die das bei der Konstruktion von Hochleistungslasern mit Laserstäben gravierende Problem der Abfuhr der Überschußwärme überwinden. Heute sind Ausgangsleistungen von 1 kW und mehr kommerziell erhältlich.

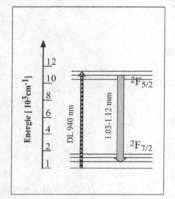 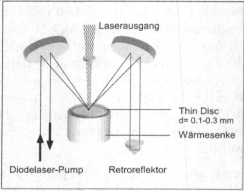

Abb. 7.28 *Links: Energiediagramm des Yb-Ions. Rechts: Resonator- und Pumpgeometrie eines „Thin Disc"Lasers. Die Pumpe wird mehrfach durch den Kristall geschickt, um effiziente Absoprtion zu erreichen.*

Der wichtigste Vorteil des Thin Disc-Konzepts ist die geometrisch günstigere Abfuhr der beim Laserprozeß erzeugten Überschußwärme: Im Gegensatz zu Laserstäben ist das Oberflächen:Volumen-Verhältnis günstig. Ferner entstehen Temperaturgradienten, die die Strahlgeometrie beeinflussen, in longitudinaler und nicht in radialer Strahlrichtung, so daß Laserstrahlen mit ausgezeichneter Modenreinheit erzeugt werden. Wegen der kurzen Kristallänge ist die Absorption aus dem Punpstrahl relativ klein, kann aber durch 10 und mehr Durchläufe auf bis zu 90% in dem kleinen Laservolumen gesteigert werden.

7.5   Laser mit vibronischen Zuständen

Der Markt der durchstimmbaren Laserlichtquelllen war wegen ihrer breiten Abstimmbarkeit noch um 1990 vollständig von den Farbstofflasern dominiert.

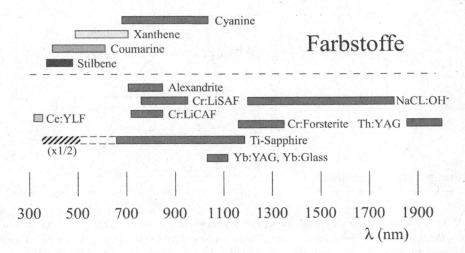

Abb. 7.29 *Abstimmbereiche ausgewählter Lasersysteme (gepulst und Dauerstrich). Der frequenzverdoppelte Bereich des Ti-Saphirlasers ist schraffiert gekennzeichnet.*

Seitdem ist jedoch die technische Entwicklung zugunsten der Festkörpersysteme verlaufen, die besonders dann interessant sind, wenn sie mit Diodenlasern angeregt werden können.

Vibronische Lasermaterialien sind über große Wellenlängenbereiche durchstimmbar. Ihre Durchstimmbarkeit ist eine Folge der starken Kopplung elektronischer Anregungszustände bestimmter Ionen (vor allem 3d-Elemente) an die Gitterschwingungen. Grundsätzlich zählen auch die Halbleiter- oder Diodenlaser dazu, denen wir wegen ihrer besonderen Bedeutung aber ein eigenes Kapitel widmen wollen. Und selbst die Farbstofflaser können wir konzeptionell in diese Klasse einordnen, denn deren bandartige Energiestruktur wird durch die Schwingungen großer Moleküle verursacht. In Abb. 7.29 haben wir eine Übersicht über wichtige abstimmbare Lasermaterialien zusammen gestellt.

Wir stellen einige wichtige Systeme in ihren physikalischen Eigenschaften vor und erläutern im anschließenden Abschnitt das technische Konzept weit verstimmbarer Ringlaser, in welchen diese Lasermedien üblicherweise verwendet werden.

Übergangsmetall-Ionen

Die 3d-Übergangsmetalle verlieren in ionischen Festkörpern ihr äußeres 4s-Elektron und außerdem einige 3d-Elektronen, ihre Konfiguration lautet $[Ar]3d^n$. Häufig findet man sowohl die 3. als auch die 4. Ionisationsstufe dieser Ionen. Kristallfelder wirken sich auf die 3d-Elektronen viel stärker aus als auf die 4f-Elektronen der Seltenen Erden, weil sie sich außerhalb des Ionenrumpfes

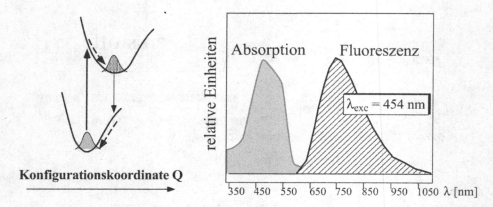

Konfigurationskoordinate Q

Abb. 7.30 *(a) Vibronische Zustände von Festkörperionen. Die schattierten Kurven deuten die (quasi-)thermischen Verteilungen in der Konfigurationskoordinate Q an. Wenn die Gleichgewichtslagen im Grund- und im angeregten Zustand nicht übereinstimmen, sind Absorptions- und Emissions-Wellenlängen deutlich voneinander getrennt und bieten optimale Bedingungen für ein 4-Niveau-Lasersystem. Die Relaxation zu einer thermischen oder quasithermischen Verteilung nimmt nur ps in Anspruch. (b) Absorptions- und Fluoreszenzspektrum eines Ti:Saphir-Kristalls. Das Fluoreszenzspektrum wurde bei einer Pumpwellenlänge von 454 nm angeregt.*

befinden. Die Kopplung an die Gitterschwingungen (die man durch eine Konfigurationskoordinate Q beschreibt) führt dabei zu einer bandartigen Verteilung von Zuständen, und man spricht von „vibronischen" Übergängen. Diese Übergänge haben einerseits eine große Bandbreite, die sowohl bei der Absorption als auch bei der Fluoreszenz auftritt. Nicht minder bedeutend ist die sehr kurze Relaxationszeit, die auf der *ps*-Zeitskala zur thermischen Gleichgewichtslage der vibronischen Zustände führt. Zu dieser wichtigen Klasse von Laserionen gehören die Chrom- und seit der ersten Realisierung in den 80er-Jahren vor allem die Titan-Ionen [127]. Die herausragende Stellung des Ti-Saphir-Lasers ist auch in Abb. 7.29 klar auszumachen.

Farbzentren

Im Gegensatz zu den optischen Störstellen von Selten-Erd- und Übergangsmetallen werden Farbzentren nicht durch Fremddionen, sondern durch Gitterfehlstellen, z.B. Leerstellen, verursacht. Sie werden auch kurz als F-Zentren (engl. *colour centers*) bezeichnet und sind schon sehr lange untersucht worden. In einem ionischen Kristall besitzen solche Fehlstellen eine effektive Ladung relativ zum Kristall, an die Elektronen oder Löcher gebunden werden können. Verschiedene Typen sind in Abb. 7.31 vorgestellt. Wie bei den Übergangsmetall-Ionen haben die elektronischen Anregungen breitbandige, vibronische Struktur und eignen sich daher gut zur Erzeugung von Laserstrahlung.

Der Betrieb eines Farbzentrenlasers
ist technologisch recht aufwendig:
Die Kristalle müssen auf der Temperatur flüssigen Stickstoffs (77K)
gehalten werden und manche benötigen
zusätzlich zum Pumplaser (i. Allg.
Neodym-Laser) noch eine Hilfslicht-
quelle. Damit werden Farbzentren aus
unerwünschten Zuständen, die nicht
am Laserzyklus teilnehmen und in
welche sie durch spontane Übergänge
geraten können, zurückgeholt.

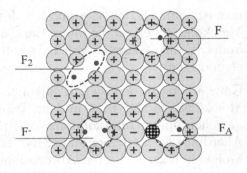

Abb. 7.31 *Modelle einiger Farbzentren.*

Die F-Zentrenlaser haben noch immer eine gewisse Bedeutung bei nahinfra-
roten Wellenlängen zwischen 1 und 3 μm, werden aber zunehmend durch
OPOs ersetzt, (optische parametrische Oszillatoren) bei denen sogenannte
„PPLNs", periodisch gepolte nichtlineare Kristallen verwendet werden. (s.
Abschn. 13.4.6).

Farbstoffe

Der Farbstofflaser bietet insbesondere bei Wellenlängen von 550–630 nm eine
noch immer konkurrenzlose durchstimmbare Lichtquelle. In diesem Teil des
sichtbaren Spektrums wechseln unsere farbigen Sinneseindrücke am schnellsten
von grün über gelb nach rot, und aus diesem Grund übertrifft das Licht der
Farbstofflaser alle bisher entwickelten Festkörperlaser an ästhetische Qualität.

Farbstoffe sind organische Moleküle mit
einer Kohlenstoff-Doppelbindung, d.h.
mit einem Elektronenpaar. In Abb. 7.32
ist das typische Energiediagramm eines Farbstoffes vorgestellt. Der gepaar-
te Grundzustand (S0) besteht aus einem
$^1S_0$-Zustand, d.h. Bahndrehimpuls und
Gesamtspin verschwinden. Die Farbstoffe sind gelöst (in Alkohol oder, wenn
sie in einem Düsenstrahl oder „Jet"
frei gespritzt werden, in höherviskosen
Flüssigkeiten wie Glykol). Die elektronischen Zustände besitzen eine Vibrations-
Rotations-Feinstruktur, die durch die

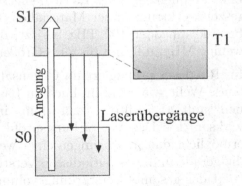

Abb. 7.32 *Laserprozeß im Farbstofflaser
(schematisch).*

Wechselwirkung mit dem Lösungsmittel zu kontinuierlichen Bänden verbreitert ist, ähnlich den vibronischen Ionen. Nach der Absorption relaxieren die Moleküle schnell an die obere Bandkante, von wo aus die Laseremission stattfindet. Einige Gruppen von Farbstoff-Molekülen haben wir auch in Abb. 7.29 eingetragen.

Ganz analog zu den Zwei-Elektronen-Atomen wie Helium gibt es in Farbstoff-Molekülen ein Singulett- und ein Triplett-System [175], nur sind die Übergänge zwischen ihnen (Interkombinationslinien) nicht so stark unterdrückt wie dort. Allerdings ist die Lebensdauer der Triplettzustände sehr hoch, so daß sich die Moleküle nach mehreren Absorptions-Emissions-Zyklen dort ansammeln und nicht mehr am Laserprozeß teilnehmen. Während gepulste Farbstofflaser in einer Küvette betrieben werden können, muß der Farbstoff in einem Kreislauf umgepumpt werden, um kontinuierlichen Laserbetrieb zu ermöglichen. Dabei hat sich eine Düsenstrahltechnik durchgesetzt, bei welcher die Flüssigkeit mit einem flachen „Jet" frei in den Fokus von Pumplaser und Laser-Resonator gespritzt wird. Die Oberfläche des Düsenstrahls besitzt dabei optische Qualität. Einer der robustesten Farbstoffe heißt Rhodamin 6G, mit ihm werden Ausgangsleistungen bis zu einigen W erzielt, und außerdem kann er im Gegensatz zu vielen anderen Farbstoffen, die schnell altern, über lange Zeit verwendet werden.

7.6   Durchstimmbare Ringlaser

Der Erfolg der vibronischen Lasermaterialien ist eng mit dem Erfolg des Ringlasers verbunden, der die benutzerfreundliche Einstellung einer Wellenlänge bzw. Frequenz erlaubt. Es ist bemerkenswert, daß mit diesem Gerät das Fluoreszenzspektrum dieser Materialien, das eine spektrale Breite von einigen 10 bis 100 nm oder 100 THz besitzt, durch wenige optische Komponenten auf wenige MHz, d.h. um bis zu 8 Größenordnungen, eingeengt wird!

Im Ringlaser propagiert im Gegensatz zum linearen Stehwellenlaser eine laufende Welle, während im linearen Laser das sogenannte „räumliche Lochbrennen" auftritt, weil die Verstärkung in den Knoten des Stehwellenfeldes nicht wirksam ist. Das Verstärkungsprofil wird dadurch periodisch moduliert und ermöglicht das Anschwingen einer weiteren spektral eng benachbarten Mode, die gerade in dieses periodische Verstärkungsmuster hineinpasst. Im Ringlaser trägt das gesamte Verstärkungsvolumen zu einer Laserlinie bei, er ist deshalb das bevorzugte Gerät für spektroskopische Anwendungen mit hoher spektraler Auflösung.

In Abb. 7.33 haben wir eine von zahlreichen erprobten Varianten eines Ringlasers vorgestellt. Diese Form wird gewöhnlich als *bowtie*-Resonator bezeichnet.

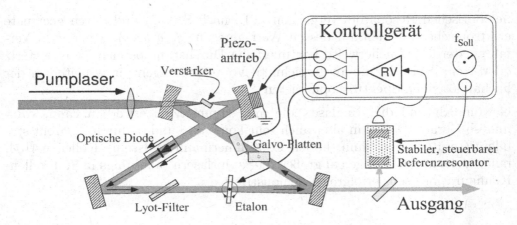

Abb. 7.33 *Ringlasersystem mit optischen Komponenten zur Frequenzkontrolle. RV: Regelverstärker*

Die Brennpunkte von Pumplaserstrahl und Lasermode werden zwischen zwei sphärischen Spiegeln überlappt, die im übrigen Laser einen mit geringer Divergenz propagierenden Gaußmode erzeugen, der an einem der teilweise transparenten Umlenkspiegel auch ausgekoppelt wird. Zur Vermeidung von Verlusten wird der Verstärker – der Ti-Saphir-, der Farbzentrenkristall oder der Farbstoffstrahl – ebenso wie andere optische Elemente unter dem Brewsterwinkel eingebaut. Eine optische Diode (s. Abschn. 3.8.6) sorgt für den Einrichtungsbetrieb.

Zur Wellenlängenkontrolle werden i. Allg. mehrere optische Komponenten mit wachsender spektraler Auflösung (freiem Spektralbereich) verwendet, die wir alle schon kennengelernt haben: Ein Lyot- oder doppelbrechender Filter (S. 136) sorgt für eine grobe Einengung, ein oder zwei Etalons (Abschn. 5.5) mit unterschiedlichen freien Spektralbereichen für die Auswahl eines einzelnen Resonatormodes. Zur Abstimmung auf der MHz-Skala kann die Resonatorlänge mit verschiedenen Elementen variiert werden: Ein sogenanntes „Galvoplattenpaar" variiert die optische Weglänge durch geringfügige synchrone Drehung der unter Brewsterwinkel montierten Glasplatten; mit einem kleinen und daher leichten Spiegel, der auf einem Piezostellelement montiert wird, kann die Resonatorlänge mit bis zu 100 kHz Bandbreite kontrolliert werden; noch höhere Stellgeschwindigkeiten werden durch im Resonator eingebaute Phasenmodulatoren (EOMs, s. Abschn. 3.8.1) erzielt.

Im Experiment ist eine spannungsgesteuerte Variation der Laserwellenlänge wünschenswert. Zu diesem Zweck werden sogenannte *feed forward*-Werte an den optischen Komponenten des Ringresonators appliziert. Die Laserfrequenz wird aber zusätzlich mit der ebenfalls spannungsgesteuerten Sollfrequenz eines optischen Resonators verglichen (z.B. nach S. 267) und durch geeignete elektronische Schleifen auf dessen Wert geregelt (*feed back*). Mit diesen Verfahren werden üblicherweise kontinierliche Durchstimmbereiche von 30 GHz oder 1 cm^{-1} erzielt, die ausgezeichnete Voraussetzungen für Arbeiten in der hochauflösenden Spektroskopie bieten.

Gewöhnlich sind die Ringlaser, die man kommerziell erwerben kann, voluminöse Geräte. Daß man aber auch sehr kompakte und dadurch inhärent stabilere Geräte bauen kann, haben C. Zimmermann und seine Kollegen [184] mit winzigen, nur wenige cm großen Ti-Saphirlasern (allerdings in Stehwellen-Konfiguration) sehr erfolgreich demonstriert.

Aufgaben zu Kapitel 7

7.1 Räumliches Lochbrennen Wir betrachten einen Laserkristall mit homogen verbreitertem Verstärkungsprofil. Der Kristall soll 10 mm lang und im Zentrum eines 15 cm langen linearen Resonators montiert sein. Die zentrale Emissionswellenlänge sei 1 μm. Die Stehwelle verursacht räumlich inhomogenen Abbau der Verstärkung, so daß weitere Moden anschwingen können. Bei welcher Verstärkungsbandbreite schwingt mehr als ein longitudinaler Mode an? Skizzieren Sie die Intensitätsverteilung und die Inversionsdichte im Laserkristall. Was ändert sich, wenn Sie den Kristall direkt vor einem Spiegel montieren?

7.2 Monomode-Betrieb Bei einem Verstärkungsmedium mit sehr großer Verstärkungs-Bandbreite Δ_G kann Ein-Moden-Betrieb im Prinzip durch einen entsprechend kurzen Laserresonator erzielt werden, der in der Praxis aber nicht realisierbar ist. Betrachten Sie dazu das Beispiel des Ti-Saphir-Lasers mit Δ_G=47 THz. Alternativ kann man ein Etalon in einen linearen Resonator mit der Länge L einbringen, dessen freier Spektralbereich die Bedingung $\Delta_{FSR} \geq \Delta_G/2$ erfüllt. Zeigen Sie, daß dann die Bedingung $L \leq cF/\Delta_G$ ausreicht, um Ein-Moden-Betrieb zu erzielen.

7.3 Verstärkung im Laser Die Verluste in einem Laserresonator, der aus zwei Spiegeln mit Reflektivitäten $R_1 = 100\%$ und $R_2 = 99\%$ bestehe, werden durch die Spiegeltransmission dominiert. Die Gas-Laserline habe den Wirkungsquerschnitt $\sigma = 10^{-12} cm^2$, das Gas habe einen Druck von 1 mbar und das Rohr sei 10 cm lang. (a) Berechnen Sie die für den Laserbetrieb notwendige Inversionsdichte im Gas. (b) Wie groß ist die Dichte angeregter Teilchen im oberen Laser-Niveau, wenn das untere instantan entleert wird? (c) Wie groß ist die Verstärkung an der Schwelle?

7.4 Eigenschaften des Nd:YAG-Lasers Die totale Lebensdauer des oberen $^4F_{3/2}$-Laserniveaus (Abb. 7.21) wird zu 98% durch strahlende Zerfälle bestimmt und beträgt 240 μs. Das Verzweigungsverhältnis für die wichtigste Linie bei 1.06 μm beträgt ca. 14 % und ist bei 300 K homogen auf ca. 200 GHz verbreitert. (a) Wie groß ist die spontane Fluoreszenzrate der 1,06 μm-Linie? (b) Berechnen Sie den Wirkungsquerschnitt bei 1.06 μm. (Der Brechungsindex von YAG ist n = 1.82.) (c) In einem Laserkristall seien 1 % aller Y^{3+}-Ionen durch das Laserion Nd^{3+} ersetzt. Wie wäre die Verstärkung für Einfachdurchgang bei einer Inversion von 1 %? (Dichte von YAG: 4.56 g/cm^3, Länge des Kristalls l = 1 cm. Die Besetzung im unteren Laserniveau ist vernachlässigbar.)

7.5 Übergangsmatrixelement von Seltenen Erden Die Laserübergänge zwischen den Energie-Niveaus der Seltene-Erd-Ionen finden zwischen Feinstruktur-Niveaus statt, für die $\Delta\ell = 0$ gilt, d.h. sie sind nach den Dipol-Auswahlregeln der Quantenmechanik strahlender Übergänge verboten. Im Kristall wird aber der 4f-Wellenfunktion ein wenig 5d-Charakter beigemischt. Schätzen Sie die Beimischungskoeffizienten ab, indem Sie für die Nd:YAG-1,06 μm-Linie einen starken Dipolübergang (Dipolmoment = Ladung $e \times$ Bohrradius a_0) mit der beobachteten strahlenden Lebensdauer von 240 μs vergleichen.

7.6 Welcher Laser für welches Problem? Sie wollen ein Experiment zur Atomphysik oder Quantenoptik beginnen und müssen einen Laser kaufen, um die Atom anregen zu können. Welchen Laser beschaffen Sie für die Atome aus Tab. 6.3? Begründen Sie Ihre Wahl, wenn mehrere Alternativen existieren.

7.7 Astigmatismuskompensation Die Ringlaser-Konstruktion aus Abb. 7.33 verursacht einen Astigmatimus, deshalb gelten verschiedene Stabilitätsbedingungen für die Feldkomponenten parallel und senkrecht zur Resonatorebene. Identifizieren Sie die Ursache und geben Sie Verfahren und optische Elemente an, die den Astigmatismus kompensieren können.

7.8 Regelgeschwindigkeit Betrachten Sie den Piezo-Spiegel des durchstimmbaren Ringresonators aus Abb. 7.33. Wir verwenden ein Piezo-Röhrchen mit dem Ausdehnungskoeffizienten 0,8 μm/100 V, die Kapazität betrage 15 nF und das Gewicht des Röhrchens sei 2g, des Spiegels 4g. Schätzen Sie ab, wie schnell man die Länge des Resonators ändern kann, wenn die Stromquelle bis zu 10 mA liefert.

8 Laserdynamik

Wir wollen uns in diesem Kapitel den dynamischen Eigenschaften der Laserlichtquellen widmen, zum Beispiel der Antwort des Lasersystems auf Veränderungen der Betriebsparameter oder den Schwankungen von Amplitude und Phase. Dazu müssen wir zunächst den Zusammenhang von mikroskopischen Eigenschaften des Lasersystems und makroskopischen Meßgrößen wie Intensität und Phase theoretisch untersuchen.

8.1 Grundzüge einer Lasertheorie

In Abschn. 6.2 haben wir die Antwort eines vereinfachten polarisierbaren System mit nur zwei Zuständen auf ein äußeres treibendes Feld studiert. Dabei hat sich herausgestellt, daß diese Polarisierung ein Lichtfeld verstärken und damit selbst zu einer Quelle elektromagnetischer Felder werden kann.

Der Zusammenhang zwischen Polarisierung und elektrischem Feld ist uns von der Wellengleichung geläufig,

$$\left(\nabla^2 - \frac{n^2}{c^2} \frac{\partial^2}{\partial t^2} \right) \mathbf{E} = -\frac{1}{\epsilon_0 c^2} \frac{\partial^2}{\partial t^2} \mathbf{P} \quad , \tag{8.1}$$

wobei wir schon berücksichtigt haben, daß Laserstrahlung häufig durch angeregte Teilchen in einem Wirtsmaterial mit dem Brechungsindex n erzeugt wird. Das elektrische Feld $\mathbf{E}$ enthält die Dynamik des Laserfeldes, die Polarisierung $\mathbf{P}$ die Dynamik der Atome oder sonstigen angeregten Teilchen, die in der einfachsten Näherung nach den Blochgleichungen (6.32) bestimmt wird.

8.1.1 Das Resonatorfeld

Im allgemeinen können in einem Laserresonator viele Eigenfrequenzen angeregt werden, so daß wir eine komplizierte zeitliche Entwicklung von Feld und Polarisierung erwarten. Diese Situation ist aber auch für Anwendungen meistens unerwünscht, und wir konzentrieren uns deshalb auf den Spezialfall, in dem nur eine einzelne Mode eines Resonators angeregt wird. Diese Situation wird in vielen Fällen auch im praktischen Laserbetrieb routinemäßig erreicht.

Formal gesprochen zerlegen wir das Feld in seine Eigenmoden, die einen Index k erhalten und mit faktorisierten zeit- und ortsabhängigen Anteilen:

$$\mathbf{E}(\mathbf{r}, t) = \frac{1}{2} \sum_k \left(E_k(t) e^{-i\Omega_k t} + c.c. \right) \mathbf{u}_k(\mathbf{r}) \quad .$$

Die Amplituden $E_k(t)$ entsprechen einem Mittelwert der Amplitude im Resonatorvolumen V. Die räumlichen Verteilungen $\mathbf{u}_k$ befolgen eine Orthogonalitätsrelation,

$$\frac{1}{V} \int_V \mathbf{u}_k \mathbf{u}_l dV = \delta_{kl} \quad , \tag{8.2}$$

und Ω_k sei die passive Eigenfrequenz des Resonators (ohne ein polarisierbares Medium), so daß die Helmholtzgleichung gilt:

$$\nabla^2 \mathbf{u}_k(\mathbf{r}) = -\frac{n^2 \Omega_k^2}{c^2} \mathbf{u}_k(\mathbf{r}) \quad .$$

Die Polarisierung können wir nach denselben Funktionen $\mathbf{u}_k(\mathbf{r})$ entwickeln,

$$\mathbf{P}(\mathbf{r}, t) = \frac{1}{2} \sum_k \left(P_k(t) e^{-i\Omega_k t} + c.c. \right) \mathbf{u}_k(\mathbf{r}) \quad .$$

Wegen (8.2) zerfällt die Gleichung (8.1) in Untergleichungen, von denen wir nur eine für den allerdings sehr bedeutenden Spezialfall des Monomodelasers (engl. *single mode* oder *single frequency laser*) nutzen:

$$\left(\Omega^2 + \frac{d^2}{dt^2} \right) E(t) e^{-i\omega t} = -\frac{1}{n^2 \epsilon_0} \frac{d^2}{dt^2} P(t) e^{-i\omega t} \quad .$$

Aus dieser Gleichung muß unter anderem die „wahre" Oszillationsfrequenz des Lichtfeldes bestimmt werden.

Dämpfung des Resonatorfeldes

Eine konsequente Theorie der Dämpfung des Resonatorfeldes kann hier nicht vorgestellt werden. Wir beschränken uns wie bei den Bloch-Gleichungen auf einen phänomenologischen Ansatz und nehmen an, daß die Energie des gespeicherten Feldes mit der Rate γ_c relaxiere. Die Feldamplitude muß dann mit $\gamma_c/2$ zerfallen,

$$\frac{d}{dt} E_n(t) = -\frac{\gamma_c}{2} E_n(t) \quad .$$

Die Dämpfung des Feldes wird nicht nur durch die Auskopplung eines nutzbaren Lichtfeldes E_{out} verursacht,

$$E_{\text{out}}(t) = \frac{\gamma_{\text{out}}}{2} E_n(t) \quad,$$

sondern auch durch Streu- und Absorptionsverluste im Resonator, also $\gamma_c = \gamma_{\text{out}} + \gamma_{\text{Verlust}}$. Wir fügen diesen Term nun auch in der Wellengleichung (8.1) ein und eliminieren die Ortsabhängigkeit,

$$\left(\Omega^2 + \gamma_c \frac{d}{dt} + \frac{d^2}{dt^2}\right) \mathbf{E} e^{-i\omega t} = -\frac{1}{n^2 \epsilon_0} \frac{d^2}{dt^2} \mathbf{P} e^{-i\omega t} \quad.$$

Nun interessieren wir uns in erster Linie für die Veränderung der Amplituden, die im Vergleich zur Oszillation mit den Lichtfrequenzen ω oder Ω langsam verläuft. Wir vernachlässigen in der schon mehrfach verwendeten *Slowly Varying Envelope Approximation (SVEA)* Beiträge der Form

$$\left\{\frac{d}{dt} E(t),\ \gamma_c E(t)\right\} \ll \omega E(t) \quad,$$

und erhalten

$$(-\Omega^2 + \omega^2) E(t) + 2i\omega \frac{d}{dt} E(t) + i\gamma_c \omega E = -\frac{\omega^2}{n^2 \epsilon_0} P(t) \quad.$$

In der üblichen Näherung, $(-\Omega^2 + \omega^2) \simeq 2\omega(\omega - \Omega)$, ergeben sich die *vereinfachten Amplituden-Maxwell-Gleichungen*,

$$\frac{d}{dt} E(t) = i\left(\omega - \Omega + i\frac{\gamma_c}{2}\right) E(t) + \frac{i\omega}{2n^2 \epsilon_0} P(t) \quad. \tag{8.3}$$

Bei Abwesenheit polarisierter Materie $(P(t) = 0)$ entnimmt man daraus ohne Schwierigkeiten ein Feld, das mit der Frequenz $\omega = \Omega$ schwingt und mit der Rate $\gamma_c/2$ gedämpft wird, ganz wie erwartet. Die makroskopische Polarisierung kennen wir schon nach (6.11), ihre Dynamik wird nach den optischen Blochgleichungen (6.32) beschrieben. Darin tritt die Besetzungszahldifferenz $w(t)$ auf, die wir durch die Inversionsdichte $\mathcal{N}$ bzw. Gesamtinversion n mit der Definition

$$\mathcal{N}(t) = n(t)/V = \frac{N_{\text{At}}}{V} w(t)$$

ersetzen. Das gesamte System aus Atomen und Lichtfeld wird dann durch die *Maxwell-Bloch-Gleichungen* beschrieben:

$$\begin{aligned}
\frac{d}{dt} E(t) &= i\left(\omega - \Omega + i\frac{\gamma_c}{2}\right) E(t) + \frac{i\omega}{2n^2 \epsilon_0} P(t) \\
\frac{d}{dt} P(t) &= (-i\delta - \gamma') P(t) - i\frac{d_{\text{eg}}^2}{\hbar} E(t) \mathcal{N}(t) \\
\frac{d}{dt} \mathcal{N}(t) &= -\frac{1}{\hbar} \Im m\{P(t)^* E(t)\} - \gamma(\mathcal{N}(t) - \mathcal{N}_0)
\end{aligned} \tag{8.4}$$

Lasertätigkeit kann nur einsetzen, wenn die Inversion durch einen geeigneten Pumpprozeß aufrecht erhalten wird, die die ungesättigte Inversionsdichte $\mathcal{N}_0 = n_0/V$ erzeugt (Gl.(6.49)). Insgesamt handelt es sich um *fünf* Gleichungen, weil Feldstärke E und Polarisierung P komplexe Größen sind.

Mit diesem Gleichungssystem lassen sich wichtige Zusammenhänge der Laserdynamik verstehen. Eine andere, transparente Form der Gleichungen können wir gewinnen, wenn wir die intensiven Größen Feldamplitude $E(t)$, Polarisierungsdichte $P(t)$ und Inversionsdichte $\mathcal{N}(t)$ auf die extensiven Größen der Feldstärke pro Photon $a(t)$, Anzahl der Dipole $\pi(t)$ und Gesamtinversion $n(t)$ normieren. Dabei nutzen wir die schon in Abschn. 2.1.8 adhoc eingeführte mittlere „Feldstärke eines Photons" $\langle \mathcal{E}_{\mathrm{ph}} \rangle = \sqrt{\hbar\omega/2\epsilon\epsilon_0 V_{\mathrm{mod}}}$,

$$
\begin{aligned}
a(t) &:= E(t)/\langle \mathcal{E}_{\mathrm{ph}} \rangle = E(t)\sqrt{\frac{2\epsilon\epsilon_0 V_{\mathrm{mod}}}{\hbar\omega}} \quad , \\
\pi(t) &:= N(u + iv) = VP(t)/d_{\mathrm{eg}} \quad .
\end{aligned}
\tag{8.5}
$$

Vorteilhaft ist es auch, für die Rabifrequenz Ω_R und die Verstimmung δ (zwischen elektrischem Feld und der Eigenfrequenz des polarisierten Mediums) normierte Größen zu benutzen,

$$
g := -\frac{d_{\mathrm{eg}}}{\hbar}\sqrt{\frac{\hbar\omega}{2\epsilon\epsilon_0 V}} \quad \text{und} \quad \alpha := (\omega - \omega_0)/\gamma' = \delta/\gamma'
\tag{8.6}
$$

Der Kopplungsfaktor g beschreibt die Rate (oder Rabifrequenz), mit welcher der innere Anregungszustand des polarisierbaren Mediums bei einer Feldstärke verändert wird, die gerade einem Photon entspricht. Der „α"-Parameter wird uns im Kapitel über Halbleiter-Laser noch einmal beschäftigen, weil er dort einen wesentlichen Einfluß auf die Linienbreite besitzt.

Mit den eingeführten Bezeichnungen nehmen die Gleichungen (8.4) eine neue, übersichtliche Form an, die schon große Ähnlichkeit mit einer Quantentheorie auch des Laserfeldes besitzt, weil man nur noch die normierten Amplituden $a(t)$ zu Feldoperatoren erheben muß:

$$
\begin{aligned}
(i) \quad \dot{a}(t) &= i\left(\Omega - \omega + i\frac{\gamma_c}{2}\right)a(t) + i\frac{g}{2}\pi(t) \\
(ii) \quad \dot{\pi}(t) &= -\gamma'(1 + i\alpha)\pi(t) - ig\,a(t)\,n(t) \\
(iii) \quad \dot{n}(t) &= -g\,\Im m\{\pi(t)^* a(t)\} - \gamma(n(t) - n_0)
\end{aligned}
\tag{8.7}
$$

Die Feldamplitude $a(t)$, die Polarisierung $\pi(t)$ und die Inversion $n(t)$ sind mit der Konstanten g gekoppelt. Gleichzeitig findet Dämpfung mit den Relaxationszeitkonstanten γ_c, γ' bzw. γ statt. Die dynamischen Eigenschaften des Lasersystems werden vom Verhältnis dieser vier Parameter bestimmt, die wir in Tab. 8.1 für wichtige Lasertypen gesammelt haben.

Tab. 8.1 *Typische Zeitkonstanten wichtiger Lasertypen*

Rate	λ [μm]	γ_c [s^{-1}]	γ [s^{-1}]	γ' [s^{-1}]	g [s^{-1}]
Helium-Neon	0,63	10^7	$5 \cdot 10^7$	10^9	10^4–10^6
Neodym-Laser	1,06	10^8	10^3–10^4	10^{11}	10^8–10^{10}
Diodenlaser	0,85	10^{10}–10^{11}	3–$4 \cdot 10^8$	10^{12}	10^8–10^9

8.1.2 Laserbetrieb im Gleichgewicht

Wir suchen die stationären Werte a^{st}, π^{st}, n^{st} und beginnen, indem wir zunächst Gl.(8.7(ii)) verwenden,

$$\pi^{\mathrm{st}} = -i \frac{g a^{\mathrm{st}} n^{\mathrm{st}}}{\gamma'(1 + i\alpha)} = -i \frac{\kappa n^{\mathrm{st}}}{g}(1 - i\alpha)a^{\mathrm{st}} \quad . \tag{8.8}$$

Hier haben wir schon die Größe

$$\kappa := \frac{g^2}{\gamma'(1 + \alpha^2)} \tag{8.9}$$

eingeführt. Sie spielt die Rolle des Einstein-B-Koeffizienten, wie wir im Zusammenhang mit Gl.(8.18) noch deutlicher erkennen werden, und κn^{st} kann als Rate der stimulierten Emission interpretiert werden.

Gesättigte Verstärkung

Das Ergebnis setzen wir in (8.7(i)) ein, sortieren nach Real- und Imaginärteil und erhalten mit

$$\dot{a}(t) = \left[i\left(\omega - \Omega - \frac{\kappa n(t)}{2}\alpha\right) - \frac{1}{2}\left(\gamma_c - \kappa n(t)\right)\right]a(t) \tag{8.10}$$

eine sehr transparente Gleichung. Sie beschreibt in guter Näherung dynamische Eigenschaften der Amplitude des Resonatorfeldes, wenn die in (8.7) entscheidende Dämpfungsrate der Polarisierung γ' groß ist gegen alle anderen Zeitkonstanten und $\pi(t)$ immer durch seinen quasistationären Wert ersetzt werden kann.

Zunächst sind wir aber nur an den stationären Werten für die Inversion n^{st} und die Amplitude a^{st} interessiert:

$$0 = \left[i\left(\Omega - \omega - \frac{\kappa n^{\mathrm{st}}}{2}\alpha\right) - \frac{1}{2}\left(\gamma_c - \kappa n^{\mathrm{st}}\right)\right]a^{\mathrm{st}} \quad . \tag{8.11}$$

Falls schon ein Laserfeld existiert ($a^{\mathrm{st}} \neq 0$), muß Gl.(8.11) von Real- und Imaginärteil getrennt erfüllt werden. Insbesondere der Realteil zeigt dabei deutlich, daß die Rate der stimulierten Emission κn^{st} genau der Verstärkungsrate G_S entspricht, denn sie muß die Verlustrate γ_c gerade kompensieren,

$$n^{st} = \gamma_c/\kappa \quad \text{oder} \quad G = \gamma_c = \kappa n^{st} \quad . \tag{8.12}$$

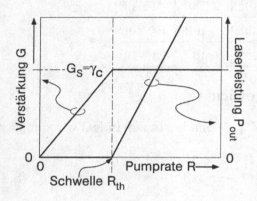

Abb. 8.1 *Gesättigte Verstärkung und Laserleistung.*

Wenn der Laser einmal angesprungen ist, hängt die Verstärkung gar nicht mehr von der Pumprate ab, sondern nur noch von den Verlusteigenschaften des Systems. In diesem Fall spricht man von gesättigter Verstärkung $G = G_S = \gamma_c$. Wenn der Laser noch nicht angesprungen ist, wächst die Verstärkung linear mit der Inversion nach Gl.(6.49), $G = \kappa n_0$. Dieser Zusammenhang ist in Abb. 8.1 dargestellt.

Mode Pulling

Der Imaginärteil von Gl.(8.10) liefert uns die „wahre" Laserfrequenz ω, mit der das kombinierte System aus Resonator und polarisiertem Medium oszilliert. Wir ersetzen $\kappa n^{st} = \gamma_c$, benutzen $\alpha = (\omega - \omega_0)/\gamma'$ nach Gl.(8.6) und finden das Ergebnis

$$\omega = \frac{\gamma'\Omega + \gamma_c\omega_0/2}{\gamma' + \gamma_c/2} \quad .$$

Danach werden die Eigenfrequenzen der beiden Bauteile mit den entscheidenden Dämpfungsraten für die Polarisierung des jeweils anderen Anteils gewichtet: Die tatsächliche Oszillationsfrequenz liegt immer zwischen den Frequenzen von Verstärkungsmedium (ω_0) und Resonator (Ω).

Feldstärke und Photonenzahl im Resonator

Nach Gl.(8.5) sind Photonenzahl und normierte Feldstärke nach $n_{ph}(t) = |a(t)|^2$ verknüpft. Man erhält daher aus der dritten Gleichung von (8.7)

$$\overline{n}_{ph} = |a^{st}|^2 = \frac{\gamma}{\gamma_c}(n_0 - n^{st}) \quad . \tag{8.13}$$

Erst wenn die ungesättigte Inversion n_0 die gesättigte Inversion n^{st} erreicht, springt der Laser an, weil die Photonenzahl positiv sein muß. Unterhalb der Schwelle erhalten wir hier das Ergebnis $\overline{n}_{ph} = 0$. Wir werden aber in Abschn. 8.3

sehen, daß auch schon unterhalb der Schwelle stimulierte Emission zu einer erhöhten Photonenzahl im Resonator führt.

Laserschwelle

Die ungesättigte Inversion n_0 muß größer sein als die Inversion im Gleichgewicht n^{st} und liefert daher nach $n_0 \geq n^{st}$ und Gl.(6.49) einen Wert für die Pumpleistung oder -rate R_{th} an der Laserschwelle. Eine durchsichtige Form ergibt sich wieder unter Verwendung der Kopplungsrate g nach (8.6) und (8.12),

$$R_{th} = \frac{\gamma_c \gamma}{\kappa} \frac{1}{1 - \gamma/\gamma_{dep}} = \gamma n_e^{st} \quad . \tag{8.14}$$

An der Schwelle geht in diesem Modell offenbar die gesamte Pumpenergie gerade noch durch spontane Prozesse verloren, denn das Laserfeld ist noch nicht angeschwungen. Oberhalb der Schwelle können wir nun auch die Photonenzahl im Laserresonator (8.13) mit Hilfe der Pumprate ausdrücken,

$$\overline{n}_{ph} = \frac{1 - \gamma/\gamma_{dep}}{\gamma_c} (R - R_{th}) \overset{\gamma/\gamma_{dep} \to 0}{\Longrightarrow} \frac{1}{\gamma_c} (R - R_{th}) \quad , \tag{8.15}$$

die besonders für den „guten" Vier-Niveau-Laser ($\gamma/\gamma_{dep} \to 0$) eine einfache Form annimmt.

Zur Interpretation von Gl.(8.14) kann man noch berücksichtigen, daß die allermeisten Laser in offener Geometrie betrieben werden. Dann ist die Kopplungskonstante nach (8.6) mit der natürlichen Zerfallsrate nach (6.45) durch $g^2 = \gamma(3\pi c^3/\omega^2 \epsilon V_{mod})$ verknüpft, wobei V_{mod} das Modenvolumen des Resonatorfeldes bezeichnet. Man erhält unter Verwendung von (8.9)

$$R_{th} = \gamma_c \gamma' \frac{1 + \alpha^2}{1 - \gamma/\gamma_{dep}} \frac{\omega^2 \epsilon V_{mod}}{3\pi c^3} \quad .$$

Daß man über eine geringere Auskopplung (kleines γ_c) die Laserschwelle reduziert, ist intuitiv klar. Nach dieser Beziehung sind aber auch kleine Übergangsstärken (kleines γ'), schnelle Depopulationsraten für das untere Laserniveau (großes γ_{dep}) und gute Übereinstimmung von Laserfrequenz und Resonanzfrequenz des Verstärkermediums ($\alpha = 0$) vorteilhaft. Der erstrebenswerte Bau von UV-Lasern wird unter anderem durch den hier sichtbaren Einfluß der Übergangsfrequenz ω erschwert. Günstig ist andererseits die Konzentration des Resonatorfeldes auf ein kleines Volumen V_{mod}. Diesen Pfad werden wir unter dem Thema *Mikrolaser* oder *schwellenlose Laser* in Abschn. 8.3 noch weiter verfolgen.

Laserleistung und Auskopplung

Die ausgekoppelte Laserleistung steht mit der Photonenzahl im Resonator in direktem Zusammenhang nach

$$P_{\text{out}} = h\nu\gamma_{\text{out}}\overline{n}_{\text{ph}} = h\nu\gamma_{\text{out}}\frac{\gamma}{\gamma_c}(n_0^{\text{st}} - n^{\text{st}}) \quad . \tag{8.16}$$

Es lohnt sich, nach dem Einfluß der Auskopplung in der Resonatordämpfung zu fragen,

$$P_{\text{out}} = h\nu\gamma_{\text{out}}\left(\frac{R}{\gamma_{\text{out}} + \gamma_{\text{loss}}} - \frac{\gamma}{\kappa}\right) \quad . \tag{8.17}$$

Für sehr kleine Auskopplung ($\gamma_{\text{out}} \ll \gamma_{\text{loss}}$) steigt die Ausgangsleistung an, sie durchläuft ein Maximum, und bei $R/(\gamma_{\text{out}} + \gamma_{\text{loss}}) = \gamma/\kappa$ erlischt der Laser. Um eine möglichst hohe Ausgangsleistung zu erreichen, muß man γ_{out} durch die Reflektivität der Resonatorspiegel kontrollieren. Am Beispiel des Helium-Neon-Lasers waren wir dieser Frage in Abb. 7.8 auf S. 265 mit geringfügig verschiedenen Bezeichnungen schon nachgegangen.

8.2 Laser-Ratengleichungen

Die Maxwell-Bloch-Gleichungen (8.4, 8.7) beschreiben das dynamische Verhalten von je zwei Komponenten des elektrischen Feldes $E(t)$ bzw. $a(t)$ und der Polarisierungsdichte $P(t)$ bzw. der Dipolzahl $\pi(t)$. Außerdem muß die Inversion durch ihre Dichte $\mathcal{N}(t)$ oder die Gesamtinversion $n(t)$ berücksichtigt werden. Die Gleichungen lassen ein grundsätzlich kompliziertes dynamisches Verhalten erwarten, das seinen besonderen Ausdruck in der Isomorphie der Lasergleichungen mit den Lorenz-Gleichungen der nichtlinearen Dynamik findet, die buchstäblich ins „Chaos" führen.

Traditionelle Laser verhalten sich jedoch dynamisch sehr gutmütig – oder in guter Näherung nach der stationären Beschreibung, die wir gerade ausführlich behandelt haben. Sie verdanken ihre Stabilität einem Umstand, der auch die mathematische Behandlung der Maxwell-Bloch-Gleichungen enorm vereinfacht. Die Relaxationsrate der makroskopischen Phase zwischen Laserfeld und Polarisierung, γ', ist nämlich im allgemeinen sehr viel größer als die Relaxationsraten von Inversion (γ) und Resonatorfeld (γ_c). Unter diesen Umständen folgt die Polarisierungsdichte der elektrischen Feldstärke nahezu instantan und kann deshalb nach Gl.(8.7) durch ihr instantanes Verhältnis zu Feldstärke $a(t)$

und Inversionsdichte $n(t)$ ersetzt werden,

$$\pi(t) \simeq -\frac{-ig\, a(t)\, n(t)}{\gamma'(1 + i\alpha)} \quad .$$

Wenn die Polarisierungsdichte „adiabatisch eliminiert" worden ist, dann lohnt es sich nicht, die Phasenabhängigkeit des elektrischen Feldes weiter zu betrachten, weil diese nur in Relation zur Polarisierung interessant ist. Stattdessen untersuchen wir also die zeitliche Dynamik der Photonenzahl nach $d/dt\,|a(t)|^2 = a(t)\,d/dt\,a^*(t) + a^*(t)\,d/dt\,a(t)$. Wir erhalten die vereinfachten *Laser-Ratengleichungen*, wobei wir statt der ungesättigten Inversion n_0 die Pumprate $R \simeq n_0/\gamma$ verwenden,

$$
\begin{aligned}
(i) \quad & \frac{d}{dt}\, n_{\mathrm{Ph}}(t) = -\gamma_c n_{\mathrm{Ph}}(t) + \kappa\, n_{\mathrm{Ph}}(t) n(t) \\
(ii) \quad & \frac{d}{dt}\, n(t) = -\kappa\, n_{\mathrm{Ph}}(t) n(t) - \gamma n(t) + R
\end{aligned}
\qquad (8.18)
$$

Im Unterschied zu gewöhnlichen linearen Differentialgleichungen sind diese Gleichungen durch die Kopplung $\kappa n_{\mathrm{Ph}}(t) n(t)$ nichtlinear verknüpft, die die Rolle der stimulierten Emission spielt:

$$R_{\mathrm{stim}} = \kappa\, n_{\mathrm{Ph}}(t) n(t) \quad , \qquad (8.19)$$

die Rate der stimulierten Emission hängt davon ab, wieviele Photonen schon vorhanden sind.

Wir studieren zunächst wieder die Gleichgewichtswerte $\overline{n}_{\mathrm{ph}}$ und n^{st}. Gleichung (8.18(i)) liefert zwei Lösungen, von denen die erste, $\overline{n}_{\mathrm{ph}} = 0$, die Situation unterhalb der Laserschwelle bezeichnet. Dort wächst die Inversion n nach (8.18(ii)) und (6.49) linear mit der Pumprate (Wir nehmen wieder den Fall eines „guten" Vier-Niveau-Lasers mit $\gamma/\gamma_{\mathrm{dep}} \ll 1$ an):

$$\overline{n}_{\mathrm{ph}} = 0 \quad \text{und} \quad n^{\mathrm{st}} = n_0 \simeq R/\gamma \quad .$$

Wenn der Laser anspringt ($\overline{n}_{\mathrm{ph}} > 0$), dann muß die Inversion im Gleichgewicht nach (8.18(i)) stets am Sättigungswert n^{st} festgehalten werden, und man findet wiederum Gl.(8.12).

Wir gewinnen wie erwartet das Verhalten von Abb. 8.1 zurück, die Verstärkung wächst nur, bis die Laserschwelle erreicht ist und nimmt dann einen konstanten Wert an, die *gesättigte Verstärkung*, die im Englischen als *gain clamping* bezeichnet wird. Gleichzeitig wächst die Photonenzahl wegen (8.18(ii)) nach

$$\overline{n}_{\mathrm{ph}} = \frac{1}{\gamma_c}\left(R - \frac{\gamma\gamma_c}{\kappa} \right) \quad , \qquad (8.20)$$

wobei der Wert $R_{\mathrm{th}} = \gamma\gamma_c/\kappa$ gerade der Pumpleistung an der Schwelle entspricht.

8.2.1   Laser-Spiking und Relaxationsoszillationen

Die Laserratengleichungen (8.18) sind nichtlinear und können im allgemeinen nur im Rahmen einer numerischen Analyse untersucht werden. In Abb. 8.2 stellen wir zwei Beispiele vor, bei denen der Laser plötzlich eingeschaltet wird. Für $t < 0$ gelte $R = 0$ und der Schaltvorgang sei instantan, zumindest im Vergleich zu einer der beiden Relaxationsraten γ (Inversionsdichte) oder γ_c (Resonatorfeld). Die numerische Simulation kann mit vielen Programmen aus der Computer-Algebra leicht bewältigt werden und gibt sehr gut das Phänomen des „Laser-Spiking" wieder, das zum Beispiel beim schnellen Einschalten (Nanosekunden oder schneller) von Neodym- oder Diodenlasern beobachtet wird. Relaxationsschwingungen im engeren Sinne treten auf, wenn sich die

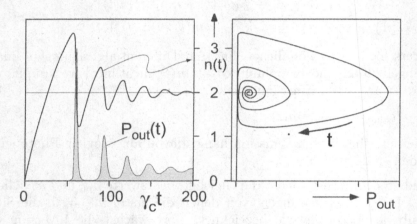

Abb. 8.2 *Relaxationsoszillationen. Links: Inversion $n(t)$ bzw. Verstärkung und Ausgangsleistung $P_{out}(t)$. Rechts: Phasenraum-Darstellung. Als System-Parameter wurden in Gl.(8.18) gewählt: $\kappa=1$; $\gamma_c=2$; $\gamma=0{,}02$; $R=0{,}1$.*

Verstärkung (oder auch die Verlustrate) plötzlich ändert. Schwankungen der Verstärkung werden durch die Fluktuationen der Pumpprozesse verursacht, zum Beispiel durch Ein- oder Ausschalten eines optischen Pump-Lasers. Für viele Zwecke, etwa bei der Stabilitätsanalyse von Frequenz und Amplitude eines Laser-Oszillators ist es ausreichend, kleine Abweichungen der Photonenzahl und der Inversion von ihren Gleichgewichtswerten zu betrachten:

$$n_{ph}(t) = \overline{n}_{ph} + \delta n_{ph}(t) \quad \text{und} \quad n(t) = n^{st} + \delta n(t) \quad .$$

Wir setzen in Gl.(8.18) ein, vernachlässigen Produkte vom Typ $\delta n \cdot \delta n_{ph}$ und erhalten die linearisierten Gleichungen

$$\begin{aligned}
\frac{d}{dt} \delta n_{ph} &= \kappa \overline{n}_{ph} \delta n = \left(\frac{\kappa R}{\gamma_c} - \gamma \right) \delta n \\
\frac{d}{dt} \delta n &= -(\gamma + \kappa \overline{n}_{ph}) \delta n - \gamma_c \delta n_{ph} \quad .
\end{aligned} \tag{8.21}$$

Der Übersichtlichkeit halber führen wir die normierte Pump-Rate $\rho = R/R_{\text{th}} = \kappa R/\gamma\gamma_c$ ein, die bei der Schwelle den Wert 1 besitzt, und gewinnen für $x = \delta n$ die übliche Gleichung des gedämpften harmonischen Oszillators,

$$\ddot{x} + \gamma\rho\dot{x} + \gamma\gamma_c(\rho - 1)\,x = 0 \quad . \tag{8.22}$$

Daraus entnimmt man ohne weitere Schwierigkeiten, daß das System für

$$(\gamma_c/\gamma)\left(1 - \sqrt{1 - (\gamma/\gamma_c)}\right) < \rho/2 < (\gamma_c/\gamma)\left(1 + \sqrt{1 - (\gamma/\gamma_c)}\right)$$

mit der normierten Frequenz

$$\omega_{\text{rel}}/\gamma = \sqrt{(\gamma_c/\gamma)(\rho - 1) - (\rho/2)^2} \tag{8.23}$$

schwingfähig ist und mit der Rate

$$\gamma_{\text{rel}} = \gamma\rho/2 = \gamma R/2R_{\text{th}} \tag{8.24}$$

gedämpft wird.

Gerade die Festkörper-Laser haben typischerweise lange Lebensdauern im angeregten Laserniveau und deshalb große γ_c/γ-Verhältnisse, z.B. 10^3–10^4 für Halbleiter- und 10^4–10^5 für Nd-Laser. In Abb. 8.3 ist zu erkennen, daß man für diesen Fall unmittelbar über der Laserschwelle bei $\rho = 1$ Relaxationsschwingungen auslöst. Sie können auch durch äußere Kräfte angetrieben werden, indem zum Beispiel die Pumprate geeignet moduliert wird, und sie spielen eine wichtige Rolle bei der Amplituden- und Frequenzstabilität von Laserquellen (s. Abschn. 8.4), denn sie werden genauso von Rauschquellen aller Art angestoßen.

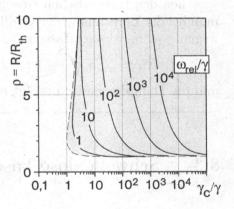

Abb. 8.3 *Relaxationsschwingungen als Funktion von γ_c/γ und ρ.*

Beispiel: Relaxationsoszillationen im Nd:YAG-Laser

Wir betrachten die 1064 nm-Linie des Nd:YAG-Laser mit folgenden charakteristischen Größen:

Natürliche Lebensdauer	$\tau = 240\ \mu s$	$\gamma = 4,2 \cdot 10^3 s^{-1}$
Speicherzeit Resonator	$\tau_c = 20\ ns$	$\gamma_c = 5,0 \cdot 10^7 s^{-1}$
Normierte Pumpleistung	$R/R_{\text{th}} = 1,0 - 1,5$	

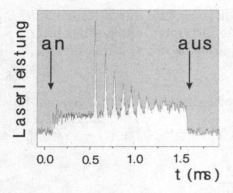 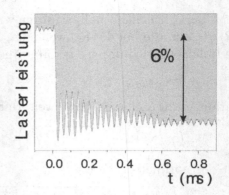

Abb. 8.4 *Spiking und Relaxationsoszillationen im Nd:YAG-Laser. Die Leistung der Pump-Laserdiode wird durch ein Rechtecksignal moduliert. Vollständige Modulation (links) verursacht Spiking, teilweise Modulation (rechts, 6%) Relaxationsoszillationen.*

Die im Experiment beobachteten Eigenschaften der Relaxationsoszillation entsprechen den theoretischen Abschätzungen. Für die Nd:YAG-Parameter kann man bei der Berechnung der Oszillationsfrequenz den zweiten Beitrag in Gl.(8.23) wegen $\gamma \ll \gamma_c$ vernachlässigen,

$$\omega_{\mathrm{rel}} \simeq \sqrt{\gamma\gamma_c}\sqrt{\rho - 1} \simeq 72\ kHz \times \sqrt{\rho - 1}\ ,$$

und die Dämpfungsrate beträgt nach (8.24) $\gamma_{\mathrm{rel}} \simeq 2 \cdot 10^3 s^{-1} R/R_{\mathrm{th}}$.

8.3 Schwellenlose Laser und Mikrolaser

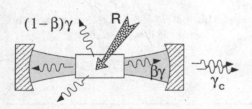

Abb. 8.5 *Relaxations- und Pumpraten im Laser. Der β-Koeffizient der spontanen Emission ist ein grobes Maß für den Anteil der spontanen Emission in die Lasermode und in den übrigen Raumwinkel.*

Wir haben schon im Abschnitt über die spontane Emission gesehen, daß eine spiegelnde Umgebung die Rate der spontanen Emission verändert. Dieser Effekt tritt grundsätzlich in jedem Laserresonator auf, ist aber meistens so klein, daß er problemlos vernachlässigt werden kann. Der Einfluß ist deshalb so gering, weil in offener Resonator-Geometrie (Abb. 8.5) die isotrope spontane Strahlung eines angeregten Mediums, zum Beispiel eines Atoms, nur zum geringsten Teil in denjenigen Raumwinkel emittiert wird, der durch die elektrischen Feldmoden des Laserresonators besetzt wird.

Diese Änderungen können aber nicht mehr vernachlässigt werden, wenn der Resonator sehr klein wird, oder wenn durch große Brechungsindexsprünge des Lasermediums die abgestrahlte Leistung immer stärker im Resonator eingeschlossen wird. Für diesen Fall wird die modifizierte Wirkung der spontanen Emission häufig mit dem sogenannten „spontanen Emissionskoeffizienten" β berücksichtigt. Der β-Faktor gibt pauschal an, welcher geometrische Anteil des Strahlungsfeldes an die Lasermode ankoppelt (Rate $\beta\gamma$) und welcher Anteil in den übrigen Raum (Rate $(1 - \beta)\gamma$) abgestrahlt wird.

Wir können die spontane Emission mit diesem Trick in den Laserratengleichungen (8.18) berücksichtigen. Die spontane Emission können wir als stimulierte Emission durch ein einzelnes Photon betrachten, sie hängt daher mit dem Kopplungskoeffizienten nach $\beta\gamma = \kappa$ zusammen,

$$(i) \quad \frac{d}{dt} n_{\mathrm{ph}}(t) = -\gamma_c n_{\mathrm{ph}}(t) + \beta\gamma\, n_{\mathrm{ph}}(t)n(t) + \beta\gamma n(t)$$

$$(ii) \quad \frac{d}{dt} n(t) = -\beta\gamma\, n_{\mathrm{ph}}(t)n(t) - \beta\gamma n(t) - (1 - \beta)\gamma n(t) + R$$

Man vereinfacht die Gleichungen für die Gleichgewichtssituation sofort zu

$$(i) \quad 0 = -\gamma_c \overline{n}_{\mathrm{ph}} + \beta\gamma n^{\mathrm{st}}(\overline{n}_{\mathrm{ph}} + 1)$$

$$(ii) \quad 0 = R - \beta\gamma \overline{n}_{\mathrm{ph}} n^{\mathrm{st}} - \gamma n^{\mathrm{st}}$$

wobei die Berücksichtigung der spontanen Emission insbesondere durch den Faktor $\overline{n}_{\mathrm{ph}} + 1$ in Gl.(i) realisiert wird. Bei diesem Gleichungssystem ist es günstig, zur Lösung die Pumprate als Funktion der Photonenzahl im Resonator auszudrücken. Wir ersetzen n^{st} aus Gleichung (i) und erhalten

$$R/\gamma_c = \left(\frac{1}{\beta} + \overline{n}_{\mathrm{ph}}\right) \frac{\overline{n}_{\mathrm{ph}}}{\overline{n}_{\mathrm{ph}} + 1} \ . \tag{8.25}$$

Weit oberhalb der Laserschwelle, d.h. für $\overline{n}_{\mathrm{ph}} \gg 1/\beta \geq 1$ geht der Zusammenhang von Pumprate und Photonenzahl offensichtlich und wie erwartet wieder in das Ergebnis Gl.(8.15) über. Die Laserschwelle wird nach der Bedingung (8.25) dann erreicht, wenn die Photonenzahl im Resonator den Wert $1/\beta$ annimmt. In einem gewöhnlichen Laser ($\beta \ll 1$) sind also an der Schwelle schon sehr viele Photonen in der Lasermode vorhanden, genauer gesagt soviele, daß die Rate der stimulierten Emission in die Lasermode dort gerade die gesamte spontane Zerfallsrate überwiegt. Oberhalb dieser Schwelle wird die zusätzliche Pumpleistung dann überwiegend zur Erhöhung der Photonenzahl und damit dem Aufbau des kohärenten Strahlungsfeldes verwendet.

Exkurs: Mikromaser, Mikrolaser und Ein-Atom-Laser.
Die Konzepte des „schwellenlosen" Lasers sind durch die experimentellen Arbeiten zunächst am sogenannten Mikromaser, später am Mikrolaser stark befruchtet worden. Die Bezeichnung „Mikro-" bezieht sich dabei weniger auf die miniaturisierte Bauform als vielmehr auf

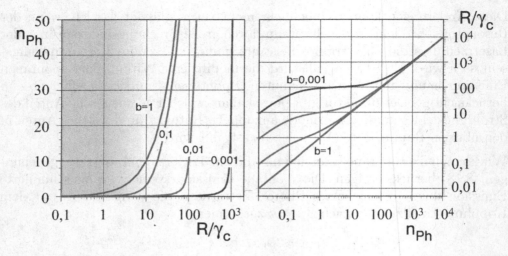

Abb. 8.6 *Schwellverhalten von Laseroszillatoren: Photonenzahl im Resonator als Funktion der Pumprate.*

die mikroskopische Art der Wechselwirkung: Die Kopplung zwischen dem Feld eines Mikrolasers oder -masers ist nämlich so stark, daß ein angeregtes Atom seine Energie nicht nur einmal an das Feld abgibt wie in einem gewöhnlichen Laser. Dazu muß die Kopplungsrate g aus Gl.(8.6) größer sein als alle anderen Zeitkonstanten (s. Tab. 8.1):

$$g \gg \gamma, \gamma_c, \gamma'$$

Dann speichert das Resonatorfeld die abgestrahlte Energie, und das Atom (die polarisierte Materie) kann die Strahlungsenergie reabsorbieren, sie pendelt zwischen Atom und Resonator hin und her (Abb. 8.7). Diese Situation läßt sich schon – oder sogar besonders gut – mit einem einzelnen Atom realisieren, daher die zunächst viel verwendete Bezeichnung „Ein-Atom-Maser". Um die Mikromaser-Situation experimentell zu realisieren, muß man

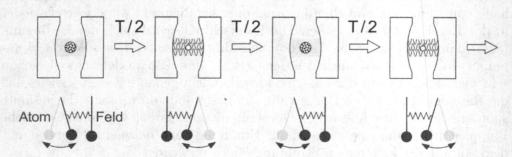

Abb. 8.7 *In einem Ein-Atom-Laser („Mikrolaser") ist die Kopplung zwischen Atom und Feld so stark, daß die Anregungsenergie wie bei zwei gekoppelten Pendeln hin und her oszilliert. T bezeichnet die Dauer einer Periode.*

Resonatoren mit extrem langen Speicherzeiten verwenden. Weil supraleitende Resonatoren für Mikrowellen schon länger verfügbar waren, wurde der Mikromaser vor dem Mikrolaser realisiert. Die Beschreibung des Mikromasers erfordert eine gemeinsame Behandlung von Atom und Feld nach der Quantentheorie im Rahmen des sogenannten Jaynes-Cummings-

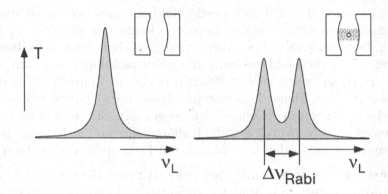

Abb. 8.8 *Transmissions-Spektrum eines leeren Resonators (links) und eines Resonators mit einem angeregten Atom (rechts). Ein Photon reicht aus, um die sogenannte „Vakuum-Rabi-Aufspaltung" hervorzurufen.*

Modells, das allerdings den Rahmen dieses Exkurses weit übersteigt. Es ist aber intuitiv klar, daß die Transmission des kombinierten Systems aus Resonator und Atom ein anderes spektrales Verhalten zeigt als der leere Resonator, der der gewöhnlichen Lorentzkurve folgt.

Schwellenlose Laser sind für den Einsatz in der integrierten Optik außerordentlich interessant. Zum Beispiel kann man sich Halbleiterkomponenten ausdenken, in denen einzelne Elektron-Loch-Paare direkt in einzelne Photonen konvertiert werden. Zur Realisierung werden derzeit verschiedene Wege gesucht, um elektrische Felder mit geringem Modenvolumen, langen Speicherzeiten und intensiver Kopplung an das angeregte Medium herzustellen. Bei optischen Wellenlängen bedeutet ein kleines Modenvolumen auch die Nutzung miniaturisierter Resonatoren. Bei den traditionellen, an lineare Resonatoren angelehnten Bauformen bereitet allerdings die Integration hochreflektierender Spiegel zur Erzielung großer Speicherzeiten Probleme. Einen Ausweg bietet die geeignete Nutzung der Totalreflexion. Winzige elektrische Resonatoren aus einem monolithischen Substrat mit sehr hoher Güte sind schon realisiert: Auf dem Rand von pilz- oder tischförmigen Halbleiter-Lasern und dielektrischen Silikat-Kugeln konnten umlaufende Feldzustände, sogenannte „Flüstergalerie-Moden" präpariert werden.

Neuerdings werden Mikroresonatoren mit ovaler Geometrie für Mikrolaser-Anwendungen diskutiert, weil sie eine besonders starke Kopplung von Lasermedium und Strahlungsfeld erlauben (s. Abschn. 5.6.4) [131].

8.4   Laserrauschen

Alle physikalischen Größen unterliegen Fluktuationen, und das Laserlichtfeld macht keine Ausnahme: Die perfekte harmonische Welle mit fester Amplitude und Phase ist eine Fiktion! Das Laserlichtfeld kommt aber dieser Idealisierung eines harmonischen Oszillators so nahe wie kaum ein anderes physikalisches Phänomen, denn nach der alten Abschätzung von Schawlow und Townes zeigt das kohärente Laserlichtfeld extrem geringe Schwankungen von Amplitude und Phase und inspiriert nicht zuletzt deshalb bis heute weite Bereiche der Experimentalphysik. Die „kleine Linienbreite" (sub-Hertz) haben wir am Beispiel des HeNe-Lasers schon in Abschn. 7.1.6 vorgestellt. Sie verspricht extrem lange Kohärenzzeiten ($>$ 1s) oder große Kohärenzlängen ($> 10^8$ m), die sich für Präzisionsmessungen zu den verschiedensten Fragestellungen nutzen lassen.

Normalerweise ist die sogenannte „Schawlow-Townes-Grenze" der Linienbreite durch technisch verursachte und im allgemeinen viel größere Schwankungen verborgen. Wenn aber die physikalische Grenze erst einmal erreicht ist, dann enthält sie Informationen über die physikalischen Eigenschaften des Lasersystems. In diesem Kapitel soll untersucht werden, durch welche physikalischen Prozesse das ideale Oszillatorverhalten eingeschränkt wird.

8.4.1   Amplituden- und Phasenrauschen

Die stationären Werte des Laser-Lichtfeldes (Abschn. 8.1.2) hatten wir mit der Photonenzahl $\overline{n}_{\mathrm{ph}}$ und der tatsächlichen Laserfrequenz ω auf S. 304 bestimmt. Dabei waren wir davon ausgegangen, daß sich die Phasenentwicklung des Feldes nach der klassischen Elektrodynamik wie ein perfekter Oszillator gemäß

$$E(t) = \Re e\{E_0 \exp{(-i(\omega t + \phi_0))}\}$$

verhält. Das gekoppelte System aus polarisiertem Lasermedium und Resonatorfeld ist aber auch noch an seine Umgebung angekoppelt, zum Beispiel durch die spontane Emission, die stochastische Fluktuationen der Feldstärke und der übrigen Systemgrößen verursacht:[1]

$$E(t) \to \Re e\{(E_0 + e_N(t)) \exp{-i(\omega t + \phi_0 + \delta\phi(t))}\}$$

Dabei nehmen wir an, daß wir Beiträge zum Amplitudenrauschen ($e_N(t)$) und zum Phasenrauschen ($\delta\phi(t)$) unterscheiden können, obwohl diese Trennung nicht ganz eindeutig ist, und daß die Fluktuationen nicht zu schnell sind ($(de_N/dt/e_N), (d\delta\phi/dt) \ll \omega$).

---

[1]Im Mikromaser (s. S. 311) wird aber versucht, genau diese restliche Kopplung zu unterdrücken.

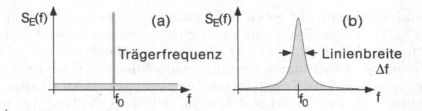

Abb. 8.9 *Feldspektrum bei weißem Amplituden- (a) bzw. Phasenrauschen (b). Die spektrale Breite der Trägerfrequenz ist nur durch die Auflösung des Spektrum-Analysators begrenzt.*

In Abb. 8.9 ist vorgestellt, wie sich ein weißes, d.h. frequenzunabhängiges Rauschen der Amplitude bzw. Phase auf das Leistungsspektrum des elektromagnetischen Feldes (zur Definition s. Anhang A.1) auswirkt. Die genaue Berechnung eines Rauschspektrums setzt voraus, daß wir Informationen über die spektralen Eigenschaften der Rauschgrößen besitzen.

Amplitudenschwankungen

Wir beginnen mit den Amplitudenschwankungen und nehmen zunächst eine perfekte Phasenentwicklung an $(\delta\phi(t) = 0)$. Wenn die Schwankungen der Rauschamplitude schon während der Integrationszeit T des Analysators völlig regellos, d. h. sehr „schnell" sind, sind sie überhaupt nur bei der Zeitverzögerung $\tau = 0$ korreliert („delta-korreliert") und wir können mit dem Schwankungsquadrat $e_{\mathrm{rms}}^2 = \langle |e_N(t)|^2 \rangle$ die Korrelationsfunktion der Rauschamplitude beschreiben,

$$\langle e_N(t) \rangle = 0 \quad \text{und} \quad \langle e_N(t) e_N^*(t + \tau) \rangle = e_{\mathrm{rms}}^2 T \, \delta(\tau) \quad .$$

Mit diesen Informationen können wir die Korrelationsfunktion eines elektromagnetischen Feldes mit Amplitudenfluktuationen berechnen, wobei wir das Poynting-Theorem (s. Anhang A.2) sinnvoll einsetzen,

$$\begin{aligned} C_E(\tau) &= \langle \Re e\{E(t)\} \Re e\{E(t+\tau)\} \rangle = \frac{1}{2} \langle \Re e\{E(t)E^*(t+\tau)\} \rangle \\ &= \frac{1}{2T} \int_{-T/2}^{T/2} \Re e\{(E_0 + e_N(t))(E_0^* + e_N^*(t+\tau))\} \\ &= \frac{1}{2} |E_0|^2 + e_{\mathrm{rms}}^2 T \delta(\tau) \quad . \end{aligned}$$

Das endliche Integrationsintervall verursacht Fehler von der Größenordnung $\mathcal{O}(1/\omega T)$, die aber vernachlässigt werden können, weil sie bei optischen Frequenzen ωT immer sehr groß ist. Mit dem Wiener-Khintchin-Theorem (Gl.(A.9)) erhält man schließlich das Spektrum

$$S_E(f) = \frac{1}{2} E_0^2 \, \delta(f) + e_{\mathrm{rms}}^2 (\Delta f)^{-1}$$

Die „Fourier-Frequenzen" f geben den Abstand von der viel größeren optischen Frequenz $\omega = 2\pi\nu$ an. Der zweite Beitrag verursacht einen „weißen" Rauschsockel, und wir haben schon $T = 1/\Delta f$ ersetzt, um damit anzudeuten, daß in einem Experiment hier immer die Filterbandbreite einzusetzen ist. Der erste Beitrag repräsentiert die Trägerfrequenz wie bei einer perfekten harmonischen Schwingung. Die Deltafunktion deutet an, daß die volle Leistung in dieser Komponente immer in einem Kanal eines Spektrumanalysators zu finden ist, daß ihre Breite damit allein durch die Filterbandbreite begrenzt ist.

Phasenschwankungen

Um den Einfluß einer fluktuierenden Phase zu studieren, lehnen wir uns an die Darstellungen von Yariv[180] und Loudon[114] an und berechnen die Korrelationsfunktion eines elektromagnetischen Feldes $E(t) = \Re\{E_0 e^{-i(\omega t + \theta(t))}\}$ mit langsam schwankender Phase $\theta(t)$ wieder mit dem Poynting-Theorem (s. Anhang A.2),

$$
\begin{aligned}
C_E(\tau) &= \frac{1}{2}|E_0|^2 \langle \Re\{e^{i(\omega\tau + \Delta\theta(t,\tau))}\}\rangle \\
&= \frac{1}{2}|E_0|^2 \Re\{e^{i\omega\tau} \langle e^{i\Delta\theta(t,\tau)}\rangle\} \quad .
\end{aligned}
\tag{8.26}
$$

Die Mittelung erstreckt sich allein auf den fluktuierenden Anteil mit $\Delta\theta(t,\tau) = \theta(t+\tau) - \theta(t)$. Wir kennen zwar nicht den genauen zeitlichen Verlauf der Phasenfluktuationen (das ist gerade die Natur des Rauschens), wir gehen aber davon aus, daß sie ein stationäres Verhalten zeigen, daß ihre Eigenschaften wie z.B. ihr Frequenzspektrum selbst nicht von der Zeit abhängen. Falls wir dann über statistische Aussagen zur Verteilung der mittleren Phasenabweichungen $\Delta\theta(\tau)$ verfügen, können wir statt des Zeitmittels auch das (Schar-)Mittel über die Wahrscheinlichkeits-Verteilung $p(\Delta\theta(\tau))$ verwenden, um den Mittelwert in (8.26) zu berechnen. Bei symmetrischen Verteilungen müssen wir nur den Realteil berücksichtigen,

$$
\langle e^{i\Delta\theta(\tau)}\rangle = \langle \cos\Delta\theta(\tau)\rangle = \int_{-\infty}^{\infty} \cos\Delta\theta\, p(\Delta\theta(\tau))\, d\Delta\theta \quad .
\tag{8.27}
$$

Die gesuchte Wahrscheinlichkeitsverteilung wird vollständig charakterisiert, wenn $p(\Delta\theta(\tau))$ explizit angegeben wird, oder wenn wir bei bekannter Form wie zum Beispiel der Normalverteilung eines ihrer Momente, etwa das mittlere Schwankungsquadrat $\Delta\theta_{rms}^2$ angeben.

Wie gewinnen wir die erforderliche statistische Information? Vom Standpunkt der Experimentalphysik durch Messung der Phasenfluktuationen z.B. durch ein Heterodynexperiment, bei dem wir die Schwankungen der makroskopischen Phase bestimmen. Theoretische Modelle sind aber erforderlich, um den

Zusammenhang mit den mikroskopischen physikalischen Eigenschaften des Lasersystems herzustellen.

Wir wollen uns zunächst auf das verbreitete Phasendiffusions-Modell konzentrieren und dazu das Phasor-Modell der Amplitude des Laserfeldes in Abb. 8.10 betrachten. Durch die Maxwell-Bloch-Gleichungen wird lediglich die Amplitude, nicht aber die Phase des Laserfeldes festgelegt. Es gibt nämlich keine Rückstellkraft, welche die Phase an einen bestimmten Wert binden könnte, sie diffundiert ungehindert von ihrem An

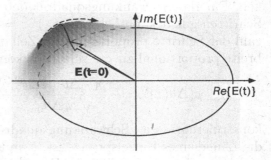

Abb. 8.10 *Phasormodell des Laserfeldes.*

fangswert weg. Wir werden noch sehen, daß dafür – wenn technische Störungen ausgeschlossen werden können – vor allem spontane Emissionsprozesse verantwortlich sind.

Die Phase kann sich nur in einer Dimension verändern und deshalb ist auch unser Modell eindimensional. Nehmen wir also an, daß die Phase kleinen Sprüngen ausgesetzt ist, die mit einer noch zu bestimmenden Rate R auftreten. Sie seien völlig unabhängig voneinander, daß heißt, in jedem einzelnen Fall wird über die Richtung des nächsten Schrittes neu gewürfelt. Es ergibt sich eine zufällige Bewegung, die von der Brownschen Molekularbewegung her bekannt ist. In der englischsprachigen Literatur spricht man auch vom *random-walk*-Problem und zieht häufig den Vergleich mit dem Gang einer volltrunkenen Person (*drunkard's walk*), die nicht mehr weiß, wohin sie ihre Schritte setzt.

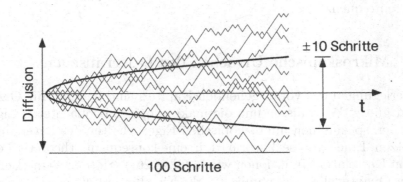

Abb. 8.11 *Eindimensionale Zufallsbewegungen. Jeder einzelne Schritt wird zufällig in die +
oder -Richtung gesetzt. Die dicke Linie kennzeichnet das mittlere Schwankungsquadrat.*

Mit dem Zufallsgenerator des Computers lassen sich solche Bewegungen leicht simulieren. In Abb. 8.11 haben wir mehrere Trajektorien vorgestellt und zusätzlich den zeitabhängigen Erwartungswert des Schwankungsquadrats eingetragen. Für das Schwankungsquadrat der Gaußschen Normalverteilung nach N Schritten gilt bekanntlich $(\Delta N_{\mathrm{rms}}^2)^{1/2} = (\langle N^2 \rangle - \langle N \rangle^2)^{1/2} = \sqrt{N}$. Weil die Anzahl der Schritte proportional zur Zeit τ wächst, muß auch die Schwankungsbreite proportional zu $\sqrt{\tau}$ sein. Wir können deshalb die Normalverteilung

$$p(\Delta\theta(\tau)) = \frac{exp(-\Delta\theta^2/2\Delta\theta_{\mathrm{rms}}^2)}{\sqrt{2\pi}\Delta\theta_{\mathrm{rms}}} \quad \mathrm{mit} \quad \int_{-\infty}^{\infty} p(\Delta\theta)d\Delta\theta = 1$$

konstruieren, deren Schwankungsquadrat $(\Delta\theta_{\mathrm{rms}})^2 = \theta_0^2 R\tau$ beträgt, wenn θ_0 die Länge eines Einzelsprungs ist. Nun können wir das Integral Gl.(8.27) ausrechnen, erhalten das einfache Ergebnis

$$\langle\cos\Delta\theta(\tau)\rangle = \exp\left(-\Delta\theta_{\mathrm{rms}}^2/2\right) = \exp\left(-\theta_0^2 R\tau/2\right) \quad,$$

und können die komplette Korrelationsfunktion ($\omega = 2\pi\nu$) angeben:

$$C_E(\tau) = \frac{1}{2}\langle E(0)E^*(\tau)\rangle = \frac{1}{2}|E_0|^2 e^{i2\pi\nu\tau} - \theta_0^2 R\tau/2 \quad.$$

Die Korrelationsfunktion läßt sich übrigens auch als die mittlere Projektion des Feldvektors auf seinen Ausgangswert zum Zeitpunkt $\tau = 0$ interpretieren. Ihre Form ist identisch mit dem zeitlichen Verhalten eines gedämpften harmonischen Oszillators. Wir berechnen das Spektrum wieder nach dem Wiener-Khintchin-Theorem (Gl.(A.9)): Weißes Phasenrauschen (Abb. 8.9) führt zu einer Lorentz-förmigen Linie mit der Breite $\Delta\omega = 2\pi\Delta\nu_{1/2} = \theta_0^2 R$:

$$S_E(\nu + \Delta\nu) = \frac{|E_0|^2}{T}\frac{\theta_0^2 R/2}{(2\pi\Delta\nu)^2 + (\theta_0^2 R/2)^2} \quad. \tag{8.28}$$

Hier bezeichnet ν die Mittenfrequenz des Oszillators, $\Delta\nu$ die Abweichung von der Mittenfrequenz.

8.4.2   Mikroskopische Ursachen des Laserrauschens

Die Überlegungen des vorausgehenden Kapitels sind generell für Oszillatoren aller Art gültig. Wir müssen nun die makroskopisch beobachteten Eigenschaften mit den spezifischen mikroskopischen Eigenschaften des Lasers in Verbindung setzen. Eine rigorose Theorie (d. h. eine konsequente theoretische Berechnung von Korrelationsfunktionen wie in Gl.(8.26)) erforderte eine Behandlung nach der Quantenelektrodynamik, für die wir aber auf die einschlägige Literatur verweisen müssen. Die beiden Theorien von Haken [66] bzw. von Lax und Louisell [115] zählen zu den wichtigen Erfolgen in der Quantentheorie „offener

Systeme" und sind schon kurz nach der Erfindung des Lasers vorgestellt worden. Wir müssen uns hier auf vereinfachte Modelle beschränken, können aber einige Gedanken zur Natur der Rauschkräfte voranstellen.

Die Fluktuationen des Laserlichtfeldes reflektieren mehrere Rauschquellen. Der bekannteste Prozeß wird durch die spontane Emission aus dem Verstärkermedium heraus in die Umgebung verursacht. Diese Strahlungsprozesse tragen nicht zum Laserfeld bei, verursachen aber stochastische Fluktuationen der Inversion und der (dielektrischen) Polarisation. Weil die Amplituden von Resonatorfeld und Polarisation wieder auf ihre Gleichgewichtsrelation relaxieren, werden Amplituden- und Phasenfluktuationen verursacht[2] Weitere Rauschprozesse werden verursacht, weil auch das Resonatorfeld zufällige Verluste erleidet oder weil der Pumpprozeß seine Rauscheigenschaften auf die stimulierte Emission überträgt. Er ist normalerweise „inkohärent" d. h. die Anregungszustände werden mit einer bestimmten Rate, aber zufällig verteilt produziert. In einem Halbleiterlaser werden Elektron-Loch-Paare in die Verstärkungszone injiziert. Bei großer Stromdichte stoßen sich die Ladungsträger untereinander ab, die Abstände der Ankunftszeiten nähern sich an. Es wurde gezeigt, daß diese „Regularisierung" des Pumpprozesses auch eine Verminderung der Intensitätsschwankungen hervorruft [179]!

Viele Prozesse lassen sich heuristisch durch die „körnige" Struktur des quantisierten Lichtfeldes interpretieren. Wir werden in unseren intuitiven Betrachtungen daher Veränderungen von Amplitude und Phase des Laserfeldes studieren, wenn dem Lichtfeld „Photonen" hinzugefügt oder entzogen werden.

8.4.3   Laser-Intensitätsrauschen

Das Zeitverhalten der Laser-Amplitude haben wir in Abschn. 8.2.1 für den Fall untersucht, daß das System auf plötzliche Veränderungen der Pumprate zum Beispiel bei deterministischen Schaltvorgängen reagiert. In unserem einfachen Modell werden solche Veränderungen nun durch zufällige Änderungen der Photonenzahl $n_{\mathrm{ph}}(t) = \overline{n}_{\mathrm{ph}} + \delta n_{\mathrm{ph}}(t)$ hervorgerufen.

---

[2]In einer anderen, häufig gebrauchten Formulierung spricht man davon, daß die „spontane Emission in den Lasermode" erfolgt. Danach müssen Polarisation und Laserfeld ebenfalls wieder auf ihre Gleichgewichtsrelation relaxieren. Weil aber die Kopplung von Resonatorfeld und Polarisation in der theoretischen Beschreibung schon vollständig enthalten ist, erscheint die hier gewählte Interpretation physikalisch schlüssiger.

Quantenlimit der Laseramplitude

Wir schätzen das Schwankungsquadrat $\langle \delta n_{\mathrm{ph}}^2 \rangle$, ohne die Verteilung genauer zu ermitteln, und verwenden dazu die linearisierte Gleichung für die Photonenzahl (8.22), wobei wir die stationäre Photonenzahl $\overline{n}_{\mathrm{ph}}$ aus Gl.(8.20) einsetzen:

$$\frac{d^2}{dt^2}\delta n_{\mathrm{ph}} + (\kappa\overline{n}_{\mathrm{ph}} + \gamma)\frac{d}{dt}\delta n_{\mathrm{ph}} + \gamma_c\kappa\overline{n}_{\mathrm{ph}}\delta n_{\mathrm{ph}} = 0$$

Wir multiplizieren die Gleichung mit δn_{ph},

$$\begin{aligned}
&\frac{1}{2}\frac{d^2}{dt^2}\delta n_{\mathrm{ph}}^2 - \frac{1}{2}(\kappa\overline{n}_{\mathrm{ph}} + \gamma)\frac{d}{dt}\delta n_{\mathrm{ph}}^2 - \\
&-\frac{1}{2}\left(\frac{d}{dt}\delta n_{\mathrm{ph}}\right)^2 + \gamma_c\kappa\overline{n}_{\mathrm{ph}}\delta n_{\mathrm{ph}}^2 = 0 \quad ,
\end{aligned} \tag{8.29}$$

und suchen nach der Gleichgewichtslösung (d/dt, $d^2/dt^2 =0$), um den Mittelwert $\langle \delta n_{\mathrm{ph}}^2 \rangle$ zu bestimmen. Dann entfallen zwar die Ableitungen der Schwankung, $(d/dt)\delta n_{\mathrm{ph}}$ in der ersten Zeile, nicht aber das Quadrat der Schwankungsrate, $((d/dt)\delta n_{\mathrm{ph}})^2$. Weil wir allerdings keine strenge theoretische Beschreibung vornehmen, müssen wir uns zu deren Abschätzung auf intuitive Überlegungen beschränken. Dazu können wir die erste Gleichung aus (8.21) verwenden, $((d/dt)\delta n_{\mathrm{ph}})^2 = (\kappa\overline{n}_{\mathrm{ph}}\delta n)^2$. Wenn wir annehmen, daß die Inversion durch die spontane Emission oder den stochastischen Pumpprozeß eine Poissonsche Verteilung besitzt, gilt $\delta n^2 = n^{\mathrm{st}}$, wir können Gl.(8.29) auswerten und finden mit $\gamma_c = \kappa n^{\mathrm{st}}$ nach (8.12)

$$\langle \delta n_{\mathrm{ph}}^2 \rangle = \langle \frac{d}{dt}\delta n_{\mathrm{ph}}^2 \rangle / \gamma_c\kappa\overline{n}_{\mathrm{ph}} = \overline{n}_{\mathrm{ph}} \quad .$$

Wir stellen als wichtigstes Ergebnis fest, daß die Photonenzahl im Resonator um einen Betrag proportional zu $\sqrt{\overline{n}_{\mathrm{ph}}}$ schwankt. Eine genauere Analyse zeigt, daß die Verteilung wiederum die Form einer Gaußschen Normalverteilung annimmt, deren Breite sich unter konstanten Betriebsbedingungen nicht ändert. Die Untersuchung anhand der Photonenzahl liefert ein intuitives Bild, das wir in Abb. 8.13 noch einmal etwas detaillierter untersuchen. Die Photonenzahl ist proportional zur Feldenergie ($E^2 \propto h\nu\overline{n}_{\mathrm{ph}}$), und bei einer Änderung der Photonenzahl um gerade ein „Photon" ändert sich die Feldenergie um den Betrag $h\nu$.

Relatives Intensitätsrauschen, RIN

In einem Experiment mißt man die Schwankungen der Laserleistung $P(t) = P_0 + \delta P(t)$. Man kann die Schwankung der Photonenzahl mit (8.16) in die quadratische Schwankung der Laserleistung $\delta P_{\mathrm{rms}} = \langle \delta P^2 \rangle^{1/2}$ umrechnen:

$$\delta P_{\mathrm{rms}} = \sqrt{h\nu\gamma_{\mathrm{out}}}\,\sqrt{P_0}\quad.$$

Die bisher betrachteten Intensitätsschwankungen eines idealisierten Lasers werden durch Quantenfluktuationen hervorgerufen, und ihre relative Bedeutung nimmt mit steigender Laserleistung ab. Darüberhinaus zeigen viele Lasertypen aber nicht immer genau identifizierte Rauschbeiträge, die proportional zur Ausgangsleistung ansteigen.

Zu quantitativen Charakterisierung des Amplitudenrauschens hat man das relative Intensitäts-Rauschen RIN (von engl. **R**elative **I**ntensity **N**oise) eingeführt:

$$\mathrm{RIN} := \frac{\delta P_{\mathrm{rms}}^2}{P^2}\quad,$$

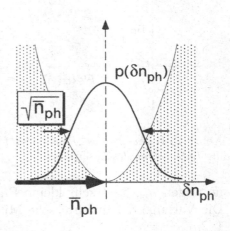

Abb. 8.12 *Photonenzahl-Verteilung des Laserfeldes.*

das zunächst eine phänomenologische Größe ist und einfach gemessen wird. Für eine genauere Analyse des Intensitätsrauschens muß man wieder dessen spektrale Verteilung bestimmen. Es besitzt im einfachsten Fall, wenn die Fluktuationen völlig regellos sind, die flache Sockelform des weißen Rauschens aus Abb. 8.9.[3] Im Kapitel über Halbleiterlaser werden wir sehen, daß im Intensitätsspektrum zum Beispiel auch die Relaxationsoszillationen eine Rolle spielen.

8.4.4 Schawlow-Townes-Linienbreite

Wenn alle technischen Störeinflüsse vernachlässigt werden können – mechanische, Temperatur-, Luftdruckschwankungen etc. – dann wird die Laserlinienbreite nur noch durch den Einfluß der spontanen Emission bestimmt und heißt Schawlow-Twones-Linienbreite. Wir verwenden das Phasendiffusionsmodell von S. 316 nach Gl.(8.28), um die Laserlinienbreite $\Delta\nu_{\mathrm{ST}}$ zu bestimmen. Dazu müssen wir die Varianz der Phasenvariation θ_{ST} durch einzelne spontane Emissionsereignisse ermitteln, die mit der Rate der R_{spont} auftreten:

$$\Delta\nu_{\mathrm{ST}} = \langle\theta_{\mathrm{SE}}^2\rangle \cdot R_{\mathrm{spont}}$$

In Abb. 8.13 ist ein einfaches Phasenormodell dargestellt, nach welchem die Wirkung eines einzelnen, zufällig emittierten Photons auf die Feldamplitude des Laserfeldes beschrieben werden kann.

---

[3]Man sollte sich darüber klar sein, daß auch „weißes Rauschen" eine obere Grenzfrequenz besitzt – sonst wäre nach Gl.(A.6) der rms-Wert der Fluktuationen unbeschränkt!

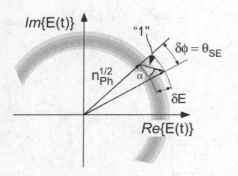

Abb. 8.13 *Wirkung eines „Photons" auf die Entwicklung des Laserfeldes.*

Die Länge des elektrischen Feldvektors des Laserfeldes ist proportional zu $\sqrt{n_{\mathrm{Ph}}}$. Spontane Emission verursacht in diesen Einheiten einen Feldbeitrag der Länge „1", der relativ zum Laserfeld eine zufällige Phase besitzt, d.h. in Abb. 8.13 eine zufällige Richtung relativ zum Feldphasor einnimmt. Das resultierende Feld, die Summe aus dem vorhandenen Laserfeld und dem Feld des spontan emittierten Photons, erfährt sowohl eine Amplitudenveränderung – die wir schon im letzten Abschnitt behandelt haben – als auch eine wegen $n_{\mathrm{ph}} \gg 1$ sehr kleine Phasenverschiebung $\delta\phi = \theta_{\mathrm{ST}} \simeq \cos\alpha/\sqrt{n_{\mathrm{PH}}}$. Die Varianz, der quadratische Mittelwert hat dann den Wert $\langle \cos^2\alpha/n_{\mathrm{PH}} \rangle = 1/2n_{\mathrm{PH}}$.

Die spontanen Prozesse tragen im Verhältnis $1 : \overline{n}_{\mathrm{ph}}$ zu den stimulierten Prozessen, dem Verhältnis der Einstein-A und -B-Koeffizienten nach Gl.(6.47), zur Entwicklung des Resonatorfeldes bei. Der Beitrag ist proportional zur Anzahl der angeregten Teilchen n_e^{st}, so daß wir mit Hilfe der Glgn.(8.12, 8.19) schreiben können

$$R_{\mathrm{spont}} = R_{\mathrm{stim}}/\overline{n}_{\mathrm{ph}} = \kappa n_e^{\mathrm{st}} = \gamma_c n_e^{\mathrm{st}}/n^{\mathrm{st}} \quad .$$

Die Photonenzahl können wir andererseits nach Gl.(8.16) mit der Ausgangsleistung in Verbindung bringen, $\overline{n}_{\mathrm{ph}} = P/h\nu\gamma_{\mathrm{out}} \simeq P/h\nu\gamma_c$, und erhalten damit die Linienbreite

$$\Delta\nu_{\mathrm{ST}} = \frac{n_e^{\mathrm{st}}}{n^{\mathrm{st}}} \frac{\pi h\nu}{P} \gamma_c^2 \quad . \tag{8.30}$$

In einem „guten" Vier-Niveau-Laser beträgt der Faktor $n_e^{\mathrm{st}}/n^{\mathrm{st}} \simeq 1$. Diese erstaunliche Formel wurde von Schawlow und Townes schon 1958 angegeben und hat den Namen *Schawlow-Townes-Linienbreite* erhalten. Wie wir schon im Kapitel über HeNe-Laser berechnet haben, erwartet man schon für konventionelle Laser eine extrem geringe Linienbreite von nur einigen Hertz oder weniger. Größere Linienbreiten werden bei kleinen und gering verspiegelten Resonatoren wie zum Beispiel bei Halbleiterlasern beobachtet, die einen zusätzlichen Verbreiterungsmechanismus durch Amplituden-Phasen-Kopplung (s. Beispiel in Abschn. 9.4.2) erfahren.

8.5   Gepulste Laser

Im Kapitel über die Relaxationsoszillationen (Abschn. 8.2.1) haben wir in Abb. 8.2 gesehen, daß Ein- und Ausschaltprozesse kurze Laser-Impulse erzeugen können, deren Intensität die mittlere Leistung deutlich übersteigt. Mit gepulsten Lasern kann eine große Menge Strahlungsenergie, bei gängigen Systemen bis zu mehreren Joule, in einem kurzen Zeitraum übertragen werden. Die Spitzenleistung hängt dabei von der Pulslänge ab.

Ein wichtiges Verfahren zur Erzeugung kurzer, aber sehr energiereicher Laserimpulse wird durch die sogenannte „Güteschaltung" realisiert. Ein anderes Verfahren erzeugt durch „Modenkopplung" eine kohärente Überlagerung sehr vieler Teilwellen zu einer periodischen Folge extrem kurze Laserpulse.

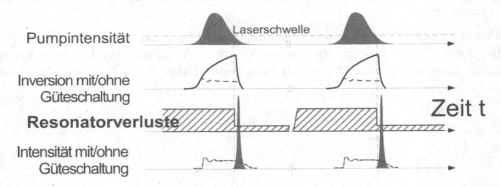

Abb. 8.14 *Zeitliche Entwicklung gepulster Laseroszillation mit und ohne Güteschaltung.*

8.5.1   Güteschaltung („Q-Switch")

Gepulste Neodym-Laser gehören zu den typischen Systemen, mit denen sehr hohe Spitzenleistungen erzielt werden. In diesen Pulslasern wird schon die Pumpenergie mit einem Anregungspuls z.B. von einer Blitzlampe zugeführt. Der Pumppuls (Abb. 8.14) baut die Inversion auf, bis die Laserschwelle überschritten wird. Dann setzt stimulierte Emission ein und das System relaxiert auf den Gleichgewichtswert. Im Neodym-Laser erfolgt die Amplitudendämpfung so schnell, daß die Ausgangsleistung dem Anregungspuls mit kleinen Relaxationsoszillationen folgt.

Alternativ kann man aber die Lasertätigkeit zunächst unterdrücken, indem die Resonatorverluste durch einen Güteschalter erhöht werden. Falls die Akkumulationszeit kurz ist gegen die Zerfallsdauer des oberen Laserniveaus (beim Nd-YLF-Laser z.B. 0,4 ms) wirkt das Lasermedium als Energiespeicher und die

Inversion steigt weiter an. Wenn der Güteschalter auf einen externen Trigger-Impuls hin wieder auf hohe Güte oder geringe Resonatorverluste gestellt wird, setzt die stimulierte Emission ein und erzeugt nun durch schnellen Abbau der akkumulierten Energie einen im Vergleich zum ungeschalteten Betrieb kürzeren Laserpuls mit viel höherer Spitzenleistung. Die Wiederholrate solcher Lasersysteme liegt üblicherweise zwischen 10 Hz und 1 kHz.

Güteschalter

Güteschalter müssen zwei Bedingungen erfüllen: Im offenen Zustand muß die Resonatorgüte effizient reduziert werden, im geschlossenen Zustand muß andererseits die Belastung gegenüber sonstigen Verlusten gering sein. Zur Güteschaltung werden im Laserresonator typischerweise die Systeme aus Abb. 8.15 verwendet:

Pockels-Zelle. Der Pockels-Effekt, den wir schon in Abschnitt 3.8.1 beschrieben haben, stellt uns eine spannungsgesteuerte Verzögerungsplatte zur Verfügung. In Kombination mit einem Polarisator (Abb. 8.15) läßt sich die Reso-

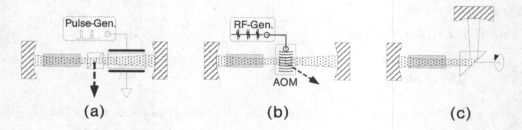

Abb. 8.15 *Güteschalter und Cavity Dumping: Elektrooptisch (Pockels-Zelle), akustooptisch (Bragg-Zelle) und mechanisch (rotierendes Prisma).*

natortransmission sehr effizient modulieren. Die Schaltzeit einer Pockels-Zelle beträgt einige Nanosekunden und wird in erster Linie durch die Kapazität der Kristallelektroden und den Widerstand der Zuleitungen begrenzt.

Akustooptischer Modulator (AOM). Im Akustooptischen Modulator induziert ein RF-Generator eine Schallwelle, die eine periodische Brechzahlvariation verursacht. Die Laserstrahlung wird an diesem Gitter durch Beugung abgelenkt und gleichzeitig frequenzverschoben. Die RF-Leistung kann durch geeignete Halbleiterschalter mit Anstiegszeiten von einigen Nanosekunden geschaltet werden.

Rotierendes Prisma. Die Güteschaltung kann auch durch ein rotierendes Prisma erreicht werden, das nur in einem engen Winkelbereich ein Anspringen des Lasers erlaubt.

Cavity Dumping

Die Pockelszelle und der Akustooptische Modulator (AOM) aus Abb. 8.15 besitzen einen zweiten Ausgang. Sie können daher zum sogenannten *cavity dumping* (soviel wie „Hohlraum-Entleerung") eingesetzt werden. Dabei wird im geschlossenen Laseroszillator zunächst eine starke Oszillation aufgebaut, die erst auf einen externen Triggerpuls hin durch den Schalter entleert wird. Das Verfahren kann auch mit der Modenkopplung des folgenden Kapitels kombiniert werden, um besonders hohe Spitzenleistungen zu erzielen.

8.5.2 Modenkopplung

Schon die einfachste Überlagerung von zwei Laserstrahlen mit unterschiedlichen Frequenzen ω und $\omega+\Omega$ verursacht ein periodisches An- und Abschwellen, das von der Amplitudenmodulation wohl bekannt ist. Bei gleichen Teilamplituden gilt mit $I_0 = c\epsilon_0|E_0|^2$:

$$E(t) = E_0\, e^{-i\omega t} + E_0\, e^{-i\omega t} e^{-i\Omega t}\, e^{-i\phi} \quad \text{und}$$
$$I(t) = \tfrac{1}{2}c\epsilon_0|E(t)|^2 = I_0\,(1 + \cos(\Omega t + \phi)) \quad .$$

Wenn wir den dispersiven Einfluß der optischen Elemente vernachlässigen, bieten Laserresonatoren der Länge $n\ell$ (n: Brechzahl) ein äquidistantes Frequenzspektrum mit $\Omega = 2\pi c/2n\ell$ (Gl. 5.18), das sich zur Synthese zeitlich periodischer Intensitätsmuster geradezu anbietet: Mit der Modenkopplung (engl. *mode locking*) wird eine Fourierreihe im Zeitbereich physikalisch realisiert. Während die Phase ϕ bei zwei Wellen nur eine zeitliche Verschiebung der sinusförmigen Modulation verursacht, hängt bei der Überlagerung vieler Wellen auch die Form des Musters davon ab, wie wir in Abb. 8.16 am Beispiel von 8 überlagerten Wellen vorgestellt haben. Die Feldamplitude können wir allgemein nach

$$E_{\mathrm{N}}(t) = \frac{E_0}{\sqrt{N}}\, e^{-i\omega t} e^{iN\Omega t/2} \sum_{n=1}^{N} \alpha_n e^{-in\Omega t}\, e^{-i\phi_n}$$

angeben, wobei zu den charakteristischen Größen die

Pulsfolgefrequenz $\quad f = \Omega/2\pi \quad$ und
Pulsperiode $\qquad T = 2\pi/\Omega$

zählen. Die Mittenfrequenz bezeichnen wir als Trägerfrequenz, $\omega_0 = \omega - N\Omega/2$, und verschiedene Wellen mit Frequenzdifferenzen $\Delta f = nf$ tragen zur Gesamtwelle mit den Phasen ϕ_n bei. Die Teilamplituden haben wir so gewählt, daß die Gesamtintensität I_0 auf Teilamplituden $\alpha_n E_0$ verteilt wird mit $I_0 =$

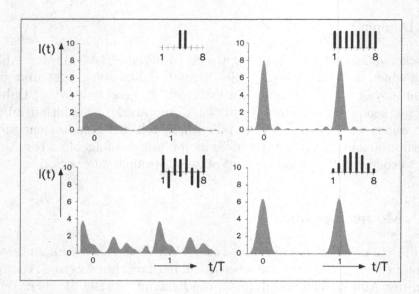

Abb. 8.16 *Zeitliche Intensitätsvariation bei der Überlagerung von bis zu 8 harmonischen Wellen. Die Balkensätze deuten die relative Stärke und Phasenlage der Teilwellen an. Oben links: Zum Vergleich Amplitudenmodulation mit 2 Wellen.*

$(c\epsilon_0/2)E_0^2 \sum_n \alpha_n^2$ mit $\sum_n \alpha_n^2 = 1$. Dann führen die Intensitätsverteilungen in Abb. 8.16 bei der Mittelung über eine Periode Ω^{-1} zur gleichen Intensität.

In Abb. 8.16 sind 3 charakteristische Situationen dargestellt:

Oben rechts haben alle Teilwellen identische Amplituden $\alpha_n = \sqrt{1/n}$ und sind in Phase mit $\phi_n = 0$ für alle n. Dabei treten sehr scharfe periodische Maxima mit kleiner Halbwertsbreite $\Delta t \approx 2\pi/(N\Omega) = T/N$ auf. Die Nebenmaxima sind charakteristisch für eine Amplituden-Verteilung mit scharfer Begrenzung.

Unten rechts sind die Teilwellen zwar ebenfalls in Phase, wir haben jedoch die Amplituden nach einer Gaußverteilung gewählt, die zur Trägerfrequenz ω_0 symmetrisch ist $(\alpha_n \propto \exp(-((2n - N - 1)/2)^2/2))$. Durch diese Verteilung werden die „Ohren", die im vorigen Beispiel zwischen den Maxima auftauchen, sehr wirkungsvoll unterdrückt und die Laserleistung in den Maxima konzentriert, wobei allerdings die erreichbare Spitzenleistung etwas geringer ist. Diese Situation kommt den Verhältnissen in einem realen Laserresonator sehr nahe. In Abb. 8.17 ist das mit einem Fabry-Perot-Resonator gemessene Frequenzspektrum eines 32-ps-Ti-Saphirlaser-Pulses zu sehen.

Unten links in Abb. 8.16 haben wir zum Vergleich die Situation bei zufälligen Phasen ϕ_n der Teilwellen dargestellt, die einem periodischen Rauschmuster gleicht.

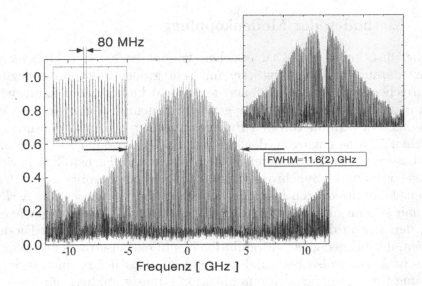

Abb. 8.17 *Frequenzspektrum der 27 ps-Pulse eines modengekoppelten Ti-Saphir-Lasers, aufgenommen mit einem Fabry-Perot-Resonator mit 7,5 mm Spiegelabstand oder* $\Delta_{FSR}=20$ *GHz . Die kleineren Bilder zeigen einen vergrößerten Ausschnitt und die Absorption einer Cäsiumdampfzelle im Strahlengang [22].*

Wir wollen uns noch über den Zusammenhang von Pulslänge und Bandbreite Gedanken machen (s. auch Abschn. 3.6) und betrachten dazu eine periodische Serie von Gauß-förmigen Pulsen mit $E(t) = \sum_n E_0 \exp{-((t - nT)/\Delta t)^2/2}$. Nach der Theorie der Fourierreihen können wir die n-te Fourieramplitude zu $n\Omega$ aus

$$\mathcal{E}_n = E_0 \int_{-\tau/2}^{\tau/2} e^{-(t/\Delta t)^2/2} e^{-in\Omega t} dt \approx E_0 e^{-(n\Omega \Delta t)^2/2}$$

gewinnen, wobei wir in guter Näherung bei scharfen Pulsen nur den einen Puls in diesem Fenster berücksichtigen und die Integrationsgrenzen nach $\pm\tau/2 \to \pm\infty$ ausdehnen können. Wir können eine Bandbreite durch $2\pi f_B = \Omega_B = 2N\Omega$ definieren, wobei $2N$ nun die effektive Anzahl der beteiligten Lasermoden bezeichnet. Der Beitrag der Moden zur Gesamtleistung fällt bei $n = N$ auf das $1/e$-fache der zentralen Moden ab. Die Bandbreite f_B und die Pulslänge $2\Delta t$ (gemessen am Abfall auf den Wert $1/e$) hängen nach

$$\Delta t = \frac{1}{N\Omega} = \Delta t_{\text{FWHM}}/\sqrt{8\ln(2)} = \Delta t_{\text{FWHM}}/2,35$$

untereinander und mit der Halbwertsbreite Δt_{FWHM} zusammen.

8.5.3 Methoden der Modenkopplung

Um möglichst kurze Pulse zu erzielen, kommt es bei der Modenkopplung zunächst darauf an, Laserverstärker mit sehr großer Bandbreite einzusetzen. Bei hinreichend großer Lebensdauer des oberen Laserniveaus kann die Anregung mit einem Dauerstrich-Laser geschehen, denn die gespeicherte Energie wird dem Lasermedium von den Pulsen mit einem Abstand von nur charakteristischen 12,5 ns entzogen, der kurz ist z.B. gegen die 4 μs des oberen Ti-Saphir-Laserniveaus. Bei anderen Systemen wie dem Farbstofflaser wird aber auch das sogenannte „Synchron-Pumpen" angewendet, wobei wegen der kurzen Lebensdauer des oberen Laserniveaus schon der Pumplaser eine periodische und genau synchronisierte Folge kurzer Pulse liefert. Als einen gewissen Sonderfall, den wir an dieser Stelle übergehen, wollen wir noch den Diodenlaser erwähnen, der bei geeigneter Modulation des Injektionsstroms (Abschn. 9.4.1) direkt sehr kurze Pulse bis hinab zu derzeit 10 ps liefert und wegen seiner Bedeutung für die optische Kommunikation intensiv studiert wird.

Tab. 8.2 *Modenkopplung und Bandbreite*

Laser	Wellenlänge	Bandbreite	Pulsdauer	Pulslänge
	λ	f_B	$2\Delta t$	$\ell_P = 2c\Delta t$
Helium–Neon	633 nm	1 GHz	150 ns	–
Nd:YLF-Laser	1047 nm	0,4 THz	2 ps	0,6 mm
Nd:Glas-Laser	1054 nm	8 THz	60 fs	18 μm
GaAs-Diodenlaser	850 nm	2 THz	20 ps	6 mm
Ti-Saphirlaser	900 nm	100 THz	6-8 fs	2 μm
NaCl-OH$^-$-Laser	1600 nm	400 nm	4 fs	1,5 μm

Tab. 8.2 enthält wichtige Beispiele für Laser, die zur Erzeugung extrem kurzer Pulse eingesetzt werden und zum Vergleich den Helium-Klassiker. Die typische Wiederholrate modengekoppelter Laser beträgt 80 MHz bzw. 12,5 ns Pulsabstand, der wegen $T = 2n\ell/c$ durch die charakteristische Baulänge ℓ bestimmt ist.

Modenkopplung im Laserresonator wird grundsätzlich durch eine mit dem Puls synchrone Modulation der Resonatorverluste erzielt. Diese Modulation kann entweder aktiv mit den Güteschaltern aus Abb. 8.15 kontrolliert werden oder durch passive nichtlineare Elemente erreicht werden. Dazu zählt einerseits der sogenannte „sättigbare Absorber", der vor allem bei Farbstofflasern benutzt wurde. Ein sättigbarer Absorber (die optische Sättigung eines elektrischen Dipol-Übergangs behandeln wir in Abschn. 11.2.1) zeigt einen Absorp-

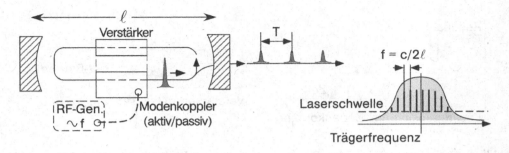

Abb. 8.18 *Laser mit Modenkopplung. Im Resonator läuft ein räumlich gut lokalisierter Impuls um. Die Modenkopplung wird aktiv z.B. durch Gütemodulation, passiv durch sättigbare Absorber oder Kerr-Linsen-Modenkopplung erzielt.*

tionskoeffizienten, dessen Wirkung bei Intensitäten oberhalb der sogenannten Sättigungsintensität I_{sat} nachläßt,

$$\alpha(I(t)) = \frac{\alpha_0}{1 + I(t)/I_{\text{sat}}} \ .$$

Durch einen im Resonator umlaufenden Laserpuls (Abb. 8.18) wird dabei eine Modulation der Resonatorverluste verursacht, die zur Selbstkopplung der Lasermoden führt. Eine nicht mehr so intensiv studierte Variante der passiven Modenkopplung (CPM-Laser, von *colliding pulse modelocking*) verwendet zwei im Resonator umlaufende Pulse, die sich genau im sättigbaren Absorber treffen.

Das im Laborbetrieb erfolgreichste Verfahren ist derzeit die sogenannte Kerr-Linsen-Modenkopplung (KLM), die durch die Intensitätsabhängigkeit der Brechzahl

$$n = n_0 + n_2 I(t)$$

eine zeitabhängige Variation der Resonatorgeometrie verursacht. Der dispersive Effekt reagiert extrem schnell auf Änderungen der Intensität und ist daher für sehr kurze Pulse vorteilhaft. Die Brechzahl wird im Zentrum eines Gauß-förmigen Strahlprofils (bei positivem n_2) stärker erhöht als in den Flanken und verursacht eine Selbstfokussierung, die wie in Abb. 8.19 gezeigt die Strahlgeometrie verändert. Weil die Resonatorverluste von der Strahlgeometrie (der „Justierung") abhängen, hat dieser Effekt die gleiche Wirkung wie ein sättigbarer Absorber und kann zur Modenkopplung verwendet werden. Die Kerr-Linsen-Modenkopplung ist ein Beispiel für die Anwendung der Selbstfokussierung und wird im Kapitel über Nichtlineare Optik (14.2.1) noch näher besprochen. Sie wurde im Ti-Saphir-Laser von W. Sibbett und seinen Mitarbeitern im Jahr 1991 [159] entdeckt und hat wegen ihrer besonders einfachen Anwendung – der Ti-Saphir-Verstärkerkristall liefert den nichtlinearen passiven Modenkopp-

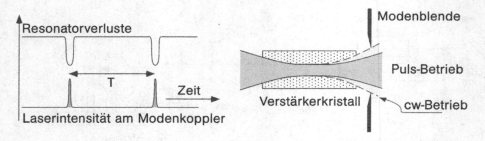

Abb. 8.19 *Zeitabhängigkeit der Resonatorverluste und Einfluß einer Kerr-Linse auf die Strahlgeometrie. Der Modenkopplungseffekt kann durch die Verwendung einer Strahlblende unterstützt werden.*

ler gleich mit! – zu revolutionären Vereinfachungen bei der Erzeugung von Ultrakurzzeitpulsen geführt.

Allerdings reicht das KLM-Verfahren allein noch nicht aus, um kürzere Pulse als 1 ps zu erzeugen: In Abschn. 3.6.1 haben wir den Einfluß der Dispersion und der Gruppengeschwindigkeitsdispersion (GVD) auf die Form propagierender Lichtpulse untersucht, die naturgemäß eine wichtige Rolle spielen, wenn kürzeste Lichtpulse in einem Laserresonator erzeugt werden sollen, welcher mehrere dispersive Elemente enthält. Die GVD kann durch die Prismenanordnung aus Abb. 14.5 auf S. 529 kompensiert werden, die im linearen Resonator pro Umlauf zweimal durchlaufen wird. In einem Ringresonator muß man zwei Prismenpaare in symmetrischer Anordnung ergänzen, um die Strahlen wieder zusammen zu führen. Seit einigen Jahren kann man auch dielektrische Spiegel so beschichten, daß sie zur Dispersionskompensation eingesetzt werden können (engl. *chirped mirrors*) und damit sehr kompakte Femtosekunden-Oszillatoren bauen.

Wir haben die modengekoppelten Laser hier nur in ihrer einfachsten Situation betrachtet, nämlich unter Gleichgewichtsbedingungen. Der Betrieb modengekoppelter Laser wirft aber eine Reihe weitergehender Fragestellungen auf, zu deren Beantwortung wir auf die Spezialliteratur verweisen müssen. Dazu gehört etwa das Start-Verhalten – wie gelangt der passiv gekoppelte Laser überhaupt in diesen Zustand? In naiver Sicht können wir dafür zum Beispiel Intensitäts-Fluktuationen verantwortlich machen, die schon durch geringe mechanische Erschütterungen ausgelöst werden können.

Ein anderes Phänomen ist die verstärkte Spontanemission (ASE, von engl. *amplified spontaneous emission*), die im Experiment gelegentlich lästige Nebeneffekte verursacht. Sie tritt auf, weil der Verstärker auch während der Pumpphase zwischen den Pulsen schon Strahlungsenergie abgibt, die aufgrund der Geometrie in Richtung der erwünschten Laserstrahlen verstärkt wird.

Man kann die ASE unterdrücken, indem man z.B. sättigbare Absorber verwenden, die Licht nur ab einer bestimmten Schwellintensität transmittieren oder durch räumliche Filterung außerhalb des Resonators abtrennen, weil die ASE i. Allg. eine viel größere Divergenz aufweist.

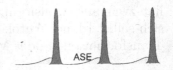

Abb. 8.20 *Amplified Spontaneous Emission.*

8.5.4 Messung kurzer Pulse

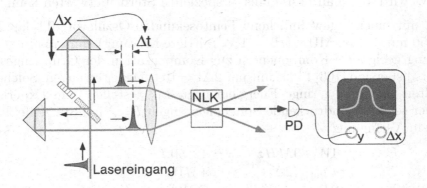

Abb. 8.21 *Autokorrelator zur Messung der Zeitabhängigkeit sehr kurzer Laserpulse. In Richtung der Photodiode (PD) tritt nur dann ein Signal auf, wenn die Laserpulse im nichtlinearen Kristall (NLK) richtig überlagert werden.*

Die Vermessung der zeitlichen Eigenschaften (insbesondere der Pulsdauer) kurzer Pulse wird mit gewöhnlichen Photodioden und Oszillographen durch deren Bandbreite (einige GHz) auf ca. 100 ps beschränkt. Auf elektronischer Seite kann man zur sogenannten *streak camera* greifen, einer Kanalplatte, die einen Elektronenstrahl erzeugt, der, ähnlich einem Oszillographen, schnell abgelenkt wird, eine Spur schreibt und so die Zeit- in eine Ortsabhängigkeit umwandelt. In neueren Modellen werden bis zu 100 fs Zeitauflösung erreicht.

Eine rein optische Standardmethode bietet der Autokorrelator, z.B. nach der Anordnung aus Abb. 8.21: Ein gepulster Laserstrahl wird in zwei Teilstrahlen aufgespalten und in einem nichtlinearen Kristall so überlagert, daß ein frequenzverdoppeltes Signal (Einzelheiten zur Frequenzverdopplung werden in Abschn. 13.4 vorgestellt) entsteht. Auf der Photodiode wird nur dann ein Signal registriert, wenn die Teilpulse korrekt überlagert sind. Das Spannungssignal als Funktion des Verschiebungsweges $\Delta x \propto \Delta t$ in einem Arm,

$$I_{\mathrm{PD}}(\Delta t) \propto E(t)E(t + \Delta t) \quad ,$$

hat zwar auch Pulsform, ist aber das Ergebnis einer Faltung des Pulses mit
sich selbst (daher Autokorrelation), aus welcher die Pulsform durch geeignete
Transformationen oder Modelle ermittelt werden muß.

8.5.5   Tera- und Petawatt-Laser

Die neuen Möglichkeiten zur Herstellung extrem kurzer Laserpulse haben auch
ein Fenster zur kurzzeitigen Erzeugung extrem intensiver Laser„blitze" eröff-
net: Die Feldstärken sind so groß, daß Materie damit in völlig neue Zustände
versetzt wird, die man bestenfalls in speziellen Sternen erwarten kann.

Schon mit einem „gewöhnlichen" Femtosekunden-Oszillator (Ti-Saphirlaser,
$\lambda = 850$ nm, f = 80 MHz, $\langle P \rangle = 1$ W mittlere Leistung) kann man unter Verwendung geeigneter Komponenten zur Kompensation der Gruppengeschwindigkeitsdispersion [163] Pulse mit nur $2\Delta t = 10$ fs Dauer erzeugen. Solche Pulse
enthalten zwar nur geringe Energiemengen E_{Puls}, stellen dem Experimentator aber schon beeindruckende Spitzenleistungen $P_{\max}$ und Spitzenfeldstärken
$E_{\max}$ zur Verfügung:

$$
\begin{aligned}
E_{\text{Puls}} &= & 1W/80MHz & = 12,5nJ \\
P_{\max} &\approx & E_{\text{Puls}}/(2\Delta t) & \simeq 1MW \\
E_{\max} &\approx & 2P_{\max}/(\pi w_0^2 c\epsilon_0) & = 7 \cdot 10^7 \ V/cm
\end{aligned}
$$

Bei der Berechnung der Feldstärke haben wir angenommen, daß die Pumpleistung auf einen Brennfleck mit $10\mu m$ Durchmesser konzentriert wird. Auch ein
1 mW HeNe-Laser erreicht dort übrigens Feldstärken von ca. 1 kV/cm! Eine
Anhebung der Pulsenergie auf 1 J, die sich heute mit Tischgeräten erzielen
läßt, verspricht danach ca. 100 TW Leistung und selbst die Petawatt-Grenze
scheint erreichbar. Dabei werden Feldstärken bis zu 10^{12} V/cm, ungefähr 1000
mal soviel wie die „atomare Feldstärke" $E_{\text{at}} = e/4\pi\epsilon_0 a_0^2 = 10^9$V/cm erzielt!

Allerdings steht der Erzeugung und Verwendung derart intensiver Laserpulse
genau die interessierende starke Wechselwirkung mit der Materie zunächst im
Weg: Es kommt nämlich (zuerst durch Multiphotonen-Ionisation) in gewöhnlichen Materialien zum dielektrischen optischen Durchbruch, der den Verstärker
zerstört. Einen eleganten Ausweg aus dieser Situation bietet das Verfahren
der *chirped pulse amplification* (CPA), bei welchem der kurze Puls zunächst
gestreckt wird, um die Spitzenleistung zu senken. Der gestreckte Puls wird
verstärkt und die Streckung wird unmittelbar vor der Anwendung rückgängig
gemacht, um die ursprüngliche Pulsform wiederzugewinnen. Optische Gitter
haben sich als sehr geeignete Komponenten erwiesen, um sowohl Streckung
als auch Kompression zu erreichen [160]. Das Konzept eines Gitterstreckers
und -kompressors ist in Abb. 8.23 vorgestellt. Das Gitter beugt rote und blaue
Anteile des einlaufenden Pulses in unterschiedliche Richtungen. Im Strecker

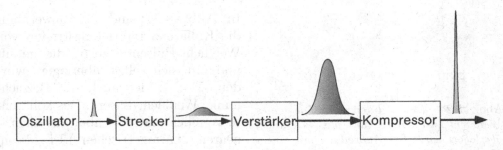

Abb. 8.22 *Chirped Pulse Amplification. Durch Streckung wird die Spitzenleistung soweit gesenkt, daß Verstärkung ohne Schädigung möglich wird.*

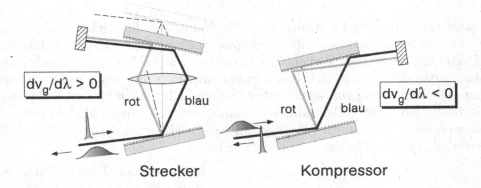

Abb. 8.23 *Strecker und Kompressor für Femtosekunden-Pulse.*

werden zwei Gitter mit einer 1:1 Abbildung kombiniert. In vollständig symmetrischer Anordnung (gestricheltes oberes Gitter links in Abb. 8.23) würde das obere Gitter die Impulsform gar nicht verändern, wohl aber an der eingezeichneten Position.

8.5.6 Kohärentes Weißlicht

Es scheint auf den ersten Blick recht widersprüchlich, von „kohärentem Weiß-licht" zu sprechen, ist doch die monochromatische Farbe eines der wichtigsten Erkennungsmerkmale des kohärenten Laserlichts und verkörpert doch das wei-ße Licht der Glühlampe geradezu die klassische, also maximal inkohärente Lichtquelle. Kohärentes Weißlicht spielt aber eine immer wichtigere Rolle, seitdem man durch nichtlineare Wechselwirkungen von ultrakurzen Lichtpul-sen tatsächlich kohärentes Licht erzeugen kann, das den gesamten sichtbaren Spektralbereich umfaßt und deshalb weiß ist.

blau   grün   rot

Abb. 8.24 *Diese Interenzstreifen eines Weißlicht-Laserstrahls, der mit sich selbst überlagert wird. Die Aufweitung mit einem Prisma demonstriert die gleichzeitige Interferenz bei verschiedenen Farben. Mit freundlicher Erlaubnis von H. Telle und J. Stenger.*

In Abb. 8.24 sind als Beweis für die Kohärenz Interferenzstreifen von Weißlicht-Pulsen gezeigt, die geteilt und mit sich selbst überlagert wurden. Man findet auch die Bezeichnung „Weißlicht-Laser". Das kohärente Weißlicht entsteht aber aus nichtlinearen („parametrischen") Prozessen, während der Laserbegriff für Oszillatoren reserviert werden soll.

Ultrakurze, intensive Lichtpulse sind die Grundlage für nichtlineare Prozesse, die das ursprüngliche, relativ schmale Spektrum (im Ti-Saphir-Laser ca. 100–200 nm bei 800 nm Wellenlänge) in ein extrem breites Spektrum transformieren, das den ganzen sichtbaren Spektralbereich und noch mehr umfassen kann. Die Erzeugung von kohärentem weißem Licht ist ein aktives Forschungsfeld und noch nicht vollständig verstanden, aber es scheint klar zu sein, daß dafür effiziente nichtlineare Prozesse in Fasern ablaufen müssen, die dazu im Grenzfall starker Führung betrieben werden.

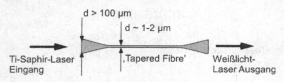

d > 100 µm

d ~ 1–2 µm

Ti-Saphir-Laser Eingang   ‚Tapered Fibre'   Weißlicht-Laser Ausgang

Abb. 8.25 *Weißlicht-Erzeugung mit einer ultradünnen optischen Faser. In den konischen Abschnitten („taper sections") wird die in einer Standradfaser schwach geführte Welle adiabatisch, d.h. ohne Verluste in die stark geführte Welle überführt..*

In den neuen Photonischen Kristallfasern (Abschn. 3.5.6) [139] und in so genannten „Tapered Fibres" [169] wird starke Führung realisiert, bei welcher optische Wellen durch starke Brechungsindexsprünge wie an einer Glas-Luft-Grenzschicht eingeschlossen werden. Weil der Modenquerschnitt viel kleiner ist als in einer schwach geführten Faser (s. Abschn. 3.3) werden hohe Intensitäten und deshalb starke nichtlineare Wechselwirkungen erzielt. Die nichtlineare Konversion der verschiedenen spektralen Komponenten wird auch durch die ungewöhnlichen Dispersionseigenschaften der mikrostrukturierten Fasern unterstützt.

Aufgaben zu Kapitel 8

8.1 Ratengleichungen - Q-Switch Schreiben Sie ein Computerprogramm, um die Ratengleichungen (8.18) numerisch zu studieren. Wie setzen Sie die Anfangsbedingungen? Studieren Sie den Einfluß der Pump- und Verlustraten.

8.2 Schawlow-Townes-Limit (a) Geben Sie eine qualitative Erklärung, wieso die Schawlow-Townes-Linienbreite umgekehrt proportional ist zur Laserintensität, $\Delta\nu_L \propto 1/P$. Welchen Ursprung hat die Abhängigkeit von γ_c^2, der Resonator-Dämpfungsrate? (b) Vergleichen Sie die Schawlow-Townes-Linienbreiten eines He-Ne-Laser bei 633 nm und eines GaAs-Halbleiter-Lasers bei 850 nm für vergleichbaren Ausgangsleistungen von P = 1 mW. Bestimmen Sie zu diesem Zweck die Dämpfungsraten für Resonatoren mit $\ell = 20$ cm, n_{Brech} = 1 und R_1 = 100%, R_2 = 99% für den He-Ne-Laser, $\ell = 300$ μm, n_{Brech} = 3,5 für den GaAs-Laser, dessen Spiegel von den Spaltflächen des Kristalls geformt werden. (c) Nehmen Sie an, der He-Ne-Laser soll für Frequenz-Präzisionsmessungen verwendet werden. Wenn die Präzision nur noch durch das Schawlow-Townes-Limit begrenzt werden soll, welche Längenfluktuation ist dann zulässig? Welche Schwankungen des Brechungsindex im Resonator kann man zulassen?

8.3 Q-Switching, Pulslänge und Spitzenleistung Verwenden Sie die Laser-Ratengleichungen 8.18, um ein einfaches Modell für einen Q-Switch-Laserimpuls zu entwickeln. Die spontane Emission kann für diese intensiven Pulse vernachlässigt werden. Wir zerlegen den Puls in 2 Abschnitte: Die Anstiegszeit τ_r und die Abklingzeit τ_d.

(a) Um die Anstiegszeit abzuschätzen, vernachlässigen wir die Änderung der Inversion. Wie steigt die Photonenzahl n_{ph} an? Geben Sie die Anstiegszeit als Funktion von n/n_{st}, wo n die ungesättigte, n_{st} die gesättigte Inversion bedeutet. (b) Wenn die Verstärkung erschöpft ist, fällt die Photonenzahl in der zweiten Phase ab. Welche Zeitkonstante ist relevant, und wie groß ist die gesamte Pulslänge? Nd:YAG und Nd:YLF haben den gleichen Absorptions- bzw. Emissions-Querschnitt, aber die Lebensdauer im YAG- ist nur halb so groß wie die im YLF-Kristall. Was ist vorteilhafter für die Erzielung

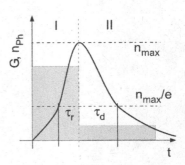

Abb. 8.26 *Bezeichnungen des Laserpulses und Verstärkungsverlauf.*

hoher Spitzenleistungen? (c) Schätzen Sie die Photonenzahl, indem Sie Pumprate und Inversionszerfall während der Pulsdauer vernachlässigen. Nehmen Sie eine Anfangsinversion $n(t_0) > n_{st}$ an und beenden Sie den Anstieg der Photonenzahl n_{ph}, wenn $n(t) = n_{st}$.

9 Halbleiter-Laser

Schon unmittelbar nach der Demonstration von Rubin- (1960) und Helium-Neon-Laser (1962) wurde auch die Lasertätigkeit von Dioden oder „Halbleiter-Lasern" vorhergesagt[1] und wenig später im Experiment realisiert. Es hat aber mehr als 20 Jahre gedauert, bis diese Komponenten zu kommerziell erfolgreichen Produkten geworden sind, weil eine Vielzahl technologischer Probleme zu überwinden war. So konnten zum Beispiel die ersten Laserdioden nur bei kryogenischen Temperaturen betrieben werden, während Anwendungen i. Allg. Betriebstemperaturen in der Nähe der Raumtemperatur fordern. Außerdem war GaAs das erste bedeutende Material zur Herstellung von Laserdioden und nicht Silizium, das ansonsten die Halbleitertechnologie dominiert. Laserdioden zählen zu den wichtigsten „optoelektronischen" Komponenten, weil sie die direkte Umwandlung eines Stromes in (kohärentes!) Licht erlauben. Es gibt daher zahllose physikalische, technische und wirtschaftliche Gründe, diesen Komponenten und Lasersystemen ein eigenes Kapitel zu widmen.

9.1 Halbleiter

Für eine detaillierte Beschreibung der physikalischen Eigenschaften von Halbleiter-Materialien verweisen wir auf die bekannte Literatur [81, 97]. Wir fassen aber einige für das optische Verhalten wichtige Eigenschaften hier zusammen.

9.1.1 Elektronen und Löcher

In Abb. 9.1 sind Valenz- und Leitungsband eines Halbleitermaterials dargestellt. Elektronen tragen den Strom im Leitungsband (LB), Löcher[2] im Va-

---

[1]J. v. Neumann hat alle wesentlichen Elemente eines Halbleiter-Lasers sogar schon 1953 theoretisch behandelt. Seine unveröffentlichte Arbeit wurde reproduziert in [168].

[2]Man sollte nicht vergessen, daß der Begriff *Loch* (engl. *hole*) nur eine – sehr erfolgreiche – Kurzbezeichnung für ein im Grunde sehr komplexes physikalisches Vielteilchensystem ist: Die meisten physikalischen Eigenschaften (Leitfähigkeit, Hall-Effekt u.a.) der Elektronen des

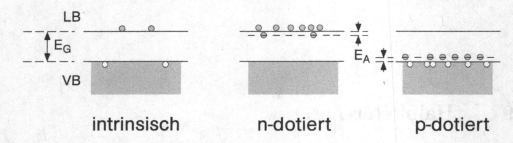

Abb. 9.1 *Das Bändermodell für Halbleiter: Elektronen und Löcher können sich frei und unabhängig voneinander bewegen. LB: Leitungsband; VB: Valenzband; E_g: Energie der Bandlücke; E_A: Anregungsenergie der Störstellen.*

lenzband (VB). Die Verteilung der Elektronen auf die vorhandenen Zustände wird durch die Fermi-Funktion $f(E)$ beschrieben,

$$f_{el}(E, \varepsilon_F) = \left(1 + e^{(E - \varepsilon_F)/kT}\right)^{-1} , \tag{9.1}$$

die von der Fermi-Energie ε_F und der Temperatur T bestimmt wird. Insbesondere sind bei T=0 alle Energiezustände unterhalb der Fermienergie vollständig gefüllt, darüber vollständig leer. Die Verteilung der Löcher wird analog beschrieben durch

$$f_h = 1 - f_{el} = \left(1 + e^{(\varepsilon_F - E)/kT}\right)^{-1} . \tag{9.2}$$

Im Gleichgewicht wird die Besetzung von Elektronen und Löchern durch eine gemeinsame Fermienergie charakterisiert. Im Vorwärtsbetrieb entsteht an einem pn-Übergang aber gerade die für den Laserbetrieb wichtige Nichtgleichgewichtssituation mit verschiedenen Fermienergien für Elektronen (ε_L) und Löcher (ε_V).

Wichtige Situationen der Fermi-Verteilung in Halbleitern sind in Abb. 9.2 vorgestellt. Bei T=0 gibt die Fermienergie exakt die Energie an, bis zu welcher die Energieniveaus besetzt sind.

9.1.2   Dotierte Halbleiter

Ein *intrinsischer* Halbleiter besteht aus einem reinen Kristall, z.B. dem technologisch wichtigsten Material *Si* aus der IV. Hauptgruppe des Periodensystems oder dem III/V-Halbleiter *GaAs*. In einem solchen Material liegt die

---

Valenzbandes können sehr gut so beschrieben werden, als ob dort freie Teilchen mit positiver Ladung und einer bestimmten effektiven Masse vorhanden wären.

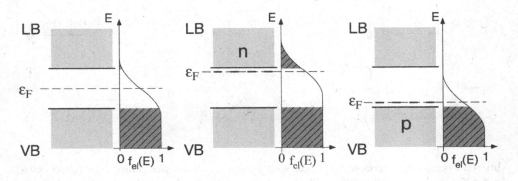

Abb. 9.2 *Fermi-Verteilung in intrinsischen und p- bzw. n-dotierten Halbleitern.*

Fermi-Energie ziemlich genau in der Mitte der Bandlücke, und die Besetzungswahrscheinlichkeit der Zustände nach Gl.(9.1) kann näherungsweise nach der
Boltzmann-Formel

$$f_{el}(T) \simeq e^{-E_G/kT}$$

beschrieben werden. Die Bandlücke ist materialabhängig und beträgt normalerweise einige eV, deshalb sind bei Umgebungstemperaturen ($kT \simeq 1/40eV$)
nur sehr wenige Elektronen im Leitungsband vorhanden. Die revolutionäre
Bedeutung der Halbleiter kommt erst durch die Möglichkeit zustande, die
Leitfähigkeit durch Dotierungen (z.B. III- oder V-wertige Fremdionen in Si)
dramatisch und für Löcher und Elektronen unterschiedlich (Abb. 9.1) zu erhöhen. Die fehlenden oder überschüssigen Elektronen der Fremdatome verursachen nämlich Energiezustände in der Nähe der Bandkanten, die durch thermische Anregung leicht zu besetzen sind. In einem *n-dotierten* Halbleiter werden
auf diese Art und Weise Elektronen, bei *p-Dotierung* Löcher als Ladungsträger
erzeugt. In diesem Fall liegt die Fermi-Energie in der Nähe der Akzeptor- (p-
Dotierung) oder Donator-Niveaus (n-Dotierung). Auch bei Raumtemperaturen
ist dann schon für eine große Leitfähigkeit gesorgt, die im n-(p-)Material von
Elektronen (Löchern) getragen wird.

9.1.3   pn-Übergänge

Wenn Elektronen und Löchern am gleichen Ort aufeinandertreffen, können sie
unter Aussendung von Dipolstrahlung „rekombinieren". Dieses Aufeinandertreffen wird durch eine Grenzfläche zwischen p- und n-dotiertem Halbleitermaterial besonders gefördert, die im pn-Übergang die Grundlage jeder Diode
bildet. In Abb. 9.3 werden wesentliche Eigenschaften des pn-Übergangs vorgestellt.

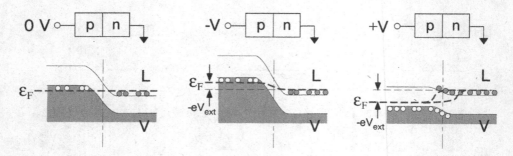

Abb. 9.3 *Freie Ladungsträger an einem pn-Übergang. Links: Spannungsfreies Gleichgewicht. An der Grenzschicht diffundieren Elektronen in das p-, Löcher in das n-dotierte Gebiet, wo sie rekombinieren können. Die Randschicht verarmt an Ladungsträgern, und es entsteht ein elektrisches Feld, das der weiteren Diffusion entgegenwirkt. Mitte: Bei Gegenspannung wird die Verarmungsrandschicht vergrößert. Rechts: Bei Vorwärtsspannung fließt ein Strom durch den Übergang, Elektronen und Löcher füllen die Randschicht und verursachen Rekombinationsstrahlung. Innerhalb von Leitungs- und Valenzband herrscht thermisches Gleichgewicht, das aber durch zwei verschiedene Fermienergien für Elektronen und Löcher charakterisiert wird.*

9.2 Optische Eigenschaften von Halbleitern

9.2.1 Halbleiter für die Optoelektronik

Vom Standpunkt der Optoelektronik ist zunächst die Energielücke an der Bandkante die wichtigste physikalische Größe, denn sie bestimmt die Wellenlänge der Rekombinationsstrahlung. Sie ist in Abb. 9.5 für die wichtigen optoelektronischen Halbleiter als Funktion der Gitterkonstanten vorgestellt, die technologische Bedeutung bei der Formierung von Mischkristallen besitzt. Ein besonderes Geschenk der Natur ist dabei der extrem geringe Unterschied

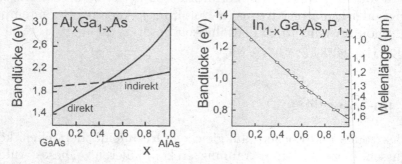

Abb. 9.4 *Bandlücke in AlGaAs und InGaAsP als Funktion des Mischungsverhältnisses.*

der Gitterkonstanten von GaAs und AlAs. Wegen der ausgezeichneten Gitteranpassung kann man die Bandlücke über einen weiten Bereich durch das Mischungsverhältnis x in $(Al_xGa_{1-x})As$-Mischkristallen kontrollieren (Abb. 9.4). Auch andere Mischkristalle sind aber schon längere Zeit gebräuchlich. Insbesondere kann man dadurch die für die optische Nachrichtenübertragung wichtigste Wellenlänge bei 1,55 μm in einem quaternären InGaAsP-Kristall erzielen. Silizium, das ökonomisch bedeutendste Halbleitermaterial spielt für die Erzeugung von Licht keine Rolle, weil es keine direkte, sondern nur eine indirekte Bandlücke besitzt (s. Kap. 9.2.4).

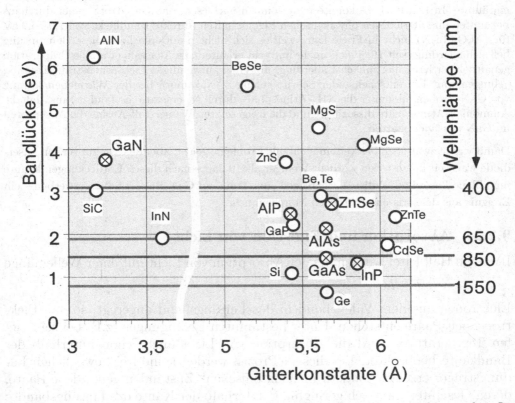

Abb. 9.5 *Bandlücke wichtiger Halbleitermaterialien. Die Materialien, mit denen schon Lasertätigkeit realisiert worden ist, sind mit einem Kreuz gekennzeichnet. Auf der rechten Seite sind technisch bedeutende Laserwellenlängen angegeben.*

Exkurs: Blau leuchtendes Gallium-Nitrid, ein wissenschaftliches Märchen

Die Entwicklung der Laserdioden hat in den 80er- und 90er-Jahren schnelle Fortschritte erlebt, aber 1996 wird als ein ganz besonderes Jahr in die Geschichte eingehen: In diesem Jahr konnte Shuji Nakamura von der japanischen Firma Nichia Chemical Industries, Ltd., die weltweit ersten blauen Laserdioden aus seinen Händen einem staunenden Publikum vorstellen. Er hatte die Bauelemente auf der Basis von GaN hergestellt, das bis kurz zuvor als für die Optoelektronik völlig ungeeignet gegolten hatte! Der Erfolg wäre wohl kaum ohne das weder durch kommerzielle noch akademische Erfolge gestützte Vertrauen seines Chefs Nobuo Ogawa möglich gewesen, der seit 1989 einem in diesem Thema völlig unerfahrenen

36-jährigen Ingenieur in seiner Firma erlaubt hatte, ein Forschungsprogramm quer zu allen etablierten Ansichten über die Möglichkeiten des Gallium-Nitrid-Materials zu verfolgen. Und dies, obwohl die Schwerpunkte der Firma nur wenig Berührung mit Halbleiter-Lasern hatten [128].

Das kommerzielle Interesse an blauer Luminiszenz war noch weit vor dem Interesse an blauer Laserstrahlung durchaus vorhanden, denn erst mit blauen Lichtquellen konnte man hoffen, vollfarbige Bildschirme auf Halbleiterbasis herzustellen. Weltweit wurden deshalb große Summen in die Forschung am ZnSe investiert, dem man die größten Erfolgschancen einräumte. In Lehrbüchern konnte man nämlich nachlesen, daß GaN trotz seiner durchaus bekannten und attraktiven physikalischen Eigenschaften (direkte Bandlücke von 1,95-6,2 eV für (Al,Ga,In)N) nicht in Frage kam, weil es sich nicht p-dotieren ließ. Diese Behauptung ließ sich allerdings seit 1988 nicht mehr aufrecht erhalten, als Akasashi et al. die Präparation genau solcher Kristalle, zunächst allerdings mit einer aufwendigen Elektronenstrahl-Technik, gelungen war. Ein entscheidender Schritt gelang S. Nakamura bei der Wärmebehandlung von GaN-Proben, indem er die NH_3-Atmosphäre durch N_2 ersetzte. Er fand heraus, daß die Ammoniak-Atmosphäre dissoziierte und die freigesetzten Wasserstoff-Atome die Akzeptoren im GaN passiviert hatten.

Damit waren zwar noch bei weitem nicht alle Probleme gelöst, aber das Tor zur blauen Laserdiode war weit aufgestoßen worden. Weniger als 10 Jahre nach diesen Entdeckungen konnte man blaue Laserdioden allen Vorhersagen zum Trotz auf GaN-Basis käuflich erwerben – ein Ereignis aus dem wissenschaftlichen Märchenbuch.

9.2.2   Absorption und Emission von Licht

In einem Halbleiter werden bei der Absorption von Licht mit einer Wellenlänge

$$\lambda < E_G/hc$$

Elektronen aus dem Valenzband in das Leitungsband angeregt, so daß Elektron-Loch-Paare entstehen. Unter bestimmten Bedingungen, z.B. bei sehr tiefen Temperaturen wird die Absorption von Licht auch schon unterhalb der Bandkante beobachtet. Bei diesem Prozeß werden keine frei beweglichen Ladungsträger erzeugt, sondern in „exzitonischen" Zuständen gebundene Paare, deren Gesamtenergie sich geringfügig unterhalb der Kante des Leitungsbandes befindet. Exzitonen werden aber für unsere Betrachtungen keine Rolle spielen.

Wenn umgekehrt freie Elektronen und Löcher schon vorhanden sind, können sie unter Emission von Licht rekombinieren, das wegen der Energieerhaltung wiederum eine Wellenlänge in der Nähe der Bandkante besitzt. Die „Rekombinationsstrahlung" muß aber außer dem Energiesatz auch noch die Impulserhaltung[3] für das Elektron-Loch-Paar ($\hbar\mathbf{k}_{el}$, $\hbar\mathbf{k}_h$) sowie das emittierte Photon ($\hbar\mathbf{k}_{ph}$) erfüllen:

$$\begin{aligned} \text{Energie:} \quad & E_{el}(\mathbf{k}_{el}) = E_h(\mathbf{k}_h) + \hbar\omega \\ \text{Impuls:} \quad & \hbar\mathbf{k}_{el} = \hbar\mathbf{k}_h + \hbar\mathbf{k}_{ph} \quad . \end{aligned} \tag{9.3}$$

---

[3]In einem Kristall sollte man genauer von *Quasi*-Impulserhaltung sprechen

Die **k**-Vektoren der Ladungsträger sind von der Größenordnung π/a_0, wenn a_0 die Gitterkonstante bezeichnet, und deshalb sehr viel größer als $2\pi/\lambda$. Optische Übergänge finden deshalb nur statt, wenn sich die tiefstliegenden elektronische Zustände im E-**k**-Diagramm (der „Dispersionsrelation") direkt über den höchstliegenden Lochzuständen befinden. In Abb. 9.6 ist die Situation für zwei besonders wichtige Halbleiter schematisch dargestellt: Im direkten Halbleiter GaAs trifft ein Leitungsband mit „leichten" Elektronen bei **k** = 0 auf ein Valenzband mit „schweren" Löchern (die effektive Masse der Ladungsträger ist zur Krümmung der Bänder umgekehrt proportional), dort sind die direkten optischen Übergänge möglich. Silizium ist dagegen ein indirekter Halbleiter, die Bandkante der Elektronen liegt bei hohen k_{el}-Werten, diejenige der Löcher bei $k = 0$ – Si kann nicht strahlen! Allerdings gibt es kompliziertere Prozesse unter Beteiligung eines Phonons, das bei geringem Energieaufwand für die Impulserhaltung in Gl.(9.3) sorgen kann.

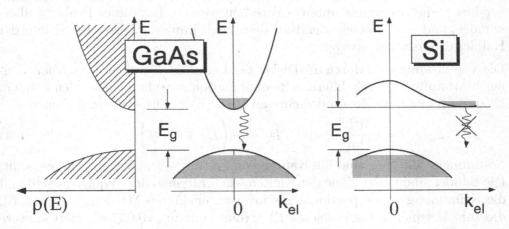

Abb. 9.6 *Links: Elektronische Zustandsdichte und vereinfachte Dispersionsrelation für direkte Halbleiter: GaAs. Die unterschiedliche Krümmung der Bänder wird durch unterschiedliche effektive Massen (s. Gl(9.4)) beschrieben. Im Gleichgewicht sind nur an den Bandkanten Ladungsträger vorhanden (schattierte Bereiche symbolisieren besetzte elektronische Zustände). Optische Übergänge beginnen und enden fast ohne Änderung des elektronischen k-Vektors, weil der Impuls der Photonen auf dieser Skala nicht sichtbar ist. Sie können nur stattfinden, wenn Elektronen des Leitungsbandes auf einen unbesetzten Zustand, ein Loch im Valenzband treffen. Rechts: Im indirekten Halbleiter Si sind direkte optische Übergänge unmöglich.*

Die Rekombinationsstrahlung wird durch einen optischen Dipolübergang verursacht. Dessen spontane Lebensdauer τ_{rec} hat typischerweise den Wert:

$$\text{Rekombinationszeit } \tau_{rec} \simeq 4 \cdot 10^{-9}s$$

Die Rekombinationsrate wird auch „Interband"-Zerfallsrate genannt und ist sehr langsam im Vergleich zur Stoßzeit T' der Ladungsträger an Defekten und Phononen innerhalb von Leitungs- und Valenzband. Diese „Intraband"-Streuung findet auf der Pikosekunden-Zeitskala statt,

$$\text{Relaxationszeit } T' \simeq 10^{-12} s$$

und sorgt dafür, daß innerhalb der einzelnen Bänder durch Relaxation ein von der Kristalltemperatur bestimmter Gleichgewichtszustand herrscht.

9.2.3 Inversion in der Laserdiode

In einem Halbleiter-Laser wird kohärentes Licht durch stimulierte Rekombinationsstrahlung erzeugt. Anfangs musste man die pn-Übergänge sehr tief auf die Temperatur des flüssigen Heliums kühlen, um mit der Luminiszenz konkurrierende Verlustprozesse zu unterdrücken und um eine ausreichende Inversionsdichte für Lasertätigkeit zu erzeugen. Die Entwicklung der Heterostruktur-Laser, die wir weiter unten besprechen werden, hat dieses Problem überwunden und ganz entscheidend zu dem noch immer wachsenden Erfolg der Halbleiter-Laser beigetragen.

Die Verstärkung wird durch die Dichte der Ladungsträger bestimmt, die bei einer bestimmten Energiedifferenz Rekombinationsstrahlung aussenden können. Dazu muß man ihre Zustandsdichte aus den $(E, \mathbf{k})$-Dispersionsrelationen

$$E_{\text{el}} = E_{\text{L}} + \frac{\hbar^2 \mathbf{k}^2}{2m_{\text{el}}^*} \quad \text{und} \quad E_{\text{h}} = -\left(E_{\text{V}} + \frac{\hbar^2 \mathbf{k}^2}{2m_{\text{h}}^*}\right) \tag{9.4}$$

bestimmen. Mit $E_{\text{V,L}}$ sind die Kanten von Leitungs- und Valenzband gemeint. Die Bänder sind in der Nähe der Kanten wie für freie Teilchen quadratisch, und die Krümmung ist proportional zur inversen effektiven Masse m* (Abb. 9.6), die zum Beispiel in GaAs leichte Elektronen mit m_{el}^*=0,067 m_{el} und schwere Löcher mit m_{h}^*=0,55 m_{el} ergibt. Im dreidimensionalen Volumen gilt $k_x^2 + k_y^2 + k_z^2 = k^2$, und unter Verwendung von $\rho_{\text{el,h}}(k)dk = k^2 dk/2\pi^2$ berechnet man die Zustandsdichte für Elektronen und Löcher getrennt nach

$$\rho_{\text{el,h}}(E)dE = \frac{1}{2\pi^2} \left(\frac{2m_{\text{el,h}}^*}{\hbar^2}\right)^{3/2} (E - E_{\text{L,V}})^{1/2} dE \quad ,$$

wobei E für Elektronen und Löcher von der jeweiligen Bandkante $E_{\text{L,V}}$ an gezählt wird. Damit können wir auch die Ladungsträgerdichte für Elektronen und Löcher bestimmen (Anhang B.3). Wir führen die Größen $\alpha_{\text{el}} = (E_L - \varepsilon_L)/kT$ und $\alpha_{\text{h}} = (\varepsilon_V - E_V)/kT$ ein und ersetzen die Integrationsvariable durch $x = (E - E_L)/kT$ bzw. $x = (E_V - E)/kT$,

$$n_{el,h} = \int_{E_{L,V}}^{\infty} \rho_{el,h} \, f_{el,h}(E, \varepsilon_{L,V}) dE$$

$$= \frac{1}{2\pi^2} \left(\frac{2m^*_{el,h} kT}{\hbar^2} \right) \int_0^{\infty} \frac{\exp(-\alpha_{el,h}) \sqrt{x} dx}{\exp(x) + \exp(-\alpha_{el,h})}$$

Abschätzungen können leicht ausgeführt werden, wenn wir die charakteristischen effektiven Massen für GaAs einsetzen. Für T = 300 K gilt:

$$\left\{ \begin{array}{c} n_{el} \\ n_h \end{array} \right\} = \left\{ \begin{array}{c} 4,7 \cdot 10^{17} \, [cm^{-3}] \\ 1,1 \cdot 10^{19} \, [cm^{-3}] \end{array} \right\} e^{-\alpha_{el,h}} \int_0^{\infty} \frac{\sqrt{x} dx}{e^x + e^{-\alpha_{el,h}}} \qquad (9.5)$$

Mit Hilfe der impliziten Gl.(9.5) kann zu jeder Ladungsträgerdichte eine Fermi-energie in Leitungs- und Valenzband numerisch ermittelt werden ($\{n_{el}, n_h\} \leftrightarrow \{E_L, E_V\}$), wobei wir für Elektronen und Löcher gewöhnlich dieselbe Konzentration erwarten. In einer Laserdiode wird die Ladungsträgerdichte durch den Injektionsstrom aufrecht erhalten (s. S. 348).

Beispiel: Ladungsträgerdichten

Ein interessanter Spezialfall tritt bei $\alpha_{el,h} = 0$ auf, denn dort erreicht die Fermi-Energie gerade die Kanten von Valenz- und Leitungsband. Dieser Fall läßt sich sogar analytisch lösen:

$$n_{el} = 4,7 \cdot 10^{17} \, [cm^{-3}] \int_0^{\infty} \frac{\sqrt{x} dx}{e^x + 1} = 3,2 \cdot 10^{17} \, [cm^{-3}]$$

Im allgemeinen muß Gl.(9.5) mit numerischen Methoden ausgewertet werden. Das Ergebnis solch einer Auswertung ist in Abb. 9.7 gezeigt.

Verursacht durch die kleineren effektiven Massen läßt die Elektronenkonzentration die Fermi-Energie ε_L schneller ansteigen als die (identische) Löcherkonzentration ε_V, sie erreicht die Bandkante zuerst. Durch starke p-Dotierung wird die Fermienergie im stromlosen (d.h. ladungsträgerfreien) Zustand aber näher an das Valenzband gerückt, so daß ε_V die Valenzbandkante bei geringerer Ladungsträgerdichte erreicht.

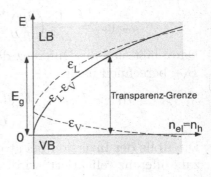

Abb. 9.7 *Ladungsträgerdichte und Fermi-Energien.*

Wie wir noch sehen werden (Gl. 9.9), reicht es zur Inversion schon aus, wenn die Differenz der Fermi-Energien $\varepsilon_L - \varepsilon_V$ größer ist als die Bandlücke E_g. Dort wird die „Transparenz-Grenze" erreicht, das Strahlungsfeld wird nicht mehr absorbiert, sondern verstärkt. Für GaAs tritt dieser Fall bei einer Ladungsträgerkonzentration von ca. $n_{el} = 10^{18} [cm^{-3}]$ ein.

Im Hinblick auf Lasertätigkeit sind wir in erster Linie daran interessiert, welche Zustände zu einem Übergang mit der Energie $E = \hbar\omega > E_g = E_L - E_V$ beitragen können oder wo wir Inversion erwarten können. Die Rate der stimulierten Emission gewinnen wir aus dem Einstein-B-Koeffizienten. Ein bestimmter **k**-Vektor trägt mit der Rate

$$R_{\mathrm{LV}}^{\mathbf{k}} = B_{\mathrm{LV}} U(\omega(\mathbf{k})) \left\{ f_{\mathrm{el}}^{\mathrm{L}}(E_{\mathrm{el}}(\mathbf{k})) \left(1 - f_{\mathrm{el}}^{\mathrm{V}}(E_{\mathrm{h}}(\mathbf{k})) \right) \right\}$$

zur Rate der stimulierten Emission bei der Frequenz $\omega = (E_{\mathrm{el}} - E_{\mathrm{h}})/\hbar$ bei. Hierin werden die Besetzungswahrscheinlichkeiten im Valenz- $(f_{\mathrm{el}}^{\mathrm{L}}(E_{\mathrm{el}}(\mathbf{k})))$ bzw. Leitungsband $(1 - f_{\mathrm{el}}^{\mathrm{V}}(E_{\mathrm{h}}(\mathbf{k})))$ bei der Energiedifferenz des direkten Übergangs $\hbar\omega(\mathbf{k})$ und $U(\omega(\mathbf{k}))$ bezeichnet die Energiedichte des Strahlungsfeldes. Entsprechend kann man die Rate für die Absorption angeben,

$$R_{\mathrm{VL}}^{\mathbf{k}} = B_{\mathrm{VL}} U(\omega(\mathbf{k})) \left\{ f_{\mathrm{el}}^{\mathrm{V}}(E_{\mathrm{h}}(\mathbf{k})) \left(1 - f_{\mathrm{el}}^{\mathrm{L}}(E_{\mathrm{el}}(\mathbf{k})) \right) \right\} \quad .$$

Die Gesamtrate der möglichen Übergänge zur Frequenz ω können wir nach $R_{\mathrm{LV}}(\omega) = \sum_{\mathbf{k}} R_{\mathrm{LV}}^{\mathbf{k}} \delta(\omega - (E_{\mathrm{el}} - E_{\mathrm{h}}))\rho(\mathbf{k})d^3k$ bestimmen. Aus der gemeinsamen Dispersionsrelationen für Elektronen und Löcher,

$$E = E_{\mathrm{el}} - E_{\mathrm{h}} = E_g + \frac{\hbar^2 \mathbf{k}^2}{2m_{\mathrm{el}}^*} + \frac{\hbar^2 \mathbf{k}^2}{2m_{\mathrm{h}}^*}$$

ergibt sich nach Kap. B.3 die sogenannte reduzierte Zustandsdichte mit $\mu^{-1} = m_{\mathrm{el}}^{*-1} + m_{\mathrm{h}}^{*-1}$ und $\rho(\omega) = \hbar\rho(E)$:

$$\rho_{\mathrm{red}}(\omega) = \frac{1}{2\pi^2} \left(\frac{2\mu}{\hbar} \right)^{3/2} (\omega - E_g/\hbar)^{1/2} \quad . \tag{9.6}$$

Dann läßt sich die Differenz der Emissions- und Absorptionsraten mit $B_{\mathrm{LV}} = B_{\mathrm{VL}}$ berechnen nach

$$\begin{aligned} R_{\mathrm{LV}} - R_{\mathrm{VL}} &= B_{\mathrm{LV}} U(\omega) \left\{ f_{\mathrm{el}}^{\mathrm{L}}(1 - f_{\mathrm{el}}^{\mathrm{V}}) - f_{\mathrm{el}}^{\mathrm{V}}(1 - f_{\mathrm{el}}^{\mathrm{L}}) \right\} \rho_{\mathrm{red}} \\ &= B_{\mathrm{LV}} U(\omega) \left\{ f_{\mathrm{el}}^{\mathrm{L}} - f_{\mathrm{el}}^{\mathrm{V}} \right\} \rho_{\mathrm{red}} \quad . \end{aligned} \tag{9.7}$$

Die Rolle der Inversion bei atomaren Systemen $(N_e - N_g)$, die die Besetzungszahldifferenz reflektiert, wird nun von dem Produkt

$$(N_e - N_g) \quad \rightarrow \quad (f_{\mathrm{el}}^{\mathrm{LB}} - f_{\mathrm{el}}^{\mathrm{VB}})\rho_{\mathrm{red}}((E_{\mathrm{LB}} - E_{\mathrm{VB}})/\hbar)$$

übernommen, dessen erster Faktor durch den Injektionsstrom gesteuert wird und offenbar nach

$$f_{\mathrm{el}}^{\mathrm{L}} > f_{\mathrm{el}}^{\mathrm{V}} \quad \text{oder} \quad \frac{1}{1 + e^{E_{\mathrm{el}} - \varepsilon_{\mathrm{LB}}}} > \frac{1}{1 + e^{E_{\mathrm{h}} - \varepsilon_{\mathrm{V}}}}$$

festlegt, ob Inversion vorliegt oder nicht. Daraus erhält man durch Umformung

$$E_{\mathrm{el}} - E_{\mathrm{h}} = \hbar\omega < \varepsilon_{\mathrm{L}} - \varepsilon_{\mathrm{V}} \quad ,$$

das heißt, die zu verstärkenden Frequenzen müssen kleiner sein als der entsprechende Abstand der Fermienergien ε_L und ε_V. Weil andererseits nur Energien oberhalb der Bandlücke verstärkt werden können, folgt daraus wiederum die Inversionsbedingung für Halbleiter-Laser,

$$\varepsilon_L - \varepsilon_V > E_g \quad ,$$

die für GaAs bei einer Ladungsträgerkonzentration von $n_{el} = n_h = 10^{18} \, [\text{cm}^{-3}]$ erreicht wird, wie wir im Beispiel auf S. 345 gezeigt haben.

9.2.4 Kleinsignalverstärkung

Wir betrachten eine Lichtwelle, die sich mit der Gruppengeschwindigkeit v_g und der spektralen Intensität $I(\omega) = v_g U(\omega)$ in z-Richtung ausbreitet. Die Änderung der Intensität durch Absorption bzw. Emission wird nach (9.7) beschrieben. Nach einer kurzen Laufstrecke $\Delta z = v_g \Delta t$ können wir deshalb schreiben $\Delta I = (R_{LV} - R_{VL})\hbar\omega\Delta z$. Dann ergibt sich der Absorptions- bzw. Emissionskoeffizient nach Gl.(6.21),

$$\alpha(\omega) = \frac{\Delta I}{I\Delta z} = \frac{(-R_{VL} + R_{LV})\hbar\omega}{v_g U(\omega)} \quad .$$

Wir verwenden die Beziehung zwischen Einstein-A- und B-Koeffizeinten, $B_{LV} = A_{LV}/(\hbar\omega(\omega^2/\pi^2 c^3)) = A_{LV}/(\hbar\omega\rho_{Ph}(\omega))$ nach Gl.(6.46), um den Einstein-Koeffizienten B mit der spontanen Zerfallsrate $\tau = A_{LV}^{-1}$ des Halbleiters in Beziehung zu setzen, und können dann mit Gl.(9.7) schreiben

$$\alpha(\omega) = \frac{1}{v_g\tau}\frac{\rho_{red}(\omega)}{\rho_{ph}(\omega)}(f^L - f^V) = \alpha_0(f^L - f^V) \quad , \tag{9.8}$$

wobei wir noch den zur reduzierten Zustandsdichte proportionalen maximalen Absorptionskoeffizienten $\alpha_0(\omega)$ eingeführt haben. Zur Abschätzung verwenden wir typische Daten für GaAs-Laser: Wellenlänge $\lambda_L = 850$ nm; reduzierte effektive Masse $\mu = 0,06\,m_{el}$; Rekombinationszeit $\tau_{rec} = 4\cdot10^{-9}$ s; Gruppengeschwindigkeit $v_g \simeq c/3,5$. Bei typischen Abständen der Laserfrequenz von 1 THz $= 10^{12}$ Hz von der Bandkante (das entspräche einer Wellenlängendifferenz von 2 nm) kann man die Variation der Zustandsdichte des Strahlungs-

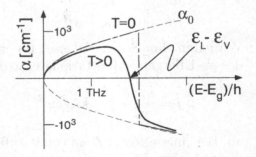

Abb. 9.8 *Absorption und (Kleinsignal)-Verstärkung am pn-Übergang für eine gegebene Ladungsträgerdichte bei $T = 0K$ und bei erhöhter Temperatur.*

feldes $(\rho_{\mathrm{ph}}(\omega))$ vernachlässigen und berechnet

$$\alpha_0 = 6,8 \cdot 10^3 \, [\mathrm{cm}^{-1}] \, \sqrt{(\nu_L - E_g/h)/[THz]} \quad .$$

Die enorm großen Verstärkungsfaktoren α_0 werden im Laser allerdings noch durch den Fermi-Faktor aus Gl.(9.8) reduziert werden.

Verstärkung wird wie im Gaslaser erreicht, wenn die stimulierte Emission die Verluste durch Auskopplung, Streuung und Absorption überwiegt. In Abb. 9.8 haben wir das Verstärkungs- bzw. Verlustprofil beispielhaft vorgestellt. Bei $T = 0$ sind die Fermiverteilungen stufenförmig und deshalb liegt der Betrag des Absorptionskoeffizienten genau bei $\alpha_0(\omega)$. Übrigens wird hier sofort klar, daß nur dann eine Ladungsträger-Inversion vorliegen kann, wenn im Leitungs- und im Valenzband *verschiedene* Fermi-Energien vorliegen,

$$\varepsilon_L - \varepsilon_V > h\nu > E_g \quad . \tag{9.9}$$

Es handelt sich um ein Fließ-Gleichgewicht, das nur bei Vorwärtsbetrieb der Diode erreicht werden kann. Die genauere Berechnung der Halbleiter-Verstär-kung ist eine aufwendige Angelegenheit, denn sie hängt von den realen Bau-formen ab, die, wie wir noch sehen werden, sehr viel komplizierter sind.

Beispiel: Schwellstromstärke im Halbleiter-Laser.

Die benötigte Schwellstromdichte können wir leicht bestimmen, nachdem die kritische Ladungsträgerdichte $n_{\mathrm{el}} \geq 10^{18}$ bekannt ist. Die Ladungsträgerdichte wird durch den Injektionsstrom in den pn-Übergang befördert und rekombi-niert dort spontan mit der Rate $\tau_{\mathrm{rec}}^{-1} = 2,5 \cdot 10^8 s^{-1}$:

$$\frac{dn_{\mathrm{el}}}{dt} = -\frac{n_{\mathrm{el}}}{\tau_{\mathrm{rec}}} + \frac{j}{ed} \quad .$$

Wir leiten ohne Schwierigkeiten für eine Breite der Raumladungszone $d = 1\mu m$ des pn-Übergangs die stationäre Stromdichte

$$j = \frac{n_{\mathrm{el}} ed}{\tau_{\mathrm{rec}}} \geq 4 \, \mathrm{kA/cm}^2$$

ab. Bei einer aktiven Zone von $0,3{\times}0,001 \, \mathrm{mm}^2$ Fläche entspricht diese Strom-dichte bereits 12 mA, die auch genau auf diesen Bereich konzentriert werden müssen. Man bemerkt sofort, daß es sich lohnt, die Breite der Diffusionszone der Ladungsträger zu beschränken und die Schwellstromdichte zu senken. Die-ses Konzept wird mit Heterostruktur- und Quantenfilm-Lasern verfolgt.

9.2.5   Homo- und Heterostrukturen

Obwohl das grundsätzliche Konzept zum Betrieb eines Halbleiter-Lasers aus der unmittelbaren Frühzeit des Lasers stammt, gelang es zunächst nur bei kryogenischen Temperaturen, Laserbetrieb an einem pn-Übergang zu erzielen. Die leichten, beweglichen Elektronen besitzen eine große Diffusionslänge ($\geq$ 0,5 μm), so daß hohe Schwellströme erforderlich waren und bei Raumtemperatur die Verstärkung die Verluste insbesondere durch nichtstrahlende Rekombination und Reabsorption nicht überwinden konnte. Dieses Problem konnte in den 70er-Jahren jedoch durch das Konzept der „Heterostrukturen" gelöst werden und die Laserdioden ihren Siegeszug als Quellen für kohärentes Licht antreten. Man spricht von einer Heterostruktur, wenn zwei unterschiedliche Materialien (z.B. mit unterschiedlicher Komposition) und verschiedenen Bandlücken aneinandergrenzen. Dabei entstehen Potentialbarrieren, die die Diffusion der Ladungsträger über die Grenzschicht hinweg hemmen. Für Lasermaterialien wählt man die Bandlücken derart, daß Elektronen und Löcher in einer Zone mit geringerer Bandlücke zwischen zwei Schichten mit größerer Bandlücke eingesperrt werden können („Doppel-Heterostruktur"). Andernfalls würde das im Zentrum generierte Licht in den Randbereichen der Verstärkungszone wieder absorbiert.

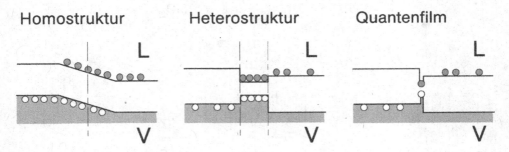

Abb. 9.9 *Bandstruktur für Elektronen und Löcher: Homostruktur, Heterostruktur und Quantenfilme. Die Quantengrenze wird typischerweise bei einer Dicke von 200 Å erreicht.*

Dieser Vorteil der Heterostrukturen gegenüber dem einfachen Homostruktur-Laser ist in Abb. 9.9 schematisch vorgestellt. Das stark vereinfachte Potentialschema deutet an, daß die Bewegung der Ladungsträger nun auf eine enge Lage ($\simeq$ 0,1 μm) beschränkt ist, um durch ihre hohe Konzentration eine entsprechend hohe Verstärkungsdichte zu erreichen. Wenn der Brechungsindex in diesem Bereich höher ist als in der Umgebung, wird zusätzlich der erwünschte Wellenleitereffekt erzielt, der in diesem Fall als „Index-Führung" (engl. *index guiding*) bezeichnet wird. Auch die räumliche Variation der Ladungsträger verursacht Brechungsindexänderungen, die „Gewinn-Führung" oder *gain guiding* genannt werden. Bei weiterer Miniaturisierung der aktiven Schicht gelangen wir zu den Quantenfilm-Systemen, die aber nicht nur einfach noch kleiner sind, sondern auch qualitativ veränderte Eigenschaften aufweisen (s. Abschn. 9.3.4).

9.3   Heterostruktur-Laser

Das wichtigste Material zur Herstellung von Halbleiter-Lasern ist bis heute GaAs. Es bietet als direkter Halbleiter nicht nur die notwendigen mikroskopischen Voraussetzungen, sondern wegen der Variation der Mischkristalle $Ga_xAl_{1-x}As$ zahlreiche Möglichkeiten, die Bandlücke und den Brechungsindex durch geeignet konstruierte Schichtensysteme an die Erfordernisse anpassen. Die charakteristische Wellenlänge bei 850 nm hat auch technologische Bedeutung, weil sie in einem von drei günstigen spektralen Fenstern (850, 1310, 1550 nm) zur Konstruktion optischer Netzwerke liegt. Die Konzepte der AlGaAs-Laser sind aber auch auf andere Systeme wie z.B. InAlP übertragen worden.

9.3.1   Konstruktion: Laserkristall

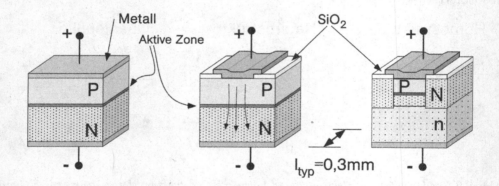

Abb. 9.10 *Schichtensysteme für Laserdioden. Links: Einfache Homostruktur. Mitte: Die Stromführung wird durch isolierende Oxidschichten eingeengt und verursacht eine Konzentration der Inversionsdichte. Die inhomogene Verstärkung erzeugt außerdem einen Wellenleiter, der das Lichtfeld entlang der Verstärkungszone führt („Gewinnführung"). Rechts: Doppel-Heterostrukuren erzeugen eine genau kontrollierte Verstärkungszone.*

Die Laserkristalle werden durch epitaktisches Wachstum[4] hergestellt, wobei die Zusammensetzung der Schichten in Wachstumsrichtung durch Regelung der Quellflüsse kontrolliert werden kann. Durch das Wachstum wird die vertikale

---

[4]Bei epitaktischem Wachstum werden dünne Schichten des (Halbleiter-)Materials i. Allg. einkristallin auf einer einkristallinen Unterlage (Substrat) abgeschieden.

Doppel-Heterostruktur (DH) erzeugt. Die laterale Strukturierung im Mikrometer-Maßstab wird mit den aus der Mikroelektronik bekannten Methoden erreicht, z.B. durch optische lithographische Verfahren.

Durch die Konstruktion bedingt propagiert das Laserfeld entlang der Oberfläche des Kristalls, die Auskopplung findet an der Kante einer Spaltfläche statt. Dieser Typ wird deshalb als „Kantenemitter" (*edge emitter*) bezeichnet, im Unterschied zu den neueren Bauformen der senkrecht zur Oberfläche strahlenden Oberflächenemitter, die wir in Abschn. 9.5.2 kurz vorstellen werden.

Die Laserkristalle von ca. 0,2–1 mm Länge werden nach der Herstellung in einem größeren Wafer durch einfaches Spalten gewonnen und können grundsätzlich ohne weitere Behandlung in ein geeignetes Gehäuse (Abb. 9.11) eingesetzt und mit Standardmethoden kontaktiert werden, um ihre Handhabung zu erleichtern. Die transversalen geometrischen Eigenschaften des Laserfeldes wer-

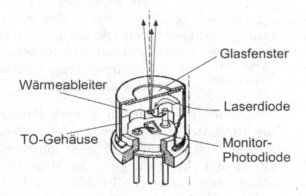

Abb. 9.11 *Standardbauform für Laserdioden. Das eigentliche Halbleiterelement ist kaum zu erkennen und hat typische Dimensionen von 0,3 mm Kantenlänge. Dieser Typ wird als Kantenemitter bezeichnet.*

den durch die Form der Verstärkungszone bestimmt. Im Fernfeld beobachtet man im allgemeinen ein elliptisches Strahlprofil, das durch die Beugung an der Heterostruktur und der transversalen Wellenleiterführung verursacht wird. Das Licht der kantenemittierenden Laserdioden muß daher für Anwendungszwecke relativ aufwendig kollimiert werden, ein Grund für die Entwicklung der Oberflächenemitter, die a priori ein kreisförmiges Strahlprofil anbieten können.

9.3.2 Laserbetrieb

Im einfachsten Fall formen die Spaltflächen des Laserkristalls bereits einen Resonator. Die intrinsische Reflektivität eines GaAs-Kristalls beträgt bei einem Brechungsindex n = 3,5 schon 30% und reicht häufig aus, um Laserbetrieb zu erreichen. In anderen Fällen kann die Reflektivität der Spaltflächen durch geeignete Beschichtungen modifiziert werden. In Abb. 9.12 ist die Ausgangsleistung eines Halbleiter-Lasers als Funktion der eingeprägten Stromstärke zu sehen.

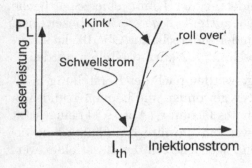

Abb. 9.12 *Strom-Leistungskurve einer Laserdiode. Bei hohen Strömen kann es durch Erhitzung des pn-Übergangs zum „rollover" kommen. Ein „Kink" ist häufig Kennzeichen einer Modeninstabilität.*

Für viele Anwendungen, zum Beispiel in der Spektroskopie oder der optischen Kommunikation, ist der Einsatz von Einmoden-Lasern wichtig. Das homogene Verstärkungsprofil der Laserdiode bietet dafür ausgezeichnete Voraussetzungen, obwohl der freie Spektralbereich der Halbleiter-Laser bei $\ell_{typ} = 0{,}3$ mm mit $\Delta\nu_{FSR} = 150\,\text{GHz}$ zwar beachtlich, gegenüber der Verstärkungsbandbreite von 10 THz und mehr aber immer noch sehr klein ist Tatsächlich werden in vielen Komponenten unerwünschte Laserfrequenzen („Seitenbänder") sehr stark unterdrückt.

Die Schwellströme einer Laserdiode variieren je nach Bauform, das Ziel ist aber immer eine möglichst geringe Laserschwelle. Man muß dabei bedenken, daß hohe Stromdichten von 100 kA/cm^2 und mehr auftreten, die starke lokale Aufheizung bewirken und zur Schädigung der Heterostrukturen führen können. Aus dem gleichen Grund steigt der Schwellstrom der Laserdiode auch mit der Temperatur an, in Hochleistungslasern kommt es sogar zum sogenannten „roll over", bei dem die Erhöhung des Injektionsstroms nicht mehr zu einer Erhöhung der Ausgangsleistung führt, sondern diese im Gegenteil durch Temperaturerhöhung des pn-Übergangs wieder reduziert! Der Zusammenhang zwischen Schwellstromstärke I_{th} und Temperatur folgt einem empirischen Gesetz mit einer charakteristischen Temperatur T_0,

$$I_{th} = I_0 \exp\left(\frac{T - T_0}{T_0} \cdot\right) \tag{9.10}$$

Die charakteristische Temperatur nimmt in konventionellen Heterostruktur-Lasern Werte um $T_0 = 60\text{K}$ an, in neueren Bauformen wie VCSEL oder Quantenfilm-Lasern werden diese Werte aber in wünschenswerter Weise auf 200–400K erhöht, so daß die Temperaturempfindlichkeit der Komponenten deutlich abnimmt. Ein Beispiel, das in guter Näherung dem idealisierten Verlauf der Laserleistungskurve aus Kap. 8.1.2 folgt, ist in Abb. 9.12 zu sehen. Aus der Steigung der Leistung kann man die differentielle Quanteneffizienz gewinnen, die typischerweise 30% oder mehr beträgt:

$$\text{Differentielle Quanteneffizienz} = \frac{e}{h\nu}\frac{dP}{dI}$$

Gelegentlich treten in der Strom-Leistungs-Kennlinie sogenannte „Kinks" auf (Abb. 9.12). Sie sind ein Hinweis darauf, daß sich die Lasermode verändert hat, zum Beispiel weil das geometrische Ladungsträgerprofil bei dieser Stromstärke einen anderen räumlichen Mode bevorzugt.

9.3.3 Spektrale Eigenschaften

Emissionswellenlänge und Modenprofil

Die Emissionswellenlänge eines Halbleiter-Lasers ist wie bei anderen Lasertypen durch die kombinierte Wirkung von Verstärkungsprofil und Laserresonator bestimmt. Wir betrachten hier zunächst die Wellenlängenselektion der „frei laufenden", d.h. ohne zusätzliche optische Elemente betriebenen Laserdiode.

Einmodenbetrieb, der in vielen Typen von Laserdioden erzielt wird, wird durch das wegen der hohen Intraband-Relaxationsrate homogen verbreiterte Verstärkungsprofil begünstigt, so daß die Lasermode beim Verstärkungsmaximum alleine anschwingt. Die detaillierte Geometrie des häufig kompliziert aufgebauten, mehrschichtigen Laserkristalls kann aber auch mehrmodigen Laserbetrieb zulassen, und selbst in explizit als „Einmodenlaser" bezeichneten Komponenten sind weitere Moden gewöhnlich nur um einen bestimmten Faktor (typ. ×100 oder 20 dB) unterdrückt.

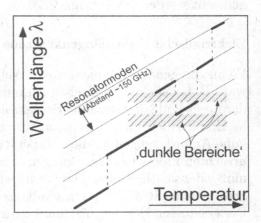

Abb. 9.13 *Modensprünge von Diodenlasern bei Temperaturveränderung.*

Obwohl die Resonator-Baulänge der Laserdioden allgemein sehr kurz ist (0,3–0,5 mm, n $\simeq$ 3,5) und schon für konventionelle Komponenten (Länge < 1mm) einen freien Spektralbereich von 80–160 GHz (der für VCSEL-Laser noch deutlich höher liegen kann) liefert, liegen im Verstärkungsprofil bei einer typischen spektrale Breite von einigen 10 nm oder einigen THz noch sehr viele Resonatormoden.

Die Brechzahl, die die Resonatorfrequenz bestimmt, hängt empfindlich sowohl von der Temperatur (Abb. 9.13) als auch von der Ladungsträgerdichte (beziehungsweise vom Injektionsstrom) ab, so daß die genaue Laserfrequenz ν_L durch Kontrolle dieser Parameter über erhebliche Bereiche abgestimmt werden kann:

- Bei Temperaturerhöhung einer äußeren Wärmesenke (z.B. eines Peltier-kühlers) finden wir typischerweise eine Frequenzänderung von $d\nu_L/dT = $ -30 GHz/K, d.h. eine Rotverschiebung.
- Stromänderungen verursachen eine Verschiebung $d\nu_L/dI = \eta_{th} + \eta_n$. Sie wird durch Temperaturerhöhung in der Heterostruktur hervorgerufen ($\eta_{th} \simeq $ -3GHz/mA) sowie durch Änderung der Ladungsträgerdichte ($\eta_n \simeq 0{,}1$ GHz/mA). Bei langsamen Stromänderungen wird die Änderung durch die thermische Rot-verschiebung dominiert, oberhalb von Modulationsfrequenzen $f_{\mathrm{mod}} \geq 30 kHz$ dominiert aber der Einfluß der Ladungsträgerdichte (s. Abschn. 9.4.1).

Unglücklicherweise treten bei der Abstimmung sowohl mit der Temperatur als auch dem Strom „dunkle" Bereiche auf, weil Verstärkungsprofil und Resonator-Modenstruktur nicht synchron zueinander variieren, diese verhindern die wün-schenswerte kontinuierliche Abstimmbarkeit (Abb. 9.13). Durch externe op-tische Elemente können immerhin auch die verbotenen Bereiche zugänglich gemacht werden (s. Abschn. 9.5).

Elektronische Wellenlängenkontrolle

Wenn die genaue Frequenz bzw. Wellenlänge der Laserstrahlung wichtig ist, wie z.B. bei spektroskopischen Anwendungen, dann müssen die Temperatur an der Laserdiode und der Injektionsstrom sehr genau kontrolliert werden. Die ho-he Empfindlichkeit auf Temperatur- und Stromschwankungen stellt technisch hohe Anforderungen an die Temperaturregelung: Wenn man die technisch ver-ursachten Frequenzschwankungen kleiner als typische 5 MHz halten will, dann muß offensichtlich eine Temperaturstabilität von $\delta T_{\mathrm{rms}} \leq 1$ mK bzw. eine Stromstabilität $\delta I_{\mathrm{rms}} \leq 1$ μA mit geeigneten Regelsystemen erreicht werden. Bei genauerer Betrachtung muß man das Frequenzverhalten der Regelungen

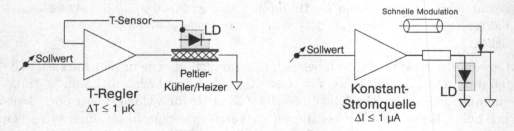

Abb. 9.14 *Passive Regelkomponenten für Laserdioden. Als Temperatursensor können z.B. Thermistoren verwendet werden.*

untersuchen, was jedoch über den Rahmen dieses Buches hinausführen würde.

Es ist aber einzusehen, daß die Temperaturregelung wegen ihrer hohen thermischen Massen keine große Regelbandbreite besitzen kann. Die Bandbreite der Stromregelung ist grundsätzlich nur durch die Kapazität der Laserdiode selbst begrenzt. Es ist aber regelungstechnisch sinnvoll, die Konstant-Stromquelle mit einer geringen inneren Bandbreite auszustatten, um das Stromrauschen zu reduzieren und stattdessen zusätzliche schnelle, hochohmige Modulationseingänge wie z.B. in Abb. 9.14 vorzusehen.

Die bisherigen Vorrichtungen zur Wellenlängenstabilisierung wirken rein passiv, d.h. alle Betriebsparameter der Laserdiode werden kontrolliert. Für optische Wellenlängenstandards sind noch bessere, absolute Stabilitätswerte erforderlich, die nur von einem spektroskopischen Signal abgeleitet werden können.

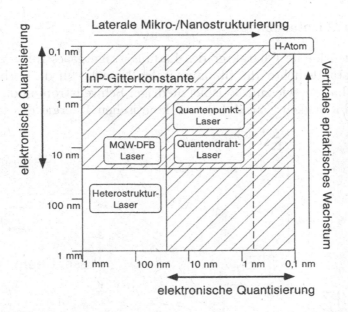

Abb. 9.15 *Halbleiterminiaturisierung und Lasertypen mit reduzierter Dimensionalität.*

9.3.4   Quantenfilme, Quantendrähte, Quantenpunkte

Konventionelle Heterostrukturen dienen dazu, die Diffusion der Elektronen und Löcher zu hemmen und die Verstärkung in einem kleinen Raumgebiet zu konzentrieren. Die Ladungsträger bewegen sich aber in einem Potentialtopf bei Abmessungen von ca. 100 nm noch immer wie mehr oder weniger klassische punktförmige Teilchen. Bei weiterer Miniaturisierung (Abb. 9.15) erreichen wir das Gebiet der Quantisierung der elektronischen Bewegung, in welchem die Dynamik der Ladungsträger in der vertikalen, zum Schichtenstapel orthogonalen Richtung nach der Quantenmechanik nun durch diskrete Energieniveaus gekennzeichnet ist.

Wenn die Miniaturisierung die Quantengrenze in einer Dimension erreicht wird, entsteht ein „zweidimensionales" Elektronengas, das wir hier als „Quantenfilm" bezeichnen wollen. In der Literatur sind aber auch andere Bezeichnungen für die damit konstruierten Laser üblich, wie z.B. Quantentrog-, Potentialtopf- oder, aus dem Englischen entlehnt, Quantum-Well(QW)-Laser. Strukturen mit reduzierter Dimensionalität bieten geringere Schwellströme, höhere Verstärkung und geringere Temperaturanfälligkeit als konventionelle DH-Laser, Vorteile, die schon in den frühen 80er-Jahren grundsätzlich erkannt wurden.

Inversion im Quantenfilm

Der zweidimensionale Charakter des Ladungsträgergases führt zu einer veränderten Zustandsdichte, der fundamentalen Ursache für die verbesserten Betriebseigenschaften, wie zum Beispiel niedriger Schwellstrom und geringe Temperaturempfindlichkeit. Zusätzlich zur kinetischen Energie des transversalen

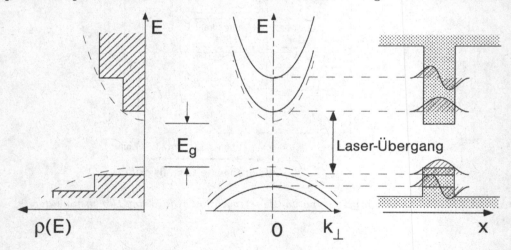

Abb. 9.16 *Bandstruktur und Zustandsdichte im Quantenfilm. Die schraffierten Kurven deuten die Wellenfunktionen der gespeicherten Elektronen und Löcher an.*

Zustandes E_{Qi} gibt es noch zwei kontinuierliche Freiheitsgrade mit Impulskomponenten $k_{\perp i}$, und für die Elektronen bzw. Löcher im i-ten Subband des Quantenfilms gilt ($k_{\perp i}^2 = k_{\perp ix}^2 + k_{\perp iy}^2$):

$$E_i = E_{V,L} + E_{Qi} + \frac{\hbar^2 k_{\perp i}^2}{2m_{el,h}^*} \quad .$$

Zu den interessanten Eigenschaften der Quantenfilm-Laser zählt die Möglichkeit, die Übergangswellenlänge durch die Wahl der Filmdicke l, die den Abstand der Quantenzustände im elektronischen und lochartigen Zustand bestimmt, zu kontrollieren: Nach der Quantenmechanik gilt nämlich $E_{Q_1} \simeq \hbar^2/2m_{el}^* l^2$.

Die Zustandsdichte in der k-Fläche beträgt $\rho_{el,h}(k)dk = kdk/\pi$ und kann mit $dE = \hbar^2 k/m_{el,h}^* dk$ in die energetische Dichte umgerechnet werden. In transversaler Richtung trägt jeder Quantenzustand (Energie E_{Q_i}, Quantenzahl i) mit der Dichte π/l bei,

$$\rho_{el,h}(E)dE = \sum_i \frac{m_{el,h}^{*i}}{\hbar^2 l} \Theta(E - E_{Q_i})$$

Die Theta-Funktion hat die Werte $\Theta(x) = 1$ für $x > 0$ und $\Theta(x) = 0$ für $x \leq 0$. Auch die effektiven Massen können von der Quantenzahl abhängen. Die Zustandsdichte wächst in einem Quantenfilm stufenförmig, wann immer die Energie einen neuen transversalen Quantenzustand erreicht nimmt sie genau den Wert an, der dem Volumenmaterial entspricht (gestrichelte Linie in Abb. 9.16). Der Vorteil des QW-Laser wird deutlich, wenn wir wie auf S. 345 die Abhängigkeit der Fermi-Energie von der Ladungsträger-Konzentration bestimmen. Man erhält mit ähnlichen Bezeichnungen wie im 3D-Fall, z.B. $\alpha_{el}^i = E_L + E_{Q_i} - \varepsilon_L$

$$n_{el,h} = \sum_i \frac{m_{el,h}^{*i} kT}{\hbar^2 l} e^{-\alpha_{el,h}^i} \int_0^\infty \frac{dx}{e^x + e^{-\alpha_{el,h}^i}} \quad .$$

Diese Beziehung läßt sich analytisch auswerten, und unter Verwendung der GaAs-Parameter finden wir bei T = 300K und für einen Quantenfilm mit $l = 100\overset{\circ}{A}$ Dicke die Relation

$$n_{el} = 3,3 \cdot 10^{15} [\text{cm}^{-3}] \ln\left(1 + e^{-\alpha_{el,h}^i}\right) \quad ,$$

aus welcher sich die Fermi-Energie gewinnen läßt. Der Vorfaktor ist um ca. 2 Größenordnungen kleiner als beim Volumenmaterial, Gl.(9.5)! Er deutet an, daß im QW-Laser Inversion schon bei deutlich geringeren Ladunsgträgerkonzentrationen und damit kleineren Schwellstromdichten zu erwarten ist als in konventionellen DH-Lasern.

Multiple Quantum Well (MQW)-Laser

Für einen fairen Vergleich mit den konventionellen DH-Lasern muß man berücksichtigen, daß die Gesamtverstärkung eines Quantenfilms eben wegen des geringeren Volumens kleiner ist als beim DH-Laser. Diesen Nachteil kann

man aber großenteils wieder wettmachen, wenn man im Volumen des Laserlichtfeldes mehrere identische Quantenfilme unterbringt.

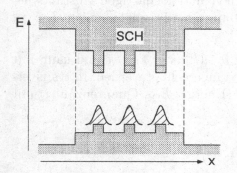

Abb. 9.17 *Schema einer Multiple-
Quantum-Well-Struktur aus drei Quan-
tenfilmen. SCH: Separate Confinement
Heterostructure.*

In Abb. 9.17 ist eine Multiple-Quantum-
Well-Struktur schematisch vorgestellt. Die
Ladungsträger sollen in den Potenti-
altöpfen „eingefangen" werden, aber die
Relaxationsrate, zum Beispiel durch Stoß
mit einem Phonon, ist wegen der geringen
Filmdicke relativ klein. Um die Konzentration der Ladungsträger in der Umgebung
der Quantenfilme zu erhöhen, wird deshalb
eine zusätzliche Heterostruktur eingesetzt
(*SCH* in Abb. 9.17: Separate Confinement
Heterostructure). Sie wirkt darüber hinaus
als Wellenleiter für das Resonatorfeld und
konzentriert die Lichtleistung auf diese Zo-
ne, die meist viel kleiner ist als eine optische Wellenlänge. Die MQW-Laser sind
inzwischen zum Standardprodukt der optoelektronischen Industrie geworden.

Eine weitere interessante Neuerung wurde durch die „Verspannten Quantenfilm"-Laser (SQW-Laser, von engl. *strained quantum well*) eingeführt. Sie bieten zusätzliche technische Vorteile, weil die effektiven Massen in den verspannten Kristallgittern um einen Faktor 2 geringer werden. Dadurch sinken sowohl
die Zustandsdichte als auch die Schwellstromdichte erneut.

Fassen wir die Vorteile noch einmal zusammen, die die Quantenfilm-Laser gegenüber herkömmlichen Doppelheterostruktur-Lasern bieten:

• Die veränderte Zustandsdichte verursacht geringere Schwellströme, weil weniger Zustände pro Ladungsträger zur Verfügung stehen, die mit kleineren
Strömen aufgefüllt werden können. Typischerweise werden Schwellstromdichten von 50–100 A/cm² erreicht. Die niedrige Schwelle verbessert indirekt auch
wieder die Temperatur-Empfindlichkeit, weil in den Heterostrukturen weniger
Abwärme erzeugt wird.

• Die differentielle Verstärkung ist größer als bei den DH-Lasern, weil die mit
dem Strom wachsende elektrische Verlustleistung eine geringere Reduktion der
Verstärkung verursacht.

• Die Schwellbedingung hängt weniger stark von der Temperatur ab. Beim
konventionellen DH-Laser wächst die Transparenzschwelle mit $T^{3/2}$, im Quantenfilm-Laser nur proportional zu T. Die charakteristischen Temperaturen
(Gl. 9.10) betragen ca. 200 K.

Quantendrähte und Quantenpunkte

Die reduzierte Dimensionalität der Halbleiterstrukturen läßt sich durch die Konstruktion weiter fortsetzen: Aus den 2-dimensionalen Quantenfilmen werden quasi-1-dimensionale Quantendrähte und sogar 0-dimensionale Quantenpunkte (engl. *quantum dots*), wenn geeignete Verfahren der lateralen Mikrostrukturierung gewählt werden. In Abb. 9.18 ist diese Entwicklung mit ihrer Wirkung auf die Zustandsdichte vorgestellt. Die Eigenschaften der Zustands-

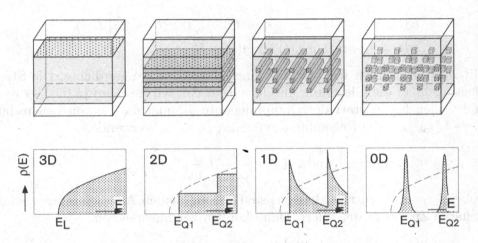

Abb. 9.18 *Entwicklung vom Doppelheterostruktur-Laser über Quantenfilme und -drähte zu Quantenpunkten.*

dichte setzen die Tendenz des Quantenfilm-Lasers fort, Verstärkung schon bei geringen Stromdichten zu erreichen. Während der Schichtenstapel des Quantenfilm-Lasers aber einfach durch Kontrolle der Wachstumsprozesse gesteuert werden kann (in Abb. 9.18 in vertikaler Richtung), müssen die lateralen Eigenschaften im allgemeinen durch einen gänzlich anderen Prozeß hergestellt werden. Einerseits besteht zwischen der Herstellung von Quantendrähten und Quantenpunkten vom technologischen Standpunkt kein großer Unterschied mehr, andererseits werden die erforderlichen lateralen Strukturgrößen von 0,1–0,2 nm mit Standardmethoden der optischen Lithographie nicht so leicht erreicht. Die streng periodische Anordnung der Quantenpunkte in Abb. 9.18 ist bis heute ebenfalls kaum realisierbar, andererseits für den Laserprozeß auch gar nicht erforderlich; in jüngster Zeit sind vielversprechende Erfolge damit erzielt worden, Quantenpunkte im Wege der Selbstorganisation eines heterogenen Wachstumsprozesses zu erzeugen.[173, 65]

9.4   Dynamische Eigenschaften von Halbleiter-Lasern

Zu den technisch attraktivsten Eigenschaften der Laserdiode gehört ihre direkte Modulierbarkeit durch Variation des Injektionsstroms: Die Geschwindigkeit, mit welcher der Laser ein- und ausgeschaltet werden kann, bestimmt die Rate, mit der digitale Signale erzeugt und damit übertragen werden können. Um die Dynamik der Laserdioden zu verstehen, verwenden wir die Amplitudengleichung (8.10) und die Ratengleichung (8.18(i)), denn die transversale Relaxation wird durch die Intrabandstreurate $\gamma'^{-1} = T_2 \simeq 1$ ps dominiert:

$$\dot{E}(t) = \left[i \left(\Omega - \omega - \frac{1}{2} \kappa \alpha n(t) \right) + \frac{1}{2} \left(\kappa n(t) - \gamma_c \right) \right] E(t)$$
$$\dot{n}(t) = -\kappa n(t) n_{\mathrm{ph}}(t) - \gamma n(t) + R \qquad\qquad (9.11)$$

Mit $n(t)$ bezeichnen wir hier allerdings die Ladungsträgerdichte. Die Stromdichte geht in die Gleichung mit $R = j/ed$ ein, wir ersetzen $|E(t)|^2 \to n_{\mathrm{ph}}(t)$ und wollen ferner statt der Dämpfungsrate diesmal die Photon-Lebensdauer $\gamma_c \to 1/\tau_{\mathrm{ph}}$ und die Rekombinationszeit $\gamma \to 1/\tau_{\mathrm{rec}}$ verwenden,

$$n^{\mathrm{st}} = 1/\kappa \tau_{\mathrm{ph}} \quad \text{und} \quad \overline{n}_{\mathrm{ph}} = \frac{1}{\kappa \tau_{\mathrm{rec}}} \left(\frac{j}{j_{\mathrm{th}}} - 1 \right) \quad,$$

wobei $j_{\mathrm{th}} = ed/\kappa \tau_{\mathrm{rec}} \tau_{\mathrm{ph}}$. Meistens sind wir an kleinen Abweichungen vom stationären Zustand interessiert. Dann können wir linearisieren,

$$n(t) = n^{\mathrm{st}} + \delta n(t) \text{ und } n_{\mathrm{ph}} = \overline{n}_{\mathrm{ph}} + \delta n_{\mathrm{ph}}$$

und finden die Bewegungsgleichungen, in denen wir $j_0/j_{\mathrm{th}} = I_0/I_{\mathrm{th}}$ setzen,

$$\dot{\delta n}_{\mathrm{ph}}(t) = \frac{1}{\tau_{\mathrm{rec}}} \left(\frac{I_0}{I_{\mathrm{th}}} - 1 \right) \delta n(t)$$
$$\dot{\delta n}(t) = \frac{j_{\mathrm{mod}}}{ed} - \frac{1}{\tau_{\mathrm{rec}}} \frac{I_0}{I_{\mathrm{th}}} \delta n(t) - \frac{1}{\tau_{\mathrm{ph}}} \delta n_{\mathrm{ph}} \qquad\qquad (9.12)$$

9.4.1   Modulationseigenschaften

Wir betrachten die Wirkung kleiner harmonischer Modulationen des Injektionsstroms, $j_{\mathrm{mod}} = j_0 + j_m e^{-i\omega t}$ auf Amplitude und Phase des Laserlichtfeldes.

Amplitudenmodulation

Die Modulation der Photonenzahl bestimmt die Variation der Ausgangsleistung. Deshalb verwenden wir $\delta n_{\mathrm{ph}}(t) = \delta n_{\mathrm{ph}0} e^{-i\omega t}$ und $\delta n(t) = \delta n_0 e^{-i\omega t}$ und können $\delta n_{\mathrm{ph0}} = -(I_0/I_{\mathrm{th}} - 1)\delta n_0/i\omega\tau_{\mathrm{rec}}$ ersetzen. Wir erhalten nach kurzer Rechnung die Amplitude:

$$\delta n_{\mathrm{ph0}} = -\frac{\tau_{\mathrm{ph}}j_m}{ed}\,\frac{(I_0/I_{\mathrm{th}} - 1)}{\omega^2\tau_{\mathrm{rec}}\tau_{\mathrm{ph}} - (I_0/I_{\mathrm{th}} - 1) + i(I_0/I_{\mathrm{th}})\omega\tau_{\mathrm{ph}}} \quad . \qquad (9.13)$$

In erster Linie sind wir am Betrag der resultierenden Modulationsamplitude nach Gl.(9.13) interessiert,

$$|\delta n_{\mathrm{ph0}}| = \frac{\tau_{\mathrm{ph}}j_m}{ed}\,\frac{I_0/I_{\mathrm{th}} - 1}{\sqrt{(\omega^2\tau_{\mathrm{rec}}\tau_{\mathrm{ph}} - (I_0/I_{\mathrm{th}} - 1))^2 + \omega^2\tau_{\mathrm{ph}}^2(I_0/I_{\mathrm{th}})^2}} \quad .$$

In Abb. 9.19 stellen wir die Antwort einer typischen Laserdiode auf eine Strommodulation mit der Frequenz $f_{\mathrm{mod}} = \omega/2\pi$ vor. Wir haben eine spontane Rekombinationszeit $\tau_{\mathrm{rec}} = 2 \cdot 10^{-9}s$ und eine Photon-Lebensdauer von $\tau_{\mathrm{ph}} = 10^{-12}s$ verwendet. Die Relaxationsresonanz steigt wie auch nach Gl.(8.23) erwartet mit dem Injektionsstrom an. Experimentelle Daten werden durch diese Funktion gut wiedergegeben.

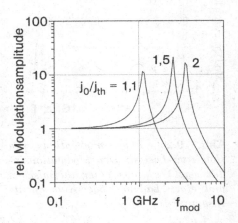

Für Anwendungen zum Beispiel in der optischen Kommunikation ist eine hohe Modulationsbandbreite wichtig. Dazu sollte die Frequenzantwort bis zu möglichst ho-

Abb. 9.19 *Amplitudenmodulation im Diodenlaser.*

hen Frequenzen flach verlaufen, und außerdem sollten keine großen Phasendrehungen auftreten (δn_{Ph0} ist ein komplexe Größe!). Heute werden in kompakten VCSEL-Komponenten Modulationsbandbreiten von 40 GHz und mehr erzielt, und ein Ende dieser Entwicklung ist noch nicht abzusehen.

Phasenmodulation

Wir wollen auch die Entwicklung der Phase $\Phi(t)$ untersuchen, wobei wir mit

$$E(t) \to \mathcal{E}\exp\left(i(\Omega - \omega - \alpha\gamma_c/2)\right)\exp\left(i\Phi(t)\right)$$

die stationäre Entwicklung in Gl.(9.11) abtrennen und für die Phasenentwicklung die Kopplung

$$\dot{\Phi}(t) = \frac{1}{2}\alpha\kappa\,\delta n(t)$$

an die Ladungsträgerdynamik finden. Wir erwarten wieder eine harmonische Entwicklung $\Phi(t) = \Phi_0 e^{-i\omega t}$, die wir mit einer kurzen Rechnung auch durch die Modulation der Photonenzahl ausdrücken können und dabei mit $\alpha = (\omega - \omega_0)/\gamma$ (Gl. 8.6) das sehr transparente Ergebnis erhalten,

$$\Phi(t) = \Phi_0 e^{-i\omega t} = \frac{\alpha}{2} \frac{\delta n_{\text{ph0}}}{\overline{n}_{\text{ph}}} e^{-i\omega t} \quad .$$

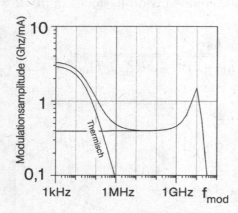

Das Ergebnis zeigt, daß der Faktor α die Kopplung der Phasenänderung an die Amplitudenänderung beschreibt. Er besitzt in Laserdioden typische Werte von 1,5–6, verschwindet aber gewöhnlich im Gaslaser, weil dieser in der Nähe der atomaren oder molekularen Resonanzlinien schwingt ($\alpha = (\omega - \omega_0)/\gamma \simeq 0$, Gl.(8.6)). Er spielt eine wichtige Rolle in der Linienbreite der Laserdiode, wie wir im nächsten Abschnitt sehen werden.

Abb. 9.20 *Phasenmodulation von Halbleiter-Lasern: Der Modulationsindex setzt sich aus einer thermischen und einer Ladungsträger-Komponente zusammen.*

Wir haben bisher sowohl die Amplituden- als auch die Phasenmodulation nur als eine Folge der dynamischen Ladungsträgerdichte aufgefaßt. Der Modulationsstrom verursacht aber darüber hinaus eine periodische Erwärmung der Heterostruktur, die die optische Länge der Laserdiode ebenfalls modifiziert und den Modulationshub bis zu typischen Grenzfrequenzen von einigen 10 kHz sogar dominiert. Temperatur und Ladungsträgerdichte-Variationen, die wir auf S. 354 auch schon als Ursache für die Verstimmung der Laserwellenlänge mit dem Injektionsstrom ausgemacht hatten, tragen zum niederfrequenten Verhalten der Modulationsamplitude bei.

9.4.2 Linienbreite des Halbleiter-Lasers

Wenn man die Linienbreite einer Laserdiode nach der Schawlow-Townes-Formel Gl.(8.30) berechnet, erwartet man schon von vornherein aufgrund der großen Linienbreite des leeren Resonators $\gamma_c \simeq 10^{12}$ einen höheren Wert als etwa beim HeNe-Laser. Im Experiment werden aber noch größere Linienbreiten von 30 – 100 MHz beobachtet. Diese Verbreiterung wird durch den α-*Parameter* beschrieben, der in unserer einfachen Lasertheorie schon enthalten ist und die Amplituden-Phasen-Kopplung beschreibt. Er wird in diesem Zusammenhang häufig Henrys α-Parameter genannt, weil C. Henry erkannt hatte, daß dieser Faktor bei Diodenlasern eine ungleich wichtigere Rolle spielt als beim

Gaslaser.[74]

$$\Delta\nu'_{ST} = (1 + \alpha^2)\Delta\nu_{ST}$$

Den α-Faktor hatten wir ursprünglich als „Abkürzung" für die normierte Verstimmung eingeführt. Eine genauere Analyse zeigt, daß er das differentielle Verhältnis von Real- und Imaginärteil der Suszeptibilität oder auch der Brechzahl angibt,

$$\alpha = \Delta n'/\Delta n'' \quad ,$$

das sich nur sehr aufwendig berechnen läßt und vorzugsweise dem Experiment entnommen wird.

Beispiel: Schawlow-Townes-Linienbreite eines kleinen GaAs-Lasers.
Wir bestimmen die Linienbreite eines GaAs-Lasers für 1 mW Ausgangsleistung und bei einer Laserfrequenz von $\nu_L = 350$ THz @ 857 nm. Der kleine Fabry-Perot-Resonator mit 0,3 mm Baulänge und Brechungsindex 3,5 führt bei Spiegelreflektivitäten von R = 0,3 zu einer Linienbreite und Zerfallsrate von $\Delta\nu = \gamma_c/2\pi = 3 \cdot 10^{10}$, die viel größer ist als bei einem typischen Gaslaser und eine sehr viel größere Schawlow-Townes-Linienbreite verursacht:

$$\Delta\nu_{ST} \simeq \frac{\pi h \cdot 350\text{THz}(2\pi * 50\text{GHz})^2}{1\text{mW}} = 1,5\text{MHz} \quad .$$

In der Praxis findet man α-Werte zwischen 1,5 und 6 und damit Übereinstimmung mit den gemessenen Linienbreiten.

9.4.3 Injection Locking

In einem gewöhnlichen Laser startet die Oszillation des Lichtfeldes aus dem Rauschen heraus von selbst. Wir wollen hier studieren, wie sich ein Laseroszillator bei Einstrahlung eines externen Lichtfeldes verhält. Die Überlegungen gelten grundsätzlich für viele Lasertypen, sind aber gerade bei Laserdioden für Anwendungen wichtig, denn auf diese Weise las-

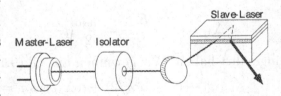

Abb. 9.21 *Injection Locking: Das kohärente Lichtfeld des „Master-Lasers" wird in einen „Slave-Laser" injiziert und prägt seine Kohärenzeigenschaften dessen Feld auf. Der Isolator dient der Entkopplung der beiden Verstärker.*

sen sich die Präparation eines Lichtfeldes mit kontrollierter Kohärenz und die Erzielung hoher Ausgangsleistung in funktional getrennten Komponenten erreichen.

In Abb. 9.21 haben wir eine für Laserdioden typische Situation schematisch vorgestellt: In einem „Master-Laser" wird ein Laserlichtfeld mit wohl kontrollierten Kohärenzeigenschaften präpariert. Dessen Licht wird in einen „Slave-Laser" injiziert und bestimmt unter Bedingungen, die wir hier untersuchen wollen, dessen dynamische Eigenschaften. Der Slave-Laser wird selbst i. Allg. ungünstigere Kohärenzeigenschaften anbieten, kann aber andererseits eine hohe Ausgangsleistung zur Verfügung stellen, wenn zum Beispiel in Abb. 9.21 ein Breitstreifen- oder Trapez-Laser verwendet wird.

Wir fügen die Kopplung an ein äußeres Feld E_{ext} in Gl.(9.11) auf heuristische Art und Weise ein: Der Einkoppelterm muß dieselbe Struktur besitzen wie der Auskoppelterm, aber das externe Feld oszilliert mit einer eigenen Frequenz ω_{ext}. Wir ersetzen $\kappa n \to G$ und schreiben

$$\dot{E}(t) = \left[i\left(\omega_{ext} - \Omega - \frac{\alpha}{2}G\right) + \frac{1}{2}(G - \gamma_c) \right] E(t) +$$
$$+ \gamma_{ext} E_{ext} e^{-i(\omega_{ext} - \omega)t + i\varphi} \quad .$$

Dann finden wir nach Real- und Imaginärteil getrennte Gleichungen für das Gleichgewicht,

$$\begin{align}
(i) \quad & \frac{1}{2}(G - \gamma_c) + \frac{\gamma_{ext}}{2}\frac{E_{ext}}{E} \cos\varphi = 0 \\
(ii) \quad & \left(\omega_{ext} - \Omega - \frac{\alpha}{2}G\right) + \frac{\gamma_{ext}}{2}\frac{E_{ext}}{E} \sin\varphi = 0
\end{align} \tag{9.14}$$

die die Amplitude (i) bzw. die Phase (ii) beschreiben. Wenn wir uns auf den Fall kleiner Einkopplung beschränken, ist die Modifikationen der Feldamplitude E vernachlässigbar. Dann können wir die modifizierte gesättigte Verstärkung

$$G = \gamma_c - 2\Delta_M \cos\varphi$$

aus Gl.(9.14(i)) verwenden, wobei wir die Frequenz

$$\Delta_M := \frac{\gamma_{ext}}{2}\frac{E_{ext}}{E} = \frac{\gamma_{ext}}{2}\sqrt{\frac{I_{ext}}{I}}$$

eingeführt haben. Wir gewinnen aus Gl.(9.14(ii)) die Beziehung

$$\omega_{ext} - (\Omega + \alpha\gamma_c/2) + \alpha\Delta_M \cos\varphi = \Delta_M \sin\varphi$$

Das Ergebnis läßt sich mit $\tan\varphi_0 = \alpha$ und $\omega_{frei} := \Omega + \alpha\gamma_c/2$ noch günstiger darstellen und ist für $\alpha = 0$ als *Adler-Gleichung* bekannt:

$$\omega_{ext} - \omega_{frei} = \Delta_M \sqrt{1 + \alpha^2} \sin(\varphi - \varphi_0) \quad . \tag{9.15}$$

Dann können wir unmittelbar die einschränkende Bedingung für den sogenannten „Fangbereich" ableiten:

$$-1 \leq \frac{\omega_{ext} - \omega_{frei}}{\Delta_M \sqrt{1 + \alpha^2}} \leq 1 \quad .$$

Wir stellen fest, daß der Slave-Oszillator auf die Frequenz des externen Feldes einrastet. Der Fangbereich $2\Delta_M$ ist umso größer, je mehr Leistung injiziert wird und je stärker die Ankopplung ist, d.h. je geringer die Reflektivität des Resonators ist. Bei einer Laserdiode, die typischerweise geringe Reflektivität besitzt, wird das Einrasten nach unserer Analyse darüber hinaus noch durch die Phasen-Amplitudenkopplung, ausgedrückt durch den Faktor $\sqrt{1+\alpha^2}$, unterstützt.

Die Phasenbedingung zeigt, daß das Einrasten durch geeignete Einstellung des Phasenwinkels φ zwischen Master- und Slave-Oszillator ermöglicht wird. Eine genauere Stabilitätsanalyse, die wir hier übergehen, zeigt, daß von den beiden Einstellmöglichkeiten des Winkels nach Gl.(9.15) nur eine stabil ist.

Außerhalb des Fangbereichs kann die Einrast-Bedingung nicht erfüllt werden, das externe Feld verursacht aber auch dort eine Phasenmodulation, die bereits zu einer Frequenzverschiebung des Slave-Oszillators führt. Die theoretische Analyse ist etwas aufwendiger. Sie zeigt aber unter

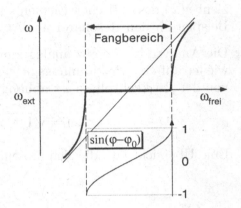

Abb. 9.22 *Frequenzgang und Phasenlage eines Slave-Lasers beim Injection Locking.*

anderem, daß in der Nähe des Fangbereichs durch nichtlineare Mischprozesse zusätzliche Seitenbänder aus Master- und Slave-Lichtfeld erzeugt werden.

9.4.4 Optische Rückkopplung und Self Injection Locking

Die Kohärenzeigenschaften von Laserdioden sind außerordentlich empfindlich auf Rückstreuung von außen. Jeder zufällig verursachte Reflex kann erhebliche und unkontrollierbare Frequenzschwankungen auslösen. Bei anspruchsvollen Anwendungen, zum Beispiel in der Spektroskopie, müssen daher optische Isolatoren mit hohem Extinktionsverhältnis dafür sorgen, daß die Rückstreuungen, die an jedem optischen Element auftreten, unterdrückt werden.

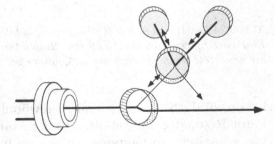

Abb. 9.23 *Optische Rückkopplung von einem gefalteten Resonator: Die Rückkopplung findet nur im Resonanzfall statt.*

Die Rückkopplung von Laserdioden können wir ganz analog zum Injection Locking als eine Form von „Self Injection Locking" beschreiben,

$$\dot{E}(t) = \left[i \left(\omega - \Omega - \frac{\alpha}{2} G \right) + \frac{1}{2} (G - \gamma_c) \right] E(t) + r(\omega) E(t) e^{-i\omega\tau}$$

wobei $\tau := 2\ell/c$ die Verzögerungszeit bezeichnet, die das Licht von der Laserquelle zum Streuort im Abstand ℓ und zurück benötigt. Der Reflexionskoeffizient $r(\omega)$ des optischen Elements kann selbst frequenzabhängig sein, wie zum Beispiel für den Resonator aus Abb. 9.22 nach Gl.(5.13).

Die Analyse führt ganz analog zum Fall des gewöhnlichen Injection Lockings wieder auf eine Bestimmungsgleichung für die Frequenz, die nun aber kritisch von der Rückkehrphase $\omega\tau$ abhängt:

$$\omega - \omega_{\text{frei}} = r(\omega) = \sqrt{1 + \alpha^2} \sin \left(\omega (\tau - \tau_0) \right) \quad,$$

Eine Übersicht läßt die sich am einfachsten graphisch gewinnen. In Abb. 9.24

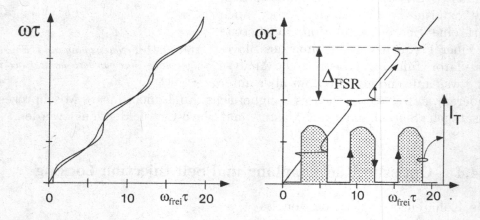

Abb. 9.24 *Die Wirkung von Rückkopplung auf die Oszillatorfrequenz einer Laserdiode. Links: Einfacher Spiegel. Rechts: Gefalteter Resonator nach Abb. 9.23. Die schattierte Kurve zeigt die erwartete Transmission des Resonators bei positivem Durchfahren der Laserfrequenz.*

haben wir die Situation für einen gewöhnlichen Spiegel (links) und einen Fabry-Perot-Resonator dargestellt. Aus der Abbildung wird klar, daß Rückreflexionen von akustisch vibrierenden Aufbauten immer Frequenzschwankungen hervorrufen müssen. Ein stabiler Resonator dagegen zwingt die Laserfrequenz bei geeigneter Wahl der Bedingungen in die Nähe seiner Eigenfrequenz und verbessert die Kohärenzeigenschaften. Er wirkt wie ein passives Schwungrad, das die Phasenschwankungen des aktiven Oszillators ausgleicht.

9.5 Laserdioden – Diodenlaser – Lasersysteme

Eine Laserdiode emittiert kohärentes Licht, sobald der Injektionsstrom die Schwellstromstärke durch die Halbleiter-Diode übersteigt. Konkrete Anwendungen stellen aber an die Wellenlänge und Kohärenz der Laserstrahlung unterschiedliche Anforderungen. Um diese Eigenschaften zu kontrollieren, wird die Laserdiode mit verschiedenen optischen Anordnungen benutzt und in „Systeme" integriert, die wir zur Unterscheidung vom optoelektronischen Bauteil als „Diodenlaser" bezeichnen wollen.

Wegen der mikroskopischen Dimensionen des Laserkristalls können einerseits zusätzliche Bauelemente wie Filter schon beim Herstellungsprozess integriert werden. Solche Konzepte werden bei den sogenannten DFB-, DBR- und VCSEL-Lasern realisiert. Eine andere Möglichkeit besteht darin, Frequenzkontrolle durch Rückkopplung des Laserlichts in den Resonator zu erreichen.

9.5.1 Durchstimmbare Diodenlaser (Gitter-Laser)

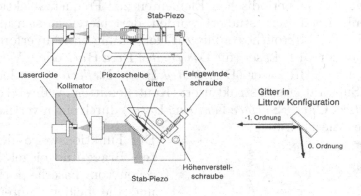

Abb. 9.25 *Konstruktion eines Diodenlasersystems nach dem Gitterprinzip.*

Zu den unangenehmsten Eigenschaften der Laserdioden gehören die Modensprünge, die wie in Abb. 9.13 dargestellt eine kontinuierliche Ausnutzung des gesamten Verstärkungsprofils verhindern. Dieses Problem kann gelöst werden, indem die Laserdiode entspiegelt wird und als Verstärkungsmedium in einem äußeren Resonator mit geeigneten Spiegeln und Filterelementen eingebaut wird. Dieses „extended cavity" -Konzept gibt aber viele Vorteile des Halbleiter-Lasers wie zum Beispiel die kompakte Bauform wieder auf. Deshalb wird die „external cavity" -Methode bevorzugt: Dabei wird die schwache Reflexion (5–15%) eines Gitters in der sogenannten Littrow-Anordnung zur

Rückkopplung ausgenutzt. Bei dieser Methode wird die -1. Ordnung der Gitterbeugung genau in die Lichtquelle zurückreflektiert. Das Gitter verursacht eine frequenzselektive Rückkopplung und eine entsprechende Modulation des Verstärkungsprofils. Durch Drehen des Gitters können daher zahlreiche Laserdioden ohne weitere Modifikation ihrer Facettenreflektivitäten auf nahezu jede Wellenlänge innerhalb ihres Verstärkungsprofils abgestimmt werden.

9.5.2   DFB-, DBR-, VCSEL-Laser

Abb. 9.26 *Funktionsprinzip von DBR- und DFB-Lasern.*

Die Integration von periodischen Elementen zur Frequenzselektion ist nicht nur mit Halbleiter-Lasern studiert worden, dort bietet sie sich aber an, weil die Methoden der Mikrolithographie zur Herstellung ohnehin erforderlich sind. Die Konzepte der DFB-Laser (für **D**istributed **F**eed **B**ack oder „Verteilte Rückkopplung") und DBR-Laser (**D**istributed **B**ragg **R**eflector) werden auf einem geeigneten Substrat lateral strukturiert (Kantenemitter), während der VCSEL-Laser (**V**ertical **C**avity **S**urface **E**mitting **L**aser) durch einen vertikalen Schichtenstapel realisiert wird.

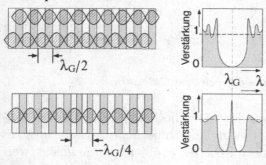

Abb. 9.27 *Gitter mit gleichförmiger Periode und mit λ/4-Verschiebung im DFB-Laser. Das spektrale Verstärkungsprofil ist daneben qualitativ eingezeichnet.*

Die Funktionsweise der integrierten Bragg-Endspiegel kennen wir schon vom Faserlaser (Kap. 7.4.4), und die beiden kantenemittierenden Typen unterscheiden sich lediglich durch die Anordnung des Bragg-Reflektors: Beim DBR-Laser wird er als selektiver Spiegel außerhalb der aktiven Zone angebracht (und kann dort möglicherweise zusätzlich, z.B. durch einen Strom, verändert werden).

Beim DFB-Laser sind aktive Zone und Bragg-Gitter (das i. Allg. ein Phasengitter ist) in einem Element integriert. Aus Gründen der einfacheren und sichereren Herstellung hat sich heute der DFB-Laser gegen die DBR-Variante bei den Kantenemittern durchgesetzt. Wenn man die spektrale Verstärkung in der periodischen DFB-Struktur genauer studiert, stellt man fest, daß sie genau bei der wünschenswerten Wellenlänge des Gitters selbst stark unterdrückt ist [180, 162]. Die Ursache dafür ist in Abb. 9.27 qualitativ zu sehen: Wir können zwei Stehwellen definieren, die einmal einen niedrigeren $n_- = n - \delta n$ und einmal einen höheren mittleren Brechungsindex $n_+ = n + \delta n$ erfahren, so daß zur gleichen Wellenlänge zwei Frequenzen $\nu_\pm = n_\pm c/\lambda$ im gleichen Abstand um die Zentralwellenlänge $\nu_0 = nc/\lambda$ erlaubt sind. Ein Verstärkungsmaximum genau an dieser Stelle wird erzeugt, wenn man die sogenannte $\lambda/4$-Verschiebung der Periode im Zentrum der DFB-Struktur einbaut.

Ein konzeptionelles Beispiel eines VCSEL-Lasers [34, 89] ist in Abb. 9.28 dargestellt. Die Schichtstrukturen werden durch epitaktisches Wachstum hergestellt. Die aktive Zone·hat eine Länge von gerade einer Materialwellenlänge, d.h. $\lambda/n \simeq 250$ nm bei Emissionswellenlängen von 850 nm. Dort werden meist mehrere, eng benachbarte Quantenfilme von typischerweise 8 nm Dicke un-

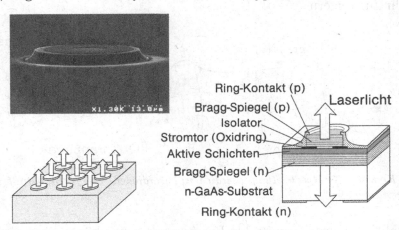

Abb. 9.28 *Bauformen von VCSEL-Lasern. (Die Aufnahme des VCSELs wurde freundlicherweise von Dr. Michalzik, Universität Ulm zur Verfügung gestellt [89].))*

tergebracht. Weil die Verstärkungslänge extrem kurz ist, müssen die Bragg-Spiegel die sehr hohe Reflektivität von 99,5% erreichen. Dazu sind i. Allg. 20–40 $Al_xGa_{1-x}As/Al_yGa_{1-y}As$-Schichtenstapel mit möglichst großem Brechzahlkontrast notwendig.

Bei den VCSEL-Lasern bietet die Konzentration des Injektionsstroms auf die gewünschte Querschnittsfläche des Laserfeldes eine große technische Herausforderung. In heutigen Lösungen wird z.B. der Widerstand bestimmter Schichten durch Protonenbeschuß stark erhöht, ruft dabei aber auch nachteilige Kristallschäden im angrenzenden Material hervor. In einer anderen Methode wird der obere Braggstapel zu runden, tischförmigen Spiegeln strukturiert und anschließend eine dünne $Al_{0,97}Ga_{0,03}As$-Schicht in ein elektrisch isolierendes Oxid umgewandelt. Dabei entstehen Stromblenden mit einem Innendurchmesser von nur wenigen μm.

9.6   Hochleistungs-Laserdioden

Die direkte Konversion elektrischer Energie in kohärentes Licht und mit außerordentlich hohem Wirkungsgrad verspricht eine Vielzahl von Anwendungen. Das kohärente Licht stellt die Energie, die man zum Beispiel beim Schneiden und Schweissen in der Materialbearbeitung benötigt, gewissermaßen mit sehr hoher Qualität zur Verfügung, weil sie mit sehr hoher räumlicher und zeitlicher Auflösung gesteuert werden kann. Es war deshalb von Anhang an naheliegend, die Ausgangsleistung von Laserdioden in den interessanten Bereich von 1 kW oder mehr zu steigern.

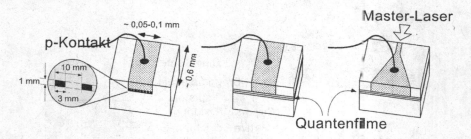

Abb. 9.29 *Konzepte für Hochleistungslaserdioden: Laserdioden-Arrays, Breitstreifenlaser und Trapez-Verstärker.*

Die „Qualität" eines Laserstrahls für Anwendungen hängt aber nicht allein von der erreichbaren Leistung, sondern ebenso entscheidend von seinen räumlichen Eigenschaften, der transversalen Kohärenz ab. Zur Beurteilung ist es üblich, das Strahlparameterprodukt aus Strahltaille w_0 und Divergenzwinkel θ (s. S. 50) zu verwenden oder den sogenannten M^2-Faktor zu messen [162], der diesen Wert auf den Vergleichswert des Gaußstrahls normiert:

$$M^2 = \frac{w_0\theta_{rmdiv}(\text{gemessen})}{w_0\theta_{rmdiv}(\text{perfekt})} \tag{9.16}$$

Er ist ein Maß für die Varianz von Strahlquerschnitt und Divergenz und gibt pauschal an, welcher Anteil des Laserlichtes dem Gaußschen Grundmode zugerechnet werden kann, denn nur dieser kann optimal, d.h. beugungsbegrenzt fokussiert werden und wird durch ein räumliches Filter (Abb. 2.11, S. 58) transmittiert. Der M^2-Faktor wächst mit abnehmender Strahlqualität und weicht im optimalen Fall nur wenig von 1 ab.

Wie wir schon in Abb. 9.12 angedeutet hatten, sind der Leistungssteigerung durch schlichte Erhöhung des Injektionsstroms enge Grenzen gesetzt: Einerseits setzt durch die Abwärme der „roll-over"Effekt ein, andererseits wird auch die Lichtleistung an den Austrittsfacetten so groß, daß dort spontane, häufig zum Totalausfall des Bauelements führende Schäden auftreten. Dieses Problem ist besonders gravierend bei Al-haltigen Schichten, weshalb in Hochleistungslasern zumindest für die Verstärkungszone meistens Al-freie Quantenfilme verwendet werden. Man muß aber festhalten, daß die Ausgangsleistung für einen Laserdiodenstreifen mit einer Facette von ca. $1 \times 3 \mu m^2$ i. Allg. auf höchstens einige 100 mW begrenzt ist. Die Ausgangsleistung der Halbleiter-Bauelemente kann deshalb grundsätzlich nur gesteigert werden, indem die Verstärkung auf möglichst große oder auf viele Facetten und die damit verbundenen Volumen verteilt wird. Heute wird die Ausgangsleistung durch Verwendung von Laser-Arrays, Breitstreifen- und Trapezlaser gesteigert, die wir schematisch in Abb. 9.29 vorgestellt haben.

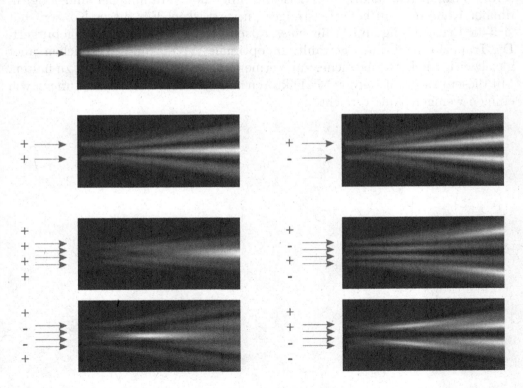

Abb. 9.30 *Strahlformen von Laser-Arrays. In der linken Spalte sind symmetrische, in der rechten antismmetrische Phasenlagen der Einzelstreifen dargestellt.*

• **Laserarrays**. Auf einem Substrat können ohne Probleme mehrere Laserdiodenstreifen parallel untergebracht werden. Wenn die Abstände der einzelnen Streifen nicht zu groß sind, überlappen die Felder benachbarter Moden geringfügig und werden in ihrer Phase gekoppelt, d.h. die Ausgangsleistung aller Einzelstreifen ist kohärent gekoppelt oder „interferenzfähig".

Das Fernfeld eines Laserarrays hängt von der relativen Phasenlage der Einzelstreifen ab. In Abb. 9.30 haben wir die idealisierte Feldverteilung von 2 bzw. 4 identischen Gaußstrahlern ausgerechnet und dabei alle möglichen Kombinationen von Phasenlagen betrachtet. Ein realistisches Laserarray zeigt häufig ein Fernfeld mit zwei „Ohren", deren Entstehung aus dieser Betrachtung deutlich wird.

• **Breitstreifen-Laser**. In einem Breitstreifen-Laser wird, wie der Name sagt, ein breites Dioden-Volumen zur Verstärkung genutzt. Allerdings wird dabei die Kontrolle der transversalen Feldverteilung immer schwieriger, so daß Breitstreifen-Laser auf relativ kleine Leistungen (sub-W) begrenzt sind.

• **Trapez-Laser und MOPA**. Trapez-Verstärker werden verwendet, um Laseroszillatoren mit niedrigerer Leistung, aber hoher räumlicher und longitudinaler Kohärenz auf hohe Leistungen zu verstärken. Für dieses Konzept hat sich die Bezeichnung MOPA für *master oscillator power amplifier* eingebürgert. Die Trapezform wird hier gewählt, um optimale Verstärkung zu erreichen, aber gleichzeitig die Leistungsdichte zur Vermeidung von Schäden niedrig zu halten. Mit diesem Konzept werden M^2-Faktoren von 1,05 bei Ausgangsleistungen von einigen wenigen Watt erreicht.

Aufgaben zu Kapitel 9

9.1 Verstärkung im Halbleiter-Laser Betrachten Sie einen GaAs-Halbleiterlaser bei T = 0 K. Die intrinsische Ladungsträgerkonzentration betrage n = $1{,}8{\cdot}10^6$ cm^{-3}, die Rekombinations-Lebensdauer τ = 50 ns, die Bandlücke E_g = 1,42 eV. Die effetiven Massen von Elektronen und Löchern betragen 0,07 m_{el} bzw. 0,5 m_{el}. Bestimmen Sie Zentralwellenlänge, Bandbreite und maximale Verstärkung innerhalb der Bandbreite für einen Verstärker mit der Länge d = 200 μm, Breite w = 10 μm, Höhe h = 2 μm, wenn ein Strom von 1 mA durch die Sperrschicht fließt.

9.2 Bit-Rate Berechnen Sie die Bit-Rate, die der Verstärker aus der vorigen Aufgabe bewältigen kann. Nehmen Sie an, daß ein individueller Audio-Kanal eine Bitrate von 64 kbit/s benötigt.

9.3 Strahlprofil eines Breitstreifen-Lasers Ein Gaußscher Strahl (Abschn. 2.3) mit λ = 850 nm hat im Fernfeld die Divergenz $\theta = \lambda/\pi w_0$. Für alle anderen Strahlen mit größerer Divergenz kann das Strahlprofil mit dem M^2-Faktor nach Gl.(9.16) oder $\theta = M^2\lambda/\pi w_0$ beschrieben werden.

Für die schmale Richtung in der Zeichnung betrage die Halbwertsbreite des Nahfeldes, also direkt am Chip, $2w_0 = d_\perp = 0{,}8$ μm. Die gemessene Divergenz beträgt $\theta_{\perp,\text{meas}}$ = 20°. In der breiten, horizontalen Richtung gilt $2w_0 = d_\parallel = 100$ μm und θ_meas = 10°. Bestimmen Sie den M^2-Faktor

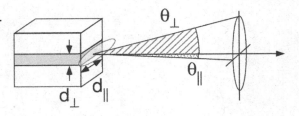

Abb. 9.31 .

des Laserstrahls. (Beachten Sie, daß der Divergenzwinkel am $1/e^2$-Punkt definiert ist.)

10   Sensoren für Licht

Die Anwendung von optischen Instrumenten ist ganz wesentlich davon abhängig, wie empfindlich sich Licht mit Hilfe geeigneter Empfänger nachweisen läßt. Dabei sind wir vom menschlichen Auge, das – bei allen Schwächen seiner Abbildungsoptik – ein enorm empfindlicher und vielseitiger Empfänger ist, durchaus verwöhnt.

Am Beginn der historischen Entwicklung finden wir vor allem lichtempfindliche Platten. Photographische Emulsionen, in denen das Licht eine bleibende chemische Veränderung hervorruft, sind in mehr als einem Jahrhundert intensiver Arbeit zu großer Empfindlichkeit, hoher Auflösung und vielfältigsten Anwendungsmöglichkeiten entwickelt worden.

Wenn allerdings in einem physikalischen Experiment oder in einer technischen Anwendung die Intensität eines Lichtstrahls registriert und ausgewertet werden muß, dann haben Festkörper- und darunter insbesondere Halbleiterdetektoren dem Film schon seit langem den Rang abgelaufen. Sie liefern ein elektrisches Signal, das nicht nur ohne eine langsame chemische Prozeßreihe gespeichert und aufgezeichnet werden kann, sondern im allgemeinen auch über Vorteile zum Beispiel bei der Linearität verfügt.

Bis vor kurzem waren Filme aber unschlagbar, wenn es darum ging, kontrastreiche Bilder hoher Auflösung anzufertigen. Mit der kulturtragenden Entwicklung der Halbleitertechnologie und der Möglichkeit, immer größere (elektronische) Datenströme immer schneller zu verarbeiten, gerät aber auch dieser Anwendungsbereich in Gefahr, durch optoelektronische Komponenten ersetzt zu werden. Wir werden darüber im Abschnitt über Bildsensoren berichten.

Optische Sensoren bestehen i. Allg. aus physikalischen Materialien, die wir nach der Wirkung des einfallenden Lichtstrahls grob in zwei Klassen einteilen können:

• **Thermische Detektoren.** Ideale thermische Detektoren sind *schwarz*, das heißt, sie absorbieren alles einfallende Licht. Der Energiestrom des einfallenden Lichtes führt zu einer Temperaturerhöhung gegenüber der Umgebung, die gemessen und in ein elektrisches Signal umgeformt wird. Zu den thermischen

Detektoren gehören Thermosäulen, Bolometer und pyroelektrische Detektoren. Die Stärken der thermischen Detektoren sind ihre breite spektrale Empfindlichkeit und ihr robuster Aufbau, ihr wichtigster Nachteil die langsame Anstiegszeit.

• **Quanten-Sensoren.** In einem Quanten-Detektor wird durch den inneren oder äußeren Photoeffekt ein Lichtstrahl in einen Elektronenstrom umgewandelt und direkt gemessen. Das suggestive, häufig verwendete Bild, nach welchem in einer Photodiode Photonen einfach in Elektronen konvertiert und dann gezählt werden, ist mit Vorsicht zu genießen. Allerdings übersteigt eine strengere theoretische Beschreibung des Photonen-Zählens den Rahmen dieses Textes [135, 118].

Zu den Quantendetektoren zählen einerseits die Photomultiplier, andererseits Photoleiter und Photodioden. Die historische Entwicklung von der Röhren- zur Halbleiter-Technologie läßt sich auch an diesen Komponenten verfolgen. Wie schon der Name impliziert, können mit Quantendetektoren einzelne Photonen registriert werden. Ihre Anstiegzeit beträgt selten mehr als 1 μs, aber sie müssen häufig gekühlt werden und unterliegen stärkeren spektralen Beschränkungen als thermische Detektoren. Prinzipiell gehören auch die Emulsionen photographischer Filme zu den Quantensensoren, weil jeweils ein Photon benötigt wird, um ein AgBr-Molekül zu reduzieren und dadurch eine Schwärzung zu verursachen.

Wenn ein Anwender vor der Auswahl eines optischen Sensors steht, dann interessiert er sich vom physikalischen Standpunkt zum Beispiel dafür, ob der Detektor eine hinreichende Empfindlichkeit und genügend kurze Anstiegzeit besitzt, um die gewünschte Meßgröße zu registrieren. Man erfährt diese Eigenschaften aus den Datenblättern der Hersteller. Zum Verständnis müssen wir aber vorher etwas weiter ausholen und insbesondere über die Rauscheigenschaften von Detektorsignalen sprechen.

10.1   Kenngrößen optischer Detektoren

10.1.1 Empfindlichkeit

In einem optischen Sensor werden Lichtströme in elektrische Signal-Spannungen $V_U(t)$ oder -Ströme $V_I(t)$ umgewandelt. Dabei gibt die „Empfindlichkeit" $\mathcal{R}$ (engl. *responsivity*) die pauschale Antwort des Detektors auf die einfallende Lichtleistung P_L an, ohne Details wie Wellenlänge, Absorptionswahrscheinlichkeit, Beschaltung o.ä. zu berücksichtigen:

$$\text{Empfindlichkeit } \mathcal{R} = \frac{(V_U, V_I)}{P_L} \tag{10.1}$$

Die physikalische Dimension der Empfindlichkeit wird üblicherweise in [V/W] (vor allem bei thermischen Detektoren) oder [A/W] angegeben.

10.1.2 Quanteneffizienz

In einem Quantendetektor werden Photonen in Elektronen konvertiert. Die Elektronen werden so verstärkt, daß man einzelne elektrische Impulse registrieren und zählen kann. Die Rate der Photonen r_{Ph}, die auf der Detektorfläche A ankommen, kann man nach

$$r_{Ph} = \frac{1}{h\nu} \int_A dx\,dy\, I(x, y) \tag{10.2}$$

leicht bestimmen. Wenn alle Strahlungsleistung absorbiert wird, dann gilt nach Gl.(10.2) $r_{PH} = P_L/h\nu$. In einem idealen Quantendetektor sollte die Rate der Elektronen r_{el} gleich der Rate der Photonen sein, $r_{el} = r_{pH}$, der Photostrom also $I = e r_{Ph}$ betragen. Nicht jedes einfallende Photon löst aber ein Elektron aus, weil die Absorptionswahrscheinlichkeit kleiner ist als eins oder weil andere Prozesse mit dem Photoeffekt konkurrieren. Die Wahrscheinlichkeit, mit der pro einfallendem Photon ein Zählereignis registriert wird, bezeichnet man als *Quanteneffizienz* $\eta = r_{el}/r_{pH}$.

Nach Gl.(10.1) kann man die Empfindlichkeit mit diesen elementaren Größen ausdrücken:

$$\mathcal{R} = \frac{r_{el}}{r_{Ph}} \frac{e}{h\nu} = \eta \frac{e}{h\nu} \qquad . \tag{10.3}$$

Eine praktische Faustregel erhält man, wenn man statt der Frequenz die Wellenlänge $\lambda = c/\nu$ in μm verwendet: Dann gilt

$$\mathcal{R} = \eta \frac{\lambda/[\mu m]}{1,24} \quad \text{(gemessen in [A/W])} \quad ,$$

woraus man bei bekannter Empfindlichkeit die Quanteneffizienz bestimmen kann.

10.1.3 Signal-Rausch-Verhältnis

Eine Meßgröße kann man erst dann erkennen, wenn sie „aus dem Rauschen herauskommt", das heißt, wenn sie größer ist als das Eigenrauschen des De-

tektors. Formal hat man dazu den Begriff des „Signal-Rausch-Verhältnisses"
eingeführt (Kurzform SNR von engl. *signal to noise ratio*).

$$SNR = \frac{Signalleistung}{Rauschleistung} \quad .$$

Hierbei verwenden wir einen verallgemeinerten Leistungsbegriff $\mathcal{P}_V(f)$ für eine
beliebige physikalische Größen $V(t) = \mathcal{V}(f)\cos 2\pi ft$. Die mittlere Leistung
beträgt

$$\mathcal{P}_V(f) = \frac{1}{2}\mathcal{V}^2(f) \quad . \tag{10.4}$$

Die physikalische Dimension dieser Leistungen beträgt $A^2, V^2, ...$, je nach der
Grundgröße. Eine fluktuierende Größe wie Rauschstrom oder -spannung wird
aber nicht durch eine Amplitude bei einer Frequenz, sondern durch Beiträge bei
vielen Frequenzen, in der gesamten Bandbreite Δf des Detektors, bestimmt.
Die mittlere Leistung in einem Frequenzintervall δf kann man mit einem Filter
dieser Bandbreite und der Mittenfrequenz f messen. Wir definieren deshalb
die Leistungsdichte

$$v_n^2(f) = \frac{\delta V^2(f)}{\delta f} \quad ,$$

also z.B. $i_n^2(f)$ in A^2/Hz für das Strom-, $e_n^2(f)$ in V^2/Hz für das Spannungsrauschen. Weil die einzelnen Beiträge unkorreliert sind, kann man die Quadrat-
summe der Leistungsanteile in kleinen Frequenzintervallen zum Mittelwert der
Rauschleistung zusammenfassen (s. Anhang A.1):

$$P_V = \int_{\Delta f} v_n^2(f)df \quad . \tag{10.5}$$

Wenn das Rauschen in der Bandbreite Δf konstant ist, vereinfacht sich der
Wert der Rauschleistung zu $P_V = v_n^2\Delta f$. Zum Beispiel beträgt der rms-Wert
des Rauschstromes $I_{ms} = \sqrt{P_I}$ einer Photodioden-Verstärker-Kombination
$I_{ms} = (i_n^2\Delta f)^{1/2}$, wenn i_n^2 der konstante Wert des Stromrauschspektrums ist.

Häufig wird statt der Rauschleistung die unphysikalische Rauschamplitude angegeben,

$$\text{Rauschamplitude} = (\text{Rauschleistungsdichte})^{1/2} \quad ,$$

die dann in $A/\sqrt{Hz}$ oder $V/\sqrt{Hz}$ angegeben wird. Ganz allgemein kann man
den Rauschanteil verringern, indem man die Bandbreite des Detektors ein-
schränkt. Dieser Vorteil wird aber auf Kosten der Dynamik erkauft, schnellere
Signalvariationen werden nicht mehr registriert.

10.1.4 Rausch-Äquivalente Leistung (*NEP*)

Die Rausch-Äquivalente Leistung *NEP* (von engl. *noise equivalent power*) ist diejenige Strahlungsleistung, welche benötigt wird, um genau der Rauschleistung am Detektor zu entsprechen oder um ein Signal-Rausch-Verhältnis von genau eins zu erreichen. Je geringer man die Bandbreite eines Detektors auslegt, desto geringer ist auch die minimal detektierbare Leistung; allerdings wieder auf Kosten der Bandbreite. Die minimal nachweisbare Strahlungsleistung wird deshalb auf 1 Hz Bandbreite bezogen und ebenfalls mit der unphysikalischen Rauschamplitudendichte angegeben,

$$NEP = \frac{(Rauschleistungsdichte)^{1/2}}{Empfindlichkeit} \, .$$

Ihre physikalische Einheit lautet $[W/\sqrt{\mathrm{Hz}}]$. Der Hersteller eines Detektors gibt sie gerne im spektralen Maximum der Empfindlichkeit an; man muß aber berücksichtigen, daß der Wert sowohl von der optischen Wellenlänge λ als auch von der elektrischen Signalfrequenz f abhängt.

10.1.5 Detektivität D-Star

Der Vollständigkeit halber erwähnen wir den Begriff der „Detektivität" D bzw. D^*, den man eingeführt hat, um verschiedene Detektortypen miteinander vergleichen zu können. Zunächst war einfach der Kehrwert der rausch-äquivalenten Leistung, $D = NEP^{-1}$, als Detektivität eingeführt worden. Zu der mit „D-Star" (D^*) bezeichneten Variante der „spezifischen" Detektivität gelangte man, weil die Empfindlichkeit vieler Detektoren proportional ist zur Quadratwurzel der Detektorfläche $A^{1/2}$:

$$D^* = \frac{\sqrt{A}}{NEP} \tag{10.6}$$

Der Grund dafür ist die Begrenzung der Nachweisempfindlichkeit durch die thermische Hintergrundstrahlung insbesondere bei Infrarot-Detektoren, die umso stärker absorbiert wird, je größer die Fläche ist. Die physikalische Dimension von D-Star wird in der Einheit $[\mathrm{cm}/(\mathrm{W}/\mathrm{Hz}^{1/2})] = [1\ \mathrm{Jones}]$ angegeben, die auch mit dem Namen des Erfinders der Detektivität abgekürzt wird. D-Star ist ein Maß für das Signal-Rausch-Verhältnis, wenn der Detektor mit einer Fläche vom Durchmesser 1 cm, bei einer Bandbreite von 1 Hz und mit einer Strahlungsleistung von 1 W beleuchtet wird.

10.1.6   Anstiegszeit

Mit optischen Detektoren sollen häufig sehr schnelle Ereignisse registriert werden, das heißt, der Detektor muß schnell auf Variationen der einfallenden Leistung reagieren. Unter der „Anstiegszeit" τ (genau wie der „Abfallzeit") versteht man die Zeit, in der die Strom- oder Spannungsänderung des Detektors $(1-1/e)$ oder 63% des Endwertes erreicht, wenn die Lichtquelle plötzlich eingeschaltet wird. Sie hängt von der Bauart des Detektors ab und kann innerhalb der physikalischen Grenzen beeinflußt werden. Thermische Detektoren sind träge und antworten mit Verzögerungen von vielen ms; die Anstiegzeit von Halbleiterdetektoren wird im allgemeinen von der Kapazität der Sperrschicht begrenzt und beträgt in besonderen Fällen nur wenige ps. Man kann die endliche Responsezeit eines Detektors zum Beispiel berücksichtigen, indem man der Empfindlichkeit aus Gl.(10.3) die Zeit- bzw. Frequenzabhängigkeit zuschreibt,

$$\mathcal{R}(f) = \frac{\mathcal{R}(0)}{1 + (2\pi f \tau)^2} \ .$$

Der Ladungsimpuls eines Photomultipliers kann ebenfalls kürzer sein als $1ns$, hier muß aber die längere Laufzeit durch die Dynoden-Anordnung berücksichtigt werden. Laufzeiten in Kabelverbindungen müssen auch in Anwendungen der Regeltechnik berücksichtigt werden, denn sie begrenzen deren Bandbreite.

10.1.7   Linearität und dynamischer Bereich

Ein linearer Zusammenhang von Eingangsleistung und Ausgangsspannung oder -strom liefert die besten Voraussetzungen für eine kritische Analyse der Meßgröße. Es gibt aber stets eine obere Grenze – allein schon durch die starke Temperaturbelastung bei hoher Lichtleistung –, bei der Abweichungen von der Linearität zu beobachten sind. Die untere Grenze ist meistens durch die Rausch-Äquivalent-Leistung gegeben. Man kann ein quantitatives Maß für den dynamischen Bereich angeben nach

$$\text{Dynamischer Bereich} = \frac{\text{Sättigungsleistung}}{NEP} \ .$$

Der *dynamische Bereich* (engl. *dynamic range*) zwischen diesen Grenzen kann zum Beispiel für Photodioden eindrucksvolle sechs Größenordnungen und mehr betragen.

10.2   Schwankungen optoelektrischer Meßgrößen

Wir wollen in diesem Abschnitt die physikalisch unterschiedlichen Beiträge sammeln, die zum elektrischen Rauschen eines optoelektronisch erzeugten Meßsignals beitragen. Außer den Anteilen der Empfänger-Verstärker-Kombination wie Dunkel- und Verstärkerrauschen zählt dazu vor allem das Photonenrauschen der Lichtquelle.

10.2.1   Dunkelrauschen

Ein Detektor erzeugt auch dann schon ein schwankendes Signal $V_n(t)$, wenn überhaupt noch kein Lichtsignal einfällt. Dabei wird die Nachweisempfindlichkeit nicht durch den Mittelwert des Untergrundes verringert – er kann einfach subtrahiert werden –, sondern durch dessen Fluktuationen. In einem thermischen Detektor verursachen spontane Temperaturfluktuationen das Dunkelrauschen, in einem Quantendetektor sind dafür im allgemeinen spontan, das heißt durch thermionische Emission erzeugte Ladungsträger verantwortlich. Im einfachsten Fall beträgt die Rauschleistungsdichte des Dunkelstroms I_D nach der Schottkyformel (Gl.(A.13), im Anhang) $i_D^2 = 2eI_D$. Eine bewährte, manchmal aber auch aufwendige Methode zur Reduktion des Dunkelrauschens ist die Kühlung des Detektors.

10.2.2   Intrinsisches Verstärkungsrauschen

Photomultiplier und Lawinenphotodioden ($APDs$) verfügen über einen internen Verstärkungsmechanismus, bei dem die Ladung eines Photoelektrons um viele Größenordnungen vermehrt wird. Der Verstärkungsfaktor G ist aber Schwankungen unterworfen, die ebenfalls zum Rauschen beitragen. Der *excess-noise*-Faktor F_e wird nach

$$F_e^2 = \frac{\langle G^2 \rangle}{\langle G \rangle^2} = 1 + \frac{\sigma_G^2}{\langle G \rangle^2} \tag{10.7}$$

berechnet und kann auch mit der Varianz der Verstärkung, σ_G^2, ausgedrückt werden. Er wirkt auf Dunkel- und Photostrom in ununterscheidbarer Weise.

10.2.3   Meßverstärker-Rauschen

Je nach Bauart wirkt ein Detektor als Spannungs- oder Stromquelle, die durch ihren Innenwiderstand R_S charakterisiert wird. Am Eingang eines idealisierten Meßverstärkers finden wir die Spannungsrauschamplitude e_i, die sich aus den unkorrelierten Beiträgen des Detektors, e_S^2, und den Beiträgen von Strom- und Spannungsrauschen des Verstärkers (i_n^2 bzw. e_n^2) zusammensetzt:

$$e_i^2 = e_S^2 + e_n^2 + i_n^2 R_S^2$$

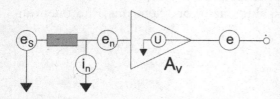

Die Rauschspannung am Ausgang des Verstärkers beträgt dann $e = A_V e_i$. Die Rauschamplitude des Detektors setzt sich zusammen aus dem Beitrag des Dunkelstroms, des Parallelwiderstandes von Detektor und Verstärkereingang und des Photonenstromes i_{Ph}^2,

Abb. 10.1 *Rauschenquellen eines idealisierten Verstärkers.*

$$e_S^2 = R_S^2(i_{Ph}^2 + i_D^2 + \frac{4kT}{R_S}) \quad .$$

Der letzte Beitrag berücksichtigt das thermische oder *Johnson*-Rauschen des Detektorwiderstandes.

Um in den wünschenswerten Bereich zu gelangen, in dem das Rauschen von der Signalquelle selbst dominiert wird, muß man also

$$i_{Ph}^2 > i_D^2 + \frac{4kT}{R_S} + \frac{e_n^2}{R_S^2} + i_n^2 \tag{10.8}$$

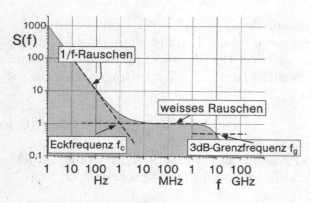

fordern. In praktischen Anwendungen muß man berücksichtigen, daß alle vorgenannten Größen frequenzabhängig sind. Falls möglich, kann man auch die Frequenz des Signals so wählen, daß ein niedriger Rauschuntergrund erreicht wird. Das ist im allgemeinen erst bei höheren Frequenzen der Fall, weil alle Bauelemente bei niedrigen Frequenzen unterhalb einer bestimmten *Eckfrequenz f_c* das sogenannte *1/f-*

Abb. 10.2 *Spektrale Eigenschaften des Verstärkerrauschens, schematisch.*

oder *Funkelrauschen* zeigen, das ungefähr mit $1/f$ zu kleinen Frequenzen hin ansteigt. Der typische spektrale Verlauf des Verstärkerrauschens ist in Abb. 10.2 vorgestellt.

10.3   Photonenrauschen und Nachweisgrenzen

Durch die Konversion von Licht in Photoelektronen entsteht in einem optoelektrischen Meßkreis gewissermaßen eine Kopie des Photonenstromes, und es liegt nahe, daß man im Strom der Photoelektronen auch dessen Fluktuationen wiederfindet. Nun benötigt man aber für die strenge Beschreibung der Vorgänge bei der Umwandlung von Licht in Photoelektronen eine Quantentheorie des elektromagnetischen Feldes, die Quantenelektrodynamik, die keinen sehr intuitiven Zugang bietet.

Wir werden hier stattdessen die Annahme machen, daß die Wahrscheinlichkeit, ein Zählereignis in einem kurzen Zeitintervall zu beobachten, unter Berücksichtigung der Ankunftsrate der Photonen (10.2) und der Quanteneffizienz η proportional ist zu Δt:

$$p(1, \Delta t) = \eta r_{\mathrm{Ph}}(t) \Delta t \quad . \tag{10.9}$$

Ferner nehmen wir an, daß bei hinreichend kleinen Δt keine Doppelereignisse auftreten, und daß die Wahrscheinlichkeiten in aufeinanderfolgenden Zeitintervallen statistisch unabhängig sind. Die letzte Annahme ist gleichbedeutend damit, daß der Photoemissionsprozeß im Detektor keine Nachwirkung besitzt; das ist aber bei hoher Ladungsträgerdichte nicht unbedingt mehr der Fall, weil sich die Ladungen durch Coulombkräfte gegenseitig abstoßen.

Die so formulierten Bedingungen führen zu einer *Poisson-Statistik* der Zählereignisse. Die Wahrscheinlichkeit, K Ereignisse in einem beliebigen Zeitintervall τ zu finden beträgt

$$p_\tau(K) = p(K, t, t + \tau) = \frac{\overline{K}_\tau^K}{K!} e^{-\overline{K}} \quad .$$

Der Mittelwert $\overline{K}_\tau$ lautet nach Gl.(10.3)

$$\overline{K}_\tau = \eta r_{\mathrm{Ph}} \tau \quad . \tag{10.10}$$

Die zufällige Umwandlung der Photonen in Photoelektronen führt zu Schwankungen des Photoelektronenstroms. Darüberhinaus kann aber auch die Lichtintensität $P_L(t)/A$ variieren. Wenn das auf deterministische Weise, das heißt vorhersagbar, geschieht, können wir die im Intervall τ integrierte Leistung W_τ definieren,

$$W_\tau(t) = \int_t^{t+\tau} P_L(t') dt'$$

und erhalten mit der Abkürzung $\alpha = \eta/h\nu$ die Wahrscheinlichkeitsverteilung

$$p_\tau(K) = \frac{(\alpha W_\tau)^K}{K!} e^{-\alpha W_\tau} \tag{10.11}$$

In der Photoelektronenstatistik spiegeln sich die Eigenschaften der Lichtquelle wieder, deshalb wollen wir das Lichtfeld eines Lasers und einer thermischen Lichtquelle als wichtige Beispiel betrachten.

10.3.1 Photonenstatistik im kohärenten Lichtfeld

Die mittlere Leistung eines Lasers ist konstant, deshalb ist auch die Ankunfts-rate der Photonen r_{Ph} konstant, und wir können den Mittelwert direkt aus Gl.(10.10) übernehmen. Die statistische Verteilung wird durch die Streuung oder Varianz $\sigma_{K_\tau}^2 = \overline{(K^2 - \overline{K}_\tau^2)}$ charakterisiert, die den für die Poissonstatistik bekannten Wert

$$\sigma_{K_\tau}^2 = \overline{K}_\tau \tag{10.12}$$

besitzt. Danach ist auch klar, daß die relative Schwankung mit steigender Ereigniszahl abnimmt,

$$\frac{\sigma_{K_\tau}}{\overline{K}_\tau} = \frac{1}{\sqrt{\overline{K}_\tau}} \quad, \tag{10.13}$$

und für große $\overline{K}_\tau$ sehr klein wird. Das Rauschen, das durch die körnige Teilchenstruktur des Stroms hervorgerufen wird, nennt man auch „Schrotrauschen" (engl. *shot noise*). Es tritt sehr lautstark auch in dem hörbaren Trommeln auf, das Regentropfen beim Aufprall auf ein Blechdach erzeugen.

Wir erwarten für den Photoelektronenstrom eine zufällige Folge von Ladungsimpulsen. Das Spektrum des Stromrauschens ist frequenzunabhängig und kann direkt aus der Schottkyformel (Gl.(A.13), im Anhang) gewonnen werden,

$$i_{coh}^2 = 2e\overline{I}_{Ph} \quad . \tag{10.14}$$

Dieser Rauschstrom berücksichtigt auch den Rauschbeitrag, der bei der zufälligen Umwandlung eines Photons in ein Photoelektron entsteht, wenn die Quanteneffizienz kleiner als 100% ist. Wir können die Schottkyformel auch interpretieren, indem wir den rms-Wert der Zählstatistik $\sigma_{K_\tau}^2$ im Zeitintervall τ mit der Streuung der Ladungsträgerzahl identifizieren, $\sigma_{K_\tau}^2 = \frac{1}{2}I_{ms}^2/e^2$, die wieder auf das Ergebnis aus Gl.(10.14) führt. (Der Faktor $1/2$ tritt auf, weil in die spektrale Leistungsdichte nur für positive Fourierfrequenzen bestimmt wird, s. Anhang A.1.)

Das kohärente Lichtfeld erzeugt den Photostrom mit dem kleinsten möglichen Rauschanteil und kommt damit unserer Vorstellung von einer klassischen Welle mit konstanter Amplitude und Frequenz besonders nahe. Wir mögen das Rauschen als eine Folge der „Körnigkeit" des Photostroms bzw. von dessen

Poisson-Statistik interpretieren. Wir müssen uns aber darüber im Klaren sein, daß wir dieses Ergebnis hier nicht erklärt, sondern schon hineingesteckt haben.

10.3.2 Photonenstatistik im thermischen Lichtfeld

Ein thermisches Lichtfeld erzeugt ebenfalls einen mittleren Photostrom; die Intensität ist aber nicht wie in einem kohärenten Laserstrahl konstant, sondern starken, zufälligen Schwankungen unterworfen. Wir können deshalb auch für die integrierte Leistung W_τ nur Wahrscheinlichkeiten $p_{\tau,W}(W_\tau)$ angeben mit $\int dW_\tau p_{W_\tau}(W_\tau) = 1$. Die zusätzliche Schwankung der Amplitude schlägt sich in *Mandels Formel* nieder, die formal einer Poisson-Transformation der Wahrscheinlichkeitsdichte p_{W_τ} (vgl. Gl.(10.11)) gleicht:

$$p(K) = \int_0^\infty \frac{\alpha W_\tau}{K!} e^{-\alpha W_\tau} p_{\tau,W}(W_\tau) dW_\tau \quad . \tag{10.15}$$

Diese Verteilung hat sozusagen doppelte Poisson-Form. Man kann zeigen, daß der Mittelwert der Zählereignisse wie bisher

$$\overline{K}_\tau = \alpha \overline{W}_\tau$$

beträgt und die Varianz

$$\sigma_{K_\tau}^2 = \overline{K}_\tau + \alpha^2 \sigma_{W_\tau}^2 \quad . \tag{10.16}$$

Die Varianz eines schwankenden Feldes wie zum Beispiel der Schwarzkörperstrahlung (s. Exkurs S. 245) ist also größer als diejenige eines kohärenten Feldes. Wir können den Zusammenhang (10.16) deuten: Der erste Term wird verursacht durch die zufällige Umwandlung von Photonen in Photolektronen und ist eine mikroskopische, nicht zu beseitigende Eigenschaft der Licht-Materie-Wechselwirkung. Der zweite Beitrag repräsentiert die Schwankungen des registrierten Lichtfeldes und tritt auch ohne die Zufallsprozesse bei der Erzeugung von Photoelektronen auf.

Die Berechnung von σ_W^2 in Gl.(10.16) ist ein keineswegs triviales Problem. Wir betrachten den Fall extrem kurzer und sehr langer Integrationsintervalle τ. Ein thermisches Lichtfeld wird von zufälligen Amplitudenschwankungen charakterisiert. Bei sehr kurzen Zeitintervallen, kürzer nämlich als der sehr kurzen restlichen Kohärenzzeit τ_c der Lichtquelle, die ca. 1 ps beträgt, können wir allerdings eine konstante Intensität annehmen, so daß $W_\tau = P_L \tau$. Die Intensität ist aber selbst zufällig verteilt und gehorcht daher einer negativen exponentiellen Verteilung,

$$p_{\tau,W} = e^{-W/\overline{W}_\tau} / \overline{W}_\tau \quad .$$

Wenn man die Integration nach Gl.(10.15) ausführt, erhält man die Verteilung der *Bose-Einstein-Statistik*

$$p_\tau(K) = \frac{1}{1 + \overline{K}_\tau} \left(\frac{\overline{K}_\tau}{1 + \overline{K}_\tau} \right)^K \quad . \tag{10.17}$$

Die Varianz dieses Feldes beträgt

$$\sigma_K^2 = \overline{K}_\tau + \overline{K}_\tau^2 \quad ,$$

und kann wie schon Gl.(10.16) gedeutet werden. Die relative Streuung bleibt stets in der Nähe von 1:

$$\frac{\sigma_K}{\overline{K}_\tau} = \sqrt{\frac{\overline{K}_\tau}{1 + \overline{K}_\tau}}$$

Die Verteilung aus Gl.(10.17) ist für ein Lichtfeld besser bekannt, wenn man K durch n ersetzt und $\overline{K}_\tau$ durch die mittlere thermische Photonenzahl,

$$\overline{n}_{\mathrm{Ph}} = \frac{1}{e^{h\nu/kT} - 1} \quad . \tag{10.18}$$

Nun ist aber die Kohärenzzeit einer thermischen Lichtquelle so kurz, daß Detektoren mit entsprechend kurzen Ansprech- und Integrationszeiten kaum existieren. Der wichtigere Grenzfall des thermischen Lichtfeldes tritt deshalb bei Integrationszeiten $\tau \gg \tau_c$ auf. Man kann in diesem Fall zeigen [118], daß für die Streuung σ_K näherungsweise gilt

$$\sigma_K^2 = \overline{K}_\tau \left(1 + \frac{\overline{K}_\tau \tau_c}{\tau} \right) \quad . \tag{10.19}$$

Für die allermeisten Fälle gilt daher auch im thermischen Lichtfeld $\sigma_K^2 \simeq \overline{K}_\tau$, so daß diese Rauscheigenschaften keinen Aufschluß über die Eigenschaften des Lichtfeldes geben können! Der zweite Term in Gl.(10.19) läßt sich deuten als die Anzahl der Photonen, die während eines Kohärenzintervalls den Detektor erreichen. Erst wenn diese Anzahl größer wird als 1, ist eine signifikante Erhöhung der Schwankungen zu erwarten.

Die Umgebungsstrahlung einer Lichtquelle entspricht meistens dem Spektrum der Schwarzkörperstrahlung bei $300K$, dessen Maximum bei der Wellenlänge von $10\mu m$ liegt und zum sichtbaren Spektralbereich hin schnell abfällt. Es läßt sich nicht vermeiden, daß mindestens ein Teil dieser Strahlung auch auf den Detektor gelangt. Insbesondere bei Infrarot-Detektoren wird die Empfindlichkeit im allgemeinen durch die Hintergrundstrahlung begrenzt. Auch im Bereich thermischer Strahlung gilt noch, daß die Kohärenzzeit sehr kurz ist, so daß die Varianz des Photoelektronenrauschens der thermischen Strahlung nach Gl.(10.19) berechnet werden kann.

Um die Emissionsrate der Photoelektronen r_{el} zu ermitteln, müssen wir die mittlere Photonenzahl $\bar{n}_{\text{Ph}}$ aus Gl.(10.18) mit der Dichte der Oszillatormoden $\rho(\nu) = 8\pi\nu^2/c^3$ bei der Frequenz ν multiplizieren, über die Detektorfläche A integrieren, die Quanteneffizienz $\eta(\nu)$ und außerdem den Strahlungsfluß aus dem halben Raumwinkel 2π berücksichtigen,

$$r_{\text{el}} = A \int_0^\infty d\nu\, \eta(\nu) \frac{2\pi\nu^2}{c^3} \frac{1}{e^{h\nu/kT} - 1} \quad .$$

Das Spektrum der Ladungsträgerfluktuationen ist proportional zur Varianz der Ankunftsrate, die wir nun nach Gl.(10.19) berechnen können; wie beim kohärenten Lichtfeld erhalten wir ein weißes Schrotrauschspektrum. Weil die Photoemission unterhalb einer bestimmten Grenzfrequenz ν_g bzw. Grenzwellenlänge $\lambda_g = c/\nu_g$ verschwindet, kann man das Rauschspektrum für einen Detektor mit der Bandlücke $E_g = h\nu_g$ nach

$$i_n^2 = 2e^2 r_{\text{el}} = 2e^2 A \int_{\nu_g}^\infty d\nu\, \eta(\nu) \frac{2\pi\nu^2}{c^2} \frac{1}{e^{h\nu/kT} - 1} \quad .$$

berechnen. Wenn wir noch annehmen, daß die Quanteneffizienz überall den Maximalwert $\eta(\nu) = 1$ annimmt, dann erhalten wir nach Gl.(10.6) die maximale spezifische Detektivität $D^*(\lambda_g, T)$ eines idealen *BLIP*-Detektors (engl. *background limited photodetector*), die von der Umgebungstemperatur T und der Grenzwellenlänge λ_g abhängt,

$$D^*(\lambda_g, T) = \frac{\lambda_g}{hc} \left(2 \int_{c/\lambda_g}^\infty d\nu \frac{2\pi\nu^2}{c^2} \frac{1}{e^{h\nu/kT} - 1} \right)^{-1/2} \quad .$$

Sie erreicht ein Minimum bei $\lambda = 14\ \mu\text{m}$. Für große Wellenlängen muß D^* linear ansteigen, weil die thermische Strahlungsleistung sich nicht mehr ändert.

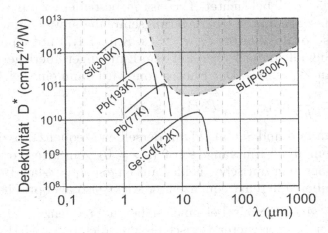

Abb. 10.3 *Spezifische Detektivität für einige wichtige Halbleiter-Detektoren.*

10.3.3 Schrotrauschlimit und „Square Law"-Detektoren

Nach Gl.(10.14) ist das Photonenrauschen beim Nachweis eines kohärenten Laserstrahls im günstigsten Fall, der vor allem mit Photodioden realisiert wird, proportional zu P_L. Wenn man die Leistung nach

$$P_L \geq \frac{h\nu}{\eta} \frac{1}{e^2} \left(2e\overline{I}_D + \frac{4kT}{R_S} + \frac{e_n^2}{R_S^2} + i_n^2 \right) = \frac{h\nu}{\eta} r_{th} \tag{10.20}$$

genügend groß wählt, dann dominiert das Photonenrauschen des Lichtstrahls alle anderen, leistungsunabhängigen Beiträge in Gl.(10.8). In diesem Fall spricht man vom „Schrotrausch-limitierten" Nachweis. Man kann den Klammeraus-druck übrigens als die Rate r_{th} interpretieren, mit der die Detektor-Verstär-kerkombination zufällig Ladungsträger erzeugt. Falls die minimale überhaupt nachweisbare Lichtleistung die gleiche Anzahl Ladungsträger erzeugen soll (SNR $\approx$ 1), beträgt sie in einer Bandbreite Δf

$$P_{\min} = \frac{h\nu}{\eta} \sqrt{r_{th}\Delta f} \quad,$$

und man erkennt, daß bei hinreichend langer Integrationszeit (oder entspre-chend geringer Bandbreite) im Prinzip beliebig kleine Leistungen registriert werden können. In der Praxis wird diese Möglichkeit aber durch die Dyna-mik des Signals und langsames Driften der Detektor-Verstärker-Eigenschaften zunichte gemacht.

Quantendetektoren werden auch als „Square-Law"-Detektoren bezeichnet, weil die Auslösewahrscheinlichkeit eines Photoelektrons proportional ist zum Be-tragsquadrat der Feldstärke $|E(t)|^2 = 2P_L(t)/c\epsilon_0 A$ des Strahlungsfeldes, das die Detektorfläche A beleuchtet. Dies ist insbesondere dann von Bedeutung, wenn man den sogenannten Überlagerungsempfang anwenden will. Dabei wird das Feld eines Lokaloszillators $\mathcal{E}_{LO}e^{-i\omega t}$ (s. Kap. 7.1.7) mit einem phasenstarr gekoppelten Signalfeld $\mathcal{E}_S e^{i(\omega+\omega_S)t}$ auf dem Empfänger überlagert. Im allgemei-nen wählt man $P_{LO} \gg P_S$. Der Photostrom wird dann eine zeitliche Variation

$$I_{Ph} \simeq \frac{e\eta}{h\nu} \left(P_{LO} + 2\sqrt{P_S P_{LO}} \cos \omega_S t \right)$$

erfahren. Wenn LO- und Signalfeld mit derselben Frequenz ω oszillieren, spricht man vom „Homodyn"-Empfang, sonst ($\omega_S \neq 0$) vom „Heterodyn"-Empfang. Bei der Überlagerung optischer Felder auf einem square-law-Detektor entste-hen Produkte bei Differenzfrequenzen, er wirkt also als optischer Mischer.

Der Nachweis eines Signals bei einer höheren Frequenz ist gewöhnlich vor-teilhaft, weil er bei geringerer Rauschleistungsdichte stattfindet (Abb. 10.2). Wenn man die LO-Leistung steigert, bis dessen Schrotrauschdichte $i_{LO}^2 = 2e^2\eta P_{LO}/h\nu$ (Gl.(10.14)) alle anderen Beiträge dominiert, hängt auch die minimale Signalleistung, die man nachweisen kann, nicht mehr von den thermischen Rauscheigenschaften des Detektors ab. Es gilt $I_S = 2e\eta\sqrt{P_{\min}P_{\text{LO}}}/h\nu$ und die minimale Leistung I_S^2 muß größer sein als die Rauschleistung $i_{\text{LO}}^2\Delta f$ in der Meßbandbreite Δf,

$$P_{\min} = \frac{h\nu\Delta f}{\eta} \quad .$$

Innerhalb der zeitlichen Auflösung Δf^{-1} des Detektors muß das Signallicht also wenigstens ein Photoelektron erzeugen, um den Nachweis zu ermöglichen.

10.4 Thermische Detektoren

Thermische Detektoren bestehen aus einem Temperaturfühler, der mit einem Absorbermaterial beschichtet ist, z.B. den aus der Lichttechnik bekannten Metalloxiden. Über weite Wellenlängenbereiche besitzen sie sehr „flache" spektrale Abhängigkeiten und sind daher für Kalibrierzwecke sehr begehrt.

Um eine große Empfindlichkeit, d.h. große Temperaturerhöhung ΔT zu erreichen, sollte der Sensor sowohl eine kleine Wärmekapazität K als auch eine kleine Wärmeverlustrate V an die Umgebung besitzen, die durch die Wärmeleitung der Konstruktion, Konvektion und Strahlungsaustausch verursacht wird. Die Temperaturänderung des Fühlers gehorcht der Differentialgleichung

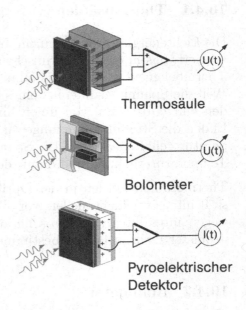

Abb. 10.4 *Thermische Detektoren.*

$$\frac{d}{dt}\Delta T = \frac{P_L}{K} - \frac{V}{K}\Delta T \quad , \tag{10.21}$$

an der man gleich erkennt, daß ein thermischer Detektor die einfallende Lichtleistung für kleine Zeiten integriert. Im Gleichgewicht beträgt die erzielte Temperaturerhöhung $\Delta T = P_L/V$, aus der man die Empfindlichkeit R_{th} mit dem Spannungs-Temperatur-Koeffizienten des Thermofühlers C_{TU},

$$R_{th} = \frac{C_{TU}}{V} \quad ,$$

ermittelt. Es sind aber Kompromisse notwendig, denn die Anstiegszeit wird nach Gl.(10.21) durch den Koeffizienten $\tau = K/V$ bestimmt und steigt mit sinkender Wärmeverlustrate V. Die minimal detektierbare Leistung eines thermischen Detektors wird im Idealfall durch unvermeidbare, spontane Temperaturfluktuationen verursacht, deren spektrale Leistungsdichte $t^2 = 4k_B T^2 V/(V^2 + (2\pi K f)^2)$ die theoretische Empfindlichkeitsgrenze bestimmt (k_B: Boltzmann-Konstante). Für Signalfrequenzen f weit unterhalb der Detektorbandbreite $\Delta f = 1/2\pi\tau$ kann man die idealisierte Rausch-Äquivalenz-Leistung angeben:

$$NEP_{th} = T\sqrt{2k_B V} \quad .$$

Offensichtlich lohnt es sich, die Umgebungstemperatur zu senken – eine Methode, die besonders bei Bolometer-Empfängern verwendet wird.

10.4.1 Thermosäulen

Die Lichtenergie wird von einem dünnen, geschwärzten Absorberplättchen absorbiert, das in engem thermischen Kontakt mit einer Dünnschicht-Säule von Thermoelementen steht, die zum Beispiel aus Kupfer-Konstantan bestehen. Weil die Spannungsdifferenz eines einzelnen Elements nur sehr klein ist, werden einige 10 – 100 von ihnen hintereinandergeschaltet, wobei die „heißen" Enden die Strahlung empfangen und die „kalten" Enden auf Umgebungstemperatur gehalten werden. Die Spannung der Thermosäule ist proportional zur Temperaturerhöhung und damit der Leistungsaufnahme des Absorbers.

Thermosäulen werden in der Optik in erster Linie verwendet, um die Intensität intensiver Lichtquellen, vor allem Laserstrahlung, zu bestimmen. Sie sind wegen ihres integrierenden Charakters auch geeignet, die mittlere Leistung gepulster Lichtquellen zu bestimmen.

10.4.2 Bolometer

Die Temperaturerhöhung durch Bestrahlung kann auch mittels eines Widerstandes mit großem Temperaturkoeffizienten gemessen werden und wird dann als Bolometer bezeichnet. Besonders bieten sich für diese Anwendung Halbleiter-Widerstände an, die als Thermistoren bezeichnet werden.

Bolometer werden vorzugsweise in einer Brückenschaltung eingesetzt. Nur einer von zwei identischen Thermistoren in derselben Umgebung wird der Bestrahlung ausgesetzt, so daß Schwankungen der Umgebungstemperatur bereits kompensiert werden. Sehr großer Empfindlichkeit erreichen Bolometer bei tiefen Temperaturen, wenn die Wärmekapazität des Thermistors sehr klein ist.

10.4.3 Pyroelektrische Detektoren

In pyroelektrischen Sensoren wird ein Kristall verwendet, dessen elektrische Polarität temperaturabhängig ist, zum Beispiel $LiTaO_3$. Der Kristall wird in einen Kondensator eingebaut, und bei einer Temperaturänderung wird auf den metallisierten Endflächen eine Ladung induziert, die einen Strom verursacht. Die Empfindlichkeit beträgt für einen Kristall mit pyroelektrischem Koeffizienten p, Wärmekapazität K und Abstand d zwischen Kondensatorelektroden

$$\mathcal{R} = p/Kd \quad . \tag{10.22}$$

Der pyroelektrische Detektor registriert nur Änderungen der einfallenden Lichtleistung. Seine Empfindlichkeit wird nach Gl.(10.22) durch die Dünnschichttechnik sehr gefördert. Daher beträgt die Dicke des Kristalls nur wenige 10 μm, wodurch auch sehr schnelle Anstiegszeiten von wenigen ns erreicht werden. Die breite spektrale Anwendbarkeit dieser thermischen Detektoren wird durch Verwendung eines geeigneten Absorbers erhalten.

Pyroelektrische Detektoren sind preiswert und robust und werden häufig verwendet, zum Beispiel beim Bau von Bewegungsmeldern.

10.4.4 Die Golay-Zelle

Ein ungewöhnlicherer thermischer Detektor ist der nach seinem Konstrukteur *Golay-Zelle* genannte Strahlungssensor, der aber wegen seiner großen Empfindlichkeit häufige Anwendung findet. Die Temperaturerhöhung durch Lichtabsorption verursacht einen Druckanstieg in einem kleinen, mit Xenon gefüllten Behälter. Der Behälter ist auf der anderen Seite mit einer Membran abgeschlossen, die sich durch den Druckanstieg aufwölbt. Die geringe mechanische Bewegung kann mit Hilfe einer „Katzenaugentechnik" sehr empfindlich ausgelesen werden.

10.5 Quantensensoren I: Photomultiplier

Es ist vielleicht doch überraschend, daß A. Einstein im Jahr 1921 den Nobelpreis für die Erklärung des Photoeffekts in seinem „Wunderjahr" erhielt und nicht für einen seiner zahlreichen anderen wissenschaftlichen Triumphe. Er benutzte die Plancksche Hypothese, daß die Lichtenergie nur in „Lichtquanten" der Größe $E_{Photon} = h\nu$ absorbiert werden könne, nicht nur, sondern erweiterte sie, indem er die Quantennatur auch dem Licht selbst zuschrieb. Nach

Einsteins einfachem Konzept beträgt die maximale kinetische Energie E_{max} eines Elektrons, das aus der Oberfläche eines Materials mit der Austrittsarbeit W emittiert wird,

$$E_{max} = h\nu - W \qquad . \tag{10.23}$$

Im allgemeinen erreichen allerdings nur wenige emittierte Elektronen die Maximalenergie E_{max}. Entscheidend ist die Beobachtung, daß der Photoeffekt bei Frequenzen $\nu \leq W/h$ vollständig verschwindet, wobei die Abschneidefrequenz oder -wellenlänge vom W-Wert des verwendeten Material abhängt.

Photokathoden

Gewöhnliche Metalle haben meist sehr hohe Werte der Austrittsarbeit zwischen 4 und $5 eV$, was nach Einsteins Gleichung (10.23) Grenzwellenlängen von ca. 310 bis 250 nm entspricht. Im Vakuum kann man aber auch Cäsium verwenden, das unter Atmosphärenbedingungen sofort korrodiert. Es besitzt die kleinste Austrittsarbeit aller Metalle mit $W_{Cs} = 1{,}92$ eV. Durch Beschichtung einer Dynode mit Cäsium wird eine Photokathode fast im ganzen sichtbaren Spektralbereich lichtempfindlich ($\lambda < 647$ nm).

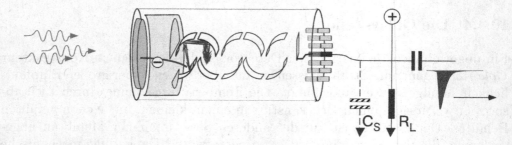

Abb. 10.5 *Aufbau einer Photomultiplier-Röhre mit transparenter Dynode. Die Beschaltung ist für den Zählmodus ausgelegt.*

Die Wahrscheinlichkeit, daß durch die Absorption eines Photons ein Photoelektron ausgelöst wird, die Quanteneffizienz, ist generell kleiner als eins. Wegen seiner hohen Quanteneffizienz, die bis zu 30% erreicht, wird sehr häufig der Halbleiter $CsSb_3$ zur Beschichtung der Photokathode verwendet. Sie wird in einer Vakuumröhre aus verschiedenen Gläsern unterschiedlicher Transparenz eingebaut und hat in diesen Kombinationen zur Klassifikation der spektralen Empfindlichkeit unter den Bezeichnungen *S-X-Kathode* geführt (X = 1,2,..). Die ebenfalls schon lange verwendete Trialkali-Kathode S-20 (Na_2KCsSb) erreicht auch bei 850 nm noch 1% Quanteneffizienz, und Cs-aktiviertes GaAs erreicht im nahen Infrarot sogar eine 1%-Grenzwellenlängen von 910 nm. Noch

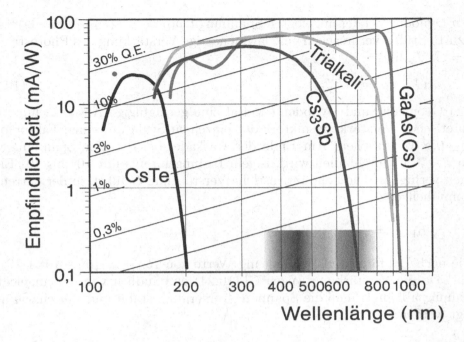

Abb. 10.6 *Spektrale Empfindlichkeit wichtiger Photokathoden. Q.E.: Quanteneffizienz.*

weiter in den infraroten Spektralbereich dehnt sich die InGaAs-Photokathode, die zwar nirgends mehr als 1%, aber bei 1000 nm immerhin noch 0.1% Quanteneffizienz erreicht. Allerdings hat in diesem Spektralbereich der innere Photoeffekt in Halbleitern eine sehr große Quanteneffizienz; deshalb konkurrieren die Photomultiplier hier mit den weiter unten besprochenen Lawinen-Photodioden, die man als Photomultiplier auf Halbleiterbasis ansehen kann.

Umgekehrt gibt es auch Situationen, in denen ein Licht-Detektor nur bei UV-Wellenlängen empfindlich sein soll, weil dann das Tageslicht nicht mehr zum Signaluntergrund und zu dessen Rauschen beiträgt. Für diesen Zweck werden sogenannte *solar blind*-Kathoden verwendet, die zum Beispiel aus Cs_2Te oder CsI gefertigt werden.

Verstärkung

Der Erfolg des Photomultipliers (auch im Deutschen hat sich die englische Kurzform der *photo multiplier tube* (*PMT*) eingebürgert) ist gar nicht denkbar ohne die enorme Verstärkung, die mit einem *Sekundärelektronen-Vervielfacher* (Kurzform *SEV*) erreicht wird, der der Photokathode nachgeschaltet ist. In einem SEV werden Elektronen beschleunigt, und lösen aus einer Anode mehrere *sekundäre* Elektronen aus. Der Vermehrungsfaktor beträgt für eine Anordnung mit n Dynoden bei der angelegten Spannung U_{PMT} $\delta = c \cdot (U_{PMT}/(n+1))^{\alpha}$. Die bis zu 15 Stufen verursachen eine lawinenartige Verstärkung des Photostromes $I_{Ph} = G \cdot I_{el}$ und

$$G = const \cdot U_{PMT}^{\alpha n} \quad , \tag{10.24}$$

wobei Geometrie und Dynodenmaterial eine geringfügige Abschwächung des theoretischen Verstärkungsfaktors der einzelnen Stufe um einen Faktor $\alpha = 0,7 - 0,8$ verursachen. Am Ende der Kaskade, bei der eine Spannung von etwa $1 - 3kV$ durchlaufen wird, ist ein Ladungsimpuls mit 10^5 bis 10^8 Elektronen verfügbar. Die hohe intrinsische Verstärkung G führt zu der extremen Empfindlichkeit,

$$R_{PMT} = \frac{\eta G e}{h\nu} \quad ,$$

die je nach Bauform und Beschaltung Werte von $R_{PMT} \simeq 10^4 - 10^7 A/W$ erreicht. Da die Verstärkung wegen Gl.(10.24) empfindlich von der angelegten Spannung abhängt, muß die Spannungsversorgung stabil und rauscharm ausgelegt werden.

Zählmodus und Strommodus

Weil die Eingangsverstärker der nachgeschalteten elektronischen Komponenten normalerweise eine Spannung am Eingang erwarten, muß der Strom des Photomultipliers durch einen Lastwiderstand R_L umgewandelt werden. Insbesondere bei geringen Strömen wirkt der *PMT* wie eine ideale Stromquelle, deshalb könnte man R_L beliebig groß wählen. In der Praxis wird aber die Anstiegszeit durch den Lastwiderstand und die Streukapazität der Anode gegenüber der Anordnung

$$\tau = R_L C_S$$

begrenzt. Außerdem wird bei großen Lastwiderständen das schnelle Abfließen der Ladung von der Anode verhindert. Dadurch wird die Spannung zur letzten Dynodenstufe verringert und die Effizienz der Anode beim Einfang der Sekundärelektronen vermindert: die Kennlinie wird nichtlinear und der Photomultiplier *sättigt* bei einer bestimmten Lichtleistung.

In der Beschaltung wird daher meistens zwischen dem *Zählmodus* und dem *Strommodus* unterschieden. Der Zählmodus ist für kleinste Lichtleistungen geeignet. Dazu wird die Verstärkung G sehr groß und R_L so klein gewählt, daß an einer üblichen 50 Ω-Impedanz ein Spannungsimpuls von einigen 10 mV Höhe und einigen *ns* Breite entsteht. Diese Impulse können direkt mit handelsüblicher Zählelektronik verarbeitet werden und verursachen das „Klicken" eines *Photonenzählers*. Wegen der Ähnlichkeit mit einem *Geiger-Müller-Zähl-rohr* wird hier auch vom *Geiger*-Modus gesprochen. Natürlich entsteht eine statistische Verteilung von Impulsen verschiedener Höhe und Breite, aus der die Photonenimpulse durch Diskriminatoren herausgefiltert werden.

Der Strommodus wird bei größeren Lichtintensitäten verwendet, bei geringerer Verstärkung G und einem an die gewünschte Bandbreite angepaßten Lastwiderstand, der hoch gewählt werden sollte, um der idealen Stromquelle möglichst nahe zu kommen.

Rauscheigenschaften von *PMT*s

Ein geringer Strom fließt durch den Photomultiplier auch dann, wenn die Röhre in vollständiger Dunkelheit betrieben wird. Er wird Dunkelstrom genannt, mit I_D bezeichnet und wird vor allem durch thermische Emission von Elektronen aus der Photokathode verursacht, die von Photoelektronen ununterscheidbar verstärkt werden.

Im Zählmodus des Photomultipliers können wir die Schottkyformel direkt verwenden (Anhang A.1.2), wenn wir die effektive mittlere Ladung $\langle Ge \rangle$ des einzelnen Photoelektrons einsetzen, um die Leistungsdichte des Schrotrauschens der Dunkelzählrate R_D zu bestimmen. In diesem Fall berechnet man die Rausch-Äquivalenz-Leistung

$$NEP_Z = \frac{\sqrt{2R_D}}{\eta} h\nu \quad , \tag{10.25}$$

wobei wir die mittlere Verstärkung $\langle G \rangle$ verwendet haben. Wenn nämlich ein Photomultiplier im Strommodus verwendet wird, verursachen die Schwankungen der Verstärkung zusätzliches Rauschen: die Rauschleistungsdichte des Stromes beträgt dann $i_n^2 = \langle 2GeI_D \rangle = 2e\langle G^2 \rangle \langle I_D \rangle / \langle G \rangle$, weil die momentane Verstärkung mit der momentanen Stromstärke I_D strikt korreliert ist. Das Ergebnis aus Gl.(10.25) wird im Strommodus um den *excess-noise*-Faktor $F_e = \langle G^2 \rangle / \langle G \rangle^2$ aus Gl.(10.7) erhöht:

$$NEP_S = F_e \frac{\sqrt{2I_D / \langle eG \rangle}}{\eta \langle G \rangle} h\nu \quad .$$

Ihre enorme Empfindlichkeit hat den Photomultiplier-Röhren zahlreiche Anwendungsmöglichkeiten verschafft, die umgekehrt die Entwicklung vieler spezialisierter Typen verursacht hat. Am weitesten verbreitet sind die sogenannten *side-on-PMT*s, bei denen das Photoelektron aus einer undurchsichtigen Photokathode herausgeschlagen wird und dem Lichtstrahl zunächst entgegen läuft. Die *head-on*-Typen sind mit einer durchsichtigen Photokathode ausgestattet, an deren Rückseite die Photoelektronen in den Sekundärelektronen-

Vervielfacher geschickt werden. Sie sind von Vorteil, wenn zum Beispiel in Szintillations-Detektoren großflächige Photokathoden wichtig sind. Gewisse Nachteile besitzen Photomultiplier zum Beispiel in Anwendungen der Regeltechnik, wenn nicht nur die Anstiegszeit, sondern auch die durch Laufzeiten im Detektor bedingte Verzögerungszeit eine Rolle spielt.

Mikrokanalplatten und Channeltrons

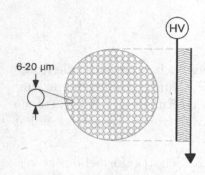

6-20 µm

Abb. 10.7 *Mikrokanalplatten, schematisch.*

Bei den „Mikrokanalplatten" (MCP, von engl. *micro channel plate*) handelt es sich eigentlich um eine Variante des Sekundärelektronenvervielfachers: Ein einzelner Mikrokanal besteht aus einer Glaskapillarröhre von 6 – 20 µm Durchmesser. Die Wand ist mit einem Halbleitermaterial (z.B. Ni-Cr) beschichtet, das eine verhältnismäßig geringe Leitfähigkeit besitzt. Die Enden des Röhrchens werden metallisiert und dienen als Photokathode bzw. Anode; eine Hochspannung fällt entlang der Wandung ab und erzeugt eine „kontinuierliche Dynode". Diese Sekundärelektronenvervielfacher sind auch unter dem Namen *Channeltron* bekannt. Sie können durch geeignete Beschichtung der Eingangsfläche in sehr kompakte Photomultiplier verwandelt werden. Ihr Nachteil ist das Sättigungsverhalten, das wegen des hohen Wandwiderstandes im allgemeinen früher als bei Photomultiplier-Röhren einsetzt.

Eine Mikrokanalplatte besteht aus mehreren Tausend dichtgepackten Kapillarröhren, die parallel von einer Spannungsquelle versorgt werden und wie ein Feld von *SEV*-Röhren wirken. Als *MCP-PMT*s besitzen sie Vorteile durch ihre hohe Zeitauflösung und ihre geringere Empfindlichkeit gegen magnetische Felder (die das Verstärkungsverhalten jeden *SEV*s beeinflussen). Darüberhinaus aber erlauben sie den ortsaufgelösten Nachweis sehr geringer Lichtintensitäten und werden deshalb benutzt, um die Bildverstärker zu konstruieren, die unter Abschnitt 10.7.3 besprochen werden.

10.6 Quantensensoren II: Halbleitersensoren

In Halbleitern müssen die Elektronen nicht aus dem Material herausgeschlagen werden, sondern können dort selbst bewegliche Ladungsträger erzeugen. Der innere Photoeffekt wird in zwei unterschiedlichen Typen von Photodetektoren genutzt, den *Photoleitern* und den *Photodioden*. In Photoleitern wird die photoelektrische Veränderung der Leitfähigkeit gemessen, während Photodioden Quellen eines Photostromes sind.

10.6.1 Photoleiter

Zur Anregung intrinsischer Photoelektronen wird häufig eine viel geringere Energie als zur Ejektion eines Elektrons aus einem Material benötigt. Photo-leiter, die meistens in Dünnschichttechnik hergestellt werden, entfalten daher ihre Stärke als Infrarotempfänger.

In einem *intrinsischer* Halbleiter können Ladungsträger durch thermische Bewegung oder Absorption eines Photons erzeugt werden, dabei wird die Grenz-wellenlänge λ_G durch die Energie der Bandlücke nach Gl.(10.23) bestimmt. In Ge beträgt sie zum Beispiel 0,67 eV, was einer Grenzwellenlänge von 1,85 μm entspricht.

Tab. 10.1 Bandlücken ausgewählter Halbleiter

	Material	E_g (eV)@300K	λ_g (μm)
1	CdTe	1,6	0,78
2	GaAs	1,42	0,88
3	Si	1,12	1,11
4	Ge	0,67	1.85
5	InSb	0,16	7,77

Tab. 10.2 Aktivierungsenergie in dotierten Halbleitern

	Material	E_A (eV)@300K	λ_A (μm)
1	Ge:Hg	0,088	14
2	Si:B	0,044	28
3	Ge:Cu	0,041	30
4	Ge:Zn	0,033	38

Man kann die spektrale Empfindlichkeit aber zu noch größeren Wellenlängen ausdehnen, indem extrinsische Halbleiter verwendet werden. Die Grenzwel-lenlänge sinkt dann mit der Aktivierungsenergie E_A der Donatoratome. Besonders häufig wird dazu Ge verwendet, dessen Grenzwellenlänge zum Beispiel durch Hg-Dotierung an die 32 μm Grenze ausgeweitet wird.

Empfindlichkeit

Weil die optoelektronische Änderung der Leitfähigkeit in einem Photoleiter gemessen wird, spielt nicht nur die Rate der Ladungsträgererzeugung r_L eine Rolle, die sich wie die Empfindlichkeit aller Quantensensoren verhält, sondern auch die Relaxationsrate τ_{rec}^{-1}, die dafür sorgt, daß der Halbleiter ins thermische Gleichgewicht zurückkehrt. Wenn wir der Einfachheit halber die wünschenswerte Situation annehmen, daß die gesamte Lichtleistung im Detektorvolumen $V_D = A \cdot \ell$ absorbiert wird, dann beträgt die Ladungsträgerdichte bei konstanter Lichtintensität $n_{el,ph} = \eta P_L \tau_{rec}/h\nu V_D$.

Meßgröße ist aber die Leitfähigkeit σ bzw. der Strom $I = A\sigma U/\ell$, der durch den Photoleiter der Länge ℓ mit dem effektiven Querschnitt A fließt, wenn darüber die Spannung U abfällt. Sie hängt nicht nur von den Ladungsträgerdichten n_{el} und p_h, sondern auch von den Beweglichkeiten μ_{el} bzw. μ_h der Elektronen und Löchern ab,

$$\sigma \simeq en\mu_{el} \quad . \tag{10.26}$$

Die meistens geringe Beweglichkeit der Löcher führt dazu, daß ihr Beitrag zur Leitfähigkeit vernachlässigt werden kann. Durch den Photoeffekt wird im Photoleiter Leitfähigkeit erzeugt. Sie hält solange an, bis das Elektron-Loch-Paar rekombiniert ist, entweder noch im Photoleiter selbst oder an den Schnittstellen mit den metallischen Zuleitungen. Andererseits fließt während der Rekombinationszeit ein Strom, der durch die Beweglichkeit der Elektronen bestimmt ist. Im semiklassischen Drudemodell kann man die Driftgeschwindigkeit der Elektronen einerseits mit der anliegenden Spannung in Zusammenhang bringen, $v_{el} = \mu_{el}U/\ell$, andererseits auch mit der Driftzeit $\tau_d = \ell/v_{el}$, in der ein Elektron sich aus dem Photoleiter in die metallischen Zuleitungen hinausbewegt. Aus $I = Aen_{el}v_{el}$ berechnet man die Empfindlichkeit

$$\mathcal{R} = \frac{\eta e}{h\nu} \frac{\tau_{rec}}{\tau_d} \quad .$$

Danach verfügt ein Photoleiter über eine intrinsische Verstärkung $G = \tau_{rec}/\tau_d$, die allerdings auch schon einmal kleiner als 1 ausfallen kann. Die Verstärkung wird darüber hinaus auf Kosten einer reduzierten Detektorbandbreite erkauft, denn die Rekombinationsrate τ_{rec} bestimmt auch das Zeitverhalten der Photozelle.

Rauscheigenschaften

Durch thermische Bewegung wird bereits Leitfähigkeit erzeugt, die andererseits durch die routinemäßige Kühlung des Detektors auch wieder unterdrückt werden kann. Genau genommen hat Gl.(10.26) also einen photoelektrischen und einen thermischen Beitrag,

$$\sigma = e \left(n_{\mathrm{Ph}} + n_{th}\right) \mu_{\mathrm{el}} \quad .$$

Das Gleichgewicht der Leitfähigkeit wird in einem Photoleiter aber nicht nur durch die Ladungsträgererzeugung, sondern ebenso durch die Rekombinationsrate bestimmt, die wiederum ein Zufallsmechanismus ist. Das Schrotrauschen eines Photoleiters wird als *Generations-Rekombinations-Rauschen* bezeichnet und ist um den Faktor 2 größer als im Photomultiplier oder in der Photodiode,

$$i^2_{GR} = 4e\overline{I}\frac{\tau_{rec}}{\tau_d} \quad .$$

Die Detektivität ist bei Wellenlängen um 10 μm und darüber im allgemeinen durch den thermischen Strahlungsuntergrund limitiert. Reale Detektoren erreichen diese Grenze weitgehend.

10.6.2 Photodioden oder Photovoltaische Detektoren

Halbleiter-Photodioden gehören zu den verbreitetsten optischen Detektoren überhaupt, weil sie kompakte Komponenten sind und über viele wünschenswerte physikalische Eigenschaften verfügen, zu denen hohe Empfindlichkeit, schnelle Anstiegszeit und großer dynamischer Bereich zählen. Außerdem werden sie in ungezählten Bauformen hergestellt und passen nahtlos zur elektronischen Halbleitertechnologie.

Ihre Wirkung beruht auf einer *pn*-Grenzschicht, in der Elektron-Loch-Paare, die durch Absorption von Licht in der Grenzschicht erzeugt werden, von einem inneren elektrischen Feld beschleunigt werden und dadurch den Stromfluß im Meßkreis verursachen. Die Grenzschicht wirkt als Stromquelle mit hohem Innenwiderstand.

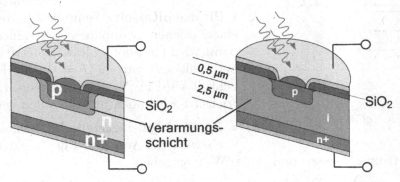

Abb. 10.8 *Bauformen von Si-Photodioden. Links: Konventionelle Ausführung. Rechts: In der p-i-n-Bauweise wird die Ladungstrennung besonders schnell erreicht.*

pn- und pin-Dioden

Die Entstehung der Verarmungsschicht in der Nähe des pn-Übergangs ist in Abb. 10.8 dargestellt. Löcher des p-dotierten bzw. Elektronen des n-dotierten Materials diffundieren auf die jeweils andere Seite und rekombinieren dort. Die Löcher verursachen eine positive Raumladungszone auf der n-Seite; die Elektronen, die im allgemeinen beweglicher sind als Löcher, die entsprechende negative, weiter ausgedehnte Zone auf der p-Seite. Der Vorgang endet, wenn das durch die Raumladung verursachte elektrische Feld die Diffusion der Elektronen bzw. Löcher verhindert. Eine Si-Diode erzeugt in der Verarmungsschicht den bekannten Spannungsabfall von 0,7 V.

Die Konstruktion einer effizienten Photodiode muß zum Ziel haben, möglichst viel Licht in der Randschicht zu absorbieren, so daß das elektrische Feld, das noch durch eine äußere Gegenspannung verstärkt werden kann, die Elektron-Loch-Paare schnell trennt und einen Stromfluß verursacht. Anders als in einem Photoleiter kann dann keine Rekombination mehr stattfinden. Dieser Prozeß kann konstruktiv unterstützt werden, indem man durch Einbau einer isolierenden Schicht den Detektor zur pin-Photodiode macht. Dabei wird das absorbierende Volumen vergrößert und außerdem die Kapazität der Sperrschicht verringert, die die Anstiegszeit begrenzt.

Betriebsarten

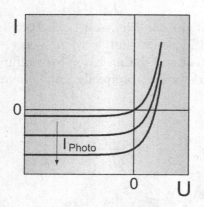

Abb. 10.9 *Kennlinienfeld einer Photodiode.*

In Abb. 10.9 ist das elektrische Kennlinienfeld einer Photodiode dargestellt. Es geht aus der Kennlinie einer üblichen Diode hervor $(I = I_s(e^{eV/kT} - 1))$, indem der negative Photostrom $-I_{Ph}$ hinzuaddiert wird. Sie wird gewöhnlich in drei Betriebsarten eingesetzt:

- **Photovoltaisch**. Wenn die Photodiode an einen offenen Stromkreis angeschlossen ist, dann wird sie photovoltaisch betrieben. Dabei fließt kein Strom $(I = 0)$, die Empfindlichkeit wird in [V/W] angegeben. Diese Betriebsart wird auch in Solarzellen verwendet.

- **Kurzschluß-Betrieb**. Im Kurzschlußbetrieb wird der von den Photoelektronen erzeugte Strom gemessen und in [A/W] angegeben.

- **Vorspannungs-Betrieb**. In dieser häufigsten Betriebsform wird die Sperrschicht durch eine Gegenspannung noch erweitert, so daß höhere Quanteneffizienz und kürzere Anstiegszeiten erreicht werden.

10.6.3 Lawinen-Photodioden

Das Prinzip der Lawinen-Photodiode (*APD*) (engl. *avalanche photodiode*) ist schon länger bekannt, konnte aber erst in neuerer Zeit in betriebsfeste Produkte umgesetzt werden. In gewisser Weise realisiert sie einen Photomultiplier auf Halbleiterbasis: Wenn eine sehr hohe Vorspannung von einigen 100V (in Rückwärtsrichtung) über die Verarmungszone gelegt wird, dann können Photoelektronen so stark beschleunigt werden, daß sie ein weiteres Elektron-Loch-Paar erzeugen. Ganz wie im Photomultiplier kann durch eine Kaskade solcher Ionisationsereignisse eine hohe Verstärkung des Photoelektrons erzielt werden. Gelegentlich wird daher sogar der Name „Festkörper Photomuliplier" verwendet.

Die Verstärkung der *APD*s beträgt 250 oder mehr. Die Photoelektronen werden wie in der gewöhnlichen pin-Si-Photodiode in einer Verarmungsschicht mit entsprechend großer Quanteneffizienz freigesetzt. Die Empfindlichkeit der *APD*s kann deshalb über 100A/W betragen.

Lawinen-Photodioden werden bei großer Lichtintensität wie Photomultiplier im Strommodus betrieben. Die Verstärkung reicht aber auch aus, um sie zum Photonenzählen im Geigermodus zu betreiben. Nun werden bei der Ionisation aber nicht nur Elektronen, sondern auch Löcher erzeugt. Wenn beide Ladungsträger mit gleicher Effizienz erzeugt werden, dann wird der Detektor durch ein erstes Ladungsträgerpaar „gezündet" und verliert seine Leitfähigkeit gar nicht wieder, weil fortlaufend neue Elektron-Loch-Paare erzeugt werden.

Im Silizium ist der Ionisationskoeffizient für Elektronen sehr viel größer als für Löcher. Der Stromfluß wird aber erst dann unterbunden, wenn alle Löcher die Verarmungsschicht verlassen haben, und erst dann kann ein neuer Ladungsimpuls erzeugt werden. Um die dadurch verursachte Totzeit möglichst kurz zu halten, kann man in passiver Beschaltung durch einen strombegrenzenden Widerstand die Entladung löschen. Für bessere Bedingungen kann man sorgen, indem der Entladungsstrom aktiv unterbrochen wird.

10.7 Positions- und Bildsensoren

Es ist naheliegend, die hochintegrierten Konzepte aus der Halbleitertechnologie bei Photodetektoren, insbesondere bei Si, aber auch bei anderen Materialien anzuwenden. Noch relativ große Abmessungen haben die „Quadrantendetektoren", bei denen typischerweise 4 Photodioden auf einem Si-Körper vereinigt sind.

Mit Quadrantendetektoren kann z.B. die Position eines Lichtstrahls mit Hilfe von Differenzverstärkern bei erstaunlicher Empfindlichkeit ausgelesen und zur Registrierung geringer Bewegungen genutzt werden. In einer anderen Bauform werden Photodioden zeilen- oder spaltenweise in „Diodenzeilen" eingesetzt, um zum Beispiel das Spektrum eines Monochromators, ohne mechanische Bewegung eines Gitters, simultan zu messen. In einer Zeilenkamera sorgt ein beweglicher Spiegel für den Zeilenvorschub und so für den Aufbau eines kompletten zweidimensionalen Bildes.

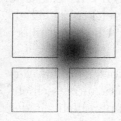

Abb. 10.10 *Quadrantendetektoren zur Positionsbestimmung eines Laserstrahls.*

Ohne bewegliche Teile kommen zweidimensionale Felder von Photokondensatoren aus, in denen die Intensitätsverteilung eines reellen Bildes in Form einer zweidimensionalen Ladungsverteilung gespeichert wird. Das technische Problem besteht darin, die in den Kondensatorladungen gespeicherte Information auf Abruf mit elektronischen Mitteln „auszulesen" und dabei in eine zeitliche Folge von elektrischen Impulsen zu verwandeln, die zum Beispiel mit üblichen Videonormen verträglich sind. Für diesen Zweck hat sich das 1970 auf der Basis von *MOS*-Kondensatoren erdachte Konzept der *CCD*-(**C**harge **C**oupled **D**evices)-Sensoren in weitem Umfang durchgesetzt, weil es besonders rauscharm ist. Nur im infraroten Spektralbereich, wenn die Sensoren gekühlt werden müssen und die *MOS*-Kapazität abnimmt, sind gewöhnliche, mit *MOS*-Schaltern ausgestattete *pn*-Kapazitäten von Vorteil.

10.7.1 Photokondensatoren

Bei photovoltaischer Betriebsweise und einem offenen Stromkreis fließt auch in einer gewöhnlichen *pn*-Photodiode die durch die Bestrahlung erzeugte Ladung nicht ab, sondern wird in der Kapazität der Raumladungszone gespeichert, die als eine Potentialmulde für die in der Nähe freigesetzten Elektronen wirkt. Wir können von einem „Photokondensator" sprechen. Solche Bauelemente sind für Bildsensoren besonders interessant, weil die Bildinformation in den Photokapazitäten zunächst gespeichert und dann seriell ausgelesen werden kann. Durch thermische Bewegung wird die Ladung zwar nach einiger Zeit abfließen, die Speicherzeit beträgt aber je nach System und Temperatur einige Sekunden bis zu Minuten und Stunden.

Als Photokondensatoren haben sich die MOS-Kondensatoren (**M**etal **O**xide **S**emiconductor) bewährt. An der Metall-Oxid-Halbleiter-Grenzfläche, die auch Schottky-Kontakt genannt wird, entsteht ein Potential, welches als Speicher für Elektronen dient.

Die MOS-Kondensatoren erreichen große Kapazitäten und verhindern dadurch, daß der Potentialtopf durch die gespeicherte Ladung reduziert wird und der Kondensator schon mit wenigen Photoelektronen oder -löchern sättigt. Ein Modell eines MOS-Kondensators, der aus einem metallischen oder polykristallinen Silizium-Gate, einer SiO_2-Oxidschicht und p-Si besteht, ist in Abb. 10.11 gezeigt. Daran ist insbesondere zu

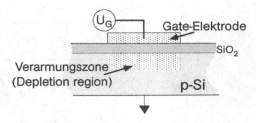

Abb. 10.11 *MOS-Photokondensator. Optisch erzeugte Elektronen werden in der Verarmungszone (Depletion region) gespeichert.*

erkennen, daß bei positiver Gatespannung U_G ein Potentialtopf für Elektronen in unmittelbarer Nachbarschaft der Oxid-Halbleiter-Grenzschicht entsteht. In der Raumladungszone freigesetzte Elektronen können befreit werden, indem die Gatespannung wieder herabgesetzt wird. Die Speicherzeit der Photokondensatoren ist begrenzt durch thermische Relaxation und variiert bei Raumtemperatur von Sekunden bis zu mehreren Minuten.

10.7.2 CCD-Sensoren

Das Herz digitaler Kameras ist der CCD-Chip, der eine zur Intensität der einfallenden Strahlung proportionale Ladung erzeugt und in Photokondensatoren speichert, bis sie durch eine Steuerelektronik abgerufen werden [29]. Gegenüber der Photoplatte hat die CCD-Kamera die Vorteile eines großen linearen Bereiches, hoher Quanteneffizienz von 50–80% und die direkte Erzeugung eines Spannungssignals, das digitalisiert und im Computer verarbeitet werden kann.

Der Schlüssel für den Erfolg der *CCD*-Sensoren ist die Auslesemethodik, die in Abb. 10.12 am Beispiel eines dreiphasigen Systems vorgestellt wird. Sie ist so organisiert, daß durch serielle Ansteuerung der Gateelektroden die in einem Sensor oder *Pixel* gespeicherte Ladung in den benachbarten Kondensator verschoben wird. Die Taktfrequenz, mit der diese Verschiebung erfolgt, kann mehr als 20 MHz betragen. Der Ladungsverlust bei dieser Übertragung ist im Mittel geringer als 10^{-6}. Deshalb gelangen selbst bei vielen hundert Taktschritten im Allgemeinen mehr als 99,99% des Ladungsinhaltes eines Pixels zum Ausleseverstärker. Bei einer digitalen Auflösung von 12 Bit wird damit noch nicht einmal der Digitalisierungsfehler erreicht!

Ein Bildsensor muß zeilenweise ausgelesen werden. Um aber zu verhindern, daß dadurch eine lange Totzeit entsteht und außerdem noch weiter Ladungen akku-

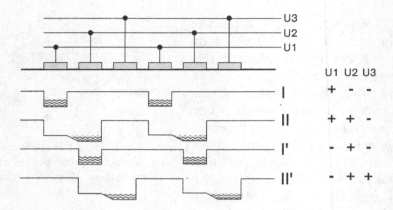

Abb. 10.12 *Drei-Phasen-Betrieb einer CCD-Zeile.*

muliert werden, bestehen die CCD-Sensoren aus einer beleuchteten „Bildzone" und einer unbeleuchteten „Speicherzone". Die Aufnahme eines Bildes wird beendet, indem alle Spalten der beleuchteten Hälfte parallel und innerhalb 1 ms in die angrenzende Speicherzone verschoben werden. Während sie von dort zeilenweise über ein Ausleseregister sukzessive zum Ausleseverstärker befördert werden, kann in der beleuchteten Hälfte schon das nächste Bild registriert werden.

Die Empfindlichkeit eines CCD-Sensors wird durch die Rauscheigenschaften jedes einzelnen Pixels bestimmt, die einerseits von der Schwankung der thermisch erzeugten Elektronen abhängen, andererseits aber meistens durch das sogenannte „Ausleserauschen" dominiert werden, das dem Ladungsinhalt eines Pixels durch den Ausleseverstärker hinzugefügt wird. Weil dieser Rauschbeitrag nur einmal pro Auslesevorgang auftritt, ist es häufig günstig, solange wie möglich photoelektronisch erzeugte Ladungen auf dem Sensor zu akkumulieren. Dabei sind allerdings nur langsame Bildfolgen zu erzielen. Die Rauscheigenschaften eines CCD-Sensors werden häufig in der Einheit „Elektronen/Pixel" angegeben, womit die rms-Breite des Dunkelstroms gemeint ist.

Die räumliche Auflösung eines CCD-Sensors wird durch die Größe der Pixel bestimmt, deren Kantenlänge heute einige μm (bis 25 μm) beträgt. Selbstverständlich kann die Auflösung aber nicht besser sein als das optische Abbildungssystem, das Kameraobjektiv.

10.7.3 Bildverstärker

Bei Bildverstärkern werden die extrem empfindlichen Eigenschaften eines Photomultipliers, die auf der Konversion von Licht in Elektronen beruhen, auch in ortsauflösenden Detektoren eingesetzt. Das Anwendungspotential der Bildverstärkerröhren und ihrer Varianten ist hoch, weil sie es nicht nur erlauben, von extrem lichtschwachen Objekten Bilder anzufertigen, sondern weil sich das Konzept auf viele Arten von Strahlung (zum Beispiel Infrarot- oder Röntgenstrahlung) übertragen läßt, die für das menschliche Auge und für gewöhnliche Kameras gar nicht sichtbar sind. Kameras mit dieser Technologie werden auch ICCD-Kameras genannt (von engl. *intensied CCD*).

In Abb. 10.13 haben wir zwei erprobte Konzepte für optische Bildverstärker vorgestellt: In der oberen Reihe wird ein Bild durch eine Faseroptik auf eine Photokathode gelenkt. Die dort emittierten Elektronen werden durch eine Elektronenoptik beschleunigt und auf einen Phosphorschirm abgebildet. Dessen Leuchten wird mit dem Auge oder einer Kamera beobachtet. Die Erhöhung der Lichtstärke, die „Bildverstärkung", kann bis zu 150 lm/lm[1] betragen.

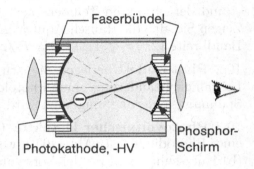

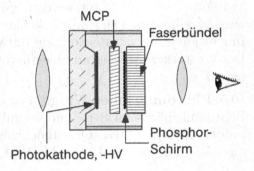

Abb. 10.13 *Konzepte für Bildverstärker der 1. und 2. Generation.*

In der zweiten Reihe ist ein Modell der sogenannten 2. Generation zu sehen, in welchem durch eine Kanalplatte (MCP, s. S. 396) Verstärkungen von 10^4 und mehr erzielt werden. Die Ortsauflösung des einfallenden optischen Bildes wird durch die Elektronenpakete dabei etwas verringert. In Abb. 12.18 ist ein Bild der Fluoreszenz eines einzelnen gespeicherten Atoms zusehen, das mit einer ICCD-Kamera aufgenommen wurde.

Bildverstärker erlauben nicht nur die Beobachtung sehr lichtschwacher Signale: Die Hochspannung, die an der Kanalplatte zur Verstärkung benötigt wird, kann auf der ns-Skala ein- und ausgeschaltet werden und erlaubt deshalb, Kameras mit extrem hohen Verschluß-Geschwindigkeiten zu realisieren.

---

[1]Hier wird die physikalische SI-Einheit Lumen, Abkürzung [lm], verwendet: Sie mißt den Lichtstrom, den eine punktförmige Quelle mit 1 Candela Lichtstärke in den Raumwinkel 1 sr aussendet: 1 lm = 1 cd/sr.
Die Lichtstärke wird in der SI-Basiseinheit Candela, Abkürzung [Cd] gemessen. Bei der Wellenlänge 555 nm beträgt ihr Wert 1 Cd = (1/683) W/sterad, bei anderen Wellenlängen ist sie auf das Spektrum des Hohlraumstrahlers beim Schmelzpunkt von Platin bezogen.

Aufgaben zu Kapitel 10

10.1 Thermische Detektoren Betrachten Sie die Differentialgleichung für den Temperaturanstieg ΔT eines ideal schwarzen thermischen Detektors mit der Wärmekapazität K und der totalen Wärmeverlustrate V. Wodurch wird die Anstiegszeit τ bestimmt? Bestimmen Sie die Empfindlichkeit $\mathcal{R}$ für eine Thermosäule mit dem pauschalen Seebeck-Koeffizienten C_{TU}.

Die Leistungsdichte der spontanen Temperaturfluktuationen bei der Frequenz f und der absoluten Temperatur T beträgt $t^2 = 4k_B T^2 V/(V^2 + (2\pi K f)^2)$. Zeigen Sie, daß die Rausch-Äquivalent-Leistung weit unterhalb der maximalen Bandbreite $(2\pi f \tau \ll 1)$ $NEP = T\sqrt{2k_B V}$ beträgt.

10.2 Photozelle Überlegen Sie sich einen einfachen Schaltkreis, in dem die Leitfähigkeitsänderung eines Photoleiters durch Beleuchtung in eine lineare Spannungsänderung umgesetzt wird.

10.3 Photovoltaischer Detektor (I) (I) Stellen Sie auf dem Kennlinienfeld einer Photodiode fest (Abb. 10.9), welche Positionen der (a) photovoltaischen, (b) Kurzschluß- und (c) der Vorspannungs-Betriebsart zukommen.

10.4 Photovoltaischer Detektor (II) Mit welcher Laser-Leistung muß eine Si-Photodiode beleuchtet werden, um in den Schrotrausch-begrenzten Nachweis zu gelangen? Die Empfindlichkeit betrage $\mathcal{R} = 0{,}55$ A/W @ 850 nm, der Innenwiderstand der Photodiode 100 MΩ und der Dunkelstrom sei $I_D = 100$ pA. Der Verstärker soll die Rauschkenngrößen $e_n = 10$ nV/$\sqrt{\text{Hz}}$ und $i_n = 1$ pA/$\sqrt{\text{Hz}}$ haben.

10.5 Photomultiplier Wie groß ist die minimal detektierbare Leistung eines Photomultipliers im Strommodus mit folgenden Kenngrößen in einer Bandbreite von $\Delta f = 1$ Hz: Quanteneffizienz $\eta = 10\%$, Laserwellenlänge $\nu_L = 600$ nm und Dunkelstrom $I_D = 1$ fA. Wie groß ist die Ankunftsrate der Photonen?

11   Laserspektroskopie

Im Kapitel über Licht und Materie (6) haben wir die Besetzungszahl und Polarisation eines atomaren Ensembles bestimmt. Diese Größen werden im Experiment aber nicht direkt beobachtet, sondern durch ihre Wirkung auf bestimmte physikalische Eigenschaften einer Probe. Wir werden uns hier auf vollständig optische Methoden beschränken, d.h. die Fluoreszenz einer angeregten Pro-

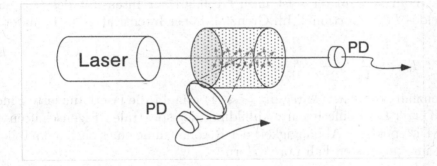

Abb. 11.1 *Laserspektroskopie: Die spektralen Eigenschaften einer Probe können durch laserinduzierte Fluoreszenz oder durch Absorption nachgewiesen werden. Zum Nachweis der Dispersion sind interferometrische Experimente notwendig. PD: Photodiode*

be oder Absorption und Dispersion eines Sondenstrahls; es gibt aber zahllose alternative Nachweisverfahren, bei denen zum Beispiel die Wirkung auf akustische oder elektrische Eigenschaften untersucht wird. Für einen breiteren Überblick über das umfangreiche Gebiet der Laserspektroskopie verweisen wir zum Beispiel auf [42].

11.1   Laserinduzierte Fluoreszenz (LIF)

Die Fluoreszenz wird durch spontane Emission verursacht, und wir beobachten sie zum Beispiel beim Durchgang eines Laserstrahls durch eine Gaszelle. Sie verursacht die Strahlungsdämpfung und kann nur dann auftreten, wenn sich ein Atom im angeregten Zustand befindet. In den Blochgleichungen (6.32) haben wir die spontane Fluoreszenz phänomenologisch durch die Zerfallsrate γ berücksichtigt. Ein einzelnes Teilchen im angeregten Zustand strahlt während seiner Lebensdauer eine mittlere Leistung ab, die wir auch durch die Sättigungsintensität I_0 nach Gl.(6.37) ausdrücken können:

$$P_{\text{fl}} = \hbar\omega\gamma/2 = \frac{1}{2}\frac{\gamma}{\gamma'}\,\sigma_Q I_0 \quad.$$

Die Intensität der zu beobachtenden Fluoreszenz sollte proportional sein zur Anregungswahrscheinlichkeit $(w+1)/2$ und zur Teilchendichte N/V, und außerdem müssen wir mit einem Geometriefaktor G unseren experimentellen Aufbau (Verluste, Raumwinkel der Beobachtung ...) berücksichtigen:

$$I_{\text{fl}} = G\frac{N}{V}\hbar\omega\gamma\frac{1}{2}(1+w) = G\frac{N}{V}I_0\frac{\gamma}{2\gamma'}\frac{s}{1+s}$$

Der Sättigungsparameter s ist nach Gl.(6.36) zur Intensität des anregenden Laserfeldes I_A proportional. Im Grenzfall hoher Intensität ($s \gg 1$) findet man sofort

$$I_{\text{fl}} = G\frac{N}{V}\,I_0\frac{\gamma}{2\gamma'} \quad.$$

Im Grenzfall schwacher Anregung ($s \ll 1$) erlaubt die laserinduzierte Fluoreszenz (Kürzel LIF) eine lineare Abbildung der spektralen Eigenschaften einer Probe. Die spektrale Abhängigkeit der Resonanzlinie eines einzelnen Teilchens besitzt im stationären Fall Lorentzform,

$$I_{\text{fl}}(\omega) = G\cdot\frac{N}{V}\frac{\gamma\gamma'}{2}\frac{I_A}{(\omega-\omega_0)^2+\gamma'^2} \quad,$$

und man erhält ein Fluoreszenzprofil wie in Abb. 6.2. Mit der laserinduzierten Fluoreszenz können zum Beispiel ortsaufgelöste Dichtebestimmungen bekannter atomarer oder molekularer Gase vorgenommen werden.

11.2   Absorption und Dispersion

Absorption und Dispersion sind wie die Fluoreszenz nur bei kleiner Sättigung linear in der anregenden Intensität. Den Absorptionskoeffizienten und Realteil des Brechungsindex ermitteln wir daher nach der Behandlung unter Gl.(6.21),

$$\alpha(\omega) = -\frac{\omega}{2I(z)}\Im m\{\mathcal{E}(z)\cdot\mathcal{P}^*(z)\} = \frac{N}{V}\frac{\omega}{2I(z)}d_{\text{eg}}\mathcal{E}_0 v_{\text{st}}$$

$$n'(\omega)-1 = \frac{c}{2I(z)}\Re e\{\mathcal{E}(z)\cdot\mathcal{P}^*(z)\} = \frac{N}{V}\frac{c}{2I(z)}d_{\text{eg}}\mathcal{E}_0 u_{\text{st}}$$

$$(11.1)$$

Wenn wir die Polarisationskomponenten (u_{st}, v_{st}) nach Gl.(6.41) einsetzen, erhalten wir wieder unter Berücksichtigung der Glgn.(6.19, 6.37) die Beziehungen

$$
\begin{aligned}
\alpha(\omega) &= -\frac{N}{V}\frac{\gamma}{2\gamma'}\frac{w_0\sigma_Q}{1 + I/I_0 + ((\omega - \omega_0)/\gamma')^2} \\
n'(\omega) - 1 &= -\frac{N}{V}\frac{\gamma}{2\gamma'}\frac{\lambda}{2\pi}\frac{w_0\sigma_Q\,(\omega - \omega_0)/\gamma'}{1 + I/I_0 + ((\omega - \omega_0)/\gamma')^2}
\end{aligned}
\tag{11.2}
$$

Aus diesen Beziehungen kann man ohne weitere Schwierigkeiten den Grenzfall kleiner Intensität wieder auf den klassischen Fall (6.18) zurückführen ($I/I_0 \ll 1$ und $w_0 = -1$): Absorptionskoeffizient und Brechungsindex sind dort nur von den atomaren Eigenschaften (Zerfallsraten γ, γ'; Verstimmung $\delta = \omega - \omega_0$, Teilchendichte N/V) und nicht von der eingestrahlten Intensität abhängig. Durch Absorptionsspektroskopie kann man umgekehrt diese physikalischen Größen bestimmen. Weil die Bestimmung des Brechungsindex im allgemeinen ein interferometrisches Meßverfahren und daher wesentlich größeren apparativen Aufwand erfordert, ist die Absorptionsmessung ein bevorzugtes Meßverfahren.

11.2.1 Gesättigte Absorption

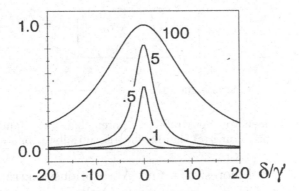

Abb. 11.2 *Sättigung von Resonanzlinien: Normierte Fluoreszenzintensität als Funktion der normierten Verstimmung δ/γ'. Der Parameter gibt die eingestrahlte Laserleistung I/I_0 normiert auf die Sättigungsintensität an. Die maximale Fluoreszenzintensität tritt bei Gleichbesetzung der atomaren Niveaus auf.*

Bei wachsender Intensität ($I/I_0 \simeq 1$) spielt die Sättigung einer Resonanz eine immer größere Rolle, denn der Absorptionskoeffizient wird nichtlinear, er hängt selbst von der Intensität ab. Der Übersichtlichkeit halber führen wir den resonanten, ungesättigten Absorptionskoeffizienten $\alpha_0 = -N\sigma_Q w_0/V \cdot \gamma/2\gamma'$ ($= N\sigma_Q/V$ bei optischen Frequenzen und für ungestörte Atome mit $\gamma' =$

$\gamma/2$) ein und formulieren Gl.(11.2) mit der neuen Linienbreite $\Delta\omega = 2\gamma_{\mathrm{sat}} = 2\gamma'\sqrt{1 + I/I_0}$ um,

$$\alpha(\omega) = \alpha_0 \frac{\gamma'^2}{(\omega - \omega_0)^2 + \gamma'^2(1 + I/I_0)} = \alpha_0 \frac{\gamma'^2}{(\omega - \omega_0)^2 + \gamma_{\mathrm{sat}}^2} \quad . \quad (11.3)$$

Trotz der Sättigung wird also bei großer Intensität $I \geq I_0$ die Lorentzform der Resonanzlinie erhalten, sie wird aber verbreitert. Darüber hinaus fällt die Intensität nicht mehr nach dem Beerschen Gesetz exponentiell ab, sondern für große I/I_0 nur noch linear nach

$$\frac{dI}{dz} = -\alpha\,I \simeq -\alpha_0 I_0 \quad .$$

11.3   Spektrallinien: Form und Breite

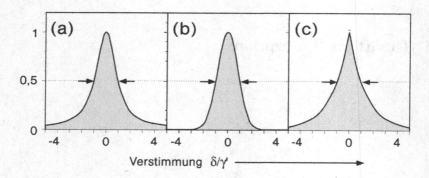

Abb. 11.3 Wichtige Formen von Spektrallinien: Lorentzlinie (a), Gaußprofil (b) und das Profil der Durchflugsverbreiterung (c) sind für identische Halbwertbreiten dargestellt.

Die Beobachtung von Fluoreszenz- und Absorptionsspektren gehört zu den einfachsten und eben deshalb verbreitetsten Methoden der Spektroskopie, und physikalische Information ist sowohl in der Position einer Linie als auch in ihrer Form und Breite enthalten. Als Maß für deren Breite (Abb. 11.3) wird gewöhnlich die Halbwertbreite benutzt, das ist die Frequenzbreite zwischen den Werten, bei welchen die Resonanzlinie den halben Maximalwert annimmt.[1] Nach Gl.(6.36, 11.2) entnimmt man daraus bei nicht zu großen Intensitäten die transversale Relaxationsrate γ':

volle Halbwertbreite: $\Delta\omega = 2\pi\Delta\nu = 2 \cdot \gamma'$.

---

[1]In der englischsprachigen Literatur werden die Abkürzungen *FWHM* und *HWHM* für *full* bzw. *half width at half maximum* verwendet.

Für ein freies Atom, das seine Energie nur durch strahlenden Zerfall abgeben kann, gilt wegen $\gamma' = \gamma/2$:

$$\Delta\omega = \gamma \quad . \tag{11.4}$$

Der Q-Wert der Resonanz, das Verhältnis von Resonanzfrequenz und Halbwertbreite, kann bei optischen Frequenzen von $10^{14} - 10^{15}$ Hz leicht sehr große Werte von 10^6 und mehr annehmen,

$$Q = \nu/\Delta\nu \quad .$$

Es ist leicht einzusehen, daß mit abnehmender Linienbreite $\Delta\nu$ einer Spektrallinie der Q-Wert und damit die Genauigkeit der Wellenlängen- oder Frequenzmessung steigt. Die experimentelle Präparation solcher „scharfer" Resonanzen ist ein begehrtes Ziel der Spektroskopiker. Sie setzt ein tieferes Verständnis für die physikalischen Mechanismen voraus, die die Position einer Linie, ihre Breite und Form bestimmen. Als untere Grenze wird gewöhnlich die natürliche Linienbreite angesehen, die durch den spontanen Zerfall angeregter Zustände verursacht wird, obwohl schon seit längerem bekannt ist, daß diese Zerfallsrate durch Eigenschaften der Umgebung wie zum Beispiel leitende oder spiegelnde Wände modifiziert wird und die Meßergebnisse systematisch beeinflußt (s. Exkurs S. 454, [120]).

Wir können hier nur die wichtigsten Grenzfälle vorstellen, eine vollständige mikroskopische Theorie würde unseren Rahmen sprengen. Auch das Zusammenwirken der verschiedenen Verbreiterungsmechanismen ist häufig komplex und muß durch mathematisch aufwendige Faltungen beschrieben werden.

11.3.1 Natürliche und homogene Linienbreite

Der Traum des Präzisionsspektroskopikers ist ein ruhendes Teilchen im freien Raum [41], dessen Resonanzlinienbreite nach Gl.(11.4) nur noch durch die endliche Lebensdauer τ eines angeregten Zustandes begrenzt wird. Sie wird als natürliche Linienbreite $\Delta\nu = \gamma_{\text{nat}}/2\pi = 1/2\pi\tau$ bezeichnet und ist mit dem Einstein-A-Koeffizienten der spontanen Zerfallsrate identisch,

$$\gamma_{\text{nat}} = A_{\text{Einstein}} = \frac{1}{\tau} \quad .$$

Für eine Abschätzung der natürlichen Breite typischer atomarer Resonanzlinien kann man bei einer roten atomarer Resonanzlinie ($\lambda = 600$ nm) in Gl.(6.45) den Bohrradius $r_{\text{eg}} = a_0$ benutzen und findet: $A_{\text{Einstein}} \simeq 10^8 s^{-1}$.

Die Resonanzfrequenz eines freien, ungestörten Teilchens wird immer noch durch den Dopplereffekt verschoben, den wir im nächsten Abschnitt besprechen werden. Nahezu bewegungslose Atome und Ionen können aber schon längere Zeit routinemäßig in Atom- und Ionenfallen mit der Methode der *Laserkühlung* tatsächlich realisiert werden; weil die bewegungsinduzierte Frequenzverschiebung aber nur durch die Komponente der Bewegung in Richtung des anregenden oder emittierten Lichtes verursacht wird, konnte man auch schon vorher an Atomstrahlen die natürliche Linienbreite einer atomaren oder molekularen Resonanz direkt beobachten.

Die natürliche Linienbreite ist für alle Teilchen eines Ensembles identisch. In diesem Fall spricht man von einer „homogenen" Linienverbreiterung.

11.3.2 Doppler-Verbreiterung und inhomogene Linienbreite

Bei der Emission eines Photons wird nicht nur die Energiedifferenz zwischen den inneren Anregungszuständen des Atoms davongetragen, sondern außerdem der Impuls $\hbar\mathbf{k}$ auf das Atom mit der Masse M übertragen. Bei kleinen Geschwindigkeiten ($v/c \ll 1$) können wir den Unterschied der Resonanzfrequenz im Laborsystem (ω_{Labor}) und im Ruhesystem ($\omega_{\text{Ruh}} = (E' - E)/\hbar$) aus der Impuls- und Energieerhaltung entnehmen,

$$M\mathbf{v}' + \hbar\mathbf{k} = M\mathbf{v}$$
$$E' + \tfrac{1}{2}Mv'^2 + \hbar\omega_{\text{Labor}} = E + \tfrac{1}{2}Mv^2$$

Unter Vernachlässigung von Beiträgen der Größenordnung $\hbar\omega/Mc^2$ erhält man daraus die lineare Dopplerverschiebung

$$\omega_{\text{Labor}} = \omega_{\text{Ruh}} + \mathbf{kv} \quad . \tag{11.5}$$

Die Richtung im Laborsystem ($\mathbf{k}$) wird dabei entweder durch den Beobachter (in Emission) oder den anregenden Laserstrahl (in Absorption) festgelegt. Die Strahlungsfrequenz einer Quelle erscheint höher oder blauverschoben, wenn sie sich auf den Beobachter zubewegt, niedriger oder rotverschoben, wenn sie sich entfernt.

In einem Gas sind die molekularen Geschwindigkeiten nach dem Maxwell-Boltzmann-Gesetz verteilt. Die Wahrscheinlichkeit $f(v_z)$, ein Teilchen bei der Temperatur T mit der Geschwindigkeitskomponente v zu finden, beträgt

$$f_D(v) = \frac{1}{\sqrt{\pi}v_{\text{mp}}}e^{-(v/v_{\text{mp}})^2} \quad , \tag{11.6}$$

und die wahrscheinlichste Geschwindigkeit ist (k_B: Boltzmannkonstante, T: Absolute Temperatur)

$$v_{\text{mp}} = \sqrt{2k_BT/m} \quad .$$

Die Geschwindigkeiten der molekularen Bestandteile eines Gases liegen bei gewöhnlichen Temperaturen im allgemeinen zwischen 100 und 1000 m/s, so daß man typische Verschiebungen von $kv/\omega = v/c \simeq 10^{-6} - 10^{-5}$ oder einigen 100 bis 1000 MHz erwartet. Übliche atomare oder molekulare natürliche Linienbreiten sind viel kleiner und werden deshalb durch die Dopplerverschiebung meist vollständig maskiert. Die Methoden der *Dopplerfreien Spektroskopie* sind aus diesem Grund über viele Jahre ein wichtiges Forschungsthema gewesen.

Wenn die Abstrahlung der Moleküle ansonsten ungestört ist, kann man die spektrale Linienform und -breite der Absorptionslinie des Gases aus der Überlagerung aller möglichen ungestörten Absorptionsprofile nach Gl.(11.3) gewinnen,

$$\alpha_D(\omega) = \int_{-\infty}^{\infty} dv_z f(v_z)\, \alpha(\omega + kv_z) \quad .$$

Wenn $\alpha(\omega)$ Lorentzform besitzt, wird das mit dieser mathematischen Faltung beschriebene Linienprofil α_D als *Gauß-Voigt-Profil* bezeichnet. Bei Raumtemperatur ist in vielen Gasen die Zerfallsrate γ eines optischen Übergangs sehr viel kleiner als die Dopplerverschiebung kv. Dann ändert sich die Verteilungsfunktion $f(v_z)$ praktisch nicht in dem Bereich, in dem $\alpha(\omega + kv_z)$ wesentlich von Null verschieden ist, sie kann durch ihren Wert bei $v_z = (\omega - \omega_0)/k$ ersetzt und vor das Integral gezogen werden. Die Integration über die verbleibende Lorentzkurve ergibt einen konstanten Faktor

$$\alpha_D(\omega) = \alpha_0\, f\left(\frac{\omega - \omega_0}{k}\right) \frac{\pi\gamma'}{k\sqrt{1 + I/I_0}}$$

und man erhält mit $\sqrt{\pi \ln 2} = 2,18$ schließlich das Gaußprofil

$$\alpha_D(\omega) = \frac{2,18 \cdot \alpha_0}{\sqrt{1 + I/I_0}} \frac{\gamma'}{\Delta\omega_D} \exp\left(-\ln 2 \left(\frac{\omega - \omega_0}{\Delta\omega_D/2}\right)\right) \tag{11.7}$$

in welchem wir bereits die Doppler-Halbwertbreite oder kürzer Dopplerbreite

$$\Delta\omega_D = \omega_0 \sqrt{\frac{8k_B T \ln 2}{mc^2}}$$

eingeführt haben. Der Absorptionskoeffizient ist ungefähr um den Faktor γ'/ω_D reduziert, denn die Linienstärke wird nun auf einen sehr viel größeren Spektralbereich verteilt. Es lohnt sich, die Dopplerbreite in Einheiten der dimensionslosen atomaren Massenzahl M und der absoluten Temperatur T in *Kelvin* auszudrücken,

$$\Delta\nu_D = \Delta\omega_D/2\pi = 7,16\,10^{-7}\sqrt{T/M} \cdot \nu_{\text{Ruh}} \tag{11.8}$$

Die Doppler-Verbreiterung ist ein Beispiel für eine „inhomogene" Linienbreite. Im Gegensatz zur homogenen Linienbreite trägt jedes einzelne Teilchen dazu mit einem anderen, von seiner Geschwindigkeit abhängigen Spektrum bei.

11.3.3 Druck-Verbreiterung

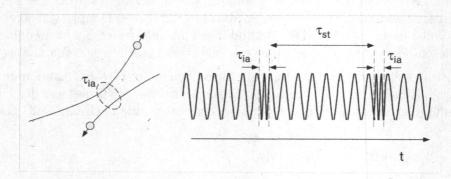

Abb. 11.4 *Störung von Strahlungsprozessen durch Stöße in einem neutralen Gas. Die Dauer der Stöße ist sehr kurz gegenüber der Stoßrate (τ_{st}^{-1}) und gegenüber der Lebensdauer des angeregten Zustandes. Der Einfluß der Stöße kann durch zufällige Phasensprünge einer ansonsten ungestörten harmonische Welle modelliert werden.*

In einem Gasgemisch erleiden Atome und Moleküle ständig Stöße mit Nachbarteilchen, die für kurze Zeit die Bewegung der Hüllenelektronen stören. Während des Stoßes ist die Frequenz der Abstrahlung gegenüber dem ungestörten Fall leicht verändert. Bei neutralen Atomen oder Molekülen kann die Wechselwirkung zum Beispiel durch eine van der Waals-Wechselwirkung beschrieben werden, die eine gegenseitigen Polarisierung der Stoßpartner verursacht. In einem Plasma ist die Wechselwirkung der geladenen Teilchen sehr viel stärker.

Es ist nützlich, sich zunächst über die typischen Zeiten Rechenschaft abzulegen, die diese Prozesse bestimmen und in Tab. 11.1 zusammengefaßt sind.

Die Wechselwirkung zwischen neutralen Teilchen ist generell *kurzreichweitig*, das heißt sie ist nur auf einer kurzen Distanz, die etwa dem Durchmesser des Atoms oder Moleküls gleicht, von Bedeutung. Die *Stoßzeit* kann man daher aus der typischen Flugzeit über einen atomaren Durchmesser abschätzen. Bei thermischen Geschwindigkeiten finden danach während des Stoßes noch einige 10 bis 1000 Schwingungszyklen statt. Weil der mittlere zeitliche Abstand zwischen den Stößen (oder die inverse Stoßrate), der nach der bekannten Formel $\tau_{\text{Abstand}} = n\sigma_A v$ aus dem Stoßquerschnitt σ_A und der mittleren Geschwindigkeit v ermittelt wird, dagegen selbst unter atmosphärischen Bedingungen viel größer ist als die Stoßdauer selbst, wird die elektronische Bewegung andererseits nur selten durch die Stöße gestört. In einem einfachen Modell kann man deshalb alle Details der molekularen Wechselwirkung vernachlässigen und die Wirkung des Stoßes auf eine zufällige Phasenverschiebung der ansonsten ungestörten optischen Schwingung reduzieren.

Tab. 11.1 *Relevante Zeiten bei der Stoßverbreiterung*

Prozeß	Formel	Bedingungen	Dauer
Optischer Zyklus	$\tau_{\text{opt}} = 1/\nu_{\text{opt}}$		$10^{-14} - 10^{-15} s$
Stoßzeit	$\tau_{\text{coll}} = d_{\text{Atom}}/v_{\text{therm}}$	$T = 300K$	$10^{-12} - 10^{-13} s$
Stoßabstand	$\tau = n\sigma_A v_{\text{therm}}$	$T = 300K$ $n = 10^{19} cm^{-3}$	$10^{-7} - 10^{-9} s$
Lebensdauer	$\tau = A_{\text{Einstein}}^{-1}$		$10^{-8} s$

$d_{\text{Atom}} = 2\text{Å}$, $\sigma_A = \pi d_{\text{Atom}}^2/4$

Dazu betrachten wir zunächst das Intensitäts-Spektrum $\delta I(\omega)$ eines gedämpften harmonischen Wellenzuges, der bei t_0 beginnt und nach einer zufällig gewählten Zeit τ einfach abgebrochen wird:

$$\delta I = I_0 \cdot \left| \int_t^{t_0+\tau} e^{(-i(\omega_0-\omega)-\gamma')t} dt \right|^2 = I_0 \cdot e^{-2\gamma' t_0} \left| \frac{e^{(i(\omega_0-\omega)-\gamma')\tau} - 1}{i(\omega_0 - \omega) - \gamma'} \right|^2$$

Die Abhängigkeit von der Anfangszeit t_0 können wir durch Integration sofort eliminieren, $I(\omega) = 2\gamma' \int \delta I(\omega, t_0) dt_0$. Die Phasensprünge und damit die Längen der ungestörten Strahlungszeiten sind zufällig verteilt und treten mit einer mittleren Rate $\gamma_{\text{st}} = \tau_{\text{st}}^{-1}$ auf. Dann können wir die Form der stoßverbreiterten Spektrallinie mit der Wahrscheinlichkeitsverteilung $p(\tau) = e^{-\tau/\tau_{\text{st}}}/\tau_{\text{st}}$ berechnen,

$$I(\omega) = I_0 \int_0^\infty \left| \frac{e^{(i(\omega_0-\omega)-\gamma')\tau} - 1}{i(\omega_0 - \omega) - \gamma'} \right|^2 \frac{e^{-\tau/\tau_{\text{st}}}}{\tau_{\text{st}}} d\tau \quad .$$

Das Ergebnis lautet

$$I(\omega) = \frac{I_0}{\pi} \frac{\gamma' + \gamma_{\text{st}}}{(\omega_0 - \omega)^2 + (\gamma' + \gamma_{\text{st}})^2} \quad .$$

Die Lorentzform bleibt erhalten, die Rate der Stoßverbreiterung γ_{st} muß aber zur transversalen Relaxationsrate γ' addiert werden. Die Linienform ist wie die natürliche Linienbreite homogen verbreitert.

Spektroskopische Linien werden nicht nur durch die Druckverbreiterung, sondern auch durch eine Druckverschiebung des Schwerpunktes einer Linie beeinträchtigt. Mit zunehmendem Druck steigt die Anzahl der Stöße zwischen den Teilchen eines Gases. Naiv können wir uns vorstellen, daß das Aufenthaltsvolumen der Hüllenelektronen reduziert wird und eine Erhöhung der Bindungsenergie verursacht. Die Druckverschiebung verursacht deshalb im allgemeinen eine Verschiebung zu blauen Frequenzen hin.

11.3.4 Durchflugszeit-Verbreiterung

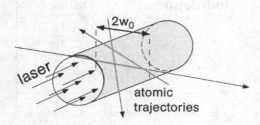

Abb. 11.5 *Durchflug von Atomen durch einen Laserstrahl.*

Die Materie-Licht-Wechselwirkung von Atomen und Molekülen in einem Gas oder in einem Atomstrahl ist meistens von endlicher Dauer. Zum Beispiel benötigt ein Atom $\tau_{\mathrm{tr}} = 2\ \mu s$, um mit v = 500 m/s einen Strahl vom Querschnitt d = 1 mm zu durchqueren. Die Relaxation vieler optischer Übergänge findet eher auf der Nanosekundenskala statt, in der das Atom höchstens einige μm zurücklegt. Die stationären Lösungen für (6.32) sind in diesen Fällen eine gute Näherung. In fokussierten Laserstrahlen oder bei langsam zerfallenden Übergängen wird das Gleichgewicht aber nicht mehr erreicht, und die Linienform wird durch die begrenzte Wechselwirkungszeit bestimmt, die zum Beispiel durch die Durchflugszeit gegeben ist. Solche Übergänge sind aber besonders interessant, um bei niedrigen Intensitäten sehr scharfe Resonanzlinien für Präzisionsmessungen zu erzielen. Die Zweiphotonen-Spektroskopie am atomaren Wasserstoff (s. das Beispiel auf S. 422) liefert dafür ein ungewöhnlich schönes Beispiel.

In diesem Fall gilt $\Omega_{\mathrm{R}}, \tau_{\mathrm{tr}} \ll \gamma'$ und wir können annehmen, daß die Population des Grundzustandes praktisch nicht geändert wird $(w(t) \simeq w_0 = -1)$. Wir müssen die erste optische Blochgleichung aus (6.34) lösen,

$$\frac{d}{dt}\rho_{\mathrm{eg}} = v\frac{d}{dz}\rho_{\mathrm{eg}} = -(\gamma' + i\delta)\rho_{\mathrm{eg}} + i\Omega_{\mathrm{R}}(z)\quad,$$

wobei die Rabifrequenz, $\Omega_{\mathrm{R}}(z) = (d_{\mathrm{eg}}\mathcal{E}_0/\hbar)\exp(-(z/w_{\mathrm{o}})^2)/\sqrt{\pi}$, nun eine Funktion der Position im Laserstrahl ist, den wir in Gaußform mit $1/e^2$-Radius w_0 annehmen. Wir berechnen den mittleren Absorptionskoeffizient eines einzelnen Dipols mit der Geschwindigkeit v nach Gl.(6.21),

$$\langle\alpha(v)\rangle = \frac{\omega}{2I}\frac{1}{w_0}\int_{-\infty}^{\infty}dz\,\Im m\{d_{\mathrm{eg}}\mathcal{E}(z)\rho_{\mathrm{eg}}(z,v)\}\quad. \tag{11.9}$$

Bevor das Teilchen in das Lichtfeld eintritt, gilt $\rho_{\mathrm{eg}}(z = -\infty) = 0$. Man findet die allgemeine Lösung

$$\rho_{\mathrm{eg}}(z,v) = i\frac{d_{\mathrm{eg}}\mathcal{E}_0}{\hbar}e^{-(\gamma'+i\delta)z/v}\int_{-\infty}^{z}\frac{dz'}{v}e^{(\gamma'+i\delta)z'/v}e^{-(z'/w_0)^2}\quad.$$

Wenn die typische Durchflugszeit klein ist gegen die typische Zerfallszeit, $\gamma' \ll \tau_{\mathrm{TOF}}^{-1}$, können wir γ' vernachlässigen. Unter Einsetzen von $\rho_{\mathrm{eg}}(z,v)$ kann man dann Gl.(11.9) mit elementaren Mitteln auswerten,

$$\langle \alpha(v) \rangle = \frac{\omega}{2I} \frac{|d_{\text{eg}}\mathcal{E}_0|^2}{\hbar} \frac{w_0}{v} e^{-(\delta w_0/2v)^2} \quad .$$

Um den Absorptionskoeffizienten einer gasförmigen Probe mit zylindrischem Laserstrahl zu bestimmen, muß man noch über alle möglichen Trajektorien und Geschwindigkeiten summieren, erhält dabei aber lediglich einen modifizierten effektiven Strahlquerschnitt, dessen Details wir hier übergehen. Die Summation der Geschwindigkeitsverteilung in einem zweidimensionalen Gas ($f(v)dv = (v/\overline{v}^2)\exp(-(v/\overline{v})^2)dv$ (die Geschwindigkeitskomponente entlang der Laserstrahlrichtung spielt hier keine Rolle) ergibt das Resultat

$$\alpha(\delta) = \int_0^\infty dv f(v)\langle \alpha(v) \rangle = \alpha_0 e^{-|\delta w_0/\overline{v}|} = \alpha_0 e^{-|\delta \overline{\tau}_{\text{TOF}}|} \quad ,$$

dessen Form in Abb. 11.3(c) schon vorgestellt wurde. Die effektive Breite dieser Linie wird durch $\overline{\tau}_{\text{TOF}} = w_0/\overline{v}$ bestimmt.

11.4 Doppler-freie Spektroskopie

Die Linienbreite atomarer und molekularer Resonanzen wird bei Raumtemperatur gewöhnlich durch den Doppler-Effekt dominiert. Die intrinsischen und physikalisch attraktiven Eigenschaften eines isolierten Teilchens treten in der Spektroskopie erst bei der Geschwindigkeit $v=0$ zutage. In der Laserspektroskopie ist es gelungen, „Doppler-freie" Spektren zu präparieren. Die spektroskopische Auflösung wird dadurch bei optischen Frequenzen typischerweise um den Faktor 100 oder mehr gesteigert.

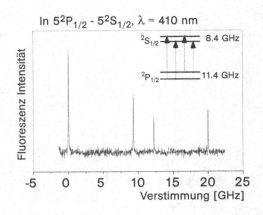

Abb. 11.6 *Diodenlaser-Spektroskopie am Indium-Atomstrahl.*

11.4.1 Spektroskopie am Atomstrahl

Sobald durchstimmbare Laser in den 70er-Jahren verfügbar waren, wurden hochauflösende optische Spektren an Atomstrahlen gewonnen. Bei solchen Experimenten werden routinemäßig Auflösungen von $\Delta\nu/\nu \simeq 10^8$ und mehr erzielt. Seit kurzem kann man auch blaue Diodenlaser (s. Exkurs S. 341) für diesen Zweck einsetzen – noch vor ganz wenigen Jahren ein kaum vorstellbares Experiment.

Das Beispiel in Abb. 11.6 wurde an einem Indium-Atomstrahl gewonnen. Die transversalen Geschwindigkeiten wurden durch geeignete Blenden auf $v \leq 5$ m/s beschränkt, so daß der restliche Doppler-Effekt $kv \leq 10$ MHz auf jeden Fall kleiner als die natürliche Linienbreite von 20 MHz blieb.

11.4.2 Sättigungsspektroskopie

Durch ein Laserlichtfeld werden Atome in den angeregten Zustand befördert und verändern dadurch die Besetzungszahldifferenz. Wenn es sich um ein inhomogen verbreitertes Linienprofil wie das Doppler-Profil handelt, dann wird bei nicht zu großer Intensität ein spektrales Loch in die Geschwindigkeitsverteilung „gebrannt" (In Abb. 11.7 qualitativ dargestellt).

Grundsätzlich kann man die von einem Laserstrahl modifizierte Verteilung nun mit einem weiteren Lichtfeld spektroskopisch „abfragen". Noch einfacher ist es, die Probe mit zwei gegenläufigen Laserstrahlen anzuregen. Abb. 11.7 zeigt ei-

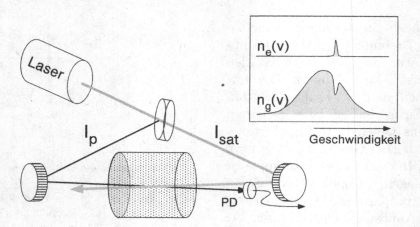

Abb. 11.7. *Prinzip der Sättigungsspektroskopie. Rechts oben: Durch einen Laserstrahl mit Frequenz ω wird bei $kv = \omega_0 - \omega$ ein spektrales Loch in die Geschwindigkeitsverteilung im Grundzustand gebrannt und eine schmale Besetzung im angeregten Zustand erzeugt.*

ne der einfachsten möglichen Anordnungen zur sogenannten „Sättigungsspektroskopie". Zur Vereinfachung in der theoretischen Beschreibung nehmen wir an, daß die Intensitäten von Sättigungs- und Sondenstrahl schwach sind im Vergleich zur Sättigungsintensität (Gl.(6.37)), $I_{sat,p}/I_0 \ll 1$, und sich untereinander nicht direkt beeinflussen. Wir wollen den Absorptionskoeffizienten nach

Gl.(11.2) berechnen, verwenden wieder die Maxwell-Gaußsche Geschwindigkeitsverteilung $f_D(v)$ aus Gl.(11.6) und führen die Dopplerintegration aus,

$$\alpha_p(\delta) = \frac{\omega}{2I} \int_{-\infty}^{\infty} dv f_D(v) \, d_{eg}\mathcal{E} \, v_{st}^+(\delta, v) \quad .$$

Wir unterscheiden den vor- („+") und den rücklaufenden („-") Laserstrahl und
verwenden nach Gl.(6.40) $v_{st}^+(\delta, v) = -\gamma' d_{eg}\mathcal{E}w_{st}^-/(1 + ((\delta - kv)/\gamma')^2)$, setzen
in Anlehnung an (6.35) aber $w_{st}^- = -1/(1 + s^-) \simeq -(1 - s^-)$ ein, um die
Modifikation der Besetzungszahl durch den zweiten, gegenläufigen Laserstrahl
mit Sättigungsparameter $s^- = (I_{sat}/I_0)/(1 + ((\delta + kv)/\gamma')^2)$ zu erfassen. Weil
das Dopplerprofil im Vergleich zu den schmalen, Lorentz-förmigen Beiträgen
jeder einzelnen Geschwindigkeitsklasse nur langsam variiert, können wir $f_D(v)$
wieder an der Stelle $\delta = \omega_0 - kv$ vor das Integral ziehen:

$$\alpha_p(\delta) = \alpha_0 f_D(\delta/k) \left(1 - \frac{1 \cdot I_{sat}}{\pi \, I_0} \int_{-\infty}^{\infty} dv \frac{\gamma'^2}{\gamma'^2 + (kv - \delta)^2} \frac{\gamma'^2}{\gamma'^2 + (kv + \delta)^2} \right) .$$

Die Auswertung des Integrals [110] ergibt wiederum eine Lorentzkurve, die
wegen unserer Annahme sehr geringer Sättigung ($s^\pm \ll 1$) die natürliche Linienbreite besitzt:

$$\alpha_p(\delta) = \alpha_0 f_D(\delta/k) \left(1 - \frac{I_{sat}}{I_0} \frac{\gamma'^2}{\gamma'^2 + \delta^2} \right)$$

Die Sättigungsresonanz tritt genau bei der Geschwindigkeitsklasse mit v=0
auf. Die vollständigere Rechnung zeigt, daß die Breite der von beiden Licht-
feldern gesättigten Breite entspricht [110], in der γ' durch $\gamma_{sat} = \gamma'\sqrt{1 + I/I_0}$
ersetzt wird (s. auch Gl.(11.3)).

Das Konzept der Sättigungsspektroskopie erklärt das Auftreten der spektralen Löcher
im Doppler-Profil (oder in anderen inhomogen verbreiterten Linienformen), wird aber
in einem realistischen Experiment durch viele weitere Phänomene wie zum Beispiel optisches Pumpen oder magnetooptische Effekte beeinflußt, die etwas ungenau alle unter
dem Begriff „Sättigungsspektroskopie" zusammengefaßt werden.

Ein einfaches und in der Interpretation doch
komplexes Experiment kann man mit Diodenlasern an einer Cäsium- oder Rubidium-

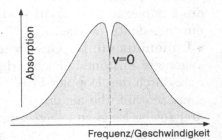

Abb. 11.8 *Dopplerprofil mit
Lorentz-förmiger Sättigungsresonanz. Die Doppler-freie Linie führt
zu erhöhter Transparenz.*

Dampfzelle ausführen, die bereits bei Zimmertemperatur einen Dampfdruck
besitzen, der zu Absorptionslängen von nur wenigen cm Länge führt. In

Abb. 11.9 sind charakteristische Absorptionslinien zusammen mit einem Energiediagramm der Cäsium-D2-Linie bei 852,1 nm vorgestellt.

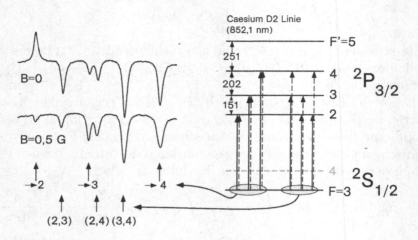

Abb. 11.9 *Sättigungsspektren an einer Cäsium-Dampfzelle. Hier sind die F=3 → F=2,3,4-Linien der D2-Linie gezeigt. Das zweite Hyperfeinstruktur (F=4) des Grundzustands ist 9,2 GHz entfernt und hier nicht zu sehen. Der Übergang F=3 → F=5 ist nach den Dipol-Auswahlregeln (ΔF = 0,±1) nicht möglich. Die Abstände der Hyperfeinstrukturniveaus im angeregten Zustand sind in MHz angegeben.*

Nach unserer einfachen Annahme erwarteten wir 3 linienförmige Einbrüche in der Absorption, zu sehen sind jedoch 6! Und damit nicht genug, wenn das Magnetfeld manipuliert wird – in den oberen Spektren ist das Erdmagnetfeld von 0,5 Gauss mit Hilfe von Kompensationsspulen auf unter 0,01 Gauss reduziert worden –, dann beobachtet man sogar eine Umkehr der Linien. Die Ursachen des komplexen Verhaltens sind in [151] ausführlich erläutert und können hier nur angedeutet werden:

• **Linienanzahl.** Bei Geschwindigkeiten $v \neq 0$ können auch zwei verschiedene angeregte Zustände gleichzeitig angekoppelt werden, wenn die Frequenzdifferenz durch den Doppler-Effekt kompensiert wird. Dann treten zusätzliche Resonanzen auf, die als *cross-over*-Linien bezeichnet werden. In Abb. 11.9 sind drei solche Fälle zu sehen, zum Beispiel bei $\omega = (\omega_{F=3 \rightarrow F=4} + \omega_{F=3 \rightarrow F=3})/2$. Sie sind hier sogar besonders ausgeprägt, weil eines der Laserfelder das eine der beiden unteren Hyperfein-Niveaus (F=3) zugunsten des anderen (F=4) durch optisches Pumpen („Depopulations-Pumpen") entleeren kann und dem anderen Lichtstrahl dadurch Absorber entzieht.

• **Linienumkehr.** In einfachen Laboraufbauten wird man keine Sorge tragen, das Erdmagnetfeld von 0,5 G zu kompensieren, und beobachtet dann die untere Form des Spektrums in Abb. 11.9. Das Erdmagnetfeld, das keine wohl definierte Richtung relativ zur Laserpolarisation besitzt, ist einerseits zu klein, um die Linien sichtbar aufzuspalten. Andererseits spielen die magnetischen Momente doch schon eine Rolle, weil sie ihre Orientierung durch Präzession schnell ändern und dadurch alle, ohne Ausnahme vom Lichtfeld angeregt werden können: Die m-Quantenzahl ist im Erdmagnetfeld keine „gute" Quantenzahl.

Wenn diese Präzession unterdrückt wird, können Atome durch optisches Pumpen einerseits in sogenannten „dunklen Zuständen"gefangen werden, nehmen nicht mehr am Absorptionsprozeß teil (Depopulations-Pumpen) und erhöhen die Transparenz. Aber auch der entgegengesetzte Effekt tritt auf, wenn sie bei einer geeigneten Wahl von Frequenzen oder Polarisationen (in Abb. 11.9: ℓin$\perp$ ℓin) in absorbierende Unterzustände zurückgepumpt werden (Repopulations-Pumpen) und die Absorption dadurch erhöhen. Detailliertes Verständnis setzt hier eine genauere Kenntnis der Niveaustruktur voraus.

11.4.3 Zweiphotonen-Spektroskopie

In der Wechselwirkung von Licht und Materie stehen elektrische Dipolübergänge gewöhnlich im Zentrum des Interesses, weil ihre relative Stärke alle anderen Typen dominiert. Wir interpretieren diese Prozesse als Absorption oder Emission eines Photons, übrigens ohne daß wir den Begriff „Photon" [135] überhaupt näher festgelegt haben.

Neben der Dipolwechselwirkung treten aber auch höhere Multipolübergänge oder Mehrphotonenprozesse auf, und letztere sind nichtlinear in den Intensitäten der beteiligten Lichtfelder. Ein einfaches und schönes Beispiel ist die Zweiphotonen-Spektroskopie. Dabei wird in einem Atom oder Molekül eine Polarisation $P_{2ph} \propto E_1(\omega_1)E_2(\omega_2)$ induziert, welche Absorption von Strahlung verursacht. Zweiphotonen-Übergänge befolgen andere Auswahlregeln hinsichtlich der beteiligten Anfangs- und Endzustände, zum Beispiel

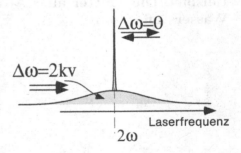

Abb. 11.10 *Zwei-Photonen-Spektroskopie: Doppler-Untergrund und Doppler-freie Resonanzlinie.*

muß $\Delta\ell = 0, \pm 2$ für die Drehimpulsquantenzahl gelten. Ferner kann die Berechnung der Übergangswahrscheinlichkeiten Probleme bereiten, wobei wir ad-hoc erwarten, daß Matrixelemente die Form

$$M_{\text{if}} = \sum_s \left(\frac{\langle i|dE_1|s\rangle\langle s|dE_2|f\rangle}{E_i - E_s - \hbar\omega_1} + \frac{\langle i|dE_2|s\rangle\langle s|dE_1|f\rangle}{E_i - E_s - \hbar\omega_2} \right)$$

besitzen müssen [154]. Das Betragsquadrat wird also proportional sein zum Produkt $I_1 I_2$ der beiden beteiligten Felder, und eine ausführlichere Rechnung zeigt, daß man wie beim Einphotonen-Prozeß eine Lorentzlinie mit der Breite $\gamma' = 1/T_2$ erhält, die im Fall freier Atome mit der natürlichen Linienbreite identisch ist. Auch ein einfacher, anharmonischer Oszillator vermittelt einen Eindruck vom Ursprung der Zwei-Photonen-Absorption (Abschn. 13.1).

Die Zweiphotonen-Spektroskopie erlaubt wie die Sättigungsspektroskopie die Erzeugung geschwindigkeitsunabhängiger Signale bei v = 0. Dazu muß die Absorption aus zwei exakt gegenläufigen Laserstrahlen gleicher Frequenz erfolgen, denn dadurch wird die lineare Dopplerverschiebung gerade kompensiert:

$$(E_1 - E_2)/\hbar = \omega_1 + \mathbf{k}\mathbf{v} + \omega_2 - \mathbf{k}\mathbf{v}$$
$$= \omega_1 + \omega_2$$

Als Ergebnis erhält man Doppler-freie Spektren, deren Linienbreite durch die natürliche Lebensdauer oder bei sehr langlebigen Zuständen von der Durchflugszeit (s. Kap.11.3.4) begrenzt wird. Im Unterschied zur Sättigungsspektroskopie trägt aber nicht nur eine einzelne Geschwindigkeitsklasse bei v = 0 mit der Breite $\Delta v = \gamma/k$ zum Signal bei, sondern alle Geschwindkeitsklassen! Die Gesamtstärke der Doppler-freien Resonanzlinie ist daher ebenso groß wie diejenige der Doppler-verbreiterten und sehr leicht von dieser zu trennen (Abb. 11.8).

Beispiel: Die Mutter aller Atome: Zweiphotonen-Spektroskopie am Wasserstoff-Atom

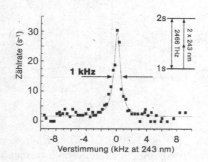

Abb. 11.11 *Zweiphotonen-Resonanz des 1s-2s-Übergangs von atomarem Wasserstoff. Mit freundlicher Erlaubnis von T.W. Hänsch [76].*

Ein besonders reizvolles Atom für die Spektroskopiker ist das Wasserstoff-Atom, weil es als Zwei-Körper-System im Gegensatz zu allen anderen Systemen einen direkten Vergleich mit theoretischen Vorhersagen, insbesondere auch der Quantenelektrodynamik, erlaubt:[2] Seine Energieniveaus sind im Prinzip nur durch die Rydberg-Konstante bestimmt, die heute als Ergebnis der Zweiphotonen-Spektroskopie die am genauesten vermessene physikalische Konstante überhaupt ist.

---

[2] Diese Behauptung wird allerdings in Frage gestellt, denn die physikalische Aussagekraft der extrem genauen Messungen wird derzeit begrenzt durch die vergleichsweise ungenügende Kenntnis der Struktur des Protons, das aus mehreren Teilchen besteht und eben nicht wie von der Theorie vorausgesetzt punktförmig ist.

Die interessanteste Übergangswellenlänge für Präzisionsmessungen beträgt 2 × 243 nm (Abb. 11.11) und ist damit auch experimentell sehr viel angenehmer zu erzeugen als die 121,7 nm der unmittelbar benachbarten 1s-2p-Lyman-α-Linie. Im Gegensatz zum benachbarten 2p-Zustand (Lebensdauer 0,1 ns) beträgt die Zerfallsrate dieses metastabilen Niveaus nur ungefähr 7 s^{-1} und verspricht eine ganz ungewöhnlich schmale Linienbreite von nur 1 Hz! T. Hänsch und seine Mitarbeitern haben dazu den 1s-2s-Übergang von atomarem Wasserstoff seit vielen Jahren immer genauer studiert und haben dieses Ziel in greifbare Nähe gerückt, ihr bester publizierter Wert beträgt derzeit etwa $\Delta\nu \simeq 1$ kHz bei 243 nm [76], das ist bei einer Übergangsfrequenz von $\nu_{1s2s} = 2466$ THz bereits ein Q-Wert von mehr als 10^{12}! Durch einen phasengenauen Vergleich der optischen Frequenz mit dem Zeitnormal der Cäsium-Atomuhr ist die 1s-2s-Übergangsfrequenz inzwischen zur genauesten bekannten optische Frequenz (und damit auch Wellenlänge, s. S. 42) überhaupt geworden [123]:

$$f_{1s2s} = 2\,466\,061\,413\,187, 103(46)\text{kHz} \quad .$$

Bei der Registrierung der Spektren ist ein weiterer interessanter spektroskopischer Effekt zutage getreten: Die beobachteten Linien sind asymmetrisch und mit zunehmender Geschwindigkeit der Atome geringfügig zu roten Frequenzen hin verschoben. Die Ursache ist der Doppler-Effekt zweiter Ordnung, der bei der Zweiphotonen-Spektroskopie nicht unterdrückt wird und beim Wasserstoff-Atom wegen seiner geringen Masse und daher hohen Geschwindigkeit schon eine wichtige Rolle spielt.

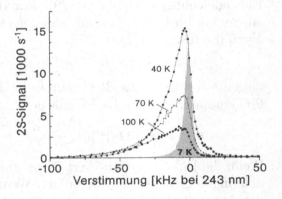

Abb. 11.12 *Doppler-Effekt zweiter Ordnung im Zweiphotonen-Spektrum des atomaren Wasserstoffs.*

Die Linienverschiebung durch den Doppler-Effekt zweiter Ordnung ist proportional zu $\Delta\nu_{2.O.} = \omega(v/c)^2/2$ und kann durch die aus der speziellen Relativitätstheorie bekannte Zeitdilatation erklärt werden: Im bewegten System des Atoms scheint die Zeit langsamer zu vergehen als für den ruhenden Beobachter. Im Experiment werden die verschiedenen Linienformen aus Abb. 11.12 als Funktion der Temperatur der Düse beobachtet, aus welcher die Wasserstoffatome mit einer entsprechenden Geschwindigkeitsverteilung in das evakuierte Spektrometer strömen und dort auf etwa 30 cm Länge durch den anregenden UV-Laserstrahl fliegen. Die Linienbreite wird durch die Durchflugszeit bestimmt.

11.5 Transiente Phänomene

Wir haben die Wechselwirkung zwischen einem Lichtfeld und einem Materie-
teilchen anhand der optischen Blochgleichungen (Glgn.(6.32)) bisher meistens
im Hinblick auf stationären Lösungen betrachtet. Im letzten Abschnitt haben
wir aber schon das dynamische Verhalten untersuchen müssen, um die Durch-
flugzeitverbreiterung langlebiger Zustände zu beschreiben. Ganz generell ist
es auf einer Zeitskala, die kurz ist gegen die relevanten Dämpfungszeiten $T_{1,2}$,
immer notwendig, auch die dynamischen Eigenschaften zu berücksichtigen.

Als Beispiele studieren wir wichtige Spezialfälle: Pi-Pulse, schnelle Einschaltvor-
gänge und die Einwirkung einer Folge kurzer Lichtimpulse.

11.5.1 Π-Pulse

Wir betrachten zu Beginn noch einmal den ungedämpften Fall der optischen
Blochgleichungen nach Gl.(6.29). Für den häufigen Fall, daß sich ein Atom
zu Beginn im Grundzustand befindet ($w(t=0) = -1$), findet man leicht für
$\delta = 0$ die resonante Lösung

$$(u,v,w)(t) = (0, -\sin(\theta(t)), -\cos(\theta(t))) ,$$

die eine Rotation des Blochvektors in der vw-Ebene verursacht. Der Winkel
$\theta(t)$ entspricht genau der Pulsfläche

$$\theta(t) = \int_{-\infty}^{t} \Omega_R(t')dt' = -\frac{d_{eg}}{\hbar} \int_{-\infty}^{t} \mathcal{E}_0(t')dt' . \tag{11.10}$$

Wenn die Pulsfläche den Wert $\theta = \pi$ annimmt, dann wird das Atom genau in
den angeregten Zustand befördert. Wenn der Wert 2π beträgt, dann beendet
das Atom die Wechselwirkung wieder im Grundzustand.

Um abzuschätzen, wann dieser Fall auftritt, betrachten wir atomare Resonanzlinien, die ein Dipolmoment $d_{eg} \simeq ea_0 = 0.85 \times 10^{-29}$ Cm besitzen, und
Lichtimpulse mit konstanter Intensität und der zeitlichen Länge T. Dann kann
man nach Gl.(6.28) aus $\pi = (ea_0/\hbar) \mathcal{E}_0 T$ die erforderliche Lichtintensität für
gegebene Pulslängen bestimmen. Man findet den zunächst enorm hoch erschei-
nenden Wert

$$I_0 \simeq 120 \text{ kW/mm}^2 (T/\text{ps})^{-2} .$$

Man muß aber bedenken, daß die Pulse nur von sehr kurzer Dauer sind, so
daß die mittlere Leistung eines Pikosekunden-Lasers gar nicht so sehr hoch sein
muß. Die meisten kommerziellen Modelle arbeiten bei einer Pulsfolgefrequenz
von 80 MHz und man benötigt für eine Fläche von 1 mm^2 die mittlere Ge-
samtleistung $\langle P \rangle = 80$ MHz $\times$ T $\times$ P$_0 \simeq 10$ W $\times$ (T/ps)$^{-1}$. Übliche Systeme

erreichen eine typische Ausgangsleistung von 1 W, die aber leicht ausreicht, wenn man die Pulslänge geringfügig auf 10 ps erhöht. Die Anregungszeit beträgt auch dann nur ca. 1/1000 der Lebensdauer eines angeregten atomaren Zustandes.

11.5.2 Einschwingvorgänge: Free Induction Decay

Zu Beginn oder am Ende einer Wechselwirkungsperiode treten in der Licht-Materie-Wechselwirkung Einschwingvorgänge wie bei dem klassischen gedämpften Oszillator aus Abschn. (6.1.1) auf, dessen stationäres Verhalten eine Schwingung mit der erregenden Frequenz ω zeigt. Unmittelbar nach dem Ein- oder Ausschalten erwarten wir aber auch eine Bewegung mit seiner Eigenfrequenz ω_0, die allerdings sehr schnell ausgedämpft wird (mit der Zeitkonstante γ^{-1}). Allgemeine zeitabhängige Lösungen der (optischen) Blochgleichungen sind schon 1950 von Torrey [3] angegeben worden. Sie sind aber nur in Spezialfällen wie zum Beispiel bei exakter Resonanz ($\delta = 0$) übersichtlich und leicht interpretierbar. Die dynamischen Phänomene sind unter dem Namen ,,optische Nutation" bekannt und sind vor allem an isolierten Teilchen zu beobachten.

Ein interessanter Fall tritt unter der Bezeichnung *Free Induction Decay* (FID) auf. Man versteht unter diesem Freien Induktionszerfall insbesondere den Zerfall der makroskopischen Polarisation einer Probe bei Abwesenheit von Laserlicht, zum Beispiel nach Anwendung eines sehr kurzen Laserpulses hoher Intensität. Die Entwicklung der Blochvektorkomponenten hängt selbstverständlich von der Verstimmung ab, $\mathbf{u} = \mathbf{u}(t, \delta)$. Bei sehr großer Intensität ($\Omega_R \gg \delta$) und sehr kurzen Zeiten können wir die Verstimmung aber zunächst vernachlässigen, weil der Blochvektor während der Anregung gar keine Zeit hat, um einen signifikanten Winkel zu präzedieren. Wir benutzen zweckmäßig die Gl.(6.34) und erhalten mit dem Rabiwinkel aus Gl.(11.10)

$$\begin{aligned}
\rho_{\mathrm{eg}}(0, \delta) &= u(0, \delta) + iv(0, \delta) = i\sin\theta \quad \text{und} \\
\rho_{\mathrm{eg}}(t, \delta) &= i\sin\theta\, e^{-(\gamma' + i\delta)t} \quad.
\end{aligned} \tag{11.11}$$

In einer großen Probe liegt häufig eine inhomogene Verteilung $f(\omega_0)$ von Eigenfrequenzen der einzelnen Teilchen und damit der Verstimmungen $\delta = \omega - \omega_0$ vor. In einer Gaszelle wird diese Verteilung zum Beispiel durch die Doppler-Verschiebung mit $\delta_D = \Delta\omega_D/2\sqrt{\ln 2}$ bestimmt,

$$f(\delta) = \frac{1}{\sqrt{\pi}} e^{-(\delta/\delta_D)^2} \quad.$$

Die makroskopische Polarisation berechnen wir nach

$$P(t) = \frac{N_{\mathrm{At}}}{V} d_{\mathrm{eg}} e^{-i\omega_0 t} \int_{-\infty}^{\infty} f(\delta) e^{-(\delta/\delta_D)^2} e^{-(\gamma' + i\delta)t} d\delta \quad. \tag{11.12}$$

Wenn wir den langsamen Zerfall ($\gamma' \ll \delta_D$) vernachlässigen, dann läßt sich das Integral leicht auswerten,

$$P(t) = \frac{N_{At}}{V} d_{eg} e^{-i\omega_0 t} e^{-(\delta_D t/2)^2} \quad .$$

Es zerfällt mit der Halbwertzeit

$$T^* = \frac{4\ln 2}{\Delta\omega_D} \ll \gamma'^{-1}$$

und damit sehr viel schneller als die mikroskopische Polarisation, deren Relaxation gewöhnlich die schnellste Zeitskala bestimmt. Der schnellere Abfall wird durch den Zerfall der Phasenkorrelation zwischen den Dipolen verursacht. Zur Beobachtung werden erhebliche Anforderungen an die Zeitauflösung gestellt, die typischerweise besser als 1 ns sein muß.

In der mittleren Reihe in Abb. 11.13 ist die zeitliche Entwicklung des Strahlungsfeldes gezeigt, das durch die makroskopische Polarisation verursacht wird und das kooperative Strahlungsfeld aller angeregten mikroskopischen Dipole der Probe enthält. Anfangs verursacht konstruktive Interferenz der Dipolfelder ein Strahlungsfeld, das sich genau in Richtung des anregenden Laserstrahls ausbreitet. Bei perfekt synchronisierter Phasenentwicklung der mikroskopischen Dipole würde man durch die sogenannte „Superradianz" eine gerichtete, beschleunigte und vollständige Abstrahlung der Anregungsenergie beobachten. In einer inhomogenen Probe wird diese Emission aber durch den Zerfall der Phasensynchronisation („Dephasierung") sehr schnell gestoppt, die gespeicherte Anregungsenergie wird dann mit geringerer Rate nur noch durch die gewöhnliche spontane Emission und ungerichtet abgegeben.

11.5.3 Photonen-Echo

Die Methode der „Photonen-Echos" an inhomogen verbreiterten Linien ist – wie viele andere optische Phänomene – durch die „Spinecho"-Methode bei Radiofrequenzen angeregt worden, die von I. Hahn in der Kernspinresonanz entdeckt worden war. Wenn eine Probe durch zwei oder mehr kurze Lichtimpulse ($T \ll \gamma'^{-1}$) angeregt wird, wird von der Probe unter bestimmten Bedingungen ein „Echo-Puls" emittiert, der den Anregungspulsen in der Richtung nachläuft und scheinbar aus dem Nichts kommt. Dieser Widerspruch erklärt sich aus der unterschiedlichen Entwicklung der mikroskopischen und der makroskopischen Polarisation in einer makroskopischen Probe, die wir gerade schon im Freien Induktionszerfall kennengelernt haben. Die Photonenechos können natürlich nur innerhalb der natürlichen Lebensdauer der mikroskoskopischen Polarisation beobachtet werden.

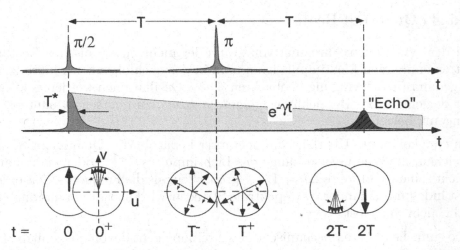

Abb. 11.13 *Freier Induktionszerfall (FID) und Photonenecho. Im Beispiel wird eine Probe durch einen π/2-Puls und nach der Zeit T ≪ γ⁻¹ mit einem π-Puls angeregt (obere Zeile). Nach dem ersten Lichtpuls wird zunächst der freie Induktionszerfall (FID) beobachtet, der durch anfänglich kooperative Emission aller angeregten Atome entsteht und in der Richtung des Anregungslasers emittiert wird (mittlere Zeile). Danach zerfällt die mikroskopische Polarisation weiterhin durch spontane Emission. Nach der Zeit 2T wird ein Echopuls in derselben Richtung beobachtet. Die Präzession der Blochvektorkomponenten in der u-v-Ebene ist in der unteren Zeile markiert.*

Wir betrachten die Entwicklung eines individuellen einzelnen Dipols mit der Verstimmung δ unter der Wirkung zweier resonanter Lichtimpulse. Nach der Zeit T hat der Dipol nach Gl.(11.11) den Wert

$$\rho_{\mathrm{eg}}(T,\delta) = i\sin\theta\, e^{-(\gamma' + i\delta)T}$$

erreicht. Die Anwendung eines π-Pulses erzeugt nun eine Inversion der (v,w)-Komponenten. Formal ist diese Situation identisch mit einer Spiegelung der Verstimmung, d.h. nach dem π-Puls gilt

$$\rho_{\mathrm{eg}}(t,\delta) = i\sin\theta\, e^{-(\gamma' - i\delta)T} e^{-(\gamma' + i\delta)(t - T)} \quad ,$$

Die Entwicklung der makroskopischen Polarisation können wir nach Gl.(11.12) sofort angeben,

$$P(t) = \frac{N_{\mathrm{At}}}{V} d_{\mathrm{eg}} e^{-i\omega_0 t} e^{-(\delta_0(t - 2T)/2)^2} e^{-\gamma' t} \quad .$$

Nach der Zeit $t = 2T$ wird danach die Phasenkorrelation aller mikroskopischer Dipole wiederhergestellt und verursacht erneut die kooperative Emission eines Strahlungsfeldes in Richtung der anregenden Lichtstrahlen. Dieser Puls wird als „Photonenecho" bezeichnet.

11.5.4 Quantum Beats

Bei der synchronen Anregung von zwei oder mehr elektronischen Zuständen mit einem kurzen Lichtimpuls kann man in der nachfolgenden Fluoreszenz eine gedämpfte Schwingung beobachten. Diese Oszillationen werden gewöhnlich mit der englischen Bezeichnung *Quantum Beats*, zu deutsch „Quantenschwebungen", belegt.

Um eine kohärente Überlagerung mehrerer benachbarter Quantenzustände zu erreichen, muß die inverse Länge des Lichtimpulses T^{-1} – oder anders ausgedrückt seine Bandbreite $\Delta\nu = 1/T$ – größer sein als die Frequenz-Abstände der Zustände untereinander. Die spektrale Struktur wird also durch das anregende Licht nicht aufgelöst!

Eine einfache quantenmechanische Beschreibung geht davon aus, daß die kohärente Überlagerung zweier angeregter Zustände nach der Anregung frei und spontan zerfällt. Für einen einzelnen zerfallenden Kanal können wir die zeitliche Entwicklung des angeregten Zustandes mit der Wellenfunktion $|\Psi(t)\rangle = e^{-\gamma' t}e^{-i\omega t}|e\rangle$ beschreiben. Die beobachtete Fluoreszenzintensität ist proportional zum Betragsquadrat des induzierten Dipolmoments $|\langle g|\hat{d}_{\mathrm{eg}}|e(t)\rangle|^2$ und man rechnet leicht nach:

$$I_{\mathrm{fl}} = I(0)e^{-2\gamma' t} \quad .$$

Wenn zwei Zustände $|e_{1,2}\rangle$ mit Anregungsfrequenzen $\omega_{1,2}$ in einer kohärenten Überlagerung $|\Psi(t=0)\rangle = |e_1\rangle + |e_2\rangle$ präpariert werden, dann gilt $|\Psi(t)\rangle = |e_1\rangle e^{-i(\omega_1-\gamma_1')t}+|e_2\rangle e^{-i(\omega_2-\gamma_2')t}$, und das abgestrahlte Feld enthält auch die Schwebungsfrequenz $\Delta\omega = \omega_1 - \omega_2$. Für den Spezialfall $\gamma_1' = \gamma_2'$ berechnet man

$$I_{\mathrm{fl}} = I(0)e^{-\gamma' t}\left(A + B\cos\Delta\omega t\right) \quad .$$

Die Quantum-Beat-Methode hat sich als sehr nützlich erwiesen, um zum Beispiel die Feinstrukturen angeregter atomarer oder molekularer Zustände mit breitbandigem, gepulsten Laserlicht zu untersuchen, das die notwendige spektrale Auflösung nicht selbst liefert. Für ein sauberes Experiment ist es allerdings notwendig, Laserpulse guter Qualität zu verwenden (sogenannte „Transform-limitierte Pulse"), um die Kohärenzbedingungen zu garantieren.

11.5.5 Wellenpakete

Mit extrem kurzen Laserpulsen (10 fs entsprechen einer Bandbreite von 16 THz!) kann man zum Beispiel in einem Molekül sehr viele Schwingungsunterzustände kohärent überlagern [15]. Ein anderes, viel untersuchtes System sind atomare Rydbergzustände, das sind Zustände mit großen Hauptquantenzahlen n > 10, die ein ebenfalls sehr dichtes Zustandsspektrum zeigen [58]. Weder die

Rydbergzustände noch die molekularen Schwingungszustände sind gewöhnlich sehr stark strahlende Zustände, sie sind deshalb mit gewöhnlichen Fluoreszenzdetektoren schwer nachzuweisen. Im Vakuum können aber die schwach gebundenen Rydbergzustände durch Feldionisation, die molekularen Zustände durch Multiphotonen-Ionisation mit so großer Empfindlichkeit nachgewiesen werden, daß nur wenige angeregte Teilchen überhaupt notwendig sind.

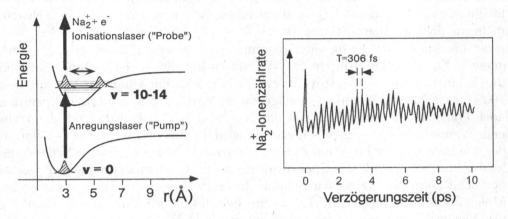

Abb. 11.14 *Mehrphotonen-Ionisation am Na_2-Molekül. Der Ionenstrom ist als Funktion der Verzögerung des Anregungs- oder „pump"-Pulses und des Ionisations- oder „probe"-Pulses aufgetragen. Die Länge der Laserpulse betrug 70 ps. Die Oszillation zeigt eine Schwebung, die auf zwei Beiträge mit Periodenlängen von 306 bzw. 363 fs Dauer zurückzuführen ist. Nach [15].*

Bei dieser Erweiterung der alten Quantum Beat-Methode kann man sich vorstellen, daß durch den Lichtpuls ein Wellenpaket aus den angeregten Quantenzuständen präpariert wird, das anschließend frei, das heißt ungestört von weiterer Lichteinwirkung propagiert. Solange wir einen perfekten harmonischen Oszillator benutzen, wird das Wellenpaket sogar dispersionsfrei propagieren und periodisch zum Ursprungsort zurückkehren.

Allerdings haben reale Moleküle eine starke Anharmonizität, die wie beim Freien Induktionszerfall zum Verlust der Phasenkohärenz der atomaren Wellenfunktionen führt. Die Gesamtwellenfunktion ist dann mehr oder weniger über den energetisch zulässigen Raum verteilt. Allerdings kommt es bei sehr vielen Systemen – in diesem Fall ohne Einstrahlung eines äußeren Pulses – zu einer Wiederkehr des Wellenpaketes. Dieses Phänomen ist schon von Poincaré vorhergesagt worden. Es tritt immer dann auf, wenn eine endliche Zahl von Oszillationen überlagert wird. Je größer deren Anzahl, desto länger dauert allerdings diese Wiederkehr.

Experimentell kann man die dynamische Entwicklung eines Wellenpaketes in Molekülen oder Rydbergatomen durch sogenannte „pump-probe"-Experimente untersuchen: Mit dem ersten Puls wird eine physikalische Anregung erzeugt, mit dem zweiten nach einer einstellbaren Zeitverzögerung die dynamische Entwicklung abgefragt. Wir stellen ein durchsichtiges Beispiel, die Mehrphotonen-Ionisation am Modellmolekül Na_2, qualitativ vor.

Ein Molekularstrahl mit Na_2-Moleküle wird mit einer Folge von Laserpulsen (Pulsdauer 70 fs, $\lambda = 627$ nm) angeregt. Der erste Laserpuls transferiert Moleküle vom Grundzustand ($v = 0$) in einen angeregten Zustand, in welchem mehrere Schwingungszustände ($v \simeq 10 - 14$) überlagert werden. Ein weiterer Laserpuls, der in diesem Experiment vom selben Laser erzeugt wird, erzeugt Na_2^+-Moleküle durch Zwei-Photonen-Ionisation. Diese Ionen können durch einen Sekundärelektronenvervielfacher, z.B. ein Channeltron, mit fast 100%iger Wahrscheinlichkeit nachgewiesen werden. Im Experiment werden noch einige Filter verwendet, um das Na_2^+-Signal vom Untergrund abzutrennen. Wenn der Ionisationspuls verzögert wird, beobachtet man eine Oszillation des Ionenstroms als Funktion der Verzögerungszeit. Da auch eine Schwebung beobachtet wird, muß das Spektrum aus zwei Schwingungsfrequenzen bestehen. Die erste bei 306 fs wird durch die Schwingung des Wellenpaketes im Molekülpotential verursacht, die zweite bei 363 fs durch die Wechselwirkung des Nachweislasers mit einem höher liegenden Molekülpotential.

Mit Laserpulsen extrem kurzer Dauer ist es möglich geworden, die Dynamik molekularer Wellenpakete direkt auf der Femtosekunden-Zeitskala aufzulösen. Diese und andere Methoden werden in wachsendem Umfang in der sogenannten „Femtochemie" eingesetzt.

11.6   Lichtkräfte

Wenn die Materie-Licht-Wechselwirkung beschrieben wird, steht gewöhnlich der Einfluß auf die innere Dynamik, zum Beispiel von Atomen oder Molekülen, im Vordergrund. Bei der Absorption und Emission von Licht wird aber auch der äußere mechanische Bewegungszustand der Materie verändert. Photonen besitzen den Impuls $\hbar k$, und bei Absorption und Emission muß wegen der Impulserhaltung dieser Impuls auf den Absorber übertragen werden. Wir erwarten bei diesen Prozessen Rückstoß-Effekte und bezeichnen die dabei auftretenden Kräfte als *Lichtkräfte*. Das Photonenbild, das aus der Quantenmechanik stammt, ist zwar sehr suggestiv, Lichtkräfte sind aber in ganz analoger Weise aus der klassischen Licht-Materie-Wechselwirkung bekannt – zum Beispiel beschreibt der Poynting-Vektor die Impulsdichte des propagierenden elektromagnetischen Feldes. Wir wollen daher zu Beginn die mechanische Wirkung einer ebenen elektromagnetischen Welle auf einen klassischen Lorentz-Oszillator studieren.

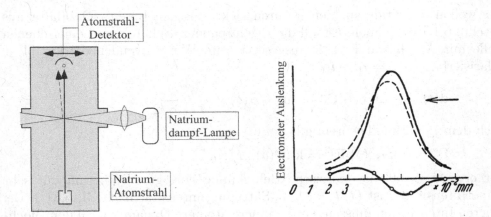

Abb. 11.15 *Erstmalige Beobachtung der Ablenkung eines Atomstrahls durch Lichtkräfte. Die Meßwerte stammen aus dem Manuskript von R. Frisch, Z. Phys., **86** 42, (1933). Links: Experimentelle Anordnung; rechts: Die durchgezogenen Linie zeigt das Atomstrahlprofil ohne, die gestrichelte Linie mit Einwirkung von Lichtkräften. Darunter ist die Differenz aufgetragen.*

Ein inhomogenes elektrisches Feld übt auf einen induzierten Dipol eine elektrische Kraft aus, die wir komponentenweise beschreiben können,

$$F_i^{\text{el}} = \left\langle \sum_j d_j(t) \frac{\partial}{\partial X_j} E_i(t) \right\rangle \quad \text{oder} \quad \mathbf{F}^{\text{el}} = \langle\, (\mathbf{d}(t) \cdot \boldsymbol{\nabla})\, \mathbf{E}(t)\, \rangle \,. \ (11.13)$$

Beim schwingenden Dipol-Oszillator müssen wir über eine Oszillationsperiode $T = 2\pi/\omega$ des Feldes mitteln, $\langle F \rangle = T^{-1} \int_0^T F(t)dt$. In einer ebenen laufenden Welle im freien Raum ist das elektromagnetische Feld transversal, und im linearen Lorentzmodell muß deshalb auch der induzierte Dipol transversal sein. Das elektrische Feld einer ebenen Welle kann sich andererseits nur in Propagationsrichtung ändern, so daß wir gar keine elektrische Kraft erwarten können. Allerdings tritt in einem realistischen Lichtstrahl mit einer zum Beispiel Gaußförmigen Einhüllenden sehr wohl eine Dipolkraft auf, die wir am Beispiel des Stehwellenfeldes näher untersuchen.

Generell tritt beim neutralen, polarisierbaren Atom nicht nur eine elektrische sondern auch eine magnetische Kraft auf, die durch die Lorentzkraft auf den elektronischen Strom im Atom verursacht wird,

$$\mathbf{F}^{\text{mag}} = \left\langle \dot{\mathbf{d}} \times \mathbf{B} \right\rangle = \frac{1}{c} \left\langle \dot{\mathbf{d}} \times (\mathbf{e_k} \times \mathbf{E}) \right\rangle \,, \tag{11.14}$$

und eine Nettokraft auf das Atom ausübt.

11.6.1 Strahlungsdruck in einer laufenden Welle

Wir wollen die Kraft auf den linearen elektronischen Lorentz-Oszillator aus Abschn. 6.1.1 berechnen. Er soll die Eigenfrequenz ω_0 haben und einer ebenen Welle mit Amplitude $\mathbf{E} \perp \mathbf{k}$ ausgesetzt sein. Wir verwenden die komplexe Polarisierbarkeit $\alpha = \alpha' + i\alpha''$,

$$\dot{\mathbf{d}}(t) = -i\omega\,\alpha(\delta)\,\mathbf{E}(t) \quad \text{mit} \quad \alpha(\delta) = \frac{q^2/2m\omega_0}{\delta - i\gamma/2} \quad,$$

Nach dem Poynting-Theorem gilt dann

$$\mathbf{F}^{\text{mag}} = \mathbf{k}\,\alpha''(\delta)|\mathbf{E}|^2 = \mathbf{k}\,\alpha''(\delta)\,2I/c\epsilon_0 \quad.$$

Wir erwarten, daß die klassische Behandlung eine gute Näherung für sehr kleine Intensitäten ist ($I/I_0 \ll 1$, I_0 Sättigungsintensität nach Gl.(6.37)). Bei höheren Intensitäten müssen wir die innere atomare Dynamik nach den Bloch-Gleichungen behandeln. Wir können einen verkürzten Übergang zu den Ergebnissen der semiklassischen Behandlung suchen, indem wir den klassischen Lorentz-Oszillator adhoc durch den Bloch-Oszillator ersetzen, $d \cdot E = \alpha E \cdot E \to$ $(u+iv)\,\hbar\Omega_R$, und die normierte Intensität $s_0 = I/I_0$ nach Gl.(6.37) verwenden,

$$\mathbf{F}^{\text{mag}} = M\mathbf{a} = \hbar\mathbf{k}\frac{\gamma}{2}\frac{s_0}{1 + s_0 + (2\delta/\gamma)^2} \quad. \tag{11.15}$$

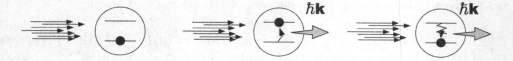

Abb. 11.16 *Absorptions-Emissionszyklus und Impulsübertrag bei der Spontankraft. Bei der Absorption wird der Impuls stets aus der Richtung des Laserstrahls aufgenommen. Der Rückstoß der Emission erfolgt in zufälliger Weise, im Mittel über viele Zyklen wird deshalb kein Impuls übertragen.*

Das Ergebnis läßt sich gut interpretieren: Die Kraft wächst linear mit dem „Photonen"-Impuls $\mathbf{k}$ und (für kleine s_0) der Intensität I des Lichtfeldes. Sie ist proportional zur absorptiven Komponente mit der charakteristischen Lorentz-Linienform. Die Kraft wirkt stets in Richtung des Laserstrahls und entsteht durch den „Strahlungsdruck". Häufig wird auch die Bezeichnung „Spontankraft" verwendet, denn sie ist auch proportional zur Rate der spontanen Emission γ. Bei großen Intensitäten ($s \gg 1$) sättigt die Spontankraft beim Wert $\mathbf{F}^{\text{sp}} \to \hbar\gamma\mathbf{k}/2$ und übt eine maximale Beschleunigung

$$a_{\max} = \hbar k\gamma/2M \tag{11.16}$$

aus: Im Mittel ist ein stark getriebenes Atom mit 50% Wahrscheinlichkeit angeregt und kann pro spontanem Emissionszyklus den Impuls $\hbar\mathbf{k}$ aufnehmen.

In Tab.11.2 haben wir für wichtige Atome und ihre „Kühlübergänge" mit Wellenlänge λ und Zerfallsrate γ die thermische Anfangsgeschwindigkeit v_{th}, die maximale Lichtkraftbeschleunigung im Verhältnis zur Erdbeschleunigung $g = 9{,}81$ m/s^2, Bremszeit τ und -weg ℓ, um thermische Atome zu stoppen, sowie die Anzahl der in dieser Zeit gestreuten Photonen zusammengestellt.

Tab. 11.2 *Übersicht: Wichtige Atome für die Lichtkraft.*

Atom	λ [nm]	γ [10^6s^{-1}]	v_{th} [m/s]	a/g	τ [ms]	ℓ [cm]	N
^{1}H	121	600	3000	$1{,}0{\cdot}10^8$	0,003	4,5	1800
^{6}Li	671	37	1800	$1{,}6{\cdot}10^5$	1,2	112	22000
^{23}Na	589	60	900	$0{,}9{\cdot}10^5$	0,97	42	30000
^{133}Cs	852	31	320	$0{,}6{\cdot}10^4$	5,9	94	91000
^{40}Ca	423	220	800	$2{,}6{\cdot}10^5$	0,31	13	34000

Exkurs: Zeeman-Bremsen

Die Spontankraft eignet sich vorzüglich, um Atome von hohen thermischen (einige 100 m/s) auf extrem geringe Geschwindigkeiten (einige mm oder cm/s) abzubremsen. Im Laborsystem ist die Ruhefrequenz ω_0 des Oszillators allerdings durch den Doppler-Effekt verschoben, $\omega_{\text{Labor}} = \omega_0 + \mathbf{kv}$, und ein Atom gerät schon nach wenigen Zyklen aus der Resonanz. Man kann dieses Problem überwinden, indem

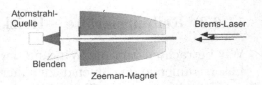

Abb. 11.17 *Zeeman-Anordnung zur Abbremsung von Atomstrahlen.*

man entweder den Laser synchron zum Bremsvorgang nachstimmt („Verstimmungsbremsen") oder indem man den Atomstrahl durch ein variables magnetisches Feld führt, in welchem der Zeeman-Effekt[3] ($\delta_{\text{Zee}} = \mu B/\hbar$, μ: effektives magnetisches Moment, beträgt typischerweise $\mu/\hbar = 2\pi{\cdot}14$ MHz/mT) die Veränderung der Doppler-Verschiebung kompensiert („Zeeman-Bremsen"):

$$\delta = \omega_L - (\omega_0 + kv - \mu B) \quad .$$

Beim Zeeman-Bremsen strebt man entlang der atomaren Trajektorie eine möglichst große, konstante Beschleunigung $v = -a_{\text{sp}}t$ an und formt das magnetische Kompensationsfeld nach

$$B(z) = B_0\sqrt{1 - z/z_0} \quad .$$

Die Baulänge z_0 ist im allgemeinen vorgegeben und man findet nach kurzer Rechnung, daß nur Geschwindigkeiten mit $v \leq v_0 = (2a_{\text{sp}}z_0)^{1/2}$ abgebremst werden können. Darüberhinaus wird auch die magnetische Feldstärke limitiert, $B_0 \leq \hbar k v_0/\mu$.

---

[3]Die Zeeman-Verschiebung ist genauer von den magnetischen Quantenzahlen m und Landé-g-Faktoren des angeregten (e) und des Grundzustands (g) abhängig: $\mu = \mu_B(m_e g_e - m_g g_g)$ (μ_B: Bohrsches Magneton). Optisches Pumpen durch zirkular polarisiertes Laserlicht sorgt aber dafür, daß nur der höchste m-Wert mit $mg \simeq 1$ von Bedeutung ist.

Wie man in Abb. 11.18 sehen kann, wird aus der thermischen Verteilung unter Einwirkung der Laserkühlung eine schmalere Verteilung erzeugt, deren mittlere Geschwindigkeit
durch Laserfrequenz und Magnetfeld einstellbar ist und deren Breite durch die sogenannte
Dopplertemperatur (s. Gl.(11.18)) begrenzt wird. Der Zeeman-Bremser ist gut geeignet, um
„kalte" Atomstrahlen mit hoher Intensität zu präparieren [113]

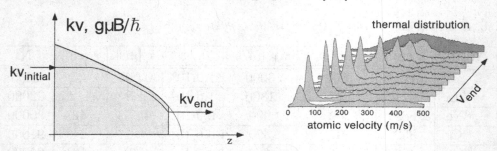

Abb. 11.18 *Links: Geschwindigkeitsentwicklung im Zeeman-Bremser. Rechts: Geschwindig-
keitsprofile eines Atomstrahls am Ausgang des Zeeman-Bremsers.*

11.6.2 Reibungskräfte – Heizkräfte – Doppler-Limit

Wir betrachten nun die Wirkung der spontanen Lichtkraft aus gegenläufigen
Laserstrahlen und nehmen dazu näherungsweise an, daß sie sich aus der Summe
der Einzelkräfte nach Gl.(11.15) zuammensetzt,

$$F = F_+ + F_- = \frac{\hbar k \gamma}{2} \left(\frac{s_0}{1 + s_0 + (2\delta_+/\gamma)^2} - \frac{s_0}{1 + s_0 + (2\delta_-/\gamma)^2} \right) (11.17)$$

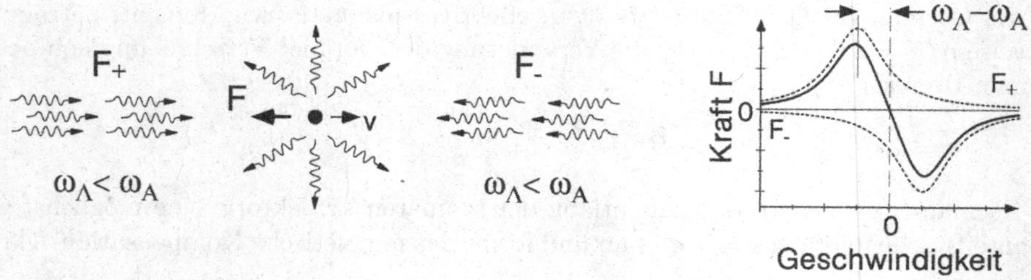

Abb. 11.19 *Lichtkräfte bei gegenläufigen Laserstrahlen in Abhängigkeit von der Geschwindigkeit oder Verstimmung.*

Die Doppler-Verstimmung $\delta_\pm = \delta_0 \pm kv$ hängt nun von der Richtung der
Lichtwelle ab, (Abb. 11.19). Bei $\delta_0 < 0$ (roter Verstimmung) liegt die Doppler-
verschobene atomare Resonanzfrequenz stets näher bei dem Laserstrahl, welchem es entgegenläuft, daher wird das Atom also stets gebremst, seine Bewegung wird wie von einer Reibungskraft gedämpft. Besonders interessant sind

sehr kleine Geschwindigkeiten mit $kv/\delta_0 \ll 1$. Dort können wir die Kraft (11.17) entwickeln und finden mit

$$F \simeq -\frac{8\hbar k^2 \delta_0}{\gamma} \frac{s_0}{(1 + s_0 + (2\delta_0/\gamma)^2)^2} \cdot v = -\alpha m v$$

für $\delta_0 < 0$ eine Reibungskraft mit dem Koeffizienten α: Während der Strahlungsdruck nur eine Verzögerung bzw. Beschleunigung verursacht, setzt mit der Reibungskraft echtes Laserkühlen ein.

Das 1-dimensionale Konzept der Laserkühlung kann auf 3 Dimensionen erweitert werden, indem ein Atom in allen Raumrichtungen gegenläufigen Laserstrahlen ausgesetzt wird. Dazu müssen wenigstens 4 tetraedrisch angeordnete Laserstrahlen verwendet werden. Die Situation entspricht der stark gedämpften Bewegung in einer hochviskosen Flüssigkeit und wird als „Optischer Honig" oder „Optische Melasse" bezeichnet.

Die spontane Lichtkraft verursacht nicht nur eine Beschleunigung in Strahlrichtung (die mit Kühlung verbunden sein kann), sondern auch eine fluktuierende Kraft, die zur Aufheizung eines Ensembles von Atomen führt.[4] In einem einfachen Modell können wir die Heizwirkung durch die stochastische Wirkung des Photonenrückstoßes $\hbar k$ bei der spontanen Emission analog zur Brownschen Bewegung oder Diffusion eines Moleküls betrachten. Wenn N Photonen gestreut werden, dann gilt für Mittelwert $\overline{p}_N$ und Varianz $(\Delta p^2)_N = \overline{p^2} - \overline{p}^2$ der atomaren Impulsänderung durch die isotrope Emission

$$\overline{p}_N = 0 \quad \text{und} \quad (\Delta p^2)_N = N\hbar^2 k^2 \quad .$$

Die Heizkraft oder -leistung können wir nun aus der Streurate für Photonen abschätzen $(dN/dt = (\gamma/2)s_0/(1 + s_0 + (2\delta/\gamma)^2)$,

$$\frac{d}{dt}\frac{\Delta p^2}{2m} = \frac{d}{dt}\frac{\overline{p^2}}{2m} = \frac{\hbar^2 k^2 \gamma}{4m}\frac{s_0}{1 + s_0 + (2\delta/\gamma)^2} = \frac{D}{m} \quad ,$$

und aus der Theorie der Brownschen Bewegung ist der Zusammenhang mit der Diffusionskonstanten D bekannt. Wir erwarten, daß sich im Gleichgewicht mittlere Heizleistung $P_H = D/m$ und mittlere Kühlleistung $P_K = \overline{F \cdot v} = -\alpha m \overline{v^2} = -\alpha \overline{p^2}/m$ gerade kompensieren, also $P_H + P_K = 0$ und

$$p^2 = D/\alpha = M k_B T \quad ,$$

woraus wir schließlich die Doppler-Temperatur

$$k_B T_{\text{Dopp}} = -\frac{\hbar\gamma}{2}\frac{1 + (2\delta/\gamma)^2}{4\delta/\gamma} \tag{11.18}$$

---

[4]Diesem Umstand liegt die sehr fundamentale Gesetzmäßigkeit zugrunde, daß dissipative Prozesse immer auch mit Fluktuationen und damit Heizprozessen verbunden sind.

ermitteln. Die Doppler-Temperatur nimmt ihren geringsten Wert bei $2\delta/\gamma = -1$ an, $k_B T_{\mathrm{Dopp}} = \hbar\gamma/2$. Sie hat eine wichtige Rolle gespielt, weil sie über viele Jahre als fundamentale Grenze der Laserkühlung angesehen wurde. Es war daher eine große Überraschung, als in Experimenten noch deutlich tiefere, sogenannte Sub-Doppler-Temperaturen beobachtet wurden.

Exkurs: Magnetooptische Falle (MOT) In einer optischen Melasse werden atomare Gase durch die extreme Kühlung bis zu Temperaturen im mK-Bereich und darunter gekühlt. Man kann aber Atome im Schnittpunkt von 4 oder mehr Laserstrahlen nicht allein durch Strahlungsdruck speichern, weil sie aus dem Überlapp-Volumen heraus diffundieren. Dieses Problem wurde durch die Erfindung der magnetooptischen Falle (engl. *Magneto-optical trap* oder MOT) gelöst, in welcher der Strahlungsdruck räumlich durch ein Quadrupolfeld modifiziert wird. In einer Dimension kann man die MOT am Beispiel eines Atoms mit einem

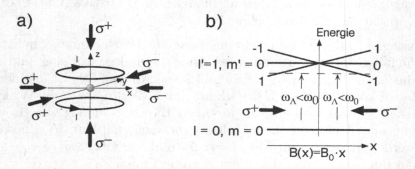

Abb. 11.20 *Magnetooptische Falle.*

$J = 0 \rightarrow J = 1$ Übergang (Abb. 11.20 (b)) erklären, das in einem linear ansteigenden magnetischen Feld einem Paar gegenläufiger Lichtstrahlen mit entgegengesetzter zirkularer Polarisation ausgesetzt wird ($\sigma^+\sigma^-$-Konfiguration). Ein hinreichend langsames Atom wird bei roter Verstimmung ($\omega_L < \omega_0$) stets viel stärker mit dem Laserstrahl in Resonanz sein, dessen Strahlungsdruck zum Zentrum des Quadrupolfeldes zeigt, und deshalb eine Rückstellkraft auf dieses Zentrum hin erfahren.

In drei Dimensionen muß man ein sphärisches Quadrupolfeld verwenden, das durch zwei Spulen mit entgegengesetzten Strömen („Anti-Helmholtz-Spulen") erzeugt wird, wobei die Händigkeit der zirkularen Polarisationen korrekt gewählt werden muß (Abb. 11.20 (a)). Das einfache eindimensionale Konzept hat auch in drei Dimensionen zum Erfolg geführt. Zur großen Verbreitung der MOT hat insbesondere ihre Realisierung an einfachen Dampfzellen beigetragen, die schon nach wenigen Jahren in zahlreichen Laboratorien bei Experimenten zur Laserkühlung verwendet werden. In einer MOT stellt sich ein Gleichgewicht zwischen Laderate (durch Einfang von Atomen aus dem langsamen Anteil der thermischen Verteilung) und Verlustrate (durch Stöße mit „heißen" Atomen) ein, das typischerweise einige 10^8 Atome enthält und ein Volumen von 0,1 mm Durchmesser einnimmt. Der Gasdruck der Zelle darf allerdings nicht zu groß sein, damit die Atome nicht schon während des Einfangvorgangs, der einige ms dauert, durch Stöße mit einem schnellen Atom aus der magnetooptischen Falle wieder herausgestoßen werden.

11.6.3 Dipolkräfte in einer Stehwelle

Elektrisches und magnetisches Feld haben in einer ebenen Stehwelle die Form

$$\mathbf{E}(z) = 2\mathbf{E}(t)\cos(kz) \quad \text{und} \quad \mathbf{B}(z) = \frac{2i}{c}\mathbf{e_k}\times\mathbf{E}(t)\sin(kz)$$

und man findet durch Auswertung von Gl.(11.14):

$$\mathbf{F}^{\mathrm{mag}} = k\alpha'(\delta)\sin(2kz)\,|\mathbf{E}|^2 \quad.$$

Diese Kraft wird als *Dipolkraft* bezeichnet und kann von einem Potential

$$U_{\mathrm{dip}} = \alpha'(\delta)I(z)/2c\epsilon_0$$

abgeleitet werden. Die Interpretation ist ebenfalls eingängig: die Kraft zeigt einen dispersiven Frequenzgang, d.h. sie wechselt das Vorzeichen mit der Verstimmung von der Resonanzfrequenz. Eine schöne Anwendung der Dipolkräfte in einer Stehwelle wird in der „Atom-Lithographie" realisiert.

Um zur semiklassischen Beschreibung zu gelangen, wenden wir wieder den Trick aus dem vorigen Abschnitt an (s. Gl.(11.15)) und erhalten:

$$U_{\mathrm{dip}} = \frac{\hbar\delta}{2}\ln(1+s) \quad.$$

Dipolkräfte sollen möglichst nicht von spontanen Ereignissen gestört werden, daher wählt man eine große Verstimmung $\delta \gg \gamma'$ und erhält entsprechend kleine Sättigungsparameter $s \simeq (I/I_0)/(\delta/\gamma')^2$ (6.36), so daß sich das Dipolpotential in guter Näherung ergibt zu

$$U_{\mathrm{dip}}(\mathbf{r}) \simeq \frac{I}{I_0}\frac{\hbar\gamma'^2}{2\delta} \quad.$$

Dipolkräfte existieren aber nur, falls die Intensität des elektromagnetischen Feldes ortsabhängig ist, zum Beispiel in der oben angenommenen Stehwelle, aber auch als Folge eines Gaußschen Strahlprofils in einer optischen Dipolfalle [64]. Dipolkräfte treten immer auf, wenn kohärente Felder überlagert werden, wobei die Details wegen der 3-dimensionalen Vektornatur der Felder kompliziert sein können und zum Beispiel das Auftreten „Optischer Gitter" [85] verursachen können: Darunter versteht man periodische Stehwellenfelder in 1–3 Dimensionen, in denen sich lasergekühlte Atome wie in einem Kristallgitter bewegen.

Exkurs: Atomlithographie

Mit Hilfe von Stehwellenfeldern kann man offenbar auf die Bewegung von Atomen starke Kräfte ausüben. Der direkte experimentelle Nachweis ist aber gar nicht so einfach, denn die Bewegung findet bereits auf mikroskopisch kleiner Skala statt. Ein schönes Beispiel für die Anwendung der Lichtkräfte ist aber die sogenannte „Atomlithographie" [121]. In dieser Methode wird ein Atomstrahl auf einer Oberfläche durch Lichtkräfte räumlich strukturiert und Veränderungen finden nur dort statt, wo die Atome aufgetroffen sind. In Abb. 11.21

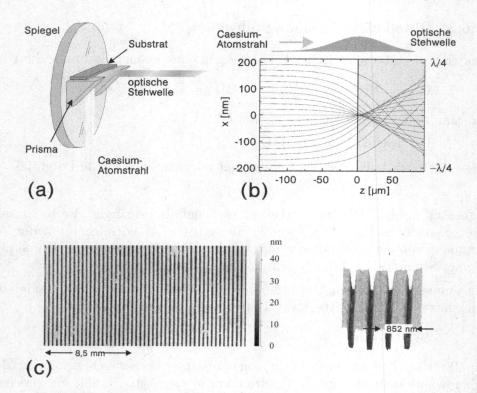

Abb. 11.21 *Atomlithographie.*

ist das experimentelle Konzept vorgestellt. (a): ein Substrat wird mit einem Atomstrahl belichtet, der unmittelbar zuvor eine Stehwelle passiert, die von dem dahinter angebrachten Spiegel erzeugt wird. Die Simulation atomarer Trajektorien in einer Halbwelle (b) zeigt, daß die Atome auf der Oberfläche ganz analog zu einer optischen Linse fokussiert werden, wobei auch sphärische Abweichungen sichtbar sind. Dieses periodische Mikrolinsenfeld erzeugt auf einem Substrat Veränderungen durch Aufwachsen oder chemische Reaktion mit Abmessungen deutlich unterhalb optischer Wellenlängen. Die Atomlithographie zählt daher zur Klasse der Methoden, die eine Strukturierung auf der Nanometer-Skala erlauben.

11.6.4 Verallgemeinerung

Wir können die magnetische Kraft auch nach

$$\mathbf{F}^{\mathrm{mag}} = \left\langle \frac{d}{dt}(\mathbf{d}\times\mathbf{B}) \right\rangle - \left\langle \mathbf{d}\times\dot{\mathbf{B}} \right\rangle$$

ausdrücken. Der erste Beitrag fällt bei der Mittelung über eine Periode heraus. Wenn die Teilchengeschwindigkeit klein ist, $\dot{\mathbf{R}} \ll c$, kann man ferner $(d/dt)\mathbf{B} \simeq$

$(\partial/\partial t)\mathbf{B} = \boldsymbol{\nabla} \times \mathbf{E}$ ersetzen und findet

$$\mathbf{F}^{\mathrm{mag}} = \langle -\mathbf{d} \times \boldsymbol{\nabla} \times \mathbf{E} \rangle \quad ,$$

oder komponentenweise

$$F_i^{\mathrm{mag}} = \left\langle \sum_j d_j \left[\frac{\partial}{\partial X_i} E_j - \frac{\partial}{\partial X_j} E_i \right] \right\rangle \quad .$$

Der Vergleich mit Gl.11.13 zeigt, daß die Gesamtkraft sich allgemein aus

$$\mathbf{F}^{\mathrm{el}} + \mathbf{F}^{\mathrm{mag}} = \mathbf{F} = \left\langle \sum_j d_j \boldsymbol{\nabla} E_j \right\rangle$$

bestimmen läßt.

11.6.5 Optische Pinzette

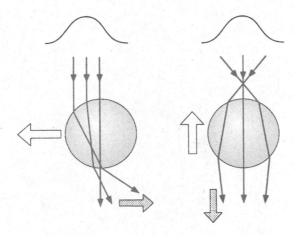

Abb. 11.22 *Die Wirkung einer optischen Pinzette im Strahlenbild. Weiße Pfeile: Kraft auf die Glaskugel. Punktierte Pfeile: Impulsänderung der Lichtstrahlen.*

Wir haben im letzten Abschnitt die mechanische Wirkung von Lichtstrahlen auf mikroskopische Teilchen wie zum Beispiel Atome untersucht. Insbesondere zu den Dipolkräften können wir aber ein makroskopisches Analogon angeben, das in wachsendem Maß als sogenannte „Optische Pinzette" (engl. *Optical Tweezers*) verwendet wird [133].

Die dispersiven Eigenschaften eines Atoms ähneln in vieler Beziehung einer transparenten dielektrischen Glaskugel, an welcher wir die Wirkung makroskopischer Lichtkräfte qualitativ und im Sinne der Strahlenoptik beschreiben wollen.

Dazu ist in Abb. 11.22 die Position einer Glaskugel einmal transversal von einem Gaußschen Laserstrahlprofil verschoben (links) und einmal axial von einem fokussierten Strahl. Wenn wir berücksichtigen, daß der Lichtstrahl wie beim Atom einen Impuls überträgt, können wir aus der Richtungsänderung der Strahlen auf die mechanische Kraft schließen, die auf die Glaskugel wirkt.

Die Optische Pinzette ist als Greifwerkzeug im Mikroskop nützlich, man kann damit zum Beispiel Bakterien in Flüssigkeiten fangen und verschieben.

Aufgaben zu Kapitel 11

11.1 Lock-In-Verstärker Wir betrachten die experimentelle Anordnung aus der Zeichnung: Eine Probe wird mit Laserlicht beleuchtet, dessen Frequenz nach $\omega_L(t) = \omega_L^0 + \delta\omega_{\mathrm{mod}} \cos 2\pi f_R$ moduliert wird. Die Fluoreszenz einer Lorentz-förmigen Linie wird mit einer Photodiode beobachtet, $L(x) = 1/(1 + x^2)$ mit $x := (\omega_L - \omega_A)/\gamma$, wobei ω_A die Resonanzfrequenz, γ die atomare Linienbreite bedeuten. (a) Das von der Photodiode kommende Signal $L(x, t)$

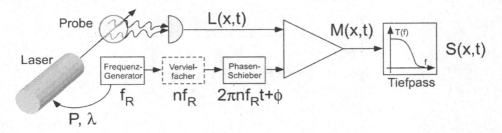

Abb. 11.23 *Schema eines Lock-In-Verstärkers, dessen wichtigste Komponente ein phasen-empfindlicher Gleichrichter ist.*

wird mit dem Referenzsignal $R(t) = R_0 \sin(2\pi f_R t + \phi)$ gemischt, d.h. elektronisch multipliziert. Dabei entsteht das Zwischensignal $M(x, t)$. Berechnen Sie das Zwischensignal und zeigen Sie, daß ein Tiefpass mit Grenzfrequenz $f_G \ll f_R$ ein Ausgangssignal $S(x)$ erzeugt, das proportional ist zur Ableitung $dL(x, t)/dx$ der ursprünglichen Linienform. Wie hängt das Signal mit der Modulationsamplitude $\delta\omega_{\mathrm{mod}}$ zusammen? (b) Manchmal ist es sinnvoll, statt der Modulations-Grundfrequenz f_R die Vielfachen $2f_R$ oder $3f_R$ als Referenz zu verwenden. Berechnen Sie die Ausgangssignale für diesen Fall. (c) Wodurch wird die Bandbreite des Lock-In-Verstärkers begrenzt? Was ist der Preis, wenn Sie die Bandbreite erhöhen?

11.2 Ramsey-Spektroskopie und Spin-Echo Die Methode der getrennten oszillierenden Felder, für die N. Ramsey 1989 den Nobelpreis erhielt, wurde ursprünglich für die Mikrowellen-Spektrsokopie vor allem an atomaren Hyperfeinzuständen entwickelt. Dort kann man die ungedämpften Bloch-Gleichungen (6.29) problemlos anwenden, weil spontaner Zerfall keine Rolle spielt. Die Methode ist heute auch in der optischen Spektroskopie verbreitet, weil die kohärente Kopplung zwischen ausgewählten Quantenzuständen viel stärker sein kann als die Zerfallsrate.

Betrachten Sie zunächst die ungedämpften Blochgleichungen. Für einen beliebigen Zustandsvektor gilt $|\psi\rangle = c_g|g\rangle + c_e|e\rangle$, und die Blochvektor-Komponenten sind $u = c_e^* c_g + c_e c_g^*$, $v = -i c_e^* c_g - c_e c_g^*$, $w = |c_e|^2 + |c_g|^2$. (a) Zeigen Sie, daß ein resonanter Mikrowellen-Puls (Rabi-Frequenz Ω_R, Dauer τ, Verstimmung δ) den Blochvektor $\mathbf{u}(\tau)$ um die u-Achse in den Zustand $\mathbf{u}(\tau) = \Theta(\tau)\mathbf{u}(0)$. Geben Sie die Drehmatrix an. Nehmen Sie als Anfangszustand $\mathbf{u} = (0,0,-1)$ an. Skizzieren Sie die Wahrscheinlichkeit $P_g(\tau) = |c_g(\tau)|^2$, das Atom nach der Pulsdauer τ im Zustand g zu finden. (b) Zeigen Sie, daß die freie Präzession des Blochvektors bei Abwesenheit eines treibenden Feldes durch eine Rotation um die w-Achse beschrieben wird und geben Sie die Drehmatrix an. Welche Bewegung führen Blochvektoren aus, die zunächst mit einem resonanten $\pi/2$-Puls angeregt·wurden?

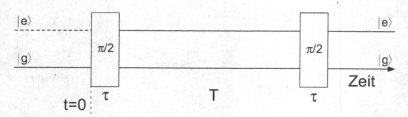

Abb. 11.24 *Operationen eines Ramsey-Experiments.*

(c) Die Ramsey-Methode übt zwei resonante $\pi/2$-Pulse (Dauer τ, Verzögerungszeit T) auf die Atome aus, gemessen wird die Besetzung im angeregten P_e oder im Grund-Zustand P_g. Schreiben Sie die Ramsey-Sequenz im Matrix-Formalismus auf. Berechnen und skizzieren Sie die w-Komponente des Blochvektors, wenn der Angangszuatand immer $\mathbf{u}(0) = (0,0,-1)$ ist und alle Atome die gleiche Wechselwirkungszeit haben. Geben Sie $P_e(\tau)$ als Funktion von T an. (d) In Experimenten zeigen die Ramsey-Interferenzen häufig einen charakteristischen Abfall, der als Dephasierung durch inhomogene Ensemble gedeutet werden kann, d.h. eines Ensembles mit einer Verteilung von kleinen Verstimmungen δ. Betrachten Sie ein Modell, in welchem die Verstimmungen einer Gaußschen Verteilung gehorchen, $p(\delta) = \exp\left[-(\delta - \bar{\delta})^2/(2\sigma^2)\right]/\sqrt{\pi}\sigma$. Berechnen Sie die Form des Ramsey-Signals unter dem Einfluß dieser Verteilung. (e) Wenden Sie nach der Zeit T erst einen π-Puls und erst nach $2Z$ den $\pi/2$-Puls an. Untersuchen Sie die Besetzungsverteilung um die Zeit $2T$ herum. Zeigen Sie, daß der „Refokussierungs-Puls" die Oszillation nach der Zeit $2T$ als Echo-Puls wieder aufleben läßt. Interpretieren Sie die Wirkung des π-Pulses. Welche Phasenlage hat das Echo-Signal?

11.3 Doppler-Effekt und Zwei-Photonen-Spektroskopie In einem Atom oder Molekül, das sich mit der Geschwindigkeit v bewegt, wird durch Absorption eines Photons mit Wellenvektor $\mathbf{k}$ ein Übergang von E_a nach E_b induziert. Nach der speziellen Relativitätstheorie wird die Frequenz des bewegten Atoms im Laborsystem gegenüber dem Ruhesystem durch den Doppler-Effekt verschoben nach $\nu_{\text{Labor}} = \nu_{\text{Ruh}}(1 - v^2/c^2)^{1/2}/(1 - v_\parallel/c)$ mit $v_\parallel = \mathbf{k} \cdot \mathbf{v}/k$. (a)

Entwickeln Sie die Frequenzverschiebung nach v/c. (b) Ein Zwei-Photonen-Übergang kann durch Absorption je eines Photons aus entgegen laufenden Laserstrahlen induziert werden. Zeigen Sie, daß beim Zwei-Photonen-Übergang der Doppler-Effekt 1.Ordnung unterdrückt ist, der Doppler-Effekt 2.Ordnung den größten Beitrag zur Verschiebung leistet, $\nu_{\text{Labor}} = (\nu_{\text{Ruh}}/2) \cdot (1 - v^2/c^2/2)$. (c) Berechnen Sie die Linienform in einem thermischen Gas als Funktion der Temperatur T. Vernachlässigen Sie dabei die natürliche Linienbreite und verwenden Sie die thermische Verteilung in einem Gas, $p(E) = 2\sqrt{E}\exp\left(-E/k_BT\right)/[(k_BT)^{3/2}\sqrt{\pi}]$.

12   Grundzüge der Quantenoptik

Die Quantenoptik[1] im engeren Sinne befaßt sich mit der Frage, wann die Quanteneigenschaften des elektromagnetischen Feldes (und nicht nur der Materie) bei der Licht-Materie-Wechselwirkung eine wahrnehmbare Rolle spielen. Dabei werden Begriffe wie „Photon", „stimulierte" und „spontane" Emission über die schon in Kap. 6 hinaus gegebenen Deutungen zu klären sein. Am Beginn dieses Kapitels behandeln wir die Spontane Emission, die auch bei der Entstehung der Quantenelektrodynamik (QED) eine wichtige Rolle gespielt hat.

12.1   Hat das Licht Quantencharakter?

Es ist heute selbstverständlich, daß wir die physikalischen Eigenschaften der Materie auf mikroskopischer Skala mit der Quantentheorie begründen. Weniger offensichtlich ist auch heute noch der Zusammenhang von mikroskopischen und makroskopischen Betrachtungsweisen, der auch den Hintergrund der physikalischen „Theorien-Hierarchie" in Tab. 6.1 bildet. Eine große Zahl physikalischer Phänomene kann nämlich zwanglos mit einer semiklassischen Theorie (der „Quantenelektronik" in Tab. 6.1) beschrieben werden, d.h. einer Quantentheorie der Materie, die mit klassischen Feldern, die Amplitude und Phase besitzen, in Wechselwirkung steht. Die semiklassische Behandlung ist hinreichend, um die meisten Phänomene in den Kapiteln über Laserspektroskopie (11) oder Nichtlineare Optik (13, 14) zu erklären.

Die Antwort auf die Frage, für welche Phänomene denn die Quantennatur des elektromagnetischen Feldes eine entscheidende Rolle spielt, ist gar nicht so leicht. Die verbreitete Ansicht, daß der Photo- oder lichtelektrische Effekt einen Beweis für diese Quantennatur liefert, entpuppt sich bei genauerer Betrachtung lediglich als eine elegante und bequeme Sprechweise für ein Resonanzphänomen [135], das durch die Energiestruktur eines Metalls in der Wechselwirkung mit einem treibenden Feld erzwungen wird. Die Quantennatur des elektromagne-

---

[1]In diesem Kapitel wird Vertrautheit mit den Konzepten der Quantenmechanik vorausgesetzt.

tischen Feldes hat andererseits schon bei der Entstehung der Quantentheorie eine herausragende Rolle gespielt: M. Planck hat die Quantenphysik 1900 aus experimentell-theoretischen Widersprüchen bei der Behandlung des Spektrums der Schwarzkörperstrahlung heraus begründet und A. Einstein hat den Nobelpreis 1922 für die Lichtquantenhypothese [?] aus seinem berühmten „Annus Mirabilis" 1905 erhalten. Der Begriff des „Photons" geht auf den Chemiker G. Lewis [111] zurück, der 1926 in einem Beitrag zur Strahlungswechselwirkung schrieb:

„I therefore take the liberty of proposing for this hypothetical new atom, which is not light but plays an essential part in every process of radiation, the name *photon*."[2]

Die Quantennatur elektromagnetischer Felder ist dann beobachtbar, wenn z.B. nur einzelne Atome mit einem Lichtfeld wechselwirken, wenn die Intensität der Lichtfelder sehr gering ist oder wenn Photonenzähler zur Beobachtung eingesetzt werden müssen. Mit folgenden Phänomenen wurde die Notwendigkeit der quantentheoretischen Beschreibung des Lichtfeldes, der „Quanten"-Optik, etabliert:

- **Lamb Shift**. Die relativistisch korrekte Theorie des Wasserstoff-Atoms von P. Dirac sagt vorher, daß die $^2S_{1/2}$ und $^2P_{1/2}$ Feinstrukturzustände zur Hauptquantenzahl $n = 2$ perfekt entartet sind. W. Lamb entdeckte aber 1947 eine Verschiebung von $\Delta\nu = 1057$ MHz, die durch die sogenannten „Vakuum-Fluktuationen" des elektromagnetischen Feldes erklärt wird.
- **Spontane Emission**. Die korrekte Berechnung der Rate der spontanen Emission – des vielleicht einfachsten Prozesses der Licht-Materie-Wechselwirkung – gelang 1930 erstmalig V. Weisskopf und E. Wigner [171] auf der Grundlage der kurz zuvor von P. Dirac eingeführten quantisierten Beschreibung des elektromagnetischen Feldes [45].
- **Das Spektrum der Resonanzfluoreszenz**. Das Spektrum eines getriebenen Atoms, des einfachsten möglichen Quantenoszillators, weicht von dem eines klassischen getriebenen Oszillators ab.
- **Photonen-Korrelationen, „Bunching" und „Antibunching"**. Wenn die zum Spektrum komplementäre zeitliche Dynamik von Lichtfeldern aus einer atomaren Quelle mit einem Photonenzähler beobachtet wird, treten sogenannte nicht-klassische Korrelationen auf.

Wir werden diese Phänomene mit Ausnahme der Lamb-Shift, die in vielen Lehrbüchern der Quantentheorie behandelt wird (z.B. [144]), in diesem Kapitel vorstellen und um neuere Entwicklungen ergänzen. Bevor wir die physikalischen Phänomene behandeln können, müssen wir als Handwerkszeug die

---

[2]„Ich nehme mir die Freiheit, für dieses neue Atom, das kein Licht ist, aber eine wesentliche Rolle bei jedem Strahlungsprozeß spielt, den Namen *Photon* vorzuschlagen.

formale Beschreibung des elektromagnetischen Feldes durch die Quantentheorie vorstellen, d.h. geeignete Feldoperatoren einführen.

12.2 Quantisierung des elektromagnetischen Feldes

Eine strenge Begründung der Quantisierung des elektromagnetischen Feldes mit Hilfe eines geeigneten Lagrange-Formalismus übersteigt den Rahmen dieses Lehrbuches, ist aber ein Standardthema zur fortgeschrittenen Quantentheorie und z.B. in [144] behandelt. Wir beschränken uns auf eine an den Hamilton-Formalismus angelehnte heuristische Einführung. Dazu zerlegen wir das Feld im Innern eines leitenden Hohlraums in seine Eigenschwingungen. Jede Eigenschwingung wird mit dem Index $\mathbf{k}$ für die Wellenzahl (bzw. der Quantenzahl der Hohlraum-Eigenschwingung) und dem Einheitsvektor $\boldsymbol{\epsilon}$ für den Polarisationszustand gekennzeichnet und das elektromagnetische Feld aus diesen Größen konstruiert:

$$
\begin{aligned}
\mathbf{E} &= \mathbf{Y} = \sum_{\mathbf{k},\boldsymbol{\epsilon}} |\alpha_{\mathbf{k},\boldsymbol{\epsilon}}| E_\omega \sin(\omega t - \mathbf{kr}) = -i(\mathbf{E}^{(+)} - \mathbf{E}^{(-)}) = \\
&= -i \sum_{\mathbf{k},\boldsymbol{\epsilon}} E_\omega \boldsymbol{\epsilon} \left[\alpha_{\mathbf{k},\boldsymbol{\epsilon}}(t) e^{i\mathbf{kr}} - \alpha^*_{\mathbf{k},\boldsymbol{\epsilon}}(t) e^{-i\mathbf{kr}} \right] \quad .
\end{aligned}
\tag{12.1}
$$

Genauso gut hätten wir auch die Definition $\mathbf{X} = \mathbf{E}^{(+)} + \mathbf{E}^{(-)}$ verwenden können, sie unterscheidet sich nur in der vorläufig frei wählbaren Phasenlage von $\mathbf{Y}$. Man spricht von den „Quadratur-Komponenten" des elektromagnetischen Feldes. Ihre Größe kann man in interferometrischen Experimenten messen, bei denen die Phasenlage durch ein intensives Referenzfeld festgelegt wird.

Wir normieren die Amplituden E_ω so, daß für $|\alpha_{\mathbf{k},\boldsymbol{\epsilon}}(t)|^2 = 1$ im Hohlraum-Volumen V gerade die Energie eines „Photons" gespeichert ist. Nach Gl.(2.16) entfällt die Hälfte der Energie auf das elektrische Feld, die andere auf das magnetische Feld der Schwingung, d.h.

$$
\frac{\hbar\omega}{2} = \frac{\epsilon_0}{2} \int_V \mathbf{E} \cdot \mathbf{E}^* dV \quad ,
$$

und wir erhalten nach Einsetzen von (12.1):

$$
E_\omega = \left(\frac{\hbar\omega}{2\epsilon_0 V} \right)^{1/2} \quad .
\tag{12.2}
$$

Die Amplituden $\alpha_{\mathbf{k},\boldsymbol{\epsilon}}(t)$ hängen nach den Maxwell-Gleichungen mit der Fouriertransformierten der Stromdichte

$$
j_{\mathbf{k},\boldsymbol{\epsilon}} = \frac{1}{V} \int d^3 r \, \boldsymbol{\epsilon} \mathbf{j}(\mathbf{r}) e^{-i\mathbf{kr}}
$$

zusammen und befolgen die Bewegungsgleichung

$$\dot{\alpha}_{\mathbf{k},\boldsymbol{\epsilon}}(t) + i\omega\,\alpha_{\mathbf{k},\boldsymbol{\epsilon}}(t) = \frac{i}{\sqrt{2\epsilon_0\hbar\omega_{\mathbf{k}}}} j_{\mathbf{k},\boldsymbol{\epsilon}}(t) \quad .$$

Im freien Raum gilt $j_{\mathbf{k},\boldsymbol{\epsilon}}(t) = 0$ und daher $\alpha_{\mathbf{k},\boldsymbol{\epsilon}}(t) = \alpha_{\mathbf{k},\boldsymbol{\epsilon}}(0)e^{-i\omega t}$. Für beschleunigte Ladungen gilt $j_{\mathbf{k},\boldsymbol{\epsilon}}(t) \neq 0$, dann wird das Feld getrieben, z.B. durch den oszillierenden Dipolstrom eines Atoms.

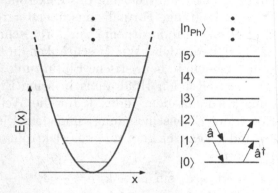

Abb. 12.1 *Die Zustandsleiter der Quantenzustände des harmonischen Oszillators (Potential links, Zustände rechts) ist ein perfektes Analogon der Zustände des elektromagnetischen Feldes. Die Feldzustände werden mit Aufsteige- (â⁺) und Absteigeoperatoren (â) konstruiert.*

Um zu einer quantentheoretischen Beschreibung des elektromagnetischen Feldes zu gelangen, erheben wir die normierten Amplituden im Analogieschluß kurzerhand zu Feldoperatoren,

$$\alpha_{\mathbf{k},\boldsymbol{\epsilon}}(t) \to \hat{a}_{\mathbf{k},\boldsymbol{\epsilon}}(t) \quad \text{und} \quad \alpha^*_{\mathbf{k},\boldsymbol{\epsilon}}(t) \to \hat{a}^\dagger_{\mathbf{k},\boldsymbol{\epsilon}}(t) \quad ,$$

so daß der Feldoperator des elektrischen Feldes nun lautet

$$\hat{\mathbf{E}} = -i(\hat{\mathbf{E}}^{(+)} - \hat{\mathbf{E}}^{(-)}) = -i\sum_{\mathbf{k},\boldsymbol{\epsilon}} E_\omega\boldsymbol{\epsilon}\left[\hat{a}_{\mathbf{k},\boldsymbol{\epsilon}}(t)e^{i\mathbf{k}\mathbf{r}} - \hat{a}^\dagger_{\mathbf{k},\boldsymbol{\epsilon}}(t)e^{-i\mathbf{k}\mathbf{r}}\right]$$

während der Hamilton-Operator des elektromagnetischen Feldes die bekannte Form

$$\hat{H}_{\text{Feld}} = \sum_{\mathbf{k},\boldsymbol{\epsilon}} \hbar\omega_{\mathbf{k}}(a^\dagger_{\mathbf{k},\boldsymbol{\epsilon}}a_{\mathbf{k},\boldsymbol{\epsilon}} + 1/2) \tag{12.3}$$

annimmt. Die Quantenzustände des elektromagnetischen Feldes werden mit ihren Quantenzahlen $(\mathbf{k}, \boldsymbol{\epsilon})$ und der Photonenbesetzungszahl $n_{\mathbf{k}}$ klassifiziert. In realistischen physikalischen Situationen (z.B. bei der spontanen Emission) muß die Summe aus Gl.(12.3), die im freien Raum dem kontinuierlichen Spektrum entspricht, berücksichtigt werden. Auf der anderen Seite wird durch einen intensiven Laserstrahl oder bei der Wechselwirkung eines Atoms mit einer isolierten Resonatorschwingung der Grenzfall realisiert, bei dem überhaupt nur ein Mode aus der Summe berücksichtigt werden muß.

Der Hamilton-Operator eines einzelnen elektromagnetischen Feldzustandes in 12.3 ist formal äquivalent mit dem Hamilton-Operator eines Masse-Teilchens in einem harmonischen Potential mit Orts- und Impulsoperatoren $\{\hat{x}, \hat{p}\}$,

$$\hat{H} = \hbar\omega(\hat{a}\hat{a}^\dagger + 1/2) = \hat{p}^2 + \omega^2\hat{x}^2 \quad .$$

Für den harmonischen Oszillator gilt

$$\hat{x} = \sqrt{\hbar/2\omega}\,(\hat{a} + \hat{a}^\dagger) \quad \text{und} \quad \hat{p} = -i\sqrt{\hbar\omega/2}\,(\hat{a} - \hat{a}^\dagger) \quad ,$$

und schon wegen dieser formalen Analogie können wir erwarten, daß die beiden Quadraturen $\hat{X} = (\hat{\mathbf{E}}^{(+)} + \hat{\mathbf{E}}^{(-)})$ und $\hat{Y} = -i(\hat{\mathbf{E}}^{(+)} - \hat{\mathbf{E}}^{(-)})$ eine Unschärferelation befolgen müssen.

In Dirac-Schreibweise gelten die bekannten Relationen

$$\begin{aligned}
\hat{a}^\dagger_{\mathbf{k},\epsilon}\,|n\rangle_{\mathbf{k},\epsilon} &= (n+1)^{1/2}\,|n+1\rangle_{\mathbf{k},\epsilon} \\
\hat{a}_{\mathbf{k},\epsilon}\,|n\rangle_{\mathbf{k},\epsilon} &= n^{1/2}\,|n-1\rangle_{\mathbf{k},\epsilon} \\
\hat{a}^\dagger_{\mathbf{k},\epsilon}\hat{a}_{\mathbf{k},\epsilon}\,|n\rangle_{\mathbf{k},\epsilon} &= \hat{n}|n\rangle_{\mathbf{k},\epsilon} = n\,|n\rangle_{\mathbf{k},\epsilon} \quad ,
\end{aligned} \tag{12.4}$$

für Vernichtungs- ($\hat{a}$) und Erzeugungsoperator ($\hat{a}^\dagger$) sowie den Zahloperator $\hat{n} = \hat{a}^\dagger\hat{a}$. Jeder Zahl-Zustand kann aus dem Zustand $|0\rangle$ durch n-malige Anwendung des Erzeugungsoperators erzeugt werden,

$$|n\rangle = \frac{1}{\sqrt{n!}}(\hat{a}^\dagger)^n|0\rangle \quad \text{und} \quad \langle n| = \frac{1}{\sqrt{n!}}\langle 0|(\hat{a})^n \tag{12.5}$$

Für das elektromagnetische Vakuum können wir einen Produktzustand z.B. nach

$$|\text{Vac}\rangle = |0000\ldots0000\rangle$$

benennen, wobei jede Ziffer für die Besetzungszahl eines individuellen Zustands steht. Danach ist unmittelbar klar, daß im Vakuum zwar der Erwartungswert der elektrischen Feldstärke verschwindet, nicht aber deren Varianz, die ein Maß ist für die sogenannten *Vakuumfluktuationen*:

$$\langle\text{Vac}|\hat{\mathbf{E}}|\text{Vac}\rangle = 0 \quad \text{und} \quad \langle\text{Vac}|\hat{\mathbf{E}}\hat{\mathbf{E}}^\dagger|\text{Vac}\rangle > 0 \quad . \tag{12.6}$$

Die Varianz ist auch proportional zur Energiedichte $U = \epsilon_0\langle\mathbf{E}\mathbf{E}^*\rangle$, die in jedem Raum mit unendlich vielen elektromagnetischen Zuständen an jedem Punkt divergiert – ein Hinweis auf die begrenzte Gültigkeit dieser Form von Quantenelektrodynamik. Diese Problematik wird in Büchern über Quantenelektrodynamik näher behandelt [54, 144].

12.3   Spontane Emission

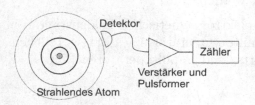

Abb. 12.2 *Lichtquelle, Strahlungsfeld und Detektor müssen bei den Wechselwirkungen allesamt berücksichtigt werden.*

Einer der einfachsten, wahrscheinlich sogar *der* einfachste Prozeß in der Wechselwirkung von Materie und Strahlungsfeldern ist der strahlende Zerfall eines anfänglich angeregten Atoms im freien Raum. Dieser Vorgang, bei dem ein Atom die Lichtquelle bildet und genau ein Photon in die freie Umgebung (das „Vakuum") abstrahlt, wird als *spontane Emission* bezeichnet.

Das Wort „Photon" vermittelt dabei aber eine wohl bequeme, aber auch sehr ungenaue Sprechweise. Wenn nur noch wenige mikroskopische Objekte an einem Prozeß der Licht-Materie-Wechselwirkung beteiligt sind, kann man auch die Rolle der Detektoren nicht mehr vernachlässigen. In einer strengeren Interpretation mag man ein Photon als das Ereignis betrachten, daß mit einem „Klick" am makroskopischen Detektor registriert und elektronisch gezählt werden kann: Ein einzelnes Atom sendet ein Strahlungsfeld aus ganz wie ein klassischer, mikroskopischer Dipol, dessen Energieinhalt gerade einem Photon entspricht. In der Sprache der Quantenmechanik verursacht erst das Meßereignis am Detektors die Reduktion (oder Projektion) der im Raum ausgedehnten Wellenfunktion des elektromagnetischen Feldes auf den Ort des Detektors: Dort wird ein Photoelektron erzeugt, das man mit geeigneten Verstärkern, also makroskopischen Geräten wie z.B. Photomultiplier-Röhren (Abschn. 10.6.2), nachweisen und zählen kann.

12.3.1   Spontane Emission

In der klassischen Physik führt die Berücksichtigung der Abstrahlung elektromagnetischer Felder zu Widersprüchen, die innerhalb der Theorien nach Maxwell und Newton bis heute nicht gelöst wurden (s. Abschn. 6.1.1). Auch die Quantenmechanik, die allein die Bewegung der atomaren Elektronen beschreibt, liefert noch kein schlüssiges Konzept: Bekanntlich verschwindet das Dipolmoment von Atomen in jedem Eigenzustand, wie soll dann ein Strahlungsfeld erzeugt werden? Daher wird auch in der semiklassischen Theorie der Licht-Materie-Wechselwirkung, etwa in den optischen Blochgleichungen, die schon in Abschn. 6.2.6 ausführlich vorgestellt wurden, die spontane Emission lediglich durch einen phänomenologischen Dämpfungsterm berücksichtigt.

Erst die Quantenelektrodynamik (QED) stellt eine mikroskopisch begründete und schlüssige Theorie dieser Dämpfung zur Verfügung. Bei der spontanen Emission betrachten wir den strahlenden Zerfall eines angeregten elektronischen Niveaus zum Beispiel im Atom oder Molekül. Übergangsraten aus einem Anfangszustand $|i\rangle$ in einen Endzustand $|f\rangle$ werden in der Störungstheorie der Quantenmechanik nach Fermis Goldener Regel berechnet,

$$W_{i\to f} = \frac{2\pi}{\hbar}|M_{if}|^2\delta(E_f - E_i) \quad , \tag{12.7}$$

wobei M_{if} das zum Zerfallsprozeß gehörende Matrixelement (mit der Dimension einer Energie) bedeutet.

Im Falle eines angeregten Atoms, das spontane Strahlung in das umgebende Vakuum abstrahlt, können wir die Zustände als Produktzustände (später werden wir von „dressed states" sprechen, s. Abschn. 12.4.1) aus atomaren Zuständen $|e\rangle, |g\rangle$ und Feldzuständen mit Indizes $\alpha = (\mathbf{k}, \boldsymbol{\epsilon})$ schreiben. Zu Beginn befindet sich das Feld im Vakuumzustand, sein Endzustand kann von vielen Zuständen gebildet werden, die sich durch die Quantenzahlen α unterscheiden:

$$\begin{aligned}|i\rangle &= |e\rangle|000....000\rangle \\ |f\rangle_\alpha &= |g\rangle|000..1_\alpha..000\rangle \quad . \end{aligned} \tag{12.8}$$

Zur Konstruktion des Dipoloperators verwenden wir wie in Abschn. 6.2.2 die atomaren Auf- und Absteige-Operatoren $\hat{\sigma} = |e\rangle\langle g|$ und $\hat{\sigma}^\dagger = |g\rangle\langle e|$ und $\hat{\mathbf{r}} = \mathbf{r}_{eg}(\hat{\sigma} + \hat{\sigma}^\dagger)$. Das elektromagnetische Feld wird aber nun mit den Feldoperatoren $\hat{a}, \hat{a}^\dagger$ beschrieben, so daß der Dipoloperator lautet:

$$\hat{\mathbf{d}} \cdot \hat{\mathbf{E}} = e\hat{\mathbf{r}}\cdot\boldsymbol{\epsilon}(\hat{a} + \hat{a}^\dagger)E_\omega = e(\mathbf{r}_{eg}\cdot\boldsymbol{\epsilon})E_\omega(\hat{a} + \hat{a}^\dagger)(\hat{\sigma} + \hat{\sigma}^\dagger) \quad .$$

In nahresonanter Näherung, die der Drehwellennäherung aus Abschn. 6.2.3 entspricht, vernachlässigen wir die schnell mit 2ω rotierenden Terme $\hat{a}\hat{\sigma}$ und $\hat{a}^\dagger\hat{\sigma}^\dagger$ und erhalten die häufig verwendete, übersichtliche Form

$$\hat{\mathbf{d}} \cdot \hat{\mathbf{E}} \simeq e(\mathbf{r}_{eg}\cdot\boldsymbol{\epsilon})E_\omega(\hat{a}\hat{\sigma}^\dagger + \hat{a}^\dagger\hat{\sigma}) = \hbar g\,(\hat{a}\hat{\sigma}^\dagger + \hat{a}^\dagger\hat{\sigma}) \quad . \tag{12.9}$$

Dieser Operator hat unter dem Namen *Jaynes-Cummings-Modell* große Bedeutung erlangt, weil er exakt lösbare Modelle der Licht-Materie-Wechselwirkung bietet. Die Kopplungskonstante

$$g = er_{eg}E_\omega/\hbar = er_{eg}\left(\frac{\omega}{\hbar 2\epsilon_0 V}\right)^{1/2} \quad , \tag{12.10}$$

wird *Vakuum-Rabifrequenz* genannt, denn sie gibt die Kopplungsstärke für einen atomaren Dipol in einem Feld an, in welchem noch gar kein Photon angeregt ist. Die Größe $E_\omega = (\hbar\omega/2\epsilon_0 V)^{1/2}$ (Gl.(12.2)) können wir als mittlere Feldstärke eines im Volumen V gespeicherten Photons interpretieren.

Um die Gesamtrate nach Gl.(12.7) zu berechnen, verwenden wir $M_{if}/\hbar = g$ und berücksichtigen alle möglichen Endzustände α aus Gl.(12.8). Wir beziehen die Endzustände nun auf die Übergangsfrequenz ω und mit $\delta(E) = \hbar^{-1}\delta(\omega)$ finden wir mit $\omega = |c\mathbf{k}_\alpha|$

$$W_{i \to f} = 2\pi \sum_\alpha |g_\alpha|^2 \delta(|c\mathbf{k}_\alpha| - \omega_{if}) \quad .$$

Dann ersetzen wir die Summation durch Integration im $\mathbf{k}$-Raum über das Volumen $V_\mathbf{k}$ mit der Dichte $\rho_\mathbf{k}(\mathbf{k}) = 1/(2\pi)^3$ und bestimmen die Dichte der Endzustände im freien dreidimensionalen Raum nach (s. auch Anh. B.3)

$$\rho_{\text{frei}}(\omega) = 2 \int_{V_\mathbf{k}} d^3k \rho_\mathbf{k}(\mathbf{k}) \delta(|c\mathbf{k}| - \omega_{if}) = \frac{\omega_{if}^2}{\pi^2 c^3} \quad .$$

Der Faktor 2 berücksichtigt die Polarisationsentartung. Bei der endgültigen Auswertung müssen wir noch den Faktor $\mathbf{r}_{\text{eg}} \cdot \boldsymbol{\epsilon}$ im Dipoloperator Gl.(12.9) berücksichtigen, der bei der Mittelung im dreidimensionale Raum einen weiteren Faktor $1/3$ verursacht:

$$W_{i \to f} \quad = \quad \frac{1}{3} \frac{2\pi}{\hbar} e^2 r_{if}^2 \frac{\hbar \omega_{\text{if}}}{2\epsilon_0} \frac{\omega_{\text{if}}^2}{\pi^2 c^3} \quad = \quad \frac{e^2 r_{if}^2 \omega_{if}^3}{3\hbar \epsilon_0 \pi c^3} \quad .$$

Das Ergebnis ist identisch mit dem Einstein-A-Koeffizienten für die spontane Emission und dem Ergebnis nach Wigner und Weisskopf, das im nächsten Abschnitt vorgestellt wird. Diese Tatsache ist keineswegs selbstverständlich, denn die goldene Regel besitzt nur für kurze Zeiten Gültigkeit, wenn sich der Zustand des Systems nur unwesentlich geändert hat.

Die Zerfallsrate $A_{i \to f} = \gamma = 1/\tau$ bestimmt die natürliche Linienbreite $\gamma = \Delta\omega = 2\pi\Delta\nu$ bei spektroskopischen Beobachtungen dieses optischen Übergangs (Abschn. 11.3.1).

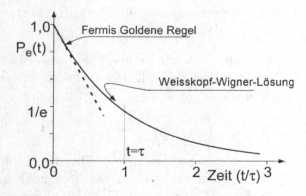

Abb. 12.3 *Exponentieller Zerfall der Anregungswahrscheinlichkeit nach Weisskopf und Wigner. Fermis goldene Regel stimmt im Geltungsbereich bei kurzen Zeiten mit dem Ergebnis überein.*

12.3.2 Spontane Emission nach Weisskopf und Wigner

Das Problem der spontanen Emission wurde theoretisch zum ersten Mal 1930 von V. Weisskopf und E. Wigner [171] gelöst, die dabei Ideen zur Quantenelektrodynamik von P. Dirac verwendeten [45]. Wir betrachten die atomare Wellenfunktion mit den Bezeichnungen aus (12.8)

$$|\Psi(t)\rangle = C_i(t)e^{-i\omega_i t}|i\rangle + \sum_\alpha C_{f\alpha}e^{-i(\omega_f+\omega)t}|f\rangle_\alpha \quad .$$

Im Wechselwirkungsbild der Quantenmechanik gilt die Bewegungsgleichung $i\hbar|\dot\Psi(t)\rangle = \hat V_{\rm dip}|\Psi(t)\rangle$, aus der wir für die Koeffizienten die Gleichungen

$$\dot C_i(t) \quad = -i\sum_\alpha g_\alpha e^{-i(\omega-\omega_{if})t}C_{f\alpha}(t)$$
$$\dot C_{f\alpha}(t) \quad = -ig_\alpha^* e^{i(\omega-\omega_{if})t}C_i(t)$$

erhalten. Weil es unendlich viele Zustände $|f\rangle_\alpha$ und Koeffizienten $C_{f\alpha}$ gibt, ist auch das Gleichungssystem unendlich groß! Wir können die zweite Gleichung formal integrieren und erhalten

$$\dot C_i(t) = -\sum_\alpha |g_\alpha|^2 \int_0^t e^{-i(\omega-\omega_{if})(t-t')}C_i(t')dt' \quad .$$

In der sogenannten *coarse grained solution* nehmen wir an, daß $C_i(t') \simeq C_i(t)$ und daher vor das Integral gezogen werden kann. Dann verwenden wir das aus der Funktionentheorie bekannte Ergebnis ($\mathcal{P}$ bezeichnet das Hauptwertintegral)

$$\lim_{t\to\infty}\int_0^t dt' e^{-i(\omega-\omega_{if})(t-t')} = \pi\delta(\omega-\omega_{if}) - \mathcal{P}\frac{i}{\omega-\omega_{if}} \quad . \tag{12.11}$$

Der Imaginärteil aus Gl. (12.11) verursacht eine sehr kleine Frequenzverschiebung, wie sie auch bei der Dämpfung eines klassischen Oszillators auftritt und entspricht der berühmten *Lamb-Shift*. Diese ist aber nur dann beobachtbar, wenn die Lage der ungedämpften Energieniveaus aus der Theorie hinreichend genau vorhergesagt werden kann, das ist nur für die einfachsten Atome wie Wasserstoff und Helium der Fall. Wir nehmen also an, daß dieser Beitrag in der Resonanzfrequenz ω_{if} schon enthalten ist und erhalten schließlich

$$\dot C_i(t) = -\frac{\gamma}{2}C_i(t) \quad \text{mit} \quad \gamma = 2\pi\sum_\alpha |g_\alpha|^2 \quad .$$

Die Summe über α wird wie im vorigen Kapitel berechnet und ergibt denselben Koeffizienten wie bei der Anwendung der goldenen Regel im vorigen Abschnitt. Diesmal haben wir aber das Problem exakt, d.h. für alle Zeiten gelöst und dabei den exponentiellen Zerfall für die gesamte Prozeßdauer erhalten.

Während in der gewöhnlichen Quantenmechanik alle atomaren Zustände „scharfe" Energie-Eigenwerte besitzen, führt die Wechselwirkung mit dem elektro-

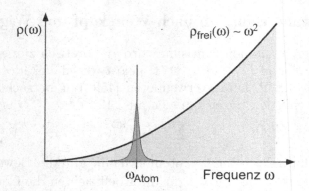

Abb. 12.4 *Wechselwirkung eines angeregten atomaren Zustandes (scharfe Resonanzlinie bei* $\omega = \omega_{\text{Atom}}$*) mit dem elektromagnetischen Vakuum, hier dargestellt durch seine Modendichte* $\rho_{\text{frei}}(\omega)$ *Die natürliche Linienbreite angeregter Zustände kommt durch diese Wechselwirkung zustande.*

magnetischen Vakuum im allgemeinen zum Zerfall aller angeregten Zustände, der sich auch in der endlichen spektralen Breite äußert, s. Abb. 12.4. Langlebige, sogenannte metastabile Zustände treten auf, wenn die Kopplung an das elektromagnetische Vakuum schwach ist.

12.3.3 Unterdrückung der spontanen Emission

Der natürliche Zerfall eines angeregten atomaren oder molekularen Zustandes hat scheinbar unausweichlichen, fundamentalen Charakter. In einer Umgebung mit leitenden Oberflächen kann die Zerfallsrate aber modifiziert und sogar abgeschaltet werden. Als Beispiel betrachten wir ein Atom, das wir uns vereinfacht als eine mikroskopische Dipolantenne vorstellen, zwischen zwei metallischen, spiegelnden Wänden im Abstand d. Die atomare Strahlung wird an den Wänden reflektiert und wirkt auf das Atom zurück. Je nach Phasenlage der reflektierten Strahlung wird diese reabsorbiert und hemmt den Zerfall, oder sie verursacht durch konstruktive Interferenz einen noch schnelleren Zerfall des angeregten Atoms. Man kann die reflektierte Strahlung nach der intuitiven Methode der Bildladungen (Abb.12.5) angeben und dann die modifizierte Zerfallsrate des Originalatoms in Äquivalenz zur Strahlung der atomaren Bildkette ausrechnen [120]. Noch einfacher ist es, sich die erlaubten Wellen vorzustellen, die sich zwischen den beiden Spiegeln ausbreiten können. Die beiden metallischen Wände formen nämlich einen primitiven Wellenleiter, der zumindest für elektrische Felder, die senkrecht zur Flächennormale polarisiert (σ-polarisiert) sind, eine Abschneidefrequenz bei

$$\omega_C = \pi c/d$$

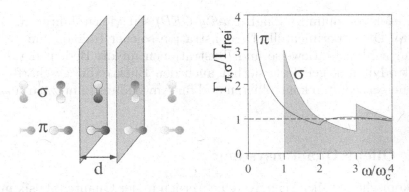

Abb. 12.5 *Unterdrückung der spontanen Emission zwischen ebenen Spiegeln. Links: Bildladungsmodell. Das Interferenzfeld der Bilddipole führt bei kleinen Abständen in der σ-Stellung zur Auslöschung, in der π-Stellung zur Verstärkung. Rechts: Modifizierte Zerfallsrate für σ- und π-polarisierte Strahlungsfelder, normiert auf die Zerfallsrate im freien Raum* Γ_{frei}.

besitzt. Wenn also der Abstand der beiden Spiegel kleiner wird als die halbe Resonanzwellenlänge, $d < \pi c/\omega_{\mathrm{At}} = \lambda_{\mathrm{At}}/2$, dann kann sich das atomare Strahlungsfeld bei dieser Wellenlänge bzw. Frequenz gar nicht mehr ausbreiten und der spontane Zerfall des angeregten Zustands wird vollständig unterdrückt! Nun sind atomare Resonanzwellenlängen sehr klein, sie haben nur μm-Dimensionen, aber genau dieser Typ von Experimenten ist ausgeführt worden, um die Abhängigkeit des spontanen Zerfalls von der Umgebung des mikroskopischen Strahlers zu demonstrieren [120].

12.3.4 Interpretation der spontanen Emission

Das Beispiel der unterdrückten spontanen Emission zeigt eindrucksvoll, daß die Strahlungseigenschaften eines mikroskopischen Teilchens durch seine Umgebung beeinflußt werden, daß insbesondere die spontane Emission kein unausweichliches Naturphänomen ist. Von D. Kleppner stammt dafür die Formulierung vom „Abschalten des Vakuums" [99]. Dahinter steckt die Vorstellung, daß die spontane Emission durch die fluktuierenden elektromagnetischen Felder des elektromagnetischen Vakuums induziert, ausgelöst wird. Dieses Bild liegt unserer Intuition wieder relativ nahe, man muß aber feststellen, daß es vom Standpunkt der theoretischen Beschreibung keinen zwingenden Grund zu dieser Interpretation gibt – alternativ könnte man auch die Fluktuationen der Elektronenbewegung im Atom als erste Ursache heranziehen, die durch Rückwirkung ebenfalls die spontane Emission auslösen.

Besonders groß ist die Manipulierbarkeit der spontanen Emission in hochreflektierenden Hohlräumen. Dieses Thema wird unter dem Namen „Hohlraum-

Quantenelektrodynamik" (engl. *Cavity-QED*) seit vielen Jahren intensiv studiert [18]. Die experimentelle Demonstration solcher Phänomene [80, 86] hat nicht nur zahlreiche Beweise und Illustrationen für die Bedeutung der Quantenelektrodynamik geliefert, sie hat auch den Blick dafür geschärft, daß sich Quanteneigenschaften kontrollieren und für Anwendungen nutzbar machen lassen.

12.3.5 Offene Quantensysteme

Mikroskopische physikalische Systeme werden in der Quantenphysik mit einem Hamilton-Operator beschrieben: „Gebe mir den Hamilton-Operator, und ich sage die Eigenschaften des Systems vorher". Die Hamiltonschen Systeme sind allerdings abgeschlossen, sie verfügen i. Allg. nur über wenige Freiheitsgrade, und Dämpfung kommt bei ihnen nicht vor. Reale Systeme sind aber immer an eine Umgebung mit einem kontinuierlichen Spektrum von Freiheitsgraden gekoppelt. Diese Umgebungen werden auch als „Bad" oder „Reservoir" bezeichnet, Beispiele sind das elektromagnetische Vakuum, die Schwarzkörperstrahlung oder auch die Gitterschwingungen eines festen Körpers, die alle durch eine Temperatur charakterisiert werden. Die Anregungsenergie eines abgeschlossenen (Teil-)Systems kann in diesem Bad ohne Wiederkehr verschwinden, wie Poincaré Ende des 19. Jahrhunderts schon an klassischen Systemen bemerkte, im Gegensatz zu einem Hamiltonschen, abgeschlossenen System.

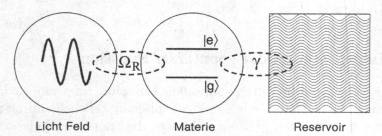

Licht Feld   Materie   Reservoir

Abb. 12.6 *Die Wechselwirkung eines Zwei-Niveau-Systems (der „Materie") mit einem intensiven, kohärenten Lichtfeld wird durch die Rabi-Frequenz Ω_R beschrieben. Gleichzeitig ist die Materie immer an ein Bad angekoppelt, das die Dämpfung verursacht. Je nachdem welche der beiden Raten größer ist, liegt der Fall schwacher oder starker Kopplung vor (Abschn. 12.4).*

Das wichtigste Bad in der Optik ist das elektromagnetische Vakuum, das in der Quantenelektrodynamik (QED) behandelt wird. Es unterliegt Fluktuationen und kann in angekoppelten Systemen Fluktuationen verursachen, die sich zum Beispiel in seinen spektralen Eigenschaften äußern. Die spontane Emission ist ein sehr einfaches Beispiel für die Kopplung eines einfachen Hamiltonschen

Systems an dieses System mit sehr vielen Zuständen: Es besteht aus einem einzelnen Atom und dem elektromagnetische Vakuum. Die Rate der spontanen Dämpfung, wie sie in der Theorie von Weisskopf und Wigner berechnet und im Experiment gemessen wird, ist ein Maß für die Kopplungsstärke des Atoms an das elektromagnetische Vakuum. Für eine detailliertere Beschreibung verweisen wir auf [59, 170].

12.4 Schwache Kopplung und starke Kopplung

Schon die gedämpften optischen Blochgleichungen Glgn.(6.32) werden im wesentlichen von zwei Zeitkonstanten bzw. Raten regiert: Die Rabi-Frequenz $\Omega_R = d \cdot E / \hbar$ beschreibt die (kohärente) Kopplung zwischen Lichtfeld und Materie; die Zerfallsraten $\{\gamma, \gamma'\}$ berücksichtigen die Strahlungsdämpfung phänomenologisch . (Sie erfahren durch die QED lediglich eine strengere, mikroskopische Begründung.) Es lohnt sich, zwei Grenzfälle zum Typ der Licht-Materie-Wechselwirkung nach dem Verhältnis von Rabi-Frequenz und Dämpfungsraten zu unterscheiden. Insbesondere im Grenzfall der so genannten „starken Kopplung" treten Phänomene auf, die mit klassischen Lichtfeldern gar nicht möglich sind.

- **Schwache Kopplung:** $\Omega_R \ll \gamma, \gamma'$ Bei der optischen Anregung z.B. von Atomen oder Molekülen mit thermischen Lichtquellen oder schwachen Laserstrahlen liegt i. Allg. die schwache Kopplung vor. In diesem Fall werden nur wenige Teilchen angeregt, die Gleichgewichtswerte der Besetzungwahrscheinlichkeiten werden nur sehr wenig geändert: Die w-Komponente des Blochvektors (s. Abschn. 6.2.3) behält bei optischen Anregungen in guter Näherung ihren Anfangswert $w = -1$. Ratengleichungen sind häufig ausreichend, um die Dynamik des Systems zu beschreiben. Die aus dem anregenden Lichtfeld aufgenommene Energie wird irreversibel an das Bad abgegeben.

- **Starke Kopplung:** $\Omega_R \gg \gamma, \gamma'$ Übersteigt die Intensität des treibenden Laserfeldes die Sättigungsintensität, $I/I_0 > 1$ (Glgn.(6.36), (6.38)), dann ist die Kopplung zwischen treibendem Lichtfeld und Materie sehr viel stärker als die Dämpfung durch die Kopplung an das Bad, meistens das elektromagnetische Vakuum. Auf Zeitskalen, die kurz sind gegen die Dämpfungszeiten $1/\gamma$, treten dann transiente Phänomene auf, z.B. Oszillationen der Besetzungszahl (s. Abb. 6.6), bei denen Energie periodisch zwischen dem starken treibenden Lichtfeld und dem absorbierenden Medium ausgetauscht wird. Die spektralen Linienformen werden durch „Sättigung" verbreitert, wie in Abschn 11.2.1 beschrieben, oder sie zeigen den AC-Stark-Effekt, s. den folgenden Abschnitt. Bei starker Kopplung findet auf Zeitskalen $t < \gamma^{-1}$ kohärente, d.h. phasenstarre Entwicklung des Treiberfeld-Materie-Systems statt.

12.4.1   AC-Stark-Effekt und *Dressed-Atom*-Modell

Das Spektrum einer Resonanzlinie, die von einem sehr intensiven Laser angeregt wird, d.h. mehrfacher Sättigungsintensität $I/I_0 \gg 1$ (Gl.(6.38)) ausgesetzt ist, führt zur Sättigungsverbreiterung, wie wir in Abschn. 11.2.1 vorgestellt haben. Mit einem zweiten Laser kann man das Experiment modifizieren, indem der intensive Laser genau auf die Resonanz einer Linie $e - g$ abgestimmt wird (Abb. 12.7) und man das Spektrum einer Hilfslinie $h - e$ mit einem schwachen Testlaser untersucht. Man findet dann statt eines einzelnen Niveaus die sogenannte Autler-Townes- oder AC-Stark-Aufspaltung der atomaren $|e\rangle$-Zustände.

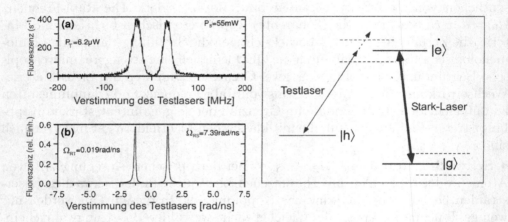

Abb. 12.7 *AC-Stark- oder Autler-Townes-Aufspaltung eines Zwei-Niveau-Systems im Neon-Atom. Die Intensität des Stark-Lasers, der genau auf die Resonanz abgestimmt ist, $\omega_{ge} = \omega_{Stark}$ beträgt etwa das 10-fache der Sättigungsintensität. Das Spektrum links wurde mit Hilfe eines schwachen Testlasers mit $\omega_{he} \simeq \omega_{Test}$ registriert. (a) Experimentelles Spektrum; (b) Berechnetes Spektrum. Nach [17]*

Die Aufspaltung der Niveaus läßt sich mit dem so genannten *Dressed-Atom*-Modell[3] gut verstehen. Wir haben Produktzustände aus atomaren und Feld-Zuständen schon in Abschn. 12.3.2 benutzt, um die Notation der Wigner-Weisskopf-Theorie zu vereinfachen. Hier erweitern wir dieses Verfahren: Wir betrachten Produkte aus den Zuständen des Atoms ($\{|g\rangle, |e\rangle\}$, Übergangsfrequenz ω_0) und eines starken Lichtfeldes bei der nahresonanten Frequenz ω_L, das durch eine große Photonenzahl n gekennzeichnet ist, $|n\rangle$:

Dressed States, ungestört: $\{|g, n+1\rangle, |e, n\rangle\}$.

---

[3]Deutsch soviel wie „bekleidetes" Atom. Gemeint ist, daß das Atom mit den Zuständen des angekoppelten elektromagnetischen Feldes eine physikalische Einheit bildet.

Das Lichtfeld soll genau einem Mode des Lichtfeldes entsprechen, z.B. einem Gaußschen Laserstrahl. Genau genommen müssten wir hier bereits die sogenannten kohärenten Zustände aus Abschn. 12.6.2 benutzen, die aus einer Überlagerung verschiedener n-Zustände bestehen. Das Resultat der Überlegung wird aber für intensive Lichtfelder, d.h. große Photonenzahlen n nicht geändert.

In Abb. 12.8 sind die Energiewerte der ungestörten Zustände als Funktion der atomaren Energie gestrichelt aufgetragen. Ihr Wert zum ungestörten Hamiltonoperator $\hat{H} = \hbar\omega_L \hat{a}^\dagger \hat{a} + \hbar\omega_0 \hat{\sigma}^\dagger \hat{\sigma}$ beträgt $E_{g,n+1} = (n+1)\hbar\omega_L - \hbar\omega_0/2$ bzw. $E_{e,n} = n\hbar\omega_L + \hbar\omega_0/2$, wobei die Energie für den Grund- bzw. angeregten Atomzustand mit $\pm\hbar\omega_0/2$ variiert. Mit der Verstimmung $\delta = \omega_L - \omega_0$ lauten die Energiewerte $E_{g,n+1} = (n+1/2)\hbar\omega_L - \hbar\delta/2$ bzw. $E_{e,n} = (n+1/2)\hbar\omega_L + \hbar\delta/2$, insbesondere im Resonanzfall $\omega_L = \omega_0$ sind die Zustände $\{|g, n+1\rangle, |e, n\rangle\}$ etc. perfekt entartet.

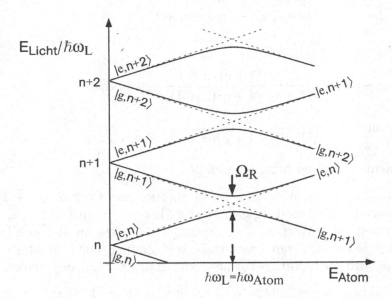

Abb. 12.8 *Energiediagramm des* Dressed-Atom-*Modells als Funktion der Anregungsenergie des Atoms* $\hbar\omega_0$ *und für verschiedene Photonenzahlen n. Gestrichelt: Ungestörte Zustände. Durchgezogen: Zustände unter Berücksichtigung der Dipolwechselwirkung. Nach [36].*

Die Entartung wird durch die Dipolwechselwirkung aufgehoben. Der gesamte Hamiltonoperator unter Berücksichtigung des Jaynes-Cummings-Wechselwirkungsterms (12.9) lautet

$$\hat{H} = \hbar\omega_L \hat{a}^\dagger \hat{a} + \hbar\omega_{\text{Atom}} \hat{\sigma}^\dagger \hat{\sigma} + \hbar g(\hat{a}^\dagger \hat{\sigma} + \hat{\sigma}^\dagger \hat{a}) \quad .$$

Die Energien der neuen Eigenzustände können durch die übliche Diagonalisierung im Zustandsraum $\{|g, n + 1\rangle, |e, n\rangle\}$ berechnet werden: Wir berechnen

$$\begin{pmatrix} H_{ee} & H_{eg} \\ H_{ge} & H_{gg} \end{pmatrix} = \begin{pmatrix} -\hbar\delta/2 & \hbar g\sqrt{n+1} \\ \hbar g^*\sqrt{n+1} & \hbar\delta/2 \end{pmatrix} \quad,$$

wobei wir den konstanten Term $\hbar\omega_L(n + 1/2)$ weggelassen haben. Die Eigenwerte Λ der Matrix ermittelt man mit Standardmethoden und findet, daß sie gerade mit der halben verallgemeinerten Rabifrequenz Ω übereinstimmen,

$$\Lambda_\pm = \pm((\hbar\delta/2)^2 + (\hbar g\sqrt{n+1})^2)^{1/2} = \pm\hbar\Omega/2 \quad . \tag{12.12}$$

Die neuen Eigenzustände $|\pm, n\rangle$, deren Eigenwerte in Abb. 12.8 mit den durchgezogenen Linien dargestellt sind, haben die allgemeine Form

$$\begin{aligned} |+, n\rangle &= \cos\theta|e, n\rangle + \sin\theta|g, n+1\rangle \\ |-, n\rangle &= \sin\theta|e, n\rangle - \cos\theta|g, n+1\rangle \quad . \end{aligned}$$

mit

$$\cos\theta = \frac{(\Omega + \delta)/2}{((\Omega + \delta)^2/4 + g^2(n+1))^{1/2}} \quad \text{und}$$

$$\sin\theta = \frac{g\sqrt{n+1}}{((\Omega + \delta)^2/4 + g^2(n+1))^{1/2}} \quad .$$

Wir betrachten zwei wichtige Grenzfälle:

AC-Stark-Aufspaltung, $\delta = \omega_L - \omega_0 = 0$. Hier gilt $\Omega = 2g\sqrt{n+1}$ und die Mischungswinkel sind exakt gleich, $\theta = \pi/4$, $\cos\theta = \sin\theta = 1/\sqrt{2}$. Die Aufspaltung nimmt den Wert $\Lambda_+ - \Lambda_- = 2g\sqrt{n+1} = \Omega_R$ an, der sich bei großen n-Werten, wie sie in einem Laserstrahl vorkommen, nur sehr langsam mit n ändert. Sie wird auch Autler-Townes- oder Rabi-Aufspaltung genannt.

AC-Stark-Verschiebung, $|\delta| \gg g$. Jetzt gilt $\cos\theta \simeq 1$, $\sin(\theta) \simeq 0$, d.h. die Zustände werden nur geringfügig verändert. Durch Taylor-Entwicklung von Gl.(12.12) erhält man

$$\Lambda_+ - \Lambda_- = \hbar\delta\left(1 + \frac{g^2(n+1)}{\delta^2/4}\right)^{1/2} \simeq \hbar\delta + \frac{\hbar g^2(n+1)}{\delta/2} \quad .$$

Bei großen Verstimmungen wird der Abstand der atomaren Energieniveaus geringfügig proportional zur Intensität, $n + 1 \propto I$, modifiziert. Die alternative Berechnung der AC-Stark-Verschiebung mit der Störungstheorie 2. Ordnung gehört zu den Standard-Problemen der Quantenmechanik.

12.5 Resonanzfluoreszenz

Als Resonanzfluoreszenz wird der Prozeß bezeichnet, bei dem ein einzelnes Atom Strahlungsenergie aus einem resonanten oder nah-resonanten Lichtfeld absorbiert und durch stimulierte und spontane Emission immer wieder abgibt. Die durch stimulierte Emission abgegebene Strahlungsenergie wird dem treibenden Laserstrahl wieder zugeführt, die spontane Emission in den übrigen Raum abgegeben. Die Resonanzfluoreszenz hat in der Geschichte der Quantenoptik eine besonders wichtige Rolle gespielt, weil sie zur spontanen Emission lediglich den Anregungsprozeß, den Antrieb durch ein externes Lichtfeld hinzufügt. Quantenfluktuationen bestimmen wie bei der spontanen Emission die Dynamik, die sich in den spektralen Eigenschaften des Systems aus Lichtfeld und Materie äußert und in komplementärer Weise in der zeitlichen Entwicklung des Strahlungsfeldes der Atome, beim sogenannten „Antibunching" auch den Anregungszustand der atomaren Strahlungsquelle reflektiert (s. Abschn. 12.6.4).

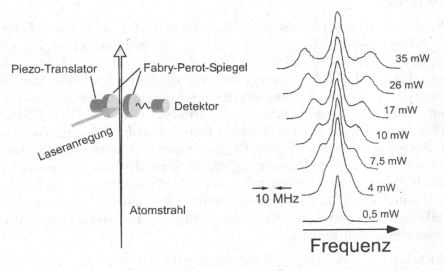

Abb. 12.9 *Experimentelle Analyse der Resonanzfluoreszenz eines Natrium-Atomstrahls, der mit $\lambda = 589nm$-Licht angeregt wurde. Links: Konzept der experimentellen Anordnung. Mit einer Spannung wird der Piezotranslator aktiviert, der den Fabry-Perot-Spektumanalysator abstimmt. Rechts: Spektren als Funktion der Laserintensität. Nach [70] und mit freundlicher Erlaubnis von H. Walther.*

12.5.1 Das Spektrum der Resonanz-Fluoreszenz

Die Resonanzfluoreszenz wurde zunächst an verdünntenen Atomstrahlen [70], später an gepeicherten Ionen und Atomen studiert. Das experimentell beobachtete Spektrum der Resonanzfluoreszenz ist in Abb. 12.9 gezeigt. Mit zunehmender Intensität spaltet sich die zunächst einfache Linie in das sogenannte „Mollow-Triplett" auf, das nach dem Autor der ersten Berechung dieses Spektrums benannt ist [125]. Erst nachdem durchstimmbare Laser in den 70er Jahren des 20. Jahrhunderts verfügbar wurden, konnte dieses konzeptionell eher einfache Experiment durchgeführt werden.

12.5.2 Spektren und Korrelationsfunktionen

Spektren gehören zu den wichtigsten experimentellen Größen dynamischer physikalischer Systeme. Wie wir schon im Kapitel über die spontane Emission gesehen haben, spielt bei optischen Spektren die Kopplung an das elektromagnetische Vakuum eine große Rolle. Zur theoretischen Vorhersage von Spektren gewinnen wir zunächst die Korrelationsfunktionen, aus denen die komplementären spektralen Eigenschaften durch Fouriertransformation gewonnen werden können.

Das Spektrum einer dynamischen Meßgröße, z.B. der elektrischen Feldstärke $E(t)$ wird gemessen, indem die Intensität in einem Frequenzband ω mit der Bandbreite $\Delta\omega$ bestimmt wird, $I(\omega) \propto \{|E(t)|^2\}_\omega = \{E(t) \cdot E^*(t)\}_\omega$. Dieses Konzept kann auf beliebige Meßgrößen verallgemeinert werden. Bei der Berechnung der spektralen Eigenschaften eines Systems machen wir uns die Fouriertransformation zunutze, dabei spielen Produkte wie z.B. $E(t) \cdot E^*(t')$ sowie die schon aus Abschn. 5.2.1 bekannten Korrelationsfunktionen, eine wichtige Rolle. Sie werden theoretisch aus den Bewegungsgleichungen des Systems bestimmt und erlauben die Berechnung der spektralen Eigenschaften von Lichtfeldern. In Abschn. 12.6.1 werden wir sehen, daß die komplementäre, zeitliche Dynamik auch direkt mit Korrelationsfunktionen charakterisiert werden kann und dabei wichtige physikalische Aussagen über die Kohärenzeigenschaften der Lichtfelder getroffen werden.

Das Lichtfeld, das ein angeregtes Atom abstrahlt, ist proportional zum Dipolmoment bzw. in der Quantenphysik zum Dipoloperator des Atoms, $\hat{E}^+ \propto er_{eg}\hat{\sigma}^\dagger$, $\hat{E}^- \propto er_{eg}\hat{\sigma}$ etc. , wobei wir die Dipoloperatoren aus Gl.(6.24) verwenden. Auf einem Detektor wird die Intensität

$$I_{\mathrm{fl}}(t) = \frac{c\epsilon_0}{2}\langle \hat{E}^+(t)\hat{E}^-(t)\rangle = \beta I_0 \langle \sigma^\dagger(t)\sigma(t)\rangle = \beta\frac{I_0}{2}\left(\langle\sigma_z\rangle + 1\right) \quad (12.13)$$

registriert. Die totale Fluoreszenz wird hier auf den maximalen Wert, die Sättigungsintensität $I_0 = \pi hc\gamma/\lambda^3$ (Gl.(6.38)) normiert, von welcher ein durch die Geometrie bestimmter Teil β den Detektor erreicht. Formal zeigt sich wieder die Struktur des Pseudo-Spin-Systems aus Gl.(6.26), die Fluoreszenzintensität ist wegen $\sigma_z + 1 = |e\rangle\langle e|$ proportional zur Besetzung des oberen Zustandes. Da das Feld am Detektor erst mit einer Verzögerung vom atomaren Sender eintrifft, müssen wir genau genommen die retardierte Funktion $\hat{E}^+(t) \propto \hat{\sigma}^\dagger(\tilde{t} = t - |\mathbf{r}|/c)$ berechnen. In stationären Prozessen ist die Retardierung aber nicht von Bedeutung.

Eine klassische Messgröße $E(t)$ hängt nach

$$E(t) = \int_0^\infty \Re e(\mathcal{E}(\omega)e^{i\omega t})d\omega$$
$$= \frac{1}{2}\int_0^\infty \left\{\mathcal{E}(\omega)e^{i\omega t} + \mathcal{E}^*(\omega)e^{-i\omega t}\right\}d\omega$$

mit ihren Fourier-Komponenten $\mathcal{E}(\omega)$ zusammen. $E(t)$ ist eine reelle Größe, daher gilt $\mathcal{E}(\omega) = \mathcal{E}^*(-\omega)$ und

$$\mathcal{E}(\omega) = \frac{1}{\pi}\int_\infty^{-\infty} E(t)e^{-i\omega t}dt \quad .$$

Bei einer Messung wird die spektrale Leistungsdichte $\mathcal{S}_E(\omega)$ dieser Messgröße in der Bandbreite $\Delta\omega$ bestimmt,

$$\mathcal{S}_E(\omega) = \frac{c\epsilon_0}{2}|\mathcal{E}(\omega)|^2\Delta\omega =$$
$$= \lim_{T\to\infty}\frac{1}{(2\pi)^2 T}\int_{-T/2}^{T/2} E^*(t')e^{-i\omega t'}dt' \int_{-T/2}^{T/2} E(t)e^{i\omega t}dt \quad .$$

Wenn das Spektrum nicht explizit von der Zeit abhängt, können wir $t' - t \to \tau$ ersetzen und erhalten

$$\mathcal{S}_E(\omega) = \lim_{T\to\infty}\frac{c\epsilon_0}{(2\pi)^2 T}\int_{-T/2}^{T/2}\int_{-T/2}^{T/2} E^*(t')E(t' + \tau)e^{i\omega\tau}dt'd\tau \quad .$$

Im stationären Fall (der aber durchaus von Fluktuationen gekennzeichnet sein wird!) lassen wir die Integrationszeit T groß werden und führen die zeitgemittelte ($\{...\}_t$) Korrelationsfunktion ein,

$$G_{EE}(\tau) = \{E^*(t)E(t+\tau)\}_t = \frac{c\epsilon_0}{T}\int_{-T/2}^{T/2} E^*(t')E(t' + \tau)dt' \quad . \quad (12.14)$$

Dann wird das Spektrum $\mathcal{S}_E(\omega)$ als Fourier-Transformierte der (Auto-)Korrelationsfunktion $G_{EE}(\tau)$, die nicht mehr explizit von der Zeit abhängt, berechnet:

$$\mathcal{S}_E(\omega) = \frac{c\epsilon_0}{(2\pi)^2}\int_0^\infty G_{EE}(\tau)e^{i\omega\tau}d\tau \quad . \quad (12.15)$$

Dieser Zusammenhang ist auch als Wiener-Khintchine-Theorem bekannt (s. auch Anh. A.1). Für $\tau = 0$ ist die Korrelationsfunktion proportional zur Intensität, $G_{EE}(\tau) = \{E^*(t)E(t)\}_t = 2I/c\epsilon_0$. Wir führen die normierte *Kohärenz-funktion 1. Ordnung* ein,

$$g^{(1)}(\tau) = \frac{\{E^*(t)E(t+\tau)\}_t}{\{E^*(t)E(t)\}_t} = \frac{c\epsilon_0}{2}\frac{G_{EE}(\tau)}{I} \quad , \tag{12.16}$$

die analog zur Visibilität eines klassischen Interferometers (Gl.(5.5)) definiert wird. Das Spektrum eines klassischen Systems kann daher berechnet werden, sobald die Zeitabhängigkeit $E(t)$ bekannt ist.

Beispiel: Spektrum eines getriebenen klassischen Oszillators

Unter Einwirkung eines elektromagnetischen Feldes $Ee^{-i\omega_L t}$ gehorcht der klassische Oszillator der Bewegungsgleichung Gl.(6.1), die hier wieder auf eine Koordinate reduziert ist:

$$m\ddot{x} + \gamma\dot{x} + \omega_{\mathrm{Osz}}^2 x = -eEe^{-i\omega_L t}.$$

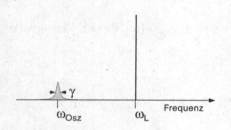

Das abgestrahlte Feld ist proportional zum Dipolmoment, $E_{\mathrm{dip}}(t) \propto d(t)$. Die Gleichgewichtslösungen für $d(t)$, die in Abschn. 6.1.1 behandelt worden sind, ergänzen wir nun um die Einschwinglösung.

Wenn der Oszillator zu Beginn in Ruhe ist, gilt $x(t = 0) = 0$, $d(t) = d_0(e^{-i\omega_L t} - e^{-i\omega_{\mathrm{Osz}}t}e^{-\gamma t/2})$. Aus den zeitabhängigen Lösungen kann man die Korrelationsfunktion nach Gl.(12.14) direkt berechnen und findet Beiträge bei $\omega_L, \omega_{\mathrm{Osz}}$ und $|\omega_L - \omega_{\mathrm{Osz}}|$,

Abb. 12.10 *Spektrum eines getriebenen klassischen Oszillators, Treiberfrequenz ω_L, Oszillatorfrequenz ω_{Osz}.*

wobei der letztere i. Allg. bei sehr kleinen Frequenzen, z.B. im Radiofrequenzbereich, liegt und hier vernachlässigt wird:

$$G_{EE}(\tau) = \frac{c\epsilon_0}{2}|E_0|^2\{e^{-i\omega_L\tau} - e^{-i\omega_{\mathrm{Osz}}\tau}e^{-\gamma\tau/2}/(\gamma T)\}$$

Die Fouriertransformation nach Gl.(12.15) liefert dann die Deltafunktion aus Abb. 12.10 bei ω_L und die Lorentzresonanz bei ω_{Osz}, deren Beitrag aber nur im Einschwingvorgang auftritt und deshalb explizit mit der Mittelungszeit sinkt. Der Einschwingenvorgang trägt mit einem relativen Anteil von $1/\gamma T$ bei, der bei großer Mittelungszeit sehr klein wird oder auch einfach ausgeblendet werden könnte – er ist technischer und nicht grundsätzlich physikalischer Natur.

12.5.3 Spektren und Quantenfluktuationen

Während es in der klassischen Physik ausreicht, die zeitabhängigen Lösungen $E(t)$ zu kennen, um auch die Korrelationsfunkionen auszurechnen, müssen wir in der Quantenmechanik die Erwartungswerte von Operatorprodukten bestimmen, $\{E(t)E^*(t')\}_t \rightarrow \{\langle \hat{E}^{(-)}(t)\hat{E}^{(+)}(t')\rangle\}_t$. Anders als bei klassischen Größen vertauschen die Operatoren zu verschiedenen Zeiten aber nicht notwendigerweise,

$$G_{\hat{E}\hat{E}} = \langle \hat{E}^{(-)}(t)\hat{E}^{(+)}(t+\tau)\rangle \neq \langle \hat{E}^{(-)}(t)\rangle\langle \hat{E}^{(+)}(t+\tau)\rangle \quad \text{i. Allg.}$$

Um den Anteil der Quantenfluktutationen an einem dynamischen Prozeß zu identifizieren und von den klassisch auch schon zu erwartenden Phänomenen zu separieren, definieren wir andererseits ein Äquivalent zur klassischen Korrelationsfunktion mit

$$G_{EE}^{cl}(\tau) = \langle \hat{E}^{(-)}(\tau)\rangle\langle \hat{E}^{(+)}(0)\rangle \quad . \tag{12.17}$$

Der Anteil, der durch Quantenkorrelationen verursacht wird, beträgt dann

$$G_{\hat{E}\hat{E}}(\tau) - G_{EE}^{cl} = \langle \hat{E}^{(-)}(\tau)\hat{E}^{(+)}(0)\rangle - \langle \hat{E}^{(-)}(\tau)\rangle\langle \hat{E}^{(+)}(0)\rangle \quad .$$

Diese Abtrennung ist bei Interpretationen manchmal hilfreich. Zur Berechnung von $\langle \hat{E}^{(-)}(\tau)\hat{E}^{(+)}(0)\rangle$ wird das *Onsager-Lax-* oder *Quanten-Regressions-Theorem* [170] angewendet. Bei sogenannten Markov-Prozessen[4] gehorchen nämlich die Operatorprodukte denselben Bewegungsgleichungen wie die Operatoren selber. Zu einem Satz von Operatoren $\hat{O}_i(t)$ mit linearen Bewegungsgleichungen,

$$\frac{\partial}{\partial t}\langle \hat{O}_i(t)\rangle = \sum_j G_{ij}(t)\langle \hat{O}_j(t)\rangle \quad , \tag{12.18}$$

wird also das entsprechende Gleichungssystem für die Erwartungswerte der Korrelationsfunktionen verwendet:

$$\frac{\partial}{\partial \tau}\langle \hat{O}_i(\tau)\hat{O}_k(0)\rangle = \sum_j G_{ij}(\tau)\langle \hat{O}_j(\tau)\hat{O}_k(0)\rangle \quad . \tag{12.19}$$

Falls die Lösungen der Bewegungsgleichungen (12.18) bekannt sind, sind auch die Lösungen zu (12.19) und damit die spektralen Eigenschaften nach dem Wiener-Khintchine-Theorem Gl.(12.15) bekannt. Insbesondere die Spektren der Licht-Materiewechselwirkung werden mit Hilfe der optischen Blochgleichungen aus Abschn. 6.2.3 berechnet, die ein System entsprechend Gl.(12.18) bilden. Dabei ist es bemerkenswert, daß die stationären Lösungen zur Beschreibung des Systems nicht mehr ausreichen. Die Einschwingvorgänge, so genannte „Transienten", spielen eine wichtige Rolle, weil Fluktuationen das System immer wieder aus dem Gleichgewicht auslenken.

---

[4]Markov-Prozesse haben kein „Gedächtnis", sie sind „delta-korreliert".

12.5.4 Kohärente und inkohärente Anteile der Fluoreszenz

Wir wollen versuchen, klassische und nichtklassische Anteile der Fluoreszenz zu unterscheiden. Dazu betrachten wir zunächst den „klassischen" Anteil des Spektrums der Resonanzfluoreszenz, indem wir in Gl.(12.13) die Erwartungswerte der Amplituden verwenden:

$$I_{\mathrm{coh}} = \beta I_0 \langle \sigma^\dagger(t) \rangle \langle \sigma(t) \rangle.$$

Die Lösungen für die Amplituden erhalten wir ohne Umstände aus $\langle \sigma(t) \rangle = \langle \sigma^\dagger(t) \rangle^* = 1/2(u_{\mathrm{st}} + iv_{\mathrm{st}})\, e^{-i\omega_L t}$ mit den stationären Lösungen $\{u_{\mathrm{st}}, v_{\mathrm{st}}\}$ der optischen Bloch-Gleichungen für das Zwei-Niveau-Atom, Glgn.(6.40), (6.41). Im Spezialfall perfekter Resonanz ($\delta = \omega - \omega_0 = 0$) und für das freie Atome ($\gamma' = \gamma/2$) ergibt sich

$$\langle \sigma(t) \rangle = \langle \sigma^\dagger(t) \rangle^* = -i\frac{v_{\mathrm{st}}}{2}e^{-i\omega_L t} = \frac{-i}{\sqrt{2}}\frac{\sqrt{I/I_0}}{1 + I/I_0}e^{-i\omega_L t}$$

bzw.

$$I_{\mathrm{coh}} = \beta\frac{I_0}{2}\frac{I/I_0}{(1 + I/I_0)^2} \quad . \tag{12.20}$$

Auch die entsprechende Korrelationsfunktion $(c\epsilon_0/2)G_{EE}^{\mathrm{cl}}(\tau) = I_0\langle \sigma^\dagger(\tau) \rangle \langle \sigma(0) \rangle$ läßt sich aus diesen Lösungen bestimmen. Das Spektrum wird durch Fouriertransformation nach Gl.(12.15) berechnet mit dem Ergebnis

$$S_E^{\mathrm{coh}}(\omega) = \frac{I_0}{2}\frac{I/I_0}{(1 + I/I_0)^2}\, \delta(\omega - \omega_L) \quad \overset{I/I_0 \gg 1}{\longrightarrow} \quad 0 \quad . \tag{12.21}$$

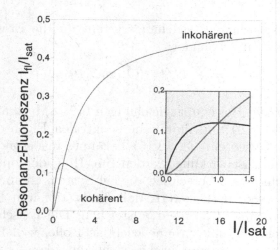

Abb. 12.11 *Kohärente und inkohärente Anteile bei der Resonanz-Fluoreszenz eines Zwei-Niveau-Atoms.*

Einerseits ist das Spektrum wie im Beispiel des fiktiven klassischen Oszillators auf S. 464 deltaförmig, andererseits verschwindet dieser Anteil, der der schon aus der klassischen Physik bekannten Rayleigh-Streuung entspricht, bei großen Leistungen des treibenden Feldes! Die gesamte Fluoreszenzintensität wird nach Gl.(12.13) und mit $\langle \sigma_z \rangle = w_{st} = -(1 + I/I_0)^{-1}$ berechnet,

$$I_{fl}(t) = \beta \frac{I_0}{2} \left(\langle \sigma_z \rangle + 1 \right) = \beta \frac{I_0}{2} \frac{I/I_0}{1 + I/I_0} \quad .$$

Damit können wir den durch die Quantenfluktuationen verursachten Anteil I_{inc} abtrennen, der als „inkohärent" bezeichnet wird:

$$\begin{aligned} I_{fl} &= \beta I_0 \left[\langle \sigma^\dagger \rangle \langle \sigma \rangle + (\langle \sigma^\dagger \sigma \rangle - \langle \sigma^\dagger \rangle \langle \sigma \rangle) \right] \\ &= I_{coh} + I_{inc} = \beta \frac{I_0}{2} \left[\frac{I/I_0}{(1 + I/I_0)^2} + \frac{(I/I_0)^2}{(1 + I/I_0)^2} \right] \quad . \end{aligned}$$

Wie in Abb. 12.11 als Funktion der normierten Intensität des treibenden Feldes I/I_0 veranschaulicht, bleibt bei großen Intensitäten allein der inkohärente Anteil der Fluoreszenzintensität übrig,

$$I_{inc} = \frac{I_0}{2} \frac{(I/I_0)^2}{(1 + I/I_0)^2} \xrightarrow{I/I_0 \gg 1} \frac{1}{2} I_0 \quad .$$

Die Verteilung der kohärenten und inkohärenten Komponenten gibt den Unterschied zwischen *Polarisierung* und *Anregung* wieder: Bei kleinen Lichtintensitäten koppelt ein Atom das treibende Lichtfeld in kohärenter Weise ans Vakuum – ein wenig wie ein mikroskopischer Strahlteiler. Starke Lichtfelder dagegen verursachen Besetzung im angeregten Zustand, die ein zum Treiberfeld unkorreliertes (inkohärentes) Lichtfeld ins Vakuum abstrahlt.

Das Mollow-Triplett

Um das Spektrum der Resonanzfluoreszenz zu verstehen, müssen wir die Übergänge im Dressed-Atom-Modell kennen, die durch spontane Emission zustande kommen. (Alle stimulierten Übergänge sind in dem Modell bereits enthalten!) Durch spontane Übergänge werden Photonen aus dem Laserstrahl herausgestreut, $|i, n\rangle \rightarrow |f, n - 1\rangle$. Im Resonanzfall enthält jeder Zustand $|\pm\rangle$ gleiche Anteile der atomaren Zustände $\{|g\rangle, |e\rangle\}$, und deshalb sind alle Übergänge $|\pm, n\rangle \rightarrow |\pm, n - 1\rangle$ mit gleicher Stärke erlaubt.

Man kann das reduzierte Energieschema aus Abb. 12.12 verwenden, um die Linien des Spektrums zu ermitteln. Die Aufspaltung benachbarter Dubletts ist bei intensiven Laserstrahlen in sehr guter Näherung gleich. Deshalb treten zwei Linien bei identischer Frequenz $\omega_L = \omega_0$ auf und zwei Seitenbänder bei $\omega_L = \omega_0 + \Omega_R$ bzw. $\omega_L = \omega_0 + \Omega_R$. Das Triplett wird als „Mollow-Triplett"

[125] bezeichnet und entspricht für genügend hohe Intensitäten ($I/I_0 \gg 1$) sehr gut den Beobachtungen aus Abb. 12.9.

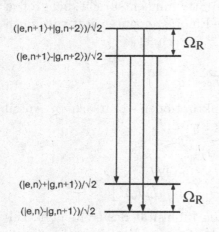

Abb. 12.12 *Reduziertes Energiesche-ma im Dressed-Atom-Modell mit er-laubten Übergängen.*

Die Position der Spektrallinien gibt aller-dings noch keine Auskunft über die Lini-enform. Die theoretische Berechnung stützt sich auf das Onsager-Lax-Theorem (s. Ab-schn. 12.5.2), dessen detaillierte Behandlung den Rahmen dieses Buches aber übersteigt. Wir beschränken uns darauf, das Ergebnis dieser Rechnung z.B. nach Walls [170] vor-zustellen und zu interpretieren.

Die Berechung des Spektrums der Reso-nanzfluoreszenz erfordert zunächst die Be-stimmung der Korrelationsfunktion nach Gl.(12.14), $G_{\sigma\sigma}(\tau) = I_0\langle\sigma^\dagger(\tau)\sigma(0)\rangle$, und die anschließende Berechnung des Spektrums durch Fouriertransformation nach (12.15),

$$I_{\text{fl}}(\omega) = I_0 \int_0^\infty \langle\sigma^\dagger(\tau)\sigma(0)\rangle e^{i\omega\tau} d\tau \quad . \tag{12.22}$$

Der Term $\langle\sigma^\dagger(\tau)\sigma(0)\rangle$ ist zeitabhängig und ähnelt in den gewöhnlichen op-tischen Blochgleichungen den dort auftretenden Einschwingvorgängen. Zum Beispiel lautet die vollständige Lösung für die Besetzungszahl mit Anfangs-wert $\langle\sigma_z(t=0)\rangle = 0$

$$\langle\sigma_z(t)\rangle = \frac{1}{1+I/I_0}\left[1 - e^{-3\gamma t/4}\left(\cosh(\kappa t) + \frac{3\gamma}{4\kappa}\sinh(\kappa t)\right)\right]$$

$$\text{mit} \quad \kappa = [(\gamma/4)^2 - \Omega_R^2]^{1/2} \quad .$$

Für $\Omega_R \gg \gamma/4$ gilt $\kappa \simeq \pm i\Omega_R$, d.h. der Einschwingvorgang entspricht selbst einer gedämpften Schwingung. Die Anfangsbedingung für den gesuchten Term der Korrelationsfunktion lautet übrigens $\langle\sigma^\dagger(0)\sigma(0)\rangle = (\langle\sigma_z\rangle + 1)/2$.

Wir geben das Ergebnis für den Resonanzfall in der Näherung starker Felder an, $I/I_0 \gg 1$:

$$S_E(\omega) = \frac{I_0}{2\pi}\frac{I/I_0}{1+I/I_0}\left(\frac{\delta(\omega-\omega_0)}{1+I/I_0} + \frac{\gamma/4}{(\gamma/2)^2 + (\omega-\omega_0)^2} + \right.$$
$$\left. + \frac{3\gamma/16}{(3\gamma/4)^2 + (\omega-(\omega_0+\Omega_R))^2} + \frac{3\gamma/16}{(3\gamma/4)^2 + (\omega-(\omega_0-\Omega_R))^2} \right)$$

Die Seitenbänder des Spektrums der Resonanzfluoreszenz treten also genau bei den Frequenzen auf, denen auch die Einschwingvorgänge unterliegen. Man mag sich vorstellen, daß die Quantenfluktuationen Störungen des Systems verursachen, die zu immer neuen Relaxationen zurück zum Gleichgewicht führen.

12.6 Lichtfelder in der Quantenoptik

Lichtfelder haben wir bisher in erster Linie anhand ihrer spektralen Eigenschaften unterschieden: Das Feld thermischer (auch chaotischer) Lichtquellen besitzt ein breites Spektrum und zeigt große Amplitudenfluktuationen, während das Lichtfeld des Lasers sich durch hohe spektrale Reinheit und sehr geringe Amplitudenfluktutationen auszeichnet, wie in Abschn. 8.4.3 beschrieben. Nicht zufällig haben die Eigenschaften des Lichtfeldes auch schon im Kapitel über Detektoren in Abschn. 10.3.1 und 10.3.2 eine wichtige Rolle gespielt. Hier soll der Quantencharakter wichtiger Feldtypen vorgestellt werden, der von grundlegender Bedeutung in Experimenten ist. Das Handwerkszeug für die formale Beschreibung der Quantenfelder werden wir heuristisch erweitern, für strengere Begründungen, die unter anderem eine Quantentheorie der Erzeugung von Photoelektronen z.B. in einem Photomultiplier verlangen, sollte man Texte wie z.B. [114, 170] zu Rate ziehen. Eine umfangreiche Darstellung experimenteller Arbeiten findet man in [11].

12.6.1 Fluktuationen von Lichtfeldern

Die idealisierten klassischen Lichtfelder haben eine feste Amplitude und Phase. Alle realen Lichtfelder unterliegen Fluktuationen sowohl in der Amplitude als auch der Phase. Dabei spielen nicht nur technische Ursachen wie Schalleintrag oder Temperaturschwankungen in der Umgebung der Lichtquelle ein Rolle, die sich prinzipiell, wenn auch mit vielleicht viel Aufwand durch geeignete technische Maßnahmen kontrollieren lassen.

Alle Lichtfelder unterliegen auch intrinsischen, durch ihre Quantennatur hervorgerufenen Fluktuationen, die Thema dieses Abschnittes sind. Solche Fluktuationen sind z.B. verantwortlich für die physikalischen Grenzen der Kohärenzeigenschaften von Lichtquellen, zu deren Charakterisierung schon in Abschn. 5.2 die Korrelationsfunktion eingeführt wurden. Die longitudinale oder zeitliche Kohärenz wird beispielsweise mit einem Michelson-Interferometer (Abschn. 5.4) bestimmt, indem der Interferenz-Kontrast – die Visibilität, Gl.(5.5) – als Funktion der Armlängendifferenz gemessen wird. Die Korrelationsfunktion 1. Ordnung $G_{EE}(\tau)$ (Gl. 12.14) hat auch schon eine entscheidende Rolle bei der Behandlung des Spektrums der Resonanzfluoreszenz gespielt und dokumentiert, daß die Vorhersage bei der Behandlung nach der klassischen

Elektrodynamik und der Quantenelektrodynamik unterschiedlich sein kann. Wir werden das Konzept noch um die Kohärenz 2. Ordnung erweitern, die ein klare Unterscheidung von klassischen und sogenannten nicht-klassischen Lichtfeldern erlaubt.

Kohärenz 1. Ordnung

Werden zwei Felder $\hat{E}^*(t)$ und $\hat{E}^*(t+\tau)$ an einem Ort zur Interferenz gebracht, z.B. in einem Michelson-Interferometer mit Wegunterschied $d = c\tau$, registriert der Photodetektor in Analogie zur klassischen Elektrodynamik Gl. 12.16 das (normierte) Signal. ($\langle .. \rangle$ symbolisiert die Berechnung der Erwartungswerte und die zeitliche Mittelung.)

$$g^{(1)}(\tau) = \frac{\langle \hat{E}^*(t)\hat{E}(t+\tau)\rangle}{\langle \hat{E}^*(t)\hat{E}(t)\rangle} = \frac{\langle \hat{a}^\dagger(t)\hat{a}(t+\tau)\rangle}{\langle \hat{a}^\dagger(t)\hat{a}(t)\rangle} \quad . \tag{12.23}$$

Gemessen wird die Kohärenzfunktion 1. Ordnung genau wie die in Abschn. 5.2.1 definierte Visibilität Gl.(5.5), d.h. durch Bestimmung des Interferenzkontrastes. Die Kohärenz 1. Ordnung kann für klassische und Quantenfelder durchaus unterschiedliche Vorhersagen machen, die Unterschiede sind aber experimentell meistens schwer nachzuweisen. In beiden Fällen gilt nämlich

$$0 \leq |g^{(1)}(\tau)| \leq 1 \quad ,$$

so daß es keine eindeutige Signatur für ein typisches Quantenfeld gibt. Wiederum in Analogie zur Visibilität des konventionellen Interferometers werden Felder mit $|g^{(1)}| = 1$ als kohärent, mit $|g^{(1)}| = 0$ als inkohärent bezeichnet.

Kohärenz 2. Ordnung

Sehr viel deutlichere Differenzen und eindeutige Signaturen für nicht-klassische Feldzustände treten bei der Kohärenz 2. Ordnung auf. Die Kohärenz 2.Ordnung kann unschwer sowohl im klassischen als auch im QED-Fall als Fortsetzung der Kohärenz 1. Ordnung definiert werden, wobei wir uns wieder von vornherein auf den Spezialfall konzentrieren, daß das Signal an ein und demselben Ort entsteht. Die klassische Korrelationsfunktion 2. Ordnung entspricht der Intensitäts-Intensitäts-Korrelationsfunktion, sie wird also gemessen, indem die auf einem Detektor registrierte Intensität zu verschiedenen Zeiten $\{t, t+\tau\}$ verglichen wird.

$$g_{\text{cl}}^{(2)}(\tau) = \frac{\{E^*(t)E^*(t+\tau)E(t+\tau)E(t)\}_t}{\{E^*(t)E(t)\}_t} = \frac{\{I(t+\tau)I(t)\}}{\{I(t)\}^2} \quad .\tag{12.24}$$

Wenn man schreibt $I(t) = \{I\} + \delta I(t)$ mit $\{\delta I(t)\} = 0$, dann gilt

$$\begin{aligned}
\{I(t+\tau)I(t)\} &= \{(\{I\} + \delta I(t+\tau))(\{I\} + \delta I(t))\} = \\
&= \{I\}^2 + \{\delta I(t+\tau)\delta I(t)\} \\
&\to \{I\}^2 + \{\delta I(t)^2\} \quad \text{für} \quad \tau \to 0.
\end{aligned}$$

Für $\tau = 0$ bezeichnet $\{\delta I(t)^2\} > 0$ gerade die Varianz der Intensitätsfluktuationen, d.h. es gilt im klassischen Fall

$$1 \le g_{\text{cl}}^{(2)}(\tau) \le \infty \quad . \tag{12.25}$$

Ganz generell erwartet man auch, daß für große Zeiten τ jede Korrelation verloren geht, also

$$g^{(2)}(\tau) \to 1 \quad \text{für} \quad \tau \to \infty.$$

In der Quantenoptik besitzt die normierte Korrelationsfunktion 2.Ordnung die Form

$$g^{(2)}(\tau) = \frac{\langle \hat{a}^\dagger(t)\hat{a}^\dagger(t+\tau)\hat{a}(t+\tau)\hat{a}(t)\rangle}{\langle \hat{a}^\dagger(t)\hat{a}(t)\rangle^2} \quad , \tag{12.26}$$

die wir gleich in der durchsichtigen Schreibweise der Erzeugungs- und Vernichtungsoperatoren formuliert haben. Für $\tau = 0$ findet man mit dem Zahloperator $\hat{n} = \hat{a}^\dagger \hat{a}$

$$g^{(2)}(\tau = 0) = \frac{\langle \hat{n}(\hat{n} - 1)\rangle}{\langle \hat{n}\rangle^2} \quad .$$

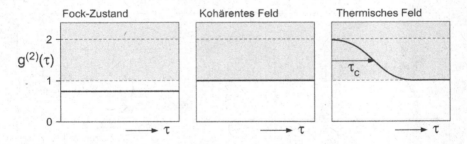

Abb. 12.13 *Vorhersage für die Kohärenzfunktion 2. Ordnung $g^{(2)}(\tau)$ für verschiedene Typen von Lichtfeldern. Der Bereich $0 \le g^{(2)}(\tau) < 1$ ist nur für nicht-klassische Lichtfelder möglich. Details zu verschiedenen Typen von Lichtfeldern werden in Abschn. 12.6.2 erläutert.*

Alle Erwartungswerte werden aus Produkten von Operatoren mit ihren hermiteschen Konjugierten berechnet und sind daher positiv. Im Unterschied zur klassischen Korrelationsfunktion kann u.a. wegen der Nichtvertauschbarkeit der Operatoren aber keine weitere Aussage getroffen werden, so daß man findet

$$0 \le g^{(2)}(\tau) \le \infty \quad . \tag{12.27}$$

Aus dem Vergleich mit Gl.(12.25) ergibt sich dann sofort ein hinreichendes Kriterium, um den nicht-klassischen Charakter eines Lichtfeldes zu beweisen:

$$0 \le g^{(2)}_{\text{nicht-klass.}}(\tau) < 1 \quad.$$

Lichtfelder, die diese Bedingung erfüllen, werden *nicht-klassische Lichtfelder* genannt.

Hanbury-Brown und Twiss-Experiment

Eine wichtige experimentelle Anordnung zur Beobachtung und Auswertung von fluktuierenden Lichtfeldern wurde 1956 von den australischen Astronomen R. Hanbury-Brown und R.Q. Twiss vorgeschlagen [31]. Ihre Absicht bestand darin, aus Korrelationsmessungen, d.h. aus den Intensitätskorrelationen des von zwei Teleskopen von einem Stern empfangenen Lichts, den Sterndurchmesser zu bestimmen. Das Auflösungsvermögen gewöhnlicher Teleskope (Abschn. 4.4.1) reicht nämlich nicht aus, um den Durchmesser von Sternen direkt zu sehen. Das Licht eines Sterns wirkt für ein einzelnes Teleskop wie das einer punktförmigen Quelle, d.h. die transversale Kohärenz ist perfekt. Bringt man das Licht von zwei Teleskopen zur Interferenz, dann sollte wie beim Young-schen Doppelspalt der Interferenzkontrast verschwinden, wenn der Abstand der Teleskope den Wert $d > \lambda z_S / 2\pi D$ überschreitet (s. Abschn. 5.3.1), wobei λ die Beobachungswellenlänge, z_S die Sternentfernung und D den Durchmesser des Sterns bezeichnen.

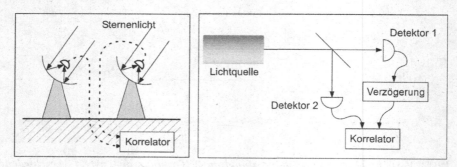

Abb. 12.14 *Schema eines Hanbury-Brown und Twiss-Experiments. Links ist die ursprüngliche Idee angedeutet, den Durchmesser von Sternen mit Hilfe der Intensitäts-Korrelationen von zwei Teleskopen zu bestimmen.*

In ersten Experimenten wurde versucht, mit einem Michelson-Interferometer direkt die Kohärenz 1. Ordnung zu messen, d.h. die Interferenz der Felder von den beiden Teleskopen zu beobachten. Das Verfahren wurde aber durch die atmosphärisch verursachten Wellenfrontdeformationen, die schon bei wenigen Metern Teleskopabstand einsetzten, stark beeinträchtigt. Die Anordnung von

Hanbury-Brown und Twiss überwindet diese und andere Probleme, weil phasenunempfindlich Intensitäten gemessen und als Funktion der Verzögerungszeit τ verglichen werden können. Die konventionelle Anordnung nach Hanbury-Brown und Twiss ist in Abb. 12.14 gezeigt: Dort wird das Licht der Quelle aufgespalten und mit zwei Photo-Detektoren werden die Intensitäten als Funktion der Zeit registriert. Ein elektronischer Korrelator (z.B. ein elektronischer Multiplizierer) berechnet dann $g^{(2)}(\tau)$.

Eine modernere Variante der Hanbury-Brown und Twiss-Anordnung ist in Abb. 12.15 gezeigt. Dort werden die Ankunftszeiten von Photonen registriert. Man berechnet dann die bedingte Wahrscheinlichkeit, ein Photon zu registrieren, wenn zuvor schon eines registriert worden war.

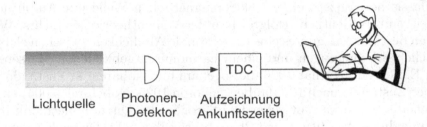

Lichtquelle   Photonen-Detektor   Aufzeichnung Ankunftszeiten

Abb. 12.15 *Hanbury-Brown und Twiss-Experiment mit modernen Mitteln: Ein Time-to-Digits-Converter registriert die Ankunftszeiten von Photonen. Die Auswertung der Korrelationen wird von einem Rechner vorgenommen.*

12.6.2 Quanteneigenschaften wichtiger Lichtfelder

Wir wenden die Begriffe, die wir zur Charakterisierung der Quanteneigenschaften von Lichtfeldern entwickelt haben, auf verschiedene wichtige Grenzfälle an. Ein einzelner Zustand bezeichnet auch immer einen isolierten Resonatorzustand oder einen Gaußstrahl mit einem reinen transversalen TE_{mn}-Mode.

Fock-Zustände oder Zahl-Zustände

Fock-Zustände $|n\rangle_{\mathbf{k},\epsilon}$ sind Eigenzustände zum Zahloperator $\hat{n}_{\mathbf{k},\epsilon} = \hat{a}^{\dagger}_{\mathbf{k},\epsilon}\hat{a}_{\mathbf{k},\epsilon}$,

$$\hat{n}_{\mathbf{k},\epsilon}|n\rangle_{\mathbf{k},\epsilon} = n\,|n\rangle_{\mathbf{k},\epsilon} \ .$$

Wir wir aus Gl. 12.6 wissen, haben Fock- oder Zahl-Zustände $|n\rangle$[5] keine Amplitude, $\langle n|\hat{E}|n\rangle = 0$. Die mittlere Photonenzahl ist scharf definiert, $\overline{n} = n$,

---

[5]Wir werden die Indizes $\{\mathbf{k},\epsilon\}$, die den Mode bezeichnen, jetzt meistens weglassen, weil i. Allg. klar ist, welcher Mode gemeint ist.

wie auch durch die verschwindende Varianz $\Delta n^2 = \langle n|\hat{n}^2|n\rangle - \langle n|\hat{n}|n\rangle^2 = 0$ bestätigt wird.

Für die Kohärenzeigenschaften 1. und 2. Ordnung rechnet man aus:

$$|g^{(1)}(\tau)| = 1$$
$$g^{(2)}(\tau) = 1 - 1/n < 1 \quad .$$

Der Fock-Zustand ist also kohärent in 1. Ordnung und zeigt außerdem eindeutig nicht-klassische Eigenschaften in 2. Ordnung.

Kohärente Lichtfelder

Das klassische Konzept einer elektromagnetischen Welle mit Amplitude und Phase ist außerordentlich erfolgreich in der Wellentheorie des Lichts. Wie weiter oben beschrieben, gibt es eine enge formale Ähnlichkeit zwischen elektromagnetischen Schwingungen und einem harmomisch gebundenen Masseteilchen. Schon E. Schrödinger hat 1926 die sogenannten „kohärenten Zustände" (auch Glauber-Zustände, nach R. Glauber, geboren 1925, Nobelpreis 2005) entdeckt, mit denen sich ein harmonischer Oszillator in der Quantenmechanik in guter Näherung durch Amplitude und Phase beschreiben läßt. Dieses Konzept wurde von R. Glauber auf die elektromagnetischen Feldzustände übertragen.

Man konstruiert den kohärenten Zustand als einen Eigenzustand des nicht-Hermiteschen Vernichtungsoperators a (Gl. 12.4),

$$a|\alpha\rangle = \alpha|\alpha\rangle \quad . \tag{12.28}$$

Um diesen Zustand nach Fock-Zuständen $|n\rangle$ zu entwickeln,

$$|\alpha\rangle = c\sum_n \langle n|\alpha\rangle|n\rangle \quad ,$$

verwenden wir Gl. 12.5,

$$\langle n|\alpha\rangle = \frac{1}{\sqrt{n!}}\langle 0|a^n|\alpha\rangle = \frac{\alpha^n}{\sqrt{n!}}\langle 0|\alpha\rangle \quad ,$$

und finden

$$|\alpha\rangle = c\sum_n \frac{\alpha^n}{\sqrt{n!}}|n\rangle \quad .$$

Aus der Normierungsbedingung $\langle\alpha|\alpha\rangle = 1$ und der Taylor-Reihe $\sum_n |\alpha|^{2n}/n! = \exp{-|\alpha|^2}$ ergibt sich dann direkt die Entwicklung des kohärenten Zustandes nach Fock-Zuständen,

$$|\alpha\rangle = e^{-|\alpha|^2/2}\sum_n \frac{\alpha^n}{\sqrt{n!}}|n\rangle \quad . \tag{12.29}$$

Die Kohärenzeigenschaften des kohärenten Zustands berechnet man ohne Umstände zu

$$\begin{aligned} |g^{(1)}(\tau)| &= 1 \\ g^{(2)}(\tau) &= 1 \quad . \end{aligned}$$

Kohärente Zustände sind die naheliegenden Zustände, um Laserlicht theoretisch zu beschreiben. Weil sie von so großer Bedeutung sind, sollen weitere wichtige Eigenschaften genannt werden:

- **Mittlere Photonenzahl** Man berechnet direkt aus der Definition 12.28
$$\bar{n} = \langle \alpha | \hat{n} | \alpha \rangle = \langle \alpha | \hat{a}^\dagger \hat{a} | \alpha \rangle = |\alpha|^2 \quad \text{und} \quad |\alpha| = \sqrt{\bar{n}}$$
- **Varianz der Photonenzahl** Es gilt $\langle \alpha | \hat{n}^2 | \alpha \rangle = |\alpha|^4 + |\alpha|^2$, daher findet man
$$\Delta n^2 = \langle \alpha | \hat{n}^2 | \alpha \rangle - \langle \alpha | \hat{n} | \alpha \rangle^2 = |\alpha|^2 \quad \text{bzw.} \quad \Delta n = \sqrt{\bar{n}} \quad .$$
- **Fast-Orthogonalität** Es ist nicht verwunderlich, daß die kohärenten Zustände nicht orthogonal sind, denn sie sind Eigenzustände zu einem nicht-Hermiteschen Operator. Für einigermaßen große α, β sind sie aber in guter Näherung orthogonal, denn der Faktor
$$\langle \alpha | \beta \rangle = \exp\left(-\frac{1}{2}|\alpha|^2 - \frac{1}{2}|\beta|^2 + \alpha^* \beta\right)$$
verschwindet schnell, wenn α und β auch nur ein wenig unterschiedlich sind.
- **Zustände minimaler Unschärfe** Man kann zeigen, daß die Varianzen der Quadraturen $\hat{X}$ und $\hat{Y}$ (s. Abschn. 12.2, [170]) des kohärenten Zustands unabhängig sind von der Amplitude $\alpha = |\alpha| e^{i\phi}$. Der kohärente Zustand ist also der Zustand, der am nächsten an ein klassisches Feld, das mit Amplitude und Phase beschrieben wird, herankommt.
- **Photonenzahl-Verteilung** Die Wahrscheinlichkeit, n Photonen in einem Mode zu finden (d.h. mit einem Detektor in einer bestimmten Zeit zu registrieren), beträgt
$$p_n = \Delta n^2 = \langle n | \alpha \rangle = \exp\left(-|\alpha|^2\right)\frac{|\alpha|^{2n}}{n!} = \exp(-\bar{n})\frac{\bar{n}^n}{n!} \quad .$$
Diese Verteilung entspricht genau einer Poisson-Verteilung.

Thermische Lichtfelder

Ein thermisches Feld kann z.B. durch seine Photonenzahlverteilung dargestellt werden. Sie lautet mit der mittleren Photonenzahl $\bar{n}$

$$p_n = \frac{\bar{n}^n}{(1+\bar{n})^{1+n}} \quad .$$

Allerdings läßt sich diese Verteilung im Experiment nur dann beobachten, wenn die Meßzeit kurz ist gegen die Kohärenzzeit τ_c der Lichtquelle. Bei großen

Meßzeiten geht die Verteilung wieder in eine Poisson-Verteilung über, weil die schnellen Fluktuationen herausgemittelt werden.

Die mittlere Photonenzahl ist schon per Konstruktion festgelegt, die Varianz wird berechnet,

$$\langle \hat{n} \rangle = \overline{n} \quad \text{und} \quad \Delta n^2 = \overline{n}^2 + \overline{n}$$

Man kann zeigen [114], daß die Kohärenzfunktion 1. Ordnung für die beiden wichtigsten Typen von Spektren mit Linienbreiten $\Delta\omega \simeq \tau_c^{-1}$ die Form hat

$$
\begin{aligned}
g^{(1)}(\tau) &= \ \exp\left(-i\omega\tau - (\tau/\tau_c)^2/2\right) \quad \text{Gauß-förmig} \quad, \\
g^{(1)}(\tau) &= \ \exp\left(-i\omega\tau - |\tau/\tau_c|\right) \qquad \text{Lorentz-förmig} \ .
\end{aligned}
\tag{12.30}
$$

Die klassische Vorhersage ist dabei identisch mit der Vorhersage der QED.

Auch die Kohärenz 2. Ordnung hat hier eine einfache und interessate Form, die sich auf die Kohärenz 1. Ordnung bezieht [114]. Wir geben nur das Ergebnis für thermische Lichtquellen an, die aus vielen Teilchen bestehen:

$$g^{(2)}(\tau) = 1 + |g^{(1)}(\tau)|^2 \ .$$

Sie gilt für alle thermischen Felder, also z. B. beide Varianten aus Gl. 12.30. Insbesondere gilt wegen der Definition (12.23) $g^{(1)}(\tau = 0) = 1$ und

$$g^{(2)}(\tau = 0) = 2 \ .$$

12.6.3 Photonenzahlverteilung

Die Photonenzahlverteilung wird gemessen, indem die Zahl der aus einem Lichtstrahl registierten Photonen, genauer der auf dem Detektor erzeugten Photoelektronen immer wieder in einem festen Zeitintervall T gemessen wird und daraus die Häufigkeitsverteilung aus Abb. 12.16 gebildet wird. Die Unterschiede in den Photonenzahlverteilungen verschiedener Typen von Lichtfeldern sind allerdings gar nicht so leicht zu beobachten, weil die Fluktuationen insbesondere bei thermischen Lichtquellen invers proportional sind zur spektralen Bandbreite und deshalb auf sehr kurzen Zeitskalen τ auftreten. Bei längeren Detektorintegrationszeiten $T \gg \tau$ werden dann die interessanten Informationen herausgemittelt und wie wir schon in den Abschn. 10.3.1 und 10.3.2 festgestellt haben, unterscheiden sich dann Laserlicht und thermisches Licht in der Photonenzahlverteilung nicht meßbar voneinander. Die Photonenzahlstatistik bezieht sich lediglich auf einen ausgewählten Mode aus einer Lichtquelle, der Detektor erreicht – bei einem kohärenten TEM_{00}-Laserstrahl kein Problem, wohl aber für eine thermische Lichtquelle. Hier muß man durch Blenden für eine transversal kohärente, quasi punktförmige Quelle sorgen, die dann i. Allg. sehr lichtschwach ist.

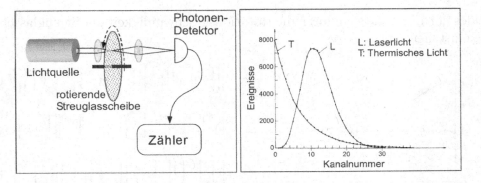

Abb. 12.16 *Photonenzahlverteilung für einen (pseudo-)thermischen und einen kohärenten Lichtstrahl. In diesem Experiment aus dem Jahr 1965 wurde für beide Messungen ein HeNe-Laser als Lichtquelle verwendet. Zur Erzeugung des pseudo-thermischen Lichts wurde das Licht in einem 20 μm großen Brennfleck durch eine rotierende Streuglasscheibe geschickt, deren Rauhigkeit eine typische 3 μm-Längenskala aufweist. Nach [5].*

Schon in der Frühzeit des Lasers wurden „pseudo-thermische"Lichtquellen verwendet, um die Fluktuationen eines thermischen Lichtstrahls durch Manipulation eines kohärenten Laserstrahls zu simulieren. In den Experimenten von Arecchi und Mitarbeitern [5] wurde dazu Laserlicht auf eine sich drehende Streuglasscheibe fokussiert. Steht die Scheibe still, beobachtet man das Speckel-Muster, das wir in Abschn. 5.9 vorgestellt haben. Dreht sich die Scheibe, fluktuiert die Intensität am Detektor um so schneller, je schneller sich die Scheibe dreht. So läßt die effektive Kohärenzzeit sich auf experimentell gut beherrschbare 50–1000 μs einstellen.

Purcell hatte schon vorher [138] darauf hingewiesen, daß diese Rauscheigenschaften auch mit den Fluktuationen von klassischen thermischen und sogar Laserlichtquellen verträglich sind. Die Experimente von Arecchi haben aber gezeigt, daß die Häufigkeitsverteilung der gemessenen Photoelektronen mit der Quantenelektrodynamik, wie sie von R. Glauber [60] vorgelegt worden war, korrekt ist.

12.6.4 Bunching und Antibunching

Bunching

Die pseudothermische Lichtquelle, die zur Messung der Photonenzahlverteilung in Abb. 12.16 verwendet wurde, kann auch eingesetzt werden, um die Kohärenz- oder Korrelationsfunktion 2. Ordnung $g^{(2)}(\tau)$, Gl.(12.24) zu messen. In Abb. 12.17 sind die Ergebnisse für Laserlicht bzw. pseudo-thermisches Licht vorgestellt. Dabei wurde auf die effektive Kohärenzzeit des thermischen Lichtfeldes normiert, die sich durch die Rotationsgeschwindigkeit der Streuglassscheibe einstellen läßt.

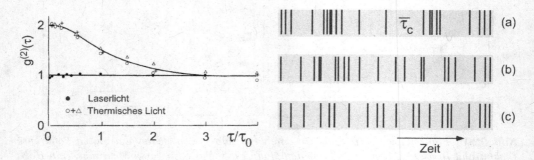

Abb. 12.17 *Links: Gemessene normierte Kohärenzfunktion 2. Ordnung für kohärente (schwarze Punkte) und thermische Lichtquellen. Das pseudo-thermische Licht wurde mit derselben Methode wie in Abb. 12.16 erzeugt. Die verschiedenen Symbole gehören zu verschiedenen Rotationsgeschwindigkeiten der Streuglassscheibe, die unterschiedliche effektive Kohärenzzeiten τ_0 verursachen. Nach [6]. Rechts: Beispielfolgen verschiedener Formen der Photonenstatistik: (a) Thermische Lichtquelle; (b) Laserlichtquelle; (c) Lichtquelle mit Antibunching-Effekt. Vergleiche Abb. 12.13. Nach [114].*

Rechts neben dem Meßergebnis sind Beispielfolgen zur Photonenstatistik gezeigt: Die Photonen eines kohärenten (Laser-)Lichtfeldes (b) sind vollkommen zufällig verteilt. Die Ankunftszeiten mag man sich akustisch wie das Trommeln von Regentropfen auf ein Blechdach vorstellen, die auch zu rein zufälligen Zeiten dort eintreffen. Ein thermisches Lichtfeld zeigt dagegen das „Bunching"-Phänomen (dt. soviel wie „Häufelung"), d.h. gleich nach der Registrierung eines ersten Photons ist es etwas wahrscheinlicher, gleich noch ein Photon zu detekieren. Im Gegensatz dazu verursachen bestimmte Lichtquellen gewissermaßen ein Abstoßen der Photonen untereinander – ihre Ankunftszeiten sind regelmäßiger, als das bei zufälligen Ereignissen der Fall wäre.

Antibunching

Die Fluoreszenz eines einzelnen Atoms stellt eine besonders einfach Lichtquelle dar, deren spektrale Eigenschaften wir in Abschn. 12.5.1 schon behandelt haben. Das sogenannte „Antibunching" in der Resonanzfluoreszenz einzelner Atome zeigt eine klare Signatur für ein nichtklassisches Lichtfeld, nämlich $g^{(2)}(\tau) < 1$. Die Meßdaten in Abb. 12.18 geben an, wie wahrscheinlich es ist, das Atom nach der Verzögerungszeit τ wieder im angeregten Zustand zu finden. Zwei Eigenschaften sind besonders auffällig: Bei $\tau = 0$ werden – nach Abzug der zufälligen Koinzidenzen des Untergrunds – keine weiteren vom Atom gestreuten Photonen registriert: Das Atom muß erst wieder angeregt werden, bevor es erneut emittieren kann. In der Interpretation der Quantenphysik des Meßprozesses kann man auch sagen, daß das Atom durch die Registrierung eines Fluoreszenzphotons auf den Grundzustand projiziert wird.

Die anschließenden Oszillationen in der bedingten Beobachtungswahrscheinlichkeit für das zweite Photon zeigen Rabi-Oszillationen beim Einschwingen des Atoms in den Gleichgewichtszustand, der nach der ca. 30 ns erreicht wird, der Lebensdauer des angeregten Zustandes.

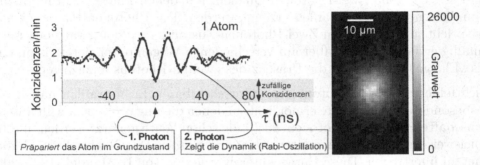

Abb. 12.18 *Links: Originaldaten zum „Antibunching" in der Resonanzfluoreszenz eines in einer magneto-optischen Falle gespeicherten einzelnen Caesium-Atoms. Die Oszillationen können direkt als Rabi-Oszillationen interpretiert werden. Rechts: ICCD-Kamerabild der Fluoreszenz eines einzelnen gespeicherten Cs-Atoms bei $\lambda = 850$ nm, Verschlußzeit 1 s. Nach [61]*

Das erste Antibunching-Experiment wurde an einem extrem verdünnten Atomstrahl ausgeführt [96]. Heute kann dieses Experiment mit einzelnen gespeicherten Atome (Abb. 12.18, [61]) oder Ionen [44], oder auch mit Festkörperquellen [104, 146], die keine aufwendigen Speichertechniken benötigen, mit viel besserer Qualität ausgeführt werden. Einzelne Teilchen, die man für längere Zeit in einem wohl definierten Volumen beobachten kann, sind notwendig, weil in einem Ensemble zufällige Koinzidenzen von N streuenden Atomen proportional zu $N(N-1)$ wachsen, das Antibunching-Signal also schnell im Untergrund verschwindet.

12.7 Zwei-Photonen-Optik

Die im vorausgegangenen Abschnitt behandelten Korrelationsphänomene zwischen Photonen haben Aufschluß über die Fluktuationseigenschaften des Lichtfeldes gegeben. Meistens wurden in Experimenten derart verdünnte Lichtstrahlen verwendet, daß der Abstand der Ereignisse von den Detektoren gerade noch zu verarbeiten ist. Trotz der Korrelationen kann man aber die „Ankunftszeit" eines Photons am Detektor nicht vorhersagen.

Um mit einzelnen Photonen gezielt („deterministisch") experimentieren zu können, sind deshalb Lichtquelle gefragt, mit denen Ein-Photonen-Zustände kontrolliert erzeugt und von einem Ort zum anderen transportiert werden können. Solche Ein-Photonen-Quellen sind ein aktuelles Forschungsgebiet, das in Zukunft vielleicht technisch robuste Lösungen bietet. Schon heute erfolgreich sind seit ca. 1995 Zwei-Photonen-Quellen, mit denen Paare von Photonen in räumlich getrennten Strahlen erzeugt werden. Die Photonen-Paare – genauer spricht man von einem Zwei-Photonen-Zustand – werden zwar noch immer zufällig erzeugt, weil sie aber auf verschiedenen Wegen propagieren, kann eines als „Flagge" dienen, um die Präsenz des zweiten Photons anzuzeigen.

Lichtfelder aus zwei Photonen in unterscheidbaren Lichtstrahlen haben aber insbesondere Experimente ermöglicht, in denen die ungewöhnlichen Quanteneigenschaften der Zwei-Photonen-Zustände schon heute genutzt werden, um beispielsweise mit der sogenannten *Quantenkryptographie* Nachrichten abhörsicher zu übertragen. Diese Entwicklung wurde u.a. von L. Mandel (1927–2001) initiiert, einem der Pioniere der Quantenoptik, der die ersten Zwei-Photonen-Lichtquellen mit Hilfe der spontanen parametrischen Fluoreszenz entwickelt hat.

12.7.1 Spontane parametrische Fluoreszenz, SPDC-Quellen

Die spontane parametrische Fluoreszenz (engl. *spontaneous parametric down-conversion*, SPDC) kann als spontaner Elementarprozeß des parametrischen Oszillators aufgefasst werden, der ausführlich in Abschn. 13.5.3 besprochen wird. Hier verwenden wir nur eine stark vereinfachte Beschreibung: Wird ein nichtlineares Material, das genügende Transparenz bei allen beteiligten Wellenlängen aufweisen muß, mit einem starken monochromatischen Laserfeld getrieben, wird eine Polarisierung verursacht, die zur Fluoreszenz von Photonenpaaren führt. Vereinfacht ausgedrückt müssen dabei lediglich Energie ($\hbar\omega_0 = \hbar\omega_1 + \hbar\omega_2$) und Impuls (im Kristall) $\hbar\mathbf{k}_0 = \hbar\mathbf{k}_1 + \hbar\mathbf{k}_2$ erhalten sein:

$$\omega_0 = \omega_1 + \omega_2$$
$$(n_0\omega_0/c)\,\mathbf{e}_0 = (n_1\omega_1/c)\,\mathbf{e}_1 + (n_2\omega_2/c)\,\mathbf{e}_2$$

Die Erfüllung dieser Bedingungen ist wegen der Dispersion, der alle Materialien unterliegen, in isotropen Medien unmöglich: Bei normaler Dispersion gilt i. Allg. $2n_0 > n_1 + n_2$. In doppelbrechenden Kristallen (für Details s. Abschn. 13.4.3.) kann die Bedingung aber erfüllt werden, wenn in der Typ I-Konfiguration die beiden Fluoreszenzphotonen orthogonal, bei Typ II gemischt

orthogonal und parallel zum treibenden Lichtfeld polarisiert sind. Die Impulserhaltung verlangt einen kleinen Winkel zwischen den Emissionsrichtungen,
der in Abb. 12.19 übertrieben groß dargestellt ist.

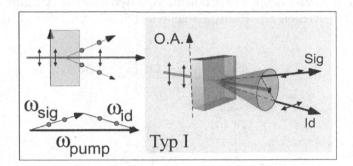

Abb. 12.19 *Spontane parametrische Fluoreszenz bei Typ I-Phasenanpassung. Aus historischen Gründen werden die beiden Floreszenzphotonen hier mit „Signal" bzw. „Idler" gekennzeichnet. OA: Optische Achse.*

In Abb. 12.19 ist die Geometrie der Phasenanpassung bei der spontanen parametrischen Fluoreszenz skizziert. Der nichtlineare Kristall wird mit kurz-
welligem Laserlicht bestrahlt. Aus Symmetriegründen werden die Photonen
auf Kegeln emittiert. In der Typ I-Anordnung sind die Brechungsindizes der
beiden Farben ω_1 und ω_2 nur durch die Dispersion und daher wenig voneinander verschieden, die Kegel fallen im Entartungsfall für $\omega_1 = \omega_2$ perfekt
zusammen. Um einzelne Farben aus dem regenbogenartigen Spektrum herauszufiltern, kann man Interferenzfilter oder Blenden verwenden. Besonders interessant ist der Fall, wenn die beiden Photonen gleich Farbe besitzen, weil sie
dann wieder miteinander interferieren können. Photonen gleicher Farbe kann
man durch ein Interferenzfilter bei der doppelten Wellenlänge des Pumplasers
präparieren.

Mit den hier vorgestellten Zwei-Photonen-Quellen wurde eine Vielzahl von
Experimenten ausgeführt, die unsere Vorstellungskraft gelegentlich strapazie-
ren [155]. Wir beschränken uns hier auf das Experiment von Hong, Ou und
Mandel, das als erstes die Interferenzfähigkeit der beiden Photonen genutzt
hat. Später werden wir dann noch die erweiterte Zwei-Photonen-Quelle von P.
Kwiat und Mitarbeitern [105] vorstellen, die innerhalb von 10 Jahren zu einem
Standardinstrument der Quantenoptik geworden ist. Mehr und mehr bürgert
sich heute der Name „SPDC-Quellen" für diese Lichtquelle ein.

12.7.2 Hong-Ou-Mandel-Interferometer

In Abb. 12.20 ist die Interferometer-Anordnung von L. Mandel und Mitarbeitern dargestellt. Die beiden Photonen aus der SPDC-Quelle werden auf dem Strahlteiler BS wie in einem Michelson-Interferometer überlagert. Zwei Detektoren zählen Koinzidenzen von Photonen in den beiden Ausgängen, d.h. nur wenn in beiden Armen ein Photon registriert wird, wird ein gültiges Ereignis angezeigt.

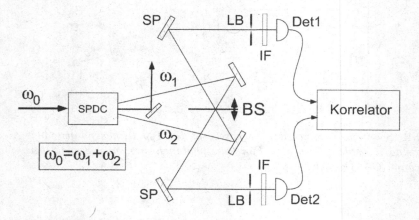

Abb. 12.20 *Zwei-Photonen-Interferometer nach Hong, Ou und Mandel. SPDC: Nichtlinearer Kristall zut Erzeugung von Photonenpaaren mit spontanen parametrischen Fluoreszenz, s. Abb. 12.19; BS: Strahlteiler; LB: Lochblende; IF: Interferenzfilter; Det: Detektor;*

Die Rate der Koninzidenzen wird gemessen in Abhängigkeit von der Weglänge, die die beiden Photonen bis zum Strahlteiler zurücklegen. In diesem Fall wird der Strahlteiler (BS in Abb. 12.20) selbst ein wenig verschoben, um die Weglänge zu modifizieren. Lochblenden und Interferenzfilter helfen, aus der spontanen Fluoreszenz gleichfarbige, ununterscheidbare und damit interferenzfähige Photonenpaare herauszufiltern. Das Ergebnis des Experiments von Hong, Ou und Mandel zeigt Abb. 12.21.

Die Koinzidenzrate zeigt einen deutlichen Einbruch, wenn die Weglänge für beide Photonen gerade gleich ist: Wir können diese Situation so interpretieren, daß die beiden Photonen bei „gleichzeitigem" Eintreffen nur gemeinsam in einen der beiden Interferometerarme emittiert werden. Treffen sie dagegen nicht gleichzeitig ein, wird jedes von ihnen mit 50% Wahrscheinlichkeit in die beiden Arme gelenkt, so daß in 50% aller Ereignisse Koinzidenzen auftreten.

Wir betrachten das einfache Modell aus Abb. 12.21: Der Stahlteiler erzeugt beim Eintreffen eines Photon-Wellenpakets im Zustand $|01\rangle_0$ ein ausgehendes Wellenpaket $(|01\rangle_1+|10\rangle_1)/\sqrt{2}$. Beim Eintreffen von $|10\rangle_0$ wird daraus $(|01\rangle_1 -$

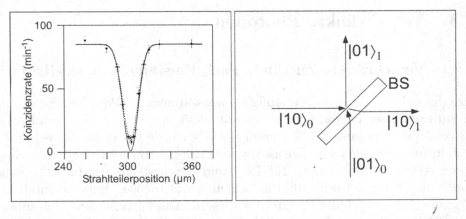

Abb. 12.21 *Links: Koinzidenzrate als Funktion der Strahlteilerposition (BS in Abb. 12.20))
im Hong-Ou-Mandel-Interferometer. Nach [77]. Rechts: Bezeichnungen der Feldzustände
nach dem Strahlteiler in Abb. 12.20.*

$|10\rangle_1)/\sqrt{2}$, weil die Reflexion am Strahlteiler einmal am dichten, einmal am
dünnen Medium stattfindet. Mit den Feldoperatoren

$$\hat{a}_1^\dagger|00\rangle_1 = |10\rangle_1 \quad \text{bzw.} \quad \hat{a}_2^\dagger|00\rangle_1 = |01\rangle_1$$

läßt sich die Wirkung der einlaufenden Ein-Photonenzustände am 50:50 Strahlteiler auf die auslaufenden Photonenzustände simulieren nach:

$$\hat{s}_1 = (\hat{a}_1^\dagger + \hat{a}_2^\dagger)/\sqrt{2} \quad \text{und} \quad \hat{s}_2 = (\hat{a}_1^\dagger - \hat{a}_2^\dagger)/\sqrt{2}$$

Die Wirkung von zwei gleichzeitig einlaufenden Photonen entspricht dann dem
Produktoperator $\hat{s}_1\hat{s}_2$ und man berechnet den neuen Zustand

$$\hat{s}_1\hat{s}_2|00\rangle_1 = \{(\hat{a}_1^\dagger)^2 - (\hat{a}_2^\dagger)^2\}|00\rangle_1/2 = (|20\rangle_1 - |02\rangle_1)/2 \quad .$$

Offenbar führt die Quanteninterferenz dazu, daß *beide* Photonen entweder in
dem einen oder dem anderen Arm propagieren, nicht jedoch verteilt auf die beiden Arme. Genau diese Situation zeigt das Meßergebnis aus Abb. 12.21. Treffen
die beiden Photonen, genauer ihre Wellenpakete, zu verschiedenen Zeiten ein,
dann wird jedes Photon wieder mit 50% Wahrscheinlichkeit in einem der beiden Arme registriert und in der Hälfte aller Ereignisse wird eine Koinzidenz
gefunden. Die effektive Länge der Photonenwellenpakete muß noch geklärt
werden: Der Interferenzkontrast verschwindet nach einem Verschiebeweg von
etwa $\Delta x/2 = 16~\mu$m (der Faktor 2 berücksichtigt, daß sich die Verschiebung in
beiden Armen auswirkt), der einer Verzögerungszeit $\Delta\tau = \Delta x/c \simeq 100$ fs entspricht. Diese Zeit entspricht gerade der spektralen Breite der Interferenzfilter,
mit denen die gleichfarbigen Photonen präpariert wurden.

12.8   Verschränkte Photonen

12.8.1   Verschränkte Zustände nach Einstein-Podolski-Rosen

Eines der bekanntesten – und häufig mißverstandenen – Paradoxa ist das nach den Autoren einer berühmten Arbeit von 1935, A. Einstein, B. Podolski, und N. Rosen [51] benannte *EPR-Paradoxon*. Es wurde bis in die 90er-Jahre des 20. Jahrhunderts eher als Kuriosität betrachtet, obwohl es seit den theoretischen Arbeiten von J. Bell [16] 1964 und den ersten Experimenten von A. Aspect und Mitarbeitern [10] 1981 einen quantitativen, experimentell realisierbaren Zugang erhalten hatte. In diesem Abschnitt stellen wir zunächst das EPR-Paradoxon selbst vor und beschreiben dann die schon erwähnte erweiterte parametrische Zwei-Photonen-Quelle von Kwiat und Kollegen [105], die zu einem experimentellen Durchbruch in der Erzeugung und Anwendung verschränkter, d.h. nur nach den Regeln der Quantenphysik korrelierter Photonenpaare geführt hat.

Das Einstein-Podolski-Rosen-Paradoxon

Einstein hat den enormen Erfolg der Quantenphysik – ihre Vorhersagekraft für meßbare physikalische Phänomene – nie bezweifelt, aber die Beschreibung durch eine Wellenfunktion und ihre probabilistische Deutung wollte ihm nicht einleuchten. Insbesondere die Unschärferelation, nach der die Meßgrößen zu zwei nicht kommutierenden Operatoren, z.B. Ort und Impuls, $(\hat{\mathbf{x}}, \hat{\mathbf{p}})$, oder die Komponenten eines Spins, $\hat{\boldsymbol{\sigma}} = (\hat{\sigma}_x, \hat{\sigma}_y, \hat{\sigma}_z)$, nicht gleichzeitig genau zu bestimmen sind, weil die Messung der einen Größe immer eine Änderung der jeweils anderen verursacht, hat Einstein irritiert. Seine Vermutung war, daß die Quantenphysik „unvollständig" sei, daß es eine „Super-Theorie" geben müsse, die die Ergebnisse der Quantenphysik reproduziere, aber ansonsten vollkommen deterministisch sei. Er stellte daher folgende Forderungen nach dem Realitätsgehalt auf, die eine physikalische Theorie erfüllen sollte:

• *Wenn wir den Wert einer physikalischen Größe mit Sicherheit vorhersagen können (d.h. mit der Wahrscheinlichkeit der Identität), ohne das System in irgendeiner Weise zu stören, dann gehört zu dieser physikalischen Größe ein Element physikalischer Realität.*[6]

Um die Widersprüchlichkeit der Quantentheorie zu zeigen, hatten Einstein und seine Ko-Autoren eine höchst interessante Situation konstruiert, indem

---

[6]„If, without in any way disturbing a system, we can predict with certainty (i.e., with probability equal to unity) the value of a physical quantity, then there exists an element of physical reality corresponding to this physical quantity."[51]

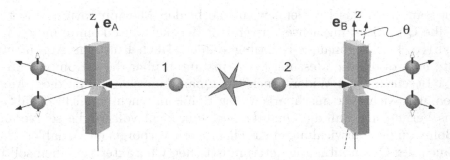

Abb. 12.22 *Gedankenexperiment von Bohm und Aharonov [24] zur Erläuterung des EPR-Paradoxons. In den beiden inhomogenen Magnetfeldern wird ein Stern-Gerlach-Experiment zur Bestimmung der Spin-Komponenten durchgeführt. In der Quantenoptik kann das Experiment mit korrelierten Photonen realisiert werden. Die Stern-Gerlach-Magnete werden dann durch Polarisatoren ersetzt.*

sie nicht mehr die Unschärferelation für konjugierte physikalische Größen eines einzelnen Teilchens betrachteten, sondern stattdessen für streng korrelierte Zwei-Teilchen-Systeme. Ein vereinfachtes Beispiel wurde von D. Bohm [24] eingeführt, anhand eines Moleküls wie z.B. Hg_2 nämlich, das aus zwei Spin-1/2-Atomen (zu beschreiben allein mit Spin-1/2-Operatoren $\sigma_{1,2}$) besteht und den Gesamtspin 0 hat. Die Gesamtwellenfunktion lautet

$$\Psi_{EPR} = \frac{1}{\sqrt{2}} \left(\psi_+(1)\psi_-(2) - \psi_-(1)\psi_+(2) \right), \tag{12.31}$$

wobei $\psi_+(1)$ die Wellenfunktion für den Zustand des Atoms 1 mit Spin $+\hbar/2$ bezeichnet, das sich in Richtung A entfernt, $\psi_-(2)$ entsprechend für Atom 2. Das System kann durch Dissoziation getrennt werden, bei der der Gesamtdrehimpuls und damit der Zustand (12.31) erhalten bleibt. Wenn sich die beiden Atome weit voneinander entfernt haben, kann keine direkte Wechselwirkung mehr stattfinden.

Wenn wir die Spin-Komponenten mit zwei Apparaturen, z.B. Stern-Gerlach-Magneten bei A und B analysieren (Abb. 12.22), deren Koordinatensysteme $\{e_A\}$, $\{e_B\}$ parallel zur z-Richtung orientiert sind, erwarten wir perfekte Korrelation: Wenn die Messung von Atom 1 in Richtung $\{e_A\}$ das Ergebnis „+" („-") anzeigt, dann läßt sich das Ergebnis „-" („+") für Atom 2 perfekt vorhersagen, genau wir von Einstein verlangt. Solche Korrelationen sind aber schon in der Alltagswelt selbstverständlich. Schicken wir z.B. statt der zwei Spins zwei Kugeln, eine weiße und eine schwarze auf die Reise, ohne zu wissen, welche Kugel sich in Richtung A, welche in Richtung B bewegt. Wenn Empfänger A die Kugel erhält, weiß er instantan über das Ergebnis der Messung von B Bescheid, ohne daß dabei die Kugel bei B gestört worden wäre.

Interessant wird das Problem, wenn die beiden Meßapparaturen nicht mehr dieselbe Quantisierungsachse verwenden: Beispielsweise könnte man für $\{e_B\}$ die zu $\{e_A\}$ orthogonale x-Richtung wählen. Nach Einsteins Argumentation wüßte man durch die Messung bei B instantan über die x-Komponente auch bei A Bescheid – im Widerspruch zur Quantenmechanik, die diese Messung wegen der Nicht-Vertauschbarkeit der Spinkomponenten nicht zuläßt. Einsteins Vermutung, daß die Quantenmechanik nicht vollständig sei, veranlaßte D. Bohm zu der Entwicklung einer Theorie mit verborgenen Variablen [23, 24], die auch der Quantentheorie deterministischen Charakter verleihen sollte.

Im Gedanken-Experiment von Bohm kommt es nicht darauf an, daß Atome verwendet werden, das Konzept wird von jedem Zweizustandssystem optimal erfüllt. In der Quantenoptik eignen sich zum Beispiel Photonen, deren Polarisationszustände verschränkt sind, um den Zustand (12.31) zu realisieren. Eine Quelle, mit der solche Photonenpaare so erfolgreich hergestellt werden, daß sich damit zahlreiche Experimente durchführen lassen, stellen wir in Abschn. 12.8.4 vor.

12.8.2 Die Bellsche Ungleichung

Über 30 Jahre hinweg wurde das EPR-Paradoxon in erster Linie als Kuriosität aufgefasst. Erst mit der nach J. Bell [16] benannten Ungleichung ergab sich 1964 eine Möglichkeit, dem Widerspruch zwischen Quantenmechanik und den deterministischen Theorien mit verborgenen Parametern durch eine Messung näher zu kommen.

Wir messen die Komponenten bei A und B durch $\hat{\boldsymbol{\sigma}}_1 \cdot \mathbf{e}_A$ bzw. $\hat{\boldsymbol{\sigma}}_2 \cdot \mathbf{e}_B$, zusätzlich werden sie durch einen oder mehrere Parameter, die wir pauschal mit λ bezeichnen, bestimmt. Bekanntlich können für das Zweizustandssystem nur die Werte

$$A(\mathbf{e}_A, \lambda) = \pm 1, \quad B(\mathbf{e}_B, \lambda) = \pm 1 \qquad (12.32)$$

angenommen werden. Wenn nun $\rho(\lambda)$ die Wahrscheinlichkeitsverteilung von λ ist, dann muß sich der Erwartungswert der Messungen $E(\mathbf{e}_A, \mathbf{e}_B)$ berechnen lassen nach:

$$E(\mathbf{e}_A, \mathbf{e}_B) = \int d\lambda \, \rho(\lambda) A(\mathbf{e}_A, \lambda) B(\mathbf{e}_B, \lambda) \quad . \qquad (12.33)$$

Hierbei darf voraussetzungsgemäß B nicht von $\mathbf{e}_A$ und A nicht von $\mathbf{e}_B$ abhängen. Weiterhin muß wegen der strikten Antikorrelation für parallele Analysatoren gelten $A(\mathbf{e}_A, \lambda) = -B(\mathbf{e}_A, \lambda)$ und deshalb auch

$$E(\mathbf{e}_A, \mathbf{e}_B) = - \int d\lambda \, \rho(\lambda) A(\mathbf{e}_A, \lambda) A(\mathbf{e}_B, \lambda) \quad . $$

Führt man einen dritten Einheitsvektor $\mathbf{e}_C$ ein, dann gilt ferner

$$E(\mathbf{e}_A, \mathbf{e}_B) - E(\mathbf{e}_A, \mathbf{e}_C) =$$
$$= - \int d\lambda\, \rho(\lambda)\, (A(\mathbf{e}_A, \lambda)A(\mathbf{e}_B, \lambda) - A(\mathbf{e}_A, \lambda)A(\mathbf{e}_C, \lambda))$$
$$= \int d\lambda\, \rho(\lambda)A(\mathbf{e}_A, \lambda)A(\mathbf{e}_B, \lambda)\, (A(\mathbf{e}_B, \lambda)A(\mathbf{e}_C, \lambda) - 1) \quad,$$

wobei wir wegen (12.32) $A(\mathbf{e}_B, \lambda)A(\mathbf{e}_B, \lambda) = 1$ einfügen konnten. Das Meß-ergebnis $A(\mathbf{e}_A, \lambda)A(\mathbf{e}_B, \lambda)$ kann nicht kleiner als -1 werden, deshalb gilt die Ungleichung

$$|E(\mathbf{e}_A, \mathbf{e}_B) - E(\mathbf{e}_A, \mathbf{e}_C)| \le \int d\lambda\, \rho(\lambda)\, (A(\mathbf{e}_B, \lambda)A(\mathbf{e}_C, \lambda) - 1) \quad,$$

und wir erhalten mit der Definition (12.33) die Bellsche Ungleichung,

$$1 + E(\mathbf{e}_B, \mathbf{e}_C) \ge |E(\mathbf{e}_A, \mathbf{e}_B) - E(\mathbf{e}_A, \mathbf{e}_C)| \quad. \tag{12.34}$$

Der quantenmechanische Erwartungswert E_Q läßt sich für den Singulett-Zustand (12.31) explizit berechnen, man erhält

$$E_Q(\mathbf{e}_A, \mathbf{e}_B) = \int dV\, \Psi^*(\hat{\boldsymbol{\sigma}}_1 \cdot \mathbf{e}_A)(\hat{\boldsymbol{\sigma}}_2 \cdot \mathbf{e}_B)\Psi = -\mathbf{e}_A \cdot \mathbf{e}_B \quad.$$

Betrachten wir den Spezialfall mit $\mathbf{e}_A \cdot \mathbf{e}_B = 0, \mathbf{e}_A \cdot \mathbf{e}_C = \mathbf{e}_B \cdot \mathbf{e}_C = 2^{-1/2}$, dann erhalten wir durch Einsetzen in (12.34)

$$1 - 2^{-1/2} = 0,29 \ge |0 + 2^{-1/2}| = 0,71$$

und damit einen klaren Widerspruch!

12.8.3 Bellsche Ungleichung und Quantenoptik

Schon D. Bohm hatte auch die orthogonalen Polarisationszustände von Photo-nen als geeignete Zwei-Zustandssysteme zum Test der Bellschen Ungleichungen ins Auge gefasst. Die ersten optischen Experimente [10] wurden mit Paaren von Photonen ausgeführt, die nacheinander in einem Kaskadenzerfall produziert wurden. Die Experimente zur Verletzung der Bellschen Ungleichungen wur-den seit 1981 immer weiter perfektioniert, um die sogenannten „Schlupflöcher" zu schließen, die ihre Aussagekraft einschränken, z.B. die endlichen Nachweis-wahrscheinlichkeiten der Detektoren. Wir können auf diese Diskussion, die noch nicht abgeschlossen ist, hier nicht eingehen und beschränken uns darauf, neuere experimentelle Konzepte vorzustellen.

In den meisten Experimenten zur Untersuchung der Bellschen Ungleichung, schon im Experiment von Aspect 1981, wurde die von Clauser und Mitarbei-tern [35] 1969 vorgeschlagene Variante der Bellschen Ungleichungen analysiert.

Sie läßt auch Abweichungen der Analysatoren und Detektoren von der perfekten Form zu, formuliert also die Bedingung Gl.(12.32) weniger scharf:

$$|A(\mathbf{e}_A, \lambda)| \leq 1, \quad |B(\mathbf{e}_B, \lambda)| \leq 1 \quad . \tag{12.35}$$

Dann kann man zeigen, (s. Aufgabe und [35, 40, 152]) daß eine Theorie mit verborgenen Variablen der Ungleichung

$$-2 \leq S(\mathbf{e}_A, \mathbf{e}_{A'}, \mathbf{e}_B, \mathbf{e}_{B'}) \leq 2 \tag{12.36}$$

mit der Definition nach Gl.(12.33)

$$S(\mathbf{e}_A, \mathbf{e}_{A'}, \mathbf{e}_B, \mathbf{e}_{B'}) =$$

$$= E(\mathbf{e}_A, \mathbf{e}_B) - E(\mathbf{e}_A, \mathbf{e}_{B'}) + E(\mathbf{e}_{A'}, \mathbf{e}_B) + E(\mathbf{e}_{A'}, \mathbf{e}_{B'})$$

genügen muß. Die Erwartungswerte werden im Experiment aus Koinzidenzmessungen bestimmt, die mit den Raten $R_{++}(\mathbf{e}_A, \mathbf{e}_B)$ etc. auftreten:

$$E(\mathbf{e}_A, \mathbf{e}_B) =$$

$$\frac{R_{++}(\mathbf{e}_A, \mathbf{e}_B) - R_{-+}(\mathbf{e}_A, \mathbf{e}_B) - R_{+-}(\mathbf{e}_A, \mathbf{e}_B) + R_{--}(\mathbf{e}_A, \mathbf{e}_B)}{R_{++}(\mathbf{e}_A, \mathbf{e}_B) + R_{-+}(\mathbf{e}_A, \mathbf{e}_B) + R_{+-}(\mathbf{e}_A, \mathbf{e}_B) + R_{--}(\mathbf{e}_A, \mathbf{e}_B)} \tag{12.37}$$

Häufig helfen die experimentellen Anordnungen, die relativ komplizierte Form zu vereinfachen. So hängen die Ergebnisse nicht von der einzelnen Orientierung $\mathbf{e}_{A,B}$, sondern nur vom relativen Winkel $\mathbf{e}_A \cdot \mathbf{e}_B = \cos \alpha$ ab.

12.8.4 Polarisations-verschränkte Photonenpaare

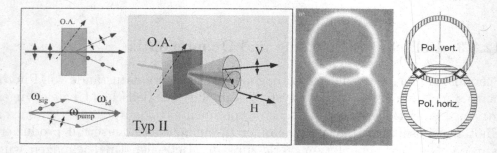

Abb. 12.23 *Erzeugung von polarisationsverschränkten Photonenpaaren mit der spontanen parametrischen Fluoreszenz, vgl. Abb. 12.19. Links: Geometrie der Phasenanpassung; der obere Kegels ist außerordentlich (V), der untere ordentlich polarisiert (H). Mitte: Photographie der spontanen Fluoreszenz in Blickrichtung auf den Kristall. (Nach [105] und mit freundlicher Erlaubnis von A. Zeilinger) Rechts: Photonenpaare in den umrandeten Schnittpunkten des außerordentlich und des ordentlich polarisierten Kegels sind verschränkt.*

Verschränkte Zustände aus genau zwei mikroskopischen Teilchen mit nichtlokalem Charakter sind experimentell nicht leicht herzustellen. P. Kwiat und seine Kollegen [105] konnten 1995 die SPDC-Quellen aus Abschn. 12.7.1 weiterentwickeln und damit ein Instrument schaffen, das sich schon nach kurzer Zeit viele Anwendungsgebiete erobert hat.

Das grundsätzliche Konzept ist in Abb. 12.23 vorgestellt. Im Unterschied zu den Quellen in Abb. 12.19 wird hier die Typ II-Phasenanpassung eingesetzt. Die optische Achse steht nicht senkrecht auf der Propagationsrichtung des Pumpstrahls, sondern ist um einem Winkel verkippt, der in der Nähe des Winkels für kollineare Phasenanpassung (Details in Abschn. 13.4.3) liegt. Dort läßt sich eine Situation herstellen, in welcher der ordentlich und der außerordentlich polarisierte Fluoreszenzstrahl auf zwei Kegeln emittiert werden, die sich an genau zwei Punkten schneiden. Werden Photonen gleicher Farbe mit einem Interferenzfilter präpariert, dann bilden sie einen Zustand,

$$|\Psi_{EPR}\rangle = \frac{1}{2^{-1/2}}\left(|H\rangle_1|V\rangle_2 + e^{i\phi}|V\rangle_1|H\rangle_2\right),$$

der genau den EPR-Zuständen im Sinne von D. Bohm entspricht. Weil die beiden Photonen in zwei verschiedenen Armen propagieren, lassen sich die Polarisationen durch Verzögerungsplatten ($\lambda/2$, s. Abschn. 3.7.3) ändern und dadurch auch andere EPR-Zustände wie $(|H\rangle_1|H\rangle_2 + e^{i\phi}|V\rangle_1|V\rangle_2)/\sqrt{2}$ erzeugen. Mit dieser Quelle lassen sich Photonenkorrelationen produzieren, die häufig einfach „Bell-Experimente" genannt werden.

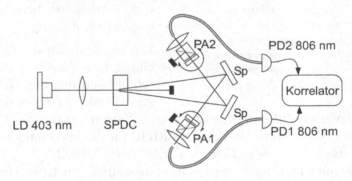

Abb. 12.24 *Experimentelle Anordnung [166] zur Messung von Polarisationskorrelationen von Photonenpaaren mit Polarisationsverschränkung. LD: Laserdiode; SPDC: Single Photon Downconversion Source; Sp: Spiegel zur Strahlumlenkung; PA: Polarisationsanalysatoren, bestehend aus einer drehbaren $\lambda/2$-Platte und einem polarisierenden Strahlteiler; PD: Photodetektoren im Photonenzählmodus.*

12.8.5 Ein einfaches Bell-Experiment

Die einfache Anordnung aus Abb. 12.24 entspricht sehr genau dem Konzept von Bohm aus Abb. 12.22. Blaue Laserdioden (Abschn. 9.2.1) bieten genügend

Leistung (mehrere 10 mW), um diese Experimente heute sogar relativ einfach zu realisieren.

Die Struktur der Korrelationsmessungen ist in Abb. 12.25 gezeigt. Bei der spontanen parametrischen Fluoreszenz werden Photonen mit verschränkter linearer Polarisation emittiert, deren Achsen durch den Kristall festgelegt sind. Der Winkel des ersten Analysators wird fest relativ zu diesen Achsen orientiert. In der 0°-Stellung der $\lambda/2$-Platte werden die Photonen des ersten Lichtstrahls in einer (0°, 90°)-Basis detektiert, bei 22,5° dagegen mit (45°,-45°)-Achsen.

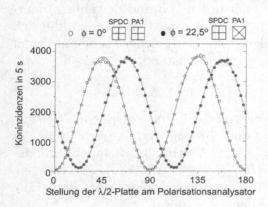

Abb. 12.25 *Polarisationskorrelationen zwischen Photonen, die in zwei verschiedenen Basis-Systemen gemessen werden. Oben sind die Achsensysteme für den Nichtlineareen Kristall (NLK) und den Polarisatonsanaylsator (PA) symbolisiert, s. Abb. 12.24. Nach [166].*

Wird die $\lambda/2$-Verzögerungsplatte im zweiten Lichtstrahl um den Winkel α gedreht, erwartet man, eine Variation der Koinzidenzrate $\propto \sin^2 \alpha$ zu finden: Bei gleicher Orientierung können wegen der Anti-Korrelation von horizontal und vertikaler Polarisation keine Koinzidenzen gefunden werden, bei $\alpha = 45°$ maximal viele. Dieses Verhalten zeigt Abb. 12.25. Daß in beiden Fällen die gleichen Kurven gefunden werden, ist bereits eine Folge der Verschränkung.

Ein Ergebnis für die CHSH-Ungleichung Gl. (12.36) – die physikalische Bedeutung der Meßgröße S erschließt sich erst bei dem Versuch, das Maß der Verschränkung quantitativ zu erfassen – wird durch Messungen bei denjenigen Polarisatorstellungen ermittelt, für die maximale Verletzung erwartet wird, das ist in diesem Fall: $(a,a',b,b') = (45°,0°,22,5°,-22,5°)$. Für diese Stellung berechnet man nach der Quantenmechanik den Erwartungswert, der die Ungleichung offensichtlich und maximal verletzt:

$$S_{\mathrm{QM}} = 2\sqrt{2} = 2,82 \geq 2$$

Auswertung dieses Experiments mit der Anordnung nach [166] ergab mit $S_{\mathrm{exp}} = 2,732 \pm 0,017$ einen Wert, der die Vorhersage nach den Theorien mit verborgenen Variablen um 40 Standardabweichungen verletzt und damit die Gültigkeit der Quantenmechanik bestätigt.

Aufgaben zu Kapitel 12

12.1 „Dressed States" im 3-Niveau-Atom In Abb. 12.26 ist ein 3-Niveau-System vorgestellt, das die beiden Grundzustände $|g1,2\rangle$ mit zwei Laserstrahlen an das angeregte Niveau $|e\rangle$ koppelt. Verwenden Sie die Rabifrequenzen $\Omega_{1,2}$ als Maß für die Kopplungsstärken. Laser 1 soll über die Resonanz hinweg verstimmt werden (Laserfrequenz $\omega_{L1} = \omega_1 + \delta$), Laser soll fest auf die Resonanzfrequenz $\omega_{L2} = \omega_2$ eingestellt sein. Bestimmen Sie die Lage der Ener-

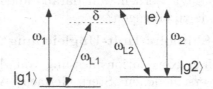

Abb. 12.26 *Drei-Niveau-System mit zwei anregenden Lichtfeldern.*

gieniveaus im Dressed-Atom-Modell (das dazu auf 3 Zustände erweitert wird) als Funktion der Verstimmung δ. Zeigen Sie, daß für perfekte Resonanz ($\delta = 0$) ein sogenannter Dunkelzustand auftritt.

12.2 Lichtempfindliche Feuerwerkskörper Ein Hersteller bringt ein neues Produkt auf den Markt: Feuerwerkskörper (FK), die durch den Kontakt mit Licht gezündet werden. Der Zünder ist so empfindlich eingestellt, daß ein Photon zur Zündung ausreicht. Leider wird eine Ladung funktionsfähiger mit funktionsunfähigen FKs gemischt. Um wenigstens Teile der Ladung zu retten, schlägt ein Quantenoptiker folgenden Test vor: Die FK werden mit ihrem Zünder in den einen Arm eines Mach-Zehnder-Interferometers (MZI) eingebrach (Abb. 5.12) und dort einem Strom von einzelnen Photonen ausgesetzt. Das leere MZI ist symmetrisch eingestellt, daß alles Licht durch Interferenz

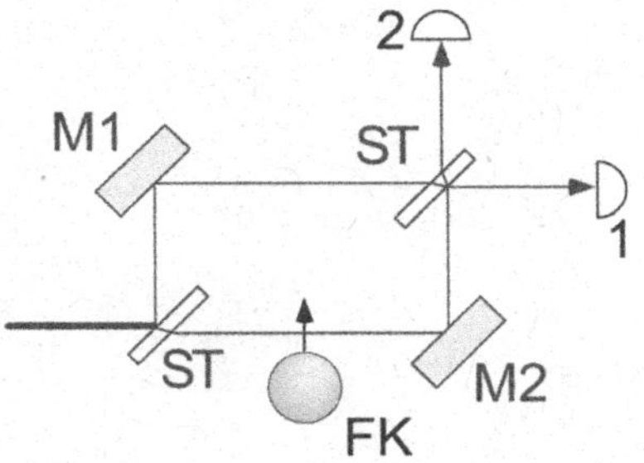

Abb. 12.27 *Mach-Zehnder-Interferometer für Einzelphotonennachweis.*

im Ausgang 1 detektiert wird. Auch der funktionslose Zünder verursacht keine Änderung der Lichtweg. Ein funktionsfähiger Zünder absorbiert aber das

Licht und zündet den Feuerwerkskörper. Welche Ereignisse registrieren die Detektoren in diesem Fall? Zeigen Sie, daß einerseits 50% der intakten Zünder gefeuert werden und 25% als fälschlich nicht funktionsfähig aussortiert werden, daß aber immerhin 25% der intakten Kugeln korrekt aussortiert werden.

12.3 Transformation von Bell-Zuständen Eine SPDC-Quelle erzeugt Paare von polarisationsverschränkten Photonen (Abschn. 12.8.4), die den Singulett-Zustand $\Psi_{EPR} = (|H\rangle_1|V\rangle_2 + e^{i\phi}|V\rangle_1|H\rangle_2)/\sqrt{2}$ annehmen. Welche optischen Elemente können eingesetzt werden, um daraus andere verschränkte (nicht faktorisierbare) Zustände zu erzeugen?

12.4 Clauser-Horne-Shimony-Holt-Ungleichung

Der Erwartungswert einer Korrelationsmessung von A und B an zwei Spin-1/2-Teilchen mit zwei verschiedenen „Stern-Gerlach"-Apparaturen mit Orientierungen $\{e_A, e_B\}$, die von einem verborgenen Parameter λ abhänge, sei

$$s(e_A, e_{A'}, e_B, e_{B'}) = A(e_A\lambda)B(e_B, \lambda) - A(e_A\lambda)B(e_{B'}, \lambda) + $$
$$+ A(e_{A'}\lambda)B(e_B, \lambda) + A(e_{A'}\lambda)B(e_{B'}, \lambda) \quad .$$

Zeigen Sie zunächst, daß s für $\{A(e_A\lambda), B(e_B, \lambda)\} = \pm 1$ nur die Werte ± 2 annehmen kann. Wir definieren mit Hilfe von Gl.(12.33) den Ensemblemittelwert

$$S(e_A, e_{A'}, e_B, e_{B'}) = $$
$$= E(e_A, e_B) - E(e_A, e_{B'}) + E(e_{A'}, e_B) - E(e_{A'}, e_{B'}) \quad .$$

Zeigen Sie, daß die Bedingung

$$-2 \leq S(e_A, e_{A'}, e_B, e_{B'}) \leq 2$$

für Theorien mit verborgenen Variablen λ gelten muß. Berechnen Sie auch den Wert nach der Quantenmechanik für den Singulett-Zustand (12.31), s. auch Abschn. 12.8.2.

13   Nichtlineare Optik I: Optische Mischprozesse

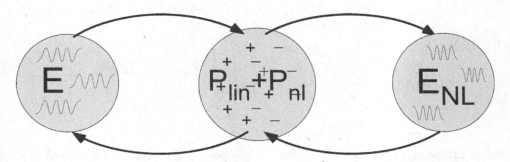

Abb. 13.1 *Durch nichtlineare Wechselwirkung wird in einem dielektrischen Material eine nichtlineare Polarisation P_{NL} erzeugt. Sie wirkt als Quelle eines neuen elektromagnetischen Feldes E_{NL}, das wiederum auf die Polarisation zurückwirkt.*

In den bisherigen Fällen haben wir meistens Polarisationen betrachtet, die linear mit dem treibenden Feld zusammenhängen. Die Theorie des *linearen Responses* war auch vollkommen ausreichend, solange nur klassische Lichtquellen zur Verfügung standen. Seit der Erfindung des Lasers können wir aber Materieproben so stark antreiben, daß außer den linearen Beiträgen wie in Gl.(6.12) auch nichtlineare Beiträge zur Polarisation auftreten.

13.1   Anharmonische geladene Oszillatoren

Wir können das klassische Modell aus Abschn. 6.1.1 modifizieren, um ein einfaches mikroskopisches Modell für die Eigenschaften nichtlinearer Wechselwirkungen von Licht und Materie zu bekommen. Dazu fügen wir in der Bewegungsgleichung des linearen Oszillators aus Gl.(6.1) eine schwache anharmonische Kraft max^2 ein. Dieses Modell reflektiert zum Beispiel die Potentialsituation einer Ladung in einem Kristall mit fehlender Inversionssymmetrie. Gleichzeitig vernachlässigen wir die lineare Dämpfung durch Absorption und

Streuung, die bei der Anwendung und beim Studium nichtlinearer Prozesse
unerwünscht ist und, wie wir noch sehen werden, die formale Behandlung nur
komplizierter macht. Wir betrachten also die ungedämpfte Form

$$\ddot{x} + \omega_0^2 x + \alpha x^2 = \frac{q}{m}\mathcal{E}\cos(\omega t) \quad .$$

Wir fordern nun eine Lösung $x(t) = x^{(1)}(t) + x^{(2)}(t)$, wobei $x^{(1)}$ den schon
bekannten linearen Anteil markiert, $x^{(1)}(t) = x_L\cos(\omega t)$.[1] Die Amplitude be-

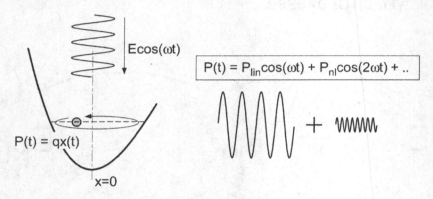

Abb. 13.2 *Geladener Oszillator in einem anharmonischen Potential. Durch die anharmonische Bewegung werden Oberwellen zur Treiberfrequenz ω angeregt. In einem realen Kristall
muß $x(t)$ durch eine geeignete Normalkoordinate ersetzt werden.*

trägt $x_L = q\mathcal{E}/m(\omega_0^2 - \omega^2)$, und die kleine, nichtlineare Störung ($|x^{(2)}| \ll |x^{(1)}|$)
wird näherungsweise die Gleichung

$$\ddot{x}^{(2)} + \omega_0^2 x^{(2)} = -\alpha\left[(x^{(1)})^2 + 2x^{(1)}x^{(2)} + ...\right] \simeq -\alpha x_L^2\cos^2(\omega t)$$

erfüllen. Wir zerlegen die nichtlineare Polarisation nun in einen konstanten und
einen mit der doppelten Frequenz des Treiberfeldes 2ω oszillierenden Anteil
$x^{(2)} = x_{DC}^{(2)} + x_{2\omega}^{(2)}$ und finden die Lösungen

$$x_{DC}^{(2)} = -\frac{\alpha x_L^2}{2\omega_0^2}$$

$$x_{2\omega}^{(2)} = -\frac{\alpha x_L^2}{2(\omega_0^2 - 4\omega^2)}\cos(2\omega t) \quad .$$

Der erste Term beschreibt die Verschiebung der mittleren Position der Ladung,
die durch die Asymmetrie des Potentials verursacht wird. Die optische Welle verursacht also eine konstante, makroskopische elektrische Polarisation der
Probe, die wir als „optische Gleichrichtung" oder als „inversen Kerr-Effekt"
(s. auch Abschn. 3.8.1) auffassen können.

---

[1] In transparenten Materialien sind die elektronischen Resonanzen weit entfernt und wir
können den absorptiven Beitrag ($\propto \sin(\omega t)$) in guter Näherung vernachlässigen.

Der zweite Beitrag beschreibt die erste Oberschwingung der Ladung bei der Frequenz 2ω. Die Probe wird unter geeigneten Bedingungen, die im Kapitel über Frequenzverdopplung näher erläutert werden, ein kohärentes elektrisches Feld bei dieser Frequenz abstrahlen!

In Anlehnung an den linearen Fall können wir eine nichtlineare Suszeptibilität einführen, denn mit der Oberschwingung bei der Frequenz 2ω ist eine Polarisation verknüpft,

$$P_{2\omega}(t) = -\frac{\alpha(q/m)^2}{2(\omega_0^2 - \omega^2)^2(\omega_0^2 - 4\omega^2)}\mathcal{E}^2 \cos{(2\omega t)} \quad,$$

aus der wir eine nichtlineare Suszeptibilität

$$\chi(2\omega) = -\frac{1}{\epsilon_0}\frac{\alpha(q/m)^2}{2(\omega_0^2 - \omega^2)^2(\omega_0^2 - 4\omega^2)} \tag{13.1}$$

entnehmen können. Sie zeigt interessanterweise eine Resonanz bei $\omega_0 = 2\omega$, die als Zwei-Photonen-Absorption interpretiert werden kann (s. Abschn. 11.4.3).

13.2   Nichtlineare Suszeptibilität 2. Ordnung

Mit Hilfe von nichtlinearen Suszeptibilitäten können wir generell die Antwort einer Probe auf eine oder mehrere optische Wellen beschreiben. Wir betrachten im folgenden nur monochromatische elektrische Felder, die wir in komplexer Schreibweise in ihre positiven und negativen Frequenzanteile zerlegen,

$$\begin{aligned}
\mathbf{E}(\mathbf{r}, t) &= (\mathbf{E}^{(+)} + \mathbf{E}^{(-)})/2 \quad, \\
\mathbf{E}^{(+)}(\mathbf{r}, t) &= \mathcal{E}e^{-i(\omega t - \mathbf{kr})} \quad, \\
\mathbf{E}^{(-)}(\mathbf{r}, t) &= (\mathbf{E}^{(+)}(\mathbf{r}, t))^* \quad,
\end{aligned}$$

und entsprechende dielektrische Polarisationen $\mathbf{P}^{(\pm)}$. Wenn das Feld linear polarisiert ist, dann wird die Amplitude in dieser Definition wegen $|\mathbf{E}|^2 = \mathbf{E}^{(+)}\mathbf{E}^{(-)}$ nach

$$|\mathcal{E}| = \sqrt{\frac{I}{nc\epsilon_0}}$$

berechnet. Der lineare Zusammenhang von Feldstärke und Polarisation ist schon aus Gl.(6.11) bekannt. Um die umständliche Integralschreibweise der Faltung zu vermeiden, symbolisieren wir sie mit dem $\odot$-Zeichen,

$$\mathbf{P}(\mathbf{r}, t) = \epsilon_0\chi^{(1)} \odot \mathbf{E}(\mathbf{r}, t) \quad,$$

und geben nun zusätzlich den hochgestellten Index „(1)" an, der den linearen Beitrag identifiziert. Im wichtigsten Fall monochromatischer Felder reduziert sich die Faltung im Zeitbereich wieder zu einem einfachen Produkt.

Bei hohen Feldstärken führen aber auch nichtlineare Beiträge der Polarisation zu wahrnehmbaren Effekten,

$$\mathbf{P}^{NL}(\mathbf{r},t) = \epsilon_0 \left\{ \chi^{(2)} \odot \mathbf{E}(\mathbf{r},t) \odot \mathbf{E}(\mathbf{r},t) + \right.$$
$$\left. + \chi^{(3)} \odot \mathbf{E}(\mathbf{r},t) \odot \mathbf{E}(\mathbf{r},t) \odot \mathbf{E}(\mathbf{r},t) + ... \right\} \quad .$$

Diese höheren Terme sind das Thema der nichtlinearen Optik. Im allgemeinen können dabei nichtlineare Produkte zwischen allen vorhandenen Feldkomponenten auftreten ($(\mathbf{E} \odot \mathbf{E})_{ij} = E_i \odot E_j$ etc.).

13.2.1 Mischprodukte von zwei Feldern

In jeder Ordnung von $\chi^{(n)}$ tragen verschiedene Frequenzen zur nichtlinearen Polarisation bei, die sich als „Mischprodukte" der Eingangswellen ergeben. Es ist daher sehr viel einfacher und in der nichtlinearen Optik üblich, die Beiträge zur Polarisation, die durch „Wellenmischung" entstehen, gleich nach Frequenzkomponenten zu sortieren. Einen allgemeinen Ausdruck für die Polarisation kann man in zweiter Ordnung nach

$$P_i(\omega) = \sum_{jk} \sum_{mn} \chi^{(2)}_{ijk}(\omega; \omega_m \omega_n) E_j(\omega_m) E_k(\omega_n) \tag{13.2}$$

angeben. Für den einfachen isotropen Spezialfall ($j = k$) können wir die Beiträge auch durch Ausmultiplizieren der linearen Superposition finden,

$$E(\mathbf{r},t)^2 = \left[\sum_m (E_m^{(+)} + E_m^{(-)}) \right]^2 =$$
$$\sum_m \left[(E_m^{(+)})^2 + E_m^{(+)} E_m^{(-)} + 2 \sum_{n \neq m} (E_m^{(+)} E_n^{(+)} + E_m^{(+)} E_n^{(-)}) \right] + c.c.$$

Schon bei der Bestrahlung mit nur zwei optischen Wellen ($m = 1, 2$) verschiedener Frequenzen $\omega_{1,2}$ werden nichtlineare Polarisationen bei 5 verschiedenen Frequenzen erzeugt, die als Treibkraft zur Erzeugung einer neuen Welle bei der Mischfrequenz wirken:

$\mathbf{P}(2\omega_1)$	2. Harmonische Frequenz (1)	*SHG*
$\mathbf{P}(2\omega_2)$	2. Harmonische Frequenz (2)	*SHG*
$\mathbf{P}(\omega_1 + \omega_2)$	Summenfrequenz	*SFG*
$\mathbf{P}(\omega_1 - \omega_2)$	Differenzfrequenz	*DFG*
$\mathbf{P}(\omega = 0)$	Optische Gleichrichtung	*OR*

$$\tag{13.3}$$

Jeweils zwei Feldkomponenten mit Frequenzen ω_1, ω_2 erzeugen eine Polarisation bei der Frequenz ω. Die zugehörige Suszeptibilität wird üblicherweise in

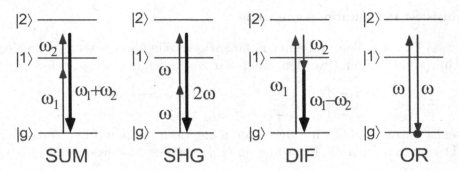

Abb. 13.3 *Passive $\chi^{(2)}$-Prozesse. SUM: Summenfrequenzerzeugung; SHG: Frequenzverdopplung (engl. second harmonic generation); DIF: Differenzfrequenzerzeugung; OR: Optische Gleichrichtung (engl. optical rectification).*

der Form

$$\chi^{(2)}_{ijk}(\omega;\omega_1,\omega_2) \quad \omega = \omega_1 + \omega_2$$

gekennzeichnet. Die Indizes „ijk" können jede der kartesischen Koordinaten (x,y,z) bezeichnen und berücksichtigen den Tensorcharakter der Suszeptibilität. Zu jeder Frequenzkombination gibt es deshalb im Prinzip 27 Tensorelemente.

Wenn wir die kartesische Abhängigkeit zunächst vernachlässigen, findet man durch Zerlegung der Polarisation in die Fourierkomponenten $P_i(\mathbf{r},t) = (P_i^{(+)} + P_i^{(-)})/2$ und durch Vergleich mit Gl.(13.3):

$$\begin{aligned}
P^{(+)}(\omega = 2\omega_1) &= \epsilon_0\chi^{(2)}(\omega,\omega_1,\omega_1)(E_1^{(+)})^2 \\
P^{(+)}(\omega = 2\omega_2) &= \epsilon_0\chi^{(2)}(\omega,\omega_2,\omega_2)(E_2^{(+)})^2 \\
P^{(+)}(\omega = \omega_1 + \omega_2) &= 2\epsilon_0\chi^{(2)}(\omega,\omega_1,\omega_2)E_1^{(+)}E_2^{(+)} \\
P^{(+)}(\omega = \omega_1 - \omega_2) &= 2\epsilon_0\chi^{(2)}(\omega,\omega_1,-\omega_2)E_1^{(+)}E_2^{(-)} \\
P^{(+)}(\omega = 0) &= 2\epsilon_0(\chi^{(2)}(0;\omega_1,-\omega_1)E_1^{(+)}E_1^{(-)}+ \\
&\quad +\chi^{(2)}(0;\omega_2,-\omega_2)E_2^{(+)}E_2^{(-)}) \quad .
\end{aligned}$$

13.2.2 Symmetrieeigenschaften der Suszeptibilität [28]

Die Suche nach Kristallen mit hohen nichtlinearen Koeffizienten ist ein nach wie vor aktuelles Forschungsgebiet. Die Symmetrieeigenschaften der Kristalle spielen dabei eine wichtige Rolle und sollen hier einer kurzen Überprüfung im Hinblick auf die nichtlineare Optik unterzogen werden.

Intrinsische Permutationssymmetrie

Mit zwei Grundwellen und einer Polarisationswelle können sechs verschiedene Mischprodukte erzeugt werden, wenn wir zusätzlich $\omega = \omega_1 + \omega_2$ fordern:

$$\chi_{ijk}^{(2)}(\omega; \omega_1, \omega_2) \quad \chi_{ijk}^{(2)}(\omega_1; -\omega_2, \omega) \quad \chi_{ijk}^{(2)}(\omega_2; \omega, -\omega_1)$$
$$\chi_{ijk}^{(2)}(\omega; \omega_2, \omega_1) \quad \chi_{ijk}^{(2)}(\omega_1; \omega, -\omega_2) \quad \chi_{ijk}^{(2)}(\omega_2; -\omega_1, \omega) \quad .$$

Dabei ist die obere Reihe mit der unteren identisch, wenn mit der Vertauschung der Frequenzen auch die Koordinaten (i, j) vertauscht werden,

$$\chi_{ijk}^{(2)}(\omega; \omega_1, \omega_2) = \chi_{ikj}^{(2)}(\omega; \omega_2, \omega_1)$$

Reelle elektromagnetische Felder

Weil die harmonische Zeitabhängigkeit von $P^{(-)}$ aus $P^{(+)}$ hervorgeht, indem man die Ersetzung $\omega_i \to -\omega_i$ vornimmt, muß gelten

$$\chi_{ijk}^{(2)}(\omega_i; \omega_j, \omega_k) = \chi_{ijk}^{(2)}(-\omega_i; -\omega_k, -\omega_j)^* \quad .$$

Verlustfreie Medien

In verlustfreien Medien ist die Suszeptibilität reell und dann gilt sogar

$$\chi_{ijk}^{(2)}(\omega_i; \omega_j, \omega_k) = \chi_{ijk}^{(2)}(-\omega_i; -\omega_k, -\omega_j) \tag{13.4}$$

Außerdem gilt die *volle Permutationssymmetrie*, das heißt, alle Frequenzen können vertauscht werden, wenn die zugehörigen kartesischen Indizes gleichzeitig vertauscht werden. Dabei muß man berücksichtigen, daß man das Vorzeichen der getauschten Frequenzen wechseln muß, wenn die resultierende erste Frequenz ein Tauschpartner ist, um die Bedingung $\omega = \omega_1 + \omega_2$ zu erhalten:

$$\chi_{ijk}^{(2)}(\omega; \omega_1, \omega_2) = \chi_{jik}^{(2)}(-\omega_1; -\omega, \omega_2) = \chi_{jik}^{(2)}(\omega_1; \omega, -\omega_2) \quad .$$

Im letzten Schritt haben wir (13.4) ausgenutzt. Zum Nachweis dieser Symmetrie kann man die quantenmechanische Berechnung von χ oder die Energiedichte im nichtlinearen Medium heranziehen.

13.2.3 Zweiwellen-Polarisation

Wir haben im vorangegangenen Abschnitt gesehen, daß eine oder mehrere neue Polarisationswellen als Mischprodukt zweier Eingangsfelder entstehen.

$$\begin{aligned}
P^{(+)} &= \epsilon_0 \chi^{(2)}(\omega; \omega_1, \omega_2) E_1^{(+)} E_2^{(+)} \\
P_1^{(+)} &= \epsilon_0 \chi^{(2)}(\omega_1; -\omega_2, \omega) E_2^{(-)} E^{(+)} \\
P_2^{(+)} &= \epsilon_0 \chi^{(2)}(\omega_2; \omega, -\omega_1) E^{(+)} E_1^{(-)}
\end{aligned} \tag{13.5}$$

Dabei muß auch ein neues Feld bei der Frequenz der Polarisationswelle entstehen, das nun seinerseits durch nichtlineare Wechselwirkung einen Beitrag zur Polarisation bei den schon vorhandenen Frequenzen liefert. Sie beschreiben die Rückwirkung der nichtlinearen Polarisation auf die Grundwellen, zum Beispiel den Energieaustausch. Mit den Symmetrieregeln aus Abschn. 13.2.2 können wir feststellen, daß in der Näherung verlustfreier Medien die $\chi^{(2)}$-Koeffizienten identisch sind! In Abschnitt 13.3.1 werden wir die Kopplung der *drei* Wellen näher untersuchen.

Kontrahierte Notation

In der nichtlinearen Optik wird sehr häufig die „kontrahierte Notation" benutzt, die zunächst durch den Tensor

$$d_{ijk} = \frac{1}{2}\chi^{(2)}_{ijk}$$

definiert ist. Die Notation wird nun vereinfacht und die Anzahl der möglichen Elemente von 27 für $\chi^{(2)}_{ijk}$ auf 18 verringert, indem die letzten beiden Indizes (j, k) zu einem Index l zusammengezogen werden, $d_{ijk} \rightarrow d_{il}$. Wegen der intrinsischen Permutationssymmetrie gilt also:

$$
\begin{array}{ccccccc}
jk: & 11 & 22 & 33 & 23, 32 & 31, 13 & 12, 21 \\
l: & 1 & 2 & 3 & 4 & 5 & 6
\end{array}
$$

Zum Beispiel lautet die Matrix Gleichung, mit der man die Frequenzverdopplung beschreiben kann, mit dem d_{ij}-Tensor:

$$
\begin{pmatrix} P_x(2\omega) \\ P_y(2\omega) \\ P_z(2\omega) \end{pmatrix} = 2\epsilon_0 \begin{pmatrix} d_{11} & d_{12} & d_{13} & d_{14} & d_{15} & d_{16} \\ d_{21} & d_{22} & d_{23} & d_{24} & d_{25} & d_{26} \\ d_{31} & d_{32} & d_{33} & d_{34} & d_{35} & d_{36} \end{pmatrix} \begin{pmatrix} E_x(\omega)^2 \\ E_y(\omega)^2 \\ E_z(\omega)^2 \\ 2E_y(\omega)E_z(\omega) \\ 2E_x(\omega)E_z(\omega) \\ 2E_x(\omega)E_y(\omega) \end{pmatrix} \quad (13.6)
$$

Kleinman-Symmetrie

Häufig liegen die Resonanzfrequenzen eines nichtlinearen Materials sehr viel höher als die der Treiberfelder. Dann sind die Suszeptibilitäten – deren Form derjenigen unseres klassischen Modells aus Gl.(13.1) ähnelt – nur schwach frequenzabhängig und unterliegen näherungsweise der *Kleinman-Symmetrie*: Wenn die Suszeptibilität gar nicht mehr von der Frequenz abhängt, können die kartesischen Indizes vertauscht werden, ohne gleichzeitig die zugehörigen

Frequenzen zu vertauschen. Die Kleinman-Symmetrie reduziert die maximale Anzahl der unabhängigen Matrixelemente von 18 auf 10.

13.2.4 Kristallsymmetrie

Kristalle mit Inversionssymmetrie können a priori keine Suszeptibilität 2. Ordnung zeigen: Bei Inversion aller Koordinaten ändert sich nämlich sowohl das Vorzeichen der Feldamplituden als auch der Polarisation,

$$P_i(\mathbf{r}) = d_{ijk}E_j(\mathbf{r})E_k(\mathbf{r}) \overset{\mathbf{r} \to -\mathbf{r}}{\longrightarrow} -P_i(\mathbf{r}) = d_{ijk}E_j(-\mathbf{r})E_k(-\mathbf{r})$$

Die Inversionssymmetrie ist deshalb nur mit $d_{ijk} = \chi^{(2)}_{ijk}/2 = 0$ verträglich, so daß von 32 Kristallklassen die 11 inversionssymmetrischen ausscheiden. Die Symmetrieeigenschaften der übrigen Kristallklassen reduzieren die Anzahl der nichtverschwindenden und voneinander unabhängigen nichtlinearen d-Koeffizienten erheblich. In Abb. 13.4 sind die Koeffizienten für die Kristallklassen in der üblichen Notation angegeben, die von Null verschieden sind.

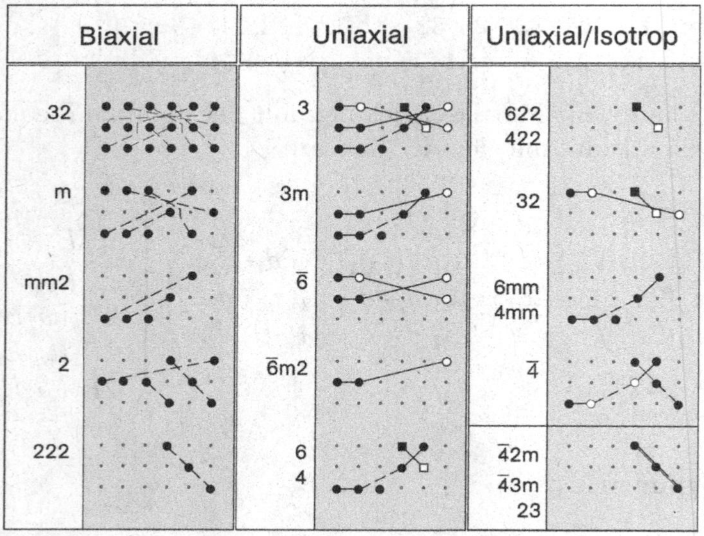

Abb. 13.4 *Nichtlineare Koeffizienten d_{eff}, die von Null verschieden sind (nach Zernike und Midwinter 1973, [183, 28]). Identische Koeffizienten sind mit Linien verbunden (gestrichelt: nur bei Kleinman-Symmetrie); volle und offene Symbole zeigen verschiedene Vorzeichen an; quadratische Symbole verschwinden bei Kleinman-Symmetrie.*

13.2.5 Effektivwert des nichtlinearen d-Koeffizienten

Im allgemeinen sind die nichtlinearen Kristalle anisotrop und doppelbrechend, ja wir werden noch sehen, daß die Asymmetrie der Doppelbrechung ihren effizienten Einsatz überhaupt erst ermöglicht. In Abhängigkeit von den sogenannten Winkeln der Phasenanpassung θ und ϕ werden deshalb effektive Werte d_{eff} für die d_{il}-Koeffizienten angegeben, die ebenfalls tabelliert sind [46].

13.3 Wellenausbreitung in nichtlinearen Medien [32]

Um die Ausbreitung von Wellen in einem nichtlinearen Medium zu verstehen, betrachten wir zunächst wieder die allgemeine Form der Wellengleichung in Materie,

$$\boldsymbol{\nabla} \times \boldsymbol{\nabla} \times \mathbf{E}(\mathbf{r}, t) + \frac{1}{c^2} \frac{\partial^2}{\partial t^2} \mathbf{E}(\mathbf{r}, t) = -\frac{1}{\epsilon_0 c^2} \frac{\partial^2}{\partial t^2} \mathbf{P}(\mathbf{r}, t) \quad .$$

Den ersten Term der Vektoridentität $\boldsymbol{\nabla} \times \boldsymbol{\nabla} \times \mathbf{E} = \boldsymbol{\nabla}(\boldsymbol{\nabla} \cdot \mathbf{E}) - \boldsymbol{\nabla}^2 \mathbf{E}$ kann man in der nichtlinearen Optik nicht mehr so leicht beseitigen wie für lineare, isotrope Medien, weil man aus $\boldsymbol{\nabla} \cdot \mathbf{D} = 0$ nicht mehr $\boldsymbol{\nabla} \cdot \mathbf{E} = 0$ schließen kann. Glücklicherweise kann man den ersten Beitrag aber in vielen interessanten Fällen vernachlässigen, insbesondere auch für den Grenzfall ebener Wellen:

$$\left(\boldsymbol{\nabla}^2 - \frac{1}{c^2} \frac{\partial^2}{\partial t^2} \right) \mathbf{E}(\mathbf{r}, t) = \frac{1}{\epsilon_0 c^2} \frac{\partial^2}{\partial t^2} \mathbf{P}(\mathbf{r}, t) \quad .$$

Die Polarisation enthält lineare und nichtlineare Anteile, $\mathbf{P} = \mathbf{P}^{(1)} + \mathbf{P}^{NL}$. Der lineare Beitrag wirkt sich nur auf eine oder mehrere Grundwellen oder Fundamentalen $\mathbf{E}^F$ aus, die den Prozeß antreiben, und wird durch den Brechungsindex $n^2 = 1 + \chi^{(1)}$ berücksichtigt, $\mathbf{P}^{(1)} = \epsilon_0(n^2 - 1)\mathbf{E}^F$. Dann erhält man eine neue Wellengleichung, die von der nichtlinearen Polarisation $\mathbf{P}^{NL}$ angetrieben wird:

$$\left(\boldsymbol{\nabla}^2 - \frac{n^2}{c^2} \frac{\partial^2}{\partial t^2} \right) \mathbf{E}(\mathbf{r}, t) = \frac{1}{\epsilon_0 c^2} \frac{\partial^2}{\partial t^2} \mathbf{P}^{NL}(\mathbf{r}, t) \quad .$$

Wenn diese verschwindet, findet man wieder die bereits bekannte Gleichung für die Ausbreitung einer Welle in einem dielektrischen Medium dessen Dispersion den Brechungsindex von der Frequenz abhängen lässt, $n = n(\omega)$. Wir betrachten nun wieder jede Frequenzkomponente ω_i des Feldes getrennt, und von den positiven und negativen Polarisationskomponenten trennen wir noch den oszillierenden Anteil ab,

$$\mathbf{P}^{NL}(\mathbf{r}, t) = \sum_i \left(\tilde{\boldsymbol{\mathcal{P}}}_i(\mathbf{r}) e^{-i\omega_i t} + \tilde{\boldsymbol{\mathcal{P}}}_i^*(\mathbf{r}) e^{i\omega_i t} \right) / 2 \quad .$$

Die Wellengleichung zerfällt danach in einzelne Frequenzkomponenten und kann in der Form

$$\left(\boldsymbol{\nabla}^2 + \frac{n(\omega)^2\omega_i^2}{c^2}\right)\mathcal{E}_i(\mathbf{r})e^{i\mathbf{k}\mathbf{r}} = -\frac{\omega_i^2}{\epsilon_0 c^2}\tilde{\mathcal{P}}_i(\mathbf{r}) \tag{13.7}$$

geschrieben werden.

13.3.1 Gekoppelte Amplitudengleichungen

Um die Gleichungen (13.7) zu vereinfachen, betrachten wir zunächst nur ebene Wellen, die sich in z-Richtung ausbreiten. Es lohnt sich außerdem, wieder die i. Allg. realistische Annahme zu machen, daß sich die Amplituden der Wellen nur langsam im Vergleich zur Wellenlänge verändern oder daß die Krümmung der Amplitude klein ist gegen die Krümmung der Welle:

$$\left|\frac{\partial^2\mathcal{E}(z)}{\partial z^2}\right| \quad \ll \quad k\left|\frac{\partial\mathcal{E}(z)}{\partial z}\right| \quad .$$

Dann gilt mit $\partial^2/\partial z^2[\mathcal{E}(z)e^{ikz}] \simeq e^{ikz}[2ik\frac{\partial}{\partial z} - k^2]\mathcal{E}(z)$ näherungsweise die Wellengleichung

$$\left[2ik\frac{\partial}{\partial z} - k^2 + \frac{n^2(\omega)\omega^2}{c^2}\right]\mathcal{E}(z) = -\frac{\omega^2}{\epsilon_0 c^2}\tilde{\mathcal{P}}(\omega)e^{-ikz} \quad .$$

Darin können wir mit $k^2 = n^2(\omega)\omega^2/c^2$ den Wellenvektor der Ausbreitung im dielektrischen Medium identifizieren und erhalten schließlich

$$\frac{d}{dz}\mathcal{E}(z) = \frac{\omega^2}{\epsilon_0 c^2}\frac{i}{2k}\tilde{\mathcal{P}}(\omega)e^{-ikz} \quad . \tag{13.8}$$

Eine genauere Betrachtung zeigt übrigens, daß nicht nur die vorwärts laufende Welle, sondern auch eine rückwärts laufende Welle erzeugt wird. Nur die vorwärts laufende Welle wird aber wesentlich angekoppelt ([154], Kap. 33).

Für jede der komplizierten Wellengleichungen aus (13.7) können wir deshalb eine Gleichung nach (13.8) aufstellen und dabei die Polarisation durch ihre explizite Form ersetzen, zum Beispiel nach (13.5). Die wichtigsten Probleme der nichtlinearen Optik können nach diesem Standardverfahren behandelt werden.

13.3.2 Gekoppelte Amplituden für Dreiwellenmischung

Die nichtlineare Polarisation beschreibt die Kopplung zwischen den Grundwellen $\mathbf{E}_1(\omega_1)$ und $\mathbf{E}_2(\omega_2)$ und ihrem Mischprodukt $\mathbf{E}_3(\omega)$. Dabei verwenden wir nach Gl.(13.5) aus Symmetriegründen in allen drei Fällen denselben $\chi^{(2)}$-Koeffizienten für die nichtlineare Suszeptibilität.

Wir schreiben die drei Amplitudengleichungen nach (13.8) für diesen Zweck auf, indem wir die Polarisationen nach (13.5) einsetzen und die Abkürzung

$$\Delta k = k - k_1 - k_2$$

verwenden:

$$\tilde{P}_3(z)e^{-ikz} = 4\epsilon_0 d_{\text{eff}}\mathcal{E}_1 e^{ik_1 z}\mathcal{E}_2 e^{ik_2 z}e^{-ikz} = 4\epsilon_0 d_{\text{eff}}\ \mathcal{E}_1\mathcal{E}_2 e^{-i\Delta kz}\ .$$

Der Faktor 4 tritt hier auf, weil wir über alle Beiträge zur Polarisation nach Gl.(13.2) summieren müssen. Wir setzen in Gl.(13.8) ein und haben aus Gründen der Übersichtlichkeit für $\mathcal{E}_2$ bereits die komplex konjugierte Gleichung aufgeführt:

$$\frac{d}{dz}\mathcal{E}_3(\omega) = \frac{2i\omega d_{\text{eff}}}{cn(\omega)}\ \mathcal{E}_1\mathcal{E}_2 e^{-i\Delta kz}$$

$$\frac{d}{dz}\mathcal{E}_1^*(\omega_1) = \frac{-2i\omega_1 d_{\text{eff}}}{cn(\omega_1)}\ \mathcal{E}_3^*\mathcal{E}_2 e^{-i\Delta kz} \tag{13.9}$$

$$\frac{d}{dz}\mathcal{E}_2^*(\omega_2) = \frac{-2i\omega_2 d_{\text{eff}}}{cn(\omega_2)}\ \mathcal{E}_1\mathcal{E}_3^* e^{-i\Delta kz}$$

Grundsätzlich lassen sich nach diesen Gleichungen die wichtigsten $\chi^{(2)}$-Prozesse behandeln. Für passive Prozesse, zu denen die *Frequenzverdopplung*, die *Summen-* und *Differenzfrequenzmischung* sowie die *optische Gleichrichtung* gehören, muß man von Anfangsbedingungen der Form $\mathcal{E}_1, \mathcal{E}_2 \neq 0$, $\mathcal{E}_3 = 0$ ausgehen. Es ist aber auch möglich, damit einen Parametrischen Oszillator zu verstehen. Er kann ähnlich wie ein Laser als aktives Element betrachtet werden, denn die Anfangsbedingungen haben nun die Form $\mathcal{E}_1, \mathcal{E}_2 = 0$, $\mathcal{E}_3 \neq 0$.

13.3.3 Energieerhaltung

Die Intensität I einer Welle im Dielektrikum mit dem Brechungsindex $n(\omega)$ beträgt

$$I = \frac{n(\omega)c\epsilon_0}{2}|E|^2\ .$$

Durch Multiplikation der Gleichungen (13.9) mit der komplex konjugierten Amplitude $n(\omega_i)c\epsilon_0\mathcal{E}_i^*/2$ ergibt sich die *Manley-Rowe-Beziehung*

$$\frac{1}{\omega}\frac{d}{dz}I_3(\omega) = -\frac{1}{\omega_1}\frac{d}{dz}I_1(\omega_1) = -\frac{1}{\omega_2}\frac{d}{dz}I_2(\omega_2)\ .$$

Sie drückt die Energieerhaltung, denn danach gilt

$$I_3(\omega) + I_1(\omega_1) + I_2(\omega_2) = 0$$

wegen $\omega = \omega_1 + \omega_2$. Dieser Umstand wird auch suggestiv als „Photonenerhaltung" bezeichnet, weil in dieser Interpretation zwei Photonen mit den Frequenzen ω_1 und ω_2 zu einem Photon der Frequenz ω kombiniert werden. Diese Sprechweise ist aber lediglich ein anderer Ausdruck für die Energieerhaltung, die nichtlineare Optik ist auf die Quantenphysik zur theoretischen Erklärung gar nicht angewiesen.

Wir können uns den Umstand der Photonenzahlerhaltung zunutze machen und die Gleichungen (13.9) auf normierte Amplituden

$$\mathcal{A}_i = \sqrt{\frac{n(\omega_i)}{\omega_i}}\mathcal{E}_i$$

transformieren. Die Amplitude der elektromagnetischen Welle beträgt nun

$$I = c\epsilon_0\omega|\mathbf{A}(\mathbf{r},t)|^2$$

und man erhält

$$\begin{aligned}
\frac{d}{dz}\mathcal{A}_3(\omega) &= i\kappa\mathcal{A}_1\mathcal{A}_2 e^{-i\Delta kz} \\
\frac{d}{dz}\mathcal{A}_1^*(\omega_1) &= -i\kappa\mathcal{A}_3^*\mathcal{A}_2 e^{-i\Delta kz} \\
\frac{d}{dz}\mathcal{A}_2^*(\omega_2) &= -i\kappa\mathcal{A}_1\mathcal{A}_3^* e^{-i\Delta kz}
\end{aligned} \tag{13.10}$$

mit dem Kopplungskoeffizienten

$$\kappa = \frac{2d_{\text{eff}}}{c}\sqrt{\frac{\omega\omega_1\omega_2}{n(\omega)n(\omega_1)n(\omega_2)}} \;. \tag{13.11}$$

13.4 Frequenzverdopplung

Der erste wichtige Spezialfall der gekoppelten Amplitudengleichungen (13.9) ist die Frequenzverdopplung. Sie hat besonders große Bedeutung, weil mit dieser Methode kohärente Oberwellen einer Grundwelle erzeugt werden können. Dadurch werden zum Beispiel ultraviolette Wellenlängen erschlossen. Die Gleichungen (13.9) werden wegen der Entartung von ω_1 und ω_2 auf zwei Gleichungen reduziert. Wir rekapitulieren noch einmal die Form für die Feldstärke der fundamentalen Welle $\mathcal{E}_{\text{FUN}}$ und der zweiten Harmonischen $\mathcal{E}_{\text{SHG}}$,

$$\begin{aligned}
\frac{d}{dz}\mathcal{E}_{\text{SHG}}(2\omega) &= \frac{i2\omega}{cn(2\omega)}d_{\text{eff}}\mathcal{E}_{\text{FUN}}^2(\omega)e^{-i\Delta kz} \\
\frac{d}{dz}\mathcal{E}_{\text{FUN}}(\omega) &= \frac{i\omega}{cn(\omega)}2d_{\text{eff}}\mathcal{E}_{\text{SHG}}(2\omega)\mathcal{E}_{\text{FUN}}^*(\omega)e^{i\Delta kz} \;.
\end{aligned}$$

Wegen der Entartung taucht der Term der Frequenzverdopplung in Gl.(13.2) nur einmal auf, daher ist die erste Gleichung um den Faktor 2 kleiner als in Gl.(13.9). Die Phasenfehlanpassung

$$\Delta k = k_{2\omega} - 2k_\omega = \frac{2\omega}{c}(n_{2\omega} - n_\omega) \tag{13.12}$$

hängt offenbar vom Unterschied der Brechungsindizes bei der Grund- und Oberwelle ab. Wegen der Dispersion gewöhnlicher Materialien ist sie stets präsent, denn es gilt $n_{2\omega} \neq n_\omega$. Zur Vereinfachung benutzen wir wieder normierte Gleichungen (13.10) mit $\mathcal{A}_{\mathrm{FUN}}(\omega) = (n_\omega/\omega)^{1/2}\,\mathcal{E}_{\mathrm{FUN}}(\omega)$ und $\mathcal{A}_{\mathrm{SHG}}(\omega) = (n_{2\omega}/\omega)^{1/2}\,\mathcal{E}_{\mathrm{SHG}}$,

$$
\begin{aligned}
\frac{d}{dz}\mathcal{A}_{\mathrm{SHG}} &= i\kappa\mathcal{A}_{\mathrm{FUN}}^2 e^{-i\Delta k z} \\
\frac{d}{dz}\mathcal{A}_{\mathrm{FUN}} &= i\kappa\mathcal{A}_{\mathrm{SHG}}\mathcal{A}_{\mathrm{FUN}}^* e^{i\Delta k z}
\end{aligned}
\qquad (13.13)
$$

Der Kopplungskoeffizient ist hier wegen der Entartung ebenfalls geringfügig gegenüber (13.11) modifiziert, $\kappa = (2d_{\mathrm{eff}}/c)\cdot(\omega^3/n_{2\omega}n_\omega^2)^{1/2}$.

13.4.1 Schwache Konversion

Üblicherweise tritt nur die Grundwelle in einen Kristall der Länge ℓ ein, d.h., es gilt $\mathcal{A}_{\mathrm{SHG}}(z=0)=0$. In einer Näherung nehmen wir an, daß die Grundwelle nur geringfügig geschwächt wird, d.h., $\mathcal{A}_{\mathrm{FUN}} \simeq const$. Dann brauchen wir nur die erste Gleichung aus dem System (13.13) zu lösen und erhalten am Ende bei $z = \ell$ die Oberwellenamplitude

$$
\mathcal{A}_{\mathrm{SHG}} = \kappa\ell\mathcal{A}_{\mathrm{FUN}}^2(\omega)e^{i\Delta k\ell/2}\,\frac{\sin(\Delta k\ell/2)}{\Delta k\ell/2} \quad.
$$

Die materialabhängigen Größen fassen wir in dem Konversionskoeffizienten Γ zusammen,

$$
\Gamma^2 = \frac{\kappa^2}{c\epsilon_0\omega} = \frac{4d_{\mathrm{eff}}^2\omega^2}{c^3\epsilon_0 n_\omega^2 n_{2\omega}} \quad.
$$

Die Oberwellen-Intensität hängt darüber hinaus nur noch von der Kristallänge ℓ und der Eingangsintensität ab,

$$
I_{\mathrm{SHG}} = \Gamma^2\ell^2 I_{\mathrm{FUN}}^2\,\frac{\sin^2(\Delta k\ell/2)}{(\Delta k\ell/2)^2} \quad.
$$

Je nach Größe der Phasenfehlanpassung Δk pendelt sie offensichtlich während der Propagation durch den Kristall zwischen dem fundamentalen Strahlungsfeld und der harmonischen Oberwelle hin und her.

Die Phasenfehlanpassung nach (13.12) beträgt in typischen Kristallen mit normaler Dispersion $|n_\omega - n_{2\omega}| \simeq 10^{-2}$. Deshalb oszilliert die Oberwellenintensität mit einer Periode von wenigen $10\mu m$, die als „Kohärenzlänge"

$$
\ell_{coh} = \frac{\pi}{\Delta k} = \frac{\lambda}{4(n_{2\omega} - n_\omega)}
\qquad (13.14)
$$

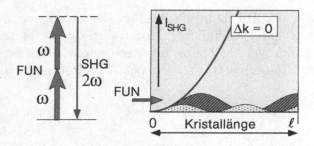 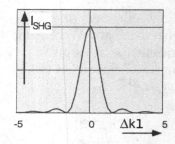

Abb. 13.5 *Entwicklung der Intensität I_{SHG} der zweiten Harmonischen im Grenzfall schwacher Konversion. Nur bei perfekter Phasenanpassung ($\Delta k = 0$) erreicht man kontinuierliche Verstärkung des nichtlinearen Produkts. Andernfalls pendelt die Strahlungsleistung zwischen der Fundamentalen und der Oberwelle wie die Wellen im mittleren Bild hin und her.*

bezeichnet wird. Nur im Grenzfall der „Phasenanpassung" (engl. *phase matching*), bei $(n_\omega - n_{2\omega}) = 0$ wird die Intensität mit der Kristallänge kontinuierlich wachsen:

$$I_{\text{SHG}} = \Gamma^2 I_{\text{FUN}}^2 \ell^2 \quad . \tag{13.15}$$

Danach lohnt es sich, bei der Frequenzverdopplung die Intensität durch Fokussierung zu erhöhen und den Kristall zu verlängern. Allerdings wird bei der Fokussierung, wie wir aus der Beschreibung Gaußscher Strahlen (Abschn. 2.3) wissen, nur in einem engen Bereich um den Fokus herum eine quasi ebene Welle mit konstanter Intensität erzeugt, so daß ein Kompromiß zwischen den Forderungen nach starker Fokussierung und langen Kristallen gefunden werden muß.

13.4.2 Starke Konversion

Im Grenzfall der starken Konversion kann die Abnahme der Pumpwellenintensität nicht mehr vernachlässigt werden. Wir betrachten den Fall der perfekten Phasenanpassung $\Delta k = 0$. Um reelle Gleichungen zu erhalten, führen wir die Größen $\tilde{A}_{\text{SHG}} = A_{\text{SHG}} e^{i\phi_{2\omega}}$ und $\tilde{A}_{\text{FUN}} = A_{\text{FUN}} e^{i\phi_\omega}$ mit reellen Amplituden $\tilde{A}$ ein. Dann gilt

$$\frac{d}{dz}\tilde{A}_{\text{SHG}} = i\kappa \tilde{A}_{\text{FUN}}^2 e^{-i(2\phi_\omega - \phi_{2\omega})} \quad ,$$

wobei wir nun die Freiheit haben, die relative Phase der Amplituden zu wählen, zum Beispiel $e^{-i(2\phi_\omega - \phi_{2\omega})} = -i$. Wegen der Energieerhaltung gilt $\frac{d}{dz}(|A_{\text{SHG}}|^2 + |A_{\text{FUN}}|^2) = 0$. Dann lauten die reellen Gleichungen im Fall einer verschwindenden Oberwelle am Eingang bei $A_{\text{SHG}}(z = 0) = 0$ und $A_{\text{FUN}}(z = 0) = A_0$ (wir lassen die ~-Markierungen gleich wieder fort):

$$\frac{d}{dz}\mathcal{A}_{SHG} = \kappa\mathcal{A}_{FUN}^2 = \kappa|\mathcal{A}_{FUN}|^2 = \kappa\left(\mathcal{A}_0^2 - \mathcal{A}_{SHG}^2\right)$$
$$\frac{d}{dz}\mathcal{A}_{FUN} = -\kappa\mathcal{A}_{SHG}\mathcal{A}_{FUN} \quad .$$

Die erste Gleichung kann mit Standardverfahren gelöst werden und ergibt

$$\mathcal{A}_{SHG}(z) = \mathcal{A}_{10}\tanh\left(\kappa\mathcal{A}_0\right) \quad .$$

Im Prinzip kann also 100% Konversionseffizienz bei der Frequenzverdopplung erreicht werden, denn am Ende eines langen Kristalls sollte man die Oberwellenintensität

$$I_{SHG}(z) = I_0\tanh{}^2(\Gamma I_0^{(1/2)}z)$$

finden. Dieses Ergebnis ist besonders für die Frequenzverdopplung mit leistungsstarken, gepulsten Lasern wichtig, denn es ist die Voraussetzung für deren effiziente Konversion.

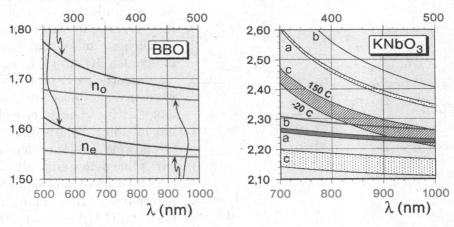

Abb. 13.6 *Brechungsindizes für BBO und KNbO$_3$ als Funktion der Wellenlänge. Der ordentliche Brechungsindex (n_o) einer Grundwelle liegt im uniaxialen BBO-Kristall zwischen dem ordentlichen und außerordentlichen (n_e) Index der halben Wellenlänge und ermöglicht Winkelabstimmung. Im dreiachsigen KNbO$_3$ (Brechungsindizes n_a, n_b, n_c) kann die Phasenanpassung durch Temperaturanpassung erreicht werden.*

13.4.3 Phasenanpassung in nichtlinearen Kristallen

Wir haben schon unter (13.14) gesehen, daß die Frequenzkonversion nur über eine bestimmte, von der Dispersion $n(\omega)$ abhängige Länge stattfindet. Doppelbrechende Kristalle, die schon in Kapitel 3.7.1 vorgestellt wurden, geben uns aber auch die Möglichkeit, $\ell_{coh} \to \infty$ zu erreichen, indem eine Ausbreitungsrichtung gewählt wird, in der die Brechungsindizes von Grund- und Oberwelle identisch sind. Außerdem werden wir in Abschn. 13.4.6 das erst in jüngerer Zeit erfolgreiche Verfahren der „Quasi-Phasenanpassung" diskutieren, mit dem sich die Dispersion überlisten läßt.

Am einfachsten sind die Verhältnisse in uniaxialen Kristallen. Beim ordentlichen Strahl stehen Polarisation und Ausbreitungsrichtung senkrecht zur optischen Achse. Die Phasengeschwindigkeit wird durch den linearen ordentlichen Brechungsindex $n_o(\omega)$ charakterisiert.

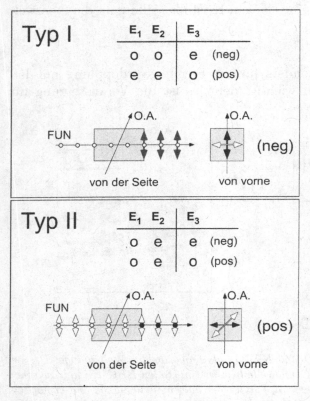

Weil die Frequenzkonversion gewöhnlich in Kristallen mit normaler Dispersion stattfindet, muß man für die Oberwelle stets den kleineren Brechungsindex wählen, d.h. in einem *negativ* uniaxialen Kristall ($n_e < n_o$) muß die Oberwelle als außerordentlicher, in einem *positiv* uniaxialen Kristall ($n_o < n_e$) als ordentlicher Strahl gewählt werden. Phasenanpassung läßt sich dann erreichen, indem die Polarisation der Grundwelle komplementär zur Oberwelle gewählt wird („Typ-I-Phasenanpassung").

Alternativ kann man aber nach Gl.(13.6) in der „Typ-II-Phasenanpassung" die Polarisation der Grundwelle auch auf ordentlichen und außerordentlichen Strahl verteilen (d.h. unter 45° zu den Kristallachsen einstrahlen), so daß die vier Alternativen aus Abb. 13.7 zur Verfügung stehen.

Abb. 13.7 *Polarisationsrichtungen von Grund- und Oberwellen bei der Phasenanpassung. In einem Kristall mit negativer (positiver) Doppelbrechung muß die kürzeste Wellenlänge auf dem außerordentlichen (ordentlichen) Strahl propagieren. Bei Typ-I-Anpassung sind alle Polarisationsrichtungen orthogonal. Bei Typ-II-Anpassung wird eine Polarisationsrichtung von genutzt, um gleich starke Projektionen auf die optischen Hauptachsen zu erzielen.*

Winkelanpassung

Wie wir schon in Abschn. 3.7.1 untersucht haben, hängt der Brechungsindex $n_e(\theta)$ der außerordentlichen Strahlen nach der „Indikatrix" von dem Winkel zwischen optischer Achse und Strahlrichtung ab, weil die Polarisation Anteile sowohl parallel als auch senkrecht zur optischen Achse besitzt (Gl.(3.47)),

$$\frac{1}{n_e(\theta)} = \frac{\cos^2\theta}{n_o^2} + \frac{\sin^2\theta}{n_e^2} .$$

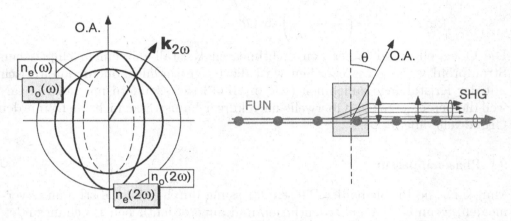

Abb. 13.8 *Phasenanpassung durch Winkeljustierung. In der linken Bildhälfte ist die „Indikatrix" für einen uniaxialen Kristall dargestellt. Um Winkelanpassung zu erreichen, muß es einen Schnittpunkt zwischen den Brechungsindex-Ellipsoiden für den ordentlichen (n_o) und den außerordentlichen Strahl (n_e) geben. Die Fundamentale muß unter dem so bestimmten Winkel zur optischen Achse eingestrahlt werden. In der rechten Bildhälfte ist ein typischer Aufbau angezeigt, in dem der Kristallwinkel justiert werden kann. Grund- und Oberwelle laufen aber auseinander, weil sie den ordentlichen und außerordentlichen Strahl nutzen müssen. Den Winkel zwischen Grund- und Oberwelle bezeichnet man als walk-off.*

Phasenanpassung kann dann erreicht werden, indem der Winkel zwischen Grundwelle und optischer Achse geeignet gewählt wird. Für einen negativ (positiv) uniaxialen Kristall bestimmt man die Phasenanpassungswinkel für Typ-I/II nach

$$
\begin{aligned}
\text{Typ I} \quad neg \quad & n_e(\theta, 2\omega) & = \quad & n_o(\omega) \\
pos \quad & n_e(\theta, \omega) & = \quad & n_o(2\omega) \\
\text{Typ II} \quad neg \quad & n_e(\theta, 2\omega) & = \quad & \tfrac{1}{2}(n_o(\omega) + n_e(\theta, \omega)) \\
pos \quad & n_o(2\omega) & = \quad & \tfrac{1}{2}(n_o(\omega) + n_e(\theta, \omega))
\end{aligned}
$$

und mit Gl.(3.47) den „Phasenanpassungswinkel"

$$\sin^2\theta_m = \frac{n_o^{-2}(\omega) - n_o^{-2}(2\omega)}{n_e^{-2}(2\omega) - n_o^{-2}(2\omega)} .$$

Für Anwendungen werden die nichtlinearen Kristalle geeignet geschnitten, um von vornherein in die Nähe des idealen Winkels zu gelangen.

Wenn die Phasenanpassung und Winkelabstimmung erreicht wird, tritt das *walk-off*-Problem auf, weil sich der ordentliche und außerordentliche Strahl zwar mit gleicher Phasengeschwindigkeit, nicht aber in der gleichen Richtung ausbreiten. Auch den *walk-off-Winkel* ρ haben wir für uniaxiale Kristalle in Gl.(3.48) schon angegeben,

$$\tan \rho = \frac{n^2(\theta)}{2} \left(\frac{1}{n_o^2} - \frac{1}{n_e^2} \right) \sin 2\theta \quad .$$

Die Oberwelle wird daher den nichtlinearen Kristall mit einem elliptischen Strahlprofil verlassen. Außerdem wird die Intensität nicht mehr quadratisch mit der Kristallänge zunehmen (wie in Gl.(13.15)), sondern nur noch linear, weil die bereits erzeugte Oberwelle nach kurzer Laufstrecke nicht mehr mit der Grundwelle überlappt.

90°-Phasenanpassung

Man kann die Probleme der Phasenanpassung durch Winkelabstimmung vermeiden, wenn es gelingt, ordentlichen und außerordentlichen Brechungsindex unter der Bedingung $\theta = 90°$ abzustimmen. Diese Situation wird in einigen Kristallen erreicht, weil sich einer der beiden Brechungsindizes durch Kontrolle der Temperatur über einen größeren Bereich abstimmen läßt. Wegen der großen Wechselwirkungslänge erlaubt diese Methode besonders große Konversionseffizienz. $KNbO_3$ ist ein sehr wichtiges nichtlineares Material, weil es einen hohen nichtlinearen Koeffizienten besitzt, und weil es in dem wichtigen Wellenlängenbereich im nahen Infrarot 90°-Phasenanpassung erlaubt. In Abb. 13.6 sind die Brechungsindizes für die 3 Achsen (a, b, c) vorgestellt. Danach kann man im a-Schnitt Phasenanpassung für die Frequenzverdopplung von $840-960$ nm erwarten, im b-Schnitt von $950-1060$. Selbstverständlich lassen sich auch die Methoden der Winkelanpassung mit diesen Kristallen anwenden.

Für diesen Typ der Phasenanpassung werden neben der Bezeichnung „90°-" auch die Begriffe Temperatur- und unkritische Phasenanpassung verwendet.

13.4.4 Frequenzverdopplung mit Gaußschen Strahlen

Nachdem wir die Grundsätze der Phasenanpassung verstanden haben, müssen wir noch den Einfluß realistischer Laserstrahlen studieren. Weil die Konversionseffizienz mit der Intensität der Grundwelle steigt, lohnt es sich zu fokussieren. Auf der anderen Seite führt zu starke Fokussierung zu großer Divergenz und reduziert die Wirkung wieder (Abb. 13.9). Man erwartet also intuitiv eine optimale Wirkung, wenn die Rayleighlänge in etwa der Kristallänge entspricht.

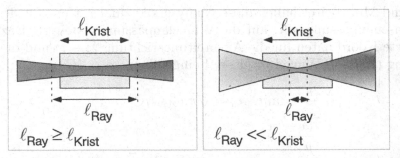

Abb. 13.9 *Fokussierung einer Grundwelle in einen nichtlinearen Kristall. Wenn die Ray-leighzone des Gaußstrahls größer ist als die Kristallänge, breitet sich im Kristallvolumen eine nahezu ebene Welle aus. Wenn die Fokussierung zu scharf wird, wird die Phasenanpassung in den stark divergenten Bereichen des Strahls wieder verletzt.*

Ein Gaußscher Strahl (Details sind im Kapitel 2.3 über Wellenoptik zu finden) im TEM_{00}-Mode hat in der Nähe der Strahltaille die radiale Intensitätsverteilung und Gesamtleistung

$$\mathcal{E}(r) = \mathcal{E}_0 e^{-(r/w_0)^2}$$
$$P = \frac{\pi c \epsilon_0}{2} 2\pi \int_0^\infty dr r |\mathcal{E}(r)|^2 = I_0 \frac{\pi w_0^2}{2}$$

mit den Kenngrößen

$$w_0 = \left(\frac{b\lambda}{4\pi n_\omega}\right)^{1/2} \quad \text{Radius der Strahltaille} \quad,$$
$$b = 2z_0 \quad \text{Konfokaler Parameter} \quad,$$
$$\theta_{\text{div}} = \frac{\lambda}{\pi w_0 n_\omega} \quad \text{Divergenzwinkel des Gaußmodes} \quad.$$

Boyd und Kleinman haben sich dieser Frage schon in den 60er-Jahren gewidmet [27] und geeignete mathematische Formeln zur Behandlung dieses Problems erarbeitet. Im Grenzfall schwacher Konversion und schwacher Fokussierung (d.h. $b \ll \ell$) läßt es sich durch einfache radiale Integration bewältigen. Man findet am Ende eines Kristalls der Länge ℓ und bei perfekter Phasenanpassung $\Delta k = 0$ die Feldstärke (κ nach Gl.(13.11))

$$\mathcal{E}_{\text{SHG}}(r) = i\kappa \, \mathcal{E}_{\text{FUN}}^2 \ell \quad.$$

Mit $w_{\text{SHG}}^2 = w_{\text{FUN}}^2/2$ berechnet man die totale Ausgangsleistung

$$P_{\text{SHG}} = \Gamma^2 \ell^2 I_0^2 \frac{\pi w_{\text{SHG}}^2}{2} = \Gamma^2 \ell^2 P_{\text{FUN}}^2 \frac{1}{\pi w_{\text{FUN}}^2} \quad. \tag{13.16}$$

wobei $w_{\text{FUN,SHG}}$ die Strahltaillen von Grund- und Oberwelle bedeuten. Es entspricht dem schon bekannten Ergebnis von Gl.(13.15). Man rechnet übrigens schnell nach, daß Grund- und Oberwelle unter diesen Umständen denselben konfokalen Parameter (s. S. 50) $b_{\text{SHG}} = b_{\text{FUN}}$ besitzen.

Boyd und Mitarbeiter haben diese Analyse, die zunächst nur für den Fall der 90°-Phasenanpassung gilt, auf die Winkelanpassung erweitert. Dazu werden normierte Koordinaten für die Ausbreitungsrichtung $(z \rightarrow t)$ und die *walk-off*-Richtung (*walk-off*-Winkel ρ) $(x \rightarrow u)$ eingeführt,

$$t = \frac{\sqrt{2\pi}z}{\ell_a} \quad \text{mit} \quad \ell_a = \sqrt{\pi}w_{\text{FUN}}/\rho$$

$$u = \frac{\sqrt{2}(x - \rho\ell)}{w_{\text{FUN}}}$$

und zwei neue Funktionen definiert,

$$\mathcal{F}(u,t) = \frac{1}{t}\int_0^t e^{-(u+\tau)^2}d\tau$$

$$\mathcal{G}(t) = \int_{-\infty}^{\infty} \mathcal{F}^2(u,t)du \quad .$$

Die Länge ℓ_a wird als „Aperturlänge"bezeichnet und gibt an, wann der Oberwellenstrahl das Volumen der Grundwelle durch *walk-off* verlassen hat.

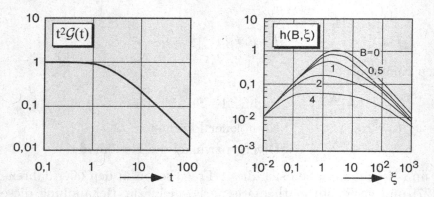

Abb. 13.10 *Graphische Darstellung der Funktionen $\mathcal{G}(t)$ und $h(B,\xi)$ (nach Boyd und Kleinman [27]).*

Im Ergebnis wird Gl.(13.16) durch die Funktion $\mathcal{G}(t) \leq 1$ modifiziert,

$$P_{\text{SHG}} = \frac{\Gamma^2\ell^2 P_{\text{FUN}}^2}{\pi w_{\text{FUN}}^2}\,\mathcal{G}(t) \quad ,$$

die alle Information über die Phasenanpassung enthält und die Reduktion der nichtlinear erzeugten Ausgangsleistung beschreibt. Um außerdem den Einfluß der Fokussierung zu beschreiben, ist es üblich, die Parameter

$$\begin{array}{ll} h(B,\xi) & \text{Boyd-Kleinman-Reduktionsfaktor} \\ B = \frac{1}{2}\rho(kl)^{1/2} & \text{Doppelbrechungsparameter} \\ \xi = \ell/b & \text{Normierte Kristalllänge} \end{array}$$

einzuführen. Das Ergebnis lautet

$$P_{\text{SHG}} = \frac{\Gamma^2 \ell^2 P_{\text{FUN}}^2}{\pi w_{\text{SHG}}^2} \frac{1}{\xi} h(B,\xi) \quad .$$

Für 90°-Phasenanpassung gilt $B = 0$, und für $\xi = \ell/b < 0.4$ außerdem $h(0,\xi) = h_0(\xi) \simeq \xi$, so daß das frühere Ergebnis aus Gl.(13.16) reproduziert wird. Generell gilt

$$h(0,\xi) = h_0(\xi) \simeq 1 \quad \text{für} \quad 1 \leq \xi \leq 6 \quad .$$

Der Maximalwert

$$h_0(\xi) = 1.068 \ @ \ \xi = 2.84$$

wird bei einer Kristallänge erreicht, die fast der dreifachen Rayleighlänge entspricht.

Auch mit dem Parameter der Doppelbrechung $B = (1/2)\rho(kl)^{1/2}$ läßt sich eine nützliche Näherung für $h(B,\xi)$ angeben. Für $1 \leq \xi \leq 6$ gilt $h(B,\xi) \simeq h_M(B)$,

$$h_M(B) \simeq \frac{h_M(0)}{1 + \left(\dfrac{4B^2}{\pi}\right) h_M(0)} \simeq \frac{h_M(0)}{1 + \ell/\ell_{\text{eff}}} \quad @ \ \ell/\ell_{\text{eff}} \gg 1 \quad .$$

Dabei wurde die effektive Kristallänge ℓ_{eff} eingeführt,

$$\ell_{\text{eff}} = \frac{\pi}{k\rho^2 h_M(0)} = \frac{\pi}{k\rho^2} \quad .$$

13.4.5 Resonante Frequenzverdopplung

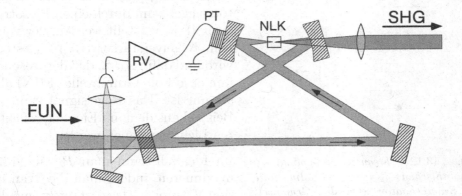

Abb. 13.11 *Frequenzverdopplung in einem „bowtie"-Ring-Resonator.*

Die geringe Konversionseffizienz nichtlinearer Kristalle kann besser ausgenutzt werden, wenn das Licht nach dem Durchlaufen des Kristalls wiederverwendet wird. Das kann man in passiven Resonatoren erreichen, die wir im folgenden in einigen Grundzügen beschreiben. Alternativ kann man nichtlineare Komponenten in aktiven Resonatoren unterbringen, und ein wichtiges Beispiel für Frequenzverdopplung im Laser (engl. *intracavity frequency doubling*) ist der leistungsstarke frequenzverdoppelte Neodym-Laser aus Abschn. 7.4.2.

Passive Resonatoren

Zu den Verlusten des Resonators durch Transmission (T) und Absorption (A) kommt nun die Umwandlung der Strahlungsleistung der Grundwelle in die Oberwelle hinzu. Ashkin und Mitarbeiter [9] haben herausgefunden, daß man die maximale Oberwellenleistung nach der impliziten Gleichung

$$P_{2\omega} = \frac{16T^2\eta_{\mathrm{SP}}P_\omega}{[2 - \sqrt{1-T}\left(2 - A - \sqrt{\eta_{\mathrm{SP}}P_{2\omega}}\right)]^4} \qquad (13.17)$$

bestimmen kann. Darin ist mit $\eta_{\mathrm{SP}} = P_{2\omega}^0/P_\omega^2$ die Konversionseffizienz beim einmaligen Durchlaufen des Kristalls bezeichnet (engl. *single pass*).

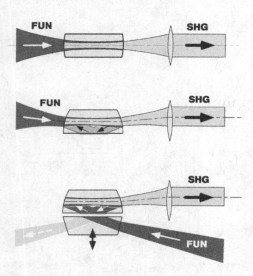

Abb. 13.12 *Frequenzverdopplung in monolithischen Resonatoren. Im unteren Ringresonator wird die Grundwelle (FUN) durch frustrierte Totalreflexion eingekoppelt.*

In Abb. 13.11 ist ein Ringresonator zur Überhöhung der Grundwelle dargestellt. Der nichtlineare Kristall (NLK) befindet sich im Fokus des Resonators. Die Grundwelle muß bei der Einkopplung genau an die Gauß-Mode des Resonators angepaßt werden. Ein Resonatorspiegel kann durch einen Piezotranslator (PT) verstellt werden, der von einem Regelverstärker (RV) angesteuert wird und dafür sorgt, daß der Resonator immer auf die Grundwelle (FUN) abgestimmt ist. Das Regelsignal kann zum Beispiel aus dem am Eingang reflektierten Licht gewonnen werden.

Im Idealfall kann man $P_{2\omega}$ in (13.17) maximieren, indem man die Transmission T anpaßt. Das ist nicht möglich, wenn Spiegel mit fester Reflektivität verwendet werden. Man kann aber die frustrierte Totalreflexion ausnutzen, um eine variable Ankopplung eines Resonators an ein Treiberfeld zu erreichen (s. auch Abb. 13.12).

Eine kompakte Anordnung zur Frequenzkonversion bieten externe Resonatoren, die direkt aus dem nichtlinearen Kristall, d.h. „monolithisch" gefertigt sind (Abb. 13.12) und sich besonders gut für Temperatur-gesteuerte Phasenanpassung eignen (S. 510). Die Spiegel sind durch dünne Schichten auf den Endflächen des nichtlinearen Kristalls integriert oder nutzen die Totalreflexion aus. Die Einkopplung in den Ring kann vorteilhaft durch frustrierte Totalreflexion erreicht werden, weil dabei die Transmission durch Abstandsvariation eingestellt und daher optimale Konversionsbedingungen nach Gl.(13.17) erreicht werden können.

13.4.6 Quasi-Phasenanpassung

Bei der Frequenzkonversion müssen stets die richtigen Materialien unter den richtigen Bedingungen wie zum Beispiel Phasenanpassung verwendet werden, die generell kleinen elektrooptischen Koeffizienten erlauben keine großen Toleranzen. Die geringe Konversionseffizienz eines Laserstrahls beim einfachen Durchgang durch ein nichtlineares Material hat die Suche nach besseren Materialien (d.h. vor allem mit größeren elektrooptischen Koeffizienten) oder verbesserten Verfahren wie der resonanten Frequenzverdopplung aus dem letzten Kapitel angetrieben. Die Suche nach neuen Materialien ist aber mühsam und der regeltechnische Aufwand bei resonanten Verfahren ist hoch.

Seit einigen Jahren ist die Herstellung sogenannter „periodisch gepolter Materialien" möglich, mit denen existierende und erprobte nichtlineare Materialien so konfektioniert werden, daß sie effiziente Frequenzkonversion erlauben. Das Prinzip der Quasi-Phasenanpassung ist in Abb. 13.13 gezeigt. Es wurde schon kurz nach der Erfindung des Lasers vorgeschlagen [8], führte aber erst mit den Herstellungsmethoden der Mikroelektronik zu reproduzierbaren und verwertbaren Ergebnissen [116].

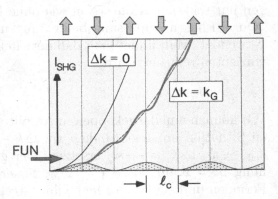

Abb. 13.13 *Quasi-Phasen-Anpassung in nichtlinearen Kristallen. Die Orientierung der ferroelektrischen Kristalldomänen wechselt jeweils nach einer Kohärenzlänge* ℓ_c *(„Periodische Polung"). Die Welle im unteren Teil zeigt die Wirkung des Kristalls ohne periodische Polung. Nach [53].*

Zur Herstellung wird ein periodisches Muster alternierender Elektroden auf dem Kristall aufgebracht. Ein Hochspannungspuls erzeugt dann eine alternierende Orientierung oder „periodische Polung" der ferroelektrischen Domänen bestimmter nichtlinearer Kristalle[2] und führt dadurch zu einem periodischen Phasensprung in der Kopplung von Grund- und Oberwelle. Zu den erfolgreich verwendeten Kristallen gehören $LiNbO_3$ und $KTiOPO_4$(KTP), die in der periodisch manipulierten Form unter neuen Kürzeln wie zum Beispiel PPLN für *periodically poled LiNbO_3* bekannt sind.

Wir haben schon in Abschn. 13.4.1 die Kohärenzlänge (13.14) in einem nicht durch Doppelbrechung angepaßten Material untersucht. Sie bestimmt die einstellbare Periode des künstlich induzierten Domänenwechsels: An den Domänengrenzen findet wegen der Vorzeichenumkehr des d-Koeffizienten ein Phasensprung in der Kopplung zwischen Grund- und Oberwelle statt, so daß die Rückwandlung, die ohne die periodische Polung auftritt, unterdrückt wird.

Die theoretische Beschreibung der Frequenzverdopplung kann auf einfache Art erweitert werden, wenn man die periodische Modulation des Vorzeichens des d-Koeffizienten durch eine Fourier-Reihe berücksichtigt,

$$d(z) = d_{\text{eff}} \sum_{m=-\infty}^{\infty} G_m e^{-ik_m z} \quad \text{und} \quad G_m = \frac{2}{m\pi} \sin(m\pi\ell/\Lambda) \ .$$

Hier bezeichnet $k_m = 2\pi m/\Lambda$ die reziproken Vektoren des Domänengitters, Λ die geometrische Periodenlänge, ℓ/Λ das Tastverhältnis der beiden Periodenorientierungen. Unter den Fourier-Komponenten ist nur diejenige von Bedeutung, die gerade der Phasenfehlanpassung entspricht, alle anderen erzeugen nur schwache Konversion wie ohne Domänengitter. Sie erfüllt gerade die „Quasi-Phasen-Anpassungsbedingung" und wird in den Ordnungen $m = 1, 3, ..$ verwendet. Man findet [53], daß der effektive d-Koeffizient um den Fourierkoeffizienten reduziert wird,

$$d_Q = d_{\text{eff}} G_m \quad .$$

Wir können nun die gekoppelten Amplitudengleichungen Glgn.(13.13) der neuen Situation anpassen, indem wir $\Delta k \rightarrow \Delta k_Q = \Delta k - k_m$ und in Gl.(13.11) $d_{\text{eff}} \rightarrow d_Q$ bzw. $\kappa \rightarrow \kappa_Q$ ersetzen. Der größte Koeffizient tritt in erster Ordnung $m = 1$ auf, $d_Q/d_{\text{eff}} = 2/\pi$, höhere Ordnungen erlauben aber größere Perioden und sind daher herstellungstechnisch interessant.

Die Quasi-Phasen-Anpassung verursacht eine Schwächung der nichtlinearen Koeffizienten, gewinnt dafür aber weitgehende Unabhängigkeit von der Doppelbrechung. Mit den neuen Materialien werden inzwischen auch die kontinuierlichen parametrischen Oszillatoren, die Thema des folgenden Kapitels sind, sehr erfolgreich betrieben [150].

---

[2]Von den 18 Kristallklassen, welche Phasenanpassung durch Ausnutzung von Doppelbrechung erlauben, sind aus Symmetriegründen nur 10 für diese Methode geeignet.

13.5 Summen- und Differenzfrequenz

13.5.1 Summenfrequenz

Diesen Fall können wir direkt nach Gl.(13.10) betrachten. Im Fall der Summenfrequenz-Erzeugung liegen am Eingang eines Kristalls bereits zwei Felder mit Intensitäten $I_{1,2}(z = 0) = I_{10,20}$ vor. Für den Spezialfall eines sehr starken Pumpfeldes $I_{10} \gg I_{20}$ und im Fall perfekter Phasenanpassung ($\Delta k = 0$) werden die Gln.(13.10) stark vereinfacht,

$$
\begin{array}{lll}
(i) & \dfrac{d}{dz}\mathcal{A}_{\text{SUM}} & = i\kappa\mathcal{A}_1\mathcal{A}_2 \\[2mm]
(ii) & \dfrac{d}{dz}\mathcal{A}_1 & \simeq 0 \\[2mm]
(iii) & \dfrac{d}{dz}\mathcal{A}_2 & = i\kappa\mathcal{A}_1^*\mathcal{A}_{\text{SUM}}
\end{array}
\tag{13.18}
$$

Die Lösungen findet man leicht durch einsetzen von (iii) in (i),

$$
\frac{d^2}{dz^2}\mathcal{A}_{\text{SUM}} = -\kappa^2|\mathcal{A}_1|^2\mathcal{A}_{\text{SUM}}
$$

und unter Anwendung der Randbedingungen. Mit

$$
K = \sqrt{\frac{\kappa^2 I_{10}}{c\epsilon_0\omega_1}}
$$

findet man für die normierten Amplituden und die Intensität:

$$
\begin{array}{ll}
\mathcal{A}_2(z) = \mathcal{A}_{20}\cos\left(Kz\right) & I_2(z) = I_{20}\cos^2 Kz \\[2mm]
\mathcal{A}_{\text{SUM}}(z) = \mathcal{A}_{20}\sin\left(Kz\right) & I_{\text{SUM}}(z) = (\omega_{\text{SUM}}/\omega_2)I_{20}\sin^2 Kz
\end{array}
$$

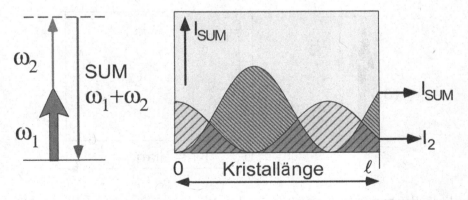

Abb. 13.14 *Intensität der Summenfrequenz-Welle als Funktion der Kristallänge. Die Strahlungsleistung pendelt zwischen den beiden schwächeren Komponenten hin und her.*

· Die Summenfrequenz-Intensität muß selbstverständlich um den Faktor $\omega_{\text{SUM}}/\omega_2$ größer sein als I_2, weil aus der Pumpwelle Energie dazugewonnen wird. Wenn die schwächere Eingangskomponente vollständig umgewandelt ist, kommt es zur Differenzfrequenzbildung (bei der alten Frequenz ω_2), bis wieder alle Strahlungsleistung verbraucht ist; die Leistung pendelt also zwischen den beiden schwachen Komponenten hin und her.

13.5.2 Differenzfrequenz und parametrische Verstärkung

Wir betrachten wieder den Fall, daß aus einer starken Pumpwelle (normierte Amplitude $\mathcal{A}$) durch Differenzfrequenzmischung mit einer zweiten, schwächeren Welle eine dritte Welle entsteht. Die gekoppelten Amplitudengleichungen lauten dann in Analogie zu Gl.(13.18) und für den Fall der Phasenanpassung ($\Delta k = 0$) näherungsweise

$$
\begin{aligned}
(i) \quad & \frac{d}{dz}\mathcal{A}_{\mathrm{DIF}} = i\kappa \mathcal{A}_1 \mathcal{A}_2^* \\
(iii) \quad & \frac{d}{dz}\mathcal{A}_2 = i\kappa \mathcal{A}_{\mathrm{DIF}}^* \mathcal{A}_1 \quad .
\end{aligned}
\tag{13.19}
$$

Die entsprechenden Lösungen lauten

$$
\begin{aligned}
\mathcal{A}_2(z) &= \mathcal{A}_{20}\cosh(Kz) & I_2(z) &= I_{20}\cosh^2(Kz) \\
\mathcal{A}_{\mathrm{DIF}}(z) &= -i\mathcal{A}_{20}\sinh(Kz) & I_{\mathrm{DIF}}(z) &= (\omega_2/\omega_1)I_{20}\sinh^2(Kz) \quad .
\end{aligned}
$$

Für $Kz \gg 1$ findet man für die Intensitätsabhängigkeit das interessante Verhalten

$$
I_2(z) \simeq I_{20}e^{2Kz} \quad \text{und} \quad I_{\mathrm{DIF}}(z) \simeq (\omega_2/\omega_1)I_{20}e^{2Kz}
$$

Beide Wellen werden also bei diesem „parametrischen Prozeß" auf Kosten der Pumpwelle verstärkt! Wir können zu den Gln.(13.19) auch eine allgemeine

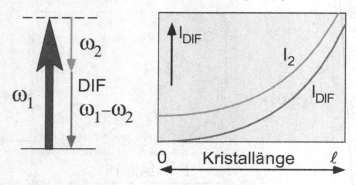

Abb. 13.15 *Parametrische Verstärkung bei der Differenzfrequenzbildung.*

Lösung angeben,

$$
\mathcal{A}_1(z) = \alpha\sinh(Kz) + \beta\cosh(Kz)
$$

mit Koeffizienten α, β, die an die Anfangsbedingungen anzupassen sind.

13.5.3 Parametrische Oszillatoren

Die parametrische Erzeugung von durchstimmbarer kohärenter Strahlung ist nicht nur bei kurzen Wellenlängen, sondern im Prinzip über sehr weite Wellenlängenbereiche von Interesse. Der *Optische Parametrische Oszillator* (engl. *optical parametric oscillator*, OPO) wird daher schon seit langem für diesen Zweck vorgeschlagen und untersucht. Die genauen Bedingungen dieses nichtlinearen Prozesses sind dabei aber ein Hindernis, das hier genauer untersucht werden soll.

Wir fügen zunächst zu den gekoppelten Amplitudengleichungen aus Gl.(13.9) die Verluste γ hinzu, die die Wellen beim Durchlaufen des Kristalls erleiden, und führen die spezifischen Bezeichnungen *Signal-* und *Leerlaufwelle* des parametrischen Oszillators ein:

$$(\frac{d}{dz} + \gamma)\mathcal{A}_P(\omega) = i\kappa\mathcal{A}_S\mathcal{A}_I e^{-i\Delta kz} \quad \text{Pumpwelle}$$
$$(\frac{d}{dz} + \gamma_S)\mathcal{A}_S(\omega_S) = i\kappa\mathcal{A}_P\mathcal{A}_I^* e^{i\Delta kz} \quad \text{Signalwelle}$$
$$(\frac{d}{dz} + \gamma_I)\mathcal{A}_I(\omega_I) = i\kappa\mathcal{A}_S^*\mathcal{A}_P e^{i\Delta kz} \quad \text{Leerlaufwelle (Idler)} \quad .$$

Außerdem gehen wir wieder davon aus, daß die Intensität der Pumpwelle konstant ist $(d\mathcal{A}_P/dz \simeq 0)$. Aus dem Ansatz $\mathcal{A}_S(z) = \tilde{\mathcal{A}}_S e^{(\Gamma+i\Delta k/2)z}; \mathcal{A}_I(z) = \tilde{\mathcal{A}}_I e^{(\Gamma+i\Delta k/2)z}$ mit konstanten Amplituden $\tilde{\mathcal{A}}_{S,I}$ kann man die Bedingung

$$\left[(\Gamma + \gamma_S + i\frac{\Delta k}{2})(\Gamma + \gamma_I - i\frac{\Delta k}{2}) - \kappa^2|\mathcal{A}_P|^2\right]\mathcal{A}_S = 0 \tag{13.20}$$

ermitteln. Sie wird für konstante $\mathcal{A}_S \neq 0$ genau dann erfüllt, wenn der Ausdruck davor verschwindet. Das ist der Fall für

$$\Gamma_\pm = -\frac{\gamma_I + \gamma_S}{2} \pm \frac{1}{2}\sqrt{(\gamma_I - \gamma_S - i\Delta k)^2 + 4\kappa^2|\mathcal{A}_P|^2} \quad .$$

Um die Interpretation zu erleichtern, betrachten wir den Spezialfall $\gamma = \gamma_S = \gamma_I$, in welchem die Beziehung für $\Gamma_\pm$ besonders einfach wird,

$$\Gamma_\pm = -\gamma \pm g \quad , \quad g = \frac{1}{2}\sqrt{-\Delta k^2 + 4\kappa^2|\mathcal{A}_P|^2} \quad . \tag{13.21}$$

Die allgemeine Lösung für die gekoppelten Wellen lautet

$$\mathcal{A}_S = \left(\mathcal{A}_{S+}e^{gz} + \mathcal{A}_{S-}e^{-gz}\right)e^{-\gamma z}e^{-i\Delta kz/2}$$
$$\mathcal{A}_I^* = \left(\mathcal{A}_{I+}^*e^{gz} + \mathcal{A}_{I-}^*e^{-gz}\right)e^{-\gamma z}e^{-i\Delta kz/2}$$

und man erwartet für $g > \gamma$ Verstärkung. Wenn am Eingang des Kristalls die Amplituden $\mathcal{A}_{S,I}(z = 0) = \mathcal{A}_{S0,I0}$ anliegen, dann finden wir im Grenzfall schwacher Konversion, d.h. $d/dz\mathcal{A}_P \simeq 0$ am Ende bei $z = \ell$ die Feldstärken

$$
\begin{aligned}
\mathcal{A}_S(\ell) &= \left[\mathcal{A}_{S0}\cosh{(g\ell)} - \right.\\
&\qquad \left. \frac{i}{g}(\Delta k\mathcal{A}_{S0} + i\kappa\mathcal{A}_P\mathcal{A}_{I0}^*)\sinh{(gl)}\right] e^{-gl}e^{i\Delta k\ell/2}\\
\mathcal{A}_I(\ell) &= \left[\mathcal{A}_{I0}\cosh{(g\ell)} - \right.\\
&\qquad \left. \frac{i}{g}(\Delta k\mathcal{A}_{I0} + i\kappa\mathcal{A}_P\mathcal{A}_{S0}^*)\sinh{(gl)}\right] e^{-gl}e^{i\Delta k\ell/2}
\end{aligned}
\tag{13.22}
$$

Für perfekte Phasenanpassung ($\Delta k = 0$) und für $\mathcal{A}_{S0} = 0$ reproduzieren wir das alte Resultat aus der Differenzfrequenzbildung. Wie die eingestrahlten Felder tatsächlich verstärkt werden, hängt offensichtlich von deren Phasenlage am Eingang ab. Wird nur ein Feld eingestrahlt, dann „sucht" sich die zweite Welle die richtige Phasenlage für optimale Verstärkung.

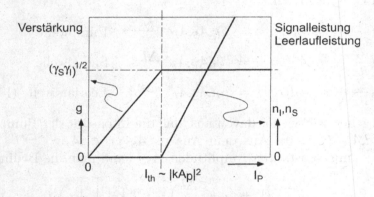

Abb. 13.16 *Verstärkung und Leistung der parametrisch erzeugten Felder in einem parametrischen Oszillator als Funktion der Pumpleistung. (Vgl. Abb. 8.1.)*

Die Lösungen von (13.22) hängen davon ab, daß mindestens ein Feld am Kristalleingang schon vorliegt. Wie in einem Laser läßt sich die Erfüllung von Bedingung (13.20) aber auch als Schwellbedingung auffassen: Wenn die parametrische Verstärkung nämlich in einem Resonator erzeugt wird, dann wird aus dem parametrischen Verstärker ein parametrischer Oszillator.

Tab. 13.1 Vergleich von Laser und optischem parametrischen Oszillator

	Laser	**OPO**
Prozeß	$\chi^{(1)}$ resonant	$\chi^{(2)}, \chi^{(3)}, \ldots$ nicht-resonant
Mechanismus	Besetzungsinversion	nichtlineare Polarisation
Pumpprozeß	inkohärent Energie speicherbar	kohärent nicht speicherbar

Wie der Laser springt er spontan an, wenn die Verstärkung g die Verluste $\sqrt{\gamma_I \gamma_S}$ überwiegt. Parametrische Oszillatoren können einfach, zwei- oder sogar dreifach resonant betrieben werden, um die Schwelle möglichst gering zu halten, allerdings wiederum auf Kosten eines hohen Aufwandes zur Regelung des optischen Resonators. Es ist natürlich nicht überraschend, daß nach Gl.(13.21) die Verstärkung proportional zur Pumplichtintensität ist.

Auch beim Betrieb von durchstimmbaren Lasern (Titan-Saphir-Laser, Farbstofflaser) ist es üblich, die Inversion durch einen leistungsstarken Pumplaser zu erzeugen. Im Gegensatz zum OPO ist ein *kohärentes* Pumpfeld dabei aber nicht ausschlaggebend, denn an der Besetzung des oberen Laserniveau sind stets inkohärente Prozesse, zum Beispiel ein Zerfall vom Pump- in das Laserniveau, beteiligt.

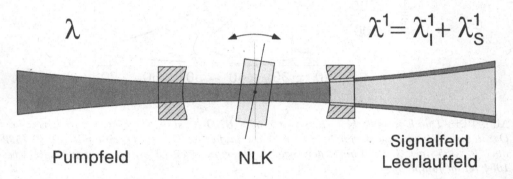

Abb. 13.17 *OPO mit linearem Resonator. Die Abstimmung von Signal- und Leerlaufwelle wird durch Drehen der Kristallachse erreicht, wenn die Phasenanpassung durch Winkelabstimmung erreicht wird. Eine mehrfach resonante Anordnung ist i. Allg. schwer zu erreichen.*

Weil die Verstärkung nach Gl.(13.21) abhängig ist von der Phasenfehlanpassung Δk, kann man die Wellenlängen von Signal- und Leerlaufwelle, λ_S und λ_I, die wegen der Energieerhaltung die Gleichung

$$\lambda_P^{-1} = \lambda_I^{-1} + \lambda_S^{-1}$$

erfüllen müssen, durch die Variation von Winkel oder Temperatur des doppelbrechenden und nichtlinearen Kristalls verstimmen. Wenn die Pumpwellenlänge im *entarteten Parametrischen Oszillator* bei $\omega_S = \omega_I = \omega_P/2$ in Umkehrung der Frequenzverdopplung genau in zwei Photonen zerlegt wird, dann muß auch deren Phasenanpassungsbedingung gelten, $n_{2\omega}(\omega_P) = n_\omega(\omega_P/2)$. Wenn man normale Dispersion

$$n_\omega(\omega_{S,I}) \simeq n_\omega(\omega_P/2) + n^{(1)}(\omega_{S,I} - \omega_p/2) + ...$$

zugrunde legt, dann erwartet man in der Nähe des Entartungspunktes eine quadratische Bedingung für die Phasenanpassungsbedingung von der Signal-

und Leerlauffrequenz:

$$c\Delta k = 0 = n_{2\omega}(\omega_P)\omega_P - (n_\omega(\omega_P/2)\omega_P + n^{(1)}(\omega_S - \omega_I)^2 + ...) \quad .$$

Andererseits hängt der Brechungsindexunterschied i. Allg. linear von Winkel oder Temperatur ab, so daß man das quadratische Verhalten auch in der experimentellen Abhängigkeit findet (Abb. 13.18).

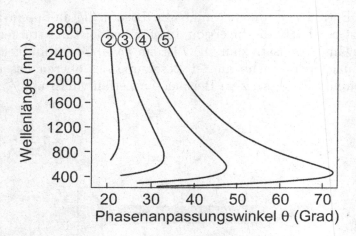

Abb. 13.18 *Durchstimmbarkeit eines mit einem BBO-Kristall betriebenen parametrischen Oszillators: Wellenlängen von Signal- und Leerlaufwelle. Der OPO wird mit der 2. (532 nm), 3. (355 nm), 4. (266 nm) oder sogar 5. Harmonischen (213 nm) eines Nd-Lasers bei 1064 nm gepumpt.*

Aufgaben zu Kapitel 13

13.1 Frequenzverdopplung mit KDP (a) Geben Sie den Winkel für Typ-I-Phasenanpassung bei $\lambda = 1\ \mu$m an. Die Brechungsindizes sind $n_o^\omega = 1{,}496044$ und $n_o^{2\omega} = 1{,}514928$ für den ordentlichen, $n_e^\omega = 1{,}460993$ und $n_e^{2\omega} = 1{,}472486$ für den außerordentlichen Strahl. (b) Skizzieren Sie das Index-Ellipsoid und die Propagationsrichtung im Kristall relativ zur optischen Achse. Wie würden Sie den Kristall schneiden? (c) Führen Sie dieselben Überlegungen für Typ-II-Phasenanpassung aus. Welchen Brechungsindex erfährt die harmonische Welle?

13.2 Temperatur-Phasenanpassung mit KNbO$_3$ Verwenden Sie die Daten aus Abb. 13.6, um die Wellenlängenbereiche abzuschätzen, bei denen sich KNbO$_3$ zur Frequenzverdopplung eignet.

13.3 Frequenzverdopplung mit einem kurzen Puls Wir betrachten eine gepulste eben Welle mit Gaußscher Einhüllender und Mittenfrequenz ω: $\mathbf{E}_1(z,t) = (1/2)\{\mathbf{e}_1 A_1(z,t) \exp\left[-i(\omega t - kz)\right] + c.c.\}$, $A_1(0,t) = A_0 \exp\left(-t^2/2\delta\right)$. Der Brechungsindex bei der Grundwelle sei n, und nehmen Sie an, daß die Phasenanpassungbedingung für ω in einem Kristall der Länge ℓ erfüllt sei. Vernachlässigen Sie Verluste oder Wellenfront-Deformationen. Die Gruppengeschwindigkeiten von Grund- und Oberwelle sollen v_{g1} und v_{g2} heißen.

(a) Drücken Sie $A_1(z,t)$ als Funktion von $A_1(0,t)$ und v_{g1} aus. (b) In der „Slowly Varying Envelope Approximation" lautet die Wellengleichung im Kristall

$$\frac{\partial A_2}{\partial z} + \frac{1}{v_{g2}}\frac{\partial A_2}{\partial z} = i\frac{2\omega}{2nc}\chi_e A_1^2(z,t),$$

wobei χ_e die effektive Suszeptibilität bezeichnet. Substituieren Sie $u = t - z/v_{g1}$ und $v = t - z/v_{g2}$ und führen Sie $\beta = 1/v_{g1} + 1/v_{g2}$ ein. (c) Lösen Sie die Wellengleichung für $A_2(u,v)$. (Hinweis: $\mathrm{erf}(x) = (2/\sqrt{\pi}) \int_0^x \exp(-u^2)du$.) Geben Sie $A_2(z,t)$ für die Ánfangsbedingung $A_2(0,t) = 0$ für alle t an. (d) Wechseln Sie in das Bezugssystem, das sich mit der Gruppengeschwindigkeit der Oberwelle v_{g2} bewegt. Skizzieren Sie, wie sich A_2 in diesem Bezugssystem als Funktion der Zeit entwickelt. Geben Sie die Amplitude am Kristallausgang an. (e) Für welchen Wert t_0 wird $A_2(\ell,t)$ maximal? Wie sieht $A_2(\ell,t_0)$ aus? Was passiert bei $\beta\ell/\delta \gg 1$?

14   Nichtlineare Optik II: Vierwellenmischung

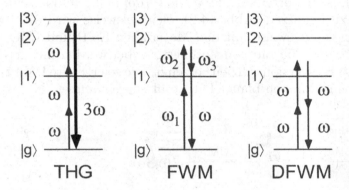

Abb. 14.1 *Ausgewählte $\chi^{(3)}$-Prozesse, bei denen der Zustand des nichtlinearen Materials erhalten bleibt: Frequenzverdreifachung (THG), ein Beispiel für Vierwellenmischung (FWM) und entartete Vierwellenmischung (DFWM).*

In Analogie zu den 3-Wellen-Mischprozessen ist es nicht mehr schwer, die Typologie für 4-Wellen-Phänomene zusammenzustellen. Drei der vier Wellen erzeugen eine Polarisation

$$P_i(\omega) = \epsilon_0 \chi_{ijk\ell}^{(3)}(\omega; \omega_1, \omega_2, \omega_3) E_j(\omega_1) E_k(\omega_2) E_\ell(\omega_3) \quad .$$

die durch die Suszeptibilität dritter Ordnung charakterisiert wird. Dieser Tensor 4. Stufe besitzt bis zu 81 unabhängige Komponenten und soll deshalb nicht einmal mehr den allgemeinen Symmetriebetrachtungen unterzogen werden, die sich bei der Suszeptibilität zweiter Ordnung noch einigermaßen darstellen ließen. Sie sind bei Bedarf der einschlägigen Spezialliteratur zu entnehmen. Stattdessen wird es nun von vornherein wichtig sein, Spezialfälle zu betrachten. In der formalen Behandlung ergeben sich im Vergleich zur 3-Wellenmischung keine grundsätzlich neuen Aspekte, lediglich die Anzahl der gekoppelten Amplitudengleichungen wird um eins erhöht.

14.1   Frequenzverdreifachung in Gasen

Es ist naheliegend, in Analogie zur Frequenzverdopplung mit Hilfe der $\chi^{(3)}$-Nichtlinearität nach der Frequenzverdreifachung zu suchen. In Abb. 14.1 ist zu erkennen, daß die *Third Harmonic Generation* (THG) einer von zahlreichen Spezialfällen der Vierwellenmischung ist.

Tatsächlich wird dieser $\chi^{(3)}$-Prozeß auch eingesetzt, allerdings erst, wenn man sehr tief im ultravioletten Spektralbereich gelegene Frequenzen erreichen will. Solange nämlich nichtlineare Kristalle transparent sind (d.h. bei Wellenlängen $\lambda > 200$ nm), ist es vorteilhaft, Frequenzverdopplung und anschließende Summenbildung zu benutzen (Abb. 14.2). Beispielsweise wird die 1064 nm-Linie der Nd-Laser vorzugsweise mit den Materialien KTP und LBO auf die Wellenlängen 532 und 355 nm transformiert. Dabei werden mit gepulstem Licht durchaus 30% Konversionseffizienz erzeugt. Die so erzeugte UV-Strahlung wird sehr häufig zum Pumpen blauer Farbstofflaser verwendet.

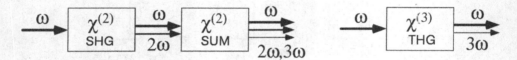

Abb. 14.2 *Frequenzverdreifachung mit $\chi^{(2)}$ und $\chi^{(3)}$- Prozessen.*

Wenn wir Geometrieeffekte vernachlässigen, beträgt die Polarisation dritter Ordnung

$$\mathcal{P}^{3\omega} = \epsilon_0 \chi^{(3)}(3\omega;\omega,\omega,\omega)\mathcal{E}^3 \quad .$$

Die Phasenanpassungsbedingung, die in diesem Fall

$$\Delta k = k_{3\omega} - 3k_\omega$$

lautet, muß hier wie bei der Erzeugung der zweiten Harmonischen durch Anpassung der Brechungsindizes von Grund- und Oberwelle erreicht werden. Wie schon oben bemerkt, sind Kristalle wegen sehr kleiner $\chi^{(3)}$-Koeffizienten, mangelhafter Transparenz und der Gefahr optisch induzierter Schäden durch extreme Eingangsleistungen oder starke Absorption der UV-Oberwellen nur bedingt für die Frequenzverdreifachung geeignet. Gase besitzen dagegen eine hohe Zerstörschwelle und gute Transparenz unterhalb der Photoionisationsschwelle, die für einige Edelgase bei $\lambda \simeq 50$ nm liegt.

Den Nachteil geringer Dichte kann man in einem Gas wettmachen, indem der nichtlineare Prozeß durch die Nähe einer geeigneten molekularen oder atomaren Resonanz überhöht wird. Deshalb werden zur Erzeugung von UV-Licht bei sehr kurzen Wellenlängen häufig Alkalidämpfe verwendet, die durch ihre Übergangsfrequenzen bei sichtbaren und im nahen IR gelegenen Wellenlängen nahresonante Verstärkung erlauben. Sie weisen dort auch einen relativ schnell variierenden Brechungsindex, mit normaler oder anomaler Dispersion je nach Lage der Grundfrquenz, auf. Die Resonanzlinien von Edelgasen liegen selbst im tiefen UV ($\lambda < 100$ nm) und meistens im Bereich der normalen Dispersion. Durch Zugabe der 100 – 10000-fachen Menge an Edelgasatomen zu einem Alkalidampf kann deshalb die Phasengeschwindigkeit der Oberwelle angepaßt werden. Als Beispiel ist in Abb. 14.3 die Phasenanpassung für Frequenzverdreifachung der 1064 nm Nd-Laser-Linie in einem Rubidium-Dampf durch Zugabe eines Xenon-Gases qualitativ gezeigt. Auch wenn es gelingt, XUV-Strahlung in

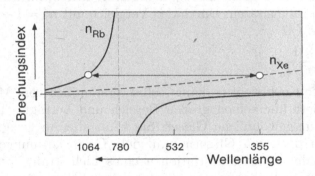

Abb. 14.3 Phasenanpassung für die Frequenzverdreifachung von 1064 nm-Strahlung im Rubidiumdampf (*D2-Resonanzlinie bei 780 nm*) *durch Zugabe eines Xenon-Gases.*

einem Gas-Behälter zu erzeugen, wirft der Transport zur vorgesehenen Anwendung noch besondere Probleme auf, denn die Atmosphäre und selbst das beste bekannte Fenstermaterial, gekühltes LiF, verlieren spätestens knapp oberhalb von 100 nm ihre Transparenz. Deshalb muß man sehr kurzwellige kohärente Strahlung i. Allg. am Ort des Experiments selbst erzeugen.

14.2 Nichtlineare Brechzahl – der optische Kerr-Effekt

In dritter Ordnung entsteht auch ein nichtlinearer Beitrag zur Polarisation bei der Grundwelle selbst. Es handelt sich um einen Sonderfall der *entarteten Vierwellenmischung* (engl. *Degenerate Four Wave Mixing, DFWM*), die offensichtlich wegen $\Delta k = k + k - k$ von vornherein unter Bedingungen angepaßter Phasen existiert! In Analogie zum traditionellen elektrooptischen Kerr-Effekt (der Abhängigkeit der Brechzahl von einem äußeren elektrischen Feld) wird dieses Phänomen auch als *optischer Kerr-Effekt* bezeichnet. Entsprechende nichtlineare Materialien werden häufig als *Kerr-Medien* bezeichnet.

Der Beitrag zur Polarisation der Grundwelle beträgt [1]

$$\mathcal{P}^{KE}(\omega) = \epsilon_0 \chi_{\text{eff}}^{(3)}(\omega; \omega, \omega, -\omega) |\mathcal{E}(\omega)|^2 \mathcal{E}(\omega) \quad ,$$

so daß die gesamte Polarisation

$$\mathcal{P}(\omega) = \epsilon_0 (\chi^{(1)} + \chi_{\text{eff}}^{(3)} |\mathcal{E}(\omega)|^2) \mathcal{E}(\omega) = \epsilon_0 \chi_{\text{eff}} \mathcal{E}(\omega)$$

beträgt. Die Gesamtpolarisation ist offenbar abhängig von der Intensität, und es ist bequem, dieses Phänomen überhaupt durch einen intensitätsabhängigen Brechungsindex

$$n = n_0 + n_2 I$$

zu beschreiben. Dabei bezeichnet n_0 den gewöhnlichen, linearen Brechungsindex bei kleinen Intensitäten. Durch den Vergleich mit $n^2 = 1 + \chi_{\text{eff}}$ erhält man mit $I = n_0 \epsilon_0 c |\mathcal{E}|^2 / 2$

$$n_2 \simeq \frac{1}{n_0^2 c \epsilon_0} \chi_{\text{eff}}^{(3)} \quad .$$

Der nichtlineare Koeffizient n_2 hängt selbstverständlich vom Material ab. Seine Größe variiert über einen großen Bereich und beträgt z.B. nur $10^{-16} - 10^{-14} cm^2/W$ für gewöhnliche Gläser. Sie kann aber in geeigneten Materialien, z.B. auch dotierten Gläsern, um viele Größenordnungen darüber liegen. Transversale Intensitätsvariationen eines Lichtstrahls verursachen Verzerrungen optischer Wellenfronten, die zur Selbst-Fokussierung führen; Selbst-Phasenmodulation wird durch longitudinale Variationen der Intensität zum Beispiel in einem Laserpuls verursacht.

14.2.1 Selbst-Fokussierung

Das transverale Gaußprofil der TEM_{00}-Mode ist sicher die bekannteste und wichtigste Intensitätsverteilung aller Lichtstrahlen. Wenn die Intensität genügend groß ist, z.B. in einem kurzen, intensiven Laserpuls, dann wird sie in einem Kerr-Medium eine näherungsweise quadratische Brechzahlvariation und daher eine Linsenwirkung verursachen, die für $n_2 > 0$ wie eine Sammellinse, für $n_2 < 0$ wie eine Zerstreuungslinse wirkt (Abb. 14.4). Die Brennweite der Linse ist dabei abhängig von der Maximalintensität. Übrigens ist diese Wirkung der *thermischen Linse* sehr verwandt, nur wird dabei die Brechzahländerung durch eine lokale Temperaturänderung hervorgerufen. Diese kann auch durch einen Laserstrahl (z.B. durch Absorption) verursacht werden, thermische Änderungen sind aber gewöhnlich sehr langsam (ms) im Vergleich zu dem sehr schnellen

---

[1] Es sind mehrere Definitionen der Suszeptibilität gebräuchlich, die sich vor allem durch Geometrie- und Entartungsfaktoren unterscheiden. Wir verzichten auf diese Details und benutzen eine effektive Suszeptibilität.

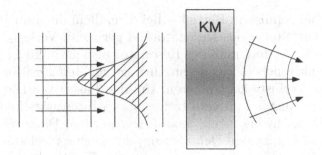

Abb. 14.4 *Selbstfokussierung einer ebenen Welle in einem Kerr-Medium (KM). Das Intensitätsprofil eines Gaußstrahls verursacht eine parabolische transversale Variation der Brechzahl und wirkt daher wie eine Linse.*

optischen Kerr-Effekt (fs – ns) und deshalb vom Standpunkt der Anwendbarkeit i. Allg. unerwünscht.

Kerr-Lens-Modecoupling

Die gegenwärtig vielleicht wichtigste Anwendung der Selbstfokussierung ist die sogenannte *Kerr-Linsen-Modenkopplung* (KLM, engl. *Kerr-Lens-Modelocking*), die vor einigen Jahren zu einer Revolution in der Konstruktion von Laserquellen für extrem kurze Pulsdauern geführt hat. Die Selbst-Modenkopplung wurde 1991 an einem Ti-Saphir-Laser entdeckt, der durch geringe Erschütterungen vom Dauerstrich- in stabilen Pulsbetrieb umgeschaltet werden konnte. Der Laser (Abb. 14.5) besteht dabei lediglich aus dem Laserkristall, den Spiegeln und einem Prismenpaar zur Kompensation der Kristalldispersion im Laserkristall und den Resonatorkomponenten.

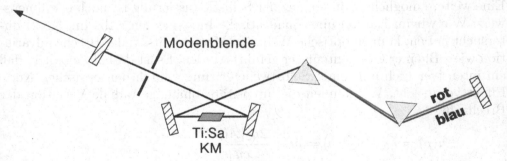

Abb. 14.5 *Ti-Saphir-Laser mit Kerr-Linsen-Modenkopplung. Das Prismenpaar dient zur Kompensation der Dispersion. Diese einfache Anordnung erzeugt typische Pulslängen von 50–100 fs.*

Der Trick der Selbst-Modenkopplung besteht darin, den Laserresonator so zu

justieren, daß bei gepulstem Betrieb – bei dem allein die induzierte Kerr-Linse
ihre Wirkung entfaltet – das Resonatorfeld geringere Verluste erleidet als im
Dauerstrichbetrieb – dort muß der Resonator also geringfügig dejustiert sein.
Mittels einer zusätzlichen Blende an einer geeigneten Position im Resonator
kann man diese Verluste kontrollieren. Um den Laser vom Dauerstrichbetrieb
in den gepulsten Zustand zu versetzen, müssen Intensitätsfluktuationen, z.B.
durch Relaxationsschwingungen, angestoßen werden. Dazu reicht häufig eine
geringfügige und kurzzeitige Dejustierung durch eine mechanische Erschütte-
rung aus – der Laser wird sozusagen durch einen Fausthieb in den erwünschten
Betriebszustand versetzt!

Für stabilen Pulsbetrieb ist es notwendig, daß der Puls beim Umlauf im Resonator seine Form beibehält. Durch die Dispersion des Laserkristalls wird der
Puls, der ein breites Frequenzspektrum besitzt, aber verändert, insbesondere
verlängert sich seine Pulsdauer. Deshalb werden Prismenpaare zur Kompensation eingesetzt: Bei normaler Dispersion im Laserkristall laufen längere, rote
Wellenlängen schneller als kürzere, blaue Komponenten. Durch das erste Prisma werden blaue Anteile des Spektrums stärker gebrochen als rote Anteile.
Im zweiten Prisma legen die roten Anteile dann einen längeren Weg zurück,
so daß durch diesen Geometrieeffekt die Dispersion des Laserkristalls ausge-
glichen wird.

Wenn die Pulse im Laser vor und zurück laufen, geschehen noch weitere
Veränderungen, z.B. durch die Selbstphasenmodulation, die im nächsten Kapitel behandelt wird.

Räumliche Solitonen

Eine weitere mögliche Konsequenz der Selbstfokussierung ist noch erwähnens-
wert: Wie wir im Kapitel über quadratische Indexmedien (Abschn. 3.3.2) untersucht haben, können optische Wellen in Medien mit axialer Brechzahlvariation wie z.B. einer Gradientenfaser geführt werden. Es ist deshalb möglich, daß
ein intensiver Lichtpuls eine „Selbstwellenleitung" durch den optischen Kerr-
Effekt verursacht. Wir können die intensitätsabhängige radiale Variation der
Brechzahl,

$$n(\rho) = n_0 + n_2 I(\rho) = n_0 + \frac{2n_2|\mathcal{A}(\rho)|^2}{cn_0\epsilon_0} \quad ,$$

wie in der paraxialen Helmholtzgleichung (2.30) einführen. Der Übersichtlichkeit halber führen wir $\kappa = 2k^2 n_2/cn_0^2\epsilon_0$ ein und erhalten die *nichtlineare
Schrödinger-Gleichung*,

$$\left(\nabla_T^2 + 2ik\frac{\partial}{\partial z} + \kappa^2|\mathcal{A}|^2\right)\mathcal{A} = 0 \quad ,$$

die natürlich mit der Quantenmechanik nur die mathematische Struktur gemeinsam hat. Es ist bekannt, daß diese Gleichung selbstkonsistente und stabile
Lösungen besitzt mit der Form:

$$\mathcal{A}(\rho, z) = \mathcal{A}_0 \text{sech} \left(\frac{\rho}{w_0} \right) \exp \left(\frac{iz}{4z_0} \right) \quad .$$

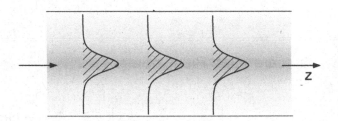

Abb. 14.6 *Ausbreitung eines Solitons in einem Kerr-Medium.*

Die Eigenschaften dieser Welle ähneln den Gauß-Moden mit einer „Strahl-
taille" $w_0^2 = (\kappa \mathcal{A}_0)^2/2$ und einer „Rayleighlänge" $z_0 = kw_0^2/2$. Sie propagieren
entlang der z-Richtung und werden *räumliche Solitonen* genannt [2]. Die Strahlparameter (w_0, z_0) hängen aber ganz im Gegensatz zum Gaußstrahl von der
Amplitude $\mathcal{A}_0$ ab! Die selbststabilisierende Mode breitet sich auch nicht divergent aus, sondern behält ihre Form ungedämpft über große Distanzen. Bei
Realisierungen muß man beachten, daß die nichtlineare Schrödingergleichung
eine eindimensionale Situtation beschreibt. In den anderen Richtungen muß
das Auseinanderlaufen der Wellenpakete durch andere Maßnahmen, zum Beispiel Wellenleiterstrukturen, erreicht werden.

Nichtlineare optische Bauelemente

Der nichtlineare optische Kerr-Effekt ist durchaus für bestimmte Anwendungs-
formen z.B. in der optischen Kommunikation interessant. Zwei Beispiele werden in Abb. 14.7 vorgestellt: Ein nichtlinearer Schalter wird realisiert, indem
die Weglänge in einem Arm eines Mach-Zehnder-Interferometers durch einen
Kontrollstrahl per Kerr-Effekt geändert wird. Dadurch kann der Signalstrahl
zwischen den beiden Ausgängen hin und hergeschaltet werden. In einem nichtlinearen Richtkoppler hängt die Koppeleffizienz von der Intensität des Ein-
gangssignals ab, so daß Pulsfolgen mit verschiedener Intensität auf zwei Kanäle
verteilt werden können.

---

[2]Die zeitlichen, „optischen" Solitonen sind allerdings die bekannteren.

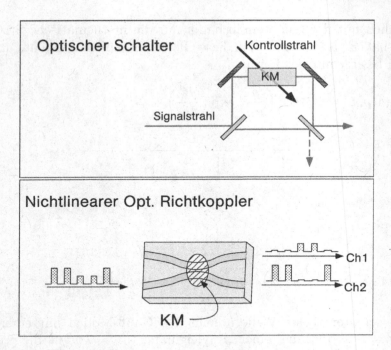

Abb. 14.7 *Anwendungen des nichtlinearen optischen Kerr-Effekts. Ein Kerr-Medium kann eingesetzt werden, um die Ausgänge eines Mach-Zehnder-Interferometers durch Brechzahländerung in einem Arm zu schalten. In einem Richtkoppler (z.B. durch Oberflächen-Wellenleiter in LiNbO₃ realisiert) kann die Koppeleffizienz von der Eingangsintensität abhängen und so Pulse unterschiedlicher Größe trennen.*

14.2.2 Phasenkonjugation

Die Phasenkonjugation (oder *Wellenfrontumkehr*) tritt uns als ein Sonderfall der entarteten Vierwellenmischung (DFWM, Abb. 14.1 und Abb. 14.8) gegenüber. Die Phasenanpassung ist auch hier intrinsisch vorhanden, weil nur eine optische Frequenz beteiligt ist. Die Polarisation berechnet man nach

$$\mathcal{P}^{PC}(\omega_S) = \epsilon_0 \chi_{\text{eff}}^{(3)}(\omega_S; \omega_P, \omega_P, -\omega_S)\mathcal{E}_P^{(v)}\mathcal{E}_P^{(r)}\mathcal{E}_S^* \quad .$$

Die Phasenanpassung ist wegen $\sum_i \mathbf{k}_i = 0$ stets auf triviale Art und Weise erfüllbar, wenn zwei Wellen (In Abb. 14.8 die vorwärts und rückwärts laufenden Pumpwellen) einander entgegen laufen. Der phasenkonjugierende Prozeß kann durch eine 1-Photonen-Resonanz stark überhöht werden.

Wir studieren nun eine vereinfachte theoretische Beschreibung der Phasenkonjugation, deren Ergebnis aber nur unwesentlich von der genaueren Behandlung abweicht, in der auch die nichtlineare Änderung der Brechzahl für die Pumpwellen mit berücksichtigt wird. Wir nehmen insbesondere an, daß sich die Intensität der Pumpwellen nicht ändert, d/dz $\mathcal{E}_P \simeq 0$. Dann müssen nur zwei

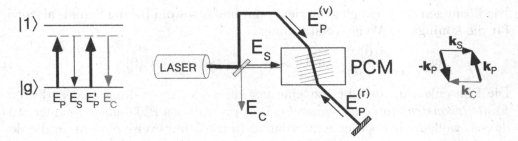

Abb. 14.8 *Phasenkonjugation als Spezialfall der entarteten Vierwellenmischung. Einfache Anordnung zur Phasenkonjugation. PCM: Phasenkonjugierendes Medium, z.B. $BaTiO_3$, CS_2. Die Phasenbedingung ist auf triviale Art und Weise immer erfüllt.*

statt vier Wellen betrachtet werden:

$$\mathcal{P}_C = \epsilon_0 \chi_{\text{eff}}^{(3)} \mathcal{E}_P^2 \mathcal{E}_S^* \quad ,$$
$$\mathcal{P}_S = \epsilon_0 \chi_{\text{eff}}^{(3)} \mathcal{E}_P^2 \mathcal{E}_C^* \quad .$$

Wir setzen $\kappa = \omega \chi_{\text{eff}}^{(3)}/2nc\mathcal{E}_P^2$ und betrachten die in positiver und negativer z-Richtung propagierenden Signal- und konjugierten Wellen,

$$\mathcal{A}_C = \mathcal{A}_{C0}e^{ikz} \text{ und } \mathcal{A}_S = \mathcal{A}_{S0}e^{-ikz} \quad ,$$

die die Differentialgleichungen

$$\frac{d}{dz}\mathcal{A}_{S0} = i\kappa\mathcal{A}_{C0}^* \quad , \quad \mathcal{A}_{S0}(z=0) = \mathcal{A}(0)$$
$$\frac{d}{dz}\mathcal{A}_{C0} = -i\kappa\mathcal{A}_{S0}^* \quad , \quad \mathcal{A}_{C0}(z=\ell) = 0$$

erfüllen müssen. Die Randbedingungen an den Enden des Kristalls gehen davon aus, daß eine Signal- (bei $z = 0$), aber noch keine konjugierte Welle (bei $z = \ell$) eingestrahlt wird. Der Ursprung der Phasenkonjugation tritt hier klar zutage, denn die neu erzeugte konjugierte Welle $\mathcal{A}_{C0}$ wird von der konjugierten Amplitude $\mathcal{A}_{S0}^*$ getrieben.

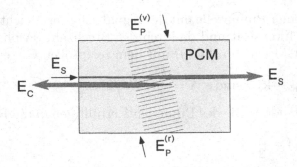

Abb. 14.9 *Signal- und konjugierte Welle in einem phasenkonjugierenden Medium (PCM).*

Die Lösungen sind schnell gefunden, man findet sowohl für die Signal- als auch für die konjugierte Welle Verstärkung:

$$\mathcal{A}_{S0} = \frac{\mathcal{A}(0)}{\cos\left(|\kappa|\ell\right)} \quad \text{und} \quad \mathcal{A}_{C0} = \frac{i\kappa}{|\kappa|}\tan\left(|\kappa|\ell\right)\mathcal{A}^*(0) \quad .$$

Die Phasenkonjugation besitzt eine faszinierende Anwendung in der *Wellen-front-Rekonstruktion* oder -*Umkehr*. Bevor wir dieses Phänomen genauer studieren, wollen wir noch eine alternative Betrachtungsweise einführen, die der gewöhnlichen Holographie entlehnt ist, die wir schon in Abschn. 5.8 besprochen haben. In der gewöhnlichen Holographie tritt bekanntermaßen auch eine konjugierte Welle auf!

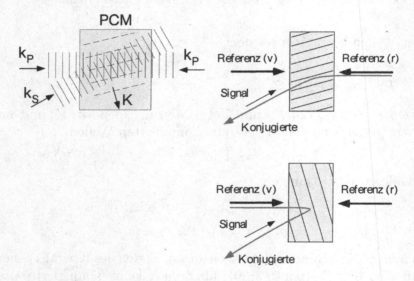

Abb. 14.10 *Echtzeit-Holographie und Phasenkonjugation. Die vorwärts laufende Pumpwelle bildet mit der Signalwelle ein Gitter. Die rückwärts laufende Pumpwelle erfüllt die Bragg-Bedingung an diesem Gitter und wird in Richtung der Signalwelle gestreut.*

Die Interferenz einer Pumpwelle mit der Signalwelle verursacht eine periodische Modulation der Intensität und dadurch der Brechzahl im phasenkonjugierenden Medium (PCM in Abb. 14.10) mit dem reziproken Gittervektor $\mathbf{K}$:

$$\mathbf{K} = \mathbf{k}_P - \mathbf{k}_S \quad \text{und} \quad \Lambda = \frac{\lambda}{2}\sin\left(\theta/2\right) \quad .$$

Die entgegenlaufende Welle des Pumplichts erfüllt genau die Bragg-Bedingung

$$\sin\left(\theta/2\right) = \frac{\lambda}{2\Lambda}$$

und wird an diesem Gitter in die Gegenrichtung der Signalwelle gebeugt. Die Wellenfront-Umkehr ist in Abb. 14.11 im Vergleich zu einem konventionellen

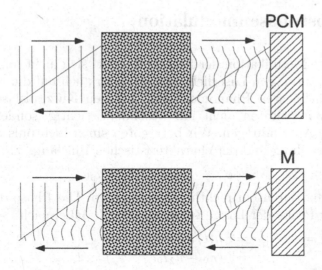

Abb. 14.11 *Wellenfrontumkehr oder -Rekonstruktion durch einen phasenkonjugierenden Spiegel (PCM) und einen konventionellen Spiegel (M).*

Spiegel dargestellt. Der phasenkonjugierende Spiegel (engl. *phase conjugating mirror*, PCM) schickt auch verzerrte Wellenfronten wieder in sich zurück, im Gegensatz zum gewöhnlichen Spiegel. Eine mögliche Anwendung ist die effiziente Fokussierung von intensiver Laserstrahlung auf ein Objekt, dessen Oberfläche konventionellen, d.h. Gauß-förmigen Laserstrahlen schlecht angepaßt ist.

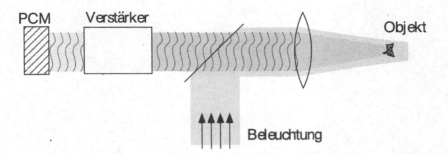

Abb. 14.12 *Anwendung eines phasenkonjugierenden Spiegels zur Fokussierung intensiver Laserstrahlung auf ein optisch schlecht angepaßtes Objekt.*

14.3   Selbstphasenmodulation

Die nichtlineare Modifikation der Brechzahl wirkt sich nicht nur auf die räumlichen Wellenfronten von Laserlicht aus, sondern auch auf die zeitliche Struktur. Diese nichtlinearen Phänomene sind bei den Kurzpulslasern wegen der hohen Spitzenintensitäten nicht nur besonders wichtig, sondern finden hier auch definitive Anwendungen. Wir betrachten einen Lichtpuls mit Gaußscher Amplitudenverteilung und der charakteristischen Pulslänge τ,

$$E(t) = E_0 e^{-(t/\tau)^2/2} e^{-i\omega t} \quad \text{und} \quad I(t) = I_0 e^{-(t/\tau)^2} \quad ,$$

beim Durchgang durch ein nichtlineares Medium. Die Phase des Lichtpulses am Ende einer Probe der Länge ℓ entwickelt sich dabei nach

$$
\begin{aligned}
\Phi(t) = n\,k\,z|_\ell &= n(t)\,k\,\ell \\
&= \left(n_0 + n_2 I_0 e^{-(t/\tau)^2}\right) k\,c\,t \quad .
\end{aligned}
$$

Die instantane Frequenz beträgt dann

$$\omega(t) = \frac{d}{dt}\Phi(t) = \left(n_0 - n_2 I_0 \cdot 2(t/\tau) \cdot e^{-(t/\tau)^2}\right) c\,k \quad .$$

Die instantane Frequenz wird während des Pulses von blauen zu roten Frequenzen verstimmt oder umgekehrt, je nach dem Vorzeichen von n_2. Das Phänomen wird allgemein als *frequency chirp* bezeichnet. Im Zentrum bei $\exp\left(-(t/\tau)^2\right) \simeq 1$ findet man eine lineare Variation

$$\omega(t) \simeq \omega_0 - 2\beta t \text{ mit } \beta = \omega_0 \frac{n_2 I_0}{n_0} \frac{\ell}{\tau} \quad ,$$

Selbstphasenmodulation in Lichtwellenleitern ist die Ursache für das Auftreten von zeitlichen Solitonen, die wir schon in Abschn. 3.6.2 besprochen haben.

Aufgaben zu Kapitel 14

14.1 Erzeugung der dritten Oberwelle Betrachten Sie ein Gas zwischen den Ebenen $z = 0$ und $z = \ell$. Eine monochromatische, ebene Welle propagiert in dem Gas in z-Richtung, $\mathbf{E}(z,t) = 1/2[E\mathbf{e}_x \exp[-i(\omega t - kz)]$. (a) Geben Sie qualitativ das Spektrum der nichtlinearen Polarisation im Gas an. Welche Rolle spielt die Symmetrie des Systems? (b) Geben Sie einen skalaren Ausdruck für die nichtlineare Polarisierung bei 3ω an. (c) Berechnen Sie das bei 3ω abgestrahlte Feld. Verwenden Sie die Anfangsbedingung $A_{3\omega}(z = 0) = 0$. Wie ändert sich die Intensität der 3. Oberwelle mit z? (d) Variieren Sie die Dichte des Gases in der Zelle. Wie ändert sich die Intensität der Oberwelle am Ausgang der Gaszelle?

14.2 Phasenkonjugierender Spiegel I Stellen Sie sich vor, Sie schauen selbst in einen phasenkonjugierenden Spiegel. Was sehen Sie?

14.3 Phasenkonjugierender Spiegel II In einem phasenkonjugierenden Medium der effektiven Länge ℓ betrachten wir die z-abhängigen Amplituden der konjugierten Welle $A_C(z) = A_C(0) \cos(|\kappa|(z - \ell))/\cos(|\kappa|\ell)$ und der Signalwelle $A_S(z) = i\kappa^* A_S^*(0) \sin(|\kappa|(z - \ell))/\cos(|\kappa|\ell)$. Die Kopplungskonstante der Wechselwirkung mit den Pumpwellen lautet $\kappa = (\omega/2nc)\chi^{(3)} A_{P1} A_{P2}$. (a) Skizzieren Sie die Entwicklung der Amplituden innerhalb des Kristalls für konjugierte und Signalwelle. Wie entwickelt sich das System für $\pi/4 < |\kappa|\ell = \pi/2$? (b) Berechnen und interpretieren Sie die Reflektivität des konjugierten Strahls, die nach $R = |A_c(0)/A_s(0)|^2$ definiert wird. Betrachten Sie besonders den Fall $|\kappa|\ell = \pi/2$.

14.4 Kompensation der Dispersion Beschreiben Sie qualitativ die Wirkung der Prismen auf die Dispersion des Resonators in Abb. 14.5. Wie wird die Kompensation justiert?

A   Mathematik für die Optik

A.1   Spektralzerlegung schwankender Meßgrößen

Die Fourier-Transformation ist die „natürliche" Methode, um die Entwicklung einer optischen Welle zu beschreiben, weil letztlich alle optischen Phänomene nach dem Huygensschen Prinzip als Summe der Wirkung von Elementarwellen verstanden werden können. Genau diese Wirkung berechnet man aber mit Hilfe der Fouriertransformation.

Unter *Schwankungen* oder *Fluktuationen* einer physikalischen Größe wollen wir ihre unregelmäßigen zeitlichen Variationen verstehen. Physikalische Vorhersagen können nicht (deterministisch) über den tatsächlichen Verlauf einer zeitlich schwankenden Größe getroffen werden, wohl aber über die Wahrscheinlichkeitsverteilung ihrer möglichen Werte, z.B. die Amplitudenverteilung einer Signalspannung. Aus der Wahrscheinlichkeitstheorie ist bekannt, daß die Verteilung einer stochastischen Größe $V(t)$ vollständig bestimmt ist, wenn alle ihre Momente bekannt sind. Darunter versteht man die Mittelwerte $\langle V \rangle$, $\langle V^2 \rangle$, $\langle V^3 \rangle$, ... Häufig kennt – oder unterstellt – man eine bestimmte Verteilung, zum Beispiel eine Gaußsche Normalverteilung für *zufällige* Ereignisse. Dann reicht es aus, die führenden Momente der Verteilung anzugeben, zum Beispiel den Mittelwert $\langle V \rangle$ und die *Varianz* $\langle (V - \langle V \rangle)^2 \rangle$. Die Quadratwurzel aus der Varianz nennt man *mittlere quadratische Abweichung* oder kürzer *rms*-Wert (von engl. *root-mean-square*) V_{rms}:

$$V_{\mathrm{rms}}^2 = \frac{1}{T} \int_0^T (V(t) - \langle V(t) \rangle)^2 dt = \langle V^2(t) \rangle - \langle V(t) \rangle^2 \quad . \tag{A.1}$$

Bei der Verwertung des elektrischen Signals spielen *Filter* eine ganz besondere Rolle, weil damit erwünschte und unerwünschte Anteile eines Signals voneinander getrennt werden können. Die Arbeitsweise eines Filters oder einer Filterkombination läßt sich am einfachsten in der Wirkung auf eine sinusförmig oder *harmonisch* variierende Größe verstehen, deren Frequenz $f = \omega/2\pi$ verändert wird. Es ist deshalb aus theoretischen und praktischen Gründen wichtig, die Schwankungen einer Meßgröße nicht nur im Zeitbild, sondern auch im Frequenzraum, das heißt durch Spektralanalyse zu charakterisieren.

In der Physik und in den Ingenieurwissenschaften hat es sich seit langem von unschätzbarem Wert erwiesen, eine zeitabhängige Größe durch ihre Frequenzanteile oder *Fourierkomponenten* darzustellen. So kann zum Beispiel die komplexe Spannung $V(t)$ in Teilwellen zerlegt und im Frequenzraum dargestellt werden,

$$V(t) = \frac{1}{2\pi} \int_{-\infty}^{\infty} \mathcal{V}(\omega) e^{-i\omega t} d\omega = \int_{-\infty}^{\infty} \mathcal{V}(f) e^{-2\pi i f t} df \quad . \qquad (A.2)$$

Wir können $\mathcal{V}(f)df$ als Amplitude einer Teilwelle bei der Frequenz f und mit einer Frequenzbreite df interpretieren. Das *Amplitudenspektrum* besitzt die Dimension $[V/Hz]$ und enthält als komplexe Größe auch die Information über die Phasenlage der Fouierkomponenten. Die Funktionen $V(t)$ und $\mathcal{V}(\omega)$ bilden ein *Fouriertransformpaar*, mit der Umkehrtransformation

$$\mathcal{V}(\omega) = \int_{-\infty}^{\infty} V(t) e^{i\omega t} dt \quad . \qquad (A.3)$$

Die Wirkung eines einfachen Filter-Systems, zum Beispiel von Tief- oder Hochpässen, auf eine harmonische Erregung kann häufig durch eine *Transferfunktion* $T(\omega)$ angegeben werden. Die Vorteile der Frequenz- oder Fourierzerlegung nach Gl.(A.2) zeigen sich dann in dem einfachen linearen Zusammenhang zwischen Ein- und Ausgang eines solchen Netzwerkes,

$$V'(t) = \frac{1}{2\pi} \int_{-\infty}^{\infty} T(\omega) \mathcal{V}(\omega) e^{-i\omega t} d\omega \quad .$$

Das Verfahren liefert befriedigende Resultate für viele technische Anwendungen. Das gilt insbesondere dann, wenn das Signal periodisch ist und der Zusammenhang zwischen Zeit- und Frequenzbild genau bekannt ist. Ein Rauschsignal variiert mal schnell, mal langsam, es hat dementsprechend Anteile bei niedrigen und bei hohen Frequenzen. Der Zusammenhang nach Gl.(A.2) ist deshalb nicht herstellbar, weil man dazu ein unendlich ausgedehntes Meßintervall benötigte. Unter strengeren mathematischen Gesichtspunkten kann man auch ein sehr großes Zeitintervall nicht als hinreichend gute Näherung betrachten, weil nicht einmal Informationen über die Beschränktheit der Funktion und damit der Konvergenzeigenschaften der Integraltransformation vorliegen.

Auf der anderen Seite kann man aber die Fourierkomponenten eines beliebigen Signals mit Hilfe eines geeigneten Filters sehr wohl messen, indem man seine mittlere transmittierte Leistung bestimmt. Bei diesem Verfahren, das in jedem *Spektrumanalysator* realisiert ist, wird allerdings das Betragsquadrat der Signalgröße gemessen, zum Beispiel durch Gleichrichtung und analoge Quadrierung. Wir wollen $P_V(t) = V^2(t)$ als verallgemeinerte *Leistung* von $V(t)$ auffassen. Die transmittierte Leistung hängt von der einstellbaren Bandbreite Δf und Mittenfrequenz f des Filters ab.

Für die formale Behandlung führen wir die Fouriertransformierte der Funktion $V(t)$ auf einem endlichen Meßintervall der Länge T ein,

$$\mathcal{V}_T(f) = \int_{-T/2}^{T/2} V(t)e^{i2\pi ft}dt \quad . \tag{A.4}$$

Die mittlere Gesamtleistung beträgt in diesem Intervall

$$\langle V^2 \rangle_T = \frac{1}{T}\int_{-T/2}^{T/2} V^2(t)dt \quad ,$$

wir können die Fouriertransformierten nach Gl.(A.4) einführen und die Integrationen vertauschen (wir lassen den Index $\langle\rangle_T$ im folgenden weg, weil keine Verwechslung vorliegen kann),

$$\begin{aligned}
\langle V^2 \rangle &= \frac{1}{T}\int_{-T/2}^{T/2}\left\{V(t)\int_{-\infty}^{\infty}\mathcal{V}_T(f)e^{-2\pi ift}df\right\}dt\\
&= \frac{1}{T}\int_{-\infty}^{\infty}\left\{\mathcal{V}_T(f)\int_{-T/2}^{T/2}V(t)e^{-2\pi ift}dt\right\}df
\end{aligned}$$

Die Größe $\langle V^2 \rangle$ ist sehr nützlich, denn mit ihrer Hilfe können wir die Varianz $\Delta V^2 = \langle V^2 \rangle - \langle V \rangle^2$ und damit das zweite Moment der Verteilung der Meßgröße $V(t)$ berechnen, zumindest in dem beschränkten Intervall $[-T/2, T/2]$. Weil $V(t)$ eine reelle Größe ist, gilt nach (A.2) $\mathcal{V}_T(-f) = \mathcal{V}_T^*(f)$ und man kann schreiben

$$\langle V^2 \rangle = \frac{1}{T}\int_{-\infty}^{\infty}\left\{\mathcal{V}_T(f)\mathcal{V}_T(-f)\right\}df = \frac{1}{T}\int_{-\infty}^{\infty}|\mathcal{V}_T(f)|^2df \quad .$$

Es reicht wegen der Symmetrie von $\mathcal{V}_T(f)$ aus, die Integration einseitig auszuführen. Wir definieren die spektrale Leistungsdichte $S_V(f)$

$$S_V(f) = \frac{2|\mathcal{V}_T(f)|^2}{T} \tag{A.5}$$

und erhalten einen Zusammenhang, der sich interpretieren läßt:

$$\langle V^2 \rangle = \int_0^{\infty} S_V(f)df \quad . \tag{A.6}$$

Danach ist $S_V(f)df$ genau der Anteil der mittleren Leistung eines Signals $V(t)$, der von einem linearen Filter mit Mittenfrequenz f und Bandbreite Δf transmittiert wird. Zu größeren Frequenzen fällt das *Leistungsspektrums* $S_V(f)$ normalerweise wie $1/f^2$ oder schneller ab, so daß die totale Rauschleistung endlich bleibt.

Häufig wird auch die formale und unphysikalische Schreibweise $[\sqrt{S_V(f)}] = [V/\sqrt{Hz}]$ verwendet, die wieder eine Rauschamplitude angibt, aber stets auf eine Rauschleistung bezogen ist. Für optische Detektoren sind die Rauschamplituden von Spannung und Strom in Einheiten von $[V^2/Hz]^{1/2}$ bzw. $[I^2/Hz]^{1/2}$

von größter Bedeutung und sollen deshalb noch einmal extra bezeichnet werden:

$$i_n(f) = \sqrt{S_I(f)} \qquad e_n(f) = \sqrt{S_U(f)} \tag{A.7}$$

Die *rms*-Werte von Rauschstrom und -spannung in einer Detektorbandbreite B betragen dann $I_{rms} = i_n\sqrt{B}$ bzw. $U_{rms} = e_n\sqrt{B}$. Etwas salopp wird gelegentlich einfach vom „Stromrauschen" und vom „Spannungsrauschen" gesprochen, man muß sich aber darüber im Klaren sein, daß in Rechnungen stets nur die quadratische Beträge $i_n^2 B$ bzw. $e_n^2 B$ Verwendung finden.

A.1.1 Korrelationen

Die Schwankungen von Meßgrößen können alternativ auch mit Hilfe von Korrelationsfunktionen beschrieben werden. Für eine Meßgröße $V(t)$ wird damit untersucht, wie sich ihr Wert von einem Anfangswert wegentwickelt,

$$C_V(t, \tau) = \langle V(t)V(t+\tau)\rangle_T = \frac{1}{T}\int_{-T/2}^{T/2} V(t)V(t+\tau)dt \quad ,$$

wobei wir schon ein realistisches endliches Meßintervall T angenommen haben. Im allgemeinen werden wir stationäre Schwankungen untersuchen, deren Eigenschaften selbst nicht von der Zeit abhängen, so daß die Korrelationsfunktion nicht explizit von der Zeit abhängt. Physikalische Information wird häufig sinnvoll mit der normierten Korrelationsfunktion

$$g_V(\tau) = \frac{\langle V(0)V(\tau)\rangle}{\langle V\rangle^2} = 1 + \frac{\Delta V(\tau)^2}{\langle V\rangle^2}$$

angegeben, wobei der Beitrag $\Delta V(\tau)^2 = (V(\tau) - \langle V\rangle)^2$ für $\tau \to 0$ gerade die Varianz ergibt. Diese erlaubt direkt, die Schwankungen zu beurteilen.

Wir können einen wertvollen Zusammenhang mit der spektralen Leistungsdichte herstellen, indem wir die beschränkten Fouriertransformierten nach Gl.(A.4) verwenden und die Zeit- und Frequenzintegrationen wieder vertauschen,

$$C_V(\tau) = \frac{1}{T}\int_{-\infty}^{\infty}\int_{-\infty}^{\infty}\int_{-T/2}^{T/2}\mathcal{V}_T(f')\mathcal{V}_T(f)e^{-i2\pi f't}e^{-i2\pi f(t+\tau)}df\,df'\,dt$$

Für sehr große Zeiten $T \to \infty$ können wir die Zeitintegration durch die Fouriertransformierte der Delta-Funktion, $\delta(f) = \int_{-\infty}^{\infty} e^{i2\pi ft}dt$, ersetzen und erhalten

$$\begin{aligned}
C_V(\tau) &= \frac{1}{T}\int_{-\infty}^{\infty}\int_{-\infty}^{\infty}\mathcal{V}_T(f')\mathcal{V}_T(f)\delta(f+f')e^{-i2\pi f\tau}df\,df' \\
&= \int_0^{\infty}\frac{2|\mathcal{V}_T(f)|^2}{T}e^{-i2\pi f\tau}df \quad .
\end{aligned}$$

Daraus können wir mit Hilfe von Gl.(A.5) unmittelbar das Wiener-Khintchin-Theorem begründen, das einen Zusammenhang zwischen der Korrelationsfunktion und der spektralen Leistungsdichte einer schwankenden Größe herstellt:

$$C_V(\tau) = \int_0^\infty S_V(f) e^{-i2\pi f\tau} df \tag{A.8}$$

und

$$S_V(f) = \int_0^\infty C_V(\tau) e^{i2\pi f\tau} d\tau \quad . \tag{A.9}$$

A.1.2 Schottky-Formel

Eine der wichtigsten und fundamentalsten Formen des Rauschens ist das sogenannte *Schrotrauschen* (engl. *shot noise*). Es entsteht, wenn eine Meßgröße aus einem Strom von Teilchen besteht, der zu zufälligen Zeiten vom Detektor registriert wird; das ist zum Beispiel für den Photonenstrom eines Laserstrahls der Fall oder für die Photoelektronen in Photomultiplier und Photodiode.

Wir betrachten deshalb einen Strom von Teilchen, die zu zufälligen Zeiten wie nadelscharfe elektrische Impulse von einem Detektor registriert werden, und interessieren uns für das Leistungsspektrum des dabei erzeugten Stromes. Wenn in einem Meßintervall der Länge T N_T Teilchen registriert werden, kann man die Stromamplitude als Folge einzelner Impulse angeben, die zu individuellen Zeitpunkten t_k registriert werden:

$$I(t) = \sum_{k=1}^{N_T} g(t - t_k) \quad . \tag{A.10}$$

Dabei enthält die Funktion g(t) die endliche Anstiegszeit τ eines realen Detektors, der selbst einem unendlich scharfen Eingangs-Impuls endliche Länge verleihen würde. Wir bestimmen zunächst die Fouriertransformierte

$$\mathcal{I}(f) = \sum_{k=1}^{N_T} \mathcal{G}_k(f)$$

mit der Fouriertransformierten des Einzelereignisses $\mathcal{G}_k(f) = e^{i2\pi f t_k} \mathcal{G}(f)$:

$$\mathcal{G}(f) = \int_{-\infty}^\infty g(t) e^{i2\pi ft} dt \quad . \tag{A.11}$$

Das Einzelereignis muß nach $\int_{-\infty}^\infty g(t)dt = 1$ normiert sein. Wenn die Ereignisse wie Impulse von der typischen Länge $\tau = f_G/2\pi$ geformt sind, dann muß das Spektrum bei Frequenzen weit unterhalb der Grenzfrequenz f_G konstant sein, $\mathcal{G}(f \ll f_G) \simeq 1$.

Nach der Definition des Leistungsspektrums (A.5) gilt $S_I(f) = 2\langle|\mathcal{I}_T(f)|^2\rangle/T$.
Man berechnet

$$
\begin{aligned}
|\mathcal{I}_T(f)|^2 &= |\mathcal{G}(f)|^2 \sum_{k=1}^{N_T} \sum_{k'=1}^{N_T} e^{i2\pi f(t_k - t_{k'})} \\
&= |\mathcal{G}(f)|^2 \left(N_T + \sum_{k=1}^{N_T} \sum_{k'=1, \neq k}^{N_T} e^{i2\pi f(t_k - t_{k'})} \right) \quad .
\end{aligned}
$$

Bei der Mittelung über ein Ensemble verschwindet der zweite Summand, N_T
wird durch den Mittelwert $\overline{N}$ ersetzt. Die Rauschleistungsdichte beträgt daher

$$
S_I(f) = \frac{2\overline{N}|\mathcal{G}(f)|^2}{T} \quad , \tag{A.12}
$$

die nur noch vom Spektrum $|\mathcal{G}(f)|^2$ des Einzelimpulses abhängt.

Für „nadelscharfe" Pulse mit der tatsächlichen Länge τ erwarten wir ein im
wesentlichen flaches, das heißt im Frequenzbereich $f \leq \tau/2\pi$ *weißes Leistungsspektrum*. Für zufällige, unkorrelierte Impulse erwarten wir, daß sich nicht die
Amplituden, sondern die Intensitäten addieren. Wenn man noch berücksichtigt, daß $S_I(f)$ durch einseitige Integration entsteht, dann können wir alle
Faktoren in Gl.(A.12) interpretieren.

Im Spezialfall des elektrischen Stromes bezeichnet man den Zusammenhang
mit der Rauschleistungsdichte als *Schottky-Formel*, die für Fourierfrequenzen
unterhalb der Detektorgrenzfrequenz f_G gilt,

$$
S_I(f) = 2e\overline{I} \quad , \tag{A.13}
$$

wobei wir $\overline{I} = e\overline{N}/T$ ausgenutzt haben.

Wenn auch die Amplitude des Einzelereignisses schwankt, z.B. $\int_{-\infty}^{\infty} g(t-t_k)dt = \eta_k$, dann wird Gl.(A.12) ersetzt durch

$$
S_I(f) = \frac{2\overline{N}\langle\eta^2\rangle|\mathcal{G}(f)|^2}{T} \quad . \tag{A.14}
$$

Der mittlere Strom beträgt nun $\overline{I} = \overline{N}e\eta/T$, mit einer mittleren Ladung $\overline{e\eta}$.
In der Schottky-Formel (A.13) taucht nun ein zusätzlicher *excess-noise*-Faktor
$F_e = \langle\eta^2\rangle/\langle\eta\rangle^2$ auf:

$$
S_I(f) = 2\langle e\eta\rangle\langle I\rangle \frac{\langle\eta^2\rangle}{\langle\eta\rangle^2} \quad . \tag{A.15}
$$

Diese Variante ist von Bedeutung für Photomultiplier und Lawinen-Photodioden, die mit intrinsischer, schwankender Verstärkung ausgestattet sind.

Wir betrachten noch den Spezialfall einer Amplitudenverteilung, die nur die
zufälligen Werte $\eta = 0$ und $\eta = 1$ besitzt. In diesem Fall gilt $F_e = 1$, so daß
nicht registrierte Ereignisse keinen zusätzlichen Beitrag zum Rauschen liefern.

A.2   Poynting-Theorem

Die ebene Welle ist der einfachste Grenzfall, der bei der Ausbreitung optischer Wellen betrachtet wird. Der Feldvektor an einem bestimmten Ort wird dabei durch eine harmonische Funktion der Zeit beschrieben,

$$\mathbf{F} = \mathbf{F}_0 e^{-i\omega t}.$$

Häufig werden Mittelwerte von Produkten harmonisch variierender Funktionen benötigt. Dabei ist das Poynting-Theorem sehr nützlich, wenn physikalische Größen durch den Realteil einer harmonischen komplexen Funktion dargestellt werden. Wenn $\mathbf{F}$ und $\mathbf{G}$ zwei komplexe, harmonische Funktionen sind, dann gilt im Periodenmittel für beliebige Vektorprodukte $\otimes$

$$< \Re\mathbf{F} \otimes \Re\mathbf{G} > = \frac{1}{2} < \Re\mathbf{F} \otimes \mathbf{G}^* > \quad .$$

B   Ergänzungen zur Quantenmechanik

B.1   Zeitliche Entwicklung eines Zweizustandssystems

B.1.1   Zwei-Niveau-Atome

Ein hypothetisches Zweiniveau-Atom besitzt nur einen Grundzustand $|g\rangle$ und einen angeregten Zustand $|e\rangle$, zu denen die Auf- und Absteigeoperatoren

$$\sigma^\dagger = |e\rangle\langle g| \quad \text{und} \quad \sigma = |g\rangle\langle e|$$

gehören, die als Linearkombinationen der Paulioperatoren bekannt sind,

$$\sigma^\dagger = \frac{1}{2}(\sigma_x + i\sigma_y), \qquad \sigma = \frac{1}{2}(\sigma_x - i\sigma_y) \quad .$$

Der Hamiltonoperator der Dipolwechselwirkung läßt sich mit $\omega_0 = (E_e - E_g)/\hbar$ in semiklassischer Näherung und der Drehwellennäherung (DWN bzw. RWA) durch

$$H = \hbar\omega_0\sigma^\dagger\sigma + \hbar g\sigma^\dagger e^{-i\omega t} + \hbar g^*\sigma e^{i\omega t} \tag{B.1}$$

beschreiben. Die Kopplungsstärke von Atom und Licht wird durch $\hbar g = V_{\text{dip}}$ beschrieben. Dabei gilt mit dem Operator des Dipolmatrixelements $q\mathbf{r} = \mathbf{d} = \mathbf{d}^{(+)} + \mathbf{d}^{(-)}$ und dem elektrischen Feld $\mathbf{E}(\mathbf{r}, t) = \mathbf{E}^{(+)}e^{-i\omega t} + \mathbf{E}^{(-)}e^{i\omega t}$

$$V_{\text{dip}} = (\mathbf{d}^{(+)} + \mathbf{d}^{(-)}) \cdot (\mathbf{E}^{(+)} + \mathbf{E}^{(-)}) \quad .$$

Die Drehwellennäherung, bei der die Terme $\mathbf{d}^{(+)} \cdot \mathbf{E}^{(+)}$ und $\mathbf{d}^{(-)} \cdot \mathbf{E}^{(-)}$ vernachlässigt werden, entfällt übrigens bei einem $\Delta m = \pm 1$-Übergang: Wegen $\mathbf{d}^{(+)} = \langle d\rangle(\mathbf{e}_x + i\mathbf{e}_y)e^{-i\omega_0 t}$ und $\mathbf{E}^{(+)} = \mathcal{E}_0(\mathbf{e}_x + i\mathbf{e}_y)e^{-i\omega_0 t}$ gilt in diesem Fall exakt $\mathbf{d}^{(+)} \cdot \mathbf{E}^{(+)} = 0$.

B.1.2   Zeitentwicklung reiner Zustände

Im Wechselwirkungsbild der Quantenmechanik wird die zeitliche Entwicklung eines Zustandes nach der Gleichung

$$|\Psi_I(t)\rangle = e^{-i\frac{H_I t}{\hbar}}|\Psi_I(0)\rangle \tag{B.2}$$

beschrieben, wobei der Hamilton-Operator der Wechselwirkung lautet:

$$H_I = \hbar g \sigma^\dagger + \hbar g^* \sigma$$
$$= \hbar |g|(\cos\phi\sigma_x + \sin\phi\sigma_y) \quad . \tag{B.3}$$

Dann gilt mit der Rabifrequenz $\Omega_R = 2|g|$

$$|\Psi_I(t)\rangle = e^{-i(\Omega_R t/2)(\cos(\phi)\sigma_x - \sin(\phi)\sigma_y)}|\Psi_I(0)\rangle \quad . \tag{B.4}$$

Die Zustandsentwicklung kann man dann aus der Matrixgleichung

$$\exp{-i\alpha\boldsymbol{\sigma}\cdot\mathbf{n}} = \mathbf{1}\cos\alpha - i\boldsymbol{\sigma}\cdot\mathbf{n}\sin\alpha \tag{B.5}$$

entnehmen.

B.2 Dichtematrix-Formalismus

Für Experten stellen wir einige Ergebnisse der Quantenmechanik des Dichteoperators zusammen.

In einer Basis von Quantenzuständen $|i\rangle$ möge der Dichteoperator $\hat\rho$ die Spektraldarstellung

$$\hat\rho = \sum_{ij} \rho_{ij}|i\rangle\langle j|$$

besitzen. Die Bewegungsgleichungen der einzelnen Elemente erhält man dann aus der Heisenberggleichung mit dem zugehörigen Hamiltonoperator $\mathcal{H}$

$$i\hbar\frac{d}{dt}\hat\rho = [\mathcal{H}, \hat\rho] \quad .$$

Zur Auswertung verwendet man günstig die Spektraldarstellung des Hamiltonoperators mit den Elementen $H_{ij} = \langle i|\mathcal{H}|j\rangle$,

$$\frac{d}{dt}\rho_{ij} = -\frac{i}{\hbar}\sum_k \{H_{ik}\rho_{kj} - \rho_{ik}H_{kj}\} \quad . \tag{B.6}$$

Danach besteht die Dichtematrix eines Zwei-Niveau-Atoms aus den Erwartungswerten

$$\begin{pmatrix} \langle\sigma^\dagger\sigma\rangle & \langle\sigma^\dagger\rangle \\ \langle\sigma\rangle & \langle\sigma\sigma^\dagger\rangle \end{pmatrix} \quad .$$

Der Hamiltonoperator für die Zustände $|g\rangle$ und $|e\rangle$ enthält den ungestörten Operator des freien Atoms und in semiklassischer Näherung den Dipolterm $\mathcal{V}_{dip} = -(d_{eg}\sigma^\dagger + d_{ge}\sigma)(E^{(+)}e^{-i\omega t} + E^{(-)}e^{i\omega t})$:

$$\mathcal{H} = \frac{\hbar\omega_0}{2}(\sigma^\dagger\sigma - \sigma\sigma^\dagger) + \frac{1}{2}(E_0^{(+)}e^{-i\omega t} + E_0^{(-)}e^{i\omega t})(d_{eg}\sigma^\dagger + d_{ge}\sigma) \quad .$$

Wir werden sehen, daß die Erwartungswerte $\langle \sigma^\dagger \rangle$ und $\langle \sigma \rangle$ mit $e^{i\omega_0 t}$ bzw. $e^{-i\omega_0 t}$ oszillieren. In der Nähe der Resonanz ($\omega \simeq \omega_0$) benutzen wir die „rotating wave approximation", bei der die Terme, die mit $\omega + \omega_0$ oszillieren, vernachlässigt werden. Wir kürzen ab $g = -d_{eg}\mathcal{E}_0/2\hbar$ und finden

$$\mathcal{H} = \hbar\omega_0 \sigma^\dagger \sigma + \hbar g e^{-i\omega t} \sigma^\dagger + \hbar g^* e^{i\omega t} \sigma \quad .$$

Daraus erhält man die Bewegungsgleichungen

$$\dot{\rho}_{ee} = ig^* e^{-i\omega t}\rho_{eg} - ig e^{i\omega t}\rho_{ge} = -\dot{\rho}_{gg}$$
$$\dot{\rho}_{eg} = -i\omega_0 \rho_{eg} + ig e^{-i\omega t}(\rho_{ee} - \rho_{gg}) = \dot{\rho}_{ge}{}^* \quad .$$

In der RWA ist es außerdem sinnvoll, die „mitrotierenden" Dichtematrixelemente $\rho_{eg} = \overline{\rho}_{eg} e^{-i\omega t}$ und $\rho_{ge} = \overline{\rho}_{ge} e^{i\omega t}$ einzuführen. Man erhält nach Weglassen der Querstriche

$$\dot{\rho}_{ee} = -\dot{\rho}_{gg} = -ig\rho_{ge} + ig^* \rho_{eg}$$
$$\dot{\rho}_{eg} = -i(\omega_0 - \omega)\rho_{eg} + ig(\rho_{ee} - \rho_{gg}) \quad .$$

Aus diesem Gleichungssystem können durch geeignete Ersetzungen wiederum die Optischen Blochgleichungen (6.32) gewonnen werden. Man erhält zum Beispiel nach Einführung der phänomenologischen Dämpfungsraten und $\rho_{eg} = \frac{1}{2}(u + iv)$ wiederum

$$\begin{aligned}
\dot{u} &= -\delta v - \frac{\gamma}{2}u - 2\Im m(g)w \\
\dot{v} &= \delta u - \frac{\gamma}{2}v + 2\Re e(g)w \\
\dot{w} &= 2\Im m(g)u - 2\Re e(g)v - \gamma w \quad .
\end{aligned} \tag{B.7}$$

B.3   Zustandsdichten

Die Berechnung von Zustandsdichten $\rho(E) = \rho(\hbar\omega)$ (engl. *Density of States*, DOS) ist ein Standardproblem der Physik von Vielteilchen-Systemen. Sie hängt ab von der Dispersionsrelation,

$$E = E(\mathbf{k}) \quad ,$$

und der Dimension des Problems. Im allgemeinen Fall kann sie auch anisotrop sein, wir beschränken uns aber hier auf den isotropen Fall.

Zwei wichtige Beispiel sind das Elektronen- und das Photonengas:

$$\begin{aligned}
\text{Elektronen:} \quad E(\mathbf{k}) &= \frac{\hbar^2\mathbf{k}^2}{2m} \\
\text{Photonen:} \quad E(\mathbf{k}) &= \hbar\omega = \hbar c k \quad .
\end{aligned}$$

Tab. B.1 *Zustandsdichten in 1–3 Dimensionen*

1D	2D	3D
Strahlungsfeld: $\omega = ck$, $\rho(\omega)$		
$\dfrac{1}{\pi c}\, d\omega$	$\dfrac{\omega}{\pi c^2}\, d\omega$	$\dfrac{\omega^2}{\pi^2 c^3}\, d\omega$
Freies Elektronengas: $E = \hbar^2 k^2/2m$, $\rho(E)$		
$\dfrac{m}{\pi\hbar}\,(2mE)^{-1/2}dE$	$\dfrac{m}{\pi\hbar^2}\, dE$	$\dfrac{m}{\pi^2\hbar^3}\,(2mE)^{1/2}dE$

Die Zustandsdichte $\rho(E)dE$ bezeichnet die Anzahl der Zustände in einem Intervall der Breite dE im Energie-Raum. Sie wird in n Dimensionen berechnet
nach

$$\rho(E) = \ 2 \int_{V_{\mathbf{k}}} d^n k \ \rho_{\mathbf{k}}(\mathbf{k})\delta(E - E(\mathbf{k}))$$

$$= \ 2 \frac{1}{(2\pi)^n} \int_{V_{\mathbf{k}}} d^n k \ \delta(E - E(\mathbf{k})) \quad ,$$

wobei wir hier die konstante Dichte $\rho_{\mathbf{k}}(\mathbf{k}){=}(1/2\pi)^n$ im Einheitsvolumen[1] annehmen und außerdem die 2-fache Entartung aufgrund der Polarisation bzw.
des Elektronenspins berücksichtigt haben. Wir erhalten dann die Zustandsdichten aus Tabelle B.1.

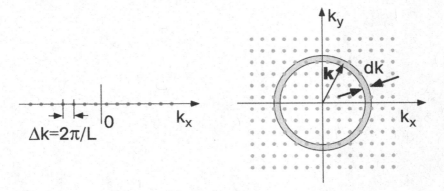

Abb. B.1 *Zustandsdichten in 1D- und 2D-**k**-Räumen.*

---

[1]Bei der Berechnung physikalisch meßbarer Größen muß über das Volumen des Vielteilchen-
systems summiert werden. Daher setzen wir hier für Abb. B.1 L=1.

Literaturverzeichnis

[1] Adams, C.; Riis, E.: Laser cooling and trapping of neutral atoms. Prog. Quantum Electron. **21** (1997) 1

[2] Allen, L.; Beijersbergen, M.; Spreeuw, R.; Woerdman, J.: Orbital angular momentum of light and the transformation of Laguerre-Gaußian laser modes. Phys. Rev. A **45** (1992) 11 8185–8189

[3] Allen, L.; Eberly, J.: Optical Resonance and Two-Level Atoms. Nachdruck 1987 Aufl. New York: Dover 1975

[4] Andreae, T.: Entwicklung eines kontinuierlichen Er:YAlO Lasers. Diplomarbeit, Sektion Physik der Ludwig-Maximilians-Universität München, München 1989

[5] Arecchi, F.: Measurement of the Statistical Distribution of Gaußian and Laser Sources. Phys. Rev. Lett. **15** (1965) 912–916

[6] Arecchi, F.; Gatti, E.; Sona, A.: Time distributions of photons from coherent and Gaußian sources. Phys. Lett. **20** (1966) 27

[7] Arfken, G. B.; Weber, H. J.: Mathematical methods for Physicists. London: Academic Press 2001

[8] Armstrong, J.; Boembergen, N.; Ducuing, J.; Perhan, P.: Interactions between light waves in a nonlinear dielectric. Phys. Rev. **127** (1962) 1918–1939

[9] Ashkin, A.; Boyd, G.; Dziedzic, J.: Resonant Optical Second Harmonic Generation and Mixing. IEEE J. Quant. Electronics **QE-2** (1966) 6 109–124

[10] Aspect, A.; Grangier, P.; Roger, G.: Experimental Test of Realistic Local Theories via Bell's Theorem. Phys. Rev. Lett. **47** (1981) 460

[11] Bachor, H.; Ralph, T.: A Guide to Experiments in Quantum Optics. 2. Aufl. Weinheim: Wiley-VCH 2004

[12] Baer, T.: Large-amplitude Fluctuations Due to Longitudinal Mode Coupling in Diode-pumped Intracavity-doubled Nd:YAG Lasers. J.Opt.Soc.Am. B **3** (1986) 1175

[13] Basov, N.; Prokhorov, A.: Zh. Eksp. Teor. Fiz. **27** (1954) 431

[14] Bass, M.; van Stryland, E.; Williams, D.; Wolfe, W. (Hrsg.): Handbook of Optics, Bd. I, II. New York: McGraw-Hill, Inc. 1995

[15] Baumert, T.; Grosser, M.; Thalweiser, R.; Gerber, G.: Femtosecond Time-Resolved Molecular Multiphoton Ionization: The Na_2 System. Phys. Rev. Lett. **67** (1991) 27 3753–3756

[16] Bell, J.: On the Einstein-Podolski-Rosen Paradox. Physics **1** (1964) 195–200

[17] Bergmann, K.; Theuer, H.; Shore, B.: Coherent population transfer among quantum states of atoms and molecules. Rev. Mod. Phys. **70** (1998) 1003–1025

[18] Berman, P. (Hrsg.): Cavity Quantum Electrodynamics. San Diego: Academic Press 1994

[19] Bertolotti, M.: Masers and Lasers. An Historical Approach. Bristol: Adam Hilger 1983

[20] Birks, T. A.; Knight, J. C.; Russell, P. S. J.: Endlessly single-mode photonic crystal fiber. Opt. Lett. **22** (1997) 13 961–963

[21] Bjarklev, A.; Broeng, J.; Bjarklev, A.: Photonic Crystal Fibres. Boston, Dordrecht, London: Kluwer Academic Publishers 2003

[22] Bloch, I.: Stimulierte Lichtkräfte mit Pikosekunden-Laserpulsen. Diplomarbeit, Mathematisch-naturwissenschaftliche Fakultät der Universität Bonn, Bonn 1996

[23] Bohm, D.: A Suggested Interpretation of the Quantum Theory in Terms of Hidden Variables. I. Phys. Rev. **85** (1952) 166

[24] Bohm, D.; Aharonov, Y.: Discussion of Expeimental Proof for the Paradox of Einstein, Rosen, and Poldolski. Phys. Rev. **108** (1957) 1070

[25] Born, M.; Wolf, E.: Principles of Optics. London: Pergamon Press 1975

[26] Börner, G.: Die Dunkle Energie: Kosmologie. Phys. i. u. Z. **36** (2005) 168

[27] Boyd, G.; Kleinman, D.: Parametric Interaction of Focused Gaußian Light Beams. J. Appl. Phys. **39** (1968) 8 3597–3639

[28] Boyd, R.: Nonlinear Optics. 2. Aufl. San Diego: Harlekijn 2002

[29] Boyle, W.; Smith, G.: Charge Coupled Semiconductor Devices. Bell Syst. Tech. J. **49** (1970) 587–593

[30] Brixner, T.; Gerber, G.: Quantum Control of Gas-Phase and Liquid-Phase Femtochemistry. Chem. Phy. Chem. **4** (2003) 418–438

[31] Brown, R. H.; Twiss, R. Q.: Correlations between photons in two coherent light beams. Nature **177** (1956) 27–29

[32] Byer, R.: Parametric Oscillators and Nonlinear Materials. In: P. Harper; B. Wherrett (Hrsg.), *Nonlinear Optics*, Proceedings of the Sixteenth Scottish Universities Summer Scholl in Physics 1975. London: Academic Press, 1977 S. 47–160

[33] Carnal, O.; Mlynek, J.: Young's Double-Slit Experiment with Atoms: A Simple Atom Interferometer. Phys. Rev. Lett. **66** (1991) 2689

[34] Chang-Hasnain, J.: VCSELs. Advances and future prospects. Optics & Photonis News **5** (Mai 1998) 34–39

[35] Clauser, J.; Horne, M.; Shimony, A.; Holt, R.: Proposed Experiment to Test Local Hidden-Variable Theories. Phys. Rev. Lett. **23** (1969) 880

[36] Cohen-Tannoudji, C.: Atoms in Strong Resonant Fields. In: R. Balian; S. Haroche; S. Liberman (Hrsg.), *Frontiers in Laser Spectrsocopy, Les Houches 1975*, Bd. 1. North-Holland, 1977 S. 3–103

[37] Cohen-Tannoudji, C.; Diu, B.; Laloë, F.: Quantum Mechanics I,II. New York London Sydney Toronto: John Wiley & Sons 1977

[38] Corney, A.: Atomic and Laser Spectroscopy. Oxford: Clarendon Press 1988

[39] Crocker, J.: Engineering the COSTAR. Optics & Photonics New **4** (1993) 11 22–26

[40] Dehlinger, D.; Mitchell, M.: Entangeld photons, nonlocality, and Bell inequalities in the undergraduate laboratory. Am. J. Phys. **70** (2002) 9 903–910

[41] Dehmelt, H.: Stored-Ion Spectroscopy. In: F. Arecchi; F. Strumia; H. Walther (Hrsg.), *Advances in Laser Spectroscopy*. New York and London: Plenum Press, 1981 S. 153–188

[42] Demtröder, W.: Laser Spectroscopy: Basic Concepts and Instrumentation. 3. Aufl. Berlin-Heidelberg-New York: Springer 2003

[43] Desurvire, E.: Erbium Doped Fiber Amplifiers. New York: J. Wiley & Sons 1994

[44] Diedrich, F.; Walther, H.: Non-classical Radiation of a Single Stored Ion. Phys. Rev. Lett. **58** (1987) 203

[45] Dirac, P.: The Quantum Theory of the Emission and Absorption of Radiation. Proc. R. Soc. **A 114** (1927) 243

[46] Dmitriev, V.; Gurzadayan, G.; Nikogosyan, D.: Handbook of Nonlinear Optical Crystals. Berlin-Heidelberg-New York: Springer 1991

[47] Drazin, P.; Johnson, R.: Solitons: An Introduction. New York: Cambridge University Press 1989

[48] Dudenredaktion (Hrsg.): Duden. Die deutsche Rechtschreibung. 24. Aufl. Mannheim Leipzig Wien Zürich: Dudenverlag 2006

[49] Einstein, A.: Zur Elektrodynamik bewegter Körper. Ann. Phys. **17** (1905) 891–921

[50] Einstein, A.: Zur Quantentheorie der Strahlung. Phys.Z. **18** (1917) 121

[51] Einstein, A.; Podolski, B.; Rosen, N.: Can Quantum-Mechanical Description of Reality be Considered Complete? Phys. Rev. **47** (1935) 777–780

[52] Encyclopedia Britannica CD98. CD-ROM Multimedia Edition 1998. Table: The constant of the speed of light

[53] Fejer, M.; Magel, G.; Hundt, D.; Byer, R.: Quasi-phase-matched second harmonic generation: tuning and tolerances. IEEE J. Quantum Electron. **28** (1992) 2631–2654

[54] Feynman, R.: Q.E.D.; (dt. Übersetzung QED, die seltsame Theorie des Lichtes und der Materie). Penguin Books Ltd. (dt. Übersetzung Piper Verlag) 1990

[55] Feynman, R.; Leighton, R.; Sands, M.: The Feynman Lectures on Physics, Bd. I-III. Reading, Ma: Addison-Wesley 1964

[56] Freitag, I.; Rottengatter, P.; Tünnermann, A.; Schmidt, H.: Frequenzabstimmbare, diodengepumpte Miniatur-Ringlaser. Laser und Optoelektronik **25** (1993) 5 70–75

[57] Fugate, R.: Laser Beacon Adaptive Optics. Optics & Photonics New **4** (1993) 6 14–19

[58] Gaeta, Z.; Nauenberg, M.; Noel, W.; C.R. Stroud, j.: Excitation of the Classical-Limit State of an Atom. Phys. Rev. Lett. **73** (1994) 5 636–639

[59] Gardiner, C.: Quantum Noise. Berlin-Heidelberg-New York: Springer 1991

[60] Glauber, R.: Phys. Rev. Lett. **10** (1963) 84

[61] Gomer, V.; Meschede, D.: A single trapped atom: Light-matter interaction at the microscopic level. Ann. Phys. (Leipzig) **10** (2001) 9–18

[62] Goos, F.; Hänchen, H.: Ein neuer und fundamentaler Versuch zur Totalreflexion. Ann. Phys. (Leipzig) **1** (1947) 333–346

[63] Gordon, J.; Zeiger, H.; Townes, C.: Phys. Rev. **99** (1955) 1264

[64] Grimm, R.; Weidemüller, M.: Optical Dipole Traps for Neutral Atoms. Adv. At. Mol. Opt. Phys. **42** (2000) 95

[65] Grundmann, M.; Heinrichsdorff, F.; Ledentsov, N.; Bimberg, D.: Neuartige Halbleiterlaser auf der Basis von Quantenpunkten. Laser und Optoelektronik **30** (1998) 3 70–77

[66] Haken, H.: Laser Theory. Berlin-Heidelberg-New York: Springer 1983

[67] Hanle, W.: Über magnetische Beeinflussung der Polarisation der Resonanzfluoreszenz. Z. Phys. **30** (1924) 93

[68] Happer, W.: Optical Pumping. Rev. Mod. Physics **44** (1972) 2 169–249

[69] Hariharan, P.: Optical Holography. Cambridge: Cambridge University Press 1987

[70] Hartig, W.; Pasmussen, W.; Schieder, H.; Walther, H.: Study of the Frequency Distribution of the Fluorescent Light Induced by Monochromatic Radiation. Z. Phys. A **278** (1976) 205–210

[71] Hartmann, J.: Bemerkungen über den Bau und die Justirung von Spektrographen. Z. Instrumentenkd **20** (1900) 47

[72] Hecht, E.: Optics. 4. Aufl. Boston: Addison-Wesley 2001

[73] Henderson, B.; Imbusch, G.: Optical Spectroscopy Of Inorganic Solids. Monographs on the Physics and Chemistry of Materials. Oxford: Oxford University Press 1989

[74] Henry, C.: Theory of the Linewidth of Semiconductor Lasers. IEEE Journal **QE-18** (1982) 259

[75] Hinsch, K.: Lasergranulation. Phys. i. u. Z. **23** (1992) 2 59–66

[76] Hänsch, T.; Walther, H.: Laser spectroscopy and quantum optics. Rev. Mod. Phys. **71** (1999) 242

[77] Hong, C.; Ou, Z.; Mandel, L.: Measurement of Subpicosecond Tiem Intervals between Two Photons by Interference. Phys. Rev. Lett. **59** (1987)

[78] Houldcroft, P.: Lasers in Materials Process. Oxford: Pergamon 1991

[79] Hubble Space Telescope: Engineering for Recovery, Bd. 4 von *Optics & Photonics New* 1993. Heft 11, Special Issue

[80] Hulet, R.; Hilfer, E.; Kleppner, D.: Inhibited spontaneous emission of a Rydberg atom. Phys. Rev. Lett. **55** (1985) 2137

[81] Ibach, H.; Lüth, H.: Festkörperphysik. Eine Einführung in die Grundlagen. 4. Aufl. Berlin-Heidelberg-New York: Springer 1989

[82] Ioannopoulos, J.; Meade, R. S.; Winn, J.: Photonic Crystals. Princeton, New Jersey: Princeton University Press 1995

[83] Jackson, J.: Classical Electrodynamics. New York: John Wiley & Sons 1975

[84] Javan, A.; W.R. Bennett, J.; Herriott, D.: Population Inversion and Continuous Optical Maser Oscillation in a Gas Discharge Containing a He-Ne Mixture. Phys. Rev. Lett. **6** (1961) 106

[85] Jessen, P.; Deutsch, I.: Optical Lattices. In: *Advances in Atomic, Molecular, and Optical Physics*, Bd. 37. Cambridge: Academic Press, 1996 S. 95–138

[86] Jhe, W.; Anderson, A.; Hinds, E.; Meschede, D.; Moi, L.; Haroche, S.: Suppression of spontaneous decay at optical frequencies: Test of vacuum-field anisotropy in confined space. Phys. Rev. Lett. **58** (1987) 666

[87] John, S.: Strong localization of photons in certain disordered dielectric superlattices. Phys. Rev. Lett. **58** (1987) 2486–2489

[88] Jones, R.: J. Opt. Soc. Am. **A31** (1941) 488–493

[89] Jung, C.; Jäger, R.; Grabherr, M.; Schnitzer, P.; Michalzik, R.; Weigl, B.; Müller, S.; Ebeling, K.: 4.8 mW single mode oxide confined top-surface emitting vertical-cavity laser diodes. Electron. Lett. **33** (1997) 1790–1791

[90] K. Sakoda, T. Ueta, K. O.: Numerical analysis of eigenmodes localized at line defects in photonic lattices. Phys. Rev. B **56** (1997) 14905–14908

[91] Kaenders, W.; Wynands, R.; Meschede, D.: Ein Diaprojektor für neutrale Atome. Phys. i. u. Z. **27** (1996) 1 28–33

[92] Kaminskii, A.: Laser Crystals, Bd. 14 von *Springer Ser.Opt. Sci.* Berlin-Heidelberg-New York: Springer 1990

[93] Kane, T.; R.L.Byer: Monolithic, unidirectional single-mode Nd:YAG ring laser. Opt. Lett. **10** (1985) 2 65–67

[94] Kapitza, H.: Mikroskopieren von Anfang an. Firmenschrift Zeiss, Oberkochen 1994

[95] Kim, J.; Benson, O.; Yamamoto, Y.: Single-photon turnstile device. Nature **397** (1999) 500

[96] Kimble, H.; Dagenais, M.; Mandel, L.: Photon Antibunching in Resonance Fluroescence. Phys. Rev. Lett. **39** (1977) 691

[97] Kittel, C.: Introduction to Solid State Physics. 7. Aufl. Hoboken: John Wiley & Sons 1995

[98] Klein, M.; Furtak, T.: Optics. 2. Aufl. Boston: John Wiley & Sons 1986

[99] Kleppner, D.: Inhibited spontaneous emission. Phys. Rev. Lett. **47** (1981) 233

[100] Knight, J. C.; Birks, T. A.; Russell, P. S. J.; Atkin, D. M.: All-silica single-mode optical fiber with photonic crystal cladding. Opt. Lett. **21** (1996) 19 1547–1549

[101] Kogelnik, H.; Li, T.: Laser beams and resonators. Proc. IEEE **54** (1966) 10 1312–1329

[102] Kramers, H. A.; Heisenberg, W.: Über die Streuung von Strahlung durch Atome. Z. Phys. **31** (1925) 681

[103] Kurtsiefer, C.; Mayer, S.; Zarda, P.; Weinfurter, H.: Measurement of the Wigner function of an ensemble of helium atoms. Nature (1997) 386 150

[104] Kurtsiefer, C.; Mayer, S.; Zarda, P.; Weinfurter, H.: Stable Solid-State Source of Single Photons. Phys. Rev. Lett. (2000) 85 290

[105] Kwiat, P. G.; Mattle, K.; Weinfurter, H.; Zeilinger, A.; Sergienko, A. V.; Shih., Y.: New high-intensity source of polarization-entangled photon pairs. Phys. Rev. Lett. **75** (1995) 4337–4341

[106] Ladenburg, R.: Dispersion in Electrically Excited Gases. Rev. Mod. Phys. **5** (1933) 4 243–256

[107] Ladenburg, R.; Kopfermann, H.: Untersuchungen über die anomale Dispersion angeregter Gase. V. Teil. Negative Dispersion in angeregtem Neon. Z. Phys. **65** (1930) 167

[108] Laming, R.; Loh, W.: Fibre Bragg gratings; application to lasers and amplifiers. In: O. S. of America (Hrsg.), *OSA Tops on Optical Amplification and Their Applications*, Bd. 5. Washington: Optical Society of America, 1996 S. XX

[109] Lauterborn, W.; Kurz, T.; Wiesenfeldt, M.: Kohärente Optik. Berlin-Heidelberg-New York: Springer 1993

[110] Letokhov, V.; Chebotayev, V.: Nonlinear Laser Spectroscopy, Bd. 4 von *Springer Ser. Opt. Sci.* Berlin-Heidelberg-New York: Springer 1977

[111] Lewis, G.: Nature **118** (1926) 874

[112] Lipson, H.; Lipson, S.; Tannhauser, D.: Optical Physics. 2. Aufl. Cambridge: Cambridge University Press 1981

[113] Lison, F.; Schuh, P.; Haubrich, D.; Meschede, D.: High brilliance Zeeman-slowed cesium atomic beam. Phys. Rev. A **A 61** (2000)

[114] Loudon, R.: The Quantum Theory of Light. Oxford: Clarendon Press 1983

[115] Louisell, W.: Quantum Statistical Properties of Radiation. New York: John Wiley & Sons 1973

[116] Magel, G.; Fejer, M.; Byer, R.: Quasi-phase-matched second harmonic generation of blue light in periodically poled $LiNbO_3$. Appl. Phys. Lett. **56** (1990) 108–110

[117] Maiman, T.: Stimulated optical radiation in ruby masers. Nature **187** (1960) 493

[118] Mandel, L.; Wolf, E.: Optical Coherence and Quantum Optics. Cambridge: Cambridge University Press 1995

[119] Matthias, S.; Müller, F.; Jamois, C.; Wehrspohn, R.; Gösele, U.: Large-Area Three-Dimensional Structuring by Electrochemical Etching and Lithography. Adv. Mater. **16** (2004) 2166–2170

[120] Meschede, D.: Radiating Atoms in Confined Space. From Spontaneous Emission to Micromasers. Phys. Reports **211** (1992) 5 201–250

[121] Meschede, D.; Metcalf, H.: Atomic nanofabrication: atomic deposition and lithography by laser and magnetic forces. J. Phys. D: Appl. Phys. **36** (2003) R17–R38

[122] Möllenstedt, G.; Düker, H.: Beobachtungen und Messungen an Biprisma-Interferenzen mit Elektronenwellen. Z. Phys. **145** (1956) 377

[123] M.Niering; R.Holzwarth; J.Reichert; P.Pokasov; Th.Udem; M.Weitz; T.W.Hänsch; P.Lemonde; G.Santarelli; M.Abgrall; P.Laurent; C.Salomon; A.Clairon: Measurement of the Hydrogen 1S-2S Transition Frequency by Phase Coherent Comparison with a Microwave Cesium Fountain Clock. Phys. Rev. Lett. **84** (2000) 5496

[124] Mollenauer, L.; Stolen, R.; Islam, H.: Experimental demonstration of soliton propagation in long fibers: Loss compensated by Raman gain. Opt. Lett. **10** (1985) 229–231

[125] Mollow, B. R.: Power Spectrum of Light Scattered by Two-Level Systems. Phys. Rev. **188** (1969) 1969–1975

[126] Moran, J.: Maser Action in Nature. In: *CRC Handbook of Laser Science and Technology*, Bd. 1. Boca Raton, FL: CRC Press, 1982

[127] Moulton, P.: Spectroscopic and laser characteristics of $Ti:Al_2O_3$. J. Opt. Soc. Am. **B3** (1986) 125–133

[128] Nakamura, S.; Fasol, G.: The Blue Laser Diode. Berlin-Heidelberg-New York: Springer 1998

[129] NASA: http://lisa.jpl.nasa.gov 1998

[130] NASA: http://map.gsfc.nasa.gov/m_mm.html 2004

[131] Noeckel, J.: Mikrolaser als Photonen-Billards: wie Chaos ans Licht kommt. Phys. Bl. **54** (1998) 10 927

[132] Orloff, J.: Handbook of Charged Particle Optics. Boca Raton: CRC Press 1997

[133] Padgett, M.; Allen, L.: Optical tweezers and spanners. Physics World (September 1997) 35–38

[134] Panofsky, W.; Phillips, M.: Classical Electricity and Magnetism. Reading, USA: Addison Wesley 1978

[135] Paul, H.: Photonen. Eine Einführung in die Quantenoptik. Stuttgart: B. G. Teubner 1995

[136] Peréz, J.-P.: Optique fondements et applications. 3. Aufl. Paris: Masson 1996

[137] Physics, S.: Millenia-Laser. Technical description, Spectra Physics, Inc. 1995

[138] Purcell, E.: Nature **178** (1956) 1449

[139] Reeves, W. H.; Skryabin, D. V.; Biancalana, F.; Knight, J. C.; Russell, P. S. J.; Omenetto, F. G.; Efimov, A.; Taylor, A. J.: Transformation and control of ultrashort pulses in dispersion-engineered photonic crystal fibres. Nature **424** (2003) 511–515

[140] Risset, C.; Vigoureux, J.: An elementary presentation of the Goos-Hänchen effect. Opt. Comm. **91** (1992) 155–157

[141] Roemer, O.: Der Weg der Physik, 2500 Jahre physikalischen Denkens. Deutscher Taschenbuch Verlag, 1978 S. 371–373

[142] Russell, P.: Photonic Crystal Fibers. Science **299** (2003) 358–362

[143] Rybczynski, J.; Hilgendorff, M.; Giersig, M.: Nanosphere Lithography – Fabrication of Various Periodic Magnetic Particle Arrays using Versatile Nanosphere Masks. In: L. Liz-Marzán; M. Giersig (Hrsg.), *Low-Dimensional Systems: Theory, Preparation, and Some Applications*, Bd. 91 von *NATO Science Series II*. Dordrecht: Kluwer Academic Publishers, 2003 S. 163–172

[144] Sakurai, J. J.: Advanced Quantum Mechanics. Reading, Massachusetts: Addison-Wesley 2000

[145] Saleh, B.; Teich, M.: Fundamentals of Photonics. New York Chichester Brisbane: John Wiley & Sons 1991

[146] Santori, C.; Pelton, M.; Solomon, G.; Dale, Y.; Yamamoto, Y.: Triggered Single Photons from a Quantum Dot. Phys. Rev. Lett. **86** (2001) 1502

[147] SargentIII, M.; Scully, M.; Lamb, W.: Laser Physics. Reading, Ma: Addison Wesley 1974

[148] Schawlow, A.; Townes, C.: Infrared and optical masers. Phys. Rev. **112** (1958) 1940

[149] Schilke, P.; Mehringer, D. M.; Menten, K.: A Submillimetre HCN Laser in IRC 110216. Astrophys. J. **528** (2000) L37–L40

[150] Schiller, S.; Mlynek, J. (Hrsg.): Continuuos-wave optical parametric oscillators: materials, devices, and applications, Bd. 25 von *Appl. Phys. B* 1998. Heft 6, Special Issue

[151] Schmidt, O.; Knaak, K.-M.; Wynands, R.; Meschede, D.: Caesium saturation spectroscopy revisited: How to reverse peaks and observe narrow resonances. Appl. Phys. B **59** (1994) 167–178

[152] Scully, M.; Zubairy, M.: Quantum Optics. Cambridge: Cambridge University Press 1997

[153] Shack, R.; Platt, B.: Production and use of a lenticular Hartmann screen. JOSA **61** (1971) 656

[154] Shen, Y. R.: The Principles of Nonlinear Optics. New York: John Wiley & Sons 1984

[155] Shih, Y.: Two-Photon Entanglement and Quantum Reality. Adv. At. Mol. Phys. **41** (1999) 1–42

[156] Siegman, A.: Lasers. Mill Valley: University Science Books 1986

[157] Snitzer, E.: Optical Maser Action of Nd^+3 in a Barium Crown Glass. Phys. Rev. Lett. **7** (1961) 444

[158] Sobelman, I.: Atomic Spectra and Radiative Transitions. Berlin Heidelberg New York: Springer 1977

[159] Spence, D.; Kean, P.; Sibbett, W.: 60-fsec pulse generation from a self-modelocked Ti-sapphire laser. Opt. Lett **16** (1991) 42

[160] Strickland, D.; Mourou, G.: Compression of amplified chirped optical pulses. Opt. Commun. **56** (1985) 219–221

[161] Strong, C.: The Amateur Scientist: An unusual kind of gas laser that puts out pulses in the ultraviolet. Scientific American **230** (Juni 1974) 6 122–127

[162] Svelto, O.: Principles of Lasers. New York and London: Plenum Press 1998

[163] Szipöcs, R.; Ferencz, K.; Spielmann, C.; Krausz, F.: Sub-10-femtosecond. mirror-dispersion controlled Ti-sapphire laser. Opt. Lett. **20** (1994) 602

[164] Tünnermann, A.; Schreiber, T.; Röser, F.; Liem, A.; Höfer, S.; Zellmer, H.; Nolte, S.; Limpert, J.: The renaissance and bright future of fibre lasrs. J. Phys. B: At. Mol. Opt. Phys. **38** (2005) S681–S693

[165] Townes, C.: How the Laser Happened. New York: Oxford University Press 1999

[166] Trojek, P.; Schmid, C.; Bourennane, M.; Weinfurter, H.; Kurtsiefer, C.: Compact source of polarization-entangled photon pairs. Opt. Exp. **12** (2004) 276

[167] Ueberholz, B.: Ein kompakter Titan-Saphir-Laser. Diplomarbeit, Mathematisch-naturwissenschaftliche Fakultät der Universität Bonn, Bonn 1996

[168] v. Neumann, J.: Notes on the Photon-Disequilibrium-Amplification Scheme (JvN) 1953. IEEE J. Quant. Electron. **QE-23** (1987) 659

[169] Wadsworth, W. J.; Ortigosa-Blanch, A.; Knight, J. C.; Birks, T. A.; Man, T.-P. M.; Russell, P. S. J.: Supercontinuum generation in photonic crystal fibers and optical fiber tapers: a novel light source. J. Opt. Soc. Am. **B19** (2002) 2148–2155

[170] Walls, D.; Milburn, G.: Quantum Optics. Berlin-Heidelberg-New York: Springer 1994

[171] Weisskopf, V.; Wigner, E.: Berechnung der natürlichen Linienbreite auf Grund der Diracschen Lichttheorie. Z. Phys. **63** (1930) 54

[172] White, A.; Rigden, J.: Proc. IRE **50** (1962) 1697

[173] Willardson, R.; Sugawara, M. (Hrsg.): Self-Assembled Ingaas/GAAS Quantum Dots (Semiconductors & Semimetals). San Diego: Academic Press 1999

[174] Wineland, D.; Itano, W.; J.C.Bergquist: Absorption spectroscopy at the limit: detection of a single atom. Opt. Lett. **12** (1987) 6 389–391

[175] Woodgate, K.: Elementary Atomic Structure. Oxford: Clarendon Press 1980

[176] Wöste, O.; Kühn, C.: Wie baue ich meinen Laser selbst? MNU-Zeitschrift **46/8** (1993) 471–473

[177] Wynands, R.; Diedrich, F.; Meschede, D.; Telle, H.: A compact tunable 60-dB Faraday optical isolator for the near infrared. Rev. Sci. Instrum. **63** (1992) 12 5586–5590

[178] Yablonovitch, E.: Phys. Rev. Lett. **58** (1987) 2059

[179] Yamamoto, Y. (Hrsg.): Coherence, Amplification and Quantum Effects in Semiconductor Lasers. New York: John Wiley & Sons 1991

[180] Yariv, A.: Quantum Electronics. 4. Aufl. Fort Worth: Holt Rinehart and Winston 1991

[181] Yeh, C.: Applied Photonics. San Diego: Academic Press 1990

[182] Zellmer, H.; Tünnermann, A.; Welling, H.: Faser-Laser. Laser und Optoelektronik **29** (1997) 4 53–59

[183] Zernike, F.; Midwinter, J.: Applied Nonlinear Optics. J. Wiley & Sons 1973

[184] Zimmermann, C.; Vuletic, V.; Hemmerich, A.; Ricci, L.; Hänsch, T.: Design for a compact tunable Ti:sapphire laser. Opt. Lett. **20** (1995) 3 297

Sachverzeichnis